CONOCER
EL BOSQUE

PETER WOHLLEBEN
PIERRE L. IBISCH

CONOCER EL BOSQUE

ENTENDER EL MUNDO DESDE EL BOSQUE

Hallazgos asombrosos sobre el bosque, las personas y nuestro futuro

EDICIONES OBELISCO

Este libro apoya el proyecto del bosque de hayas primitivo de la ACADEMIA FORESTAL de Peter Wohlleben en la zona del Eifel.

Por naturaleza, más del 90 por 100 de Alemania estaría cubierto por bosques, la mayoría de los cuales serían hayedos o bosques mixtos de hayas o robles. Los hayedos viejos son las selvas tropicales de Europa y, al igual que los trópicos, también están en muy mal estado. Los hayedos de 180 años sólo representan el 0,16 por 100 de la superficie terrestre. Los hayedos del Proyecto Selva se protegen sistemáticamente para preservarlos para las generaciones futuras.

En la reserva forestal del Eifel se alivia el clima al almacenar de forma natural CO_2 en los bosques viejos. Al mismo tiempo, el proyecto también desempeña un papel importante en el mantenimiento de la biodiversidad.

Si este libro le ha interesado y desea que le mantengamos informado de nuestras publicaciones, escríbanos indicándonos qué temas son de su interés (Astrología, Autoayuda, Psicología, Artes Marciales, Naturismo, Espiritualidad, Tradición…) y gustosamente le complaceremos.

Puede consultar nuestro catálogo en www.edicionesobelisco.com

Los editores no han comprobado la eficacia ni el resultado de las recetas, productos, fórmulas técnicas, ejercicios o similares contenidos en este libro. Instan a los lectores a consultar al médico o especialista de la salud ante cualquier duda que surja. No asumen, por lo tanto, responsabilidad alguna en cuanto a su utilización ni realizan asesoramiento al respecto.

Colección Salud y Vida natural
Conocer el bosque
Peter Wohlleben y Pierre L. Ibisch

Título original: *Waldwissen: Vom Wald her die Welt verstehen*

1.ª edición: marzo de 2025

Traducción: *Wencke Brauns*
Maquetación: *Juan Bejarano*
Corrección: *M.ª Ángeles Olivera*
Diseño de cubierta: *Enrique Iborra*

Edita: Ediciones Obelisco, S.L.
Collita, 23-25. Pol. Ind. Molí de la Bastida
08191 Rubí - Barcelona - España
Tel. 93 309 85 25
E-mail: info@edicionesobelisco.com

ISBN: 978-84-1172-197-4
DL B 18645-2024

Printed in India

Escrito en memoria del científico de Eberswalde

Alfred Möller

*12 de agosto de 1860; †4 de noviembre de 1922,

quien hace un siglo vio un ser vivo, un organismo en el bosque y,
de esta manera, puso las ciencias forestales en su contra;

el que se sintió conectado con Charles Darwin y Alexander von Humboldt;
el que examinó los bosques del mundo en términos comparativos,
desde las copas de los árboles hasta las profundidades de la tierra,
hasta donde se extienden los extremos de las raíces y las ramas más externas;

quien, a su vez, apreció el mundo a pequeña escala, con humildad ante nuestro conocimiento insuficiente.

ÍNDICE

Raus aus dem Asphalt

PRÓLOGO

Los bosques no sólo son ecosistemas maravillosos y con una gran diversidad, sino que también tienen una importancia fundamental para la vida en cualquier lugar del mundo. Controlan activamente los ciclos del agua, refrescan los paisajes y albergan una variedad de especies que apenas se han empezado a explorar.

La cuestión central es si podemos preservar suficientes bosques para mantener todas sus capacidades. Nuestra sed de madera, que también queremos satisfacer, se interpone en este camino. Las respuestas sencillas que la silvicultura ha proporcionado hasta ahora están por fin conduciendo a un callejón sin salida. No sólo a nivel mundial, sino también justo a la vuelta de la esquina, miles de kilómetros cuadrados de plantaciones de abetos o pinos ya están desapareciendo. Se plantaron creyendo que los bosques están constituidos esencialmente por árboles, y que pueden manipularse, para que, además de una gran cantidad de madera, todos los demás beneficios se entreguen de una manera automática. Si pudieran, los árboles y sus semejantes estarían por completo en desacuerdo con esto. En cambio, poco a poco, dejan de trabajar de forma muy silenciosa, lo que, por lo general, sólo somos conscientes de ello cuando ya es demasiado tarde para el área en cuestión.

Escribimos este libro porque adoramos el bosque y porque nos preocupa. Una vida sin árboles, sin pájaros bajo el susurro de las copas de los viejos hayedos, sin troncos cubiertos de musgo, sin hongos en la madera mohosa y muerta, sin el aire aromático de los cálidos días de verano o sin la madera que cruje cuando el viento sopla por el bosque, para nosotros es inimaginable. Por eso queremos hacer todo lo posible para preservar esta fuente de vida y alegría para todos.

Ya existen estrategias para que podamos lograrlo juntos.

Para ello, primero te conduciremos al fascinante mundo de los más pequeños para ver cómo las moléculas, las bacterias y los hongos, junto con los árboles y todos los demás seres vivos, forman un organismo enorme que tiene unas habilidades asombrosas. Luego, te invitamos a subir a una montaña rusa: desciende abruptamente a las profundidades de la arrogancia humana, que, disfrazada de silvicultura, cree que puede construir bosques, y culpa a otros, sin dudarlo, de las desastrosas consecuencias de estas acciones. En el bucle de la catástrofe climática puedes perder la vista y el oído.

Pero no te preocupes, volverás a subir. Reflexionamos sobre nuestro papel en el mundo y aprendemos de la naturaleza cómo hacer negocios de manera diferente a como lo hacíamos antes. Y con ello, tratamos de encontrar soluciones que no contengan recetas rígidas, sino que trabajen con (y no en contra) del bosque de una manera flexible y permanente.

Los bosques son biorreactores con una importancia fundamental para el ecosistema mundial, del que los seres humanos somos sólo un componente dependiente. Por lo tanto, la gestión forestal sólo puede llevarse a cabo de forma ecológica.

Y debe efectuarse con y para las personas, debe ser una actividad económica, así como un logro social... ¡un acto socioecológico! La gestión forestal socioecológica se diferencia sobre todo de la silvicultura tradicional. Examinaremos a fondo ambas para comprobar cuán lejos están ahora las afirmaciones y la realidad.

Nuestras perspectivas para el futuro ciertamente dan motivos de esperanza cuando reconocemos que todavía formamos parte de los ecosistemas terrestres. Por este motivo, proteger estos ecosistemas en nuestro planeta debe ser una prioridad absoluta para permitir una vida decente para todos

Bosque de hayas de Uholka-ShyrokyiLuh en los Cárpatos ucranianos (Pierre L. Ibisch, junio de 2019).

¿Por qué precisamente el bosque?

¿Por qué deberíamos preocuparnos siquiera por el tema de los bosques? Es una pregunta fácil de responder; porque, en primer lugar, no existiríamos sin el bosque y, en segundo lugar, porque somos capaces de destruir los bosques; de hecho, lo hacemos una y otra vez, y, hasta ahora, no hemos logrado precisamente detener esta evolución negativa.

Esta simple idea da lugar, de manera inevitable, a muchas nuevas y complicadas preguntas: ¿por qué, a pesar de haber sabido durante miles de años que el bosque es tan importante, la humanidad no ha logrado alcanzar el desarrollo social sin destruir los bosques? ¿Sería una opción viable desvincular el desarrollo del consumo de madera y la destrucción de los bosques? ¿Por qué la silvicultura, que también se ha extendido por todo el mundo durante más de trescientos años, no ha podido detener el declive de los bosques? ¿La conservación de los bosques es una cuestión que se puede resolver mejor con más conocimientos de trasfondo? ¿Es posible que necesitemos conocimientos nuevos o diferentes? ¿O, quizás, tiene que ver menos con el conocimiento y más con la política? ¿Necesitamos una «política forestal más ecológica» o una «ecología forestal más política» para preservar los bosques?

Los bosques siempre han fascinado a la gente. El bosque es un lugar donde muchos seres vivos son, obviamente, más grandes y duraderos que nosotros. Eso por sí sólo invita a la reflexión. Los árboles viejos nos conectan con el pasado y el futuro. Los bosques son confusos y, a menudo, siguen siendo insondables y misteriosos. Por lo tanto, contrastan con nuestro entorno de vida moderno creado por el hombre, que se caracteriza por las líneas y los ángulos rectos, por la planificación y la previsibilidad. Los bosques pueden ser silvestres, lo que significa que tienen su propia «voluntad»; lo que ocurre en ellos sigue sus propias reglas. Los bosques traen sorpresas, pueden ser peligrosos para quienes no los conocen.

Pero también pueden protegernos, albergarnos u ocultarnos. Los bosques son a veces oscuros, y, en ocasiones, claros, verdes, coloridos, frescos o húmedos. Huelen a madera, a tierra o a moho. Apelan a nuestros sentidos, estimulan nuestra imaginación y creatividad. Sin embargo, la gran mayoría de las personas de este planeta no viven en el bosque y no lo visitan. Quizás ya no tenga nada que ver con el mundo cotidiano: ¿se ha roto el delgado cordón umbilical que aún conectaba a nuestros abuelos con él? Veremos cuán engañosa es esta impresión a medida que avance el libro.

Ahora vivimos en la era humana, que los científicos han denominado Antropoceno. El motivo de este nombre es preocupante, ya que la humanidad puede influir en el desarrollo de nuestro planeta como sólo podían hacer antes los asteroides o las fuerzas geológicas. La evolución nos ha permitido tener un impacto significativo en toda la biosfera. No importa dónde se encuentre la vida (en los océanos, en los bosques o en las montañas), ya que nos entrometemos. Nuestras actividades están cambiando el clima y estamos liberando sustancias que nunca antes habían existido en la Tierra. Estamos causando la extinción de innumerables especies y afectando al curso de la evolución en todo el mundo. Hemos alcanzado este poder sin haberlo planificado y sin posibilidad de negarnos. Por lo menos ahora sabemos también reconocer las consecuencias negativas de nuestras acciones. Además, tenemos la capacidad de reflexionar y de sentirnos responsables. Ahora debemos trabajar para traducir el sentido de responsabilidad en acciones y proteger la biosfera, incluidos los seres humanos, de nosotros mismos.

Nuestro deseo legítimo de bienestar y desarrollo ha traído a menudo prosperidad a muchas personas, pero también problemas gigantescos para todos nosotros. Las principales crisis y desafíos nos mantienen en vilo: el cambio climático global, la escasez de suministros, así como de agua, energía y suelo, los insectos, las enfermedades, los conflictos y las guerras. ¿Por qué deberíamos preocuparnos por el bosque cuando muchas otras preguntas son quizás mucho más urgentes?

Ahora, a veces se oyen voces, incluso de científicos que están muy preocupados por el futuro, de que, por desgracia, hemos dejado que llegue muy lejos, que salvar el mundo debe hacerse en estos momentos de una forma un tanto «chapucera».[1] Simplemente ya no hay tiempo para el purismo. Estaría bien preservar también muchos bosques naturales, aunque eso ya no funcionaría.

¿Salvar el mundo a costa de los últimos bosques? En efecto, la historia de las civilizaciones humanas está en particular marcada por el hecho de que los bosques tuvieron que ceder terreno para que, poco a poco, más personas pudieran vivir cada vez mejor. En los lugares donde crecen bosques, los alimentos no suelen producirse de forma intensiva. Los bosques compiten con los seres humanos por el espacio que parece que necesitamos para construir nuestros asentamientos, cultivar nuestros campos y criar a nuestros animales de granja. Pero los bosques también se interponen en nuestro camino cuando queremos desplazarnos con rapidez por tierra en coche o tren. Incluso en la era moderna de los países industrializados, parecen ocupar demasiado espacio, ya que necesitamos con urgencia generar energía renovable con ayuda de la fotovoltaica y los aerogeneradores para poder resolver el gigantesco problema climático. Se entiende tan poco del bosque que creemos que podemos simplemente moverlo. Si se corta un árbol viejo, se planta uno nuevo en otro lugar. Pero la joven plantación no puede reemplazar al bosque talado, sólo puede calmar la conciencia.

Una justificación esencial para querer preservar los bosques es que deseamos beneficiarnos de sus productos. La gran mayoría de las personas y, en especial, las que quieren o tienen que ganar dinero gestionando los bosques, pensarían en la madera en este contexto. A pesar de que los bosques a menudo se interponían en el camino de los seres humanos, fue justamente la madera la que nos permitió conquistar el mundo.

Al principio había fuego. Gracias a él, pudimos hacer que los alimentos fueran más fáciles de digerir o que nuevos alimentos venenosos o indigeribles sin cocer estuvieran disponibles en nuestra dieta. Con la ayuda del fuego, pudimos cazar y diseñar de manera eficaz nuestro espacio vital. La leña fue la primera garantía de que podíamos ser algo independientes de las inclemencias de la naturaleza. Nos permitió avanzar hacia regiones frías del mundo que antes no eran aptas para la vida humana. Se podía transportar a otros lugares la energía solar captada por los árboles y liberar el calor allí en otro momento. La leña permitía sobrevivir a las estaciones frías severas y llevar la luz a la oscuridad de las cuevas y las casas.

También fue el primer combustible de los tiempos modernos. La quema de árboles impulsó las máquinas de vapor y, por lo tanto, marcó el comienzo de la industrialización.[2] Aunque el uso de la leña, excepto por las hogueras y las acogedoras estufas o chimeneas en casa, pasara de moda en los países industrializados, hace poco tiempo se redescubrió como un combustible supuestamente ecológico incluso para generar electricidad en centrales eléctricas de madera.

La madera también nos abrió el camino a la civilización como material de construcción. Las armas, las herramientas agrícolas, los contenedores como barriles o baldes, los muebles y, por último, las casas ayudaron a las personas a que su vida fuera más fácil y a depender algo menos de la naturaleza y de un suministro irregular de recursos. De hecho, la Edad de Piedra probablemente debería llamarse Edad de la Madera,[3] ya que muchos instrumentos y herramientas, como hachas, flechas, arcos y azadas, estaban hechos sobre todo de madera y sólo una pequeña parte de piedra. Cuando, hace unos 5000 años, la gente de la zona de la actual Inglaterra desplazó bloques de piedra que pesaban toneladas hasta una distancia de 250 kilómetros y creó un lugar de culto único en Stonehenge (en el sur de Inglaterra), sólo pudo hacerlo con la ayuda de la madera. Incluso entonces, deben haberse llevado a cabo enormes intervenciones en los bosques. Lo que mucha gente no sabe es que también se creó un lugar de culto de madera muy cerca de Stonehenge, denominado es Woodhenge.[4]

Mientras que los metales reemplazaron a las piedras de la tecnología de herramientas humanas, la madera permaneció presente, no sólo en forma de camas, estanterías, cajas y palés, sino también en la fabricación de instrumentos sofisticados como violines o pianos. La madera también se considera en la actualidad un material particularmente moderno para la construcción de edificios.[5] Todavía sirve de techo a gran parte de la humanidad en forma de vigas y listones y se utiliza incluso cuando se construyen edificios de vidrio, acero y hormigón.

La madera también desempeñó un papel central al principio de nuestro viaje hacia la globalización. Fue el material de construcción de las flotas con las que algunas sociedades se propusieron descubrir otras partes del mundo y, luego, a someterlas como colonias.

Esto comenzó en la antigüedad, y la región mediterránea se considera un ejemplo alarmante de cómo la construcción naval y de asentamientos, la agricultura y la extracción de carbón vegetal pueden dañar irremediablemente o incluso hacer desaparecer los ecosistemas forestales.[6] En el caso de la zona mediterránea, también está claro cómo la destrucción de los recursos ambientales puede contribuir al debilitamiento y la desintegración de los sistemas políticos. Sin embargo, el hecho de que la historia continuara igual, a pesar de la destrucción de los bosques, sólo se debió a que se podían traer los recursos de otras regiones del mundo.

La escasez de madera ha pasado a la historia medioambiental, en especial en Europa. En varios países, los bosques se encontraban en tan mal estado después de la Edad Media que las consecuencias económicas y políticas parecían amenazadoras.

El minero Hans Carl von Carlowitz de Sajonia adquirió fama por animar a la gente a dedicarse sistemáticamente a la producción de madera por motivos económicos. En 1713, escribió su obra *Sylvicultura oeconomica*. Puede que éste no sea realmente el nacimiento de la sostenibilidad, pero fue la invención de la silvicultura en el sentido del cultivo planificado de árboles similares a los cereales en los campos para registrar los recursos de madera necesarios, es decir, para poder controlarlos mejor.

A pesar de estas antiguas preocupaciones y soluciones, la destrucción de los bosques está progresando en todo el mundo debido, sobre todo, a la expansión de la agricultura, pero también a la codicia por obtener la valiosa madera virgen de los bosques. Incluso en países industrializados como Alemania, donde no existe un crecimiento demográfico

Bahía, en el este de Brasil: una selva tropical costera con una biodiversidad excepcional que fue destruida para la ganadería (Pierre L. Ibisch, abril de 2015).

significativo, se siguen talando bosques para la construcción de minas a cielo abierto o incluso de carreteras. Al final, esto significa que estos bosques no valen nada para la sociedad o no lo suficiente en comparación con los usos alternativos de la tierra.

Sólo desde la perspectiva del empleo de la madera, tiene sentido trabajar intensamente por los bosques y su existencia continua. Ya hace tiempo que está claro en qué medida los bosques funcionales, en particular, forman parte de nuestro hábitat global y, por tanto, no podríamos existir sin ellos. Si se pierde ese garante de la existencia humana y de nuestro bienestar, los economistas y los políticos deberían diagnosticar realmente un fallo del mercado y tomar medidas. Sin embargo, no ha sido el caso hasta ahora. De este modo, el bosque no está en mejor situación que los demás componentes del ecosistema global que desde hace tiempo reconocemos como la base de la vida, ya sean los océanos y los peces, los suelos fértiles, la biodiversidad o incluso el clima mundial.

¿Y qué hay de las décadas de esfuerzos políticos internacionales para detener la destrucción de nuestros medios de vida? Alrededor de 1992, las Naciones Unidas organizaron una cumbre de la Tierra sobre el tema «Medio ambiente y desarrollo». El resultado fueron las leyes ambientales globales, las llamadas convenciones. Se refieren, por ejemplo, al clima, a la diversidad biológica y a la desertificación. También se estaba negociando una convención para preservar los bosques, pero no se consideró seriamente. ¿Puede existir de verdad un rescate mundial sin bosques?

Por desgracia, la conservación de los bosques tiene un historial aún peor que otros ámbitos de la política medioambiental. Con respecto a los bosques, los intereses económicos a corto plazo muy bien definidos parecen en particular incompatibles con los «objetivos de sostenibilidad» a largo plazo. Esto es cierto en países con densos bosques como Brasil, Canadá o Rusia, a los que les resulta difícil decidir sobre la conservación eficaz de los bosques, incluso porque una cantidad extraordinariamente grande de opciones de desarrollo a corto plazo y oportunidades de ganancias parecen estar asociadas con la conversión de los bosques o el uso de la madera. No obstante, éste es el caso incluso en los países industrializados, que ya no tienen muchos bosques y, desde luego, no obtienen su poder económico de ellos. Por ejemplo, los esfuerzos de la Comisión Europea por lanzar una estrategia forestal en la Unión Europea contaron con la oposición de estados miembros como Alemania, que argumentó que la estrategia era desequilibrada. La consideración de los objetivos ambientales (clima y biodiversidad) era demasiado unilateral y se descuidaba la contribución de los bosques gestionados y la madera a la bioeconomía. En cualquier caso, no quieren que la comunidad internacional los convenza para que se ocupen de los bosques. Sin embargo, los mismos estados critican a países como Brasil por no hacer lo suficiente para preservar los bosques.

¿Podría este comportamiento miope tener algo que ver con el hecho de que muchas personas no conocen en realidad el bosque? ¡Esto tiene una fácil solución en las páginas siguientes!

La isla de Vilm, en el mar Báltico, declarada reserva natural desde 1936, fue un lugar de vacaciones protegido por el gobierno de la República Democrática de Alemania (RDA) desde 1959 y forma parte de la Reserva de la Biosfera del Sureste de la isla alemana de Rügen desde 1994.
La última tala a gran escala tuvo lugar en 1527 y se dejó de talar por completo en 1812. El pequeño «bosque primigenio» es también un santuario europeo de aves y un hábitat para la fauna y la flora (Pierre L. Ibisch, mayo de 2017).

El bosque es más que la suma de sus árboles

Los bosques son ecosistemas.

El término procede del griego antiguo *oikos,* «hogar».

Los sistemas son un todo organizado y ordenado.

En realidad, esto no es fácil de entender sin una explicación.

¿Cuál debería ser la naturaleza de los sistemas presupuestarios?

Resulta casi paradójico. La naturaleza terrenal nos rodea directamente y nuestra existencia depende por completo de ella. Sin embargo, aún nos faltan palabras comprensibles para todo el mundo que reflejen con claridad de qué se trata todo esto.

El término «ecosistema» es un concepto tan complejo que a menudo se simplifica para que también pueda usarse fuera de los círculos de expertos. Un ecosistema se define a menudo por el hecho de que está formado por organismos vivos, una comunidad o biocenosis y un hábitat, el biotopo. Sin embargo, esta definición no hace justicia a la idea del creador de este concepto, Arthur Tansley, quien inventó el ecosistema precisamente para evitar el término comunidad. Se trataba, en esencia, del sistema y de lo sistémico, es decir, de la interacción, y no sólo del resultado de las partes.

Por un lado, se aplica lo siguiente: «el bosque es más que la suma de sus árboles» y, por otro lado, un ecosistema no se crea automáticamente manteniendo varios organismos vivos juntos en un solo lugar. Los jardines zoológicos o botánicos no son ecosistemas, sino que deben ser cuidados y mantenidos con esmero para que se conserven. Entonces, ¿qué hace que un bosque sea «ecológico» y qué lo convierte en un «sistema»?

Comprender el ecosistema es tan importante que vale la pena analizarlo más de cerca. No sólo hay que entender los componentes centrales de los ecosistemas, sino, sobre todo, los procesos internos, el combustible que los mantiene en funcionamiento, sus efectos y funciones. Entender y gestionar ecosistemas como los bosques significa, por consiguiente, no tanto conocer las partes individuales con la mayor precisión posible y trabajar en ellas individualmente, cuanto pensar en términos de interrelaciones y su conjunto. Por este motivo, en los siguientes apartados nos familiarizaremos con las múltiples interrelaciones físicas, químicas y biológicas de los bosques. Quien quiera vivir de los árboles y los bosques no puede ignorar las moléculas, como tampoco puede ignorar el propio concepto de vida. No hay que preocuparse, el ser humano también está implicado como parte de los ecosistemas.

Las partes individuales en relación con el todo

En este punto, cabe recordar al destacado investigador y pensador Alexander von Humboldt. Sigamos su «esfuerzo por comprender los fenómenos de las cosas físicas en su contexto general, la naturaleza en su conjunto movida y animada por fuerzas internas». Aunque parezca que «sólo» tiene que ver con el bosque, podemos sentirnos comprometidos con una comprensión cósmica humboldtiana de la ciencia. «Los detalles en el conocimiento de la naturaleza son, según su naturaleza interior, capaces de fecundarse mutuamente como a través de una fuerza apropiadora»,[1] y «en el estudio del cosmos, sólo se considera al individuo en su relación con el todo, como parte de los fenómenos del mundo».[2]

1. von Humboldt, A. (1845). *Cosmos: ensayo de una descripción física del mundo.* Gaspar y Roig, Editores, págs. 1874-1875.
2. *Ibid.*

Los bosques son sistemas

> «Ha llegado el momento de sustituir la visión molecular puramente reduccionista por una visión nueva y verdaderamente holística del mundo viviente, que se centra en la evolución, la emergencia y la complejidad inherente a la biología».
>
> Carl Woese (2004)[1]

Utilizamos la palabra sistema con bastante frecuencia en el lenguaje cotidiano. En griego antiguo, *systema* significa un «todo organizado, un todo formado por partes». Proviene de la raíz *synistanai*, «unir, organizar, poner las cosas en orden». El significado de «conjunto de principios, hechos, ideas, etc. interrelacionados» apareció por primera vez en la década de 1630. Su uso como «cuerpo animal como un todo organizado, la suma de los procesos vitales de un organismo», se ha documentado desde la década de 1680.[2]

Desde la antigüedad, la gente se ha preguntado por qué existe un orden en la naturaleza, cómo se crean las formas y cómo encaja todo. Hasta el siglo XX, no surgió una teoría general de sistemas, propuesta por Ludwig von Bertalanffy.[3] Ha abonado muchas ciencias y ha dado lugar a una forma completamente nueva de pensar en relaciones. La sistemática es un requisito básico para la ciencia de la gestión de la naturaleza, la ecología.

Los sistemas constan de varios componentes que interactúan entre sí. Interactúan e intercambian alguna cosa, que, a su vez, produce efectos. La consecuencia más importante es que estos componentes forman un todo más grande que tiene propiedades por completo diferentes a las de las partes individuales. Este fenómeno se denomina emergencia. Los sistemas tienen propiedades recién originadas, es decir, emergentes. Los sistemas pueden estar vivos, pero también pueden ser inanimados. Los sistemas inanimados son, por ejemplo, átomos o moléculas, cada uno de los cuales consta de componentes individuales. Pueden atraerse y unirse. Cuando, por ejemplo, dos átomos de hidrógeno y un átomo de oxígeno reaccionan entre sí y forman una molécula, se crea una molécula de agua. A ciertas temperaturas, los gases invisibles se convierten en un líquido visible con propiedades nuevas que no tienen nada que ver con las propiedades de los dos gases.

Los átomos de carbono individuales se combinan para formar diamantes, grafito o fullerenos. Tres sustancias diferentes, blandas, duras, solubles, conductoras o no de electricidad. Entre el grafito, un lubricante casi sin valor, y los diamantes, tan apreciados, la diferencia percibida difícilmente po-

Con gran fuerza y capacidad de adaptación, los bosques pueden conquistar los lugares más inéditos. Un haya rupícola en el bosque primigenio de Monte Cimino, en el Lacio, Italia, que forma parte del Patrimonio Mundial de la UNESCO «Antiguos hayedos y bosques primigenios de hayas de los Cárpatos y otras regiones de Europa» (Pierre L. Ibisch, septiembre de 2018).

dría ser mayor. Unos 20 gramos de grafito cuestan 50 céntimos, mientras que 20 gramos de diamantes pueden costar decenas de millones de euros. En el caso del carbono, la disposición espacial y la forma en que los átomos de carbono están conectados entre sí determinan las propiedades emergentes del material. En este caso ya se aplica la asombrosa idea de que no son las partes las que determinan las propiedades de lo que es, ¡sino sus interacciones!

El carbono tiene una importancia fundamental para la vida en el verdadero sentido de la palabra. Si se añaden doce átomos de hidrógeno y seis de oxígeno a seis átomos de carbono, puede producirse glucosa. En la naturaleza, esta reacción química es la base de casi toda la vida que conocemos. Son las algas unicelulares o los cloroplastos de las plantas verdes los que primero descomponen gradualmente el agua en hidrógeno y oxígeno y luego dejan que el dióxido de carbono, una molécula formada por un átomo de carbono y dos de oxígeno, reaccione con el hidrógeno para que al final se produzca de nuevo glucosa y agua. Para ello, necesitan la energía que proviene del sol. Además, el oxígeno se libera como producto de desecho. El proceso se llama fotosíntesis, es decir, «producción de luz».

Otros organismos, como los animales, pueden llevar a cabo una cadena de reacciones químicas en sus células que prácticamente puede invertir la fotosíntesis. Descomponen la glucosa con la ayuda del oxígeno, producen agua y dióxido de carbono y, por lo tanto, pueden obtener la energía para sus propias vidas, que las plantas almacenaron con anterioridad en la molécula de azúcar. Este proceso se conoce como respiración. Todos los seres vivos son en sí mismos sistemas que existen y funcionan gracias a la cooperación de sus moléculas y células. En el momento en que cesa esta cooperación, los seres vivos mueren y se desintegran en sus partes individuales.

Las interacciones estrictamente organizadas de las moléculas de los organismos, que hacen algo entre sí (en este caso se comen a las demás), dan como resultado propiedades emergentes no sólo del ser vivo, sino también del sistema más amplio. En este caso, significa que un hábitat muerto de rocas, agua y gases en la atmósfera se revive y, por lo tanto, se convierte en una biosfera. Los organismos vivos influyen en su entorno. Cuando las plantas producen más oxígeno del que exhalan los animales, la composición de la atmósfera cambia. Esto sucedió de una manera bastante dramática al comienzo de la evolución de las plantas. Tras el desarrollo de la fotosíntesis, el oxígeno gaseoso antes desconocido se acumuló en la atmósfera hace unos 2200 millones de años.[4] El oxígeno es altamente reactivo. Por ejemplo, hace que el hierro se oxide y, cuando entra en contacto con el hidrógeno, hace que se produzca una reacción explosiva y se genere agua. Para los organismos primitivos, este oxígeno agresivo en un principio era un veneno. Primero tuvieron que adaptarse a él y desarrollar estrategias para hacer que resultara inofensivo, hasta el punto de que llegaron a depender de él.

Esto es algo típico de los sistemas; las propiedades emergentes pueden desencadenar más consecuencias y reacciones en cadena, que a menudo también tienen un efecto sobre los desencadenantes. Esto se denomina retroalimentación. En este caso, la vida «inventó» la fotosíntesis y usó el azúcar para hacer circular los nutrientes que hicieron posibles nuevas formas de vida, como, por ejemplo, los animales. Como resultado, la vida se ha fortalecido o multiplicado mediante la creación de licencias para nuevos organismos, una retroalimentación positiva. Sin embargo, esto no fue positivo para los organismos establecidos desde hace tiempo. Las bacterias originales, las arqueas, a partir de las cuales comenzó la evolución de todos los demás organismos, fueron desplazadas a lugares donde no se encuentra oxígeno tóxico para ellas. Por ejemplo, viven en manantiales volcánicos o colonizaron los intestinos de los animales tras su evolución (lo que parece un poco injusto para los «inventores» de la vida).

El oxígeno se convirtió en el motor de la evolución.[5] La vida no se envenenó a sí misma con su producción, sino que creó la base para la explosión total de formas de vida. Hasta ese momento, todos los seres tenían que existir descomponiendo moléculas inorgánicas como los sulfatos. El desarrollo de las dos innovaciones clave, la fotosíntesis y la respiración, desencadenó entonces una verdadera escalada de la retroalimentación.

Las diversas interacciones de los sistemas (reacciones, contrarreacciones, retroalimentaciones) dan lugar a una propiedad básica de los sistemas que se da por descontada. En efecto, los sistemas se organizan por sí mismos sin necesidad de recibir órdenes externas. Como las partes individuales se unen e interactúan, se crea un orden y, a menudo, también se desarrollan procesos que refuerzan o estabilizan este orden y la organización. Pero un momento, ¿las moléculas de nuestro cuerpo trabajan juntas y nos mantienen vivos sin que se les ordene ni controle en ningún lugar de forma centralizada y detallada? ¿No es necesario tener fuerzas organizadoras para ello? Un poco de paciencia y aclararemos esta duda.

Un ecosistema se crea a partir de varios organismos vivos que interactúan entre sí de manera ordenada. Sin embargo, el orden y la composición del sistema están regulados de un modo menos estricto que en los propios organismos individuales. No obstante, los ecosistemas pueden formar parte de un todo mayor. Un ecosistema forestal se diferencia de un ecosistema de pantano o de un ecosistema estepario en las especies participantes, el aspecto externo y las funciones especiales. Como los componentes de un sistema interactúan entre sí de forma mucho más intensa que con otras partes externas, existen límites más o menos visibles. Estos, no obstante, están abiertos. Un pájaro puede volar del bosque a una playa adyacente y la arena de un ecosistema de dunas puede arrastrarse de la playa al bosque de pinos vecino. Sin embargo, el bosque sigue siendo bosque, y la duna, una duna. También, en este caso, surge la misma pregunta que con nuestro cuerpo: ¿cómo se mantienen y organizan esos ecosistemas?

Echemos un vistazo más de cerca a uno de estos sistemas, el bosque. Su rasgo más destacado son los árboles. Se elevan muy por encima de la superficie terrestre y, por lo tanto, por encima de otras plantas, un proceso sistémico por excelencia. Las plantas verdes necesitan luz solar; cuanto más tengan, mejor. En este sentido, es concluyente que, en el curso de la evolución, se desarrollaron materiales de construcción que permitieron a las plantas crecer más, estar más cerca y sin sombra de la luz, y desarrollar una copa mucho mayor que el punto donde echaron raíces.

Gracias a la celulosa y, en especial, a las ligninas, es decir, a la evolución de la madera, las plantas pudieron formar verdaderas torres: se crearon los árboles. Las ligninas (del latín *lignum,* «madera») son moléculas orgánicas complejas que constan de varios componentes. Se almacenan en las paredes celulares y, por lo tanto, les confieren una gran resistencia. Constituyen hasta un tercio de la materia seca de las plantas leñosas y, por consiguiente, se encuentran entre las sustancias más comunes producidas por los organismos vivos en la naturaleza. La formación de los árboles puede considerarse una carrera armamentista evolutiva. La sombra que proyectaba el primer árbol joven significaba una desventaja para las plantas que permanecían en el suelo. Éstas, en consecuencia, fueron estimuladas para que desarrollaran también estructuras altas, y, quizás, para que crecieran aún más rápido. El crecimiento rápido hace que las plantas sean inestables, lo que sólo se puede prevenir utilizando más material. Todo esto resulta muy costoso. Por este motivo, incluso entonces era cierta la pregunta: «¿Cómo puedes encontrar alternativas más baratas?».

Algunas plantas, como las lianas, se lo tomaron con calma y empezaron a trepar a los árboles. Otras, las llamadas plantas colgantes o epífitas, se acomodaban directamente sobre los troncos de los árboles o en el espacio de las copas sobre las ramas. ¿Por qué invertir energía en la formación de un tronco si alguien más ya lo ha hecho? Sin embargo, hay una trampa, ya que las condiciones de vida son mucho más extremas allí que sobre el terreno. Las plantas no sólo necesitan luz y aire, sino también agua y nutrientes. Estas dos últimas sustancias difícilmente se pueden obtener sin contacto con el suelo, a menos que se sea bastante inventivo. Un buen ejemplo de ello son las plantas piña, las bromeliáceas. Algunas forman un enorme embudo con sus hojas, que utilizan para captar el agua de la lluvia; según la especie, pueden llegar a acumular muchos litros. Y como ahora está en el lugar equivocado, es decir, no en la parte inferior de las raíces, sino en la parte superior, el agua fría simplemente se absorbe a través de las hojas.

En el transcurso de la evolución, algunas plantas simplemente dieron la vuelta a la tortilla y comenzaron la carrera por la luz en la línea de meta. Primero germinan en la copa de un árbol (las semillas pueden llegar allí gracias a las aves, que las transportan, por ejemplo), echan raíces en el suelo y luego se fortalecen. En casos extremos, estas semiepífitas pueden crecer alrededor del antiguo árbol portador, literalmente estrangularlo y, luego, ocupar su lugar, como las higueras estranguladoras. Si no cultivas un tronco como planta en el bosque y tan sólo te quedas en el suelo, tendrás que conformarte con poca luz o aprovechar el tiempo con más luz cuando los árboles no tienen hojas, por ejemplo, en primavera o durante la estación seca.

Todas estas innovaciones en los ecosistemas se logran mediante la interacción de las mutaciones, es decir, los cambios en el programa genético, que almacenan las soluciones para los diversos beneficios de la vida y las selecciona. Lo que resiste el paso del tiempo hace que progrese. Cuantos más cambios y desafíos haya en un sistema, más deberán superarlos sus componentes y encontrar soluciones. La formación de los árboles y la estructura tridimensional de los bosques han impulsado en gran medida la evolución del crecimiento de las plantas y la diversidad de las estrategias de vida, otro ejemplo más de la escalada de los procesos de retroalimentación.

La ventaja de convertirse en árbol es que su crecimiento ha evolucionado muchas veces de forma independiente. No todas las criaturas con forma de árbol descienden de un solo árbol original. Más bien, los árboles se crearon independientemente unos de otros, y varias veces, en helechos y plantas parecidas a helechos, colas de caballo, coníferas y plantas con flores. Los primeros árboles *Cla-*

Dióxido de carbono: molécula pequeña, gran impacto climático

La molécula de CO_2 es muy especial porque trata los diferentes rayos de luz y calor de manera distinta en la atmósfera. La radiación de luz y calor con longitudes de onda largas se absorbe; la luz de onda corta, no. Como resultado, la luz de alta energía del espacio se transmite a la superficie terrestre como si pasara por una lámina de vidrio. Sin embargo, gran parte de la radiación térmica reflejada por la Tierra permanece atrapada en el invernadero que la rodea. Esto provoca el calentamiento, y por ese motivo, la concentración de CO_2 en la atmósfera regula la temperatura. El CO_2 se libera del interior de la Tierra, por ejemplo, durante las erupciones volcánicas.

Si no se volviera a capturar el dióxido de carbono, se esperaría un calentamiento constante. Esta captura ocurre, entre otras cosas, cuando los organismos se forman con conchas calcáreas: el agua, el calcio y el CO_2 reaccionan para formar carbonato de calcio, la cal. Cuando las conchas calcáreas de la vida marina, como las de los foraminíferos o de los mejillones, entre otras, se hunden en el fondo del océano, se forma piedra caliza, que puede mantener el carbono fuera de la atmósfera durante millones de años. El otro mecanismo de captura de carbono se produce mediante la fotosíntesis de las plantas, que producen azúcar a partir del aire y el agua, y sientan las bases para la formación de cualquier biomasa.

En épocas geológicas anteriores, la concentración de CO_2 en la atmósfera era

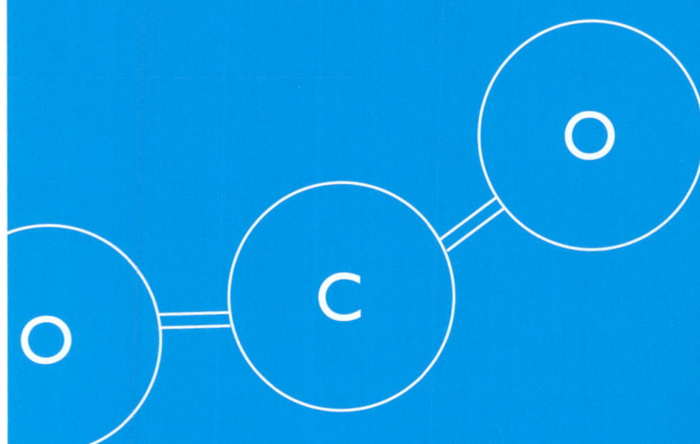

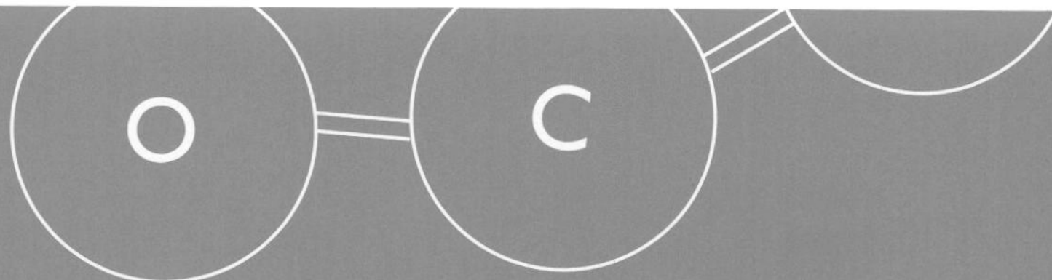

significativamente mayor. Hace unos 60 a 52 millones de años, 2000 de cada millón de partículas en la atmósfera eran de dióxido de carbono (es decir, 2000 por millonésimas, ppm o el 2 por 100). Cuando había mucho CO_2 en la atmósfera y una vegetación en extremo productiva en la Tierra, el contenido en oxígeno también era mayor. Como resultado, los insectos como las libélulas podrían crecer muchísimo y alcanzar una envergadura de hasta 70 centímetros.[1]

En el período de hace 55 a 40 millones de años, hubo una fuerte disminución, tal vez debido a la reducción de las emisiones de CO_2 a través de procesos geológicos. Desde hace unos 24 millones de años, la concentración de CO_2 en la atmósfera parece haberse mantenido por debajo de las 500 ppm y también ha permanecido mucho más estable que antes.[2]

Como parte de la investigación sobre el cambio climático, los científicos han investigado muchísimo las relaciones entre las temperaturas globales y las concentraciones de dióxido de carbono. De acuerdo con la imagen del invernadero, distinguen entre períodos cálidos, templados y fríos, y períodos glaciales. Los distintos períodos climáticos fueron el resultado de una interacción de, entre otras cosas, acontecimientos geológicos, como la posición de las placas continentales en la Tierra, la radiación solar, la formación de hielo y glaciares y el desarrollo de la vegetación. El desarrollo climático también es un proceso sistémico que resulta de las interacciones de los componentes. Como resultado, las mismas condiciones climáticas no se repetían una y otra vez, sino que de continuo se creaban situaciones del todo nuevas.

Desde la época de los dinosaurios (período Cretácico), hubo condiciones domésticas cálidas y calurosas durante muchos millones de años, que fueron más de 5 a 10 °C más cálidas que en la actualidad. Hace 34 millones de años, la Tierra cálida pasó a ser fría. Las temperaturas descendieron de un modo brusco y la Antártida se heló. La Edad de Hielo posterior se caracterizó por el hecho de que el hemisferio norte también se fue helando, a veces más y, en ocasiones, menos. Las glaciaciones, que se repiten periódicamente, se convirtieron en un importante motor de la evolución biológica y los procesos ecológicos en Norteamérica y Eurasia. Sin embargo, también tuvieron efectos significativos en los trópicos, ya que se produjeron menos precipitaciones en todo el mundo durante las épocas frías.

Durante alrededor de 3,3 millones de años, el clima, la atmósfera y la biosfera han entrado en un estado que nunca había existido de manera comparable en 60 millones de años, o tal vez incluso mucho antes.[3] Además de la distribución de los continentes en el mundo, la vida (especialmente en los océanos) también puede haber sido importante para la nueva situación.

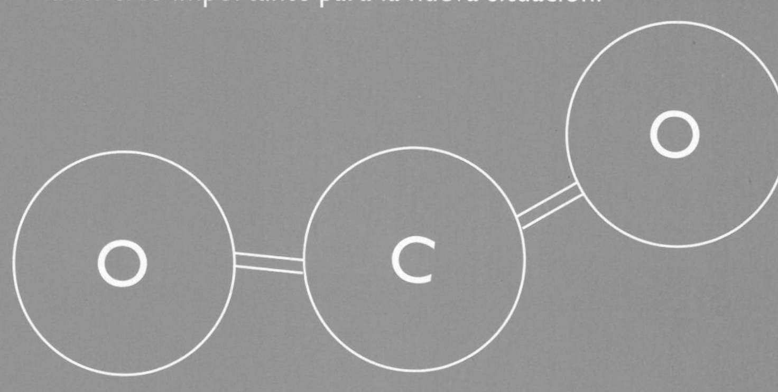

1. Barras, C. (2019). «Scientists have discovered the world's oldest forest — and its radical impact on life». *Science*. 10.1126/science.aba6333.
2. Pearson, P.; Palmer, M. (2000). «Atmospheric carbon dioxide concentrations over the past 60 million years». *Nature* 406: 695-699. 10.1038/35021000.
3. Westerhold, T. *et al.* (2020). «An astronomically dated record of Earth's climate and its predictability over the last 66 million years». *Science* 369: 1383-1387. 10.1126/science.aba6853.

Hace unos 15-20 millones de años: los árboles fósiles proporcionan pistas sobre ecosistemas forestales anteriores. El «bosque de piedra» de Sigri, en la isla griega de Lesbos, se caracterizaba por la presencia de pinos, cedros y coníferas tipo secuoya, así como de carpes, alisos, robles, laureles, canelos y álamos. Un bosque subtropical-tropical que ya no existe en Europa (Pierre L. Ibisch).

doxylopsida[6] existieron en el Devónico hace unos 400 millones de años. *Eospermatopteris*, una planta con frondas parecidas a las de los helechos, ya alcanzaba los 30 metros de altura o más.

En el período Carbonífero, hace entre 300 y 360 millones de años, existían extensos bosques pantanosos de *Sigillaria* y *Lepidodendron*, árboles de la familia de *Lycopodium* con una bonita corteza en forma de botón o diamante. Sus restos hoy en día todavía están allí en grandes cantidades bajo tierra, y nosotros los sacamos a la luz en forma de carbón. En la era de los dinosaurios, el Jurásico, aparecieron las primeras coníferas, que ya se aproximaban a los árboles actuales. Por ejemplo, algunos fósiles de ginkgo de hasta 170 millones de años todavía se parecen en la actualidad a ejemplares vivos emparentados.[7]

La formación de los árboles dio a la evolución en la Tierra una dirección por completo nueva. Los bosques empezaron a interferir en el clima mundial. En el Carbonífero, los árboles de los primeros grandes bosques absorbieron grandes cantidades de dióxido de carbono y sus troncos finalmente solo se descompusieron de manera incompleta en los pantanos, lo que creó grandes depósitos de carbono causados por los organismos terrestres por primera vez. El carbono no sólo tiene una importancia fundamental como elemento de construcción de la vida, sino que también, junto con el oxígeno o el hidrógeno, posee una influencia controladora sobre las condiciones de vida en la atmósfera. El dióxido de carbono (CO_2) y el metano (CH_4) son importantes gases de efecto invernadero que garantizan que la temperatura terrestre sea favorable para la vida.

La nueva formación de suelos forestales enraizados y ricos en carbono que se dio en la historia de la Tierra habrá contribuido a la disminución de los niveles de dióxido de carbono en la atmósfera y, por lo tanto, a cambiar el clima. En el Silúrico (hace de 443,4 a, aproximadamente, 419 millones de años), los suelos ya eran impresionantemente densos y profundos, con raíces. En el Devónico (hace entre 419 y unos 359 millones de años), las plantas leñosas y los árboles se convirtieron en dominantes, lo que hizo que el consumo de carbono fuera aún mayor, y puede haber contribuido a las últimas glaciaciones (desde hace 34 millones de años), al menos en cierta medida.[8]

El mayor desafío en el desarrollo de los árboles no es la formación y el mantenimiento de unos troncos sólidos y duraderos, sino el suministro de agua desde las raíces hasta las hojas. También en este contexto, hubo consecuencias sistémicas y propiedades emergentes en extremo importantes en el bosque. Las primeras plantas unicelulares nadaban en el agua y sólo necesitaban absorberla. En tierra, las plantas tuvieron que empezar a gestionar el agua. El agua se absorbió en un primer momento de una forma más o menos pasiva. Muchos musgos, por ejemplo, absorben agua, pero también pueden volver a secarse sin morir. Las plantas modernas desarrollaron una especie de conductos de agua para que ésta pudiera llegar desde el suelo hasta el lugar de la fotosíntesis. Se evapora en las hojas, creando una succión evaporativa que repone el agua. Sin embargo, esto resulta cada vez más difícil en árboles grandes, algunos de los cuales miden más de 100 metros de altura.

A medida que aumenta el tamaño de los árboles, por supuesto, también lo hacen las necesidades de agua. Una haya completamente desarrollada puede tener más de 1000 metros cuadrados de superficie foliar. Esto, a su vez, significa que el enraizamiento del suelo en los bosques debe tener lugar de manera más intensa que en el caso de los pastos y las hierbas de las estepas, por ejemplo. Es fundamental que las raíces lleguen más en profundidad, lo que también es necesario para anclar los enormes troncos. Al mismo tiempo, un enraizamiento más fuerte provoca cambios en el propio suelo. La erosión de las rocas se acelera, el suelo se afloja más, se airea y se enriquece con excrementos ricos en nutrientes, que son necesarios para otros organismos.

Los primeros árboles y bosques crearon no sólo un nuevo tipo de hábitat por encima del suelo, sino también un reino de vida subterráneo por completo nuevo, la llamada rizosfera,[9] el suelo activo atravesado por las raíces. La formación de bosques comenzó en pantanos y en suelos fértiles; sólo después de cierto retraso, los árboles del Carbonífero Medio consiguieron colonizar suelos arcillosos pobres en nutrientes o arenas de cuarzo.

No obstante, queda por repetir, una y otra vez, que la evolución es un proceso increíblemente dinámico que tiene lugar en los sistemas. Durante mucho tiempo, la teoría de la evolución se explicó como un proceso de especiación. Por lo tanto, prevaleció la impresión de que la evolución sólo afectaba a las especies animales y vegetales *per se*. Sin embargo, la evolución biológica ha ido acompañada de una evolución ecológica. No sólo han cambiado los componentes, sino también el panorama general, el entorno de los organismos vivos y las interacciones entre ellos.

Lo que queda meridianamente claro tras explicar los escasos ejemplos es que ciertas características de los organismos crean nuevas condiciones para su propio florecimiento, así como nuevos hábitats y nuevas oportunidades de interacción con otros organismos y entre ellos. Dicho de otro modo, con el desarrollo de un nuevo tipo de hábitat, los bosques, también aumentó de manera significativa la diversidad de los animales terrestres.[10]

Además, queda clara otra cosa; en sistemas con muchos componentes diferentes, hay muchísimas posibilidades de interacción entre ellos. ¿Comienzas a marearte? Nosotros también y, por eso, es hora de pensar en términos de complejidad.

Números de especies del Paleozoico Medio (fósiles conocidos)

A medida que los árboles y los bosques se hicieron más abundantes y diversos, también fue aumentando la diversidad de otros grupos de organismos.

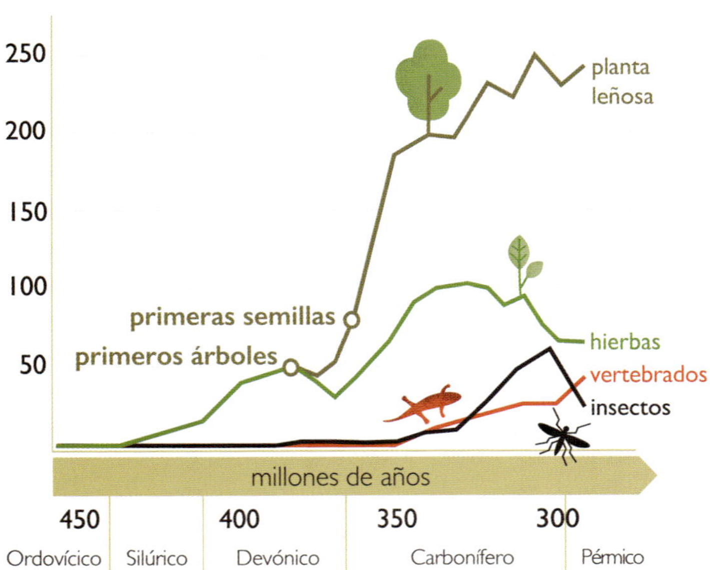

Fuente: G.J. Retallack (1997): «Early forest soils and their role in Devonian global change ». *Science*, 276: 583-585.

Los bosques son impredecibles

Hemos visto que los bosques son sistemas complejos en los que muchos componentes diferentes están vinculados entre sí. Por este motivo, a veces no son fáciles de entender.

Cuantas más partes, más interacciones

Los sistemas complejos son sistemas en los que su comportamiento no puede inferirse simplemente a partir de sus propiedades. Siempre son buenos para las sorpresas. Los sistemas más sencillos, como los átomos, formados por electrones, protones y neutrones, y sus partes individuales, como los quarks, siguen siendo más o menos fáciles de predecir. La diversidad de tipos de átomos es limitada, con los 118 elementos químicos que ahora se conocen.

En la naturaleza se encuentran 94 elementos, de los cuales 83 han existido desde la formación de la Tierra, mientras que los demás fueron producidos por el hombre. Estos elementos, como el hidrógeno, el oxígeno, el carbono, el nitrógeno o el hierro, forman todo lo que constituye la materia: todos los gases, líquidos o sólidos. Ya se ha mencionado que

La suma y las partes: ¿cuántos tipos de moléculas existen en realidad? ¿Y de cuántos átomos y moléculas constan los sistemas vivos?

Los químicos han clasificado 2,5 millones de moléculas en una base de datos de moléculas compuestas por hasta 17 átomos. En el contexto de la investigación farmacéutica, se calculó que teóricamente podrían producirse 166 500 millones de moléculas diferentes a partir de 17 átomos, compuestos tan sólo por los elementos carbono, nitrógeno, oxígeno, silicio y halógenos. La química sintética ha producido hasta ahora aproximadamente 60 millones de compuestos diferentes.[1] Sin embargo, los organismos vivos y las moléculas orgánicas más importantes se crean sobre la base de muchos menos elementos y moléculas que no pueden combinarse entre sí de la forma deseada. Un cuerpo humano consta de una cantidad inconcebible de átomos (7 x 1027), pero sólo de unos pocos componentes:

el 65 por 100 de oxígeno (el 24 por 100 de los átomos),
el 18,5 por 100 de carbono (el 12 por 100 de los átomos),
el 10 por 100 de hidrógeno (el 62 por 100 de los átomos),
el 3,2 por 100 de nitrógeno (el 1,1 por 100 de los átomos),
el 1,5 por 100 de calcio (el 0,22 por 100 de los átomos),
el 1 por 100 de fósforo (el 0,22 por 100).

En otras palabras, el 99 por 100 está constituido por sólo seis elementos. Luego hay once oligoelementos. Por eso, nuestro cuerpo es, en realidad, asombrosamente complejo.

1. Ruddigkeit, L. *et al.* (2012). «Enumeration of 166 billion organic small molecules in the chemical universe database GDB-1». *J. Chem. Inf. modelo.* 52: 2864-2875.

incluso con átomos relativamente simples (pensemos en el carbono, que puede presentarse como diamante o grafito) ya existe cierta diversidad. En determinadas circunstancias, los átomos pueden tener diferentes números de neutrones para el mismo número de protones. Sin embargo, estos átomos con más o menos neutrones tienen propiedades similares. Se llaman isótopos. Por ejemplo, los átomos de oxígeno con 18 neutrones (18O) son ligeramente más pesados que los que tienen 16.

La variedad de propiedades de la materia aumenta cuando se combinan diferentes átomos. Los químicos estudian cómo los elementos interactúan entre sí. Se combinan para formar moléculas como agua, sulfato o glucosa.

Biodiversidad: la diversidad de la vida

Usando el ejemplo de los seres humanos, veamos cómo se crea la complejidad de los seres vivos. Los numerosos átomos y moléculas forman células, que, a su vez, se organizan en tejidos y órganos. El número de estas células también es muy grande,[11] unos 3,72 billones. Incluso si no todas las células pueden interactuar con todas las demás, la cantidad de posibles interacciones y procesos en nuestro cuerpo aumenta vertiginosamente.

La complejidad se incrementa cuando miramos al siguiente nivel. Hay alrededor de ocho mil millones de personas que potencialmente pueden interactuar entre sí o con los numerosos organismos terrestres que, juntos, constituyen el ecosistema global. El hombre es sólo uno de, quizás, hasta diez millones de especies diferentes[12] (de las cuales, sin embargo, se estima que el 86 por 100 en tierra firme y el 91 por 100 en los océanos aún no se han descubierto ni descrito científicamente). Al igual que *Homo sapiens*, todas estas especies también constan de miles, millones o billones de organismos individuales.

La mayoría de las especies animales y vegetales antes desconocidas se descubren en los trópicos. Sorprende que, incluso en países europeos muy investigados, sea obvio que algunos grupos de organismos aún no se conozcan bien. Como parte de un estudio realizado en el sur de Alemania, los científicos descubrieron que es posible que aún se desconozcan entre 1800 y 2200 especies de las cuatro familias de los dípteros: moscas de las agallas, quironómidos y moscas jorobadas siguen siendo probablemente desconocidas.[13]

Otro estudio analizó los hongos que causan enfermedades de la madera en los cerezos de Alemania. En este caso, también el resultado fue sorprendente. Se identificó un total de 82 especies con un alto grado de certeza y 20 especies con un bajo grado de certeza. Además, unas 70 especies no pudieron asignarse a ninguna especie conocida, lo que demuestra que incluso el cerezo de una región bien estudiada como Alemania representa un hábitat que alberga un gran número de especies probablemente nuevas, aún no descritas.[14] Esto es posible que sea cierto para todos los hábitats si se investigara un poco más.

Taxonomía: la vida recibe nombres?

El biólogo sueco Carl von Linné introdujo la denominación sistemática de especies a partir de la década de 1740. Según parece, las especies estrechamente relacionadas se agrupan en géneros con nombres latinos, como todos los robles del género *Quercus*. El nombre de la especie corresponde entonces al primer nombre de los humanos, pero ocupa el segundo lugar. *Quercus rubra*, por ejemplo, es el roble rojo y el alcornoque se llama *Quercus suber*. En los más de 250 años transcurridos desde el inicio de la taxonomía, hasta ahora sólo se han identificado y clasificado 1,2 millones de especies, menos del 15 por 100 del número total estimado en 2011. Y si no han muerto se han extinguido. Al ritmo de los descubrimientos observados hasta ahora, pasaría casi medio milenio antes de que se registraran todas las especies.[1]

En el pasado, las especies se clasificaban tan sólo según su apariencia y características típicas.

Los métodos genéticos se utilizan cada vez más, lo que permite una comparación cuantitativa de la similitud del material genético.

Durante mucho tiempo se supuso que las nuevas especies sólo surgen a través de la división dentro de la especie.

Si bien éste es, sin duda, un proceso destacado en la formación de la diversidad biológica, se reconoce cada vez más la importancia de la innovación mediante la cooperación, la combinación y la fusión entre diferentes especies.

A medida que se sabe más sobre el grado en que los organismos interactúan entre sí, unen fuerzas, intercambian material genético a través de los límites de las especies, se conectan y se combinan entre sí para convertirse en superorganismos, más difícil resulta definir las especies.

1. Sweetlove, L. (2011). «Number of species on Earth tagged at 8.7 million». *Nature*. 10.1038/news.2011.498.

Sólo en 2019 se describieron alrededor de 1900 nuevas especies de hongos.[15] Una de las muchas publicaciones sobre este particular no sólo introdujo 72 nuevas especies, sino también 28 nuevos géneros, es decir, formas que son claramente diferentes de los hongos ya existentes.[16] Los nuevos géneros incluían hallazgos de hongos de Alemania como *Jeremyomyces* en ramitas de sauce plateado, *Piniphoma* en restos leñosos de pino y *Typhicola* en hojas de enea. Se encontraron otras especies nuevas, por ejemplo, en las hojas o ramas de nogal, aliso negro o roble pedunculado. Además de Alemania, con 47 especies, los países europeos de Italia (63) y España (75) también estuvieron entre los diez países con más descubrimientos nuevos de hongos en 2019.[17] Si bien es probable que más de la mitad de las especies de plantas de todo el mundo estén descritas con certeza, más del 90 por 100 de los hongos aún se desconoce, es decir, casi todos.[18]

Eso no era todo. La estimación anterior de diez millones de especies en todo el mundo ni siquiera incluye organismos sin núcleo celular, es decir, no incluye las bacterias. En su caso, por desgracia, es aún más difícil distinguir entre especies que con otros organismos. La variedad es tan grande que se podría perder la noción de todo. En el caso de las bacterias, los investigadores suelen utilizar el término «unidades taxonómicas».

De todas las bacterias, de las que no sabemos exactamente cómo distinguir unas de otras como especies, son los organismos vivos más individuales. En un estudio realizado en Noruega, se examinaron 30 gramos de la capa superior del suelo de un bosque de hayas. Se contaron 1,5 mil millones de bacterias por gramo de suelo. Los investigadores supusieron que estas diminutas criaturas podían dividirse en alrededor de 40 000 «especies» comunes.[19] Teniendo en cuenta otras «especies» raras que son difíciles de detectar, se estimó que hasta un millón de especies bacterianas podrían haber vivido en la muestra de suelo de 30 gramos.[20] Las opiniones aún difieren sobre este tema. Un estudio reciente estima una cifra inferior para las bacterias de todo el mundo, a saber, entre 0,8 y 1,9 millones de unidades taxonómicas.[21]

Siempre puede resultar sorprendente (o incluso horroroso) que, a pesar de que los seres humanos estamos remodelando y destruyendo masivamente la biosfera y cuestionando a fondo las condiciones de vida y desarrollo a escala mundial, entre otras cosas, por el cambio climático que hemos desencadenado, aún no hayamos sido capaces de responder a la pregunta fundamental de cuántas formas de vida existen en realidad. Ahora bien, en el caso de los organismos unicelulares, que son tan difíciles de distinguir, todavía se puede entender esto hasta cierto punto. Pero ¿sabemos al menos cuántas especies de árboles hay en la Tierra que dan forma a los bosques de nuestro planeta? La respuesta es sencilla: no, esto tampoco lo sabemos. Más bien, un extenso estudio internacional basado en una gran base de datos llegó a la conclusión de que aproximadamente 9200 especies de árboles aún necesitan ser descubiertas científicamente.[22] Hasta la fecha se han descrito alrededor de 64 000 especies de árboles en todo el mundo. De estas, el 43 por 100 se encuentra en América del Sur, el 22 por 100 en Eurasia, el 16 por 100 en África, el 15 por 100 en Norteamérica y el 11 por 100 en Oceanía.[23] Sólo en Sudamérica se espera que se puedan añadir alrededor de 3900 nuevas especies a las 27 200 especies descritas hasta ahora.

Los científicos publican constantemente descripciones de nuevas especies de árboles. A veces se las dedican a personalidades famosas, lo que puede ayudar a llamar la atención de un público más amplio sobre el hecho de que sólo conocemos poco a poco a nuestros seres más grandes. A principios de 2022, apareció en las noticias la planta *Annonaceae Uvariopsis dicaprio* del bosque de Ebo de Camerún.[24] Los descubridores de la especie honraron el nombre del actor estadounidense Leonardo DiCaprio, quien ha trabajado intensamente para la conservación de la naturaleza en esta área. De hecho, el árbol es un ejemplo de las muchas especies que, apenas descubiertas, ya figuran en las Listas Rojas de formas de vida en peligro de extinción. Muchas de ellas son muy raras y, a menudo, sólo tienen un área de distribución pequeña en zonas que se investigan muy poco.

A veces, como estas nuevas especies son endémicas en regiones limitadas, son únicas y no tienen parientes cercanos, los botánicos se ven obligados a crear inmediatamente un nuevo género con la nueva descripción. Esto es lo que ocurrió con *Aenigmanualvareziae*, del Parque Nacional del Manú en Perú, que se describió en 2021.[25] Sin embargo, también se descubren nuevas especies llamativas una y otra vez en áreas más conocidas. Por ejemplo, la nuez de Wongawalla (*Endiandra wongawallanensis*) se encontró en Queensland, Australia, en 2021.[26] Sin embargo, solo existen 1000 ejemplares de este árbol.[27] Sólo hay unas pocas docenas de supervivientes del siguiente candidato. Fue descubierto en 1994 en el Parque Nacional de las Montañas Azules de Australia y recibió el nombre de *Wollemia nobilis*. El árbol pertenece a la familia de las araucarias y es un fósil viviente. Antes, este árbol sólo se conocía a partir de fósiles que tienen millones de años.

Existen varias razones por las que el número de especies de árboles en los bosques del mundo varía enormemente. La mayoría de las especies de árboles se encuentran en los trópicos húmedos. La energía solar disponible para el crecimiento de las plantas es mayor en ese lugar, lo que aumenta sobre todo las posibilidades de evolución, al menos cuando existe suficiente agua disponible. La diversidad topográfica, climática y de suelos hace que se incremente aún más el número de especies arbóreas.

Los retos a los que se enfrentan los árboles en las fronteras secas y frías de los semidesiertos, las altas montañas o las regiones polares son tan grandes que, en comparación, pocas soluciones para la vida arbórea han podido desarrollarse en estos lugares. Además, el clima en estas fronteras ha fluctuado mucho en el pasado. Gran parte de los bosques boreales de coníferas de Norteamérica, el norte de Escandinavia y Rusia crecen hoy en día donde los paisajes sin árboles, a menudo incluso glaciares, se expandieron durante las glaciaciones (del latín: *borealis,* «norte»).

Por tanto, también influye en la diversidad de especies arbóreas si los ecosistemas fueron especialmente estables desde el punto de vista climático en el pasado. En algunas montañas en particular, hay áreas que se han visto menos afectadas por las fluctuaciones climáticas en la historia geológica reciente. Tenían la importante función de refugios,[28] en los que las especies podían sobrevivir y recuperar un punto de apoyo en un área más grande después del cambio climático reciente. Estas montañas no son sólo refugios, sino también auténticos epicentros de biodiversidad.

Sin embargo, esto no es así en las zonas árticas y templadas debido a las condiciones meteorológicas fluctuantes a largo plazo, pero sí en los trópicos. Entre las principales zonas de biodiversidad se encuentran los Andes de Sudamérica, las tierras altas de África Oriental y las montañas de Sichuan / Yunnan en Asia, así como las montañas de Papúa Nueva Guinea. La región montañosa de la mata atlántica de Brasil y las montañas del norte de Borneo y Costa Rica también se clasificaron como zonas de vegetación «megadiversas». Especialmente el norte de los Andes y las regiones montañosas de Yungas se encuentran entre las zonas de mayor biodiversidad del planeta. La región andina del norte alberga alrededor de 45 000 especies de plantas, de las cuales más o menos el 44 por 100 son endémicas.[29]

La influencia de los actores «muertos vivientes»

Podría ser un rompecabezas: «¿Quién no está vivo pero es producto de la evolución biológica? ¿Quién no puede morir, pero tiene control sobre la vida y la muerte?». La respuesta es: ¡Los virus!

Es una paradoja que los actores biológicos más comunes no sean organismos reales, sino estructuras complejas que se interponen entre moléculas complejas y organismos vivos. Los virus constan de material genético oculto y no se metabolizan; utilizan células de todo tipo de organismos para multiplicarse. No están vivos, pero siguen siendo actores «muertos vivientes» de la biosfera con una gran influencia. Se ha estimado que sólo en la biosfera existen hasta 10 quintillones de virus (un

10 con 30 ceros) que infectan a las bacterias.[30] A modo de comparación, se estima que hay 3,04 billones de árboles en la Tierra[31] (es decir, un 3 con 12 ceros).

Los árboles también deben vivir (o morir) con los virus. A menudo, los polizones ni siquiera causan síntomas visibles de enfermedad y sólo se descubren por casualidad con la ayuda de modernos métodos de genética molecular.[32] Son más conocidos los virus que causan enfermedades en los cultivos.[33]

Algunos virus se denominan virus de la selva porque suelen encontrarse en bosques cerrados, donde los mosquitos infectan a los monos que habitan en la selva cuando se alimentan de su sangre. Estos virus de las zonas forestales pueden saltar fácilmente a los humanos cuando se talan bosques intactos y los animales del bosque se encuentran con los humanos. Un ejemplo es el virus Mayaro,[34] que puede causar una enfermedad grave pero no mortal. A medida que los bosques tropicales se fragmentan cada vez más, aumenta el riesgo de brotes de epidemias de virus realmente peligrosas, como, por ejemplo, el virus del ébola.[35] En muchos casos, el contacto con murciélagos que habitan en los bosques, que parecen vivir con una gran cantidad de virus, es crucial. En el caso del nuevo virus Nipah, que apareció en Malasia en 1998, el desmonte por incendios y la pérdida de fuentes de alimento probablemente provocaron que los murciélagos frugívoros invadieran las plantaciones e infectaran con el virus a cerdos y seres humanos.[36]

Incluso si los virus no son organismos independientes, tienen el potencial de determinar el bien o el mal de otras especies y de tener una fuerte influencia en la evolución. También pueden intervenir en procesos ecológicos relevantes a nivel mundial, por ejemplo, cuando las especies fotosintéticas son

Mapa de la diversidad de especies arbóreas

Las áreas con la mayor diversidad de especies arbóreas se encuentran principalmente en los trópicos del norte de Sudamérica y el sudeste asiático. El área forestal más grande de la Tierra, el bosque boreal de coníferas en el extremo norte de América del Norte y Eurasia, es pobre en especies de árboles (según Liang *et al.* 2022).[1]

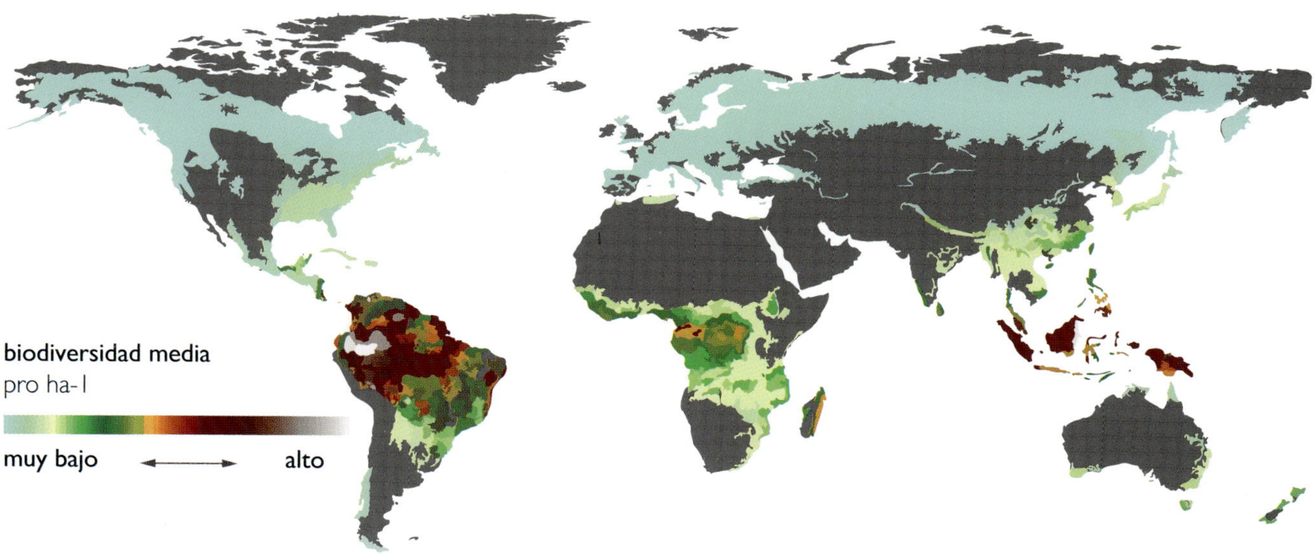

1. Liang, J. J. *et al.* (2022). «Co-limitation towards lower latitudes shapes global forest diversity gradients». *Nat. Ecol. Evol.* 6: 1423-1437. 10.1038/s41559-022-01831-x.

Helecho arborescente en un arroyo de montaña en el bosque húmedo tropical de montaña de Ecuador (Pierre L. Ibisch, Reserva Ecológica Municipal Siete Iglesias, marzo de 2013).

atacadas y debilitadas. Como parte de la reciente pandemia de la COVID-19, muchas personas ha comprendido lo violenta y rápida que puede ser una intervención de este tipo por parte de pequeños animales en sistemas complejos como nuestros organismos o incluso nuestra civilización.

Complejidad: incalculable, sorprendente, infravalorada

Si incluso un número manejable de elementos significa un número muy grande de combinaciones y compuestos químicos posibles, es evidente que la diversidad de la vida es como una explosión de combinaciones. Además, los sistemas de la vida constan de componentes que son en sí mismos sistemas.

Existen los diferentes niveles de átomos y sus componentes, moléculas, virus, células, organismos unicelulares y, en última instancia, pluricelulares, que pueden interactuar con los de su propia especie, pero también a través de los distintos niveles. Por ejemplo, los organismos reaccionan o liberan compuestos químicos en su entorno y los distintos seres vivos constituyen sistemas locales que interactúan entre sí a escala regional o mundial. Esto es tan complejo que el número resultante de posibles interacciones se vuelve inimaginablemente grande y no puede ser descrito de manera significativa.

Este número indescriptible de interacciones entre ecosistemas, organismos y moléculas en el verdadero sentido de la palabra tiene una repercusión muy práctica; siempre habrá sorpresas. Esto tiene que ver sobre todo con el hecho de que ciertas propiedades y fenómenos pueden cambiar o propagarse muy rápidamente y de forma no lineal. Existe una relación lineal, por ejemplo, si se pisa más fuerte el pedal del acelerador y el vehículo aumenta la velocidad en proporción, o si ponen azucarillos en una balanza y ésta se balancea en consecuencia. Estas relaciones no existen en los ecosistemas, aunque a veces lo parezca.

Un ejemplo clásico que sugiere relaciones sencillas en los ecosistemas y que se ha enseñado a generaciones de estudiantes en los libros de texto de biología es la relación depredador-presa del lince canadiense y la liebre americana. Su origen se remonta a estudios y cálculos de la década de 1930.[37] Los tamaños de las poblaciones de ambas especies fluctúan en torno a un valor medio, con el

Virus: ¿material genético perdido o vida degenerada?

La cuestión del origen de la vida siempre ha fascinado tanto a los científicos como al público en general. Comprender la historia evolutiva de los virus podría proporcionar alguna información. Sin embargo, hasta la fecha no existe una explicación concluyente acerca del origen de los virus. Podrían haber surgido de elementos genéticos móviles que adquirieron la capacidad de desplazarse entre células, es decir, material genético fuera de control que deambula entre seres vivos. Pero también podrían ser descendientes de organismos de vida libre que siguieron una estrategia de reproducción parasitaria y en algún momento dejaron de ser viables por sí solos. Tal vez los virus existieran antes de la evolución de la vida celular y quizás condujeran a ella.[1] Teniendo en cuenta que los virus pueden cuestionar la vida de los organismos y la existencia de las especies, decidiendo con frecuencia literalmente la vida y la muerte, el alcance de nuestra ignorancia es notable.

1. Wessner, D. R. (2010). «The origins of viruses». *Nature education* 3 (9): 37.

supuesto de que la población de linces crece, se come cada vez más liebres, la población de presas se reduce y, por tanto, la población de linces vuelve a caer.

Efectivamente, este ciclo de 9 a 11 años de poblaciones de conejos de pequeñas a grandes se pudo observar durante un período de tiempo muy largo. Las investigaciones han demostrado que el cambio en la población de liebres no se debió sobre todo a los linces, como se suponía en un primer momento, sino a la disponibilidad de vegetales,[38] al estado nutricional y a los niveles de estrés de las liebres, entre otras cosas. El número de linces siguió al número de liebres y no al revés. El cambio climático está provocando ahora un cambio en esta situación. El ciclo de 9 a 11 años se convierte en un ciclo de 7 a 8 años, es decir, se acorta; esto tiene que ver sobre todo con los cambios en la vegetación. El estrés causado por el depredador para los conejos podría perder cualquier significado. En el futuro, todo el sistema podría moverse en una dirección por completo diferente al cambiar la frecuencia e intensidad de los incendios.[39] Además, la teoría del depredador-presa se ve aún más perjudicada, ya que la liebre americana con características homogéneas no existe en absoluto.[40] Por último, pero no por ello menos importante, las diferencias genéticas entre las liebres dan lugar a distintas estrategias para protegerse de ser devoradas o para encontrar fuentes de alimento adecuadas. Este comportamiento individual es otra faceta de la diversidad y complejidad de lo que está sucediendo en los ecosistemas cambiantes. Si reemplazas la liebre americana por un lince o incluso un roble común (o cualquier otra criatura), entonces puedes intuir en qué medida es impredecible un ecosistema forestal.

Los organismos de los ecosistemas están expuestos simultáneamente a un gran número de factores de selección, lo que significa que apenas pueden existir interacciones simples. Su bienestar puede depender, por ejemplo, de factores climáticos, de la disponibilidad de agua, de la necesidad de alimentarse por parte de los depredadores, de la presencia de patógenos y competidores, de su propio estrés y de la fortaleza de su sistema inmunitario o de la presencia de enfermedades preexistentes. En las poblaciones, luego se agregan otros factores, que tienen que ver con la reproducción, por ejemplo. Cuando existe una alta densidad de población, las enfermedades se transmiten y se propagan con más facilidad; a bajas densidades, los individuos pueden reunirse muy raramente para reproducirse. Esto significa, entre otras cosas, que hay valores umbral a partir de los cuales los procesos pueden tomar de repente un rumbo por completo distinto. Por lo tanto, la retroalimentación también suele estar involucrada en esto.

Los pequeños fenómenos pueden acumularse y agravarse. Es el caso, por ejemplo, de la propagación masiva de una epidemia. Es un efecto bola de nieve. Cuanto más grande es una bola de nieve rodando por la nieve, más nieve nueva absorbe, el ritmo de crecimiento se acelera. Por ejemplo, muchas personas enfermas de un ecosistema se infectan cada vez con más rapidez hasta que todos enferman.

Si el desarrollo de la enfermedad tarda algún tiempo en producirse tras la infección (período de incubación), la propagación del agente patógeno permanece en un principio en aparente intrascendencia, hasta que de repente puede producirse un auténtico colapso de la población de la especie enferma. Los sistemas muy grandes, en particular, muestran cierta inercia. Al principio, reaccionan poco a poco, pero una vez que se produce un impulso negativo, la situación puede, literalmente, empeorar.

Los sistemas son como redes. Los componentes están conectados por hilos y, por tanto, interactúan entre sí. Los sistemas complejos, a su vez, pueden describirse como múltiples redes interdependientes cuyo funcionamiento depende del de las demás redes a las que están vinculadas.[41] Si algunos nodos de una red fallan, esto se propaga también a los nodos de otras redes, lo que puede provocar nuevos fallos en ellas. Estas interrupciones pueden tener un efecto en la primera red y provocar una reacción en cadena de fallos en los nodos en cada vez más redes; un problema en un principio menor puede provocar la ruptura de todas las redes. Estas reacciones en cadena en sistemas complejos se analizan matemáticamente y afectan a los sistemas complejos no sólo en la naturaleza, sino también en el mundo financiero o la tecnología.[42]

Un ejemplo lo ofrece un estudio de fragmentos de bosque en China.[43] En él se estudiaron 13 plantas leñosas en las que se encuentran 47 especies de aves, que mostraron 134 interacciones únicas con especies de plantas. Había varias redes diferentes: una de aves que vivían en los árboles, una segunda de aves que estaban o debajo de los árboles o tanto encima como debajo de éstos. Por último, había una tercera red con pájaros entre los suelos del bosque.

Las aves que se encuentran en las copas de los árboles son más móviles y es más probable que vuelen de un árbol a otro para conseguir comida, lo que las hace mucho más activas en todo el paisaje. Realizan viajes largos y, por lo tanto, son responsables de la propagación de frutos y semillas y, por ende, de la preservación de la diversidad vegetal, de la que, a su vez, dependen las aves bajo los árboles. Las aves del primer nivel son más relevantes para el sistema, e incluso mantienen un poco unido un bosque fragmentado, ya que son creadoras de redes paisajísticas más activas. Cuando su red de relaciones se interrumpe, otras especies sufren en particular, tanto directa como indirectamente.

El ejemplo citado sigue siendo bastante simplista, ya que no tiene en cuenta otras especies que también siguen desplazándose por el hábitat. Las aves, por ejemplo, tienen una relación importante con los insectos.

Estas, a su vez, polinizan las flores o sirven de alimento a las aves y a muchas otras especies animales. Cuando los insectos desaparecen de un bosque (y, por desgracia, éste no es un escenario por completo absurdo), los actores directamente asociados a ellos, como las aves insectívoras, son los primeros en sufrir. Dependiendo de su estrategia reproductiva, las plantas pueden incluso sufrir varias veces. Primero escasean los polinizadores, luego las aves que esparcen sus semillas, mientras que estas últimas, por complejidad, también siguen dependiendo de los insectos que necesitan para alimentar a sus crías. Hay muchos más afectados en la meta-red, entre otros, por supuesto, los mamíferos que comen semillas y fruta.

Llegados a este punto, una nota importante y preocupante sobre los insectos y las redes es que el 40 por 100 de las especies de insectos de todo el mundo están en la actualidad amenazadas.[44] Mariposas, himenópteros (entre los que se incluyen las abejas, por ejemplo) y escarabajos geotrúpidos se ven en particular afectados en tierra firme. En el caso de grupos de insectos acuáticos como las libélulas, las moscas de mayo, las moscas de la piedra y las tricóptero, ya se ha perdido una proporción considerable de especies.

Las razones más importantes de esto son la pérdida de hábitat y el uso de toxinas en la agricultura. En 2022, más de una cuarta parte de los insectos se considera en peligro de extinción.[45] En Bélgica, la pérdida de hábitat provocó una disminución constante del 69 por 100 de las 45 especies de mariposas existentes, mientras que la tasa de extinción aumentó de 0,2 a 1,7 especies en 5 años desde 1950, ya que la urbanización y la intensificación de la agricultura se multiplicaron por ocho.[46] Ésta era una mala noticia a principios de siglo, pero apenas era percibida fuera del mundo de los expertos. Los impactantes resultados de una investigación de Alemania atrajeron más atención en 2017. En 27 años, se ha producido una disminución constante del 76 por 100 en la biomasa de insectos voladores en varias áreas protegidas (hasta un 82 por 100 en pleno verano).[47]

Llegan malas noticias de todas partes del mundo. En los bosques húmedos de Puerto Rico, se registraron pérdidas de biomasa de entre el 98 y el 78 por 100 durante un período de 36 años hasta 2012 para los artrópodos que viven en el suelo y en los árboles (que incluyen insectos y arañas), con tasas de pérdida anuales de entre el 2,7 y el 2,2 por 100. El estudio observó disminuciones paralelas en el número de aves, ranas y lagartos en las mismas áreas como resultado de la falta de alimentos. En este caso, las redes de alta complejidad están en resolución galopante. La pérdida de hábitat es particularmente grave.[48]

Si las redes de la vida se rompen a tan pequeña escala, ¿qué es lo que desliza y se tambalea a gran escala?

En la actualidad se investiga muchísimo sobre cómo y cuándo se producen las transiciones críticas de sistemas complejos a otro estado, los llamados puntos de inflexión.[49] Por ejemplo, el clima mundial dio un vuelco del todo brusco y muy rápido hacia un nuevo estado hace 12 000 años. Esto tuvo una importancia decisiva para nosotros, los humanos, porque después de un período de fuertes fluctuaciones, de repente se produjo una estabilidad inimaginable.

El Parque Forestal de Sahinba, en Hebei (China), es una zona de reforestación desarrollada desde 1962 para combatir las tormentas de arena en el norte de China. Los bosques de coníferas artificiales también pretenden proteger la capital, Pekín, a 400 kilómetros de distancia (Pierre L. Ibisch, septiembre de 2017).

La naturaleza está formada por redes interconectadas[1]

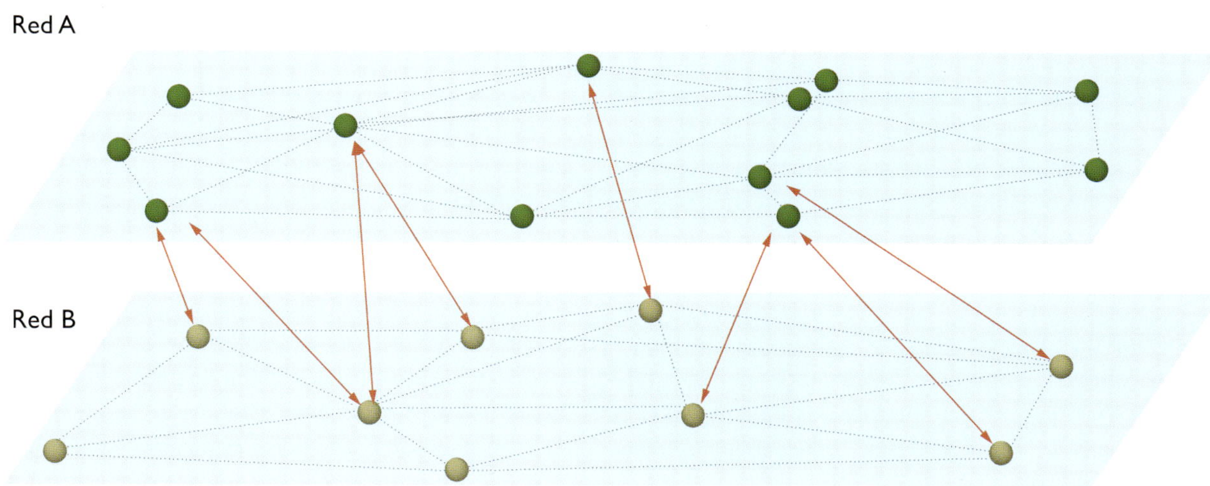

Representación simplificada de dos redes interdependientes en ecosistemas complejos. Los nodos de la red B (red de comunicación) dependen de los nodos de la red A (red de relaciones energéticas); los nodos de la red A dependen de la red B para obtener información de control. Se presenta el caso general en el que no existe una correspondencia unívoca entre los nodos de las distintas redes (según Buldyrev *et al.* (2010). «Catastrophic cascade of failures in interdependent networks». *Nature* 464: 1025-1028).

1. Havlin, S. *et al.* (2012). «Catastrophic cascade of failures in interdependent networks. Proceedings of the International School of Physics "Enrico Fermi"». Vol. 176: *Complex Materials in Physics and Biology.* 311-324. 10.3254/978-1-61499-071-0-311 (versión: https://arxiv.org/pdf/0907.1182.pdf).

La estabilidad de esta nueva época tras el cambio de los períodos glaciales y cálidos, llamada Holoceno, fue probablemente una condición para que surgieran las civilizaciones humanas. El Holoceno, el período posglacial, marcó el comienzo de la era humana. Los elementos basculantes del sistema terrestre también son grandes ecosistemas como el Amazonas o incluso el Sahara. En los últimos milenios, éste ha cambiado varias veces de un desierto a un paisaje verde y húmedo, y viceversa. Más recientemente, hace entre 14 000 y 5000 años, el Sahara era un paisaje de sabana con masas de agua. En él vivían hipopótamos y peces, así como personas. Luego, el desierto se secó con relativa rapidez: éste fue el mayor cambio ecosistémico relacionado con el clima de la era posglacial.[50] El anterior enverdecimiento del Sahara estuvo asociado, por un lado, a las fluctuaciones en la órbita terrestre y, por lo tanto, a un cambio en las zonas climáticas. Por otro lado, las precipitaciones adicionales hicieron que los suelos del desierto fueran más arcillosos y promovieron la propagación de la vegetación herbácea.

El nuevo ecosistema se tradujo entonces en un 16 por 100 más de precipitaciones, lo que estabilizó aún más la vegetación verde,[51] porque más vegetación significaba más almacenamiento de agua y formación de nubes y, por tanto, aún más vegetación. Así, la retroalimentación sistémica hizo que el ecosistema fuera cada vez más poderoso.

Pero la espiral también puede revertirse de nuevo. El vuelco sistémico ocurrió justo cuando pequeños cambios redujeron en un principio las precipitaciones y el paisaje del norte de África volvió a caer en un estado desértico. Una consecuencia de esto fue, entre otras cosas, que la gente se concentró en el Nilo y allí fundó la antigua civilización egipcia.[52] Muchos habitantes del Sahara perdieron su hábitat, pero surgió una de las primeras culturas del mundo. Éste es un tema diferente, pero es un buen ejemplo de cómo la historia de la humanidad siempre se ha visto afectada significativamente por el estado de los ecosistemas y el clima, una parte subestimada de la Gran Historia.

El estado de todas las principales áreas forestales está asociado con los puntos de inflexión. Este círculo vicioso ha sido descrito desde la Amazonia. Las sequías causadas por la enorme deforestación provoca que se evapore menos agua, lo que implica un aumento de la mortalidad de los árboles, un mayor riesgo de incendios y condiciones cada vez peores para el bosque.[53] Durante mucho tiempo, la gente se centró casi exclusivamente en las selvas tropicales;[54] los extensos bosques boreales de coníferas estaban subestimados. Debido a su enorme tamaño, amortiguan un gran número de perturbaciones durante mucho tiempo y soportan una cantidad asombrosa de talas, incendios forestales muy grandes, así como un calentamiento y una sequía históricamente únicos; sin embargo, más allá de los puntos críticos, podrían desencadenarse cambios rápidos inimaginables.[55]

Una vez que hace calor en el Círculo Polar Ártico, empiezan a oscilar palancas realmente grandes. Tan sólo en Rusia el deshielo de los suelos de permafrost podría liberar a finales de siglo varias veces los gases de efecto invernadero provocados por la deforestación actual en los trópicos.[56]

Los bosques pueden ser grandes y fuertes, pero, en definitiva, no son inmunes a las reacciones en cadena y las espirales viciosas, típicas de los sistemas complejos. Los árboles desempeñan, por supuesto, un papel decisivo en el funcionamiento de los bosques. Han elevado los ecosistemas terrestres a un nuevo nivel de funcionalidad, pero necesitan ciertas condiciones mínimas para su existencia. Los árboles y los bosques dependen de condiciones ambientales razonablemente estables a medio plazo. Cuando el entorno se vuelve demasiado extremo y se producen grandes fluctuaciones, puede resultar difícil para ellos. Los bosques se han adaptado al calor, al frío, a la oscuridad y al fuego, pero sólo hasta cierto punto. Por ejemplo, si se supera el umbral de frecuencia de incendios, la producción y la germinación de semillas de árboles pueden disminuir con mucha rapidez. En el bosque boreal de coníferas, parece que se ha alcanzado un punto de inflexión en varias regiones, en el que el fuego hace

Un bosque boreal de alerces en el río Katun, en las montañas doradas de la cordillera de Altái (Pierre L. Ibisch, sur de Gorno-Altaisk, República de Altái, Federación de Rusia, septiembre 2016).

que el bosque ya no se recupere. Esto, a su vez, tiene consecuencias que agravan el problema para todo el presupuesto energético del paisaje.[57]

En latitudes templadas con un uso forestal prolongado, no hay que creerse a salvo de retroalimentaciones y círculos viciosos. En el caso del Parque Nacional de New Forest, en Inglaterra, se ha descrito cómo los hayedos podrían caer en un círculo vicioso si ya no hubiera tantos árboles viejos para amortiguar las fluctuaciones de las condiciones ambientales.[58] La pérdida de árboles provoca unas condiciones de crecimiento más difíciles para los que quedan.

Sin embargo, si los árboles están mal, no sólo hay que buscar las razones en la falta de ejemplares viejos. Las causas a menudo pueden ocultarse en el suelo, por ejemplo, porque a los hongos que viven en simbiosis con los árboles, es decir, los hongos micorrízicos, les va mal. Un árbol no es sólo un árbol, sino que otros organismos del ecosistema también pertenecen a él y a su salud. Estudios recientes muestran que el deterioro agudo del estado de salud de los árboles en Europa también podría deberse al estado cada vez más deficiente de los hongos en el suelo. En este contexto, también hablamos de puntos de inflexión que se producen cuando una estructura bien ensayada se desincroniza por completo.[59]

La tendencia a un comportamiento sorprendente de los bosques como un sistema complejo es en particular relevante en lo que respecta a la intervención humana, así como a los objetivos y medidas de la gestión. Los humanos no entendemos realmente los cambios no lineales. Somos buenos para imaginar el futuro a partir de experiencias pasadas, pero eso a menudo sale mal y todo resulta por completo diferente, pero también somos buenos para adaptarnos al hecho de que nos equivocamos en esa situación.

Pero antes de que veas sólo puntos de inflexión negativos, echemos un vistazo al final del libro. También podrían existir puntos de inflexión positivos y ecológicos si finalmente cambiamos la forma en que tratamos el bosque (porque a pesar de todo tenemos confianza).

Todos son importantes, pero algunos componentes lo son más que otros

Volvamos una vez más a las redes ecológicas. En ellas, no todos los nudos son igual de gruesos e importantes, como en una red de pesca. Más bien, algunos tienen un significado clave, que tiene que ver principalmente con los otros nudos a los que están conectados; o, por decirlo de otra manera, en el ecosistema, hay algunas especies que son más importantes que otras. En teoría, se podría imaginar que una hierba, por ejemplo, pudiera morir en el suelo sin que el bosque dejara de ser un bosque y de funcionar. Por supuesto, no es bueno para un bosque que los árboles se caigan, eso está claro; después de todo, son los principales componentes estructurales. Pero, de hecho, hay otras especies con un significado clave que son menos obvias, ya que es posible que no aporten tanta biomasa. Éstos pueden ser insectos que polinizan las plantas, por ejemplo, o animales pequeños que esparcen semillas. Son comparables a los *influencers* en las redes sociales. También son sólo componentes individuales como todos los demás, pero dirigen o mantienen el desarrollo de toda la red. Estas especies se denominan especies clave.

Cabe preguntarse por qué los ecosistemas «se permiten» animales. En teoría, los ecosistemas podrían vivir solos con plantas verdes como productoras, que capturan la energía del sol y, luego, quizás, con descomponedores como bacterias y hongos, que descomponen las plantas muertas y devuelven los nutrientes a los ciclos. Muchos animales destruyen las plantas y las privan de la reproducción. Algunos grandes herbívoros, como los elefantes, pueden incluso inhibir el desarrollo de los bosques y formar sabanas. ¿Para qué sirve eso?

Vamos a quedarnos con los elefantes. Esparcen semillas de árboles y blanquean los arbustos para que los árboles grandes puedan germinar y crecer. Al hacerlo, incluso influyen en la cantidad de carbono que se puede almacenar en un ecosistema. ¡Los elefantes «pisoteadores» como ingenieros de los ecosistemas y protectores del clima![60] Con una densidad típica de 0,5 a 1 elefante africano de bosque por kilómetro cuadrado, la alteración que causan en la vegetación aumenta la biomasa aérea entre 26 y 60 toneladas por hectárea. Por el contrario, la extinción de los elefantes de los bosques provocaría una disminución del 7 por 100 de la biomasa aérea en las selvas tropicales de África Central.[61]

Las perturbaciones en un ecosistema causadas por animales contribuyen significativamente a la diversidad de estructuras, hábitats y formas de vida. Hacen posible la coexistencia de más especies en un espacio determinado, lo que ayuda a protegerse contra la eventualidad de que en algún momento una especie falle o cambien las condiciones ambientales y otras formas de vida sean más o menos repentinamente necesarias para mantener en funcionamiento el sistema global. Por ejemplo, las especies arbóreas pioneras amantes de la luz pueden existir en pequeños claros y ya están allí cuando se necesitan a mayor escala después de una tormenta o un incendio, por ejemplo. Más biomasa y seguro contra posibles daños: ¡éstos ya son buenos motivos para que el bosque se permita animales! Cuando las especies perturbadoras grandes y medianas, como el jabalí, se desplazan en grupo por el bosque, el suelo es removido, las plantas arrancadas, las raíces desenterradas y aparecen agujeros. De este modo, los cerdos se encargan de crear diversas condiciones de hábitat para especies que no podrían darse en un suelo prensado y con vegetación densa. Es por eso que los jabalíes y otros tipos de cerdos, como los pecaríes americanos, son verdaderos ingenieros del hábitat y diseñadores de ecosistemas en varios bosques alrededor del planeta. No sólo esparcen semillas y hongos, sino que también proporcionan a las semillas entrantes buenas condiciones iniciales para la germinación. Asimismo matan a herbívoros como las larvas de ratones o escarabajos, eliminan la carroña y, por sí mismos, pueden ser una importante fuente de alimento para los grandes carnívoros.[62] Los cerdos cambian la composición de las especies arbóreas de los bosques[63] y, de esta manera, pueden influir en gran medida en el desarrollo del bosque. Sin embargo, si se introducen fuera de su hábitat en ecosistemas en los que las especies no están preparadas para cualquier contaminación, esto puede provocar problemas graves.[64]

Los agutíes, unos roedores que miden hasta más de medio metro y que se encuentran en los trópicos americanos, son un ejemplo particularmente interesante de una especie animal clave. Se han detectado más de 160 interacciones diferentes entre estos frugívoros y las plantas.[65] Al igual que los cerdos, actúan sobre todo como dispersadores de semillas y comedores de semillas en la composición de las especies arbóreas. Parece que se están promoviendo principalmente las especies de árboles con semillas más pesadas y biomasa más grande, lo que, a su vez, tiene consecuencias positivas para la capacidad de almacenamiento de carbono en los bosques. Además, las semillas cosechadas y acumuladas por agutíes tienen una mayor probabilidad de supervivencia. Los agutíes son, por lo tanto, verdaderos jardineros de árboles.

En muchos ecosistemas de Europa, América del Norte y Asia, los córvidos, como los arrendajos, también se conocen como especies clave, que pueden desempeñar un papel importante, en especial cuando se restauran o se desarrollan bosques a partir de monocultivos mediante la siembra de árboles.[66] Esto a menudo promueve especies de árboles que pueden facilitar un mayor desarrollo forestal. Es bien sabido cómo los arrendajos, que esconden masas de semillas como provisión y sólo las consumen en parte, contribuyen a la regeneración y la diversidad estructural del bosque. Los árboles nuevos crecen a partir de los alimentos que no necesitan. Pero los arrendajos no plantan en hileras como los humanos, aunque se inspiran en la diversidad del paisaje cuando distribuyen las semillas de manera desigual. Depositan semillas aquí y allá, donde alguna estructura pueda recordarles el escondite. Los estudios sugieren que los bosques cultivados por arrendajos pueden ser más resilientes ante el cambio climático, por ejemplo.[67] El grajo es otro ejemplo de córvido que cría árboles. No sólo se da un festín de semillas en los campos, sino que también puede plantar nuevos árboles en campos abandonados.[68]

También ciertas variedades de árboles se consideran especies clave. Un ejemplo son los álamos de los bosques nórdicos, pero también de las latitudes templadas.[69] Como árboles pioneros tras los incendios forestales y otras perturbaciones, sus semillas vuelan desde una distancia mayor, germinan de manera muy eficiente y asumen con rapidez un papel clave en el desarrollo forestal. Retienen el suelo y los nutrientes, reducen la acidificación de los suelos dañados, crecen de manera veloz en altura y crean un clima agradable para las especies forestales. De esta forma, también protegen a otras especies que pueden vivir debajo y sobre ellas. También son una fuente importante de alimentos.[70]

Hay muchos indicios de que el deterioro de las especies clave puede provocar con especial facilidad efectos de dominó en una red compleja.[71] Su debilitamiento se traduce en mayores riesgos sistémicos. Pueden compararse con los bancos de importancia sistémica de un sistema financiero, cuya quiebra puede provocar una crisis económica de grandes proporciones.[72] El factor decisivo es siempre que las especies clave sean significativas para la diversidad y la función del conjunto más amplio, sin necesidad de que ellas mismas se den con mucha frecuencia.

Bajo ninguna circunstancia debe esperarse que las especies clave sólo tengan que ser organismos complejos y más desarrollados. Se ha demostrado que los microbios también pueden desempeñar un papel muy importante. Un ejemplo de esto sería la disponibilidad de nitratos en los suelos. El nitrato es un compuesto nitrogenado (con oxígeno) y es la fuente más importante de este nutriente para las plantas, que necesitan para producir proteínas. Un uso más intensivo de la tierra y el suelo reduce la complejidad de la red de microbiomas en el área de las raíces y, por lo tanto, también la incidencia de especies clave que son importantes para proporcionar nutrientes.[73]

Los microorganismos del suelo se pueden utilizar directamente incluso en ecosistemas dañados y alterados. Cambian las reglas del juego.[74] Influyen en la disponibilidad de nutrientes, la estructura del suelo, las oportunidades de que el agua se filtre y se almacene; incluso pueden suprimir los patógenos, entre otras cosas.

Al principio, ¡hay bacterias! Probablemente esto se aplique no sólo al comienzo de la evolución en la Tierra, sino también de manera regular en todos los ecosistemas en los que se supone que funcionan estructuras complejas.

El orden tampoco es una solución

En los ecosistemas complejos, pero también en las sociedades humanas, hay dos situaciones que conducen al vuelco o al colapso.[75] Además de un acontecimiento externo que produce efectos de choque, los problemas que se acumulan internamente en la red conducen a una especie de «efecto mariposa». Con este nombre, un fenómeno importante en la investigación del caos se ha hecho más conocido. El meteorólogo Edward Lorenz formuló en 1972 la pregunta de si el batir de las alas de una mariposa en Brasil podría provocar un tornado en Texas. Esto no se quiso decir literalmente, pero llamó la atención sobre el hecho de que, en los sistemas caóticos complejos, los pequeños cambios en las condiciones iniciales pueden provocar grandes variaciones en el resultado. En el caso de las previsiones meteorológicas, también existe la consecuencia concreta de que, a pesar de contar con la mejor capacidad de cálculo, es imposible realizar previsiones fiables que superen los 14 días. El efecto mariposa significa, en definitiva, que, en los sistemas complejos, aunque los estados presentes determinan el futuro y pequeños cambios pueden provocar grandes efectos, al mismo tiempo es imposible extraer conclusiones sobre el futuro del conjunto a partir de una situación actual a pequeña escala.

Los sistemas que determinan el clima ya son bastante complejos, pero los ecosistemas, hay que insistir una vez más, lo son mucho más. A partir de la década de 1970, los primeros hallazgos sobre sistemas caóticos complejos también se transfirieron a los ecosistemas.[76] El pionero de la investigación del caos fue el biólogo australiano Robert May, quien también demostró que los modelos que ocultan la complejidad van en contra de la realidad. Se ha confirmado que el comportamiento de las poblaciones a menudo se caracteriza por el caos y, por lo tanto, no es posible hacer pronósticos precisos a largo plazo.[77] Incluso en el caso del viejo ejemplo del lince canadiense que se alimenta de las liebres americanas, se ha demostrado hasta qué punto las tendencias de la población presentan características caóticas sin necesidad de cambios ambientales.[78]

Si reconocemos la increíble complejidad de los ecosistemas, es posible que el comportamiento caótico de la naturaleza no sorprenda en absoluto. Al menos no tanto como el hecho de que, a pesar de todo, haya tanto orden reconocible en la naturaleza. Esto nos lleva a preguntas muy importantes. ¿Por qué ha habido vida en la Tierra sin interrupción durante miles de millones de años? ¿Por qué no desapareció en el caos? Si la vida se ha vuelto cada vez más diversa y compleja, por ejemplo, debido a la formación de árboles y bosques, ¿por qué no creció también el caos? ¿Por qué el orden incluso ha aumentado con el tiempo, de modo que han surgido organismos extremadamente complejos, como árboles o personas, que funcionan durante toda la vida, es decir, décadas o incluso siglos y, en casos extremos, árboles viejos durante miles de años?

En realidad, éstas son preguntas importantes para las que los investigadores han estado buscando respuestas durante mucho tiempo. Lo confuso es que, a pesar del comportamiento caótico de los componentes individuales y de la creciente diversidad de la vida, los propios ecosistemas están lejos de ser caóticos o de volverse cada vez más caóticos. Sin embargo, el caos siempre sigue siendo una amenaza. En realidad, mantenerse alejado parece ser uno de los grandes desafíos.

¿Por qué es así y cuánto orden puede lograr la vida? Para ello, pensemos de nuevo en el carbono, tan importante para la vida. Entre los materiales menos caóticos se encuentran los diamantes, que están hechos de carbono puro. Con sus redes cristalinas estables en forma de cubo y los fuertes enlaces entre los átomos de carbono, se acercan bastante al orden perfecto. Se forman en la corteza terrestre debido al alto uso de energía y a presiones muy altas, y pueden tener cientos de millones, o incluso miles de millones de años.[79]

Sin embargo, la vida no se puede organizar con materiales tan resistentes. Los materiales que son tan rígidos como diamantes permanecerán muertos durante mucho tiempo. Porque la vida se basa en el dinamismo, el cambio y las interacciones.

Así que la sorprendente idea es que los sistemas vivos deben mantenerse alejados del caos y del exceso de orden. Esto da como resultado un carácter mixto, que ya se ha descrito con el término «sistemas caóticos». En este mundo, por cierto, es más fácil evitar el orden que el caos. Todos lo sabemos de nuestra vida diaria. Para «mantener todo en orden», nuestras relaciones, nuestra casa o nuestro frigorífico, debemos cuidarnos, ordenar y trabajar constantemente. Lo mismo se aplica a todos los sistemas vivos. Deben hacer algo una y otra vez para evitar caer en el caos y la destrucción.

Pero a pesar de todo, el caos no es tan malo como su reputación. Está asociado a una gran creatividad y, por lo tanto, es una condición básica para la supervivencia.

Caos y destrucción creativa

Los bosques primitivos nos parecen tan salvajes porque, al parecer, allí apenas hay orden, sino puro caos. Innumerables especies se mezclan en este lugar en forma silvestre en un matorral de árboles jóvenes, viejos y muertos. Por aquí se ha desprendido una rama o parte de la copa de un árbol, por allá ha caído un árbol gigante. Esto da lugar no sólo a condiciones de luz desiguales en el suelo, sino también a obstáculos por troncos colgados o caídos, por raíces abiertas y agujeros rasgados. ¡Una jungla puede ser muy desordenada!

La dinámica y la diversidad estructural surgen de pequeñas y grandes perturbaciones, como accidentes, pero también de la muerte de los árboles por envejecimiento. Éstas tienen como resultado que no sólo los veteranos de los árboles de la misma edad están parados uno al lado del otro en una vieja jungla, sino que en muchos lugares se expiden repetidamente nuevas «licencias de cultivo» a árboles jóvenes. Por ejemplo, especies arbóreas pequeñas que requieren luz, como el fresno de montaña o el saúco, pueden crecer en un bosque de hayas primitivo en las inmediaciones de troncos centenarios, que en realidad no tienen ninguna posibilidad de competir con los árboles gigantes y viejos. Rápidamente se encuentran en lugares donde un árbol grande se ha derrumbado. Su madera caída, la muerta y en lenta descomposición, provoca el caos local. Al caer, daña y mata a otras plantas. Como resultado, se emiten nuevas licencias de vida.

Los hongos o los insectos pueden invadir los árboles vecinos heridos y darse un festín con ellos. Como resultado de décadas de descomposición, se crean nuevos lechos de brotes para árboles jóvenes en el sitio del árbol caído.[80] Estos lechos contienen nutrientes y mucha agua almacenada.

Utilizando como ejemplo el abedul amarillo canadiense, se demostró que los árboles que crecen sobre madera muerta soportan mejor la falta de luz en el sotobosque y tienen mayores tasas de supervivencia.[81]

La madera muerta también dificulta que los grandes herbívoros se abran paso por el bosque. Por ejemplo, los árboles arrojados por tormentas crean microhábitats y refugios totalmente protegidos de las mordeduras.[82] En particular, grandes cantidades de madera muerta y fuerte son una protección muy eficaz contra su consumo.[83] Los troncos colgados y tumbados protegen a los árboles jóvenes no sólo de herbívoros como corzos y ciervos, sino también del viento, la exposición excesiva al sol, las heladas del suelo y la desecación. La madera muerta enfría, hidrata el suelo[84] y es un hábitat para animales, hongos y microbios de todo tipo. La madera se convierte en un valioso humus. Queda por señalar que incluso cuando mueren, los árboles fortalecen el bosque.

En especial en tiempos marcados por eventos extremos, como tormentas, sequías o daños masivos causados por insectos, muchos árboles mueren, dejan que la luz llegue al suelo y dan una oportunidad a las plantas más jóvenes y a otras especies. Es similar a lo que ocurre después de un incendio forestal. Rara vez los incendios, al menos en condiciones naturales, son tan fuertes que los árboles se queman por completo. Los troncos muertos y parcialmente carbonizados, que tarde o temprano se caen, son una ayuda importante para la regeneración de los bosques. Su efecto en la siguiente generación de árboles es similar al de los árboles muertos en el bosque primigenio.

Por lo tanto, la muerte de los árboles apoya la vitalidad del bosque y es la condición para nuevos experimentos y también para la adaptación a las condiciones ambientales cambiantes. Al final, esto se aplica a toda la vida. Si los organismos nunca murieran, muy pronto la tierra estaría llena y se obstruiría. A medida que en la evolución surgían organismos pluricelulares y superorganismos cada vez más complejos, también había que «inventar» el envejecimiento y la muerte para dar cabida a algo nuevo. Están contenidos en los programas genéticos y se despliegan de manera activa porque aportaron ventajas en el curso de la evolución.[85] Aunque a los humanos no nos guste y llevemos, desde tiempos inmemoriales, buscando de manera frenética pócimas mágicas, medicinas o manipulaciones genéticas para hacernos inmortales, en algún momento tenemos que bajar y descomponernos como todos los demás seres vivos, para que de nuestros componentes pueda crecer algo nuevo, por ejemplo, la próxima generación. Sin la muerte y la extinción de casi todos los seres vivos que han vivido hasta ahora, no existiríamos. Pero la capacidad de recuperación es aún más importante para la vida después de permitir el caos y la desintegración.

Cuanto más complejos y autoorganizados se vuelven los sistemas, más importante es su capacidad de «recuperar» un estado funcional después de las perturbaciones o una desintegración, es decir, de ser resilientes. La palabra resiliencia procede del

Jóvenes abedules crecen a partir de los restos de un roble centenario (Pierre L. Ibisch, Oficina Forestal de Stavenhagen, Distrito de los Lagos de Mecklemburgo, Mecklemburgo-Pomerania Occidental, junio de 2019).

latín (*resilire*) y significa precisamente eso, saltar hacia atrás. Hoy en día, el término «resiliente» se aplica a las personas que son resistentes, es decir, que se recuperan rápidamente tras las dificultades.[86] Por consiguiente, el concepto de resiliencia es significativo en psicología.

El ecologista estadounidense Crawford S. Holling creció en los bosques de Ontario. Como científico, trabajó primero con insectos y más tarde con modelos matemáticos de las relaciones depredador-presa. Al final, se convirtió en un pionero de la Science of Surprise, como lo llamó el Centro de Resiliencia de Estocolmo en su obituario, la Ciencia de la Sorpresa.[87] Holling creó este centro de resiliencia en 1999, así como el concepto de sistemas socioecológicos. Aplicó la idea de resiliencia a los ecosistemas y desarrolló un concepto que describe cómo los ecosistemas hacen frente a las perturbaciones o al cambio y, por lo tanto, permiten que la evolución progrese.[88] Es el concepto de ciclos adaptativos.

La idea del ciclo en la naturaleza es antigua. Así, incluso en la Antigüedad, la gente imaginaba una vida eterna que adoptaba una y otra vez nuevas formas para consolarse de la muerte y la destrucción. Así lo expresa, por ejemplo, en las *Metamorfosis* el poeta Ovidio, nacido en 43 a. C., cuando hace hablar al filósofo Pitágoras.[89]

«Y en la inmensidad del mundo nada, créame, se pierde». Lamentablemente no es así en la naturaleza, después de todo. Pero en el curso de la evolución, los ecosistemas se han vuelto bastante buenos para preservar muchas cosas, al menos durante un tiempo. Es bien sabido cómo se reciclan los nutrientes en un bosque, por ejemplo. Un árbol muerto cae al suelo, se descompone y otra planta puede absorber nutrientes importantes como el nitrógeno o el fósforo en moléculas. Para que esto suceda, el ecosistema, en forma de hongos, microbios y animales, debe gastar energía y trabajar. El reciclaje también está asociado con el esfuerzo y los costes. Pero vale la pena poder reconstruir los sistemas de vez en cuando.

Los organismos mueren para permitir el nacimiento de otros nuevos, ése es el ciclo de la vida. Sin embargo, hay un inconveniente, un organismo que muere nunca puede unirse de la misma manera que antes. Se crea un nuevo organismo que es un poco diferente; y ésa es exactamente la oportunidad que se presenta. Una vez descompuestas las partes antiguas, se puede crear algo nuevo a partir de las partes individuales que, quizás, se adapte mejor a las condiciones ambientales que puedan haber cambiado. Esto ocurre mediante la alteración del material genético y, por lo tanto, se produce una adaptación en el sentido de la evolución. Por eso hablamos de un ciclo adaptativo, un ciclo de ajuste.

Lo que sucede cuando los escarabajos o las margaritas individuales viven y mueren también se aplica a ecosistemas forestales enteros. Por ejemplo, cuando las coníferas mueren a causa de una tormenta, un incendio, una sequía y/o escarabajos de la corteza después de haber vivido en su hábitat durante décadas, se recomienza la lotería. Dependiendo de cómo la muerte y la descomposición afecten a los árboles, existen diferentes condiciones de inicio.[90]

Si se crea un área desnuda, por ejemplo, porque los silvicultores talan los árboles muertos, el ecosistema debe continuar expandiéndose y empezar de cero. Luego se utilizan plantas poco exigentes, que cubren el suelo con rapidez, pueden absorber los nutrientes con celeridad y son muy resistentes a las duras condiciones de la deforestación. Después de un incendio, pueden ser álamos, por ejemplo, cuyas semillas son arrastradas por el viento. Los álamos se especializan en reactivar los bosques y se enfrentan fácilmente a las duras condiciones de una zona desnuda. Se ve mejor en áreas donde los abetos muertos por los escarabajos de la corteza pueden permanecer en pie. Incluso sin agujas, pueden dar sombra al suelo y evitar temperaturas muy altas, por lo que incluso especies más sensibles pueden crecer bajo su protección. Por ejemplo, debajo de las coníferas muertas, las bayas de serbal y los arbustos de saúco preparan el suelo para un nuevo bosque al proporcionar descanso contra el viento y mejorar el humus con sus hojas. Sin embargo, los abetos y otras especies de árboles también pueden reintroducirse. Qué plantas crecen en última ins-

De las *Metamorfosis* del poeta romano Ovidio (escritas entre el 1 y el 10 d. C.).

Todas las cosas mutan, nada perece: erra y de allí
para acá viene, de aquí para allá, y cualesquiera ocupa miembros
el espíritu, y de las fieras a los humanos cuerpos pasa,
y a las fieras el nuestro, y no se destruye en tiempo alguno,
y, como se acuña la fácil cera en nuevas figuras,
y no permanece como fuera ni la forma misma conserva,
pero aun así ella la misma es: que el alma así siempre la misma
es, pero que migra a variadas figuras, enseño.

Y en otra sección también habla explícitamente sobre la naturaleza,
que ama el cambio pero no deja que nada se pierda:

Y la apariencia suya a cada uno tampoco le permanece y, de las cosas
renovadora, desde unas rehace la naturaleza otras figuras,
y no perece cosa alguna, a mí creed, en todo el mundo,
sino que varía y su faz renueva y nacer se llama
a empezar a ser otra cosa de la que fue antes, y morir
a acabar aquello mismo. Aunque hayan sido acá quizás aquéllas,
éstas transferidas allá, en suma, aun así, todas las cosas se mantienen.[1]

1. Traducción del libro digital: Publio Ovidio Nasón (1981). *Metamorfosis*. Barcelona: Bruguera. http://webs.hesperides.es/Ovidio_files/Ovidio-Metamorfosis-bilingue.pdf *(N. de la T.)*

tancia y dónde está determinado, entre otras cosas, por las condiciones climáticas, pero también por las coincidencias.

Es crucial que el viejo bosque vuelva a ser bosque, pero no será el mismo. Porque el ciclo de devenir, muerte y devenir siempre significa cambio. El filósofo griego Heráclito se hizo famoso a través de Platón por haber formulado de un modo tan acertado: «Uno no puede meterse dos veces en el mismo río, pues otras aguas fluyen después». Puedes bañarte en el río Rin una y otra vez, pero las moléculas de agua que te rodean son por completo nuevas, al igual que los peces que hay en ellas o las sustancias disueltas en el agua. Goethe también lo expresó de manera excelente en su poema *Uno y Todo* (Einsund Alles):

> Ha de agitarse; creando, actuar;
> formarse antes, luego transformar;
> sólo parece quieto por momentos.
> Se agita en todos lo eterno y no para:
> pues todo debe disgregarse en nada,
> si en el ser persistir es su deseo.[91]
> JOHANN WOLFGANG VON GOETHE[92]

Después de leer unas líneas tan poéticas de épocas muy diferentes, de Ovidio o de Goethe, me viene a la mente que la destrucción puede ser francamente creativa y que la gente ha estado fascinada por ella durante mucho tiempo. De hecho, ésta también es una expresión muy conocida utilizada por el economista austríaco Joseph Schumpeter. Ya en 1942, habló del «proceso de mutación industrial, que revoluciona constantemente la estructura económica desde dentro, destruyendo una y otra vez la estructura antigua y creando una nueva».[93] Schumpeter había deducido los cambios en las empresas a partir de las observaciones en los ecosistemas. En la economía de mercado, las pequeñas y grandes empresas se mantienen firmes frente a la competencia, se adaptan, mejoran e innovan. A veces es inevitable que las empresas anticuadas que se han vuelto rígidas tengan que quebrar para dar paso a nuevas empresas que utilizan los recursos liberados de manera diferente y quizás de un modo más eficiente. Lo mismo ocurre en la economía que en el ecosistema doméstico y en los organismos vivos individuales.

Si las piezas individuales se reemplazan constantemente, el sistema más grande puede funcionar de manera más o menos estable, al menos durante cierto período de tiempo. Una vez que se ha organizado y construido un sistema, los muchos ciclos pequeños conducen a la regulación y a la mejor preservación posible del conjunto más grande. Incluso una persona sigue siendo una persona, aun si estamos trabajando y reconstruyendo de manera constante e imperceptible. Nuestras células de la superficie intestinal, por ejemplo, viven sólo unos días y las células nerviosas muchos años. En general, se calculó que una persona que pesa 70 kilos con alrededor de 30 billones de células individuales y un peso de 46 kilos de masa celular (excluyendo los líquidos y sólidos fuera de las células) produce exactamente esta cantidad de masa celular cada año y medio. Parece una locura pero es verdad. Somos alguien diferente cada pocos años, al menos en lo que respecta al material.

Lo mismo ocurre en el bosque. Los diversos organismos y especies van y vienen; el aspecto general y las funciones del ecosistema siguen siendo similares. A veces, sin embargo, las especies de árboles también cambian. Esta alternancia es en particular notable cuando los abetos mueren y después crecen árboles de hoja caduca, como los hayedos. Otro ejemplo es la muerte de los brotes de fresno causada por una enfermedad fúngica, de la que son víctimas los fresnos europeos. El hongo, la falsa taza de tallo blanco, *Hymenoscyphus fraxineus*, resultó visible por primera vez en Dinamarca en torno al cambio de milenio y después se extendió con rapidez. Los bosques afectados se adelgazan repentinamente debido a la muerte del fresno, e incluso parecen perder de manera temporal propiedades importantes, pero en el norte de Alemania el olmo de zarza lo releva después en algunos bosques y vuelve a cerrar el dosel.[94]

Éste es un buen ejemplo de cómo, en sistemas biológicamente diversos, puede evitarse un colapso importante disponiendo de opciones de sustitución antes del colapso para amortiguar las consecuencias del cambio. Presumiblemente, esto preserva la mayoría de las funciones forestales, pero para las especies que dependen del fresno, la pérdida es, por supuesto, catastrófica. Es de esperar que, después de todo, algunos fresnos demuestren que son resistentes a la enfermedad fúngica. En la actualidad existen indicios de ello.[95] Los microorganismos podrían desempeñar un papel importante en este sentido. Existe evidencia de que las bacterias del género *Luteimonas* descubiertas hace poco tiempo en las hojas de fresno evitan la invasión de patógenos.[96] Éste sería un buen ejemplo de la evolución en acción y, en teoría, aún podría conducir a la reaparición de las cenizas.

Lo que prevalece en el ecosistema forestal no es un estado estable ni un ciclo verdadero, como imaginaban los antiguos griegos para sus vidas. A pesar de la innovación a pequeña escala, los sistemas maduran y cambian. Son los componentes duraderos y antiguos, con la información que contienen, los que les confieren un carácter especial.

Por qué la naturaleza no es predecible ni controlable

La complejidad de la vida es, a la vez, maravillosa e inquietante. La complejidad de los bosques, con estos increíbles componentes que interactúan entre sí y producen efectos sorprendentes y, por lo tanto, caóticos, representan parte de la fascinación y es motivo de sorpresas y asombro. Pero también nos dificulta entender cómo funcionan los bosques. Razón suficiente para detenerse a reflexionar un instante sobre ello.

Los humanos tenemos una vena criminalista bastante fuerte. Somos buenos para combinar, recopilar y conservar pruebas para explicar lo que pasó y quién es el autor. Nos gusta el suspense y la incertidumbre temporal, pero una buena historia criminal siempre tiene una solución al final. Imagínate una novela de Agatha Christie, al final de la cual ni uno ni el otro se presentarían como el autor del crimen. El final hubiera sido abierto, el acto cometido con cierto grado de probabilidad por una persona, pero quizá también por otra. Incluso las pruebas no serían válidas en absoluto; la víctima del asesinato podría ni siquiera estar muerta. Una buena historia no se puede contar de esta manera. A los humanos sólo nos gustan los rompecabezas que tienen solución.

Por eso hay tantos científicos. A la gente también le encanta crear orden en el caos, clasificar sistemas, dar nombres a cosas desconocidas, mostrar cómo están interrelacionadas y explicar cómo funcionan las cosas. Gran parte de este libro también trata sobre esto. La ciencia trabaja principalmente para encontrar las causalidades: ¿cuál es el resultado del trabajo?, ¿cuál es el motivo?, ¿qué pasará si se cumplen ciertas condiciones? El único problema es que cuanto más profundiza la ciencia, cuanto más mide y más se pregunta, más aprende sobre los límites del conocimiento, pero, al mismo tiempo, tiene que distanciarse de la idea de que existe una única verdad y de que todo puede explicarse y predecirse hasta el más mínimo detalle.

Al fin y al cabo, la ciencia ya nos ha mostrado por qué existen estos límites del conocimiento y de lo conocible. Un problema importante es la gran complejidad de los sistemas a los que nos enfrentamos y a los que nosotros mismos pertenecemos. Por lo tanto, si en un bosque hay un número tan grande de elementos que pueden ser de una forma u otra, hacer esto o lo otro, es decir, que son variables, como diría el matemático, y como resultado los procesos pueden ir más rápido o más lento de forma sorprendente, si hay valores umbral y puntos de inflexión, así como procesos completamente caóticos,[97] en este caso existe un gran problema en el análisis. Cometemos errores con mucha facilidad.

Con los sistemas complejos a menudo creemos que existen relaciones donde no las hay en absoluto. Esto se debe a nuestra forma de pensar, que nos ha hecho tan exitosos a los seres humanos. Filtramos datos individuales de la gran cantidad de información que nos inunda una y otra vez. Nos llegan tantos sonidos, colores, formas, patrones y olores que simplificamos, especulamos y decidimos. El psicólogo israelí Daniel Kahneman se ha hecho muy conocido por sus evaluaciones de los dos tipos de pensamiento humano: el rápido y el lento.[98] Nuestro sistema de pensamiento rápido decide sobre la base de las emociones, las suposiciones, el conocimiento previo y los prejuicios. En situaciones peligrosas y confusas, a veces hay que hacer las cosas con rapidez. Si se oye un crujido en la maleza detrás de nosotros, podría ser un león a punto de atacarnos, ¡así que mejor huir, no mirar primero y llegar al fondo de la verdad!

Nuestro cerebro funciona con bastante rapidez y eficacia cuando se trata de reconocer patrones o estructuras que nos resultan familiares. Esto puede ayudar a orientarnos en la naturaleza, por ejemplo. El cerebro nunca se detiene ni trata de obtener rápidamente información de todo lo que sucede a nuestro alrededor. Sin embargo, a veces va demasiado lejos en el proceso. Por eso reconocemos animales y rostros en las nubes o en los árboles torcidos. Obviamente, nos gusta interpretar el significado en algo más que simplemente aceptar la aleatoriedad y la falta de sentido.

También hay otra forma de pensar. Podemos meditar despacio, reflexionar y pensar poco a poco. Éste es nuestro sistema científico, por así decirlo, que es consciente de la complejidad, considera las consecuencias y los efectos en cadena y sopesa las incertidumbres. Pero cuando los sistemas son complejos, como los ecosistemas forestales, resulta muy difícil incluso para los científicos. Entonces tenemos que estar en guardia; de lo contrario, podríamos estar analizando presuntas relaciones entre componentes que en realidad no se influyen entre sí. Se trataría entonces de correlaciones falsas que pueden conducir a hipótesis falsas y también engañar a los investigadores.

Un ejemplo popular y absurdo de las estadísticas es la situación en la que nacen más bebés en aldeas con muchas cigüeñas en los tejados de las casas. Se podría concluir que a los niños los traen las cigüeñas. Sabemos, por supuesto, que eso no ocurre. Más bien, la verdadera razón de la naturaleza especial de las aldeas de cigüeñas y bebés podría ser que están situadas en una zona en la que las cigüeñas se encuentran bien y en la que las condiciones de vida son también muy atractivas para las familias jóvenes que se trasladan a estas aldeas. Pero también podría ser que, durante la investigación, la gente se olvidara de mirar las regiones donde no hay cigüeñas. O resulta que hay tal acumulación de bebés y cigüeñas en sólo un año que los resultados estadísticos no pueden volver a lograrse en otros.

En el contexto del problema de las relaciones falsas, como las de las cigüeñas y los bebés, la estadística ha avanzado muchísimo en la ciencia, impulsada por la gigantesca capacidad de cálculo que nos han proporcionado los ordenadores modernos. El análisis de eventos multifactoriales en sistemas complejos es un desafío importante. Los matemáticos han desarrollado muchas pruebas y procedimientos estadísticos para probar la plausibilidad de las relaciones. El uso del llamado aprendizaje automático y la inteligencia artificial representa un nuevo nivel revolucionario de interacción humana con los números y los datos.

Sólo como dato curioso al margen, incluso existe un «método forestal» en las estadísticas, el enfoque *Random Forest* (enfoque de bosques aleatorios), que no tiene nada que ver con los ecosistemas, sino con árboles de decisión generados de un modo aleatorio. El bosque de estos árboles de decisión generados automáticamente permite, en última instancia, una aproximación a la cuestión de si ciertos datos están interconectados. El cálculo se entrena a sí mismo y cada vez es mejor para reconocer las relaciones. Para muchos científicos, sin embargo, es un reto seguir el ritmo de las máquinas y comprender en detalle lo que ha hecho el ordenador; en otras palabras, reconocer el bosque real de entre los árboles digitales.

Con todas estas maravillosas nuevas oportunidades, la ciencia debe tener mucho cuidado de no perderse por completo en el análisis. En los ecosistemas forestales, la cantidad de factores que influyen es muy grande y no sólo lo hacen en un parámetro en particular, sino también entre sí. Por eso, los resultados de estos análisis suelen depender en gran medida de las coincidencias y, además, sólo son válidos para el momento de la recopilación de datos.

Si, por ejemplo, se estudia cómo cambia la temperatura en un bosque después de la tala,[99] no es tan fácil de determinar. Si nos limitamos a examinar el aspecto de los huecos del dosel arbóreo, el resultado es diferente al de observar también la biomasa. Su reducción también tiene un efecto en la temperatura del bosque. E incluso si se ha tenido en cuenta todo lo imaginable, el resultado sólo es válido para el año en curso. En realidad, esto no asusta a los científicos con experiencia estadística, pero sí les dificulta la comunicación con la industria forestal, que prefiere reglas empíricas sencillas a las complicadas «determinadas por las condiciones marco de un modo o también del otro».

Cuanto más natural y salvaje es un bosque, más difícil resulta analizarlo. Las especies animales y vegetales, los microorganismos, las estructuras, los nutrientes y otros recursos, las características del terreno, la edad de los árboles, el historial de perturbaciones y eventos aleatorios y mucho más se distribuyen de manera desigual en el bosque. Esto se aplica incluso al clima, que es mucho más fácil de registrar. En un área de estudio con varias estaciones meteorológicas, es fácil ver que llueve incluso en días diferentes a una distancia de unos pocos kilómetros. Además, cada pedazo de bosque es único y no se puede comparar con los demás.

La tentación de los científicos de simplificar las condiciones de las pruebas, es decir, de reducir la complejidad a fin de obtener resultados que también resistan las pruebas estadísticas es igualmente grande. Los experimentos de plantación de árboles, como el gran experimento BEF China en Jiangxi, son populares.[100] En 2009 y 2010 se plantaron 226 400 árboles nativos de 40 especies en varias combinaciones en un total de 40 hectáreas y 566 áreas diferentes, de monocultivos a mezclas de hasta un máximo de 24 especies. Estas áreas ahora se utilizan para estudiar cómo se comportan el crecimiento y la productividad de los árboles en las diversas combinaciones, por ejemplo. Así, se encontró que un mayor número de especies amortigua las pérdidas de crecimiento individual de ciertas especies en años individuales.[101]

Los resultados del estudio, que parecen sugerir una mayor diversidad de especies arbóreas en los bosques, eran esperados y confirman hipótesis y estudios anteriores. En este caso, fue particularmente convincente también por el buen procesamiento estadístico. Los autores del estudio concluyeron: «Los mecanismos identificados por los que la riqueza de especies arbóreas estabiliza la productividad forestal subrayan la importancia de los bosques diversos y ricos en especies para la adaptación al cambio climático». Así que, desde una perspectiva ecológica, todo está muy bien. Ahora bien, por desgracia, el experimento dice muy poco sobre los bosques, ya que ni siquiera fueron examinados. Más bien es un experimento de diversidad de especies arbóreas en plantaciones que sólo tienen diez años y que simplemente ocultan un universo de características forestales. El diseño del experimento demuestra que en algunos círculos prevalece la idea de que los ecosistemas forestales son mezclas de árboles. Es una obviedad que la biodiversidad en las plantaciones es más barata que el monocultivo. Sin embargo, el experimento no nos dice nada sobre el desarrollo a largo plazo y futuro de estas plantaciones, o incluso de los bosques originales, en condiciones climáticas cada vez peores.

El estudio podría llevar a la falacia de que el hecho de que haya más especies en un bosque siempre se considera automáticamente positivo. Hay autores que se esfuerzan mucho por demostrar que el bosque siempre está mejor cuando la gente tala árboles y los reforestan. Contaron las especies en bosques gestionados y no gestionados.[102] Si, por ejemplo, se encuentran más especies de plantas o aves en un bosque gestionado, se considera una prueba del efecto positivo del aprovechamiento. Esto ignora por completo el hecho de que se trata de especies no forestales que han invadido el bosque raleado.

Su presencia no favorece entonces la eficacia funcional del ecosistema forestal, que se ve perjudicado en su complejidad. En un sistema complejo, es bien sabido que el panorama general es más que la suma de sus partes. Por el contrario, una suma mayor de las partes encontradas no significa que el todo sea mayor.

No todo lo que puede probarse estadísticamente debe mejorar siempre nuestra comprensión de los sistemas complejos. El complejo experimento de la década en China también es un buen ejemplo de un viejo dilema de investigación. Para poder examinar un sistema complejo, suele estar influenciado o modificado por el propio estudio. Por lo tanto, la investigación a menudo significa un cambio en la realidad que no puede representarse de manera fiable por sí sola. Las múltiples intervenciones humanas en los ecosistemas forestales, que ya son muy complejos, dificultan aún más la investigación y ocultan aún más las relaciones.

Por lo tanto, no es posible explicar con una fiabilidad del 100 por 100 en sistemas complejos por qué se han producido ciertos fenómenos y resultados. Hay algunas que son muy plausibles, en parte porque han sido confirmadas por innumerables observaciones recurrentes y otras que no lo son. Es casi imposible proporcionar pruebas absolutas. No obstante, esperamos respuestas de la ciencia. ¿No podríamos entonces al menos aprender de los «hechos» plausibles? Por desgracia, los sistemas ecológicos complejos también suponen un obstáculo en este contexto. No somos en realidad capaces de determinar y medir de antemano todas las características relevantes de los sistemas ecológicos; la complejidad en sí misma hace que los sistemas sean indisolublemente indeterminados, y los ecosistemas y sus componentes también pueden responder a los nuevos desafíos mediante nuevos estados del sistema.[103] Son impredecibles.

Para los científicos, pero, sobre todo, para los profesionales, es muy poco satisfactorio no poder sacar conclusiones fiables sobre el futuro a partir del pasado. Sin embargo, éste es justo el mensaje del pasado de los ecosistemas terrestres.

Es verdad que ciertas condiciones siempre pueden conducir a resultados comparables, como el desarrollo de un crecimiento en forma de árbol en grupos de plantas que son herbáceas, así como la formación de bosques de cierta altura y productividad. Sin embargo, está abierta la composición de especies de los bosques futuros. De hecho, ésta es una característica importante del desarrollo de la vida. Tiene un final abierto (los científicos han hablado de la llamada «apertura óntica»;[104] en griego antiguo *on,* «ser»). Es cierto que eso parece difícil al principio. La apertura de los resultados incluye oportunidades que son bastante inimaginables e indeseables para las personas, como la desaparición total de formas de vida o de hábitats o ecosistemas enteros. Sin embargo, esto es justo lo que ha estado sucediendo una y otra vez en el pasado. Incluso es posible que la vida misma destruya la biosfera. Es órdenes de magnitud más plausible que la propagación exitosa de la vida en otros cuerpos celestes.

La apertura del ser significa que (casi) cualquier cosa puede ocurrir en el ecosistema global, al menos con tiempo suficiente. Esto se aplica de forma limitada si hay ciertas dependencias de ruta. Por ejemplo, no es plausible que la vida en la Tierra, que se basa en compuestos de carbono, cambie repentinamente a compuestos de silicio. También hay muchas cosas imposibles, por ejemplo, que los musgos se conviertan de repente en árboles, o que los árboles caminen por el campo a cuatro patas. Muchas cosas también son imposibles porque costarían demasiada energía, que no está disponible en la naturaleza. Es probable que también se hayan agotado algunos desarrollos. Así pues, es posible que la fotosíntesis de las plantas no sea más eficiente, pero de ningún modo se trata de que la evolución llegue de repente a un punto final y no se produzcan más innovaciones. Por el contrario, es muy probable que las especies y los ecosistemas sigan siendo capaces de producir innovaciones asombrosas que ni siquiera podemos imaginar. Sin embargo, es más probable que esto lleve millones de años, siempre que la evolución no se vea privada de demasiado potencial en un futuro próximo, lo que podría retrasar de un modo significativo la evolución futura, pero no detenerla.

No se puede predecir el vasto futuro de los ecosistemas forestales. En tiempos de problemas patentes de disminución de la capacidad funcional de los bosques, sobre todo ante una crisis climática flagrante con cambios rápidos y poco claros, nos gustaría, no obstante, saber qué nos depara el futuro. A pesar de todas las incertidumbres, es importante imaginar los futuros posibles para prevenir con todas nuestras fuerzas los escenarios desfavorables. Entonces, si no podemos predecir el futuro, ¿nos ayudarán al menos los modelos?

En los últimos años, los ordenadores modernos han dotado a la ecología de potentes herramientas para realizar cálculos complicados. Una y otra vez, estamos modelando cómo les podría ir a las especies y los ecosistemas en el futuro. La cuestión candente, sobre todo para especies de valor económico como los árboles forestales, es si podrían estar entre los ganadores o los perdedores del cambio climático.[105]

Desde hace décadas está claro que la modelización está asociada a incertidumbres considerables, lo que exige también una forma adecuada de tratar esta incertidumbre en la comunicación.[106] Los aspectos metodológicos por sí solos, como la calidad de los modelos y la aplicación de las propiedades modelizadas, los datos y los algoritmos, pero también los tipos de organismos sobre los que existe cierto conocimiento, generan un enorme grado de incertidumbre, tanto, que no es posible afirmar en qué medida difieren entre sí los distintos modelos. Esto también se reconoce en los estudios.[107] Sin embargo, lo que no suele aceptarse ni admitirse (de lo contrario, la modelización compleja de esta forma podría no llevarse a cabo en absoluto) es que la complejidad de las poblaciones, las especies y los ecosistemas, así como la inevitabilidad de un comportamiento caótico y no lineal, hacen del todo imposible una proyección seria.

Sólo porque los medios técnicos lo permiten en términos puramente matemáticos, algunos investigadores están modelizando el clima y la vegetación para los próximos siglos.[108] En esos trabajos se señala entonces que las proyecciones sólo se aplican a toda una serie de supuestos, como que el clima evolucionará en el siglo XXI según un escenario muy concreto y no cambiará después de 2100, es decir, supuestos que definitivamente no pueden darse. No obstante, al final, los resultados se presentan en coloridos mapas, que sugieren que es posible predecir qué especies arbóreas compondrán los bosques del sur de Suecia entre 2102 y 2500. Ahora bien, ¿cuál es el valor de tal resultado, que en última instancia sólo demuestra que la naturaleza podría calcularse si no fuera tan compleja y caótica como lo es? ¿Cuán engañoso puede ser un único escenario forestal futuro si se pudiera argumentar con idéntica verosimilitud que, como resultado de fenómenos meteorológicos extremos e incendios que en la actualidad no se pueden modelar, no podría haber más bosques en el sur de Suecia en 2500, o que la mitad de las especies arbóreas que figuran ahora podrían haber sido destruidas por virus y hongos inesperados en 2150?

El estudio de 2009 mencionado antes, con los coloridos mapas de la supuesta vegetación forestal del futuro, también fue utilizado por la Comisión Europea en 2021 para el desarrollo de la Estrategia Forestal Europea. Según esto, entre el 31 y el 42 por 100 podría pertenecer a una zona diferente de «vegetación natural potencial».[109] Da miedo cuando los bosques se reconvierten sobre estas bases, como está ocurriendo en la actualidad en una gran superficie.

De hecho, el desarrollo forestal sólo fue razonablemente confiable durante breves períodos de tiempo, en especial durante períodos de relativa estabilidad de las condiciones ambientales. Extrapolar tendencias pasadas al futuro puede llevarnos con rapidez por mal camino. Por ejemplo, el Ministerio Federal de Agricultura alemán, que cuenta con el asesoramiento de científicos, publicó un comunicado de prensa con motivo del tercer inventario forestal federal en octubre de 2014 y se mostró satisfecho: «El bosque va bien. Se ha superado la llamada extinción de los bosques de la década de 1970. [...] El inventario también demostró que, con la creciente diversidad de plantas, el bosque está mejor protegido contra las tormentas y la infestación de plagas. Esto es bueno para el equilibrio ecológico y para el aprovechamiento forestal». Sólo seis años después, en 2020, el mismo ministerio escribe: «Las tormentas, la sequía extrema y las plagas de escarabajos de la corteza han tenido un inmenso impacto en los bosques de Alemania durante los últimos tres años. La situación de sequía continuó en muchos lugares el año pasado, por lo que los bosques se enfrentan a enormes desafíos también en 2020. Los expertos calculan que se han perdido 171 millones de metros cúbicos de madera dañada y que es necesario reforestar 277 000 hectáreas (fecha límite 31.12.2020). La Encuesta sobre el Estado de los Bosques 2020 muestra que el 37 por 100 de todos los árboles presenta un adelgazamiento significativo en la copa».[110]

¿Qué había sucedido? A partir de 2018, hubo una serie de años extremos con veranos calurosos y secos, y la salud del bosque se deterioró de una forma repentina. Si bien estaba claro que el cambio climático podía causar problemas, en especial en los abetos, a medio plazo, la cadena de acontecimientos extraordinarios hizo que las delicadas plantaciones de coníferas, en particular, alcanzaran un punto de inflexión mucho más rápido de lo que la mayoría de los científicos y profesionales habían creído posible. Tampoco fue posible predecir un período de años extremos ni el alcance de la respuesta de los bosques. Tras el final de los años extremos de 2018-2020, es probable que muchos bosques sufran cambios permanentes. Las generaciones anteriores a nosotros asumieron de manera firme que las montañas de la zona del Harz o la Selva Negra estarían dominadas por bosques de abetos oscuros para siempre. Hoy sabemos que fue un error.

¿Qué hubieran predicho los científicos en el borde de los glaciares de Europa cuando la última era glacial llegó a su fin? En aquel entonces, habría sido plausible que el calentamiento hubiera provocado el avance de las estepas, los arbustos y luego los bosques. Se esperaba que las denominadas especies arbóreas pioneras desempeñaran en un principio un papel importante en este proceso. Estos se multiplican con rapidez y crecen bien en suelos arenosos desnudos. Aparte de especies como el abedul, el pino y el sauce, en este caso, no había muchos otros candidatos a considerar. Después, los ecólogos de la vegetación podrían haber tenido claro, si es que ya lo habían hecho, que otras especies caducifolias determinarían el desarrollo futuro, pero sin duda no cómo los robles, los carpes, los tilos, los arces, los olmos, los fresnos y los demás determinarían el desarrollo del ecosistema y en qué proporciones.

Una sorpresa europea fue la última especie arbórea caducifolia en salir de los refugios de la Edad de Hielo, sobre todo en el sur y el este del Mediterráneo, para iniciar su marcha triunfal, el haya europea *Fagus sylvatica*. Llegó al norte de Europa Central en unos pocos miles de años.[111] Gracias a su capacidad para crear bosques sombríos, pudo dominar gran parte de las regiones forestales europeas y empujar a otras especies que requerían más luz a desempeñar funciones secundarias. El haya es asombrosamente adaptable. En las condiciones de un clima de verano templado, más o menos fresco y húmedo, domina los bosques en suelos muy diferentes, desde arenas pobres y esquistos ácidos hasta arcillas pesadas y caliza pura; incluso se encuentra en sitios cercanos a pantanos que no están demasiado húmedos. El área de distribución natural de los hayedos se extiende desde la orilla del mar hasta la línea superior de árboles en 1800 metros en las montañas. Se extiende desde las islas británicas y la Cordillera Cantábrica, en el oeste, hasta la Bucovina y las estribaciones de los Cárpatos, en el este, desde el sur de Escandinavia, en el norte, hasta Sicilia, en el sur. Al límite de su presencia, sobre todo en el norte y el oeste, el haya sigue en expansión, al menos donde se lo permiten la agricultura y la silvicultura.[112]

¿Podemos deducir algo para el futuro de la propagación de árboles y bosques en el curso del calentamiento tras la Edad de Hielo? No, nada en absoluto. De momento, el viaje se dirige a toda velocidad hacia un período cálido completamente nuevo para los ecosistemas actuales y para nosotros, los humanos. En el pasado, por ejemplo, hubo un cambio climático muy rápido como resultado del calentamiento después de la era glacial. Algunos de los cambios más dramáticos, de hasta 7 a 12 °C en unos 50 años, son significativamente mayores que cualquier otra predicción actual para el futuro inmediato. Hubo un calentamiento rápido bien documentado en las costas del Atlántico Norte cuando el deshielo de la capa de hielo sobre el océano permitió de repente que la corriente del Golfo llegara a las costas del norte de Europa.[113]

Junto con el cambio de la vegetación, los cambios en las corrientes oceánicas y las condiciones meteorológicas, así como las diferentes estaciones y regímenes de incendios, el cambio climático podría conducir a reglas del juego por completo nuevas para la vida y el desarrollo de los ecosistemas. Por si fuera poco, también estamos modificando las reglas del juego al privar a las especies de buena parte de su resistencia a los patógenos nuevos y antiguos y de su adaptabilidad mediante el uso de los ecosistemas, la supresión, la introducción de especies ajenas al ecosistema, la fragmentación y la contaminación.

«La dinámica de los sistemas ecológicos en respuesta al cambio climático no se puede calcular. Sólo la conoceremos cuando el clima haya cambiado y las especies y las comunidades ecológicas hayan respondido». Esto no lo afirman los biólogos de campo, bosque y pradera que no saben calcular, sino los matemáticos que se ocupan de sistemas ecológicos caóticos.[114]

Con todo el conocimiento sobre las características y la historia de los ecosistemas complejos, llegamos a la conclusión de que no nos ayuda a desarrollar escenarios futuros a medio plazo y, mucho menos, a largo plazo. Es dramático y francamente inquietante. Pero no te preocupes, eso no significa que no vayamos a facilitar estrategias. Porque hay mucho que aprender sobre cómo afrontar el presente a partir de la percepción de nuestra indisoluble ceguera ante el futuro.

Una primera lección a este respecto es que debemos tener cuidado de no manipular con prisa los ecosistemas complejos con más ahínco para ayu-

Algunos sectores de la industria forestal ya han declarado muerta al haya común, pero hasta ahora ha demostrado una sorprendente capacidad de adaptación. A partir de 2007 se creó, por iniciativa ucraniano-eslovaca, un sitio europeo declarado Patrimonio de la Humanidad por la UNESCO, que es el haya y su singular propagación tras la Edad de Hielo, antiguos hayedos y bosques primigenios de hayas de los Cárpatos y otras regiones de Europa. Tras la ampliación en 2021, 94 subáreas de 18 países europeos formarán parte de este Patrimonio de la Humanidad, desde Aspromonte, en el sur de Italia, hasta la isla alemana Rügen, en el mar Báltico, desde Ucrania hasta España. La subzona de Grumsinse se encuentra en la reserva de la biosfera de Schorfheide-Chorin, en Brandeburgo (Pierre L. Ibisch, noviembre de 2019).

darlos a avanzar hacia un futuro que no podemos entender. Si crees que puedes describir los bosques del futuro o incluso crearlos plantándolos, deberías intentar predecir los números de la lotería; al fin y al cabo, eso sólo ocurre dentro de una semana e implica combinaciones de números significativamente inferiores.

En el estudio de las comunidades vegetales, la sociología vegetal, inventada en Europa, parte de la base de que las especies vegetales forman comunidades vinculantes.

Por un lado, esto reconoce que las especies no se enfrentan solas a su entorno. Por otro lado, existe el riesgo de describir pseudosociedades derivadas de lo fácilmente observable. El hecho de que las plantas puedan entablar relaciones más estrechas con microorganismos y hongos que con otras plantas no era conocido ni imaginable, y al principio se ignoró sin saberlo, pero en épocas posteriores también se ignoró sin más.

Se han definido una y otra vez las denominadas sociedades finales o, mejor dicho, «sociedades clímax», que se establecieron a partir de la observación a corto plazo del desarrollo de la vegetación. Se supone que representan el punto final del desarrollo forestal, que, según esta idea, apenas cambia después. Dice así, por ejemplo: «En un bosque de tilos y hayas, el haya es la especie dominante, pero tiene que soportar la competencia de los tilos más altos, el sicomoro y el fresno. Es una sociedad forestal de fagion pobre en especies, estructuralmente simple, unilateral y florísticamente nítida».[115] Al mismo tiempo, los sociólogos de las plantas también observaron signos y evidencias de cambios una y otra vez: «Históricamente, *Tilio Fagetum* es posible que deba entenderse como la vegetación de un bosque de tilos superpuesta por vegetación de hayas; en la correspondiente posición orientada al sur, el bosque mixto de tilos, *Aceri-Tilietum*, que aún permanece inmóvil hoy en día».[116]

La división de estas comunidades vegetales en clases, órdenes y asociaciones sugiere una jerarquía vinculante y un orden de grupos de especies vegetales que no existe en absoluto. Ha facilitado a generaciones de botánicos la descripción y evaluación ecológica de determinados lugares, sobre todo porque ciertas especies indicadoras señalan, por ejemplo, las condiciones edafológicas o climáticas. Pero, al mismo tiempo, el sistema es engañoso porque crea una imagen bastante estática, casi predeterminada, de la naturaleza en la mente de la gente. Esto lleva hasta tal punto que, sobre la base de este sistema, que en realidad no es más que una herramienta aproximada, surgió la idea de una vegetación ideal y objetiva. Ésta se denomina «vegetación natural potencial».[117] Los propuso el botánico Reinhold Tüxen, que proviene del norte de Alemania.[118]

La idea es que la vegetación de un lugar específico, si cesara la influencia humana, avanzaría hacia un estado determinado y, en definitiva, definible. Se basa en muchos supuestos, por ejemplo, que el clima y otras condiciones ambientales se mantendrán más o menos estables y tendrán un efecto predecible en las comunidades bióticas, y que las especies que conforman la vegetación estarán disponibles a largo plazo y no se verán complementadas por otras especies adicionales.[119] Pero lo más importante es que no se prevé que el desarrollo de la cubierta vegetal modifique el emplazamiento y, por tanto, el potencial de crecimiento vegetal en sí. Una vez más, se hace patente la fuerte simplificación que reduce y doblega la realidad hasta hacerla encajar en un esquema claro (lo que nos lleva de nuevo a las cigüeñas y los bebés).

En la silvicultura en Alemania, por ejemplo, se introdujo la vegetación natural potencial para planificar la gestión forestal. En realidad, se trataba de un paso adelante, ya que se pretendía pasar de los monocultivos a bosques más naturales. Si deseas cultivar de una manera más natural, lo «natural» debe definirse de alguna manera. Y esto se hace ahora basándose en la sociología de las especies arbóreas y vegetales. Esto lleva al punto de que los mapas construidos de vegetación natural potencial (VPN) se utilizan para determinar qué especies de árboles deben crecer en un bosque. La aplicación condujo a la definición de tipos de población objetivo «específicos de cada especie arbórea» (o tipos objetivo de desarrollo forestal).[120] Tan pronto como se definieron, la idea del VPN sobre el desarrollo de un cambio climático antropogénico rápido se tambaleó.[121] Si hay un clima diferente en el futuro, también debe haber otra vegetación objetivo, que es la «vegetación natural potencial futura» (VNPf), que se daría si el cambio climático hubiera «terminado». A partir de esto, se podrían derivar «tipos de poblaciones objetivo adaptados al cambio climático». La idea básica de reorientarse hacia la naturaleza no era mala, pero ha sido tan planificada y deformada a nivel administrativo que los árboles sólo agitarían sus copas con cansancio si pudieran comprender todo esto.

Al final, todo el concepto se basa en las ideas de la «ecología del equilibrio» y la correspondiente predeterminación y, como resultado, en la idea del control exacto de la naturaleza.

El «organismo forestal» enigmático

Simbiosis: de la oposición a la colaboración

Los bosques son los ecosistemas más diversos y complejos de la Tierra. Esto puede hacer que nos resulte difícil o incluso imposible entenderlos, pero esta complejidad es una parte esencial de su éxito. Incluso el caos natural significa poder creativo. Sin embargo, esta fuerza también es un peligro. Es un desafío importante para los sistemas vivos no sumirse en el caos de forma regular. Por este motivo, en el curso de la evolución, la naturaleza ha experimentado soluciones para limitar el caos y restringir y regular las numerosas interacciones posibles entre los distintos componentes.

En este punto es donde entra en juego la mano invisible de la evolución. En ningún momento la vida supo qué hacer para ser más viable, ni aspiró a ninguna condición en particular. La vida en el planeta tiene un final abierto y no está orientada a objetivos. Ésta es probablemente una de las razones por las que la gente moderna, que se ha acostumbrado a la planificación y el control detallados, no se lleva tan bien con el resto de la naturaleza. Incluso nos sentimos superiores a la naturaleza en un momento en que los humanos hemos desencadenado una crisis climática por el trato que damos a la Tierra. Dado que podemos reconocer esta crisis y pensar en el futuro, creemos que a través de una gestión activa ahora podemos gestionar la naturaleza mejor que ella. En el contexto forestal, también escuchamos esto una y otra vez de muchos científicos forestales. Si no logramos que el bosque siga el camino correcto, perdemos un tiempo valioso.

Es un poco confuso, y fascinante al mismo tiempo, que las personas orientadas a objetivos formemos parte de una naturaleza del todo fortuita. A pesar de nuestro espíritu creativo y planificador, no somos más que otro experimento de la evolución. El hombre, ciertamente, no es la corona de la creación, pero se rebela contra el caos y el destino más que cualquier otra especie anterior. Aún no está claro cómo terminará este experimento «humano». Intervenimos de manera masiva en sistemas complejos vitales, y creemos que podemos controlarlos de forma planificada. Mientras tanto, sin embargo, algunos son conscientes de que podríamos llevarnos algunas sorpresas desagradables. Si los seres humanos nos ponemos impuestos, seremos eliminados o marginados como parte de la evolución, al igual que muchas otras formas de vida antes que nosotros.

La diversidad y la complejidad son la base de una cantidad en extremo grande de experimentos naturales. La vida lo intenta, se equivoca, los experimentos fallan y las innovaciones realmente buenas se difunden. Por tanto, es fácil comprender que, en el curso de la evolución, los organismos se vieran recompensados cuando no dejaban al azar sus relaciones con otros seres vivos, sobre todo cuando éstas resultaban beneficiosas para su supervivencia.

Al principio de la evolución sólo había unos pocos seres vivos. Éstos tenían bastante con sobrevivir en un entorno bastante duro y conseguir los recursos que necesitaban para ello. Pero los hábitats se llenaron, cada vez más organismos se encontraron de manera inevitable, cayeron unos sobre otros, se utilizaron mutuamente para sobrevivir, lucharon

Recuperación y desarrollo posterior de un ecosistema forestal tras un monocultivo de píceas. Arces y serbales jóvenes crecen bajo abetos muertos cerca de Königshütte, en las montañas del Harz en Alemania (Pierre L. Ibisch, mayo de 2021).

por los recursos y el espacio. Comenzó una carrera armamentista evolutiva. Las plantas y los animales desarrollaron estrategias para estar listos lo antes posible cuando hubiera recursos frescos que buscar en algún lugar. Algunos invirtieron en la multiplicación y expansión masivas, mientras que otros desarrollaron adaptaciones que les permitieron permanecer más tiempo en un lugar una vez conquistado. Muchos de los animales móviles se volvieron territoriales a costa de tener que defenderse a sí mismos, a sus crías y a su comida. La vida inventó las armas, la defensa y la guerra ofensiva: venenos mortales, espinas, pinchos, dientes, cuernos, espadas, tanques y, en última instancia, incluso misiles supersónicos y bombas nucleares.

En la naturaleza y su evolución, no hay nada bueno, ni malo, ni correcto, ni incorrecto. Todo lo que funciona avanza. Tampoco se trata de erradicar ciertas soluciones y formas de vida menos adecuadas en la lucha por la existencia. A veces, las personas que actualmente parecen algo más débiles están de repente mejor preparadas para el cambio ambiental que los supuestos ganadores de ayer. Las «personas adecuadas» de hoy podrían estar muy equivocadas mañana. Por eso la vida no descarta a la ligera ninguna solución, sino que al menos las almacena en la memoria a largo plazo. Pero, sobre todo, la evolución actúa con moderación. En un mundo de recursos escasos, lo que cuenta ante todo es economizar.

Visto desde la perspectiva de la evolución, hay mucho que decir, por tanto, a favor de no confiar tan sólo en la carrera de armamentos. Al fin y al cabo, la lucha y la defensa se asocian con facilidad con costes elevados y despilfarro; requieren energía y otros recursos. Se pueden conseguir también ventajas si un ser vivo no lucha contra sí mismo, sino que recibe ayuda de aliados, o incluso si confía por completo en ser fuerte en conjunto y evitar las peleas. Es incluso mejor convertir en amigos a los atacantes y competidores.

De hecho, la investigación sobre la cooperación y la coexistencia comenzó poco después de la publicación de la teoría de la evolución en 1859, lo que contradice la idea mal utilizada políticamente de la

La evolución como lucha por la existencia: selección y heroísmo en el «bosque alemán»

No se puede negar que muchas estructuras y características de los seres vivos no habrían evolucionado sin la necesidad de defensa y asertividad. Cuando esto quedó claro para la gente con la formulación de la teoría de la evolución por parte de Charles Darwin, la idea de la «lucha por la existencia» moldeó la percepción de la naturaleza y el desarrollo. Por desgracia, este concepto también encajaba en el siglo XIX, cuando las ideas de nación y estado-nación conformaban visiblemente la oposición política.

La supervivencia del más fuerte y la lucha por la existencia en la evolución de los organismos se convirtieron en el modelo de la ideología nacionalista popular y el racismo. La ideología del llamado darwinismo social aún no ha abandonado nuestra cultura. Las ideas biológicas todavía sirven para apuntalar el pensamiento de la derecha. La transferencia de observaciones simplificadas de la biología a la sociedad ha desacreditado por completo el enfoque del aprendizaje de la naturaleza para los seres humanos.[1]

Por desgracia, científicos como el zoólogo alemán Ernst Haeckel, que había inventado la brillante palabra «ecología» y era el mayor admirador de Charles Darwin en Alemania, se convirtieron en pioneros del nacionalismo mortífero y la eutanasia sobre la base aparente de las ciencias naturales. El imperativo erróneamente asumido de que los débiles deben ser erradicados sin piedad pasó a formar parte de la ideología criminal de los nacionalsocialistas. No es casualidad que uno de los nazis más poderosos, Hermann Göring, no sólo ocupara varios cargos ministeriales, sino que también fuera Reichsjägermeister («maestro de caza del Reich»), Reichsforstmeister («maestro de guardia forestal del Reich») y Comisario Jefe de Conservación de la Naturaleza.

En consecuencia, numerosos actores de la silvicultura y la caza en Alemania apoyaron la ideología nacionalsocialista con ejemplos del bosque. La supuesta superioridad de los alemanes se derivó de la batalla contra el bosque, como escribió el botánico y conservacionista estatal Walther Schönichen en su libro de 1934 *Bosques vírgenes en tierras alemanas*. Las imágenes de la lucha del hombre alemán con el paisaje primitivo funcionaron: «Queremos ver el bosque alemán desde su lado heroico, y creemos que esta visión se corresponde más estrechamente con el espíritu de la nueva era» (pág. 5) «En la naturaleza salvaje de árboles altos, el espíritu heroico de los guerreros germánicos se ha fortalecido una y otra vez. Aquí creció una raza curtida: géneros de líderes, decididos y empoderados para dirigir el destino del mundo. En una dura batalla contra el bosque, el hombre alemán, con una determinación tenaz, creó su espacio vital» (pág. 51). «Aquí, la naturaleza revela el noble espíritu heroico, que es muy característico de todo lo combativo» (pág. 25).[2]

El combate también se invocó de un modo repetido en relación con la caza, en este caso también con una referencia explícita a las supuestas leyes de la naturaleza. Un ejemplo de la crónica de la caza alemana de 1937: «Cazar y ser cazado es la ley inmutable de la naturaleza, es el deseo de vivir, la lucha por la conservación según la ley de la selección, a la que están sujetos todos los seres vivos. La caza también está en el comienzo del desarrollo humano, trajo comida, fortaleció el cuerpo, entrenó la mente y, por lo tanto, creó la base para un nivel superior de cultura. La caza resultó ser la más fuerte y capaz. Cualquiera que demostrara ser un gran cazador era un buen guerrero y estaba llamado a liderar. Este principio, todavía válido hoy en día entre todos los pueblos primitivos, permaneció vivo en las personas mucho después del ascenso a la cultura superior. Un gran gobernante también tenía que ser un gran cazador. Desde el principio, la caza y la dominación están estrechamente vinculadas».[3]

En la actualidad, la idea está a la orden del día. La caza supuestamente asegura el orden y la salud en el bosque. «Quien mata a tiros al ciervo sobrante durante un tiempo breve y sin dolor, para que el resto pueda vivir en su especie, lo hace en el mejor sentido de la palabra; ¡no quien llora ante el ciervo que lo cuida por su enfermedad!».[4]

1. Ibián, P. L. (2020). «Eine Ökologie gegen rechts. Von Ökosystemen Unsicherheit und Demut lernen». En: Leitschuh, H. *et al.* (eds.). *Ökologie und Heimat. Jahrbuch Ökologie 2021*. Stuttgart: Hirzel.
2. Schoenichen, W. (1934). *Urwaldwildnis in deutschen Landen. Bilder vom Kampf des deutschen Menschen mit der Urlandschaft.* Neudamm: J. Neumann.
3. Marx-Kruse, M.; von Campe, E. (ed.) (1937). *Chronik der deutschen Jagd. Eine Kulturgeschichte des Jagdwesens von den Anfängen bis zur Gegenwart in Dokumenten.* Wilhelm Langewiese-Brandt, de Ebenhausen, pág. 1; citado en: Maylein, K. F. (2005). *Die Jagd: Funktion und Raum. Ursachen, Prozesse und Wirkungen funktionalen Wandels der Jagd.* Tesis doctoral, Universidad de Constanza, pág. 62.
4. Hespeler, B. (1988). *Rehwild heute. Neue Wege für Hege und Jagd,* pág. 141. citado en: Maylein, K. F. (2005). *Die Jagd: Funktion und Raum. Ursachen, Prozesse und Wirkungen funktionalen Wandels der Jagd.* Tesis doctoral, Universidad de Constanza, pág. 520.

lucha omnipresente en la naturaleza. Los términos «juntos» y «vida» se combinan en griego para formar la palabra simbiosis. Ya en 1878, en la 51.ª Asamblea de Naturalistas y Médicos Alemanes celebrada en Kassel, Anton de Bary, de Frankfurt, basándose en el estudio de los líquenes, sugirió[122] que las formas de vida caracterizadas por la coexistencia de varias especies deberían denominarse simbiosis. En la década de 1620, la palabra ya había aparecido una vez en el contexto de las personas que vivían juntas; a partir de 1921 también se usó con otro sentido además del biológico.[123]

Los líquenes son formas de vida ecológicamente muy importantes. Se encuentran entre los primeros colonizadores de nuevos hábitats y desempeñan un papel en la autocuración de los ecosistemas al crecer en exceso en las superficies rocosas desnudas o en los suelos expuestos. Protegen los suelos de la erosión, provocan la erosión de las rocas, ponen los nutrientes a disposición de otros e incluso capturan los nutrientes del aire. Como resultado, son extremadamente importantes en muchas redes tróficas.[124] En los bosques, los líquenes suelen colonizar los troncos, las ramas y las ramitas de los árboles, aumentan la superficie y el hábitat por encima del suelo del bosque y atrapan las gotas de agua.

En 1868, el suizo Simon Schwendener descubrió que los líquenes eran un tipo de organismo doble de hongos y algas. Su propuesta fue rechazada de un modo enérgico en un principio,[125] tal vez también porque pensó que podría explicar mejor esta relación hongo-planta con comparaciones del mundo humano y animal, lo que le salió muy mal al principio.

De hecho, describió a los hongos como esclavistas que subyugan a las algas verdes, agarrando y entretejiendo a sus víctimas como una araña. Sin embargo, los hongos no absorberían las algas, sino que se asegurarían de que pudieran prosperar. El propio Simon Schwendener informó que los microscopistas y fisiólogos no tenían problemas con su teoría. La resistencia procedía de los botánicos. No obstante, era un investigador muy minucioso. Fue coautor del libro de texto de dos volúmenes *Das Mikroskop* («El microscopio») y fue uno de los biólogos que, en la segunda mitad del siglo XIX, pudieron descubrir los secretos del microcosmos con un equipo cada vez mejor. Durante años, observó, dibujó y describió la estructura de los líquenes con gran detalle. Como profesor de botánica, Schwendener se ocupó, entre otras cosas, de las estomas de las hojas. Como liquenólogo, publicó sólo once escritos, pero bastaron para hacer temblar a los expertos.

Los biólogos del siglo XIX no pudieron hacer nada con la propuesta de los líquenes como hongos-alga, entre otras razones, porque trastocaba la hermosa clasificación que habían ideado. En efecto, puso en entredicho la autoridad de los liquenistas, quienes simplemente ignoraron la teoría de Schwendener por considerarla absurda durante décadas. Persistieron en tratar a los líquenes como una clase particular y distinta de plantas que se encontraban en algún lugar entre los hongos y las algas. Las doctrinas dominantes pueden ser a veces poderosos baluartes contra el progreso científico.

El botánico finlandés William Nylander describió unas 3000 especies diferentes de líquenes y se burló en latín de la *stultitia schwenderiana*, la estupidez schwenderiana. El reverendo Leighton escribió en 1871 en su extenso libro de texto sobre los líquenes de las islas británicas, *The Lichen-Flora of Great Britain, Ireland and the ChannelIslands* («La flora de los líquenes de Gran Bretaña, Irlanda y las islas del Canal»): «He omitido de manera deliberada cualquier mención a la teoría de los líquenes de Schwendener, ya que sólo puedo considerarla puramente imaginaria, como el producto de una visión sin causa».[126] El renombrado naturalista, el reverendo James Crombie, se burló: «Un parasitismo útil y estimulante: ¿quién ha oído hablar de algo así?».[127]

En 1879, el botánico Mordecai Cubitt Cooke afirmaba sin reflexionar que unos ideales simbióticos tan ridículos, aunque se aprobaran en el siglo XIX, sin duda, caerían en el olvido en el siglo XX.[128]

Por desgracia, se ha demostrado una y otra vez que los científicos que son demasiado decisivos en sus juicios y rechazan ideas en apariencia descabelladas no hacen justicia a la pretensión real de la ciencia. Vale la pena analizar más de cerca el caso de la teoría del doble organismo de los líquenes, que más tarde se confirmó plenamente, porque las relaciones de cooperación entre los organismos, en especial en el contexto forestal, todavía provocan graves reacciones defensivas en la actualidad. Sin embargo, hoy en día existen pruebas abrumadoras de que las simbiosis influyen de manera decisiva en la diversidad biológica en todo el mundo y desempeñan un papel importante en su origen.[129]

La «Wood Wide Web»

Un ejemplo bien conocido, que reviste especial importancia en los bosques, son las relaciones entre los organismos del suelo, los árboles y otras plantas. Los hongos vienen rápidamente a la mente. Los hongos no son sólo los cuerpos frutales que freímos en una sartén o con los que envenenamos a otros o nos intoxicamos, sino que muchos de ellos consisten principalmente en una red de células filiformes, las llamadas hifas, que a menudo florecen en secreto. La totalidad de los hilos también se denomina micelio. En la vida cotidiana, nos encontramos con este tipo de micelio, por ejemplo, en una barra de pan mohosa o como podredumbre seca, que puede penetrar en toda una estructura de albañilería y, sobre todo, disolver la madera utilizada en la construcción.

En el suelo, las redes de hongos, junto con las bacterias y los animales, crean una revitalización considerable. Pueden liberar nutrientes e influir en la estructura del suelo y en los microorganismos de tal manera que las plantas también puedan utilizarlo mejor.[130] La mejora del suelo por parte de los hongos se produce en especial en la cooperación productiva con animales como los colémbolos.[131] Lo esencial es el pegado de varios componentes del suelo, la formación de agregados, que tienen una influencia significativa en la aireación, la retención de agua y también el almacenamiento de carbono y nitrógeno en los suelos.

Los colémbolos o *Collembola* son pequeños artrópodos que solían clasificarse como insectos, pero que es probable que representen una relación independiente. De hecho, algunas especies pueden saltar con la ayuda de una horquilla en el extremo posterior (por ejemplo, cuando se sopla levemente sobre ellos), de ahí su nombre. Durante mucho tiempo, las lombrices de tierra fueron el principal foco de atención como forjadoras del suelo, y se ignoraron los pequeños artrópodos como los colémbolos y los ácaros.[132] Muchos de estos animales del suelo son omnívoros y desempeñan un papel importante en la formación del humus.

Pero volvamos a los hongos. Los hilos fúngicos de los llamados hongos micorrízicos son particularmente relevantes porque crean una conexión directa desde el suelo con los numerosos organismos omnívoros que trabajan en él y sus restos, hasta las raíces de las plantas. La combinación de plantas y hongos es un clásico de la biología de la simbiosis. El término y la imagen de *Wood Wide Web*[133] como el internet del bosque han cambiado nuestra visión del suelo del bosque.

El término técnico «micorriza», creado por científicos, significa «raíz de hongo», y describe el fenómeno de que las raíces de las plantas suelen estar rodeadas por una fina red de hilos fúngicos. Los hongos micorrícicos han evolucionado y se han multiplicado junto con sus socios vegetales. Pertenecen a los grupos de hongos más ricos en especies de la Tierra. Incluso las primeras plantas terrestres tenían relaciones con los hongos micorrízicos; hoy en día, es probable que alrededor del 90 por 100 de todas las especies de plantas terrestres sean compañeras de los hongos.[134]

Hasta la década de 1960 no se llegó a comprender mejor la simbiosis micorrícica,[135] pero ya en el siglo XIX, los investigadores empezaron a describir y a entender las relaciones entre hongos y plantas.

En el Devónico, hace 400 millones de años, las primeras plantas parecidas al musgo ya vivían en asociación con hongos antes incluso de tener verdaderas raíces. La madre de todas las relaciones micorrícicas pertenece al tipo conocido como micorriza «arbórea» (*micorriza* arbuscular) debido a unas estructuras de aspecto similar en las células de la raíz.

La micorriza proviene de Sajonia (Alemania)

El biólogo sajón Albert Bernhard Frank introdujo el nombre de micorriza en 1885.[1] Describió el fenómeno con bastante acierto y confianza: «Es un hecho que ciertas especies de árboles, sobre todo los cupulíferos [refiriéndose aquí a especies de árboles con una «copa», como robles y hayas; un nombre anticuado para la familia de las hayas], no se alimentan regularmente de forma independiente del suelo, sino que todo su sistema radicular está en simbiosis con un micelio fúngico que les es útil y se encarga de toda la nutrición del árbol desde el suelo. Por sorprendente que pueda parecer esta frase, ya puede considerarse firmemente establecida por el alcance de mis investigaciones. [...] Así pues, el hongo absorbe los nutrientes minerales del suelo no sólo para su propia alimentación, sino también para la del árbol, por lo que debemos considerar al hongo de la raíz como el único órgano del roble, haya, etc. que absorbe el agua y el alimento del suelo; funciona como la nodriza del árbol en relación con este alimento».

1. Frank, A. B. (1885). *Ueber die auf Wurzelsymbiose beruhende Ernährung gewisser Bäume durch unterirdische Pilze.* Informe de la Sociedad Alemana de Botánica, volumen 3, págs. 128-145.

Los hongos correspondientes son básicamente fósiles vivientes cuyo aspecto apenas ha cambiado desde la prehistoria. De manera sorprendente, no se conoce ninguna reproducción sexual de ellos.[136]

Al principio, los hongos es posible que invadieran las plantas como parásitos antes de que la relación se equilibrara de manera simbiótica. Según el lema descrito anteriormente, ¡convierte a los enemigos en tus socios! Algunas plantas incluso han dado la vuelta a la tortilla y se han vuelto perezosas. De hecho, hay especies que han dejado de realizar la fotosíntesis y se alimentan por completo de hongos.[137]

Un ejemplo es la orquídea nido de pájaro casi sin clorofila, que crece en la capa de hojarasca de los bosques caducifolios de color oscuro de Europa. Es una de las cerca de 400 plantas de diez familias que no obtienen su energía de la luz solar, sino de sus compañeros hongos de las raíces. De esta forma, viven de manera parasitaria de los hongos, que, a su vez, reciben buena parte de su energía de otros compañeros vegetales. Por ello, estas especies también se denominan parásitos impostores, epiparásitos.[138] En el caso de la orquídea del nido de pájaro, la energía procede de las hayas a través de los hongos que actúan de mediadores. Los epiparásitos son los primeros casos registrados de transporte de compuestos orgánicos de carbono de planta a planta. Esto planteó la cuestión de si los hongos micorrízicos también transportan esa materia y energía entre las plantas verdes.[139] Esto ya ha sido demostrado, y con razón, se conoce como Wood Wide Web.

Cada vez está más claro que las plantas no son simples tallos huecos con hojas y raíces, sino sistemas complejos regulados dinámicamente que interactúan de forma muy activa con su entorno.

Las plantas también determinan la intimidad de su relación con los hongos. Pueden controlar el grado de colonización de los hongos de los árboles o el desarrollo de éstos en sus raíces en función de las necesidades de nutrientes.[140]

Además de la micorriza arbórea, también es muy importante y está muy extendida la ectomicorriza («micorriza externa»), que «sólo» se ha desarrollado varias veces de forma independiente a partir de más de 80 linajes fúngicos diferentes a lo largo de 200 millones de años.[141] En este caso, los filamentos fúngicos no penetran en las raíces como en la micorriza «arbórea», sino que permanecen en el exterior. Un gran número de árboles forestales, que pertenecen a la familia de los pinos, hayas, robles y abedules o a muchas plantas papilionáceas y dominan enormes ecosistemas forestales en latitudes boreales, templadas y tropicales, son socios de una gran variedad de hongos ectomacirrícicos. Además de las arbóreas y las ectomicorrizas, también existen otros tipos especiales de micorrizas en plantas de brezo y orquídeas, por ejemplo.[142]

En este punto se detuvo hasta hace poco la explicación de los asuntos entre plantas y hongos. Sin embargo, recientemente se han descubierto nuevas relaciones entre plantas y hongos que son extraordinarios para los insectos, que amplían aún más el espectro de las simbiosis y nos enseñan una vez más que en ningún ámbito debemos dar por sentado que hemos alcanzado un buen estado de conocimientos.[143] Por ejemplo, varios estudios han demostrado de forma independiente que el nitrógeno, el fósforo, el azufre y el hierro son transferidos a las plantas por hongos similares a las micorrizas que viven en ellas. Los hongos de los géneros *Metarhizium* y *Beauveria*, por ejemplo, son asesinos de insectos. Estos hongos han sido capaces de matar desde hace mucho tiempo, pero hasta muchos millones de años después no fueron utilizados por las plan-

Dos seres vivos se unen: micorrizar árboles

Las raíces de las plantas segregan hormonas que favorecen la germinación de las esporas fúngicas y la ramificación de los filamentos fúngicos (hifas); además, aumentan la actividad fisiológica de las esporas y los filamentos fúngicos. Las raíces son estimuladas y se abren para que penetre el filamento fúngico. Un hilo fúngico penetra en la raíz desde los pies del filamento fúngico, los llamados hifopodios. Provoca la formación de estructuras similares a árboles en la célula de la corteza de la raíz; a partir de ese momento, hongo y planta pueden trabajar juntos (modificado a partir de Parniske 2008).[1]

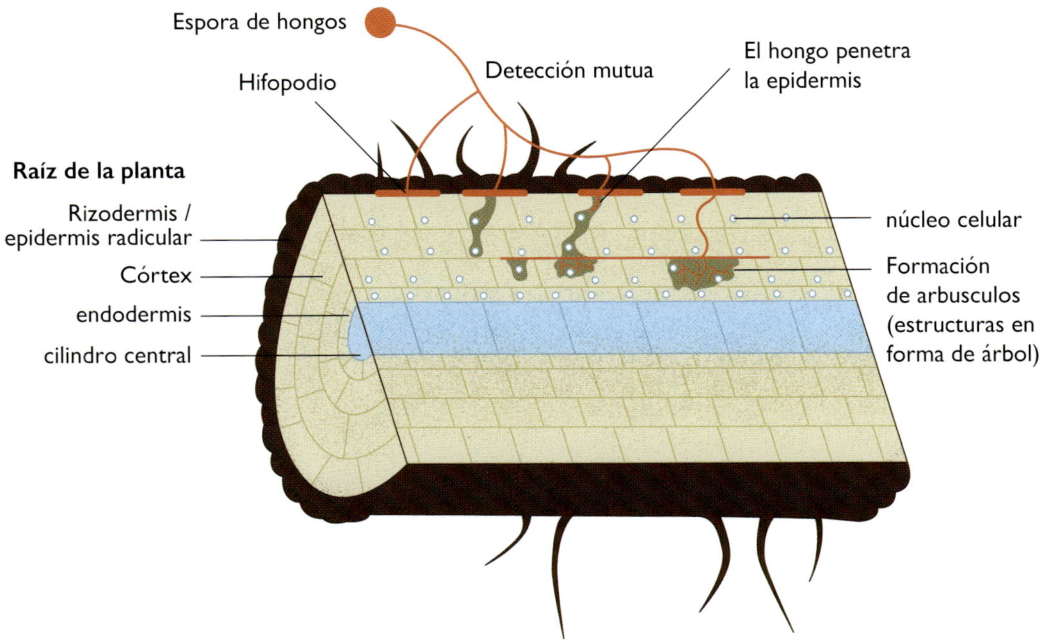

1. Parniske, M. (2008). «Arbuscular mycorrhiza: the mother of plant root endosymbioses». *Nat. Rev. Microbiol.* 6: 763-775. 10.1038/nrmicro1987.

tas a cambio de azúcar por el nitrógeno suministrado.[144]

Los ecosistemas y sus componentes no son simplemente el resultado de factores de ubicación, como se creía durante mucho tiempo, sino que trabajan una y otra vez para modificar estos factores a su favor. Los tipos de hongos micorrízicos[145] juegan un papel esencial en esto. Las arbóreas o las ectomicorrizas influyen en los bosques de tal forma que se vuelven cada vez más favorables para que prosperen los respectivos hongos.[146]

Muchas plantas están incluso doblemente aseguradas y abastecidas, ya que entran en relación tanto con hongos arbóreos como con hongos ectomicorrícicos.[147] Pero no todas son siempre fieles a sus socios fúngicos. Los árboles también pueden cambiar sus micorrizas a lo largo de sus vidas o según las condiciones ambientales. Los factores decisivos incluyen la humedad y la temperatura del suelo o la disponibilidad de nutrientes. Además, parece que los diferentes tipos de micorrizas funcionan de manera distinta a diversas profundidades del suelo, como demuestra el álamo temblón americano. También tiene tanto éxito como pionero porque se alía con diferentes hongos de raíz.

La micorriza arbórea mejora el suministro de agua y nutrientes, especialmente fosfato y nitrógeno, a las plantas. Las plantas pagan por ello con hasta un 20 por 100 del carbono que captan.[148] Así pues, en la red fúngica existe un afanoso transporte de materiales en todas direcciones. No se trata sólo de nutrientes, sino también de sustancias mensajeras, y la simbiosis no sólo supone una mejora del crecimiento, sino que también puede influir en la floración y la fructificación, por ejemplo.[149]

La buena cooperación es aún mejor cuando también existe comunicación. Así que no es de extrañar que los hongos y las plantas intercambien mensajes. Las raíces de las plantas secretan una clase de hormonas vegetales recientemente descubierta, las estrigolactonas. Estos neurotransmisores estimulan el metabolismo y el crecimiento de los hongos. Éstos, a su vez, también liberan moléculas de señalización en forma de «factores Myc», que, al mismo tiempo,

Los árboles que forman redes con hongos ectomicorrícicos (EM) están conectados.

Micorrizas: raíces de hongos y hongos de raíces

Los árboles y otras plantas del bosque están conectados entre sí de forma compleja a través de las redes de filamentos fúngicos. Diferentes formas de micorriza significan no sólo distintas relaciones íntimas e intensas entre hongos y plantas, sino también la interconexión de las plantas a través de los filamentos fúngicos. Hasta el 80 por 100 del nitrógeno y el fósforo de las plantas lo aportan los hongos micorrícicos, y muchas especies de vegetales no pueden sobrevivir sin sus simbiontes fúngicos. Probablemente existen unas 50 000 especies de hongos que forman relaciones micorrícicas con unas 2 500 000 especies de plantas (modificado de van der Heijden *et al.* 2015).[1]

1. van der Heijden, M. G. A. *et al.* (2015). «Mycorrhizal ecology and evolution: the past, the present, and the future». En: *New Phytologist*, págs. 1406-1423.

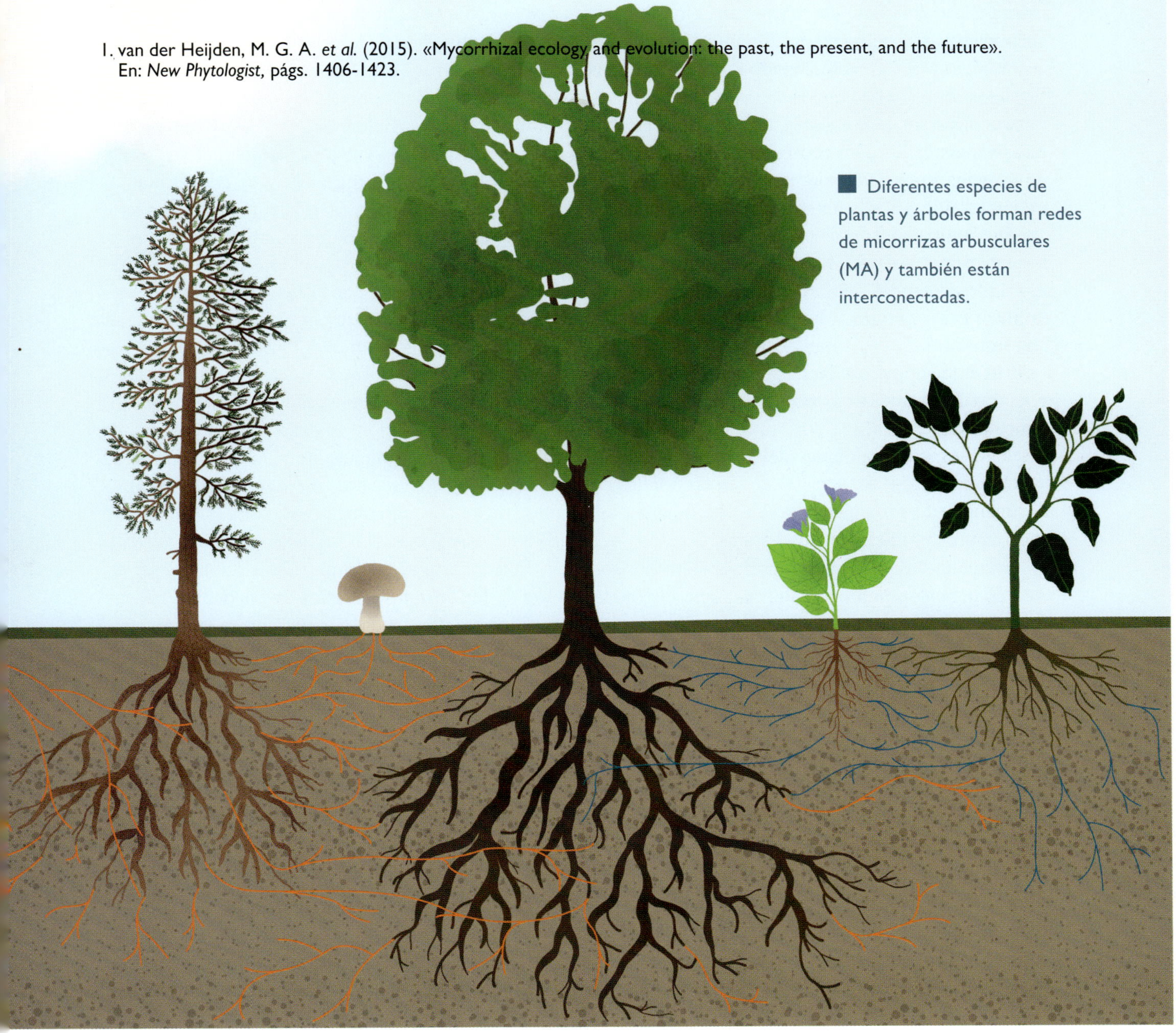

Diferentes especies de plantas y árboles forman redes de micorrizas arbusculares (MA) y también están interconectadas.

desencadenan reacciones en las raíces simbióticas. Para el sistema de transporte subterráneo, se envían paquetes de carga regulares para el transporte de carbono, fosfato y nitrógeno, que pueden moverse de manera activa a través de las células. Entre otras cosas, las gotitas de grasa, el glucógeno y los gránulos de fosfato están implicados en esto, probablemente en un complejo con trazas metálicas y otras sustancias; un sistema en gran medida coordinado y complejo que ha evolucionado durante millones de años y que todavía hoy es bastante subestimado por nosotros, los humanos. ¿Qué significa en realidad para los suelos y los ecosistemas que las toxinas de la agricultura dañen de manera permanente las micorrizas de los árboles durante muchos años?[150] ¿Somos realmente conscientes los seres humanos de lo que estamos haciendo al liberar fungicidas?[151] Éstas son preguntas que los científicos han planteado hace poco tiempo y que deberían responderse con rapidez.

Los hongos micorrícicos son nada menos que garantes destacados de la eficacia funcional de vastos paisajes forestales y, por tanto, también impulsores de los ciclos globales del carbono y los nutrientes.[152] Hasta el 80 por 100 de las cantidades de nitrógeno y fósforo que necesitan las plantas las aportan presumiblemente los hongos.[153]

Hace algún tiempo se descubrió que los hongos ectomicorrícicos producen enzimas que degradan el nitrógeno, lo que les permite acceder mejor a las fuentes de nitrógeno del suelo que los hongos micorrícicos arbóreos. La suposición obvia de que el tipo de micorriza influye en gran medida en la cantidad de carbono que puede almacenarse en el suelo se ha confirmado con datos de ecosistemas de todo el mundo. El efecto del tipo de micorriza en el contenido de carbono del suelo es incluso independiente de los factores climáticos o del tipo de suelo.[154]

Por desgracia, cuando se trata del cambio climático, a menudo sólo nos fijamos en los procesos superficiales. Sin embargo, la destrucción de los bosques no sólo ha diezmado gravemente la biomasa aérea y sus reservas de carbono, sino que también está provocando la disminución de la ectomicorriza. Junto con ello, la gigantesca reserva de carbono del suelo se ha reducido.[155] Por tanto, la deforestación y la tala de zonas forestales también suponen una liberación de gases de efecto invernadero del suelo y una contribución múltiple al calentamiento global.

La creación de redes de micorrizas no sólo implica el intercambio de agua, sustancias y señales, sino que también tiene consecuencias que aún no se explican con facilidad. Durante mucho tiempo, la gente había analizado las relaciones entre hongos y plantas y, más tarde, también las interacciones entre plantas y plantas. Entonces quedó claro que existen retroalimentaciones entre la planta y el suelo aún más complejas. Por ejemplo, se supo que las plantas que están bien conectadas disfrutan de una mejor protección contra sus enemigos naturales. Esto es en especial cierto en los bosques biológicamente heterogéneos y, sobre todo, en el caso de los árboles viejos. Los amigos comunes tan sólo protegen mejor contra los enemigos comunes.[156] El mejor aprovechamiento de la simbiosis que ofrecen los árboles viejos demuestra que los bosques maduros son más funcionales y que la edad de los árboles representa una función ecológica importante para el bosque en su conjunto. No sólo los hongos, sino también los propios árboles son componentes clave de la *Wood Wide Web* y la sabiduría del bosque aumenta con la edad.

Éste es otro argumento a favor de la conservación de los bosques antiguos en particular, porque en ellos existen en mayor medida redes intactas. Los suelos húmedos merecen especial atención, porque en ellos las redes de hongos y plantas tienen más posibilidades de sobrevivir, incluso con el cambio climático.[157] Y si hemos reconocido la importancia de los hongos amigos, a los que tanto les gusta la humedad, debemos hacer todo lo posible para evitar que los suelos forestales se sequen.

Drogadictos y traficantes de drogas

Las plantas no sólo cooperan con otras formas de vida bajo tierra, sino también en la superficie. En los grupos simbióticos de organismos, las relaciones se han vuelto, paso a paso, cada vez más íntimas. Un ejemplo particular son las acacias de América Central, que conviven con las hormigas. La moneda de esta relación es el jugo de azúcar, que las plantas segregan en sus hojas. Es la bebida favorita de las hormigas. Por eso les gusta permanecer en las hojas y defenderlas de cualquier cosa que se arrastre sobre ellas. Con un poco de jugo de azúcar, las acacias adquieren una protección eficaz contra las orugas que se alimentan de hojas y otros enemigos y, por lo tanto, pueden realizar la fotosíntesis de forma mucho más tranquila y eficaz con las hojas intactas y producir muchas veces más azúcar.

Cualquiera que compre una protección de seguridad con agua azucarada se asegura de que los guardias se concentren especialmente bien en el trabajo y no salgan a caminar mientras tanto. ¿No podrías hacer que los guardianes fueran aún más leales sobornándolos o manipulándolos para que ya no se alejaran de la planta para protegerse? Es posible. Así, con los seres vivos en los ecosistemas, no sólo hay mentiras y engaños, sino también manipulación amistosa. En algunas especies de acacias, el jugo de azúcar está compuesto de tal manera que las hormigas se vuelven dependientes de él. Para ello, la acacia añade una enzima específica al néctar de la hoja, lo que significa que las hormigas ya no pueden utilizar la sacarosa que conocemos como azúcar de mesa. Como resultado, las hormigas ya no pueden satisfacer su hambre con el azúcar de otras plantas.[158] Por lo tanto, se quedan con la acacia, que ofrece exactamente el azúcar que las sacia, y se dejan mimar.

Algunas plantas también utilizan sustancias psicoactivas con efectos estimulantes para garantizar la lealtad a la pareja. Por ejemplo, enriquecen el néctar de las flores con cafeína, lo que refuerza el recuerdo que el polinizador tiene del aroma de la flor de la planta y la próxima visita a la cafetería está asegurada. [159]

Las simbiosis influyen en el curso de la evolución. Cualquiera que se involucre en la convivencia con otras especies se vuelve fácilmente dependiente de ellas. Esta dependencia de los simbiontes puede llegar tan lejos que los beneficiarios pierden genes porque ciertos rasgos o comportamientos ya no son necesarios en absoluto. También en este caso hay ejemplos de plantas para hormigas. Algunas plantas proporcionan habitáculos a las hormigas en forma de cavidades para que los animalitos se unan a ellas. Este ofrecimiento constante de refugio hizo que algunas hormigas perdieran la capacidad de construir un nido.[160]

La interacción y convivencia de formas de vida llevó a intentar todas las formas imaginables para controlar al otro. Por ejemplo, se conoce una amplia variedad de parásitos que pueden influir en el comportamiento de los insectos; estos incluyen virus, gusanos y otros insectos que se han convertido en parásitos por sí mismos.[161] La manipulación puede provocar que los animales infectados se suiciden, como en el caso de los grillos, que son víctimas de las capillarias. Los gusanos se desarrollan en sus cuerpos y hacen que se sumerjan en el agua, donde el parásito debe multiplicarse.[162]

Para manipular a los compañeros de vida, se utiliza todo lo que proporcionan la bioquímica y las interacciones biológicas. Vale la pena observar algunos ejemplos en apariencia ridículos para tener una idea de lo que está sucediendo debajo de la superficie supuestamente tranquila de los ecosistemas que estamos viendo. Un ejemplo es el de las mariposas japonesas *Narathura japonica* (llamada también azul roble en algunos idiomas), de la familia de las mariposas azules. Las orugas de estas mariposas hacen que las hormigas sean dóciles al liberar secreciones nutritivas. Sin embargo, no sólo satisfacen el hambre de las hormigas con la secreción, sino que también las manipulan químicamente, o, lo que es lo mismo, les administran gotas noqueadoras. Las hormigas obreras que se alimentan del jugo azucarado de las orugas muestran menos actividad y tienden a permanecer cerca de las orugas. Además, las obreras que se alimentan de las secreciones de las orugas reaccionan de forma más agresiva al volteo de los órganos tentaculares de las orugas. Existe una disminución significativa de los niveles de dopamina en el cerebro de las trabajadoras que han absobido las secreciones de las orugas.[163] La dopamina es un neurotransmisor excitador.

En los pulgones se ha observado una psico-manipulación similar. Segregan melaza con la que se alimenta a las hormigas. En este caso, la dopamina se mezcla con el jugo azucarado, lo que hace que las hormigas sean más agresivas y, por tanto, protejan mejor a los pulgones.[164]

Las estrategias de la popular avispa parásita que hechiza a las mariquitas también son francamente aventureras. Ésta inyecta un huevo en la mariquita con topos, que se encuentra en América del Norte. La larva se desarrolla en el cuerpo del escarabajo sin matarlo. Luego, se escapa de él, construye un capullo en el que se transforma en crisálida y hace que el escarabajo se mueva sentado en el capullo. Esto lo protege de las crisopas depredadoras. De hecho, se ha comprobado que el 65 por 100 de las larvas de avispa custodiadas por mariquitas sobreviven. Si los capullos se dejan desprotegidos o pegados a mariquitas muertas, en el mejor de los casos el 15 por 100 sobrevivirá. Pero ¿cómo es que el escarabajo, que en un principio sirve de huésped a la larva de la avispa, se convierta en el guardaespaldas de la avispa que madura en el capullo? La solución al rompecabezas es un virus que la avispa inyecta junto con el huevo. Poco antes de que la larva abandone la mariquita para convertirse en crisálida, se produce una multiplicación masiva de un virus en el tejido nervioso del escarabajo. Esta enfermedad nerviosa hace que el escarabajo se contraiga, lo que, a su vez, protege a las crisálidas de avispa.[165]

En el caso de la avispa y la mariquita, la avispa se beneficia claramente y el escarabajo es un huésped explotado. Pero también hay relaciones que se basan en la reciprocidad y muestran que las transiciones entre la simbiosis positiva y el parasitismo son fluidas. Estos casos seleccionados de interacciones entre formas de vida no sólo sirven para despertar un estremecedor asombro ante lo que ocurre y es posible en la naturaleza. También pueden servir como prueba de que sólo estamos viendo la punta de un gigantesco iceberg de relaciones entre organismos.

Debemos tener muy presente que los estudios sobre estos casos individuales proporcionan tan sólo una visión de ojo de cerradura de un acontecer y un funcionamiento casi incomprensibles en los ecosistemas. Como se ha descrito antes, hasta ahora sólo hemos captado de forma muy limitada la diversidad de la vida. Pero nuestro conocimiento de la complejidad de la vida, es decir, de la diversidad de interacciones, es aún más limitado. Tras siglos de investigación biológica y ecológica, seguimos siendo más analfabetos que expertos en lo que respecta a nuestro conocimiento de la biosfera.

Sin embargo, tenemos conocimientos suficientes para adivinar lo que significan, sobre todo, las interacciones indescriptiblemente numerosas en los bosques y otros ecosistemas. Las formas de vida no existen unas al lado de otras, sino que están conectadas e interconectadas de una forma increíble. Las relaciones son a veces favorables para un socio, a veces para el otro, pero las numerosas formas transitorias entre el parasitismo y la simbiosis mutua demuestran que nada es absoluto en la interacción dinámica. Todo se renegocia y transforma una y otra vez.

Todos somos liquen: de superorganismos y holobiontes

El término «individuo» procede del latín y significa «lo indivisible». Sin embargo, nuestras descripciones de especies o individuos ya no son tan claras a la luz de esta nueva ecología. Las formas de vida, o, más bien, las complejas formas de vida simbiótica, son comunidades genéticas de azar que se han vinculado físicamente entre sí.[166]

> «Y eso es significativo. Tanto entre los animales como entre las plantas nunca han existido individuos. Este nuevo paradigma de la biología plantea nuevas preguntas y busca nuevas relaciones entre los diversos seres vivos de la Tierra. Todos somos liquen».
> SCOTT F. GILBERT *ET AL.* (2012)[167]

Todas las formas de vida denominadas «superiores», como las plantas o los animales, son organismos múltiples. Todos somos «liquen» y, sin embargo, tardamos mucho en asimilarlo. Como es bien sabido, en torno a 1900, algunos científicos seguían considerando ridículo pensar que los líquenes estuvieran formados por hongos y algas como organismos dobles. Hoy recordamos aquella época negando con la cabeza con indignación y preguntándonos cómo pudo ser, cuando las pruebas estaban tan claramente sobre la mesa. Sin embargo, fue tan sólo el comienzo de un viaje de descubrimientos que aún no ha terminado y al final del cual apenas entenderemos quiénes somos y, mucho menos, «cuántos somos».

Las lupas y los microscopios, cada vez más potentes, permitieron ver los microorganismos, los microbios. Se encontró que estos microorganismos están presentes casi en todas partes y que muchos de ellos son extremadamente importantes como patógenos. El descubrimiento de los microbios, en especial de las bacterias, supuso una revolución en la medicina. Aprendimos a lavarnos las manos antes de comer y a mantenernos lo más limpios posible. De ahí surgió la imagen enemiga de las bacterias, que desde entonces combatimos con detergentes y desinfectantes o incluso antibióticos. En efecto, esto nos ha librado de muchas enfermedades y ha aumentado de un modo considerable la esperanza de vida, pero al mismo tiempo ha dificultado durante mucho tiempo la visión de nuestras microcompañías vitales. Sobre todo al tomar antibióticos, es fácil observar que con los fármacos no sólo estamos matando a nuestros enemigos bacterianos, sino también a una parte de nuestros aliados y, por tanto, de nosotros mismos. Muchos efectos secundarios se deben al hecho de que también dañamos a los simbiontes. De hecho, estamos poblados y animados por bacterias una y otra vez, o más bien de cabo a rabo.

En primer lugar, están las bacterias *Proteus*, que viven una buena vida en las células de nuestro cuerpo y, a cambio, nos mantienen vivos. Se conocieron como mitocondrias, que proporcionan a nuestras células la energía para el metabolismo. Las plantas también tienen mitocondrias, así como cloroplastos verdes, que asimismo son bacterias y responsables nada menos que de la fotosíntesis. Pero fue un largo camino hasta llegar a este conocimiento, lo que ilustra muy bien lo difícil que es el progreso de la ciencia, también porque los descubrimientos revolucionarios se pasan por alto o se ignoran.

En 1883, el ecologista vegetal Andreas Schimper, que investigaba en Bonn, señaló en una nota a pie de página de un artículo que los cloroplastos recuerdan a los simbiontes: «Es posible que las plantas verdes deban realmente su origen a la unión de un organismo incoloro con otro uniformemente teñido de clorofila».[168] En 1897, el médico berlinés Carl Benda había descubierto a través del microscopio unas estructuras en las células que parecían hilos o granos. Los llamó mitocondrias, una nueva palabra griega para granos filamentosos. El médico de Leipzig Richard Altmann ya los había descrito como bioblastos alrededor de 1890, y sospechaba que podían ser seres vivos dentro de las células, es decir, simbiontes. Su idea permaneció en el olvido durante décadas.

En 1910, el botánico ruso Konstantin Mereschkowsky sugirió que los organismos podían producirse por la aparición de simbiosis (simbiogénesis).[169] Pero esto también permaneció prácticamente ignorado. El biólogo ruso Boris Mikhaylovich Kozo-Polyansky formuló, en 1924, una teoría acorde con la de la evolución de Charles Darwin.[170] La obra, publicada en ruso, fue ignorada por los contemporáneos.

En la década de 1960, fue Lynn Sagan (más tarde Lynn Margulis), de Chicago, quien redescubrió estas ideas sobre la aparición de simbiontes y las introdujo en la ciencia en 1967 con un detallado artículo sobre el estado de los conocimientos. Publicó la teoría del endosimbionte.[171] Los cloroplastos y las mitocondrias habrían sido ingeridos por células más grandes y no digeridos y, a partir de entonces, vivirían en simbiosis con sus huéspedes. Esto significaba que en cada célula de nuestro organismo debía haber otro ser, otra especie, trabajando allí con nosotros. Incluso en la década de 1960, la ciencia aún no estaba preparada para tales imposiciones, y numerosas revistas rechazaron el artículo antes de que fuera finalmente aceptado por el *Journal of Theoretical Biology*.[172]

Cada vez se reunían más pruebas y, al final, la teoría del endosimbionte dejó de ser una simple teoría. Se constató que las mitocondrias y los cloroplastos tienen su propio material genético y se reproducen con independencia de las células huésped. Cuando los métodos genéticos alcanzaron el punto en que los códigos de los organismos vivos podían descifrarse y compararse, la relación de los endosimbiontes también pudo dilucidarse poco antes del cambio de milenio.

Los cloroplastos son cianobacterias, y el pariente más próximo de las mitocondrias que vive en libertad es la bacteria *Rickettsia prowazekii*.[173] Este microbio también vive dentro de las células humanas, pero es cualquier cosa menos un simbionte amistoso, ya que nos hace enfermar como agente causante del tifus. La lucha y la amistad suelen estar muy unidas en la naturaleza.

> «El concepto de la evolución como competencia crónica y sangrienta entre individuos y especies, una distorsión popular del concepto de Darwin de "supervivencia del más fuerte" se está disolviendo frente a una nueva visión de cooperación continua, fuerte interacción e interdependencia entre formas de vida. La vida ha conquistado el mundo no a través de la lucha, sino a través de la creación de redes. Las formas de vida se multiplicaron y se hicieron más complejas al incorporar a otras en lugar de simplemente matarlas».
> LYNN MARGULIS Y DORION SAGAN (1986)[174]

En primer lugar, las mitocondrias habían surgido como endosimbiontes. A continuación, una célula con mitocondrias se tragó también cianobacterias, de las que descienden todas las plantas, que albergan así dos tipos de bacterias «domesticadas» en sus células. Entretanto, se ha descubierto incluso que plantas completamente unicelulares, es decir, las algas verdes o rojas, junto con sus mitocondrias y cloroplastos, eran ingeridas por las células, no digeridas y, en cambio, albergadas de forma permanente. Así que hay endosimbiosis simple e incluso doble o triple,[175] seres vivos como matrioskas, un conjunto de muñecas rusas encajadas.

Resulta apasionante saber que todos somos «líquenes» en cierta manera, es decir, organismos compuestos por múltiples organismos. Pero ahí no acaba la cosa. Porque ahora sabemos que también nos pertenecen las bacterias que no viven en nuestras células, sino sobre ellas y entre ellas, en nuestros intestinos, en nuestras mucosas o en nuestra piel. Albergamos 100 billones de microbios, diez veces más que las células de nuestro propio cuerpo.[176] Y las bacterias intestinales tienen en conjunto 150 veces más genes que el genoma humano. Por tanto, los seres humanos tenemos un microbioma, o, más bien, el microbioma es una parte de cada ser humano que influye en quiénes somos y cómo vivimos.

El microbioma intestinal está considerado en la bibliografía médica como un órgano esencial.[177] Ya en nuestras primeras semanas de vida, el microbioma entrena nuestro sistema inmunitario. Los microbios y sus metabolitos pueden influir en nuestro desarrollo y nuestra salud a lo largo de toda la vida. En la actualidad, los trastornos intestinales se asocian a un amplio abanico de enfermedades, como la inflamación crónica, las enfermedades metabólicas, los trastornos neurológicos y el cáncer.[178] Se han reunido numerosas pruebas sobre cómo los microbios de nuestro intestino afectan incluso a nuestro estado de ánimo y nuestra salud mental y, por tanto, a nuestra personalidad.[179] Esto da un nuevo sentido a la palabra alemana *Bauchgefühl* (traducido literalmente sería «sentimiento de barriga o visceralidad»), es decir, intuición.

En los seres humanos existe un eje intestino-cerebro con intercambio de señales químicas entre el cerebro, el intestino y el microbioma. El intercambio (esto no nos sorprende dada la complejidad de este sistema) tiene lugar en ambas direcciones y se caracteriza por la retroalimentación.[180] Miles de especies participan en este intercambio. Éstas no sólo tienen un efecto directo en las personas, sino que también se influyen mutuamente.

«¿Quién soy y, si es así, cuántos?». Ése era el título de un exitoso libro filosófico de divulgación del filósofo y autor alemán Richard David Precht, y probablemente debería referirse a un dicho de un amigo borracho. Sin embargo, a la luz de los descubrimientos de la microbiología, esta cuestión parece muy cercana a la realidad y despliega un alcance filosófico. ¿Qué es un ser humano? ¿Somos un organismo? ¿O somos muchos? Al parecer, somos más de lo que creíamos durante mucho tiempo. Somos un superorganismo de humanos y microbios. ¿Qué significan la libertad y la soberanía del pensamiento cuando se produce en función de estados de ánimo en los que interfieren las bacterias intestinales?

Si la naturaleza no inventó todo esto específicamente para nosotros, ¿qué sucede con otras formas de vida? Si no somos únicos en todos los sentidos, debemos suponer que tanto otros animales como las plantas tienen sus propios microbiomas. Casi se podría decir esto, porque hace que todos los ecosistemas sean más complejos de lo que se pensaba antes. Entre las células individuales y los grandes ecosistemas paisajísticos hay un universo de unidades

Microbioma: definido científicamente

Un importante artículo de revisión basado en un taller internacional permitió actualizar los conocimientos y conceptos sobre el microbioma.[1] En él se encuentra, además, una definición que refleja muy bien lo complejo que los microbiólogos califican ahora este fenómeno. «El microbioma se define como una comunidad microbiana característica que ocupa un hábitat razonablemente bien definido y que posee propiedades fisicoquímicas distintas. El microbioma no sólo se refiere a los microorganismos implicados, sino que también abarca su escenario de actuación, lo que da lugar a la formación de nichos ecológicos específicos. El microbioma, que forma un microecosistema dinámico e interactivo que está sujeto a cambios temporales y espaciales, está integrado en macroecosistemas que incluyen huéspedes eucariotas, y resultan cruciales para su funcionamiento y salud. La microbiota consiste en el conjunto de microorganismos pertenecientes a distintos reinos (procariotas [bacterias, arqueas], eucariotas [por ejemplo, protozoos, hongos y algas]), mientras que el "escenario de actuación" incluye estructuras microbianas, metabolitos, elementos genéticos móviles (por ejemplo, transposones, fagos y virus) y ADN relicto incrustado en las condiciones ambientales del hábitat».[2]

1. Berg, G. *et al.* (2020). «Microbiome definition re-visited: old concepts and new challenges». *Microbioma* 8: 103. 10.1186/s40168-020-00875-0
2. Original en inglés: «The microbiome is defined as a characteristic microbial community occupying a reasonable well-defined habitat which has distinct physio-chemical properties. The microbiome not only refers to the microorganisms involved but also encompass their theatre of activity, which results in the formation of specific ecological niches. The microbiome, which forms a dynamic and interactive micro-ecosystem prone to change in time and scale, is integrated in macro-ecosystems including eukaryotic hosts, and here crucial for their functioning and health. The microbiota consists of the assembly of microorganisms belonging to different kingdoms (Prokaryotes [Bacteria, Archaea], Eukaryotes [e.g., Protozoa, Fungi, and Algae]), while "their theatre of activity" includes microbial structures, metabolites, mobile genetic elements (e.g., transposons, phages, and viruses), and relic DNA embedded in the environmental conditions of the habitat».

interconectadas, encajadas, combinadas y que interactúan de diferentes tamaños y complejidad. Los átomos o sus componentes se combinan para formar moléculas, que, a su vez, forman células y supercélulas, órganos, organismos y superorganismos.

En la evolución han surgido nuevas formas de vida no sólo por mutación y selección, sino también por combinación y síntesis de especies existentes.

En 1942, el biólogo y filósofo de Hamburgo Adolf Meyer-Abich propuso el término holobiosis para este fenómeno y holobiontes para los organismos sintetizados que surgieron.[181] Es posible que su trabajo pasara desapercibido en Alemania y en otros países incluso después de la Segunda Guerra Mundial, porque Meyer-Abich simpatizaba con la ideología nacionalsocialista.[182] Pero ni siquiera los nazis pudieron hacer nada con su holismo. Por desgracia, Adolf Meyer-Abich debe servir como otro ejemplo de cómo los científicos innovadores y visionarios pueden emprender caminos antidemocráticos e inhumanos.[183]

La investigadora de simbiosis Lynn Margulis volvió a proponer la palabra holobionte en 1990, medio siglo después de Meyer-Abich.[184] No fue hasta después de 2010 cuando el número de artículos científicos sobre el tema aumentó casi de manera explosiva.[185] A veces, como alternativa, también se habla de metaorganismos[186] (el prefijo griego *meta-* significa, entre otras cosas, «en medio, entre»).

Poco a poco, algunos biólogos y ecologistas se van dando cuenta de que ha llegado una nueva era en la comprensión de la vida y los ecosistemas. Los animales y las plantas ya no pueden considerarse unidades autónomas. Más bien son «redes biomoleculares complejas con sus microbios asociados».[187] ¿¡Qué!? Eso parece tan complicado como lo es en realidad y podría hacer que incluso algunos biólogos con formación tradicional se desesperen. Las viejas supuestas certezas se están desvaneciendo. En el contexto de la evolución, ahora son estos holobiontes u superorganismos con las diversas formas de vida que cooperan entre sí los que se adaptan a los cambios[188] y no las especies individuales, o como queramos llamar ahora a las especies.

Subestimado e increíble: las plantas y sus microbiomas

Echemos un vistazo a los microbiomas de los animales. Existen dependencias extremas en este sentido, como en los rumiantes, en cuyos estómagos las bacterias hacen digeribles los alimentos. La ardilla de tierra de trece franjas, en cambio, sobrevive a la hibernación sólo porque los microbios descomponen la urea y hacen que el nitrógeno esté disponible para el organismo.[189]

También hemos identificado ya algunos actores en las plantas, como las cianobacterias como cloroplastos, que hicieron que las plantas se convirtieran en plantas. Asimismo, ya hemos puesto en el punto de mira a los hongos micorrícicos, pero sólo son una parte de las operaciones que se producen en las raíces y otros órganos de las plantas.[190] Existe una gigantesca variedad de otros hongos y bacterias que viven sobre las plantas e incluso dentro de ellas.

Un primer estudio destacado de 2015 resumió la «importancia del microbioma para los holobiontes de las plantas»[191] y fue citado en más de 1000 artículos científicos en pocos años. En mayo de 2022, la revista *The New Phytologist* dedicó un número especial completo al tema de los microbiomas de las plantas en el cambio global.[192] Ese mismo año, un importante artículo en *Nature Microbiology* abogó por utilizar el microbioma global para frenar la pérdida de diversidad biológica.[193] Todo esto demuestra cuánto está progresando la investigación en este campo, y el tema también está atrayendo gran atención en la agricultura. En algunas partes de la investigación sobre plantas agrícolas se ha desatado una verdadera fiebre del oro. Esperan nuevas oportunidades para el trabajo con plantas cultivadas.[194]

En la silvicultura y las ciencias forestales, por otro lado, el entusiasmo sigue siendo limitado; el interés por el tema es mucho menor en estos sectores. Al fin y al cabo, también se han conocido algunos resultados apasionantes a partir de holobiontes arbóreos. El conejillo de indias favorito de los «microbiomólogos» de los árboles es el álamo. Ha sido bien estudiado genéticamente y crece muy rápido.[195]

Uno de los resultados es que todos los órganos del álamo tienen sus propios microbiomas distinguibles. Como observación al margen, lo mismo ocurre con los humanos; nuestro cuero cabelludo está poblado por otros organismos además de las axilas o la boca, por ejemplo.

Los microbiomas de los álamos, formados por unas bacterias primitivas (arqueas) y hongos, suelen estar más influenciados por el medio ambiente (o los patógenos) que por las características genéticas de los árboles. La diversidad biológica de los microbiomas aumenta en las bacterias, desde las hojas, pasando por el tronco, hasta las raíces; la diversidad fúngica es mayor en los troncos y en el suelo.[196]

La diversidad fúngica es mayor en los troncos y en el suelo.[197] Los beneficios para las plantas incluyen la mejora de la absorción de agua y nutrientes,[198] el aumento de la tolerancia al estrés,[199] la supresión de patógenos[200] y la defensa contra los depredadores.[201]

Las interacciones unicelulares individuales de las plantas también son importantes debido a la interacción de todos los microorganismos. Por ello, los científicos ya hablan de holobiomas, que deben entenderse de forma holística.[202]

Pero no sólo las superficies de las plantas y las raíces están repletas de microbios, sino que el interior también está impregnado de microorganismos. Existe asimismo una forma de vida endofítica en el interior de la planta[203] de microorganismos que viven entre las células de la planta, en cavidades, en la madera o en las hojas.

Durante mucho tiempo, la investigación sobre el microbioma se ha centrado en el suelo y el espacio radicular, pero ahora también se sabe mucho sobre los microbiomas de las hojas.[204]

Como en el caso del ginkgo, la composición del bien estudiado microbioma del álamo también es muy dinámica y cambia continuamente,[205] en parte debido a la disponibilidad de nutrientes como el azúcar o el nitrógeno. Hasta cierto punto, la planta también puede controlar la presencia y composición de su microbioma, por ejemplo, cuando excreta los llamados exudados a través de las raíces.[206] Estos exudados no sólo contienen alimento para hongos y bacterias, sino también sustancias que asumen una función de señalización (por ejemplo, flavonoides o estrigolactonas). La planta puede obtener ayuda con estas sustancias. Las bacterias, por ejemplo, producen antibióticos que pueden combatir los patógenos.[207]

A las plantas les cuesta mucho alimentar, estimular y también combatir a los organismos del suelo. Entre el 5 y el 21 por 100 de la energía generada a través de la fotosíntesis se invierte en cócteles químicos subterráneos. De este modo, se ven afectadas miríadas de organismos. Un gramo de suelo alrededor de las raíces de las plantas, la rizosfera, puede contener de millones a billones de bacterias, decenas de miles de protozoos, cientos de nematodos y de cientos de miles a millones de hongos; de hecho, de 5 a 25 kilómetros de filamentos fúngicos.[208] La constatación de que las plantas influyen en los organismos del suelo con sustancias se publicó ya en 1904.[209] En aquella época, sin embargo, nadie tenía ni idea de cuántas sustancias diferentes desempeñan un papel en ello, ni tampoco de que, a la inversa, los organismos del suelo también hacen que las raíces de las plantas reaccionen de diversas formas con sustancias.[210]

Algunos organismos del suelo, como las bacterias, actúan como un sistema de alerta preventiva y avisan a las plantas de ataques inminentes. Entonces activan su defensa. La cooperación vale la pena para las plantas, porque sólo tienen que aumentar sus defensas cuando lo necesitan. Esto puede ahorrar energía y materiales que resultan valiosos. Los investigadores lo denomiman resistencia sistémica inducida.[211]

En el caso de *Arabidopsis thaliana*, la «rata de laboratorio» de los investigadores de plantas, así como de los tomates, se han podido descifrar complejas cadenas de reacción.[212] En cuanto aparece un hongo patógeno, *Botrytis cinérea,* o podredumbre del moho gris, los hongos tubícolas *Trichoderma* del suelo dan la voz de alarma. Envían sustancias volátiles (los llamados jasmonatos), que en la planta dan como resultado una doble activación de la defensa enemiga.

Mecanismos	Ejemplos ya comprobados de cómo aliviar el estrés de las plantas
Cambio físico del medio ambiente	• Los compuestos de azúcares y proteínas (glomalina), los compuestos de alto peso molecular de azúcares (exopolisacáridos) y las biopelículas de hongos y bacterias mejoraron la estabilidad de los agregados del suelo y aumentaron la humedad en la zona radicular (rizosfera), lo que incrementó la supervivencia y la biomasa de las plantas con la sequía y la germinación durante el estrés salino.[1] • Las biopelículas bacterianas redujeron la absorción y acumulación de arsénico tóxico en los tejidos de las plantas y mejoraron su crecimiento.[2]
Distribución de hormonas vegetales	• Las hormonas de las bacterias de las raíces (auxinas) promovieron la producción de enzimas de captura de carbono (RuBisCO) y sustancias de bajo peso molecular (osmolitos), lo que aumentó la tolerancia a la sequía y promovió el crecimiento de las raíces cuando estaban mojadas.[3] • Las hormonas del crecimiento bacteriano (citoquininas) incrementaron el contenido relativo de agua, el potencial hídrico de las hojas y la producción de residuos radiculares en caso de sequía.[4] • Las hormonas de los hongos que viven en las plantas (giberelinas) regularon los niveles de hormonas de las plantas, lo que resultó en una mayor productividad en situaciones de estrés salino y sequía.[5] • Las hormonas bacterianas (ácido abscísico) aumentaron el contenido de aminoácidos importantes (prolina) y pigmentos fotosintéticos y fotoprotectores, reduciendo así la pérdida de agua de las plantas durante la sequía.[6] • Los genes responsables de la formación de enzimas en las bacterias (ACC desaminasa) incrementaron el crecimiento de las raíces y la resistencia a los patógenos.[7]

1. Wu, Q. S. *et. al.* (2008). «Improved soil structure and citrus growth after inoculation with three arbuscular mycorrhizal fungi under drought stress». *European Journal of Soil Biology* 44: 122-128.
   Sandhya, V. *et al.* (2009). «Alleviation of drought stress effects in sunflower seedlings by the exopolysaccharides producing Pseudomonas putida strain GAP-P45». *Biology and Fertility of Soils* 46: 17-26.
2. Mallick, I. *et. al.* (2018). «Effective rhizoinoculation and biofilm formation by arsenic immobilizing halophilic plant growth promoting bacteria (PGPB) isolated from mangrove rhizosphere: a step towards arsenic rhizoremediation». *Science of the Total Environment* 610-611: 1239-1250.
3. Defez, R. *et. al.* (2017). «Improved drought stress response in alfalfa plants nodulated by an IAA over-producing Rhizobium strain». *Frontiers in Microbiology* 8: 2466.
   Kim, A.-Y. *et al.* (2017). «IAA-producing Klebsiella variicola AY13 reprograms soybean growth during flooding stress». *Journal of Crop Science and Biotechnology* 20: 235-242.
4. Liu, F. *et al.* (2013). «Cytokinin-producing, plant growth-promoting rhizobacteria that confer resistance to drought stress in *Platycladus orientalis* container seedlings». *Applied Microbiology and Biotechnology* 97: 9155-9164.
5. Waqas, M. *et al.* (2012). «Endophytic fungi produce gibberellins and indoleacetic acid and promotes host-plant growth during stress». *Molecules* 17: 10754-10773.
6. Cohen, A. C.; Bottini, R.; Pontin, M.; Berli, F. J.; Moreno, D.; Boccanlandro, H.; Travaglia, C. N.; Piccoli, P. N. (2015). «*Azospirillum brasilense* ameliorates the response of *Arabidopsis thaliana* to drought mainly via enhancement of ABA levels». *Physiologia Plantarum* 153: 79-90.
7. Wang, C. *et al.* (2000). «Effect of transferring 1-aminocyclopropane-1-carboxylic acid (ACC) deaminase genes into Pseudomonas fluorescens strain CHA0 and its gacA derivative CHA96 on their growth-promoting and disease-suppressive capacities». *Canadian Journal of Microbiology* 46: 898-907.

Mecanismos	Ejemplos ya comprobados de cómo aliviar el estrés de las plantas
Influencia en la expresión génica de plantas	• Los compuestos orgánicos volátiles bacterianos causaron una «resistencia sistémica inducida» contra los patógenos.[8] • Las bacterias aumentaron la producción de varias enzimas que capturan compuestos reactivos de oxígeno y promovieron la fotosíntesis y la tolerancia de las plantas a las deficiencias del agua, la salinidad y los metales pesados tóxicos.[9]
Absorción de nutrientes por las plantas	• Las enzimas activas en nitrógeno de las bacterias de las raíces (nitrogenasas) incrementaron la biomasa de las plantas y el contenido de nitrógeno bajo carga salina.[10] • Las proteínas y enzimas bacterianas (incluidas las fosfatasas) aumentaron la biomasa vegetal y los niveles totales de fósforo en casos de deficiencia de fósforo en suelos ácidos y durante el estrés salino.[11] • Diversas enzimas bacterianas (ferripioverdinas) aliviaron la decoloración de las hojas debido a la deficiencia de hierro (clorosis ferropénica).[12] (según Angulo *et al.* 2022)[13]

8. Lee, B. *et al.* (2012). «Induced resistance by a long-chain bacterial volatile: elicitation of plant systemic defense by a C13 volatile produced by *Paenibacillus polymyxa*». *PLoS ONE* 7: e4874.
9. Gururani, M. A. *et al.* (2013). «Plant growth-promoting rhizobacteria enhance abiotic stress tolerance in *Solanum tuberosum* through inducing changes in the expression of ROS-scavenging enzymes and improved photosynthetic performance». *Journal of Plant Growth Regulation* 32: 245-258.
10. Benimire, L. *et al.* (2017). «Effects of *Rhizobium leguminosarum* inoculation on growth, nitrogen uptake and mineral assimilation in *Vicia faba* plants under salinity stress». *Journal of Agricultural Science and Technology* 19: 889-901.
11. Rubio, R. *et al.* (2002). «Plant growth responses in natural acidic soil as affected by arbuscular mycorrhizal inoculation and phosphorus sources». *Journal of Plant Nutrition* 25: 1389-1405.
12. Tchakounté, G. V. T. *et al.* (2020). «Selected rhizosphere bacteria help tomato plants cope with combined phosphorus and salt stresses». *Microorganisms* 8: 1844.
13. Angulo, V. *et al.* (2022). «Plant-microbe eco-evolutionary dynamics in a changing world». *New Phytologist* 234 (6): 1919-1928.

No simplemente ginkgo

Los hongos y bacterias endofíticos y sus efectos en las hojas se investigaron utilizando el ejemplo del árbol de ginkgo, originario de China y que también se planta a menudo en las ciudades europeas.[1] Se descubrió que la concentración de determinadas sustancias en las hojas está estrechamente relacionada con la presencia de ciertos microorganismos. Una mayor presencia de actinobacterias, por ejemplo, significaba menos flavonoides, más clorofila (B) y superóxido dismutasa, así como menos contenido en agua.[2] A su vez, una mayor presencia de cianobacterias en las hojas de ginkgo significaba más agua y menos clorofila (B). La superóxido dismutasa es una enzima que contiene cobre y reduce los compuestos de oxígeno agresivos en las células, es decir, un antioxidante que también se utiliza como medicamento.[3] Los flavonoides también se consideran antioxidantes y, por lo tanto, son beneficiosos para la salud. Es posible que no sea en vano que el ginkgo se considere una importante planta medicinal.

La concentración de antioxidantes cambia a medida que se desarrollan las hojas de ginkgo y, con el tiempo, uno u otro microbio aparece con mayor o menor frecuencia. A través de su contenido, la planta influye en la composición de sus huéspedes en las hojas. Por otro lado, los microorganismos también influyen en las propiedades de las plantas, como sus componentes. Entre otras cosas, pueden aumentar la concentración de flavonoides. En las hojas de ginkgo, por ejemplo, los flavonoides parecen promover, primero, la bacteria *deinococcus,* que luego produce estas sustancias por sí misma; en otras palabras, una retroalimentación positiva. El aumento de la bacteria bacilo, a su vez, parece promover el crecimiento de las hojas de ginkgo. De este modo, existe una interacción dinámica entre el microbioma y el rendimiento fisiológico de las hojas de ginkgo, ya que la cantidad de bacterias y los ingredientes de las hojas cambian constantemente. Las superficies de las hojas de los ginkgos son más dinámicas de lo que podríamos haber imaginado durante mucho tiempo.

1. Deng, Y. *et al.* (2021). «Endophytic bacterial communities of *Ginkgo biloba* leaves during leaf developmental period». Parte delantera. Sección microbiológica *Microbe and Virus Interactions with Plants*: 10.3389/fmicb.2021.698703.
2. Deng, Y. *et al.* (2021). «Endophytic bacterial communities of *Ginkgo biloba* leaves during leaf developmental period». Parte delantera. Sección microbiológica *Microbe and Virus Interactions with Plants*: 10.389/fmicb.2021.698703.
3. Doc Check Flexion (2017): *Superoxid dismutase.* https://flexikon.doccheck.com/de/Superoxiddismutase (consultado: 30.08.23).

Los microbios pueden favorecer la tolerancia de las plantas al cambio climático
(según van der Heijden *et al.* 2015).[1]

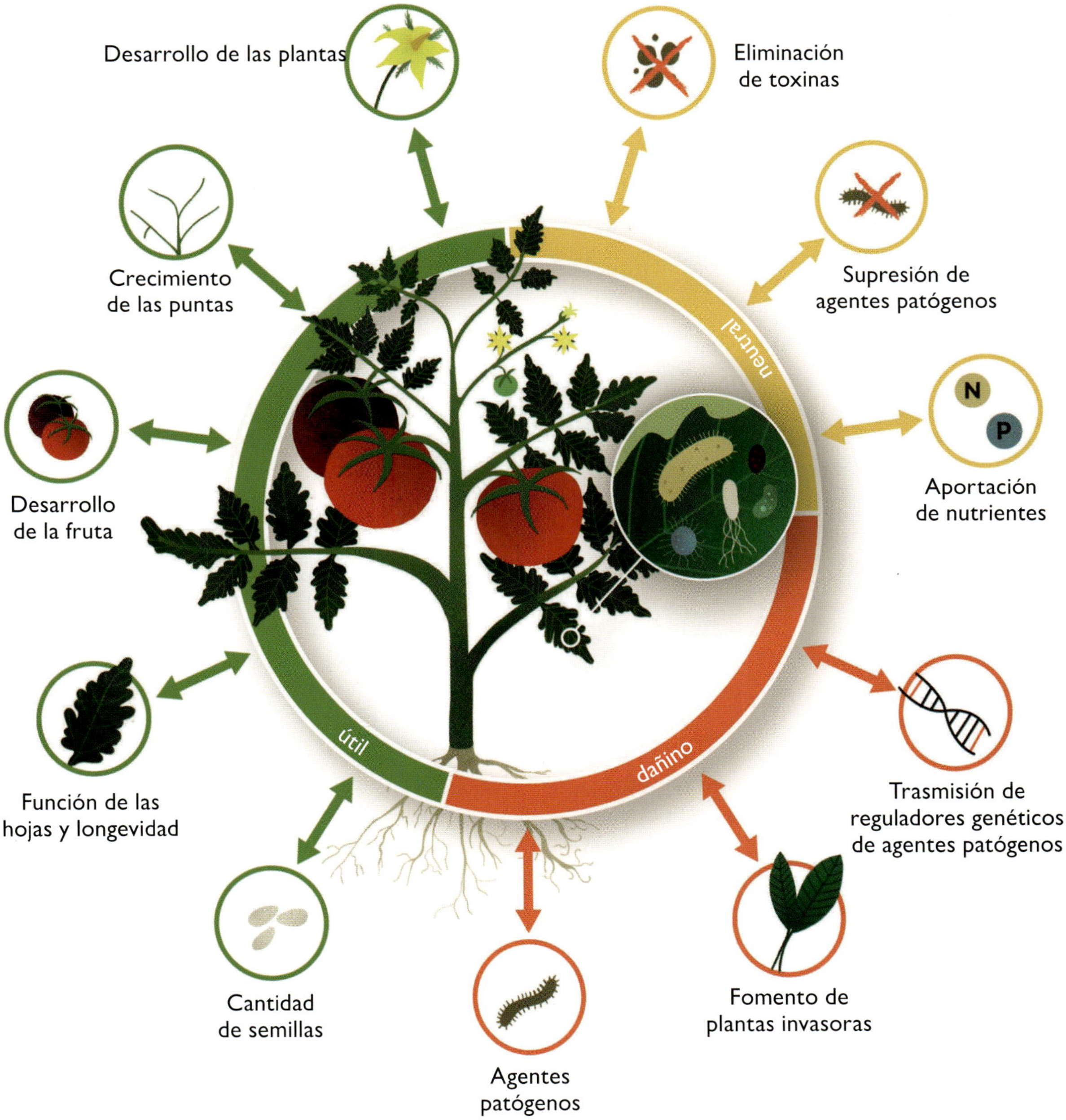

1. van der Heijden, M. G. A. *et al.* (2015). «Mycorrhizal ecology and evolution: the past, the present, and the future». En: *New Phytologist* 205: 1406-1423.

Al activar un programa genético, las raíces de las plantas absorben más hierro, lo que fortalece su sistema inmunológico. Pero eso no es todo. Al mismo tiempo, las sustancias de señalización volátiles del túbulo provocan reacciones defensivas en lo alto del tejido foliar de la planta en el sitio de entrada del patógeno.

Aunque todavía no se han demostrado todos los tipos de interacción entre plantas y microorganismos en los árboles, es obvio que ellos también mantienen relaciones tan complejas. Constantemente hay nuevos descubrimientos que nos muestran hasta qué punto los microbios afectan a la salud de las plantas.[213] Por ejemplo, ya se ha demostrado en álamos que los hongos de las raíces pueden activar y desactivar los genes.[214]

Si bien pensamos en la coexistencia de los árboles y todas las plantas con sus microbiomas, no debemos olvidar a los animales. Además, los microorganismos no sólo interactúan de manera individual con sus «organismos portadores», sino también entre sí. Los microbios se influyen unos a otros simplemente a través de las numerosas sustancias que producen. Las excreciones de un tipo se convierten entonces en recursos para otros. Hay grupos de microbios del todo estables que viven bien unos con otros y entre sí.[215] Sobre la base de los hallazgos microbiológicos recientes, se deben reconsiderar algunas teorías en apariencia confiables, como las relacionadas con los ciclos de los nutrientes. Por ejemplo, los autores de un estudio reciente escriben: «El ciclo clásico del nitrógeno, que consiste en procesos individuales que se suceden de manera ordenada, no existe. En la naturaleza, los microorganismos forman redes complejas que conectan las reacciones de conversión de nitrógeno».[216]

Cualquiera que haya estudiado un poco la complejidad de la vida no se sorprenderá. No sólo las estructuras de los ecosistemas son más complejas de lo que pensábamos durante mucho tiempo, sino que también lo son las funciones, por supuesto. Del mismo modo que cada día se descubren y describen nuevas especies y formas de vida, también se descubren y describen nuevas vías metabólicas y de transformación. Finalmente, los autores del estudio mencionado también afirman: «Si hay algo que podemos aprender de las últimas décadas de investigación, es que los microorganismos no cumplen con los límites».[217]

Las condiciones medioambientales proporcionan el marco para los complejos diálogos entre todos los socios de los holobiontes vegetales[218] como las plantas, las bacterias, las arqueas, los virus y los hongos. Estos numerosos diálogos conducen a cada vez más interacciones, regulación y organización en el ecosistema. Desde una perspectiva evolutiva, un mensaje importante es que la autooptimización también ocurre en los niveles superiores del sistema. No se trata simplemente del «gen egoísta», que hace que los organismos individuales prevalezcan sobre el resto del mundo, sino de una mejora gradual de las condiciones de vida organizadas por la vida misma. Por ejemplo, un suelo con un microbioma que ha ayudado con éxito a una planta individual a mantenerse sana conserva esta propiedad, de modo que las plantas que crecen en él también pueden beneficiarse de ella en el futuro. Esto se encontró en el caso de plantas infectadas con mildiú velloso. Los resultados indicaron que las plantas pueden adaptar el microbioma de sus raíces después de la infección por un patógeno y reclutar específicamente a un grupo de microbios resistentes a las enfermedades y promotores del crecimiento. De este modo, se pueden mejorar las posibilidades de supervivencia de sus crías, que crecen en el mismo suelo.[219] Lo mismo ocurre en el bosque. A medida que envejece, su microbioma también madura y la interacción entre las plantas y los microorganismos mejora.[220] Ciertas especies de árboles, como los álamos, que tienen un efecto beneficioso en el microbioma del suelo, pueden mejorar la salud de todo el ecosistema.[221] Estas ideas también arrojan una luz completamente nueva sobre la cuestión de qué especies de árboles se deben tener en un bosque.

Por lo tanto, el microbioma está entrenado para hacer frente a enfermedades o herbívoros, el ecoholobionte aprende y su composición pasa a formar parte de la memoria del ecosistema. Es muy emocionante. En realidad, la evolución puede entenderse como un proceso de aprendizaje que tiene lugar en todos los niveles de la organización de la vida, desde las moléculas hasta todo el ecosistema.[222]

Al igual que los animales y los seres humanos, el microbioma es una extensión del organismo vegetal en evolución dinámica que supera los límites de nuestra imaginación[223], un órgano complejo completamente ignorado que nos hace replantearnos cómo funciona la sanidad vegetal.[224] Las bacterias y los hongos que estimulan el crecimiento de las plantas se están estudiando ahora con especial intensidad, ya que podrían ofrecer formas novedosas y suaves de estabilizar o aumentar la producción vegetal en la agricultura, por ejemplo.[225] Actualmente se está estudiando la posibilidad de utilizar microbiomas sintéticos junto con las semillas de las plantas,[226] aunque esto podría conllevar nuevos riesgos.

Por regla general, el microbioma se alimenta de plantas, pero también hay casos en los que las cosas funcionan al revés. Un ejemplo es el nitrógeno bacteriano, que puede absorberse a través de la superficie de las hojas.[227] Esto parece ser muy importante para algunas epífitas que viven en los árboles, que no tienen contacto con el suelo. También hay bacterias que forman una biopelícula en las plantas que protege contra la deshidratación y las dosis excesivas de radiación UV,[228] una especie de protector solar bacteriano para las plantas.

Además de las interacciones biológicas, las temperaturas influyen en qué microbios prevalecen.[229] Esto es en especial relevante en tiempos de cambio climático, ya que las nuevas condiciones de temperatura pueden afectar al funcionamiento de los ecosistemas forestales y también a la cantidad de carbono que puede almacenarse en el suelo.[230] Las variaciones climáticas rápidas pueden alterar colaboraciones bien ensayadas.[231] Por otro lado, hay estudios que demuestran hasta qué punto los microbiomas pueden apoyar la supervivencia de las plantas en caso de sequía, mayor calor o aumento de la salinidad en los suelos.[232] No es de extrañar, ya que dependen de sus sostenes verdes para lo bueno y para lo malo. Una razón más para respetar y promover los microbiomas como un órgano adicional de las plantas. Por último, pero no por ello menos importante, la manipulación de los suelos, antes maltratados con estiércol, productos químicos y maquinaria que pesaba toneladas, debe replantearse a fondo en la agricultura y la silvicultura.

Es sorprendente cómo está cambiando la visión de las criaturas más pequeñas. Primero tuvimos que descubrir y explorar los microbios, luego aprendimos a protegernos de ellos, para, por último, ser conscientes de que esterilizar nuestro entorno y a nosotros mismos no es una buena idea. Recientemente, esto ha culminado incluso en nuevas estrategias de limpieza con probióticos en los hospitales, en las que las superficies se limpian con bacterias «buenas» en lugar de con limpiadores antibióticos.[233]

Estos últimos sólo contribuyen a que los patógenos se vuelvan multirresistentes. Las plantas y todo el bosque tienen una farmacia mucho mejor, porque cambia dinámicamente en función de su microbioma.

E pluribus unum: ¿es el bosque un organismo?

E pluribus unum es el lema heráldico del Gran Sello de los Estados Unidos de América, y significa «de muchas, uno». Con la conciencia tranquila, también podríamos incluir esta fórmula, que evoca la diversidad y la unidad, en el sello de los ecosistemas. El concepto de bosque como organismo, como hizo hace un siglo el científico forestal Alfred Möller, un rebelde en opinión de muchos de sus contemporáneos silvicultores, ya no parece hoy descabellado, sino francamente visionario. Sin embargo, la idea es rechazada con vehemencia, sobre todo en la silvicultura. Las ideas y conclusiones sobre la cooperación también desencadenan, a día de hoy, encendidas reacciones defensivas. Esto puede remontarse a las afirmaciones negativas publicadas, por ejemplo, por el científico forestal Alfred Dengler en 1930 en su libro de texto de silvicultura «sobre una base ecológica». Este libro constituyó la base del estudio de la silvicultura para generaciones de estudiantes de esta disciplina. El tema era tan importante para

Alfred Möller, jefe forestal prusiano y director de la Academia Forestal de Eberswalde, introdujo la idea de los bosques permanentes en su libro homónimo de 1922. Consideraba el bosque como un organismo y rechazaba el monótono bosque por edades. Muchos silvicultores se refieren hoy a él, aunque tienden a aplicar las enseñanzas de su adversario Alfred Dengler cuando están en el bosque al aire libre.

Dengler que lo discutió en las primeras páginas. Habló de las fuerzas motrices de la comunidad de vida, entre las que debía figurar, en primer lugar, la «lucha por la existencia», pero también mencionó un «principio altruista», que tenía un efecto complementario y equilibrador.

La lucha y la ayuda deben enfrentarse:

> «La lucha y la ayuda son las dos principales fuerzas impulsoras de toda convivencia. De su interacción, de su distribución correcta surge el estado necesario para la conservación, que llamamos "equilibrio biocenótico". Sin embargo, este equilibrio no es estable, sino que está sujeto a fluctuaciones continuas, pequeñas y grandes. [...] A veces [...] la multiplicación y el impacto de los miembros individuales [de la comunidad] aumentan hasta tal punto que pueden convertirse en una "calamidad" y un peligro para la vida de todo el bosque. Pero también hay contrapesos siempre y en todas partes, que tarde o temprano surten efecto. A los años fríos y húmedos les siguen los años cálidos y secos, lo que favorece a los miembros antes desfavorecidos y los sitúa en primer plano. La multiplicación masiva de una especie también hace que aparezcan con rapidez plagas y enemigos en una escala cada vez mayor, hasta que, finalmente, en grandes brotes o epidemias, la especie sobremultiplicada vuelve a los niveles normales, la "reserva de hierro". Los engranajes de la biocenosis están configurados de tal manera que el estado de equilibrio siempre intenta restablecerse, a menos que lo impidan por la fuerza influencias externas abrumadoras y permanentes. Ésta es la esencia del bosque, una comunidad de vida con todos los tipos y grados posibles de vinculación mutua, con sus miembros luchando y ayudándose de todas las formas imaginables. Regida por el principio de un estado de equilibrio que, bajo diversas condiciones externas, asume siempre formas más o menos definidas (tipos de bosques) hacia las que la biocenosis se esfuerza siempre tras perturbaciones y fluctuaciones».[234]

La larga cita de la primera mitad del siglo pasado pretende ilustrar con qué dogmatismo se plantea en este caso la idea de un orden natural, con el que se excluye, sobre todo, el poder de cambio procedente del propio sistema, que el predecesor de Dengler en el cargo, Alfred Möller, reconocía en el «organismo forestal». La metáfora de la máquina de los engranajes de la comunidad biótica también es interesante, porque como sabemos hoy, los ecosistemas no funcionan como autómatas en los que los engranajes encajan en una combinación fija. Más bien, los ecosistemas cambian una y otra vez, se reconstruyen e incluso aumentan su capacidad de trabajo en el proceso.

En la cita, también brilla el espíritu de la década de 1930. La supuesta lucha por la existencia se retomó de la teoría de la evolución de Darwin, pero en relación con un orden natural predeterminado. Siempre que algo se «sobremultiplique», tarde o temprano debería ser diezmado.

«La naturaleza del bosque se presenta de esta manera y no de otra». La ciencia no debe formularse de forma tan dogmática, porque el bosque es completamente diferente de lo que la gente pensaba en ese momento. La crítica de Alfred Dengler al organismo también era entonces dogmática: «Por otro lado, es exagerado considerar al bosque como un organismo, como lo ha hecho el movimiento moderno de los bosques perennes. Los miembros del bosque no son órganos en el sentido de la palabra (organa, "herramientas"), que no tendrían fin en sí mismos ni libre autodeterminación y que perderían su vitalidad y funcionalidad al no estar conectados con el todo. El bosque tampoco crece desde dentro como un organismo, sino que sus miembros se unen en un movimiento en un primer momento libre desde el exterior, como se puede observar cada vez que se forma un nuevo bosque. En cualquier caso, ¡el vínculo es, en general, mucho más flexible que con un organismo real! Esto debe cumplirse estrictamente, y la denominación "organismo" debe rechazarse porque es errónea y conduce a conclusiones equivocadas».[235]

Todos los argumentos de Dengler han resultado nulos y sin valor a la luz de la nueva biología, al igual que las ideas sobre el equilibrio en la naturaleza. Las partes individuales de la naturaleza se unen para formar unidades de un orden superior; no hay autodeterminación e independencia reales (autosuficiencia). ¿Qué es un «yo» si está formado por muchos? Los componentes del sistema deben interactuar de manera dinámica entre sí; se intercambian, se multiplican o disminuyen, y lo que cuenta es el resultado de la interacción, la emergencia. El impacto y la función en el ecosistema forestal en realidad crecen por sí mismos. Ningún componente vivo de los sistemas vivos puede existir por sí solo frente a todos los demás. ¡La evolución de los organismos es un proceso social! Todos los organismos han surgido de grupos de unidades más simples, que ahora tienen un alto grado de cooperación entre las partes. Muchas de las características que se utilizan comúnmente para definir los organismos no son esenciales. Estas características no esenciales incluyen la capacidad de responder a los estímulos, la indivisibilidad, el parentesco inmediato, el desarrollo a partir de una sola célula o la pertenencia a la misma Art.[236]

Todos los organismos vivos conocidos en la actualidad están relacionados entre sí porque descienden de una célula primordial que se llamaba LUCA, que es la abreviatura en inglés de *Last Universal Common Ancestor*, el Último Ancestro Común Universal.[237] La vida en nuestro planeta es una corriente de transmisión de información genética que tiene más de cuatro mil millones de años,[238] duplicaciones y transformaciones. Partiendo de un ancestro común, que vivió en un mundo sin oxígeno ni fotosíntesis en las aguas termales de los océanos,[239] varios linajes se separaron unos de otros para entrar en contacto entre sí en formas siempre nuevas y constituir estructuras de todo tipo, lo que a su vez ha creado oportunidades para más y más organismos y estructuras vivos. Pero las bacterias arcaicas no han sido abolidas por la evolución. Siguen ahí, son más numerosas y eficaces de lo que pensábamos hasta hace poco.

El mundo es un microbioma con unos cuantos organismos pluricelulares entre ellos, y todos nosotros somos muchos.

Debido a que los componentes del sistema existen, funcionan e interactúan, las funciones surgen en el ecosistema. Como resultado, las partes individuales son, si se quiere decirlo de manera mecanicista, «herramientas» u *organa* en latín. Sin embargo, los órganos de las plantas, como ya sabemos, no son sólo raíces, tallos y hojas. De hecho, el microbioma de la hoja, por ejemplo, también es un órgano del holobionte de la planta, al igual que el microbioma de la raíz.

Si nos tomamos todo esto en serio, podríamos llamar a los bosques, como a todos los demás ecosistemas, organismos. La compleja y continua red de todos los seres vivos de la Tierra también se está uniendo y, finalmente, hemos llegado a la cima, para formar un (sobre) organismo global, al que James Lovelock llamó «Gaia».[240] Un hallazgo de la teoría de Gaia es que los organismos vivos del sistema terrestre están de continuo ocupados eliminando el CO_2 del aire y que el clima actual, comparativamente frío, de la Tierra es el resultado de este proceso de bombeo biológico. En el sentido de esta teoría, los bosques, las turberas y los océanos serían órganos que desempeñan funciones vitales para el organismo global.

Hace poco, los científicos sudamericanos señalaron con acierto que el concepto de Gaia enfatiza en particular que la biosfera tiene un efecto sobre la atmósfera y la naturaleza inanimada, mientras que se presta menos atención al hecho de que influye sobre todo en sí misma.[241] Pero ésa es la característica más decisiva de los sistemas complejos. Las interacciones entre sus componentes dan como resultado un todo mayor, cuyas propiedades influyen y estabilizan estas interacciones. Es una oración en la que puedes pensar durante mucho tiempo y tus pensamientos comienzan a dar vueltas en círculos. ¡Y eso es justo de lo que se trata! La vida, en todos sus niveles de organización, desde las células más simples hasta la Gaia global, se conforma por la retroalimentación. La vida reacciona ante sí misma y cambia sus propias condiciones de vida.

En el caso de los seres humanos, los sistemas vivos piensan en sí mismos y en su propia posición en el mundo, lo que puede conducir a un cambio de comportamiento sin que esto lo dicte el exterior. Esto ha fascinado a los filósofos con formación biológica y a los biólogos con mentalidad filosófica durante mucho tiempo. El neurobiólogo chileno Humberto Maturana reflexionó sobre la biología del pensamiento y el reconocimiento. Junto con Francisco Varela, acuñó el maravilloso y difícil término griego *autopoiesis* para el fenómeno de la vida.[242] Significa «autocreación». Según este concepto, la vida no es la suma de todas las partes y todas las reacciones o expresiones bioquímicas de la vida, sino más bien un proceso de retroalimentación.

Los bosques son el resultado de la cooperación coordinada de organismos vivos y también son portadores funcionales que tienen una importancia central en el sistema Tierra, y que pueden renovarse, crecer, expandirse, remodelarse y optimizarse por sí mismos. Esto puede fundamentarse sobre la base de las ciencias naturales modernas y no es una fantasía esotérica. «Organismo» o «ecoholobionte», al final no importa en absoluto lo que llaméis bosques, sino lo que son; y lo que es aún más importante es si los tratamos como lo que son. Es probable que Alfred Möller pensara lo mismo hace un siglo. Con el estado de la ciencia en aquel momento, apenas pudo reconocer el organismo del bosque, y con su idea sólo llegó a una minoría. Pero el factor decisivo fue que entonces la mayoría de los representantes de las ciencias forestales y la silvicultura se opusieron a la naturaleza orgánica de los bosques. Por desgracia, eso también se puede observar en muchos bosques.

Ordenadores conectados en red: procesamiento de información sobre los ecosistemas forestales

La cosa se pone aún más difícil. Los ecoholobiontes no son sólo sistemas complejos, sino que también realizan operaciones complejas.

Cuando utilizamos ordenadores, los alimentamos con información o datos individuales que se procesan digitalmente. Esto puede convertirse en algo muy real, por ejemplo, cuando se imprimen mapas, fotos u objetos en 3D, cuando las señales de ordenador activan el transporte de mercancías o cuando se controlan aviones y robots. Consideramos que el mundo digital y las herramientas que hemos creado para nosotros mismos son el epítome de la modernidad y la emancipación de los humanos con respecto a la naturaleza. En cierto sentido, esto también es verdad, por supuesto. Pero nos equivocamos si pensamos que la gente inventó la forma de almacenar y gestionar la información. Hemos conseguido que la información funcione para nosotros en las máquinas. Pero, al final, nosotros mismos somos seres que representamos los sistemas de procesamiento de información. Como ya se ha dicho, creamos una imagen del mundo (y del bosque) en el verdadero sentido de la palabra, con la ayuda de nuestras impresiones sensoriales, nuestros pensamientos y nuestro lenguaje. La información sobre el mundo da como resultado acciones que influyen en el mundo. Al final, éste es un principio básico de la vida y se aplica a todos los seres vivos.

Sin embargo, en este caso, también debería aplicarse lo siguiente: ¿existe una idea de qué es el bosque y luego se «crea» mediante el procesamiento de la información? Lo mismo ocurre porque los organismos vivos del bosque y, en especial, sus actividades e interacciones no están simplemente ahí como las rocas, el agua y el aire. Más bien, los bosques y los ecosistemas se crean mediante el procesamiento de la información. ¿Significa eso que los bosques almacenan, usan y generan información como los ordenadores? ¿Qué importancia tiene entonces la gestión de la información de los ecosistemas para el funcionamiento del bosque? Si el bosque fuera un ordenador, ¿quién lo manejaría?

La pregunta importante es la siguiente: ¿qué tiene que ver la vida en la Tierra con la información?

¿Qué es la vida? En términos científicos sobrios, se podría formular que la energía se capta y se utiliza para crear orden a partir del caos mientras se gestionan los escasos recursos. Al mismo tiempo, hay que hacer frente a diversas adversidades y peligros que amenazan una y otra vez con extinguir o hacer retroceder la vida.

Durante mucho tiempo, se pensó que la evolución es un proceso bastante unilateral en el que las especies se adaptan a las condiciones ambientales cambiantes. Ahora podemos ver la retroalimentación sistémica. Por el contrario, la vida también trata de adaptar su entorno para poder existir bien y, al mismo tiempo, se adapta cada vez mejor a estas condiciones.[243] Las soluciones para superar todos estos desafíos y tareas se han tornado cada vez más diversas y sofisticadas a lo largo de la evolución. Surgieron la biodiversidad y la complejidad: toda la red de interacciones bioquímicas, biológicas y ecológicas entre moléculas, células, organismos, holobiontes y ecosistemas. Con independencia de lo que estas partes de la vida se hagan unas a otras, esta multiplicidad y diversidad biológicas significan devenir, pasar y, sobre todo, funciones que deben estar presentes en el lugar y el momento adecuados. Estas funciones deben organizarse de alguna manera.

Como personas informadas por la ciencia moderna, damos casi por sentado que la vida nació y luego cambió y se multiplicó como parte de la evolución. Sin embargo, conviene señalar que la vida es tan compleja que no se puede crear constantemente de nuevo. En determinadas circunstancias, las moléculas de agua pueden combinarse y formar un líquido o hielo, el hielo puede descongelarse y el agua se evapora; una y otra vez y de forma espontánea, existe un ciclo del agua. Muchas reacciones químicas pueden tener lugar en ambas direcciones. La energía que se requiere en la Tierra se suministra de continuo en forma de radiación solar.

Pero la vida es diferente.

No existe ningún tipo de reposición por las vidas perdidas. Las moléculas no se organizan en células así como así. La aparición de la vida fue en apariencia tan improbable y tan difícil que tardó miles de millones de años en producirse, y desde hace 3500 a 3800 millones de años, por lo que sabemos hoy, no parece haber vuelto a ocurrir. Al menos ningún otro intento tuvo éxito después de que la Tierra fuera colonizada por el reino de organismos actual. Los datos genéticos lo demuestran. Todos los organismos vivos descienden de un único ancestro común. Desde entonces, la vida ha tenido que copiarse una y otra vez para propagarse y mantenerse. Para ello, la información sobre el funcionamiento de la vida ha tenido que almacenarse, recuperarse, realizarse y transmitirse sin romper nunca esta cadena.

Todos los logros de la vida más o menos complejos, que se han creado durante miles de millones de años, se codifican como información. Esto significa que las ideas o recetas de cómo son y pueden formarse los organismos, qué reacciones bioquímicas tienen lugar en ellos y qué hacen con su entorno se almacenan como símbolos que no son la vida misma. Los planos completos del edificio se guardan como instrucciones en el material genético, que luego se pueden leer. La vida no es sólo materia como rocas, agua o aire, sino que se basa en información, en programas genéticos que funcionan en determinadas circunstancias.

Cuando el material genético se lee en forma de grandes moléculas complejas llamadas ácido (desoxi)ribonucleico, los átomos y las moléculas se juntan en miles de reacciones ordenadas y coordinadas. Al hacerlo, se materializa la «idea» de ciertas proteínas. Estas proteínas suelen ser ellas mismas «facilitadoras» (catalizadoras) de reacciones bioquímicas cada vez más nuevas o incluso los propios materiales de construcción de biomasa. La información correspondiente sobre soluciones a los problemas de la vida corresponde al conocimiento almacenado en las células, los organismos y los ecosistemas. El propósito final de este conocimiento es controlar el medio ambiente hasta tal punto que la vida pueda mantener el orden y mantenerse a una distancia segura del caos.[244]

Información en el lugar correcto en el momento idóneo

Los conocimientos almacenados en el ecosistema deben emplearse en el momento oportuno, a menudo tras un período de almacenamiento que puede abarcar temporadas enteras, años, décadas o incluso intervalos de tiempo más prolongados, como demuestra una gran variedad de ejemplos en todo el mundo. Cuando llega la primavera en los bosques templados, se activa la información que hace que los primeros en florecer germinen y desplieguen sus flores. En un año lluvioso, el desierto de Atacama, en Sudamérica, florece durante unas semanas, y no sólo aparecen especies vegetales, sino también microorganismos que no son fácilmente detectables en los años secos.[245] Sólo después de un incendio en el bosque seco australiano germinan las semillas de ciertas especies, que se benefician de las cenizas y del espacio libre y reconstruyen el bosque.[246] En el caso de algunas especies leñosas sudafricanas, se ha demostrado que sus semillas aún podían germinar tras más de 200 años de latencia.[247] Hasta entonces, la idea para el desarrollo de los árboles correspondientes debía almacenarse codificada en moléculas. Pero éstos son sólo casos especiales de un reto cotidiano para todos los organismos. El conocimiento almacenado genéticamente se usa justo cuando un organismo tiene hambre, enferma, tiene la oportunidad de reproducirse o simplemente cuando necesita orientarse en el espacio para acceder a ciertos recursos.

Si los sistemas vivos existen sobre todo porque sus componentes interactúan, no es sorprendente que estas interacciones no se dejen sólo al azar. Las bacterias que nadan en una solución nutritiva no necesitan usar energía para buscar su alimento, pero la situación es por completo diferente cuando un lobo deambula por el bosque. Para él, la percepción del entorno y la perspectiva de una presa son esenciales. La importancia del manejo de la información era tan grande que la vida desarrolló sistemas del todo nuevos para la percepción y la comunicación de la información después de la invención del procesamiento de la información genética. El desarrollo de células nerviosas con transmisión de señales eléctricas permitió una capacidad de respuesta mucho más rápida y formas de interacción completamente nuevas entre los organismos vivos.

La vida como gestión de la información

Así que la vida es en realidad una gran cantidad de gestión de datos e información; por cierto, lo estás experimentando por ti mismo al leer estas líneas. Los seres vivos, incluso los que carecen de conciencia y de transmisión de señales eléctricas o procesamiento de datos, pueden compararse, por tanto, a los ordenadores, ya que el almacenamiento de información en los sistemas vivos se basa ante todo en la modificación de átomos y moléculas. Los ordenadores convencionales, en cambio, funcionan sobre la base del almacenamiento electrónico. Ciertos materiales, los semiconductores, pueden adquirir en los ordenadores un estado conductor o no conductor, lo que corresponde a la información de «sí» o «no» o «0» o «1». Al vincular una gran cantidad de estos datos de sí-no, se obtiene información. Desde hace algunos años también se trabaja en ordenadores cuánticos. Su funcionamiento se basa en los principios de la mecánica cuántica. Los átomos o electrones se excitan y asumen diferentes estados, que luego pueden usarse para almacenar información.

Este principio, que es extremadamente difícil de imaginar, se realizó en la naturaleza hace mucho tiempo. En las células de los organismos, estas transiciones desde los estados de la mecánica cuántica de los átomos tienen lugar mediante la estimulación durante la transferencia de energía, por ejemplo, en la molécula de clorofila a través de la energía solar. En el proceso, los electrones se elevan a un orbital superior[248] y el estado de la molécula cambia. La excitación y la transferencia de electrones son un proceso fundamental para el funcionamiento de los organismos vivos. Las plantas, por ejemplo, producen una gran cantidad de sustancias que son cruciales para muchos procesos fisiológicos, como el crecimiento y el desarrollo, la reproducción, la defensa y las respuestas al estrés. Esta diversidad química se basa en reacciones químicas en las que se transfieren electrones.[249] En los organismos vivos, existe una combinación de procesamiento de información bioquímica y mecánica cuántica. En muchos organismos, como los que tienen un sistema nervioso, se produce, además, la transmisión de señales eléctricas.

El ecosistema global tiene una capacidad de procesamiento de la información muy superior a la de la civilización humana, y funciona con una eficiencia energética mucho mayor que nuestra civilización con ordenadores.[250] Por unidad de superficie, la biosfera consume dos órdenes de magnitud menos de energía, pero realiza diez millones de operaciones por segundo más que los superordenadores modernos, lo que representa miles de millones de veces más potencia de cálculo.[251]

Los organismos almacenan la información, por lo que tienen memoria. Esto se aplica no sólo a los animales, sino también a las plantas, que reaccionan con regularidad ante determinadas situaciones.[252] En el experimento, hormonas vegetales como el salicilato de metilo y el jasmonato de metilo hacían que la inmunidad de las plantas aumente tras su uso repetido al activar ciertos genes de defensa.[253] Los niveles altos de ácido salicílico activan genes que son importantes para combatir los patógenos. Existen los denominados cambios epigenéticos, que ayudan a las plantas a aprender a reaccionar más rápidamente ante desafíos concretos.[254] Las experiencias repetidas de sequía, por ejemplo, modifican ciertas proteínas que «empaquetan» el material genético (histonas) al unirse con pequeñas moléculas. Esto, a su vez, influye en la activación de los genes que conducen a una mayor tolerancia al calor y la sequía.[255]

Muchos de los mecanismos que dotan a las plantas de memoria aún están por descubrir.[256] Sin embargo, incluso las plantas tienen memoria no sólo en sus células, sino también a nivel de todo el organismo. Hasta las señales eléctricas desempeñan un papel, un campo en el que la investigación está llegando en la actualidad a sus límites.[257] En cualquier caso, las moléculas mensajeras, como los péptidos móviles, viajan desde los tejidos en los que se recibe una señal hasta otras partes de la planta, donde se producen las reacciones correspondientes.[258]

Sin embargo, la información no sólo se almacena en moléculas, células y organismos, sino también en las interacciones de diferentes organismos que se producen juntos en un ecosistema. La forma en que un árbol muerto de un bosque se convierte en humus, que retiene el agua y los nutrientes, permite que los árboles jóvenes crezcan y hace que el bosque pueda sobrevivir mejor a los períodos de sequía no está fijada en un único lugar de una molécula, célula o especie. Más bien se almacena en la interacción de hongos, bacterias, isópodos y lombrices de tierra, que se encuentran juntos en la madera y el suelo y, coordinados entre sí, descomponen las sustancias respectivas en componentes más pequeños. Si un bosque se incendia o se destruye de otro modo, no hay necesidad de reinventar su estructura y funciones básicas. Si el daño no es catastrófico, puede reconstruirse a partir de la memoria del ecosistema. La interacción de plantas pioneras, microorganismos, hongos micorrícicos, polinizadores y muchos otros organismos, que se ha desarrollado a lo largo de millones de años, conduce a una sucesión más o menos rápida y a la reconstrucción del complejo ecosistema. No obstante, esto sólo es posible si se conserva toda la información importante. Si la información y las funciones decisivas se han extinguido en caso de incendio u otro daño, dicha restauración resulta casi imposible.

La diversidad biológica y, por tanto, la diversidad de la información contenida en el ecosistema global, desde los quantum de energía, las moléculas y los genes, hasta las interacciones y los procesos de los organismos complejos, es el factor decisivo para el funcionamiento de los ecosistemas.

Una buena memoria también es cuestión de edad

La diversidad de información sólo surge durante períodos de tiempo extremadamente largos. Por desgracia, el tiempo es un recurso que no se puede reemplazar en absoluto. Los procesos forestales relevantes tienen lugar en dimensiones temporales que superan los períodos de tiempo en los que los silvicultores por lo general piensan en órdenes de magnitud. Por un lado, está la edad máxima de los árboles, que suele ser de unos pocos siglos para los árboles comúnmente utilizados y, por otro, está la edad del bosque, que tiende a señalarse en milenios. Éstos son períodos de tiempo en los que los organismos formadores de bosques se han reunido y han aprendido a interactuar entre sí. En este contexto, la lenta formación de suelos vivos con su humus y microorganismos es bastante importante.

En el concepto de bosque permanente formulado por Alfred Möller hace un siglo, la «continuidad de la gestión forestal» desempeñó un papel central. Su principal preocupación era criticar la tala rasa y abogar por tener en cuenta a todos los organismos, no sólo a los árboles. «El sistema forestal se compone de suelo y madera en una conexión peculiar e indisoluble y, como hemos visto, también de muchas otras cosas».[259] Sólo su acción conjunta a largo plazo daría lugar a la productividad del bosque, también mediante la creación, por parte de éste, de su propio microclima y su propio suelo. «El bosque termina allí donde las zonas dejan de estar bajo la influencia de plantas leñosas, donde las zonas dejan de estar enraizadas por plantas leñosas, donde dejan de estar en sombra, al menos durante horas, por los árboles. El sistema forestal ha sido destruido».[260]

Las interacciones complejas y coordinadas resultan del hecho de que la información almacenada en los genes conduce a la producción de enzimas que acumulan biomasa y ponen en marcha cadenas de reacciones químicas, además de producir sustancias mensajeras. Se trata del núcleo de la memoria del ecosistema. Los árboles longevos, sobre todo los más antiguos entre los viejos,[261] son pilares muy especiales en este sentido, capaces de sobrevivir a decenas y miles de generaciones de otros organismos. Los árboles requieren la continuidad del ecosistema, pero también la promueven.

Mucho no siempre ayuda mucho

La inteligencia de una persona no es el resultado de haber memorizado la mayor cantidad de datos posible, como tablas que muestran las temperaturas máximas diarias de los últimos 20 años o el tamaño

Como todos los árboles viejos, los robles del centenario parque de Staverton, en Sufolk (Inglaterra), son cápsulas del tiempo y una parte importante de la memoria del ecosistema (Pierre L. Ibisch, agosto de 2011).

de los granos de arena. Más bien, es importante reconocer la información importante, vincularla de manera significativa y, luego, usarla para resolver el problema. Se trata de un proceso sistémico. Por ejemplo, una mezcla de moléculas en un tubo de ensayo no se convierte automáticamente en un ser vivo. Al contrario, esto sólo se produce gracias a la complicada organización de las interacciones de las moléculas en las células, en el lugar adecuado y en el momento oportuno.

Lo mismo ocurre en un ecosistema. Las funciones sólo se crean cuando los componentes correctos del sistema interactúan en el lugar correcto y en el momento oportuno. Entonces el sistema está integrado y tiene integridad. Esto parece muy abstracto, pero tiene una gran relevancia práctica. De esta manera, un bosque no se vuelve de manera automática más apto para el futuro sólo porque se planten tantas especies de árboles como sea posible. No es «la mezcla lo que importa», sino las interacciones coordinadas. Dado que no conocemos en realidad todos los componentes del ecosistema y, mucho menos las interacciones, no podemos «construir un bosque». Ése es el gran malentendido de la biodiversidad.

Después de que la diversidad no sólo se contara y describiera, sino que se reconociera como una característica importante de la vida y se hiciera carrera política con su propio convenio mundial de las Naciones Unidas a partir de 1992, la biodiversidad se convirtió en un valor en sí misma y en un objetivo propio. Los ansiosos contadores de especies han pasado por alto el hecho de que en los sistemas complejos no es el número de partes el que realiza la función, sino el número de interacciones y procesos ecológicos. Esto asimismo condujo a las breves conclusiones, por completo exentas de teorías, de que el uso de los bosques es bueno para ellos porque aumenta la «biodiversidad».

En efecto, es cierto que en Europa, por ejemplo, la diversidad de especies ha aumentado como consecuencia de la tala de bosques por el hombre y la creación de campos, prados y pastizales, e incluso ciudades.[262] Pero las numerosas especies que se trasladaron gracias a la cultura agraria del hombre no eran especies nuevas, sino a menudo simplemente criaturas oportunistas y tolerantes a las alteraciones procedentes de otras regiones. Las plantas esteparias, como muchas de las hierbas de nuestros pastizales secos, las orquídeas mediterráneas, las avutardas, las alondras, los gorriones o las palomas, son criaturas maravillosas que hacen que nuestro entorno resulte más vivo e interesante para algunos de nosotros. Sin embargo, su expansión estuvo acompañada por la supresión, el aumento del brillo y la fragmentación de los ecosistemas forestales, que se debilitaron cada vez más a lo largo de los siglos como resultado de ello. Por tanto, la eficiencia y la capacidad reguladora de nuestros paisajes, como los amortiguadores microclimáticos y los depósitos de agua, también se fueron perdiendo poco a poco.

Las nuevas especies son una oportunidad para los ecosistemas, pero al principio suelen representar también grandes retos. Los ecosistemas pueden verse gravemente alterados cuando los organismos que no están bien integrados los invaden. Esto sucede, por ejemplo, cuando aparece un patógeno previamente desconocido, como un virus, que acaba con árboles importantes o especies clave. Luego, las cartas se vuelven a barajar, lo que siempre se asocia a una pérdida de información en el ecosistema.

Esto también puede suceder cuando aparecen especies invasoras procedentes de otro continente. A menudo no encuentran enemigos ni enfermedades y pueden propagarse a expensas de las especies nativas. Se pueden encontrar varios ejemplos en las islas tropicales, por ejemplo, donde las especies arbóreas introducidas contaminan los ecosistemas locales de manera compleja. En Mauricio, por ejemplo, la guayaba sudamericana hace que las plantas nativas tengan menos flores y frutos y, por lo tanto, tengan menos capacidad para reproducirse.[263] Las plantas invasoras pueden intervenir de manera indirecta en la transferencia de información en los ecosistemas, por ejemplo, cuando cambian el comportamiento de los polinizadores, que luego proporcionan menos polen a las flores de las especies nativas.[264]

Roble rojo (*Quercus rubra*) importado de Norteamérica en las inmediaciones de la reserva de hayedos primitivos, llamada en alemán *Heilige Hallen* (salón sagrado) cerca de Feldberg en Mecklenburgo-Pomerania occidental (Pierre L. Ibisch, octubre de 2022).

Otro ejemplo se refiere a las especies arbóreas plantadas o extendidas que producen sustancias tóxicas o inhibidoras, como ciertos fenoles, de cuya descomposición no se dispone de información en el ecosistema. Por ejemplo, el roble rojo de América del Norte, que muchas empresas forestales se complacen en plantar en la actualidad, está modificando los suelos de los bosques europeos. Los componentes de las hojas caídas dañan a los microorganismos y a los hongos micorrízicos; como resultado, se pierde la capacidad de retención de agua del suelo y se degrada el carbono orgánico. Así que quienes plantan esas especies de árboles para luchar contra el cambio climático están dañando involuntariamente el clima aún más. La lenta descomposición de la hojarasca y la alteración del suelo también tienen el efecto de dificultar la germinación de las semillas y el crecimiento de las plántulas.[265]

Y, lo que resulta paradójico, en los ecosistemas muy alterados, puede llegar el momento en que las especies nuevas y mal integradas sean las últimas garantes de ciertas funciones de los ecosistemas. Una vez que se ha destruido un bosque con sus suelos, microbios y vegetación arbórea típicos, podría tener un efecto positivo si, como en la llanura panónica de Hungría, por ejemplo, los robinios norteamericanos y los árboles de los dioses asiáticos todavía forman una vegetación similar a un bosque que proporciona a los animales cierta sombra y hábitat. Sin embargo, estos nuevos ecosistemas no son en absoluto tan eficaces y robustos desde el punto de vista ecológico como los bosques viejos destruidos. Incluso las cerezas norteamericanas de floración tardía en las plantaciones de pinos, que odian los silvicultores, pueden tener un efecto positivo en el microclima de la maleza e incluso reducir un poco el riesgo de incendio.

Si no hemos dejado atrás a ninguna otra especie, las especies exóticas, «los nuevos salvajes», pueden ser la última oportunidad de la naturaleza.[266] Sin embargo, esto no debería ser en modo alguno un argumento para forzar la presencia de nuevos organismos en los ecosistemas. Podrían acelerar el declive del ya debilitado antiguo ecosistema.

En el caso de muchas especies invasoras, una mayor diversidad biológica en el ecosistema no conduce a una mayor función, sino a daños. Un poco de información genética adicional y su implementación en un ecosistema pueden desencadenar varias reacciones en cadena y borrar la información previamente existente. Es lo mismo que sucede en el mundo de la informática. Una pequeña porción adicional de información, como los virus informáticos, puede provocar la interrupción o incluso la destrucción de un sistema en funcionamiento.

Información, sexo y estado físico

La información genética clave permite la reproducción, es decir, la copia y multiplicación de la vida.[267] Esta duplicación tiene lugar sin cesar en las células y organismos. Una célula de superficie foliar puede convertirse en dos células de superficie foliar, unos cuantos pinos pueden llegar a ser muchos y, de forma más o menos fiable, con las mismas características. Un ecosistema forestal también puede convertirse en un segundo, a medida que su especie se propaga, vuela o migra a otros lugares.

Para que las poblaciones sigan siendo viables en un ecosistema, se requiere cierta cantidad de diversidad genética. Esto se debe no sólo a mutaciones en el material genético, sino, sobre todo, a la mezcla de información genética. Un mecanismo importante que impulsa esta mezcla es la reproducción sexual. Al final, se trata siempre de una cosa: las células germinales con información de dos individuos se fusionan y se crea algo nuevo mediante la recombinación de información ya existente. Idealmente, esto aumenta la aptitud genética de los individuos emergentes (y, por lo tanto, de toda la población). Esta aptitud no está relacionada con el rendimiento físico, sino con el hecho de que la información genética contiene soluciones bien adaptadas a los desafíos que deben superarse en el ecosistema.

Cuando los genes se intercambian y recombinan, se producen muchos errores, porque aquí y allá se copian de manera incorrecta, se duplican segmentos de genes o incluso se pierden. Esto es casi inevitable, porque el número de operaciones de información en la biosfera es gigantesco y está expuesto a muchísimas alteraciones en sistemas complejos. Más bien es un milagro que la gestión de la información de los ecosistemas no sea aún más caótica. Pero este caos también es una oportunidad para la innovación. Si los organismos evitaran cualquier error al manipular el material genético, no habría mutaciones ni innovaciones.[268]

Como ya hemos visto en el caso de los sistemas complejos algo caóticos, el orden perfecto, tal y como se da en un cristal, significaría la paralización de la vida. El caos fomenta la creatividad y la adaptabilidad, pero, como siempre, todo depende de la dosis adecuada. Pero ¿quién debe determinar esta dosis? ¡La evolución, porque puede influir en sí misma! Por ejemplo, en una planta que controla las mutaciones de tal forma que se producen menos cambios en algunas secciones de especial importancia biológica de las moléculas hereditarias que en otras.[269] Se trata de un hallazgo revolucionario. ¡La evolución se comunica consigo misma!

Como es bien sabido, la utilidad de recombinar material genético es el origen de todos los sexos. En el caso de las plantas, este intercambio sexual suele tener lugar sin contacto directo y sin ningún tipo de excitación. Al principio, el viento tuvo que asumir el trabajo de mensajero sexual. Esto sólo funciona si las plantas se encuentran en poblaciones masivas. En el curso de la evolución, los animales han sido utilizados cada vez con más frecuencia para transportar el polen masculino a las flores femeninas. Se producen semillas fertilizadas, que maduran y se convierten en frutos en las plantas con flores. Algunas de estas frutas son atractivas para otros animales. A cambio de un poco de comida como recompensa, difunden información por todo el entorno. La información para la aparición de una nueva planta es transportada por pájaros, ardillas, monos o humanos a otro lugar donde pueda materializarse y hacerse realidad.

Si se pierden mensajeros de información como los polinizadores o los dispersores de semillas, la pérdida de información en un ecosistema puede producirse en efecto cascada. Las especies de plantas ya no pueden reproducirse y propagarse de manera eficaz. Esto es un gran problema en tiempos de cambios medioambientales acelerados. Cuando el clima cambia, en algún momento las soluciones de la vida ya no se ajustan al lugar y a las condiciones imperantes. Luego, las soluciones deben adaptarse, es decir, se requiere nueva información. Las plantas, por ejemplo, de repente tienen que hacer frente a temperaturas máximas más altas o a períodos secos más prolongados. Sin embargo, en el curso de la evolución a través de la mutación y la selección, tal adaptación lleva mucho tiempo, a menudo demasiado. Entonces, los portadores de información no adaptados se extinguen a nivel local. Por lo tanto, es importante que la información pueda llegar a otros lugares donde las condiciones ambientales sigan siendo apropiadas. Por este motivo, la expansión efectiva es particularmente importante en tiempos de cambio climático. Sin embargo, un estudio reciente demostró que la capacidad de expansión ya se ha reducido en un 60 por 100 debido a la extinción de especies animales[270]. Esto puede provocar la extinción de especies vegetales, lo que, a su vez, provoca la desaparición de otras especies animales.[271]

Durante mucho tiempo, se supuso que el intercambio de genes tan sólo tenía lugar dentro de los límites de las especies. Así es también como surgió el concepto de especie biológica. Una especie debe ser un grupo de organismos que potencialmente pueden reproducirse entre sí de forma fértil. Esto funciona muy bien para algunos animales, pero no para todos, en especial para muchos otros organismos. Los microorganismos en particular, pero también muchas plantas, son bastante promiscuos y no cumplen con los límites de especies definidos por los humanos. El intercambio no convencional de material genético parece impulsar realmente la evolución. Por ejemplo, el gen que hace que las orugas infectadas por ciertos patógenos se vuelvan flácidas debido a la pérdida de presión del agua en las células se transfirió de bacterias a helechos de palmera, o genes de hongos que viven en plantas a gramíneas.[272]

Estas transmisiones no se producen todos los días en todos los bosques, pero su existencia demuestra la gran naturaleza integrada de todas las formas de vida. Como resultado, somos conscientes una y otra vez de que las interacciones más impensables pueden, en principio, tener lugar en ecosistemas abiertos. Estos valores atípicos inusuales, que en última instancia demuestran la naturaleza caótica de los ecosistemas, a menudo también son trampolines para la innovación y la evolución. Pueden ocurrir, pero para la estabilización de la vida sigue siendo más beneficioso que las interacciones se produzcan de forma más organizada y regular.

De la comunicación a la función… y la inteligencia

Durante mucho tiempo, la gente estuvo convencida de que sólo los humanos eran capaces de comunicarse de verdad y los estudios sobre comunicación se ocupaban de la transmisión oral, escrita o por otra vía de la información entre personas. Ahora está claro que los organismos no humanos también se comunican; es particularmente fácil aceptar este hecho cuando se trata de animales.[273] Al final, todos los dueños de mascotas muy comunicativas, como los perros, son conscientes de que la comunicación funciona a través del habla o incluso de signos.

En general, la comunicación es el acto de transmitir información de un remitente a un receptor. Puede ser unidireccional, es decir, uno codifica una información y la envía, el otro la recibe, descodifica el código y reacciona. La comunicación no requiere la conciencia y el reconocimiento del otro. Un ejemplo sería una planta que señala con la forma y el color de sus flores que el alimento está maduro. Un insecto puede percibirlo, volar hasta él y servirse. En el proceso, el animal participa en otro más de transferencia de información. Se convierte en un transportador de polen con información genética, que luego se integra en los núcleos celulares de las semillas de otra flor. Cuando las semillas germinan, la información se materializa definitivamente. Una comunicación aún más dinámica tiene lugar cuando receptor y emisor pueden intercambiar sus papeles de manera recíproca.

Resulta realmente complejo cuando un ser vivo percibe información sobre sí mismo, se reconoce y puede llegar a reaccionar. Las personas hacen esto cuando reflexionan sobre sí mismas y su impacto y, luego, modifican sus acciones en consecuencia. El autorreconocimiento puede ser muy útil para comunicarse de manera más eficaz con los demás. En el sentido de la evolución, también es una ventaja reconocer a los compañeros; esto se aplica incluso a las plantas. Por ejemplo, plantas como la salvia pueden excretar sustancias tras una herida que las estimulan a ellas mismas, pero también a los vecinos, para que aumenten su resistencia a los herbívoros. ¡Los estudios han demostrado que existe la preferencia de advertir a los propios familiares! Sin contacto físico, las plantas pueden reaccionar ante lo propio y lo ajeno. Esto mejora la propia información genética.[274]

La percepción de señales químicas por parte de las plantas puede influir de un modo positivo en su viabilidad futura, es decir, en su propia supervivencia o en la aptitud de su descendencia. Los estomas de las hojas son componentes importantes de la comunicación de las plantas. Estas aberturas son especialmente adecuadas porque organizan la interacción con el aire. El dióxido de carbono se absorbe en ellas y el oxígeno se libera. Sin embargo, los estomas también son puertas de entrada para patógenos como virus u hongos; incluso los insectos a veces empujan sus probóscides a través de estos estomas.[275] Estudios recientes demuestran que en la zona de las raíces también se producen muchos intercambios. Los exudados de las raíces, los llamados exudados radiculares, intervienen en el reconocimiento y las reacciones de las raíces y en el reconocimiento subterráneo de los ejemplares emparentados. Los compuestos químicos que funcionan como mensajes incluyen el etileno, la estrigolactona, el ácido jasmónico, los loliólidos y la alantoína. Sin embargo, muchas señales radiculares, en especial las que sirven para comunicarse dentro de la propia familia, así como sus mecanismos subyacentes, siguen siendo en gran medida desconocidos.[276] También existe más interacción e intercambio de información dentro de las plantas de lo que se suponía durante mucho tiempo. Por ejemplo, ciertos complejos moleculares reconocen las señales químicas de los microbios y desencadenan una respuesta inmunitaria. Las reacciones de las plantas pueden incluir entonces el fortalecimiento de las paredes celulares, la producción de formas agresivas de oxígeno o la activación de genes, que, a su vez, están asociados con la señalización y la defensa. Durante mucho tiempo, la gente subestimó la forma en que los programas genéticos y bioquímicos están interconectados.

Las plantas pueden activar y desactivar los genes según sus necesidades. Para ello, se coloca una

Mecanismos de detección de vecinos

Varios mecanismos por encima y por debajo del suelo pueden permitir a las plantas detectar la presencia de vecinos.[1]

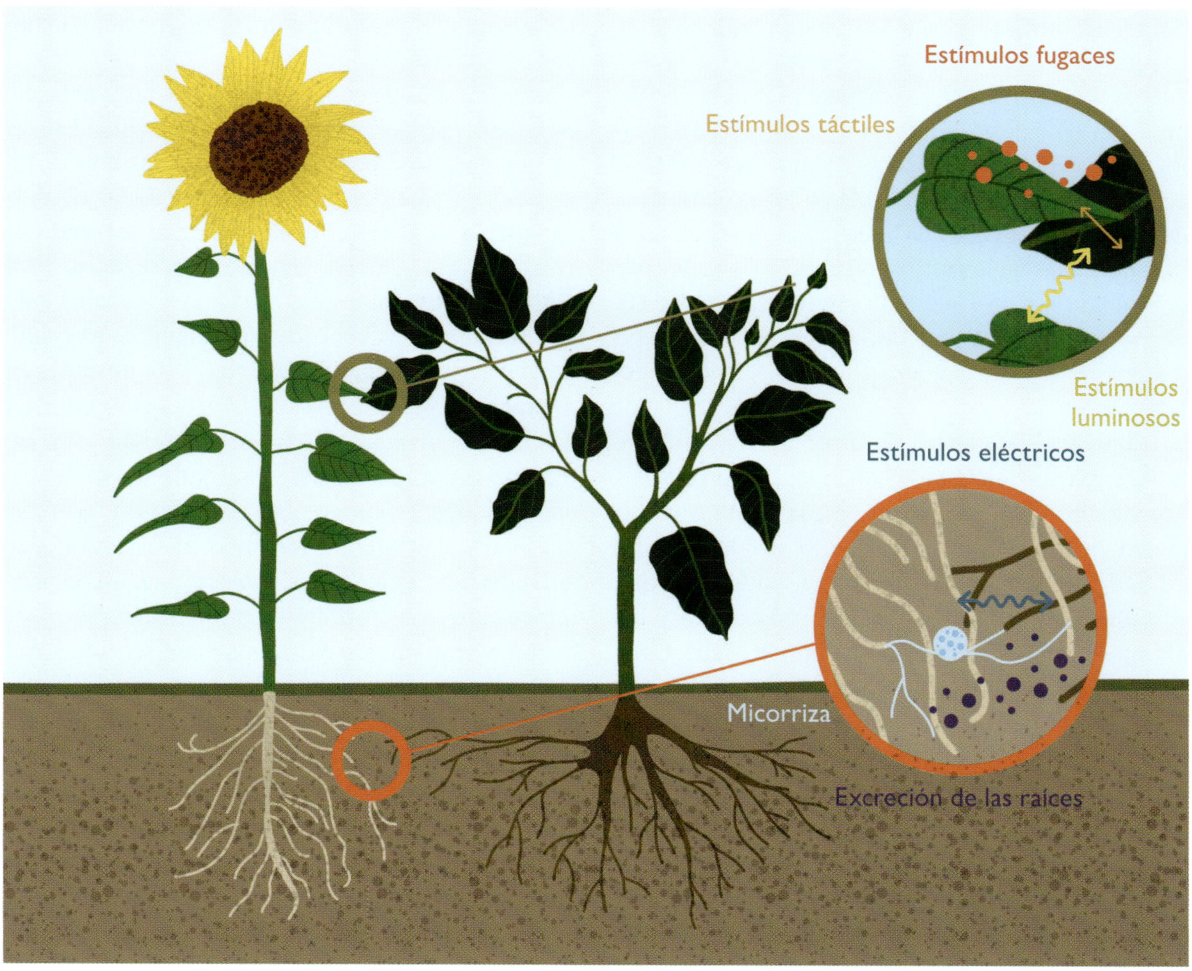

1. Bilas, R. D. *et al.* (2020). «Friends, neighbours and enemies: an overview of the communal and social biology of plants». *Plant, Cell & Environment* 44 (4): 997-1013. 10.1111/pce.13965.

especie de marcador químico en el código hereditario, lo que permite a la planta cambiar su comportamiento de manera permanente, por ejemplo reaccionando a la sequía. A este efecto, utiliza el agua con más moderación a lo largo de su vida. Junto con los genes y los nuevos marcadores, este conocimiento puede transmitirse directamente a la siguiente generación, lo que en un principio no se creía posible según la teoría de la evolución. Estos fenómenos son descritos por la disciplina de la epigenética.

Hasta hace poco, las plantas eran consideradas actores más pasivos en su entorno, que competían, como máximo, por los mismos recursos. Sin embargo, en los últimos treinta años, este punto de vista ha sido negado de manera espectacular. De hecho, aún no se ha corrido la voz de que las revistas serias publican artículos sobre la comunidad y la sociobiología de las plantas, lo cual es cualquier cosa menos una fantasía de cuento de hadas.[277] Ésta es un área del conocimiento que nos ha enseñado a ser un poco más humildes en los últimos tiempos. La biología y la ecología siguen esperando con revoluciones en el conocimiento que podrían poner en entredicho nuestra visión del mundo y nuestra «imagen del bosque».

Cuando se alteran los ecosistemas, su gestión de la información suele verse afectada, en primer lugar, mucho antes de que se aprecien daños claramente visibles.[278] La comunicación se corta con facilidad, por ejemplo, cuando se construye una carretera o una valla a través de un bosque y los animales ya no pueden moverse con libertad. Cada camino forestal, de hecho, cada sendero de los madereros, corta la red de micorrizas y, por tanto, también el intercambio de información. Cada célula es un ordenador; la vitalidad de ciertas bacterias decide, entre otras cosas, si los compuestos orgánicos del suelo se disuelven o se transforman en otros de larga vida.[279] Si tras la tala llega más luz solar al suelo del bosque y tampoco hay madera muerta que proteja a los organismos del suelo del calor y la desecación, no sólo se producen cambios físicos en el suelo, sino también otras sustancias, algunos actores se toman un respiro o desaparecen, y cambian los índices de descomposición y la comunicación entre las raíces de los árboles y los organismos del suelo. Hay consecuencias en cascada para la información y la comunicación en el suelo y, por lo tanto, también para el funcionamiento del ecosistema. Durante mucho tiempo, en la investigación sobre el carbono del suelo ha sido un gran misterio por qué los compuestos de carbono se conservan en el suelo cuando en realidad son inestables. Entonces quedó claro que el balance de carbono del suelo no depende de las moléculas, sino del funcionamiento del ecosistema. El hecho de que los ecosistemas son, ante todo, sistemas de información extremadamente vulnerables aún no ha sido entendido por muchos gestores forestales.

En circuitos de control complejos, las plantas almacenan y procesan información que ayuda a superar los desafíos. Entonces, ¿las plantas son inteligentes? Al final, la inteligencia no es más que la capacidad de resolver problemas con la ayuda de la perspicacia y el conocimiento. Fuera de las ciencias forestales, ya no se considera irrazonable pensar en la inteligencia de los organismos no animales y hay varios hallazgos plausibles.[280] Si miríadas de organismos de un ecosistema reconocen, miden y evalúan constantemente su propio estado y las características ambientales, y luego, de manera consciente o inconsciente, toman decisiones y cambian las interacciones entre los organismos vivos, esto aumenta la complejidad de este sistema. Los ecosistemas también aprenden y son inteligentes.

En este momento existe mucha discusión sobre si las plantas podrían ser incluso conscientes.[281] Sea lo que sea cierto, no se debe suponer que la percepción y la inteligencia funcionan de la misma manera en los sistemas vivos no humanos que en nosotros. Los filósofos consideran valiosa la cuestión misma de si las plantas podrían tener conciencia, aunque no fuera así.[282]

En estas fronteras actuales de la ciencia, aprendemos mucho sobre nuestra sociedad y también sobre la ciencia misma. La comunicación y la cooperación entre las plantas y los ecosistemas han recibido mayor atención pública en los últimos años. En el ámbito de la silvicultura y las ciencias forestales, esto provocó una gran polémica y el rechazo de los resultados de estas investigaciones por considerarlos cuentos de hadas. Esto nos dice mucho acerca de la socialización y también de la reticencia científica de muchos actores. En última instancia, esto les sitúa en la larga tradición de personas supuestamente modernas e ilustradas que se consideran tan únicas que no pueden compartir ciertas características humanas con otros organismos. Esto también es consecuencia de la desconexión cultural con la naturaleza y el olvido del ecosistema humano.

Lo que las culturas supuestamente incultas solían sentir de forma intuitiva, o incluso espiritual-religiosa, los científicos modernos que se consideran objetivos lo prohíben y se lo prohíben a sí mismos. Esta arrogancia acientífica de los «ilustrados» también existe en otros campos. El filósofo Arbogast Schmitt señaló que los científicos modernos todavía están en parte convencidos de que incluso los grandes pensadores de la antigüedad y la Edad Media aún no sabían cómo pensar sobre sí mismos.[283] Sin embargo, de hecho, habrían tenido un concepto de pensamiento bien pensado. En su opinión, el pensamiento consiste en la capacidad de discriminar.

> «Incluso un árbol debe poder distinguir si quiere sobrevivir. Debe poder distinguir entre lo húmedo y lo seco, lo nutritivo y lo no nutritivo, pero también lo agradable y lo desagradable y mucho más, y debe poder comunicarse con los demás acerca de estas y otras diferencias similares».
> (Arbogast Schmitt, 2022)[284]

Todo es energía

En vista de los numerosos fenómenos que componen los ecosistemas forestales, surge una gran pregunta: ¿por qué sucede todo esto en realidad? ¿Es compatible con la ciencia moderna suponer que existen fuerzas impulsoras detrás de los eventos naturales?

La respuesta es afirmativa; este tipo de preguntas son fundamentales para pensar en nuestras actividades en la naturaleza.

Estaba claro, los bosques son sistemas complejos que constan de partes que deben «construirse»; se mueven, se vinculan y se cambian. Las sustancias se intercambian, se producen y se descomponen. Los sistemas vivos tienen un «metabolismo», que es como lo llamamos. Y luego se sigue aplicando que todo esto sólo funciona si los sistemas tienen suficiente energía. La energía es el combustible del mundo.

Pero ¿qué es realmente la energía? Suena a física y lo es. A quienes les gustan los bosques no siempre son automáticamente amigos de las fórmulas físicas. Quizá ésta sea una de las razones por las que a menudo se descuida criminalmente la «física forestal». No sólo es de fundamental importancia, sino también muy emocionante.

Generar, utilizar y almacenar energía sin que estalle en llamas

Estamos muy familiarizados con la energía de la vida cotidiana. La utilizamos para alimentar nuestros vehículos y aviones, hacer funcionar nuestros ordenadores o calentar nuestras casas. La energía es muy apreciada para nosotros, nada funciona sin ella. Lo mismo ocurre en los organismos vivos y en los ecosistemas. Científicamente, la energía es el poder con el que algo puede ser, surgir o destruirse. Hasta 1807, Thomas Young, un oftalmólogo, físico y científico polifacético inglés, no introdujo este término griego antiguo en la ciencia. Se trataba de la magnitud de una fuerza que proviene de cuerpos en movimiento. Durante mucho tiempo, los físicos estuvieron más preocupados por saber qué hace la energía y cómo se convierte que por el problema de qué es exactamente. Al principio, también era más fácil observar lo que hace la energía, como golpear

Estas hayas llevan 200 años almacenando energía solar en sus troncos (Peter Wohlleben, Hummel, octubre de 2007).

o derribar cosas. Gracias a Albert Einstein, ahora sabemos que todo lo que es y pesa una determinada masa es sólo una forma específica de energía.

En este punto, es aceptable citar una fórmula. La energía (E) es la masa (m) multiplicada por la velocidad de la luz (c) al cuadrado. E = mc2: ésta es la famosa ecuación matemática que significa que hay enormes cantidades de energía en todas partes del mundo. Todas las sustancias que componen este mundo, piedras, metales o cuerpos vivos, son energía materializada; y cuando interactúan, siempre hay energía involucrada.

Cuando las sustancias se transfieren de una forma a otra, se puede liberar una gran cantidad de energía. Con algunos procesos de conversión, esto es más fácil que con otros. Cuando la madera se quema, por ejemplo, las moléculas orgánicas complejas se convierten principalmente en dióxido de carbono gaseoso con la ayuda del oxígeno. Esto también produce energía térmica. Quemar madera ha sido una de las claves del éxito de los seres humanos. Sólo unos pocos saben cómo funciona. Todo esto ocurre en varias fases, y la combustión en sí misma se intensifica debido a las temperaturas cada vez más altas. En primer lugar, el agua de la madera se evapora hasta los 100 °C, después las moléculas se descomponen en partes más pequeñas hasta los 150 °C, se producen gases inflamables entre 160 y 180 °C, que arden a 220 °C y más. A partir de esta fase, el fuego adquiere vida propia y puede alcanzar altas temperaturas (en un horno) de hasta 1300 °C hasta que sólo quedan gases de combustión y algunas cenizas. Un fuego tan caliente propaga y desmantela todo lo inflamable.

Sin embargo, se liberan cantidades de energía significativamente mayores cuando la materia se disuelve por completo y se convierte en energía radiante. Esto ocurre en una bomba atómica, que es la aplicación de la ecuación de Einstein. También se puede liberar una gran cantidad de energía cuando los átomos se fusionan. Esto ocurre en el Sol de nuestro sistema planetario, una bola de gas que se encuentra a una temperatura de 15 millones de grados centígrados en su interior debido a la fusión del hidrógeno en helio y que libera enormes cantidades de radiación. Todos los planetas cercanos son irradiados con luz y entran así en contacto con la energía solar.

Es esencial para la vida que la energía pueda transmitirse incluso en porciones mucho más pequeñas y a bajas temperaturas y que no todo estalle inmediatamente en llamas. Una porción tan reducida se almacena como parte de la fotosíntesis. La molécula de clorofila verde que contiene magnesio capta la energía que se utiliza en una «reacción a la luz» para dividir el agua en electrones, protones y oxígeno. Si bien el oxígeno es un subproducto, los protones y los electrones se utilizan, en la llamada «reacción oscura», junto con el dióxido de carbono, para producir azúcar.

Las plantas convierten la energía luminosa en energía bioquímica. Lo ingenioso de esto es que esta energía bioquímica puede almacenarse en forma de azúcares o en otros compuestos derivados de ellos, como el almidón o las grasas y guardarse para su uso posterior. Si es necesario, las reacciones de síntesis pueden revertirse; la energía luminosa almacenada se puede recuperar y utilizar, por ejemplo, para formar nuevas sustancias o incluso para mover un organismo. Esto ocurre con tanto cuidado en una larga cadena de reacciones químicas que la energía se libera en dosis muy pequeñas y no provoca que las células que la emplean se quemen de inmediato.

Muy poco romántico, y desde un punto de vista puramente energético, la vida es, en gran medida, un programa genético que suprime la liberación explosiva de energía.[285] Cualquier incendio en los ecosistemas significa que la energía capturada con mucho trabajo se convierte de forma directa en calor y se pierde para la vida.

Además, el fuego suele ser también muy peligroso para los seres vivos. Sin embargo, existe el riesgo de un incendio descontrolado en muchos ecosistemas, en especial en aquellos que almacenan tanta energía como los bosques. Por este motivo, los mecanismos de adaptación de los ecosistemas forestales propensos a los incendios son múltiples, evitando, en la medida de lo posible, los descargos de energía catastróficos. Cuando no pueden evitarse de forma regular, los organismos vivos tienen que adaptarse al fuego, lo que puede llegar a tal extremo en ecosistemas incendiados, como en los bosques secos, que ciertas plantas sólo pueden reproducirse después de un incendio.

La vida es un juego constante con el fuego. El objetivo principal es mantener condiciones de temperatura favorables para las reacciones bioquímicas. Por un lado, esto se aplica a la temperatura promedio de la biosfera, a la que contribuye el ecosistema global al cambiar la atmósfera y su contenido de gases de efecto invernadero y, por otro lado, también es relevante en organismos y ecosistemas individuales. Los organismos complejos y eficientes, como las aves y los mamíferos, utilizan buena parte de la energía que absorben para mantener un nivel de temperatura constante en su interior que sea lo más independiente posible del medio ambiente. Si el propio sistema de calefacción y refrigeración del cuerpo no funciona, puede provocar fiebre y resultar mortal. De la misma manera, los ecosistemas complejos hacen todo lo posible para crear las condiciones de temperatura más favorables posibles para sus organismos y las reacciones químicas que tienen lugar en ellos y, sobre todo, para evitar el sobrecalentamiento. Es probable que ningún ecosistema sea tan eficaz como el bosque.

¿Al final todo queda en nada?

El reto de los ecosistemas domésticos no es sólo utilizar la energía que contienen de la forma más controlada posible, sino, primero, obtenerla de forma adecuada. Al principio, los primeros seres vivos tuvieron que subsistir sin energía solar. De esta forma, descomponían los compuestos químicos inorgánicos y ponían su energía a disposición del metabolismo celular. Los compuestos de azufre son especialmente importantes en este caso. Sin embargo, estos sólo existían en hábitats poco frecuentes y muy específicos, como las aguas termales. La vida sólo pudo extenderse por todo el mundo cuando se pudo aprovechar una fuente de energía externa pero gigantesca, la radiación solar. Diversas bacterias lo han conseguido. Las más importantes son las cianobacterias, que más tarde se asociaron con las plantas y, como cloroplastos en las células de las hojas, también mantienen en funcionamiento los bosques del mundo.

La radiación solar cubre un amplio espectro que va desde los rayos X intensos y la radiación ultravioleta (onda corta) hasta la luz visible y la radiación infrarroja (onda larga). Sin embargo, no todo el espectro es adecuado para impulsar la vida. La radiación de onda corta es muy energética y tiende a ser destructiva; la vida, con sus moléculas sensibles, más bien debe protegerse a sí misma o ser protegida contra esta radiación. La radiación térmica de onda larga, a su vez, tiene una energía demasiado baja para excitar los electrones de las moléculas e iniciar reacciones bioquímicas, por ejemplo. Como resultado, la luz visible sigue siendo la fuente más importante; de hecho, la mayor parte de la energía de esta zona también llega a la Tierra.

La radiación térmica no es adecuada para impulsar la vida. Esto nos conduce directamente a un problema central de la física. ¡No toda la energía es igual! En primer lugar, hay energía cuya potencia es tan baja que no se puede realizar ningún trabajo biológico con ella, es decir, la energía térmica. En segundo lugar, cuando se utiliza y transforma la energía, cierta cantidad siempre se convierte en calor. Cuando la radiación de luz de onda corta incide en una roca, un cuerpo de agua o nuestra piel, por ejemplo, una parte se refleja, mientras que otra parte hace que los átomos de la roca, el agua y las células vibren y se sacudan, creando calor.

Cuando los seres vivos, como los mamíferos, absorben cierta cantidad de energía de los alimentos y la metabolizan, gran parte de ella incluso se convierte activamente en calor, en concreto para mantenerse a la temperatura de funcionamiento. Pensar es en particular caro para los humanos. Aunque el cerebro humano sólo representa el 2 por 100 de la masa corporal, requiere el 20 por 100 de la energía convertida.[286] Debido a la alta rotación de energía, el aire que respiramos debe enfriar el cerebro, por ejemplo, para que no se sobrecaliente.

Todos los animales con la misma temperatura son enormes derrochadores de energía. Pero los seres humanos somos los líderes, ya que ya no estamos satisfechos con la energía de nuestro cuerpo para simplemente vivir y trabajar, sino que quemamos energía externa adicional para que la vida resulte más fácil. Necesitamos energía para calentar los espacios que nos rodean, para llegar a algún lugar y marcharnos más rápido con vehículos, para lanzar cohetes al espacio y para amplificar nuestro pensamiento con ordenadores. En la historia reciente, hemos obtenido esta energía externa sobre todo de los restos de antiguos ecosistemas, como los bosques fósiles, que se han convertido en carbón en millones de años. Además, extraemos energía de los ecosistemas vivos, en particular de los bosques. Por ello, la sobreexplotación milenaria de los bosques como fuente de energía ya ha acabado con muchos de ellos.

Gran parte de la radiación solar que llega a la Tierra no puede aprovecharse, y tarde o temprano se convierte en calor. Esto no es sólo un problema en la Tierra. En todo el universo, la cantidad de energía permanece constante, pase lo que pase. Los físicos llaman a esta ley la primera ley de la termodinámica. No obstante, la calidad de la energía disminuye de manera continua, porque cualquier energía finalmente se convierte en calor. Pero si sólo existe energía térmica, entonces no pueden producirse más reacciones químicas, no puede surgir ni moverse nada, no se puede hacer ningún trabajo. El universo podría verse amenazado de «muerte por calor» y, entonces, todo acabaría en una gran nada. Los físicos también hablan de «equilibrio termodinámico». Se refiere al estado de un sistema en el que han cesado todos los flujos de materia y energía. Sin conversión y devaluación de energía, ya no hay cambios, ni trabajo, ni nada en absoluto. Eso puede incluso significar el fin de los tiempos.

La buena noticia es que la muerte térmica del universo sólo es inminente en un futuro muy lejano.

Sin embargo, en los sistemas cerrados, en los que no se suministra energía de alta calidad, el peligro es mucho mayor. Es por eso que los sistemas que quieren existir, ya sean organismos vivos o ecosistemas, no pueden sobrevivir sin ayuda externa. Deben estar abiertos a cosas nuevas, al menos para obtener energía fresca y gratuita.

Los bosques como máquinas del tiempo

¡Todo va de mal en peor! No se trata del *Zeitgeist* (espíritu del tiempo) pesimista, sino de un hecho que los físicos pueden incluso calcular. Al menos esta afirmación es cierta cuando calificamos de «malo» que este mundo pierda una y otra vez opciones, potencia y capacidad de trabajo. En la segunda ley de la termodinámica, la devaluación continua de la energía también se describe como un aumento de la entropía.

Todos los sistemas que existen y se supone que se convertirán en algo necesitan un suministro constante de energía fresca o gratuita. Los físicos también llaman exergía a esta energía libre, que puede usarse para realizar un trabajo. Una máquina de vapor que no esté encendida constantemente con energía libre se detiene; no existe una máquina de movimiento perpetuo. Los seres vivos dejan de existir sin exergía y se desintegran en sus partes individuales. El orden construido con tanto esfuerzo sólo puede existir durante un tiempo limitado; la destrucción, el caos y la muerte no dejan de amenazar.

Debido a que la calidad de la energía de las cosas y los cuerpos está disminuyendo constantemente, nada permanece igual. Estamos ante otro fenómeno que determina nuestras vidas como ningún otro. Lo llamamos tiempo. Sólo porque las cosas cambian tenemos la impresión de que el tiempo vuela y, si es cierto que nuestro universo se está quedando lentamente sin energía de calidad, entonces el tiempo se agota de manera inexorable como el suministro de arena en un reloj de arena. Como las cosas cambian de manera unilateral y pierden inevitablemente orden, estructura, velocidad y poder, el tiempo también tiene una dirección. Apunta sin descanso del pasado al futuro (y, por desgracia, desde un punto de vista puramente físico, esto no significa de una forma automática progreso). Todos los organismos vivos de hoy morirán, las montañas se erosionarán y se convertirán en arena. Un día, nuestro planeta Tierra ya no girará alrededor de sí mismo, el Sol se apagará. Todo fluye pero se va por el desagüe.

Antes de que caigamos en una depresión colectiva, facilitamos en este punto un indicio de que aún queda mucho tiempo hasta entonces y de que hay sistemas en esta tierra que incluso ganan tiempo para sí mismos y para nosotros.

Aparte de la vida eterna, es posible que muchas personas no deseen nada más que la oportunidad de retroceder en el tiempo de vez en cuando. Pero no podemos, porque el aumento del desorden (o entropía) nos hace avanzar. «Es la entropía lo que distingue el pasado del futuro y le da una dirección al tiempo»,[287] como dijo Stephen Hawking en su libro *Breve historia del tiempo*.[288]

En principio, siempre se trata de una cosa, obtener la mayor cantidad posible de energía gratuita, es decir, de alta calidad. Las plantas verdes, en particular, lo consiguen aprovechando el sol como fuente de energía. Esto hace que parezca que la vida en la Tierra suspende la segunda ley de la termodinámica. Porque mientras todo en el universo se desintegra y pierde su calidad, en la superficie terrestre ocurre justo lo contrario. La energía de alta calidad se concentra y se enriquece en los organismos vivos y en los ecosistemas. Los ecosistemas son, literalmente, biorreactores autoconstruidos que producen orden y capacidad para trabajar.[289]

Los ecosistemas acumulan la energía que puede usarse para seguir trabajando, es decir, la exergía, dentro de sí mismos. Esto reduce el desorden en ellos. Sin embargo, el universo sigue trabajando sin piedad de acuerdo con las leyes de la física. Porque mientras las plantas de la Tierra construyen algo asombroso como bosques con todos sus seres vivos, la entropía aumenta en el Sol para compensar. La consecuencia desagradable de esto es que el sol se está quemando lentamente y se apagará en unos pocos miles de millones de años. La vida en la Tierra no sobrevivirá a este desastre máximo. Por lo tanto, todo lo que es importante para nosotros ocurre mucho antes de que el Sol se apague. Cuando las personas pensamos en el futuro, a menudo resuena la idea del desarrollo y el progreso. El objetivo de muchas personas en la Tierra sigue siendo que sus hijos estén mejor que ellos. Por desgracia, este pastoreo único tendrá exactamente el efecto contrario debido a la sobreexplotación de los recursos de la Tierra.

Alfred Lotka, la biología física y la necesidad de la filosofía

Nacido en Lviv, Alfred Lotka era más conocido como matemático de poblaciones, pero también fue un visionario en otros campos. Hace un siglo, reconoció que la vida y el crecimiento están impulsados por la energía, y aplicó la termodinámica a la evolución.[1] Formuló la ley del flujo máximo de energía:

> «La ley de la evolución como ley del flujo máximo de energía. Al menos parece probable que mientras exista un excedente abundante de energía disponible, "desperdiciada", por así decirlo, en los bordes de la rueda del molino, cualquier tipo de energía que pueda desarrollar la capacidad de utilizar esta "parte perdida de la energía" tendrá una clara ventaja. Por lo tanto, tal especie, al igual que ocurre con otras cosas, tenderá a crecer (en número), y este crecimiento aumentará aún más el flujo de energía a través del sistema».[2]

Lotka propuso la disciplina de la «biología física». Es notable que en su libro sobre la vida y la energía, enfatizara cómo el pensamiento filosófico es una parte fundamental del trabajo científico.

> «Si definimos la filosofía como el examen crítico de los datos experimentales de la experiencia, entonces no es algo que esté separado de la ciencia, sino que debe ser una parte integral y esencial de cada ciencia. Ninguna ciencia puede describirse como adulta hasta que no haya comenzado por lo menos el examen crítico de sus conceptos fundamentales».[3]

Palabras muy ciertas, lo mismo se aplica a las ciencias forestales.

1. Lotka, A. J. (1922). «Natural selection as a physical principle». *Proc. Natl. Acad. Sci.* 8: 151-154. Ya en 1886, el físico austríaco Boltzmann había vinculado la evolución con la energía libre. La «lucha por la existencia» de los seres vivos es la lucha por el acceso a la energía gratuita, que se debe principalmente a la planta verde de la transferencia de energía radiante del sol a la tierra. Boltzmann, L. (1886). Comentario sobre el ensayo del Sr. Lorberg sobre un objeto de electrodinámica, anales de física y química.
2. Del original en inglés «The Law of Evolution Adumbrated as a Law of Maximum Energy Flux. This at least seems probable, that so long as there is an abundant surplus of available energy running "to waste" over the sides oft he mill wheel, so to speak, so long will a marked advantage be gained by any species that may develop talents to utilize this "lost portion oft he stream". Such a species will therefore, other things equal, tend to grow in extent (numbers) and this growth will further increase the flux of energy through the system». Lotka, A. J. (1925). *The elements of physical biology.* Baltimore: Williams & Wilkins Co.; Londres: Baillière, Tindall; Cox. pág. 357.
3. *Ibid.* Del original en inglés: «For if we define philosophy as the critical examination of the experimental data of experience, it is that philosophy is not something apart from science, but must form an integral and essential part of every science. No science can be said to have reached the adult stage until critical examination of ist fundamental concepts has at least begun».

Nuestro afán por el progreso ha dañado el sistema, lo que ha garantizado que todo haya ido mejorando cada vez más durante millones de años. La capacidad de trabajo de la biosfera ha seguido aumentando a lo largo de la evolución. El paleontólogo Simon Conway Morris lo resumió con un aforismo provocador: «Antes había bacterias, ahora es Nueva York».[290]

Bueno, es probable que tampoco sea tan sencillo. Por un lado, siguen existiendo bacterias, sin las cuales no podría haber vida. Es posible que el 50 por 100 de la biomasa terrestre siga siendo arcaica y esté ligada a organismos unicelulares supuestamente simples.[291] En segundo lugar, Nueva York quizá no sea un buen símbolo de la cúspide de la magnificencia de la biosfera. El dicho tal vez debería ser más parecido a: «Una vez que hubo bacterias, llegaron los bosques». Pero, una vez más, vayamos por partes.

El primer gran milagro de nuestro planeta es el origen de la vida. Sistemas complejos que se organizan, recopilan, producen y comparten información. El segundo gran milagro es que la vida sobrevivió. Al principio, sólo podía existir en nichos protegidos en el agua. La colonización de la superficie hostil de los continentes fue un desafío múltiple. La radiación ultravioleta de la luz solar, rica en energía, ponía en peligro el material genético y el metabolismo; el agua necesaria para la existencia de las células no estaba disponible de manera uniforme en muchos lugares, las fuertes lluvias disolvían la roca y arrastraban al valle todo lo que no aguantaba. Las sequías severas moldearon el clima de muchas regiones, al menos temporalmente; las temperaturas en las superficies rocosas desnudas fluctuaron con extrema fuerza entre el verano y el invierno, entre el día y la noche. Eran unas condiciones de vida nefastas, como las que todavía encontramos hoy en día en muchos desiertos.

Sin embargo, las bacterias lograron cubrir los continentes hostiles con una biopelícula. Prosperaron no sólo dentro y debajo de la tierra y en el agua, sino también en la arena, las piedras y las rocas. Prepararon los cimientos para todo lo que estaba por venir. Estas bacterias aprovechaban la radiación solar y descargaban energía sobre la Tierra. Más tarde, surgieron plantas que gestionaban esta descarga de energía de forma cada vez más eficaz. Siempre que fue posible, y esto requería agua, la tierra estaba cubierta de biomasa y sus productos de descomposición. En muchos lugares, las rocas estaban cubiertas de suelos en los que las plantas podían anclarse y donde se enriquecían del agua y los nutrientes que necesitaban. Cuanto más vivía y se metabolizaba en un área, más rápido se formaban los suelos. Cuanta más bioenergía hubiera disponible en un lugar, más seres vivos podrían sumarse a la cadena cada vez más larga de agotamiento energético. Al principio, la radiación solar sólo calentaba las rocas y la energía térmica resultante se irradiaba de vuelta al espacio sin usar. Después, la energía se retenía en las plantas, luego también en los hongos y animales que se alimentan de plantas vivas y muertas y, por último, además, en los organismos que utilizan la energía de los hongos y animales vivos y muertos.

En tierra, los ecosistemas forestales actuales son el resultado último de la escalada de la vida. En el curso de la evolución, hubo varios saltos importantes en el desarrollo, cada uno de los cuales dio a la biosfera una nueva dirección y un mayor potencial. Los investigadores identificaron como innovaciones clave, además del origen de la vida, la fotosíntesis, la producción de oxígeno, la formación de endosimbiontes y organismos multicelulares, el desarrollo de la complejidad genética, la formación de grandes organismos complejos y compuestos y la inteligencia.[292] Básicamente, también podría mencionarse en esta serie el desarrollo de una vegetación compleja y tridimensional, es decir, la aparición de bosques que tomaron el control de la configuración y regulación de su propio hábitat hasta un punto desconocido hasta entonces. Los bosques representan un nuevo nivel de capacidad de trabajo en la biosfera.

Son los ecosistemas terrestres que utilizan energía para la mayor variedad de organismos vivos, la almacenan en ellos y la emplean de manera eficaz para trabajar con el sistema terrestre. La energía está contenida en la compleja red de cadenas alimentarias y los organismos longevos, en especial los árboles, la almacenan en el ecosistema durante décadas, incluso siglos o miles de años hasta su uso posterior. Una parte sustancial de esta energía, junto con la sustancia portadora que es el carbono, quedó incluso encerrada en forma de carbón durante millones de años, sobre todo en los bosques húmedos y pantanosos bajo exclusión de aire.

Todo lo que las plantas, los animales, los hongos, las bacterias y los holobiontes hacen juntos tiene que ver, en última instancia, con una cosa: la producción, el almacenamiento y el intercambio de energía.

Los ecosistemas más aptos son los que son capaces de utilizar los flujos de energía y materiales de la manera más eficiente y de prolongar el tiempo de permanencia de la energía y los materiales, incluida el agua, en el sistema tanto como sea posible.[293] Esto se encuentra en especial marcado en ecosistemas altamente complejos como los bosques. Si se mira la ecología y la evolución con gafas termodinámicas, se reconoce de repente el fundamento de este proceso vivo con todas sus interacciones, intercambios, devenir, desarrollo y decadencia.[294]

Al fin y al cabo, si se toma el intercambio de energía como base del concepto de ecosistema, es posible medir dónde está y dónde se detiene. Se puede determinar exactamente dónde y cómo la energía fresca entra en el sistema (por ejemplo, a través de la fotosíntesis de las plantas) y cómo la energía fluye a través de las redes tróficas hasta que sólo queda calor, por ejemplo, desde la secuoya hasta los escarabajos, los hongos y las bacterias.

Si bien los ecosistemas, como todos los sistemas complejos y autoorganizados, tienen fronteras abiertas, una cosa es segura. El lugar de la red donde se mueve la mayor cantidad de energía es el ecosistema. Un bosque no es sólo el lugar donde se encuentran los árboles, sino también el sistema que convierte la energía que proporcionan los árboles y las demás plantas. De esta manera, un ecosistema

Los ecosistemas pierden energía

Medio siglo después de las revolucionarias reflexiones de Alfred Lotka sobre la termodinámica de la vida, fue el ecologista estadounidense Eugene Odum quien, en 1969, empezó a enfocar la ecología desde un punto de vista energético.[1]

El físico, químico y filósofo ruso-belga Ilya Prigogine fue galardonado con el premio Nobel en 1977 por una teoría que cambió (o, más bien, debería haber cambiado) nuestra visión de la naturaleza. Fue la época en que la investigación sobre sistemas complejos alcanzó su primer punto álgido. Ludwig von Bertalanffy publicó la teoría general de sistemas unos años antes. Los investigadores se preguntaron por qué había sistemas que se organizaban por sí mismos y por qué sucedía esto.

Ilya Prigogine demostró, primero para los compuestos químicos y luego también para los ecosistemas, que la capacidad de crear orden a partir del caos se basaba en el hecho de que absorben y pierden energía.[2] Este proceso se denominó disipación de energía. Las moléculas, los organismos o los ecosistemas son sistemas disipativos que absorben energía de alta calidad, la pierden y, por lo tanto, producen entropía.

1. Odum, E. P. (1969). «The strategy of ecosystem development». *Science* 164: 262-270.
2. Nicolis, G.; Prigogine, I. (1977). *Self-organization in nonequilibrium systems. From dissipative structures to order through fluctuations.* Nueva York: Wiley.

forestal puede distinguirse de un ecosistema estepario o de un ecosistema fluvial, y no sólo porque tengan un aspecto diferente. Entre el 80 y el 90 por 100 de la productividad de los ecosistemas vegetales recae en los animales, bacterias y otros protozoos más pequeños, así como en los hongos.[295]

Como las fronteras están abiertas, con regularidad hay especies que conectan distintos ecosistemas mediante el flujo de sustancias y energía, como los osos, que consumen tanto peces del río como frutos del bosque. En la mayoría de los casos, sólo se intercambian cantidades más o menos pequeñas de energía entre los ecosistemas. Sin embargo, éstos pueden ser procesos muy importantes desde el punto de vista ecológico. Esto se aplica, por ejemplo, a la transferencia de nutrientes vitales, como los compuestos nitrogenados, de un sistema a otro. Otro ejemplo es el oso, que come salmones del río y, luego, los excreta en tierra cuando los digiere.

Las cadenas alimentarias no pueden alargarse de manera arbitraria en un ecosistema porque la energía se pierde de una etapa a otra. Los animales que se encuentran en la cima de la cadena alimentaria tienen que gastar una cantidad especialmente grande de energía para encontrar y cazar su escaso alimento.

Este alimento, a su vez, consiste en animales, es decir, carne, para lo que la presa tendría que comer grandes cantidades de plantas u otros animales. En la cima de la cadena alimentaria, el mercado de la energía ya está bastante vacío. Para cazar con éxito presas móviles, los depredadores también tienen que emplear cierta fuerza muscular, que se convierte sobre todo en calor. Ésta es la razón por la que los grandes depredadores están particularmente hambrientos de energía. Un ciervo necesita comer bastantes hojas para llegar a fin de mes y un lobo necesita muchos ciervos para sobrevivir. Una manada de lobos puede necesitar hasta una tonelada de carne al mes (según un estudio estadounidense: verano = 243 kilogramos/semana por manada; invierno = 182 kilogramos/semana por manada);[296] un lobo precisa un ciervo o una cantidad equivalente de carne cada pocos días para su supervivencia. La cantidad de energía que un ecosistema puede proporcionar a sus depredadores depende de su rendimiento. En un entorno árido con menos recursos, sólo puede haber muy pocos.

Una perspectiva termodinámico-energética de los bosques arroja una luz diferente sobre su importancia, pero sobre todo sobre su utilización. Resulta aún más sorprendente que las conexiones entre energía, exergía y rendimiento de los ecosistemas presentados en este documento hayan sido hasta ahora prácticamente ignoradas por la mayoría de los gestores forestales.[297] Conocen las cadenas alimentarias, pero no ven los bosques como biorreactores viables. Tampoco se tiene en cuenta la cantidad de energía que un bosque proporciona para sí mismo y la cantidad de energía que extrae de su uso. Las personas intervienen en un sistema que sólo existe porque gestiona con cuidado la energía, las sustancias y el agua. Sin embargo, esto prácticamente se ignora en la gestión. Quizás por eso se dirige tan a menudo contra la naturaleza de los ecosistemas.

Cuando se trata de bosques, las cosas suelen ser muy sencillas. Si uno se preguntara por el contenido energético de un bosque, el valor calorífico de la madera vendría, sin duda, directamente a la mente de mucha gente. Sin embargo, esto no refleja en modo alguno la capacidad de trabajo del ecosistema forestal. Esto se demuestra comparando el poder calorífico con una carga correspondiente de petróleo crudo, que tiene la misma cantidad de calorías.

De hecho, los bosques pueden hacer mucho más que convertir la energía bioquímica en calor. Por ejemplo, los bosques funcionan como acondicionadores de aire y bombas de agua, pueden formar suelo fértil y evitar o ralentizar los deslizamientos de tierra; pueden extenderse y cubrir terrenos adicionales con árboles y otras plantas. Puede renovarse e incluso adaptarse a las condiciones ambientales cambiantes. Si vertiéramos la carga de petróleo crudo antes mencionada en el campo, nada de esto ocurriría.

¿Qué le falta a un montón de madera o carbón que tiene el bosque? Es la energía vital, el poder de organizarse y producir propiedades emergentes y la potencia para remodelar la tierra e influir así en la radiación y el equilibrio climático. ¿Se puede describir físicamente esta energía vital? ¿Dónde se halla esta energía adicional del ecosistema más allá de la sustancia pura? ¿Se está volviendo esotérico ahora? No te preocupes, no tenemos que usar conocimientos sobrenaturales secretos, sino tan sólo ceñirnos a la física.

Los ecosistemas son biorreactores que convierten la energía. Transforman la luz en energía bioquímica en forma de moléculas orgánicas como azúcares, grasas y proteínas. Sólo pueden lograrlo porque funcionan con sistemas complejos en los que las partes individuales producen, intercambian y modifican información.

Los bosques y otros ecosistemas nos brindan un futuro porque, durante millones de años, han preservado y desarrollado el conocimiento y, por lo tanto, las soluciones que nos permiten a todos vivir en este planeta. Así pues, hay que tener en cuenta el contenido informativo de los ecosistemas y la complejidad de sus estructuras de procesamiento de la información si queremos cuantificar su contenido energético y su capacidad de trabajo. Los científicos han denominado a esto eco-exergía, que incluye la biomasa, la información y la red de ecosistemas.[298]

La eco-exergía también se puede describir como todo lo que se necesita para mantener un sistema existente en funcionamiento. Al hacerlo, también nos acercamos a una definición moderna de sostenibilidad. Para mantener un bosque en crecimiento, que se adapte y siga autooptimizándose, hace falta mucho más que cierto número de árboles con una determinada cantidad de madera. No sólo requiere de todas las especies del sistema (flora, fauna, hongos, microbios), sino también de toda su interacción.

Cuando los ecosistemas disponen de energía gratuita, la invierten en construir orden y estructuras. Pero no sólo se invierte en material de construcción pro y duro, sino también en bases de datos, catálogos, programas informáticos y bibliotecas, así como en mecanismos para utilizar estos almacenes de información. Por ejemplo, se producen aminoácidos que, como parte del material genético ADN, determinan cómo transcurrirá la vida de los organismos del sistema.[299]

El ecosistema global transforma así la luz no sólo en energía bioquímica, sino también en información, que es una parte importante de la capacidad para trabajar y desarrollarse. Esto plantea inmediatamente la cuestión de si la información también puede ser una forma de energía. Una vez que te hayas involucrado en esta forma energética de pensar, no puede existir ninguna duda al respecto desde un punto de vista ecológico. Pero ¿qué dicen los físicos? En efecto, esta cuestión es objeto de un intenso debate desde hace tiempo. Mientras tanto, incluso se habla de la «termodinámica de la información».[300] Por lo tanto, la información podría estar directamente relacionada con la naturaleza de la energía libre.[301]

Los físicos afirman que la masa, la energía y la información parecen ser equivalentes. Lo que se quiere decir con esto es que probablemente puedan transferirse entre sí;[302] quizás incluso la misteriosa materia oscura del universo tenga algo que ver con el problema.[303] En determinadas circunstancias, la información es una forma de materia en quinto estado, es decir, sólido, líquido, gaseoso, plasma e información. Al hacerlo, estamos alcanzando uno de los límites actuales del conocimiento y de lo imaginable.

¿Qué tiene que ver todo esto con la gestión concreta de los bosques? Un primer paso sería darse cuenta de que hay muchos más secretos en los ecosistemas forestales que sólo especies no descritas. También es importante que la física apoye las ideas revolucionarias de los ecologistas sistémicos. La eco-exergía, que incluye la información, es una medida de la capacidad de trabajo de los ecosistemas y, por consiguiente, de su capacidad para existir de manera sostenible.[304] La diversidad contenida en los genes de los organismos, en los numerosos servicios, interacciones y funciones vitales, la biodiversidad, no es algo *nice to have*, sino una base para la capacidad de trabajo de los ecosistemas.

Existe otra convicción que debe disiparse. La evolución no es una lucha perpetua, sino que puede entenderse como un proceso de aprendizaje; el ecosistema global es un gran sistema de aprendizaje y autooptimización[305] que transforma la energía. A través del aprendizaje, la vida se ordena, reduce la entropía y logra cierto control sobre lo que en realidad es un entorno bastante hostil e incierto. Cada vez más energía solar que llega a la Tierra es convertida por los ecosistemas energéticamente más eficientes, como los bosques en concreto, en información que les ayuda a resolver problemas.

Los problemas más importantes son la escasez de recursos, las temperaturas desfavorables, el espacio limitado y, una y otra vez, los eventos catastróficos como los impactos de cometas o las eras glaciales. Mientras que los átomos y las moléculas eran meros juguetes en los acontecimientos cósmicos, los sistemas animados, mediante el uso de la energía, asumían al menos cierto control sobre el curso de los acontecimientos.

La concentración de la información crea conocimiento sobre el mundo. Hasta cierto punto, la vida incluso se prepara para riesgos futuros, por ejemplo, cuando un bosque alberga plantas resistentes al fuego que no serán destruidas por el siguiente incendio; árboles que no se caen en una tormenta cualquiera o bosques que se autoenfrían y pueden soportar una ola de calor. Los organismos más complejos incluso se hacen una idea de sí mismos y del futuro, es decir, eventos que aún no han ocurrido y que pueden verse influenciados por su propio comportamiento.

Si la «energía libre» o exergía es la moneda que se compra con el tiempo, está claro en qué consiste la evolución. Se premia a aquellos sistemas que logran generar más exergía desde el exterior, la retienen de la mejor manera posible e invierten en capacidad de trabajo adicional. Eso es lo que impulsa la evolución.[306] Hay muchas pruebas de ello. Por ejemplo, innovaciones clave como la fotosíntesis o la endosimbiosis y la formación de células complejas, que supusieron importantes avances para la vida, se inventaron de forma independiente.[307]

La evolución compra tiempo para retrasar la muerte por calor. Se están creando ecosistemas que gestionan recursos escasos, en los que la diversidad y la complejidad significan que los biorreactores que se mejoran a sí mismos permanecen unidos y siguen prosperando. Ganan lo más preciado que hay en un universo en el que todo empeora constantemente, ¡el tiempo! Tiempo para quedarse y participar en este sistema que parece suspender las leyes físicas de la termodinámica. Pero en apariencia, porque la vida en la Tierra sólo puede existir gracias a que el sol sigue ardiendo sin piedad.

Muchas creencias en el campo de la ecología no resisten un examen más a fondo, como la suposición de que los ecosistemas son estables y están en equilibrio. De hecho, trabajan una y otra vez para resistir la entropía y la decadencia y, al hacerlo, necesariamente están cambiando. Nadie se baña dos veces en el mismo río. Esto también se aplica al flujo de energía que discurre a través de los ecosistemas y se pierde en el proceso.

La conclusión tiene una gran importancia. Incluso los grandes y precisos físicos del siglo XX, como Max Planck o Karl Heisenberg, tuvieron que reconocer que los sistemas vivos sólo pueden entenderse sobre la base de la termodinámica.[308] El descubrimiento de las leyes de la termodinámica y su aplicación a los ecosistemas significaron el «fin de la certeza».[309] Incluso hoy en día, muchos científicos no han entendido que no existen ciencias naturales exactas que puedan calcular y modelar todo. Más bien tenemos que aceptar una inquietante indeterminación. La vida es una combinación impredecible de azar y regularidad.

> «Vivimos en un mundo donde el azar genera algo nuevo y y en el que las cadenas legales de causas y efectos preservan lo que ha surgido. La coincidencia creativa amontona novedad sobre novedad. La regularidad los organiza en un todo autoorganizado de múltiples capas».
> ILYA PRIGOGINE E ISABELLE STENGERS (1997)[310]

Con la visión termodinámica de los sistemas vivos de Ilya Prigogine es posible entender por qué se

Un mono ardilla boliviano (*Saimiri boliviensis*) en el suroeste de la región de la selva amazónica. El mono ardilla boliviano es una de las más de 400 especies de mamíferos de Bolivia, de las que cerca del 12 por 100 se han registrado o descubierto recientemente en las dos últimas décadas. Bolivia es uno de los «países con megadiversidad» del mundo, con una proporción de biodiversidad superior a la media, debido sobre todo a su diversidad forestal (Pierre L. Ibisch, Chapare, Bolivia, abril de 2019).

Ecosistemas forestales, capacidad de trabajo y valor

Si los bosques son tan buenos para crear tiempo y capacidad de trabajo, es decir, para la sostenibilidad, es importante que preservemos y promovamos estas habilidades. Las estructuras que aumentan la capacidad de absorción y almacenamiento de energía, como la superficie total de todas las hojas del bosque, son de particular importancia. Los bosques más eficientes a nivel termodinámico tienen un follaje más complejo y con mayor «textura».[1] Los bosques estructuralmente diversos, más antiguos y ricos en biomasa amortiguan las fluctuaciones de temperatura de manera más eficaz que los bosques más jóvenes y pobres en biomasa, en especial a temperaturas más altas.[2] Éste es también un aspecto importante de la eficiencia a largo plazo de los ecosistemas forestales.[3] Los ecosistemas forestales más diversos tienen una eficiencia energética considerablemente mayor que los que han sido simplificados por el uso humano, lo que, a su vez, está relacionado de manera directa con su susceptibilidad a las perturbaciones y su capacidad de recuperación.[4]

Los científicos de la conservación llevan décadas lamentando que el verdadero valor de la naturaleza no se refleje en los precios y costes fijados en el comercio de productos naturales y el tratamiento de la tierra y los ecosistemas. Cuando se evalúa el valor de un bosque, normalmente sólo se calcula el valor de la madera que se encuentra en el terreno, así como el crecimiento que se espera de ésta. Sin embargo, el bosque produce muchos otros servicios ecosistémicos que no se reflejan sobre el papel en los activos o el poder económico de los propietarios forestales.

En repetidas ocasiones se reclama una cuantificación más exhaustiva del valor de los ecosistemas. Ésta sigue siendo la preocupación de la Plataforma Intergubernamental Científico-Normativa sobre Diversidad Biológica y Servicios de los Ecosistemas (IPBES), que pretende proporcionar a los responsables de la toma de decisiones información científica sobre los ecosistemas y la biodiversidad en su conjunto.[5] Básicamente, esto sigue siendo un empeño cuestionable mientras el valor se exprese en euros o dólares. Estas monedas son sistemas de símbolos desvinculados de la naturaleza. Lo que realmente debería contar para medir el valor de los bosques es su capacidad de trabajo: la ecoexergía.

1. Maes, W. H. *et al.* (2011). «Does energy dissipation increase with ecosystem succession? Testing the ecosystem exergy theory combining theoretical simulations and thermal remote sensing observations». *Ecol. modelo.* 222: 3917-3941.
2. Norris, C. *et al.* (2012). «Microclimate and vegetation function as indicators of forest thermodynamic efficiency». J. *Appl. Ecol.* 49: 562-570.
   Lin, H. *et al.* (2009). «Assessing self-organization of plant communities — A thermodynamic approach». *Ecol. modelo.* 220: 784-790.
   La disponibilidad y el contenido de agua de la vegetación desempeñan un papel importante; cf. Kuricheva, O. *et al.* (2017). «Radiative entropy production along the paludification gradient in the Southern Taiga». *Entropía* 19 (1): 43. 10.3390/e19010043.
   Story, P. C. *et al.* (2014). «The role of vegetation on the ecosystem radiative entropy budget and trends along ecological succession». *Entropía* 16 (7): 3710-3731. 10.3390/e16073710.
   Los árboles viejos y la mayor biodiversidad también amortiguan las fluctuaciones de productividad de años con condiciones climáticas diferentes; véase Musavi, T. *et al.* (2017). «Stand age and species richness dampen interannual variation of ecosystem-level photosynthetic capacity». *Nat. Ecol. Evol.* 1: 0048. 10.1038/s41559-016-0048.
3. La diversidad y la complejidad fomentan (hasta cierto punto) la capacidad de organizarse y regularse y de realizar un trabajo; véase Kay J. J. (2000). «Ecosystems as self-organizing holarchic open systems: Narratives and the second law of thermodynamics». En: Jørgensen, S. E.; Müller, F. (edit.). *Handbook of ecosystem theories and management.* CRC Press. Boca Ratón, págs. 135-160.
   La relación entre la capacidad de trabajo almacenada en un bosque como ecoenergía y su rotación energética o entropía describe bastante bien su grado de madurez y funcionalidad; véase Ludovisi, A. et al. (2005). «The strategy of ecosystem development: Specific dissipation as an indicator of ecosystem maturity». *Journal of Theoretical Biology* 235: 33-43.
   Fath B. D. (2017). «Systems ecology, energy networks, and a path to sustainability». *International Journal of Design & Nature and Ecodynamics* 12 (1): 1-15.
   Nielsen, S. N. *et al.* (2020). «Thermodynamics in ecology – an introductory review». *Entropy* 22 (8): 820. 10.3390/e22080820.
   Maes, W. H. *et al.* (2011). «Does energy dissipation increase with ecosystem succession? Testing the ecosystem exergy theory combining theoretical simulations and thermal remote sensing observations». *Ecological Modelling* 23-24: 3917-3941.
4. Wiesner, S. *et al.* (2018). «Quantifying energy use efficiency via maximum entropy production: A case study from longleaf pine ecosystems». *Biogeosciences Discuss.* (en revisión). 10.5194/bg-2018-322.
5. https://ipbes.net/final_gov_review_values

han producido grandes saltos en la evolución, como la aparición de la cooperación, y por qué organismos antes independientes renunciaron a su libertad y se convirtieron en partes de nuevos holobiontes. No es de extrañar que esta integración de los ecosistemas se acelerara con cada nuevo nivel de organización. Cuantos más organismos complejos había, con más rapidez adquirían importancia las interacciones complejas en los ecosistemas. En éstos, muy integrados gracias a estas interacciones, la «lucha por la existencia» darwiniana se aleja de los componentes. Ser combativo por sí solo se convierte en una desventaja. En su lugar, los seres vivos se vuelven cooperativos y funcionan en un todo mayor.[311]

Los bosques, con su trabajo, crean vida y tiempo de vida para los seres vivos que los forman y constituyen su fuerza de trabajo. También invierten parte de su trabajo en el equilibrio hídrico y climático, protegiendo así a la biosfera mundial. De este modo, los bosques también ganan tiempo para los seres vivos de otros ecosistemas de nuestro planeta, que, de este modo, no quedan totalmente desprotegidos de la acción de las fuerzas físicas. Debido a su influencia superior a la media en el equilibrio energético de la biosfera, los bosques también mejoran las condiciones de vida en otros biomas, desde los polos hasta el ecuador.

En la actualidad, vivimos en una de las biosferas más reguladas climáticamente que han existido, al menos en los últimos tiempos. En especial, la ventana temporal de los últimos 10 000 años antes del actual calentamiento global se caracteriza por fluctuaciones en comparación pequeñas.[312] Es la época posterior a la última glaciación en la que surgió nuestra civilización moderna. Antes, la temperatura mundial había experimentado algunas fluctuaciones considerables. ¿Qué es lo que en realidad ha estabilizado el clima de manera tan beneficiosa para nosotros? ¿Es posible que el bosque haya desempeñado un papel importante en esto? Es plausible que la creación de nuevas grandes áreas forestales en el hemisferio norte haya contribuido a calmar el clima mundial al completo.[313]

El bosque boreal al sur del Círculo Polar Ártico, en las regiones de permafrost de Eurasia y América del Norte, alcanzó su tamaño actual en este período; de hecho, representa un tercio de la cubierta forestal mundial. El bosque boreal influye en el permafrost[314] y, mediante la separación de la materia orgánica, también en la atmósfera[315] a través de la formación de nubes y los cambios en la reflexión de la radiación, por ejemplo. Este bosque de coníferas calienta en invierno y enfría en verano. Estudios recientes han demostrado que la expansión de la vegetación en el hemisferio norte después del final de la última Edad de Hielo ha contribuido significativamente al calentamiento y, en última instancia, a la estabilización del clima.[316] Los bosques que convierten energía son «máquinas de calor» de importancia mundial.

Los bosques nos demuestran que los sistemas que funcionan no están obligados a consumir recursos; al contrario, pueden incluso incrementarlos y crear así tiempo para seres vivos que aún no existen. Los bosques tampoco pueden hacer retroceder el tiempo ni detener el gran reloj de arena, pero abren perspectivas de futuro para nosotros y todos nuestros semejantes. Motivo suficiente para, finalmente, tratarlos y apreciarlos mejor.

Gestionar con escasez de energía: eficiencia, suficiencia y resiliencia

Ya habíamos señalado que la vida es un programa genético que controla la conversión y liberación incontrolada de energía. También es un programa de gestión eficiente de recursos escasos como el agua, los nutrientes y la energía. Esta gestión se lleva a cabo mediante la creación de instalaciones de almacenamiento y amortiguación y el desarrollo de ciclos. Todo lo que se puede reciclar se devuelve a un ecosistema forestal y se reutiliza.

Por desgracia, la energía no se puede reciclar debido a su devaluación cuando se convierte y se usa. Por lo tanto, los ecosistemas se están optimizando para absorber cantidades cada vez mayores de energía libre. Las plantas se elevaron a la tercera dimensión, formando diferentes niveles en los bosques y muchas formas de vida distintos, todas haciendo una cosa: la fotosíntesis. Cuando las condiciones de vida, como la disponibilidad de agua, lo permiten, los árboles crecen a grandes alturas y forman un dosel arbóreo en varios pisos. El suministro de energía al sistema en general aumenta aún más por el hecho de que las epífitas colonizan los árboles y, además, las plantas pequeñas como los musgos, las algas o las cianobacterias incluso prosperan en las hojas y proporcionan energía adicional. Por muy buena que sea la fotosíntesis, su rendimiento es modesto. En términos de energía bioquímica obtenida de la luz, asciende a un máximo del 11 por 100.[317] Por un lado, esto se debe al hecho de que sólo se puede utilizar una parte del espectro de luz y, por otro, al reflejo de la luz en la superficie de la hoja. Dado que la energía también debe usarse para que la propia planta pueda desarrollarse, es más probable que la eficiencia real sea como máximo del 5 al 6 por 100.[318]

Las plantas, literalmente, no pueden dar grandes saltos con el «azúcar ligero» que ellas mismas producen. Aunque fuera práctico buscar expresamente el mejor lugar al sol, la capacidad de desplazarse como los animales cuesta demasiada energía. Ésta es la razón, una vez que han germinado y enraizado, por la que las plantas están condenadas a permanecer en un mismo lugar el resto de su vida. Si estos lugares de crecimiento son peligrosos y cambian con rapidez, la mejor estrategia para las plantas es producir descendencia lo antes posible, para que al menos ésta pueda volar o ser transportada en forma de semillas. Por ello, en los lugares que cambian constantemente predominan las plantas herbáceas, que a menudo sólo viven un año. Si las condiciones del lugar son más estables, se puede invertir energía en infraestructuras duraderas, como troncos leñosos y raíces profundas.

También en este caso, la eficiencia energética significa que la energía sólo se utiliza con moderación. Esto requiere, por ejemplo, que las estructuras importantes, que son más caras de producir, se conserven el mayor tiempo posible. También es eficiente cuando las estructuras formadas sirven para múltiples propósitos al mismo tiempo en el sistema general. Por lo tanto, los árboles no sólo almacenan energía en el ecosistema, sino que también proporcionan un hábitat para otros organismos vivos. Cubren el suelo y lo sujetan con fuerza; realizan múltiples funciones que sólo existen en el bosque y no en el pantano o en la estepa.

Por razones de eficiencia, vale la pena dejar que los árboles crezcan y, sobre todo, envejezcan en un bosque. Pero la larga vida útil del material de construcción no es la única ventaja. Los árboles viejos tienen una mayor capacidad de descarga de energía en relación con su superficie que los jóvenes. Pueden utilizar más hojas en varios niveles para la fotosíntesis, tienen raíces más profundas y, por tanto, aprovechan más el agua del suelo, por lo que también tienen redes más amplias y eficaces con otros organismos. Por eso se han creado bosques con árboles viejos siempre que las condiciones ambientales razonablemente estables lo permiten, desde los trópicos hasta el Círculo Polar Ártico.

En los círculos forestales se suele decir que los bosques más viejos pierden su eficiencia, y que sólo la tala y el rebrote de los árboles más jóvenes pueden mantener la productividad. Sin embargo, dado que los bosques han tenido que gestionarse sin silvicultores durante más tiempo en la historia de la Tierra, esto no es plausible. De hecho, no sólo la teoría termodinámica, sino también los hechos, hablan en contra de esta afirmación.

En el caso de los árboles forestales en Alemania, se observó que el crecimiento del volumen continuó más allá de los 300 años, e incluso aumentó durante un largo período de tiempo.[319] En el caso de las hayas, por ejemplo, el crecimiento del diámetro del tronco disminuye poco a poco con el paso del tiempo, pero la biomasa del tronco y de las ramas, sin embargo, crece cada vez más rápido, como es lógico. De todos modos, el diámetro de los anillos anuales aumenta de manera inevitable. Más recientemente, el crecimiento incluso se ha acelerado. Una de las consecuencias de estos resultados publicados por Hans Pretzsch, científico especializado en cre-

Los árboles viejos contienen más biomasa y forman más masa nueva en la misma superficie que los jóvenes. Ésta es una de las razones por las que los bosques viejos no explotados almacenan más dióxido de carbono que los gestionados con árboles más jóvenes. Además, los bosques viejos son a menudo más densos, hay más madera muerta y los suelos (en especial también bajo los árboles viejos) son más activos biológicamente y más ricos en carbono (Pierre L. Ibisch, Selva de Monte Cimino, Lacio, Italia, septiembre de 2018).

¿Qué edad alcanzan los árboles más viejos?

En todo el mundo, muchos de los árboles más antiguos se encuentran en regiones de clima mediterráneo, y se trata, sobre todo, de coníferas que viven habitualmente más de 2000 años (pinos, secuoyas y secuoyas de costa, cipreses patagónicos, cipreses calvos y enebros).[1] Los árboles más viejos conocidos son un pino de hoja larga en Estados Unidos (*Pinus longaeva*; 4900 años), un ciprés de la Patagonia en Chile (*Fitzroya cupressoides*; 3622 años), una secuoya gigante en Estados Unidos (*Sequoia dendrongiganteum*; 3266 años) y un enebro de Przewalski en China (*Juniperus przewalskii*; 3053 años).[2]

Un caso especial es el del abeto Old Tjikko, en el sur de Suecia. El tronco visible sobre el suelo probablemente sólo tenga unos 100 años, pero es un clon de un árbol que existe en el lugar desde hace nada menos que 9500 años, es decir, desde que se derritieron los glaciares de la Edad de Hielo.[3]

Sólo unas pocas plantas con flores «modernas» (pulpos o angiospermas) viven más de 1000 años, como el baobab africano (*Adansonia digitata*; aproximadamente 2450 años), la emparentada con la nuez de Brasil *Cariniana micrantha* (aproximadamente 1400 años) y el árbol de haba tonka (*Dipteryx odorata*; aproximadamente 1200 años), ambos de la América del Sur tropical. También vale la pena señalar los clones que pueden envejecer mucho (y crecer) sin mirar los troncos de los árboles. Por ejemplo, «Pando» (que en latín significa «me estoy expandiendo»), un álamo tembloroso norteamericano en el centro de Utah, es uno de los organismos vivos más grandes. Abarca 43,5 hectáreas y consta de alrededor de 47.000 cepas individuales genéticamente idénticas, todas las cuales tal vez se remonten vegetativamente a un tallo de origen.[4] El clon es posible que tenga miles de años.

1. Piovesan, G.; Biondi, F. (2020). «On tree longevity». *New Phytologist* 231 (4): 1318-1337. 10.1111/nph.17148.
2. Liu, J. *et al.* (2022). «Age and spatial distribution of the world's oldest trees». *Conservation Biology* 36 (4): e13907. 10.1111/cobi.13907.
3. Cannon, C. H. *et al.* (2022). «Old and ancient trees are life history lottery winners and vital evolutionary resources for long-term adaptive capacity». *Nature Plants* 8: 136-145. 10.1038/s41477-021-01088-5.
4. Caetano-Andrade, V. L. *et al.* (2020). «Tropical trees as time capsules of anthropogenic activity». *Trends in Plant Science* 25 (4): 369-380. 10.1016/j.tplants.2019.12.010.

cimiento forestal de Freising, es que los árboles viejos contribuyen mucho más a la producción de biomasa y al almacenamiento de carbono en los bosques de lo que se había supuesto durante mucho tiempo.

Los árboles con diferencia más viejos se encuentran en lugares extremos con condiciones de crecimiento nada favorables, como en las montañas, en laderas empinadas con suelos poco profundos o en regiones muy secas.[320] Cuando recursos como los nutrientes y el agua son muy escasos, resulta aún más imperativo desde el punto de vista energético conservar la biomasa acumulada durante el mayor tiempo posible. Si bien la muerte después de una esperanza de vida máxima está programada genéticamente para muchos organismos vivos, éste no es el caso de muchos árboles. El cámbium, donde se forman nuevas células en los árboles para aumentar su grosor, no envejece.[321]

Se ha demostrado en árboles de ginkgo viejos que los mecanismos complejos garantizan el mantenimiento del equilibrio entre el envejecimiento y el crecimiento continuo; las sustancias protectoras y las defensas contra las enfermedades permanecen activas hasta bien entrada la vejez.[322] La mayoría de los árboles parecen morir sobre todo a causa de influencias externas, como sequías, tormentas o enfermedades, no debido a los años.

Una vez perdida, la información genética no puede volver a crearse, y suele pasar mucho tiempo antes de que puedan volver a producirse soluciones similares en el curso de la evolución biológica. Por eso, es lógico que los ecosistemas también se gestionen con información. Incluso la información sobre propiedades que en la actualidad apenas se necesitan puede resultar beneficiosa en otras circunstancias. Por lo tanto, es importante que no se deseche, sino que se almacene. Los árboles viejos son en especial eficaces para conservar la información;[323] por así decirlo, son los «ganadores de la lotería», ya que han superado muchas pruebas[324] y son auténticas «cápsulas del tiempo».[325] El hecho de que crecieran en un clima diferente no los convierte en obsoletos hoy en día. Es crucial que los veteranos también hayan sobrevivido a varios eventos extremos y que estén bien integrados en el ecosistema. El hecho de que la silvicultura confíe cada vez más en árboles más y más jóvenes y desprevenidos para la adaptación de los bosques al cambio climático puede resultar un error fatal.

Los árboles que alcanzan mayor edad son coníferas de hoja perenne. Ser perenne ahorra energía y material. Si es posible, los árboles evitan perder hojas con demasiada frecuencia. También se trata de una cuestión de eficiencia material y uso mínimo de los recursos (suficiencia). En los casos en los que, a pesar de todo, debe producirse el deshoje debido a temporadas malas, como sequía o bajas temperaturas, y, por consiguiente, existe riesgo de que se dañen los tejidos, las sustancias de las hojas (como la clorofila), cuya producción es más costosa, se retiran a tiempo.

Han surgido muchas estrategias que han sido utilizadas por los árboles para reducir el desperdicio de material y energía. Un ejemplo son los llamados años mástil, en los que se producen masas de semillas. Esta producción no se lleva a cabo todos los años, porque, de lo contrario, los animales que comen semillas se prepararían bien para la mesa anual y podrían reproducirse con generosidad. Si sólo se

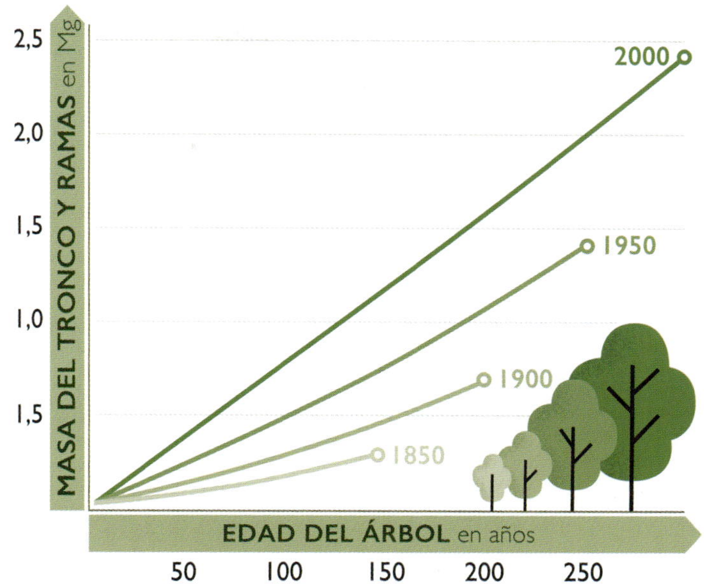

Incremento de la biomasa dependiendo de la edad del árbol

«Cuanto más viejo, mejor». Los árboles gruesos y viejos forman más biomasa que los jóvenes. En el gráfico se observa la evolución de la biomasa del tronco de las hayas cobrizas en función de la edad del árbol y del año natural. Los análisis se basan en 591 árboles con 78 547 registros de mediciones del diámetro de los árboles que se remontan a mediados del siglo XVI.

Las condiciones de crecimiento han mejorado en los últimos siglos (según Pretzsch, 2020).[1]

1. Piovesan, G; Biondi, F. (2020). «On tree longevity». *New Phytologist* 231 (4): 1318-1337. 10.1111/nph.17148.
Xu, C.; Liu, H. (2021). «Hydraulic adaptability promotes tree life spans under climate dryness – Xu – 2022». *Global Ecology and Biogeography* 31: 51-61.
Liu, J. *et al.* (2022). «Age and spatial distribution of the world's oldest trees». *Conservation Biology* 36 (4): e13907 10.1111/ cobi.13907.

En uno de los mayores incendios forestales de los últimos tiempos, durante el verano extremadamente caluroso y seco de 2018, cientos de hectáreas de pinar ardieron en Treuenbrietzen, en el sur de Brandeburgo. Todos los pinos murieron, el musgo y la capa de humus desaparecieron, y el suelo arenoso está cubierto por una capa de ceniza (Pierre L. Ibisch, noviembre de 2018).

La resiliencia natural es sorprendentemente rápida. Ya en el período de vegetación posterior al incendio forestal, grandes partes del suelo forestal quemado de Treuenbrietzen están cubiertas de árboles. Se trata de álamos temblones, cuyas semillas, esparcidas por el viento, están preparadas para germinar en esas zonas quemadas, para aprovechar los nutrientes. El álamo temblón, como árbol pionero, se beneficia, en este caso, de la protección de los pinos muertos que quedan en el lugar e inicia el desarrollo de un nuevo bosque (Pierre L. Ibisch, julio de 2019).

producen repentinamente muchas semillas cada pocos años, esto aumenta su probabilidad de supervivencia, porque en los años intermedios, muchos de los huéspedes no invitados mueren de hambre.

Los árboles pioneros, como los álamos o los sauces, que producen enormes cantidades de semillas cada año, se ven obligados a ser muy económicos cuando se trata de equipos de siembra. Tienen dos opciones: o poco y grandes (como las hayas o los robles) o mucho y pequeños. Por ejemplo, las diminutas semillas de álamo apenas contienen reservas de nutrientes y sobreviven poco tiempo en el suelo si no encuentran condiciones favorables para germinar. Para estas especies, es una suerte encontrar socios como los hongos micorrízicos, que alimentan a las plantas jóvenes. Los estudios realizados en los bosques tropicales también han demostrado que los hongos pueden influir en la germinación y supervivencia de los árboles forestales.[326]

Además, los árboles han desarrollado mecanismos para ayudar específicamente a los microorganismos y hongos en el suelo cuando éste está demasiado seco, por ejemplo. Esto ocurre con la liberación de excreciones que contienen nutrientes en las puntas de las raíces, los llamados exudados. En este caso, la planta de cultivo tiene que valorar si merece la pena bombear más energía en el suelo para obtener un mejor acceso al agua y a los nutrientes sin acabar muriéndose de hambre.

Asimismo, la eficiencia de los ecosistemas juega un papel importante cuando se trata de microorganismos en los suelos. En los suelos más antiguos, que no han sido alterados durante mucho tiempo, puede conservarse una mayor diversidad de organismos que facilitan la vida de las plantas. Esta podría ser una de las razones por las que los bosques viejos con suelos antiguos son más capaces de hacer frente al estrés causado por el cambio de las condiciones ambientales.[327] Los ecosistemas forestales parecen tener una especie de memoria a largo plazo que tal vez influya en su salud y adaptabilidad.[328] Los bosques más jóvenes y los debilitados por la tala, por ejemplo, también podrían tener una eficiencia más pobre en el uso del agua y el reciclaje de nutrientes en ciertas situaciones.[329] Estas alteraciones forestales parecen debilitar la capacidad de recuperación de los bosques con el paso del tiempo, haciéndolos más sensibles a sequías, por ejemplo.[330] La combinación de manipulaciones forestales a largo plazo y el cambio climático puede debilitar los bosques de distintas maneras.[331]

Los bosques sólo pueden ser eficientes a largo plazo si también tienen cierta resiliencia, es decir, resistencia ante perturbaciones y la capacidad de recuperarse de manera eficaz tras estas perturbaciones y calamidades. Esta característica se conoce como resiliencia. Con independencia de cómo queramos llamar al resultado (sostenibilidad, salud o funcionalidad) que se deriva de la eficiencia, la resistencia, la resiliencia y la suficiencia, una cosa está clara: los bosques son capaces de generarlos por sí mismos, sin nuestra ayuda. Además, si se les permite trabajar sin molestarlos, los ecosistemas lo hacen cada vez mejor.

Ahora bien, las alteraciones también se deben, en parte, al propio sistema. Pueden ser provocadas, por ejemplo, por grandes animales que intervienen en el sistema con diversos grados de fuerza y liberan con rapidez en forma de calor la energía vegetal almacenada desde hace tiempo, dañando las estructuras que constituyen la eficacia energética. Tales interferencias son, por ejemplo, ciervos o seres humanos.

Las plantas se vieron obligadas a inventar algunas tretas para defenderse. Dado que los animales también evolucionan y pueden subvertir las diversas estrategias de defensa, como los venenos o las espinas, las plantas tienen que reinventarse una y otra vez. No cabe duda de que los animales «estresantes» de los ecosistemas tienen una función importante. Siempre barajan las cartas, entrenan a las plantas y a todo el ecosistema, potencian la capacidad de innovación y de recuperación y promueven la coexistencia de muchas formas de vida diferentes. Los numerosos enemigos y perturbadores de las plantas, en especial en los bosques tropicales, son un requisito esencial para que muchísimas especies puedan vivir juntas en espacios muy reducidos.[332] En superficies de sólo 16 hectáreas en Sudamérica o el sudeste asiático pueden crecer hasta más de 1000 especies arbóreas.[333] La hiperdiversidad, a su vez, es un secreto para la adaptabilidad y el desarrollo extremadamente abierto de los bosques.

Una lección importante de la observación del mundo natural es que no basta con utilizar los escasos recursos de forma cada vez más eficiente. Parte del éxito de los sistemas radica en que desarrollan alteraciones y mecanismos de control que frenan el rápido crecimiento de los componentes individuales y, en su lugar, generan diversidad. La diversidad es necesaria como seguro para multiplicar las opciones en un futuro incierto. ¿Podría la evolución destruirse a sí misma a través de su propio éxito, produciendo perturbadores y herbívoros? En teoría, esto sería muy posible, al menos en el marco del desarrollo abierto.[334] Después de todo, la evolución también ha dado lugar a los humanos, que, en la actualidad, no sólo están alterando y desorganizando un poco los ecosistemas de la Tierra, sino que también siguen un curso destructivo sostenible, destruyendo, de hecho, millones de años de logros evolutivos en un abrir y cerrar de ojos. Ésta es una prueba de un esfuerzo enorme, quizás incluso demasiado severa, para la biosfera.

Con más motivo, un ser dotado de una razón relativa debería plantearse por fin hacer uso de esta capacidad.

Constructores del mundo del carbono

Pero ¿por qué el carbono?

El dióxido de carbono es el elemento sin el cual la vida en la Tierra sería inconcebible. ¿Por qué justamente el carbono? Pues tiene muchas propiedades que lo predestinan a ser utilizado como material de construcción de biomasa, así como de muchas otras moléculas importantes. Un átomo de dióxido de carbono puede formar varios enlaces estables con un número elevado de otros átomos, como el hidrógeno o el oxígeno, y también consigo mismo. Los átomos de carbono individuales se pueden unir en largas cadenas de moléculas o incluso en anillos. Esto proporciona la condición básica de que un material puede producir una cantidad gigantesca de compuestos complejos. Sin embargo, éstos deben funcionar en un medio que asegure que las moléculas se unan de manera más o menos flexible y puedan reaccionar entre sí. En nuestra tierra, este medio es el agua. Es posible que la vida también se haya originado a partir de compuestos de carbono en otros planetas del universo. Como alternativa, ya se han discutido el silicio o el germanio.[335] Pero el silicio tiende a formar cristales de silicato, es decir, sales de sílice, en el agua; también existen otras propiedades que lo hacen parecer menos adecuado. En la Tierra, el silicio sólo reacciona con relativa facilidad con el oxígeno; la energía requerida para formar moléculas complejas de silicio es mayor que con el carbono.[336]

Otras propiedades a favor del carbono se refieren a las propiedades materiales de sus compuestos en los rangos de temperatura que son favorables para la vida. Este rango de temperatura depende sobre todo del agua solvente y de sus estados agregados. Además, los compuestos de carbono formados por organismos vivos (como el azúcar) son adecuados para el transporte, y los compuestos de cadena larga en los que intervienen otros átomos conducen a la formación de materiales muy estables, como la celulosa o la madera. Como gas en la atmósfera, las plantas pueden alcanzar fácilmente el dióxido de carbono en todas partes; pueden extraerlo del aire en cualquier parte del planeta. El agua o los nutrientes sólidos, por otro lado, tienden a concentrarse sólo en ciertos lugares.

Además, el carbono presente en el medio ambiente es muy adecuado para ser capturado y fijado como parte de la fotosíntesis. En el transcurso de la evolución han surgido incluso varias vías diferentes para ello.[337] El carbono desempeña, por este motivo, un papel clave en la materialización y el almacenamiento de la energía solar. En determinadas circunstancias, este almacenamiento puede tener lugar durante cientos de millones de años, por ejemplo, cuando el material vegetal se convierte en turba, carbón, petróleo o gas en depósitos subterráneos bajo la ausencia de aire. Esto tuvo consecuencias en la composición de la atmósfera y el clima. El motivo es que el carbono, en combinación con dos átomos de oxígeno, es un gas de efecto invernadero eficaz. El efecto natural de los gases de efecto invernadero ha significado que, en general, existan condiciones de temperatura favorables para la vida en la Tierra. De lo contrario, haría demasiado frío. Otros gases de la atmósfera, como el oxígeno o el nitrógeno, también tienen un efecto invernadero, pero los compuestos de carbono CO_2 o metano son mucho más efectivos.[338] Esto significa que un cambio relativamente pequeño en la concentración puede tener un efecto mayor. El clima puede controlarse mejor con compuestos de carbono que con otros gases. Todas éstas son las razones por las que en la actualidad se habla tanto de las plantas, la madera y la protección del clima.

Pesado y alto, joven y viejo

A través de su biomasa, las plantas han transformado la superficie del planeta en muchas regiones. Cada uno de los megaárboles de los trópicos es un ecosistema extremadamente importante por sí mismo,[339] y aporta un peso considerable a la Tierra. El peso de toda la biomasa de nuestro planeta ronda en la actualidad los 1,1 teratones (o 1,1 billones de toneladas), un número con doce ceros. No obstante, ya existe una criatura que lo ha superado. En la actualidad, los seres humanos han construido tantas infraestructuras en la superficie de la Tierra que, desde 2020, ésta es aún más pesada,[340] y esta masa se duplica en la actualidad cada 20 años.

Existen alrededor de 550 gigatoneladas de carbono en los organismos vivos de todo el mundo (1 gigatonelada = mil millones de toneladas), de las cuales 450 gigatoneladas son plantas, la mayoría de ellas en la tierra y en los bosques. La biomasa de bacterias y arqueas comprende 77 gigatoneladas, la de los animales sólo unas 2 gigatoneladas de carbono; la mayoría de ellos viven en el mar. Todas las criaturas marinas juntas representan unas 6 gigatoneladas.[341] En el mismo estudio en el que se calcularon estas cifras, se subraya que la biomasa de los seres humanos (unos 600 millones de toneladas de carbono) es actualmente casi 100 veces mayor que la de todos los mamíferos salvajes juntos (unos 7 millones de toneladas de carbono). El ganado de los humanos pesa incluso unos mil millones de toneladas, y las aves de corral que crían los humanos pesan tres veces más que todas las aves silvestres juntas.

Los bosques son los lugares donde se concentran las mayores cantidades de carbono en los organismos vivos. Esto es válido sobre todo para los bosques especialmente altos. No siempre tienen que albergar los árboles más viejos; muchos árboles muy viejos siguen siendo bastante pequeños. Pero, por supuesto, también hay bosques viejos y altos. En este punto, se podrían mencionar los bosques de secuoyas de América del Norte, por ejemplo. El árbol más alto documentado es una *Sequoia sempervirens* con una altura de aproximadamente 113 metros. El límite de altitud para esta especie debe ser de más o menos 122 a 130 metros. A esta altitud, hay problemas mecánicos, y ya no se puede garantizar el suministro de agua a las copas de los árboles.[342] Las secuoyas más grandes probablemente se hayan perdido en el pasado; el 95 por 100 de los bosques de secuoyas ya han sido deforestados.[343] Podría considerarse que se trata de un problema especial de las secuoyas, pero por desgracia es una tendencia mundial que los organismos más grandes y antiguos sean los que más sufren la expansión humana, ya sean animales o plantas. Al mismo tiempo, sin embargo, tienen una función ecológica primordial.

Ya en 2014, en un estudio sobre más de 400 especies de árboles tropicales y templados, Nathan L. Stephenson y sus colegas indicaron: «Los árboles grandes y viejos no actúan simplemente como almacenes de carbono que envejecen, sino que capturan de manera activa grandes cantidades de carbono en comparación con los árboles más pequeños; en casos extremos, un solo árbol grande puede aportar al bosque en un año la misma cantidad de carbono que contiene un árbol entero de tamaño medio».[344] En los subtrópicos de Sudamérica, los árboles grandes y viejos representan el 64 por 100 de la biomasa.[345] Científicos de Arizona, Oxford y Cambridge descubrieron que la altura máxima de los árboles oculta leyes importantes. Por ejemplo, existe una relación entre la altura de los árboles más altos y la biomasa forestal.[346] La cantidad total de biomasa contenida en el bosque aumenta en 0,625 veces la potencia del árbol más grande del bosque. De este modo, el flujo de energía, la productividad y también la cantidad total de recursos (carbono, agua, nutrientes) que fluyen por el ecosistema aumentan de forma natural con el incremento de la altura máxima de los árboles. Es el poder puro de la geometría. Los bosques que tienen árboles diez veces más gruesos absorben aproximadamente 47 veces más carbono. Los bosques con árboles más grandes también canalizan mucha más agua y nutrientes a través de su sistema. El equipo de científicos destaca que una biosfera con plantas y animales más grandes es más productiva, más fértil, mejor amortiguada y más resiliente.

Varias investigaciones posteriores obtuvieron resultados comparables,[347] pero esto simplemente se rechaza e ignora, en especial en los círculos forestales.[348]

Como es evidente, si quieres proteger los árboles viejos, no puedes talarlos y venderlos. Qué podría ser más obvio que minimizar el papel de los árboles viejos, incluso convertirlos en lo opuesto y defender el supuestamente necesario rejuvenecimiento de los bosques.

Sin embargo, los árboles más grandes suelen ser los que tienen mayores dificultades con el cambio climático y la sequía y las olas de calor que provoca.[349] ¿De qué sirve que un árbol sea grande y viejo si los vecinos que lo rodean han sido talados?

Vivo o muerto

Incluso en la fase de muerte y descomposición, los árboles siguen siendo útiles en el ecosistema. En todo el mundo, 73 (± 6) mil millones de toneladas

Madera muerta en el hayedo primitivo de Fagara en los Cárpatos rumanos. En los bosques comerciales rara vez se encuentran troncos tan poderosos, porque los árboles se eliminan ante los primeros síntomas de enfermedad (Peter Wohlleben, junio de 2021).

de carbono están ligadas a la madera muerta, lo que sigue representando el 8 por 100 del carbono forestal.[350] Una elevada proporción se encuentra sobre todo en los bosques situados fuera de los trópicos, donde las altas temperaturas y la elevada humedad del suelo y del aire suelen provocar su rápida descomposición. En un bosque primitivo de Bangladesh, se midieron 10 toneladas de madera muerta resistente por hectárea. Sin embargo, parece que, a pesar de todo, se sigue subestimando la madera tropical muerta.[351]

En los bosques fuera de los trópicos, la madera muerta puede representar en realidad una proporción significativa de la biomasa forestal. Los bosques de secuoyas (*Sequoia sempervirens*) son, sin duda, los líderes en abundancia de biomasa. En el caso de las áreas de bosques antiguos, se estimaron entre 3300 y 5800 toneladas de biomasa aérea por hectárea, de las cuales más de 260 toneladas eran madera muerta (volumen aproximado de 800 metros cúbicos).[352]

En uno de los bosques de hayas más grandes y vírgenes de Europa en los Cárpatos ucranianos, Uholka-ShyrokyiLuh, con árboles de hasta 50 metros de altura, el volumen medio de biomasa arbórea es de 770 metros cúbicos por hectárea (es decir, más de 820 toneladas). En todas las zonas incluidas en el estudio de un equipo suizo-ucraniano había al menos 420 metros cúbicos de madera muerta (unas 450 toneladas), lo que confirma otros datos de los Cárpatos occidentales.[353] Como mucho, la madera muerta representaba hasta el 30 por 100 del volumen total.[354] La cantidad de madera muerta en el Sihlwald, un bosque suizo de hayas situado en el Parque Natural de Zúrich, que se estudió a título comparativo, era 14 veces menor. Este bosque, que antes fue utilizado para la silvicultura, no se ha explotado desde 1996. El volumen medio de madera en las zonas de los Cárpatos fue, en cualquier caso, superior a las mayores cantidades en las zonas de Sihlwald con 150 años de antigüedad. Desde luego, esto no se debe sólo a la calidad de la ubicación. Más bien, se pone de manifiesto en este punto la dramática influencia que tiene el consumo sobre la biomasa y, por tanto, también sobre la ecoenergía y la capacidad de trabajo de los bosques. Existen muchísimas más pruebas de ello.

En las zonas protegidas de Baja Sajonia, la biomasa de madera después de 50 años sin silvicultura era de 334 toneladas por hectárea en los bosques mixtos de robles y de 478 toneladas en los bosques puros de hayas.[355] La madera muerta representaba en este caso sólo entre el 3 por 100 (haya) y el 9 por 100 (roble) de la biomasa, es decir, una media de 18 a 37 toneladas y los pequeños árboles rebrotados no más de 1,1 a 2,6 toneladas. En el caso de los hayedos, la biomasa mostró un aumento lineal ulterior. En tiempos de protección climática centrada en la captación y almacenamiento de carbono en los bosques, una cuestión importante es cuándo podría llegar a agotarse el bosque retirado del aprovechamiento de la madera. Los científicos llegaron a la conclusión de que el desarrollo natural de los bosques caducifolios podría contribuir de manera significativa al almacenamiento y la retención de carbono, pero que la capacidad de absorción podría disminuir drásticamente en unas pocas décadas. Aparte del hecho de que, en la actualidad, en vista de la crisis climática, no se pueden hacer predicciones en absoluto fiables sobre el desarrollo forestal, los autores de este informe es probable que subestimen en gran medida el almacén de madera muerta y también el sumidero de carbono del suelo. El almacén de madera muerta de nuestros bosques comerciales está prácticamente vacío, pero volvería a llenarse, al igual que el almacén del suelo, si se permitiera que esto ocurriera.

Cuando la madera «se marea», el bosque está vivo

Reponer el almacén de madera muerta nos proporcionaría una protección climática significativa durante décadas en la mayoría de los casos. Al menos igual de importante es que la madera muerta cambie el suelo. La madera muerta desempeña un papel fundamental en la formación del suelo en el bosque.[356] Los troncos en descomposición en el bosque cobran cada vez más vida porque organismos como insectos, hongos y microbios encuentran en ellos hábitat y alimento.[357] Producen diversos productos de descomposición, que poco a poco hacen que la madera se ablande y se *mulmig* (marea). Esto no tiene nada que ver con el significado moderno de la palabra (marearse), sino que probablemente deriva de la palabra *mull* (tipo de humos) y del latín *molere* (moler). Además, en la ciencia del suelo, el *mull* es la forma más beneficiosa de humus para el crecimiento de las plantas. La madera muerta se convierte en el mejor humus, y consiste en una mezcla de moléculas orgánicas, restos de plantas y heces de organismos y microbios. Esta mezcla concentra los nutrientes y también tiene una muy buena capacidad de retención de agua. Una propiedad decisiva del humus, el «lado oscuro de la vida», es el enorme aumento de la superficie del suelo.[358]

Aunque de todos modos el sustrato es muy beneficioso para organismos de todo tipo, la retroalimentación sistémica lo hace aún mejor. Al estar tan suelto y húmedo, los animales pueden hurgar en él especialmente bien, lo que mejora aún más la distribución de las sustancias y la soltura, así como la ventilación. Las hifas de hongos y las raíces de las plantas también pueden penetrarlo con facilidad. Estos procesos aseguran un balance de gases favorable con un buen suministro de oxígeno y humedad en la capa superior del suelo. Como las plantas pueden crecer mejor en este suelo, con el tiempo suministran más y más material vegetal (hojas y madera muerta).

La presencia de especies animales como las lombrices de tierra, a su vez, resulta en la promoción de otras nuevas; los colémbolos, por ejemplo, se sienten atraídos por la orina y la mucosa de las lombrices de tierra.[359] Las lombrices de tierra pueden tener un efecto extremadamente estabilizador[360] y su fomento podría ser el elemento central de las medidas de protección del clima con la ayuda de la mejora del suelo.[361] Descomponen la materia vegetal y estabilizan el carbono del suelo favoreciendo la conversión de los residuos vegetales en biomasa microbiana y biomasa muerta; además, transportan carbono a capas más profundas del suelo.[362] Las lombrices europeas aumentaron la disponibilidad de potasio cuando el suelo era pobre en este elemento. Lo contrario ocurrió en suelos más ricos en potasio.[363] Se han observado también efectos reguladores en suelos contaminados por lluvia ácida.[364] La desaparición de las lombrices de tierra se ha asociado a la degradación del suelo,[365] y se ha demostrado que la desecación del suelo,[366] como la causada por la tala de árboles, es nagativa para éstas y otros organismos del suelo.

Sin embargo, las lombrices de tierra, como especies invasoras, pueden tener exactamente el efecto contrario en otros continentes. Por ejemplo, las lombrices de tierra europeas, que llegaron a América del Norte, se han convertido en un grave problema allá y en un factor de degradación del suelo.[367]

La capa de humus en la capa superior del suelo del bosque es el área donde los ecosistemas parciales superficiales y subterráneos se encuentran y se coordinan finamente entre sí.[368] Si, por ejemplo, las plantas que liberan sustancias que inhiben los microbios o que se caracterizan por tener residuos menos descomponibles se vuelven dominantes, entonces toda la vida y la estructura del suelo cambian. Algunos ejemplos serían el roble rojo de América del Norte en los bosques europeos que no estaban preparados para ello,[369] o las coníferas en los monocultivos. Una alteración en la formación de nuevo humus puede provocar una disminución de los nutrientes disponibles y la capacidad de almacenamiento de agua, y es posible que se acumule menos o nada de material vegetal descompuesto en el suelo, que puede formar un tipo de humus crudo. Esto también puede aumentar en gran medida el riesgo de incendio, como es típico en las plantaciones de coníferas con su humus de coníferas inflamable, por ejemplo.

Científicos belgas han documentado en los hayedos cómo la madera muerta tiene una influencia significativa en el equilibrio de nutrientes en los suelos arenosos y lodosos.[370] El efecto no es sorprendente al principio, especialmente perceptible en la capa superficial del suelo. El suelo cercano a la madera muerta tenía un pH más alto y mayores concentraciones de carbono y de los nutrientes vegetales nitrógeno, fósforo, calcio, magnesio y manganeso. La madera muerta también contribuye a neutralizar los suelos contaminados y garantiza, por ejemplo, concentraciones más bajas de aluminio tóxico. La falta de madera muerta no sólo supone la pérdida directa de un almacén de carbono, sino también la pérdida de capacidad de trabajo y, por tanto, también de capacidad para almacenar más carbono.[371]

Ya se ha señalado en la bibliografía científica que el cálculo de los presupuestos de carbono en los bosques se vuelve rápidamente incorrecto si no se tiene en cuenta la madera muerta.[372] La madera muerta reaviva el suelo[373] y aumenta el depósito total de carbono en el ecosistema forestal de varias maneras. Entre otras cosas, la descomposición de la madera también produce moléculas de carbono orgánico soluble que se filtran en el suelo. En los bosques sin utilizar y ricos en madera muerta, se han observado transportes significativamente mayores de carbono a capas más profundas del suelo.[374] Se trata, por ejemplo, de fenoles, que se forman a partir del material de construcción de la madera, la lignina.[375] Las capas más profundas del suelo contienen presumiblemente más de la mitad del carbono total del suelo, a pesar de una menor concentración de carbono.[376]

Las lombrices de tierra son «protectoras del clima»

Las lombrices airean y humedecen el suelo, estimulan la formación de humus y promueven los microorganismos. Como resultado, el suelo se convierte en un sustrato cada vez mejor para las plantas y almacena carbono, que no se escapa en forma de dióxido de carbono y se convierte en un gas de efecto invernadero (véase también Thomas, 2020).[1]

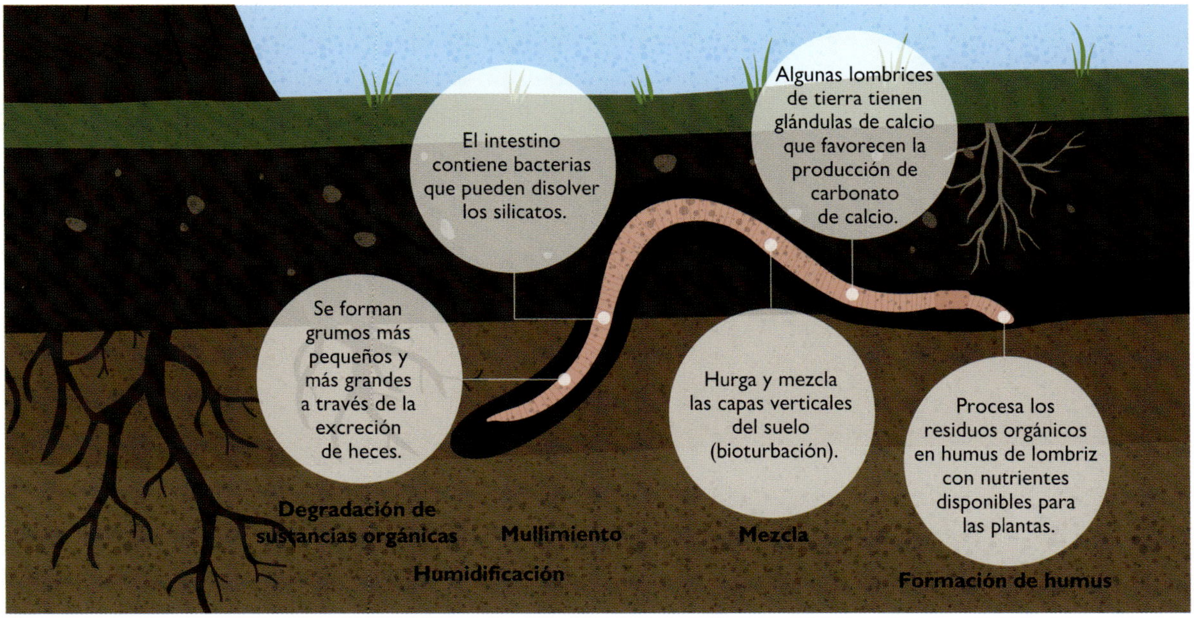

1. Thomas, E. *et al.* (2020). «The potential of earthworms in soil carbon storage: a review». *Environmental and Experimental Biology* 18: 61-75. 10.22364/eeb.18.06.

Sin embargo, la sequedad severa de los suelos podría representar un riesgo no sólo para los árboles y las reservas de carbono en la superficie del suelo, sino también tener un efecto en las capas más profundas de éste. Se filtra menos carbono al suelo mineral y los organismos del suelo transportan menos carbono hacia abajo. Esto reduce el suministro de alimentos para los microorganismos de los suelos más profundos, que normalmente «se encargan» de convertir el carbono en compuestos más estables que se almacenan de manera permanente en el suelo. Se trata de procesos que hasta hace poco se habían pasado completamente por alto en el estudio de los efectos del cambio climático sobre el carbono del suelo.[377]

El papel de las biomoléculas que contienen carbono, procedentes de los microbios y de las plantas, incluidos los azúcares, las grasas o la lignina, algunos de los cuales se mantienen y estabilizan en asociaciones con componentes minerales del suelo, fue también subestimado de forma considerable durante mucho tiempo.[378] Tampoco se sabía cuánto carbono, en suelos intactos, está presente en las raíces finas y en los líquenes de los hongos micorrícicos. Ambos se descomponen sólo lentamente y contribuyen a la estabilidad de las reservas de carbono en el suelo. En los bosques boreales, se ha descubierto que entre el 50 y el 70 por 100 del carbono del humus proviene de las raíces de las plantas y los filamentos de los hongos.[379] En la crisis climática actual, estas contribuciones al carbono del suelo no deberían ignorarse a la ligera. Muchas moléculas y restos bacterianos pueden permanecer en el suelo durante varias décadas.[380] Y de eso se trata, de evitar nuevas emisiones de fuentes de gases de efecto invernadero cada vez más nuevas en las próximas décadas y estabilizar las reservas de carbono.

Sin embargo, en relación con el carbono del suelo, se ha pasado por alto el papel de los árboles viejos; una vez más, nos gustaría suspirar. Utilizando los bosques de eucaliptos como ejemplo, los investigadores australianos han señalado una conexión asombrosa pero lógica. El contenido de carbono del suelo aumenta de manera significativa cerca o incluso debajo de árboles viejos; de hecho, cuatro veces más que en el suelo promedio. Sin embargo, hasta ahora casi no se han realizado investigaciones en este punto, porque mirar debajo de árboles viejos y vivos es mucho más laborioso que cavar en el suelo junto a ellos. Al contabilizar el carbono bajo los árboles, el carbono total del bosque aumentó en torno a un 7 por 100. El efecto se pierde cuando no hay más árboles viejos. Si la explotación forestal ha eliminado los árboles viejos de los bosques, es posible que se haya acumulado una deuda histórica de carbono que hasta ahora se ha subestimado por completo. Por ejemplo, se ha demostrado que los hayedos europeos tienen un 15 por 100 más de carbono en el suelo que los bosques explotados.[381]

En Alemania, en particular, existe un curioso debate sobre si los bosques viejos funcionan como buenos sumideros de carbono. Se oyen afirmaciones, sobre todo desde la silvicultura y la ciencia forestal, de que los bosques viejos acabarán por dejar de absorber más carbono de la atmósfera del que emiten; por tanto, serían climáticamente neutros. Eso resultaría negativo en este contexto, porque significaría que la madera recién formada también se podría talar y quemar, por ejemplo. Dado que el bosque no almacenaría más carbono de todos modos, éste se liberaría de nuevo en forma de CO_2.

Sin embargo, un estudio general más amplio de 519 bosques con una edad promedio de árboles de 15 a 800 años llegó a una conclusión completamente diferente. Los bosques viejos funcionan como un sumidero neto a largo plazo.[382] Quizás en un primer momento se sobreestimara la extensión del sumidero, pero en principio los hallazgos se han confirmado.[383] En resumen, los árboles viejos no sólo almacenan carbono en sus cuerpos leñosos, sus extensos sistemas de raíces y las micorrizas que los acompañan, sino que también crean las condiciones adecuadas en el suelo para que se convierta en un importante depósito de carbono.[384] El microclima del bosque (primitivo) también desempeña un papel en este caso, que se analizará en la siguiente sección.

El conteo simplificado de carbono, que sólo tiene en cuenta la madera de los árboles, es del todo inaceptable. Además del balance de carbono y el impacto de los bosques en la protección del clima, existen muchas más razones (como la biodiversidad o el derecho a vivir de otras criaturas) para permitirles crecer y volver a envejecer.[385] El científico medioambiental estadounidense Bill Moomaw y sus colegas de Estados Unidos han propuesto no reforestar ni replantar, sino seguir la estrategia de la proforestación.[386] Consiste en permitir que los bosques se recuperen y vuelvan a desarrollarse de acuerdo con su potencial ecológico.

Física forestal: los bosques como depósitos de agua y aires acondicionados

El 71 por 100 de la superficie terrestre está cubierta por agua, un total de 1400 millones de kilómetros cúbicos. Casi el 97 por 100 del agua está en los océanos.[387] El agua dulce es, en comparación, rara. Toda el agua dulce de la Tierra cabría en una esfera con un diámetro de sólo 56,2 kilómetros. Casi el 69 por 100 del agua dulce se encuentra en los glaciares o en los polos en forma de hielo, 30 por 100 son aguas subterráneas. Sólo el 1,2 por 100 del agua dulce se halla en ríos, lagos y bosques, y se llama «agua verde». No es mucho, pero tiene un gran impacto.

- El agua interviene en el equilibrio energético del planeta desde tiempos inmemoriales. Con el agua caliente y el vapor de agua, la energía viaja alrededor de la Tierra y produce una gran diversidad de condiciones climáticas. Fue así incluso antes de que existieran la vida y los bosques.
- El agua determina la existencia y la muerte, tanto de los seres vivos como de los bosques o las civilizaciones. Los bosques necesitan agua, la retienen, le dan la vuelta y la cambian. El agua se utiliza en todos los niveles del complejo ecosistema forestal, desde las células hasta los biomas continentales. La gestión forestal es la gestión del agua.
- En la crisis climática, la gestión del agua de los bosques se está convirtiendo en una cuestión de supervivencia.

Al principio era el agua

> «El agua es el viajero perfecto ¡porque cuando viaja, se convierte en el camino mismo!».
> MEHMET MURAT İLDAN[388]

Dejando a un lado la energía, que engloba e impulsa todo lo que existe, el agua es el ingrediente clave de la vida tal y como la conocemos. En términos de masa, la mayoría de las células vivas contienen un 70 por 100 de agua.[389] Los organismos vivos funcionan a base de soluciones acuosas. Las sustancias que componen todas las reacciones bioquímicas se encuentran en el líquido de las células y entre ellas. La presión del agua da estructura a las células vivas, las ayuda a crecer y permite la formación de estructuras y membranas que separan y dividen las células. El agua también entra directamente en gran parte de las reacciones bioquímicas como sustancia reaccionante, es un metabolito o, a menudo, también es un producto final de las reacciones bioquímicas. Entre un tercio y la mitad de todas las reacciones bioquímicas utilizan o producen agua.[390]

El agua también interviene en particular en el metabolismo energético. Como es bien sabido, la fotosíntesis en las plantas resulta en la división del agua en átomos de hidrógeno (protones) y oxígeno. Durante la respiración de todos los organismos, el azúcar se descompone y, por último, se recupera para crear agua con la ayuda del oxígeno. Durante la transferencia de energía en las células, las moléculas auxiliares se utilizan como vehículos de transporte. Es un compuesto que contiene azúcar y fósforo, ATP (trifosfato de adenosina), y se obtiene como parte de una cadena de reacciones. Esto se conoce como fosforilación de la cadena del sustrato. El ATP puede transportarse a los lugares de utilización y suministrar allí la energía que en un primer momento procede del sol o de la fotosíntesis.

No es posible ni conveniente entrar aquí en los detalles de estos procesos. Lo que es mucho más importante en este caso es que se trata de un proceso con una enorme «mochila de agua». Se requieren siete moléculas de agua para producir una molécula de ATP. Si extrapolamos esto a un protozoo como la conocida bacteria intestinal *Escherichia coli*, requiere casi tres veces más moléculas de agua durante su vida que las que hay en la célula. Dado que el agua también se usa para otros procesos, cada molécula de agua debe emplearse hasta cuatro veces.[391] Incluso en este nivel de las células más simples, está claro que un buen suministro de agua o el uso económico del agua o el reciclaje ciertamente han tenido una influencia decisiva en la evolución de la vida.

> «El agua nunca está ausente ni separada físicamente de las macromoléculas biológicas, los cofactores orgánicos y los metales, sino que se combina fácilmente con ellos, se separa de ellos e interviene en sus transformaciones. En los sistemas biológicos, el agua está completamente integrada en los procesos de formación y ruptura de enlaces. La distinción entre el medio y el participante químico es tan borrosa que ya no tiene ningún significado. [...] Leonardo da Vinci tenía razón, el agua es el vehículo supremo de la naturaleza».[392]

El agua es un viajero en el río de la vida, es el río mismo el que hace posible la vida en primer lugar y el creador del cauce por el que fluye.

La molécula de agua es extremadamente simple: dos veces hidrógeno y una oxígeno constituyen H_2O. La combinación de dos gases produce una sustancia que en algunos casos tiene propiedades sólidas y, sobre todo, líquidas muy inusuales.[393] El hielo flota sobre el agua líquida y la presión puede hacer que el hielo se derrita; cuando se enfría por debajo de 4 °C, el agua se expande en lugar de encogerse más. Por lo tanto, el agua puede asumir varios estados con propiedades muy diferentes. Con esta diversidad, supera a otros materiales. Los cambios en el agua están asociados a la transferencia de energía; también es dieléctrica y puede polarizarse. Sus componentes cargados eléctricamente (los llamados iones, $H+$ y O_2-) se mueven más rápido en los medios que otros. El aceite no se disuelve en el agua y algunas sustancias no se pueden mojar. La mezcla de iones y aceites con agua cambia su estructura.

La enorme capacidad calorífica específica del agua es de gran importancia ecológica, lo que significa que hay que suministrar al agua una cantidad de energía relativamente grande para calentarla. A modo de comparación, se necesita una cantidad de energía de 130 julios para calentar 1 kilogramo de oro a 1 °C. En el caso del aire, es de alrededor de 1000 julios por un grado, 1700 julios para la madera, pero unos notables 4184 julios para el agua. La razón de esto es que los átomos de hidrógeno forman enlaces de hidrógeno, es decir, enlaces que primero deben ser liberados por el calor para que las moléculas de agua individuales se muevan con mayor libertad.[394]

El calor de una sustancia se debe a la energía cinética de sus partículas. Cuando las moléculas de agua se mueven correctamente y golpean nuestra piel a gran velocidad, por ejemplo, las células se dañan y nos escaldamos. Al disolverse los enlaces de hidrógeno en mayor medida, las moléculas de agua comienzan a volar y el agua líquida se convierte en vapor. Debido a la gran capacidad calorífica del agua, los lagos u océanos pueden almacenar cantidades considerables de calor, que sólo liberan poco a poco. Éste es el efecto amortiguador de los cuerpos de agua, que, por ejemplo, dan lugar a un clima marítimo más suave.

Siempre que los ecosistemas logran almacenar una gran cantidad de agua, esto contribuye a amortiguar la temperatura. Esta amortiguación, a su vez, aumenta la compatibilidad con la vida. Los organismos que viven en el agua y los que se componen principalmente de agua están protegidos contra los cambios de temperatura muy rápidos.

Otra propiedad importante también tiene que ver con los fuertes enlaces de hidrógeno entre las

El secreto de los enlaces de hidrógeno

La formación más o menos intensa de puentes de hidrógeno entre las moléculas de agua explica muchas propiedades del agua gaseosa, helada o líquida. El hecho de que se convierta en energía durante la formación y disolución de los puentes de hidrógeno significa que la evaporación del agua en el bosque enfría el microclima y la biomasa que contiene agua puede almacenar calor.[1]

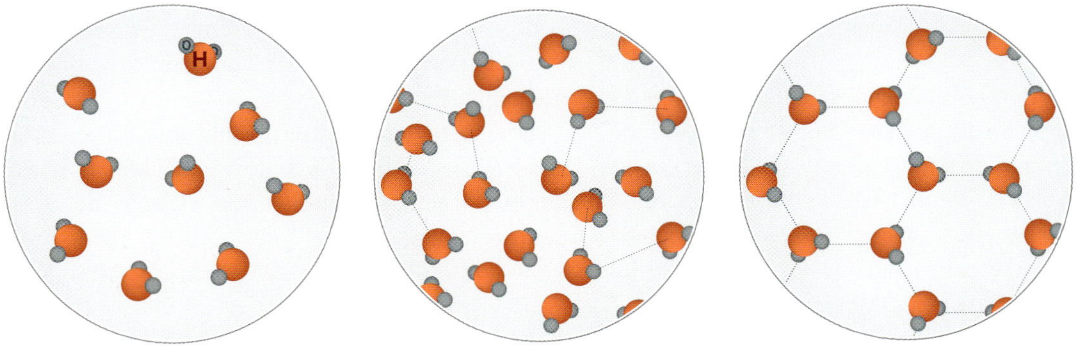

En **agua gaseosa (vapor de agua)** no se forman enlaces de hidrógeno.

En el **agua en estado líquido,** las moléculas de agua se mueven. Los enlaces de hidrógeno se rompen y se vuelven a formar una y otra vez.

En **agua sólida (hielo),** las moléculas de agua se mantienen en estado sólido mediante enlaces de hidrógeno estables.

1. Hodges, C. (2018). «Valence bond theory probes fundamental nature of hydrogen bonding». *Chemistry World.* https://www.chemistryworld.com/news/valence-bond-theory-probes-fundamental-nature-of-hydrogen-bonding/3009360.article

moléculas de agua. Cuando el agua pasa de un estado a otro (los físicos lo llaman «fase»), interviene mucha energía. Tan pronto como el agua pasa de la fase líquida a la fase gaseosa, se requiere energía. Cuando esta energía es absorbida del medio ambiente, la temperatura desciende. Éste es el secreto del enfriamiento evaporativo. El calor perceptible parece desaparecer del ambiente; se convierte en el llamado calor latente. Por el contrario, la condensación del agua (es decir, la «unión» de las moléculas de agua, ya que se vuelven a formar los enlaces de hidrógeno) hace que las moléculas dejen de moverse; el calor latente se devuelve al medio ambiente y se convierte en calor tangible. Se produce calor de condensación.

Cuando se fundó el área científica de la termodinámica, los físicos comenzaron a pensar exactamente en estas relaciones y a calcularlas. El agua es una sustancia muy interesante a nivel termodinámico porque puede convertir y transportar energía térmica. Esto no sólo es interesante en teoría, sino que en la aplicación ha cambiado bruscamente este mundo y también ha tenido un gran impacto en los bosques de la Tierra. ¿De qué estamos hablando?

«¿Dónde estamos? Ah, hoy tenemos la máquina de vapor. Entonces, ¿qué es una máquina de vapor? Si hacemos como si no supiéramos nada, la describiríamos así: una máquina de vapor, que es una gran habitación negra, tiene un agujero en la parte trasera y otro en la delantera. Ése es un agujero, ese es el fuego. El otro agujero, ya lo veremos más adelante». Ésta es la explicación del profesor renano Bömmel de la novela de Heinrich Spoerl de 1933 *Feuerzangenbowle* (es decir, un ponche con un pilón de azúcar rociado con ron para encenderlo). ¡Ojalá hubiéramos comprendido mucho antes cómo funciona la máquina de vapor y qué se supone que debería hacer!

El hecho es que la invención de la máquina de vapor fue la chispa que encendió la revolución industrial, el punto de partida del ansia de energía de la humanidad, que creció hasta alcanzar proporciones gigantescas y de la que en un primer momento también fueron víctimas muchos bosques, que estaban frente al fuego. El calor obtenido de la combustión se convirtió en energía de presión y energía cinética gracias a las propiedades moleculares del agua. Así es como los árboles se transforman en un viaje en tren de vapor. Además del uso de la leña, en muchas partes del mundo también se necesitaba madera para las traviesas de los ferrocarriles y para la gente a la que los ferrocarriles conducía a los paisajes más remotos.[395] Como la leña se fue agotando muy pronto, también se quemaron cada vez más residuos vegetales fósiles, como el carbón. Algún tiempo después, aprendimos hasta a lanzarnos al espacio utilizando plantas fósiles. Incluso antes de que se utilizaran en los ferrocarriles, se emplearon las máquinas de vapor en las primeras fábricas, por ejemplo, para impulsar máquinas de hilar y tejer. Las centrales de gas y lignito para la generación de electricidad son tan máquinas de vapor como las supuestamente modernas y sostenibles centrales de leña, que, de hecho, hacen retroceder la rueda de la historia industrial, ya que se quiere volver a un combustible del que en realidad ya se había dicho adiós por su comparativamente baja eficiencia y su problemático efecto sobre los bosques. En particular, la máquina de vapor, con la liberación galopante de dióxido de carbono, es el punto de partida del cambio repentino en la atmósfera terrestre. Se puede decir sin exagerar que la crisis climática es una consecuencia a largo plazo de la invención de la máquina de vapor.

Incluso la tecnología de calefacción más moderna, es decir, la bomba de calor, que por fin debería impedirnos quemar material carbonoso, utiliza las propiedades termodinámicas del agua. Los cambios de presión pueden provocar cambios de fase en el agua (mezclada con anticongelante), que luego absorbe el calor en un punto y lo libera de nuevo en otro. El conocido frigorífico también funciona según este principio.

Por cierto, los bosques no sólo sufren las consecuencias de las máquinas de vapor creadas por el hombre, sino que también son algunas de ellas, como veremos.

(Fábrica) forestal de agua

El agua desempeña un papel fundamental a la hora de determinar si los bosques pueden desarrollarse y qué aspecto tienen. El gran invento biológico-ecológico de los árboles y los bosques supuso un mayor control de las condiciones ambientales por parte del propio ecosistema.

Sin embargo, para que los circuitos de control sistémico del bosque entren en acción, deben darse unas condiciones mínimas. Casi la mitad de la estructura tridimensional de los árboles, que se eleva decenas de metros sobre el suelo, está formada por agua. La gran superficie de las hojas verdes de los árboles es una ventaja energética, pero sólo se puede aprovechar si hay suficiente agua en las hojas. No sólo tienen que retener cierta cantidad de agua, sino que también es necesario purgarlas para que funcione el transporte de sustancias y agua a los órganos fotosintéticos.

Los árboles grandes, con su enorme cantidad de hojas, necesitan, como es obvio, más agua que una hierba pequeña en el suelo. El dióxido de carbono está disponible como nutriente vegetal alrededor de la planta y puede extraerse del aire, mientras que el agua debe llegar a la copa desde el suelo. En este caso, intervienen varios procesos. Por un lado, el agua se evapora de los estomas de las hojas. Estas aberturas son como pequeñas bocas que los árboles pueden abrir y cerrar en función de la cantidad de agua que necesiten y de la que dispongan.

La evaporación de las hojas crea una succión que arrastra el agua por los conductos de los troncos y las ramas. Es la misma presión negativa que creamos en la boca cuando bebemos limonada con una pajita. Si la pajita mide 20 centímetros de largo, nos resulta fácil, ya que no se requiere una gran presión de succión. Pero si estuviéramos sentados en un árbol y tuviéramos que succionar la limonada a través de un tallo de 30 metros de largo, tendríamos un problema. En las raíces de las píceas de Sitka, por ejemplo, se midieron valores de -0,5 a -4,5 bar; en el tronco, la presión de succión aumentó a aproximadamente -2 bar por metro.[396]

El hecho de que los árboles puedan funcionar por sí solos se debe a las propiedades físicas del agua, es decir, a que las moléculas individuales se mantienen bien unidas en estado líquido.

Sin embargo, los árboles no son sólo bombas de succión impulsadas por la evaporación; el agua también puede bombearse activamente hacia la planta desde las raíces.[397] Esto es incluso imprescindible cuando se trata de poner en marcha en primavera el «flujo de savia», por ejemplo, antes de que broten las hojas. Es asombroso, pero la ubicación real y los mecanismos que lo sustentan siguen siendo en gran medida desconocidos.

Cuando el agua fluye a través del árbol, es importante que no entre aire en los vasos de agua, ya que el hilo de agua no debe romperse; esto equivaldría a una embolia, y las partes superiores del árbol se secarían.[398] *A priori*, muchas especies pueden recuperarse bastante bien tras las embolias, por ejemplo, debidas a sequías,[399] pero las plántulas en particular tienen grandes problemas después.[400] Existen diferencias considerables según la especie; la pícea, por ejemplo, necesita varios años para recuperarse hasta cierto punto, mientras que el haya es capaz de volver a funcionar con bastante rapidez.[401]

Cuando la sequía provoca la muerte masiva de coníferas, como se observó en Europa a partir de 2019, por ejemplo, suele estar en juego un colapso hidráulico muy rápido.[402] Incluso árboles con una cierta tolerancia a la sequía, como el pino silvestre europeo, se ven sometidos a presión a medida que cambia el clima. Debido a la sequedad de los suelos, el pino depende de las precipitaciones al final del verano y en otoño; si éstas fallan, las cosas se ponen serias rápidamente, como se ha comprobado en Suiza, por ejemplo.[403] No obstante, los árboles muestran una asombrosa capacidad de adaptación. Durante las sequías de 2015 y 2018 en Suiza, redujeron su evapotranspiración relativa en un 23 por 100 y, por tanto, también su consumo de agua, por lo que no contribuyeron a aumentar la pérdida de «agua azul» en las masas de agua.[404]

«El bosque alemán debe ser denso y oscuro, según afirman los protagonistas de la vida silvestre. ¡Tonterías! Porque los bosques densos se beben hasta la última gota de agua», recrimina un profesor jubilado de ecología forestal de Rottenburg.[405] Impresionante. Entonces, ¿se supone que los bosques son un problema para el equilibrio hídrico del medio ambiente, especialmente en períodos de sequía y en tiempos de crisis climática? Por otra parte, ¿por qué se dice tan a menudo que los bosques son depósitos de agua, cuando en realidad son derrochadores de agua, e incluso tragones de agua? La respuesta a esta pregunta se encuentra en una subdisciplina de la ciencia del agua y la ecología: la ecohidrología. Esta disciplina transversal se ocupa de todas las interacciones entre el agua y los ecosistemas y, últimamente, ha recibido una atención cada vez mayor, debido también a la crisis climática.[406] En la actualidad, existe también una biología del ciclo del agua.[407]

Para determinar si los bosques densos se beben realmente hasta la última gota de agua, examinamos de manera individual los distintos procesos de circulación y utilización del agua en el ecosistema. En primer lugar, el agua debe entrar en el ecosistema. La pregunta entonces es dónde y durante cuánto tiempo permanece el agua en el sistema y, finalmente, hay que analizar cómo el agua vuelve a salir del sistema y qué sucede con él y el ecosistema en el proceso. Echemos un vistazo rápido al ejemplo de los bosques.

El agua permite y destruye. Apenas llega, se va. Los bosques domestican las aguas salvajes en su propio beneficio. Convierten el «agua azul», que se pierde rápidamente, en «agua verde», que permanece durante más tiempo en el ecosistema y es la base de muchos procesos bioquímicos y físicos (Pierre L. Ibisch, Bosque húmedo de montaña en el este de Ecuador, marzo de 2013).

El agua puede proceder de todas las direcciones: desde arriba con precipitaciones, desde abajo desde el agua subterránea o desde un lado a medida que desemboca en el bosque. Las precipitaciones dependen, en primer lugar, del clima imperante. Sin embargo, los bosques no sólo dependen pasivamente del goteo de la lluvia, sino que también influyen de manera activa en el tiempo y el clima. Más adelante hablaremos de ello. Cuando el agua procede de abajo, a menudo es agua subterránea, que se puede encontrar a diferentes profundidades del suelo. Cuando los niveles de agua subterránea son altos, las plantas pueden acceder a ella directamente. Algunos árboles pueden formar raíces muy profundas y, por lo tanto, atraer agua al ecosistema aéreo, que no estaría disponible allí sin ellos. Los investigadores descubrieron que el agua se eleva desde las capas más profundas del suelo cuando los árboles succionan con fuerza hacia arriba. Esto se denomina flotabilidad hidráulica.[408] Los árboles de raíces profundas tienen una función clave y esto presumiblemente no sólo en las regiones secas, sino también en los bosques templados.[409] Otro ejemplo de cómo las especies pueden facilitarse la vida unas a otras en un ecosistema. Si un árbol tiene los vecinos adecuados, puede superar mejor los períodos secos al redistribuir el agua del suelo.[410]

La cuestión de si las aguas subterráneas se renuevan y cómo lo hacen depende de la cantidad de agua que utilice la propia vegetación y también de lo bien que traspase la lluvia el suelo. Las copas de los árboles interceptan parte del agua y reducen la energía cinética de las gotas. Esto es importante para proteger el suelo de la erosión. El precio es la interceptación, la retención de gotas de agua directamente en las hojas, que entonces ya no llegan todas al suelo, sino que se evaporan en parte previamente.

Debido a la desaceleración, el agua llega al suelo con un tiempo de retraso, lo que supone una gran ventaja sobre todo durante las lluvias torrenciales, ya que a menudo el agua no podría filtrarse en el suelo tan rápido. De ahí viene el viejo refrán: «En el bosque llueve dos veces». Mientras en campo abierto ya está despejando, bajo los árboles sigue goteando durante mucho tiempo.

La cantidad de agua que puede filtrarse al suelo (capacidad de filtración) también depende de la forma en que los árboles y otras plantas ayudan a dar forma al suelo. Un bosque caducifolio con la formación de una hojarasca bien descompuesta, con madera muerta y una capa de humus es muy beneficiosa para la absorción de agua. Los suelos menos cubiertos son menos favorables, ya que pueden sellarse prácticamente en la superficie, en especial cuando se secan.

Los suelos con una superficie más repelente al agua y menos poros para la filtración hacen que escurra más agua por la superficie y no esté disponible para el bosque. Las raíces de las plantas, los organismos del suelo y sus legados contribuyen de un modo significativo a la filtración y el almacenamiento del agua. La explotación forestal también tiene una importante influencia. Plantar plantaciones de coníferas, cosechar madera y compactar el suelo con maquinaria pesada reducen de un modo significativo el efecto esponja del bosque.[411]

La cantidad de agua que retienen las copas de los árboles depende, entre otras cosas, de la naturaleza del follaje. Especialmente en los bosques ricos en lluvias, las hojas suelen repeler bastante el agua para no estar constantemente mojadas. Esto podría dificultar el intercambio de gases y también provocar infecciones por hongos. Cuando hay mucha agua, las plantas tienen que lidiar con microorganismos potencialmente dañinos.[412] De hecho, las plantas no sólo desarrollaron mecanismos desde muy temprano para obtener agua y almacenarla en su interior, sino que también desarrollaron propiedades repelentes al agua. Esto ya se ha demostrado incluso en el caso de las cianobacterias.[413]

Las diferentes formas de las hojas de los árboles pueden explicarse, al menos en parte, por el hecho de que contribuyen al drenaje y al secado. Además, los dientes y las plumas de las hojas facilitan una mejor ventilación y turbulencia del aire, a menudo también debido a los movimientos típicos de las hojas, como en el caso de los álamos temblorosos, que deben su nombre al temblor del follaje (nombre científico *Populus tremula*). El movimiento de las hojas las mantiene secas y limpias, abanicándose con el aire, aumentando la evaporación y proporcionando refrigeración. Gracias a la gran superficie de las hojas, los bosques con sus árboles también están predestinados a extraer humedad de la atmósfera. En los bosques nublados o nubosos, los árboles pueden eliminar el agua del aire haciendo que las gotas de niebla más pequeñas se depositen en las superficies, se combinen para formar gotas más grandes y, por último, se escurran. Esto puede contribuir de un modo significativo al suministro de agua; en el caso de los bosques nubosos de los Andes tropicales, se midieron valores del 7 al 52 por 100 de la recolección adicional de agua (un promedio del 28 por 100).[414] En la selva tropical costera de Brasil, los investigadores demostraron que la restauración forestal resultó en una mayor recolección de agua.[415] No obstante, se tuvieron que reforestar al menos el 20 por 100 de las laderas de las montañas para que el efecto fuera visible. La estructura de la corteza de las ramas y los troncos también es importante para la recolección de agua. La corteza escamosa y agrietada frena la escorrentía; cuando está cubierta de musgos y líquenes epifitos, este efecto es aún mayor. En cambio, la corteza lisa, típica de las hayas, provoca una rápida descarga en el suelo. Por desgracia, la corteza de los árboles no se ha estudiado a fondo como factor importante en los fenómenos forestales e hidrológicos.[416]

Muchas propiedades de los bosques naturales tienen múltiples funciones en términos de eficiencia del agua. Un buen ejemplo de esto es la madera muerta.[417] Como ya se ha mencionado, es un hábitat valioso para animales y hongos; por ejemplo, almacena carbono y promueve la acumulación de compuestos de carbono de larga duración en las capas más profundas del suelo. La madera muerta que se encuentra en el suelo proporciona sombra y protege el suelo sensible. El menor calentamiento bajo la madera muerta reduce la deshidratación y favorece la vida del suelo. Otra característica importante es que, en particular, la madera muerta más gruesa se humedece cada vez más durante la descomposición. Incluso si no ha llovido durante muchas semanas, a menudo es posible extraer bastante agua del humus. Aunque esta agua no puede reemplazar a la lluvia, no se puede subestimar su influencia en el microclima del suelo. Además, esta madera muerta y húmeda se convierte en una importante barrera contra incendios en los bosques intactos y evita la propagación de los incendios forestales.

La capacidad de la madera muerta para absorber y almacenar agua depende, por un lado, de la especie arbórea, pero también del grado de descomposición, como demostró un estudio polaco.[418] Por ejemplo, la madera de abeto absorbe mejor el agua que la de álamo, aliso, fresno o carpe. La madera húmeda absorbe la humedad más rápidamente y la madera muerta de los bosques densos no se seca por completo con tanta facilidad. Si la madera está muy descompuesta, puede absorber varias veces su peso original en agua. Estos y otros estudios[419] han demostrado que la madera muerta es de gran importancia para almacenar el agua de los bosques.

Asimismo influye en el microclima de su entorno y puede amortiguar el estrés por sequía.[420] Permanece más húmeda que la capa superior del suelo incluso durante períodos secos más prolongados y, por lo tanto, es un refugio importante para los organismos sensibles.[421]

Cuando se trata de la eficiencia del agua en los bosques, primero es importante que el ecosistema obtenga la mayor cantidad de agua posible y, luego, que mantenga la mayor cantidad posible en el sistema. Mientras haya suficiente agua disponible, el bosque se beneficia de que fluya por él tanta como se pueda. Existe una conexión directa con el equilibrio energético. Cuanta más agua esté disponible, siempre que no se convierta en pantanos y ciénagas, mayor y más equilibrada será la productividad, las reservas de carbono y la capacidad de retención de agua. Sin embargo, en cuanto existe escasez de agua, entran en juego los mecanismos de amortiguación y ahorro. Entonces, los bosques que tienen un buen almacenamiento de agua están mejor. Esto también puede verse en el modo en que el agua sigue fluyendo hacia los arroyos desde grandes zonas forestales intactas durante mucho tiempo en los períodos secos, mientras que en otros lugares hace tiempo que se han secado. Los bosques son «esponjas y bombas».[422] Restaurarlos también devuelve el agua al paisaje; hay pruebas de ello, por ejemplo en China, donde se ha trabajado en la reforestación a mayor escala.[423]

El agua clara y limpia que proviene de los bosques primitivos es muy baja en nutrientes y microbios; se puede beber sin filtrar y sin consecuencias para la salud. La razón es que el bosque retiene los nutrientes porque quiere reciclarlos. Por lo tanto, los bosques no sólo proporcionan agua, sino que también la filtran y purifican. La mala gestión forestal, por otro lado, puede afectar significativamente a los recursos hídricos.[424]

Los bosques reducen y ralentizan la escorrentía superficial y protegen contra las inundaciones en el valle. Además de las estructuras sobre el suelo de los árboles y sus epífitas, la hojarasca, la madera muerta y el estado de los suelos de los bosques también ayuda a que los árboles trabajen y excaven el suelo. En los bosques primitivos, por ejemplo, el desarraigo de los árboles provoca un aumento de la superficie del suelo y la creación de pequeñas depresiones y montículos de placas radiculares. En el caso de los árboles viejos, estas placas radiculares pueden tener muchos metros de altura y las depresiones pueden tener la profundidad correspondiente. Esto se traduce en una mayor diversidad estructural y de hábitat del bosque. El agua puede acumularse en los agujeros; en pendientes pronunciadas, la forma irregular de la superficie frena la escorrentía.

Toda el agua que se recoge, se retiene y se convierte en los ecosistemas también se denomina «agua verde», complementándola y distinguiéndola del «agua azul» de las masas de agua. Además, también existen las «aguas grises»; se producen por el uso y la contaminación del agua en los hogares y en la industria. Sin embargo, la importancia del agua verde no deriva del hecho de que sea simplemente otro depósito de agua, aunque ésa también es una función relevante. Es aún mucho más importante que se pueda «trabajar» con esta agua en la biosfera. Lo de «trabajar con agua verde» es literal. Además de la bomba de agua suelo-bosque, es, sobre todo, el trabajo de los bosques como máquinas de vapor, creadores de clima y acondicionadores de aire, lo que se convierte en una gran cantidad de energía. Sin embargo, una vez que el agua viaja por arroyos y ríos, fluye directamente al mar y, por el momento, es inalcanzable para el bosque.

El poder del «agua verde»

> «Es extraño que le resulte más difícil [al hombre] enfriar la tierra que calentarla. Dueño del elemento fuego, que puede multiplicar y propagar a su antojo, no lo es del elemento frío. [...] Pero es mucho más fácil talar bosques de Guyana para calentar el suelo húmedo que plantar los suyos en Arabia para enfriar sus desiertos arenosos y secos. [...] De la diferencia del nivel de calor depende el poder más o menos grande de la naturaleza».
> El naturalista Georges L. L. de Buffon (1769)[425]

Cuando los árboles absorben agua fría del suelo, la dejan fluir por sus troncos y ramas y, luego, se evapora a través de las hojas, lo que significa mucho más que transportar agua. Los árboles también funcionan como termocambiadores, refrigerándose ellos y su entorno. Además, humedecen el aire dentro y por encima del bosque. Esto garantiza mejores condiciones de vida, en especial en los días calurosos y, por último, el proceso de transformación del agua líquida en agua gaseosa también implica una conversión de energía.

Durante la evaporación, la energía térmica se utiliza para disolver los enlaces de hidrógeno entre las moléculas de agua, lo que provoca un efecto de enfriamiento. La máquina de vapor convierte el calor tangible en latente, es decir, en calor oculto, que se almacena en el vapor de agua. En las zonas sin bosques también ocurre, pero mucho menos y de forma muy irregular. Un bosque bien protegido, por otro lado, libera un flujo constante de vapor de agua a la atmósfera.

En el caso de la conversión de la energía bioquímica en calor, ya habíamos reconocido que la acción del ecosistema significa amortiguación y moderación, es decir, impedir la liberación explosiva de la energía en forma de fuego. Incluso cuando se libera energía latente, la «explosión» se ralentiza. Cuando el agua se evapora tras una fuerte lluvia en una zona con escasa vegetación, esto ocurre con gran rapidez. Grandes cantidades de calor latente se elevan a la atmósfera a gran velocidad. En las capas de aire más altas y frías, esto resulta en una condensación más rápida y en la formación de nubes de tormenta energéticas. Luego, la energía se convierte en tormentas, fuertes lluvias crepitantes y fuertes descargas eléctricas con el correspondiente potencial de daño en la biosfera. No en vano, los mayores huracanes se forman sobre mares cálidos (huracanes) o sobre llanuras poco arboladas (tornados). Las tormentas severas no se previenen por completo, ni siquiera en las regiones forestales, en especial en las densas selvas tropicales, pero en cualquier caso son moderadas.

> «Los bosques actúan como causas productoras de frío de tres formas muy diferentes», como lo describió Alexander von Humboldt ya en 1832.[426] Incluyó la sombra, la evaporación y la «radiación» entre los tres mecanismos de enfriamiento. Como en muchas áreas de la ciencia, Humboldt también fue uno de los pioneros de la ecoclimatología. Asimismo dejó claras las consecuencias de la deforestación: «La escasez o la falta total de bosques aumenta simultáneamente la temperatura y la sequedad del aire, y esta sequedad, al reducir los flujos de agua de evaporación y la fuerza de la vegetación herbácea, tiene un efecto de retroalimentación sobre el clima local».[427]
> Humboldt describe en este caso una retroalimentación sistémica.

Además del efecto de sombra, el bosque en realidad tiene varios mecanismos activos de enfriamiento, y el agua siempre está implicada. El agua fría del suelo se calienta al ascender, absorbiendo energía en el proceso. Las copas de los árboles generan refrigeración por evaporación. Como casi la mitad de los árboles están formados por agua, que se calienta lentamente, el calor se puede transferir a los troncos de los árboles. Por último, una parte de la energía solar incidente no se transforma directamente en calor, sino, mediante la descomposición del agua, en energía bioquímica. Además, las nubes que se forman por la evaporación sobre los bosques reflejan la radiación solar de vuelta al espacio antes de que caliente la Tierra.

El «agua verde» enfría, la falta de vegetación hace que el tiempo y el clima sean más extremos. De hecho, el problema es bien conocido desde la época de Humboldt. De ello derivan consecuencias prácticas, por ejemplo, en la planificación urbana, ya que ha quedado claro que las zonas urbanas desprovistas de árboles y vegetación provocan el llamado efecto isla de calor.[428] Sólo en vista del enorme calor, que incluso pone en peligro la vida en cada vez más ciudades, existe un interés creciente por devolver más verde a las aglomeraciones.[429] Esto no es tan fácil debido al intenso calor del verano, que no gusta nada a los árboles. Se ve agravado por el hecho de que muchos planificadores urbanos simplemente no se ocuparon de crear suficiente espacio para parques e «islas de aguas verdes».

El efecto refrigerante de los árboles y los bosques puede evaluarse bastante bien a partir de las temperaturas de la superficie medidas mediante los satélites. Estas temperaturas superficiales no se corresponden exactamente con la temperatura del bosque o incluso del suelo del bosque (donde la diferencia puede ser aún mayor debido tan sólo a la sombra), pero la medición por satélite tiene una gran ventaja. Puede comparar con rapidez grandes áreas en detalle durante largos períodos de tiempo, y tales comparaciones muestran cosas aterradoras, por ejemplo, en un paisaje de baja montaña en Hesse (Alemania) con grandes talas de diferentes años.

Agua forestal del mundo

Científicos chinos han calculado que los bosques, con su hojarasca y sus suelos, contienen una media de más de 22 000 kilómetros cúbicos de agua.[1] Esto supone aproximadamente el 10 por 100 de los recursos mundiales de agua dulce disponibles para los seres humanos y los ecosistemas. Esta cantidad de agua equivale a más de 470 veces el lago de Constanza.

Ningún otro tipo de ecosistema contiene tanta agua como los bosques. Las selvas tropicales de la Amazonia y la cuenca del Congo contienen las mayores cantidades de agua forestal. El tipo de bosque más rico en agua son los bosques caducifolios de hoja perenne (más de 7000 kilómetros cúbicos de agua). La capacidad media mundial de retención de agua es de 457 milímetros, es decir, 457 litros por metro cuadrado. En los Andes tropicales, se alcanzan incluso los 1000 milímetros.

El estudio se confirma mediante otros cálculos dimensionales. Hay 11 500 kilómetros cúbicos de lluvia en todo el mundo y 17 000 kilómetros cúbicos se almacenan sobre todo como humedad en el suelo forestal.[2]

1. Liu, Y. *et al.* (2022). «Global water retention in forest canopy, litter, and soil layers and its controlling factors». *Research Square*. Preimpresión. 10.21203/rs.3.rs-337448/v1.
2. Wang-Erlandsson, L. *et al.* (2022). «A planetary boundary for green water». *Nature Reviews Earth Environ* 3: 380-392. 10.1038/s43017-022-00287-8.

¿Cortar o dejar crecer?

Los científicos forestales, por ejemplo, suelen recomendar que en la lucha contra el cambio climático se intervenga más en los bosques debido a la creciente escasez de agua. El aclareo forestal reduce la población de árboles y, por lo tanto, la lucha por el agua entre los árboles. Existen varios estudios al respecto a los que se hace referencia.[1] Sin embargo, los resultados respectivos no deben generalizarse tan fácilmente. A menudo ni siquiera son concluyentes. Las repercusiones del aclareo forestal dependen de las condiciones meteorológicas locales y, sobre todo, del clima.[2] Está del todo prohibido transferir los resultados de un pasado más frío y húmedo a condiciones climáticas actuales más extremas. Un artículo citado con frecuencia trata de la resistencia del haya en rodales clareados en 2003.[3] Fue un año excepcional, pero le siguieron años más fríos y húmedos. Los veranos de 2018 pondrán el listón significativamente más alto. El calor y la deshidratación extremos, las sequías prolongadas y la interacción de varios años extremos están cambiando de manera drástica las reglas del juego. Una vez seco el suelo, se irradia más energía, que se convierte en calor más rápidamente, lo que repercute de un modo negativo en la disponibilidad de agua si al mismo tiempo no llueve. Esto también se conocía de los claros en el pasado,[4] pero en los veranos extremos, a partir de 2018, se produjo el colapso de muchos árboles viejos expuestos a una medida sin precedentes. En grandes extensiones y en numerosas regiones de Alemania, la anterior explotación forestal provocó que los bosques se convirtieran en arbustos en muy poco tiempo. Esto también afectó a los hayedos locales. Si luego esto se debilita en los bosques muy raleados, se ve como un alivio para la sección forestal con sus monocultivos, igual que el lema: «Mira, las especies de árboles caducifolios locales también están sufriendo, por lo que no depende en absoluto de nosotros, sino que se debe exclusivamente al cambio climático». Por otro lado, enfriar un bosque intacto beneficia su propia salud, influye de una forma positiva en los ciclos del agua y del carbono[5] y en los efectos de la capacidad global para mitigar el cambio climático a nivel local.[6]

Donde el bosque se topa con el espacio abierto, los árboles sufren especialmente. Al borde del bosque, el frescor y la humedad se pierden, y con ellos el clima de bienestar. Se perdió el clima para sentirse bien. Además, el clareo como parte de la tala de madera crea una gran cantidad de bordes forestales interiores, lo que

1. D'Amato, A. W. *et al.* (2013). «Effects of thinning on drought vulnerability and climate response in north temperate forest ecosystems». *Ecological Applications* 23: 1735-1742. 10.1890/13-0677.1.
   Del Río, M. *et al.* (2017). «A review of thinning effects on Scots pine stands: From growth and yield to new challenges under global change». *Forest Systems* 26: eR03S. 10.5424/fs/2017262-11325.
   Gebhardt, T. *et al.* (2014). «The more, the better? Water relations of Norway spruce stands after progressive thinning». *Agricultural and Forest Meteorology* 197: 235-243. 10.1016/j.agrformet.2014.05.013.
   Giuggiola, A. *et al.* (2013). «Reduction of stand density increases drought resistance in xeric Scots pine forests». *Forest Ecology and Management* 310: 827-835. 10.1016/j.foreco.2013.09.030.
   Giuggiola, A. *et al.* (2016). «Improvement of water and light availability after thinning at a xeric site: which matters more? A dual isotope approach». *New Phytologist* 210: 108-121. 10.1111/nph.13748.
   Ma, S. *et al.* (2010). «Spatial variability in microclimate in a mixed-conifer forest before and after thinning and burning treatments». *Forest Ecology and Management* 259: 904-915. 10.1016/j.foreco.2009.11.030.
   Primicia, I. *et al.* (2013). «Effects of thinning and canopy type on growth dynamics of Pinus sylvestris: inter-annual variations and intra-annual interactions with microclimate». *European Journal of Forest Research* 132: 121-135. 10.1007/s10342-012-0662-1.
   Simonin, K. *et al.* (2007). «The influence of thinning on components of stand water balance in a ponderosa pine forest stand during and after extreme drought». *Agricultural and Forest Meteorology* 143: 266-276. 10.1016/j.agrformet.2007.01.003.
   Son, J. A. *et al.* (2016). «Heavy and frequent thinning promotes drought adaptation in *Pinus sylvestris* forests». *Ecological Applications* 26: 2190-2205. 10.1002/eap.1373.
2. Ameztegui, A. *et al.* (2017). «Managing stand density to enhance the adaptability of Scots pine stands to climate change: A modelling approach». *Ecological Modelling* 356: 141-150. 10.1016/j.ecolmodel.2017.04.006.
3. Dianconu, D. *et al.* (2017). «Thinning increases drought tolerance of European beech: a case study on two forested slopes on opposite sides of a valley». *European Journal of Forest Research* 136: 319-328.
4. Redding, T. E. *et al.* (2003). «Spatial patterns of soil temperature and moisture across subalpine forest-clearcut edges in the southern interior of British Columbia». *Canadian Journal of Soil Science* 83: 121-130. 10.4141/S02-010.
5. Ellison, D. *et al.* (2017). «Trees, forests and water: Cool insights for a hot world». *Global Environmental Change* 43: 51-61.
6. Thom, D. *et al.* (2020). «The climate sensitivity of carbon, timber, and species richness covaries with forest age in boreal-temperate North America». *Global Change Biology* 25 (7): 2446-2458.

aumenta el riesgo de estrés por calor y sequía.[7] Las diversas infraestructuras también crean esos bordes y provocan un aumento de la temperatura del aire y de las copas, así como déficits de saturación.[8] Por tanto, la fragmentación de los bosques es siempre también un problema de temperatura.[9]No es de extrañar, por tanto, que en el contexto del cambio climático aumente la mortalidad de los árboles en los bordes de los bosques.[10]

Las precipitaciones extremadamente escasas y las altas temperaturas, el agotamiento de la humedad del suelo y el aumento de la evaporación son los responsables de las recientes sequías en Europa Central. Es probable que persistan a largo plazo debido a los cambios en la circulación atmosférica provocados por el cambio climático, como el desplazamiento de la corriente en chorro nórdica.[11]

La alta cantidad de biomasa en los bosques y un dosel denso con una cobertura de al menos el 80 por 100 proporcionan cierta protección contra estos eventos de calor y sequía.[12] La gestión del microclima de los bosques con el objetivo de generar temperaturas interiores más frías y menos fluctuantes es una contribución importante para la adaptación de los bosques al cambio climático.[13]

El análisis de un bosque de hayas volvió a poner de manifiesto que los bosques se mueven en marcos temporales distintos a los nuestros.[14] Los anillos anuales de los árboles muertos en el Solling (región de Weserbergland, Alemania) revelaron que los árboles llevaban décadas sufriendo. Las sequías de 1947 y 1976, junto con fuertes talas, tuvieron efectos muy duraderos. Las hayas mostraron entonces un continuo deterioro de su salud, y el grave estrés de la sequía a partir de 2018 acabó con ellas con mayor facilidad. Lamentablemente, existe un efecto memoria en los bosques, como ya habían demostrado otros estudios.[15] Esto sugiere que los errores forestales sólo pueden tener consecuencias después de décadas y que subestimamos las consecuencias de los eventos extremos. Sin embargo, para cuando se producen, a menudo ya es demasiado tarde para ajustar la gestión forestal.

7. Reed, R. A. *et al.* (1996). «Contribution of roads to forest fragmentation in the Rocky Mountains». *Conservation Biology* 10: 1098-1106. 10.1046/j.1523-1739.1996.10041098.x.
   Duncan, J. M. A.; Boruff, B.; Saunders, A.; Sun, Q.; Hurley, J.; Amati, M. (2019). «Turning down the heat: An enhanced understanding of the relationship between urban vegetation and surface temperature at the city scale». *The Science of the Total Environment* 656: 118-128. https://doi.org/10.1016/j. scitotenv.2018.11.223.
8. Delgado, J. D. *et al.* (2004). «Consecuencias de la fragmentación viaria: efectos de borde de las carreteras en la laurisilva y el pinar de Tenerife». URL: http://riull.ull.es/xmlui/handle/915/23373
   Pohlman, C. L. *et al.* (2004). «Edge effects of linear canopy openings on tropical rain forest understory microclimate». *Biotropica* 39: 62-71. 10.1111/j.1744-7429.2006.00238.x.
9. Tuf, K. G. *et al.* (2016). «A framework for integrating thermal biology into fragmentation research». *Ecology Letters* 19: 361-374.
10. Brun, P. *et al.* (2020). «Large-scale early-wilting response of Central European forests to the 2018 extreme drought». *Global Change Biology* 26: 7021- 7035. 10.1111/gcb.15360.
11. Ionita, M. *et al.* (2020). «On the curious case of the recent decade, mid-spring precipitation deficit in central Europe». *Npj Climate and Atmospheric Science* 3 (49): 1-10. 10.1038/s41612-020-00153-8.
12. Blumröder, J. S. (2021). «Forestry contributed to warming of forest ecosystems in northern Germany during the extreme summers of 2018 and 2019». *Ecological Solutions and Evidence* 2 (3): e12087.
13. Contenido de la caja modificado parcialmente según Ibisch, P. L. *et al.* (2021). *Der Wald in Deutschland auf dem Weg in die Heißzeit. Vitalität, Schädigung und Erwärmung in den Extremsommern 2018-2020.* Centre for Econics and Ecosystem Management an der Hochschule für nachhaltige Entwicklung Eberswalde für Greenpeace. Eberswalde. 96 pág. 10.13140/RG.2.2.31704.62724.
14. Dulamsuren, C. *et al.* (2022). «Did stand opening 60 years ago predispose a European beech population to death?». *Trees, Forests and People* 8: 100265. 10.1016/j.tfp.2022.100265.
15. Pretzsch, H. (2022). «The emergent past: past natural and human disturbances of trees can reduce their present resistance to drought stress». *European Journal of Forest Research* 141: 87-104. https://doi.org/10.1007/s10342-021-01422-8.
   Johnstone, J. F. *et al.* (2016). «Changing disturbance regimes, ecological memory, and forest resilience». *Frontiers in Ecology and the Environment* 14 (7): 369-378. 10.1002/fee.1311.
   Szejner, P. et al. (2020). «Recent increases in drought frequency cause observed multi-year drought legacies in the tree rings of semi-arid forests». *Oecologia* 192: 241-259. 10.1007/s00442-019-04550-6.

El «agua verde»: los bosques son obras hidráulicas, sistemas de acondicionadores de aire y generadores de lluvia (Pierre L. Ibisch: selva tropical de montaña en Ecuador, marzo de 2013).

En él se midieron grandes diferencias de temperatura a mediodía en los días más calurosos de 2020. Los bosques recién talados eran hasta 23 grados centígrados más calurosos que los bosques en funcionamiento de los alrededores.[430] El calentamiento es aún mayor por la tarde, lo que el satélite no pudo detectar, ya que sólo sobrevuela Alemania a mediodía.

Incluso varios años después de la deforestación, las áreas permanecen por encima del promedio. Por lo tanto, la silvicultura crea islas de calor en los paisajes forestales, que en realidad son muy buenas para refrescarse.

Con cada árbol que cae, el microclima cambia, los bosques se calientan y se vuelven más secos. Un estudio realizado en el norte de Brandeburgo demostró, en el caso de los pinares, que por cada 10 por 100 de apertura del dosel provocada por la tala de árboles, las temperaturas máximas medias en el bosque aumentan aproximadamente medio grado centígrado.[431] Mientras tanto, se pueden medir temperaturas superiores a los 40 °C incluso en pinares más raleados y, por tanto, apenas frescos. Como resultado, los árboles corren el riesgo de debilitarse y morir debido a la deshidratación, el calor y el fuego.

En 2019, se midió una temperatura de 45 °C durante el día más caluroso del norte de Brandeburgo; en los hayedos de la misma región, las temperaturas máximas se mantuvieron en 35 °C. En esa zona, las temperaturas fluctuaron menos de 20 °C entre el día y la noche del mismo día, pero hasta 35 °C en los pinares.

Es posible que muchos silvicultores ni siquiera sepan que están trabajando con un aire acondicionado ambiental. Cuando iluminan más el bosque o incluso reducen el área forestal activa talando, encienden el termostato para todos nosotros. Se puede subir rápidamente, pero, por desgracia, no se puede volver a bajar con la misma rapidez. Por ahora, el calentamiento será irreversible durante muchos años. Cuando las áreas terrestres o los bosques se calientan cada vez más, hay toda una serie de otras consecuencias que son francamente desastrosas en el cambio climático.

El calentamiento de los bosques significa que los árboles se ven obligados a cerrar sus hojas los días calurosos para que no se evapore demasiada agua. Los estomas de las hojas permanecen cerrados y no pueden absorber dióxido de carbono, o, lo que es lo mismo, cierran la tienda la mayor parte del tiempo. Sin la reposición de azúcar, las plantas deben ahorrar energía. Por consiguiente, es posible que ya no puedan permitirse invertir en la producción de toxinas y resinas para protegerse de patógenos o depredadores. Los árboles se debilitan y, por lo tanto, es más probable que sean víctimas de hongos o escarabajos de la corteza. A pesar del ahorro de energía, en última instancia existe el riesgo de morir de hambre si la fotosíntesis se reduce durante demasiado tiempo. Además, el calor provoca la pérdida de agua en las células. Es posible que las plantas tengan que morir de sed, en especial si las raíces no les suministran agua.

A medida que el aire se calienta más y más, también puede absorber más y más agua sin que se condense. Hay mucha agua en el aire, pero no beneficia a los árboles. El aire caliente tiene una creciente «hambre de agua» cada vez mayor y elimina cada vez más humedad del suelo y también de las plantas.[432] El término técnico en física es «déficit de presión de vapor». Es como secar el cabello: cuanto más aire caliente, más rápido se secará el cabello. La relación no es lineal. Cuando la temperatura se duplica de 20 a 40 °C, la cantidad de agua que «desaparece» en el aire se triplica. En este sentido, ¡juega un papel muy importante si un bosque se calienta a 30 o a 40 °C! Ya se han descrito los efectos de una falta de agua cada vez más extrema en el aire caliente sobre la mortalidad de los árboles,[433] pero durante mucho tiempo se han subestimado en comparación con los efectos de las altas temperaturas.[434]

Pero la cosa empeora aún más. Cuando el aire cada vez más enriquecido con agua se calienta significativamente, por ejemplo, debido a un corte claro, se eleva y se produce el fenómeno de la advección,[435] es decir, el soplo del aire junto con el valioso agua.

Estos efectos se refuerzan. El calentamiento y el secado son cada vez más críticos para los árboles. Los pastos y las hierbas se secan, los árboles mueren en el peor de los casos. Como resultado, la evaporación vuelve a disminuir significativamente y pone en peligro toda la vegetación que ha resistido estas dinámicas hasta el momento.

Cuando el suelo y la vegetación se han secado y no se puede evaporar nada, no se convierte más agua de un estado líquido a uno gaseoso. Como resultado, la energía que llega con los rayos del sol ya no se puede transformar en calor latente, es decir, almacenado en el agua. El amortiguador de agua verde ya no funciona.

Los círculos viciosos de la sequía, el calor y la pérdida de bosques

Las retroalimentaciones en los ecosistemas actúan como amplificadores de los extremos microclimáticos e hidrológicos. La sequía y el calor provocan daños en la vegetación, el enfriamiento evaporativo se debilita, y así sucesivamente. La «sed» del aire caliente, el déficit de presión de vapor es uno de los principales motores de los círculos viciosos entrelazados. El «agua verde» del ecosistema disminuye, la capacidad de amortiguación se pierde (modificado a partir de Miralles et al. 2019).[1]

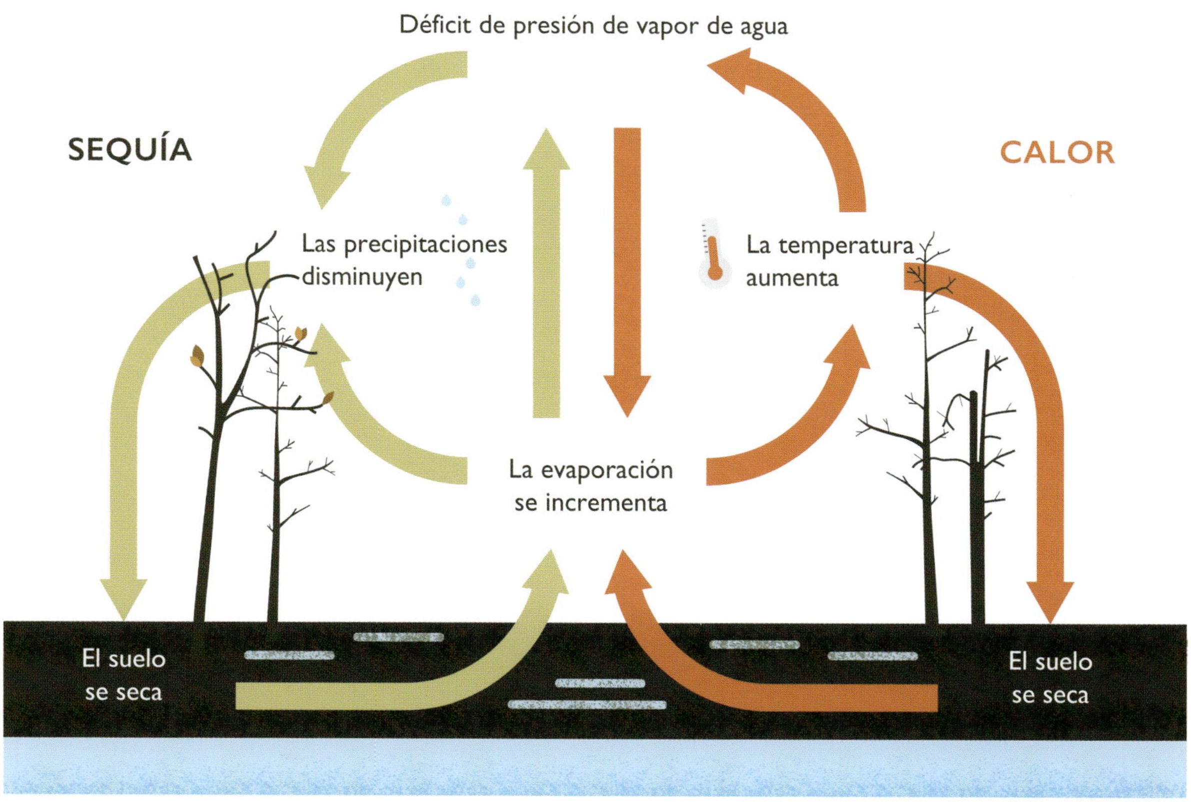

1. Miralles, D. G. *et al.* (2018). «Land-atmospheric feedbacks during droughts and heatwaves: state of the science and current challenges». *Annals of the New York Academy of Sciences* 1436 (1): 19-35.

Como resultado, la temperatura del aire aumenta aún más. Esto se traduce en un mayor déficit de presión de vapor, el «secador de pelo» se calienta más y la deshidratación aumenta. Una clásica retroalimentación positiva: el calentamiento y la deshidratación se refuerzan a sí mismos, las cosas se intensifican.

El suelo tampoco está a salvo. Los organismos del suelo, que son tan importantes para la estructura y el almacenamiento de carbono y la retención de agua, están gravemente debilitados, porque sus socios, los árboles, apenas proporcionan alimento, e incluso los habitantes más pequeños necesitan agua. Estos cambios no sólo emiten gases de efecto invernadero del suelo, sino que también empeoran los medios de vida de las plantas.

Pero los árboles se resisten con valentía, por ejemplo, utilizando el agua de manera más eficiente y, por lo tanto, con más moderación.[436] Para ello, pierden poco a poco algunas de las hojas según sea necesario, lo que reduce aún más la evaporación.[437] A pesar de la aterradora imagen que desprenden esos árboles, algunos de ellos pueden recuperarse sorprendentemente rápido.

En 2019, por ejemplo, se observaron hayas, que perdieron todas sus hojas en verano y pudieron volver a brotar el año siguiente. Sin embargo, no todo sigue siempre igual. Las reacciones de adaptación pueden dar lugar a hojas más pequeñas y gruesas, con una «piel de las hojas» (epidermis) más gruesa,[438] y en algunos casos se forman raíces más finas.[439] En los árboles de hoja caduca, también pueden morir partes de la copa.[440] Esto no significa necesariamente la muerte del árbol en todos los casos; la formación de copas secundarias y el rebrote a partir de zonas bajas del tronco es entonces también una especie de adaptación a los años extremos.

Pero incluso estas reacciones adaptativas tienen límites si falta agua durante demasiado tiempo y hace demasiado calor. La sed excesiva de agua del aire caliente se convierte entonces en un problema comparable al de la sequía. Debido a las raíces más profundas de los árboles, los bosques tienen cierta ventaja sobre el resto de la vegetación porque pueden utilizar más agua del suelo.[441] Sin embargo, una vez que se superan los umbrales críticos, las hipotecas por sequía se acumulan en los bosques, lo que dificulta en gran medida la recuperación después de daños graves por sequía y aumenta la vulnerabilidad a las sequías en los años posteriores.[442]

Pero no es todo. Obviamente, existe una diferencia significativa si el agua se evapora de superficies frías y húmedas, como los bosques, o de superficies cálidas y bastante secas. La lluvia, de hecho, parece caer más sobre el paisaje húmedo,[443] y el bosque compensa las diferencias.[444]

En vista del empeoramiento de la crisis climática con fenómenos meteorológicos más extremos, los elementos refrescantes del paisaje son cada vez más importantes. La función de enfriamiento es en particular pronunciada cuando los bosques son densos y ricos en biomasa.[445] El efecto de enfriamiento relativo es más pronunciado a altas temperaturas,[446] por lo que la importancia del efecto de enfriamiento de los bosques aumentará en el futuro.[447] Mantener bosques más fríos y saludables también significa la preservación de refugios microclimáticos. Se trata de pequeños refugios para numerosos organismos gravemente amenazados por la crisis climática.[448]

El clima es el promedio a largo plazo de las condiciones meteorológicas. Esto incluye no sólo las temperaturas medias, las precipitaciones en un año o su distribución mensual, la humedad, la nubosidad o el viento, sino también los valores de medición extremadamente altos o bajos y su rango de fluctuación. La importancia de la posición geográfica de un lugar para su clima es bien conocida. No está tan claro en qué medida influye la utilización del terreno en el clima. Si Alemania, por ejemplo, fuera un país forestal con un 80 a 90 por 100 de cubierta de árboles caducifolios, el clima sería mucho más fresco y húmedo en verano y no habríamos experimentado las temperaturas extremas que hemos visto hasta ahora.

Volvamos a la teledetección y su forma de medir la temperatura. Recordemos que el satélite sobrevuela Alemania todos los mediodías y mide la temperatura de la superficie, no la temperatura en la sombra. Estas medidas no se quedan atrás, como muestra un mapa de Alemania de 2020 en los días más calurosos.[449]

El mapa muestra Alemania con fiebre e ilustra el estrés por calor en los ecosistemas y las personas. Por supuesto, las zonas más frías se encuentran en las grandes altitudes (temperaturas medias inferiores a 11 °C). Las temperaturas más altas superan los 37 °C. Las zonas más calurosas son las regiones en gran parte libres de bosques, como las tierras bajas del Alto Rin, el Bajo Rin o la zona de suelos fértiles al este del Harz. De hecho, en los días calurosos, algunos paisajes agrícolas extensos se calientan tanto como las áreas urbanas.

Si sólo observamos las áreas forestales (en el mapa de la derecha, todas las áreas no boscosas se muestran en negro), las áreas forestales más frías de los Alpes tenían una temperatura de alrededor de 14 °C y la más cálida de más de 34 °C. En el mapa, se puede ver de un vistazo dónde se encuentran los grandes bloques de bosque, como el Harz o el bosque de Turingia. Sin embargo, también destacan zonas cálidas en estas regiones de baja montaña. Es el re-

Bosque y paisaje en la estación cálida

Temperaturas superficiales medias en Alemania en los días más calurosos de 2020. A la izquierda: el paisaje general. A la derecha: sólo áreas forestales (de Ibisch *et al.*, 2021).[1]

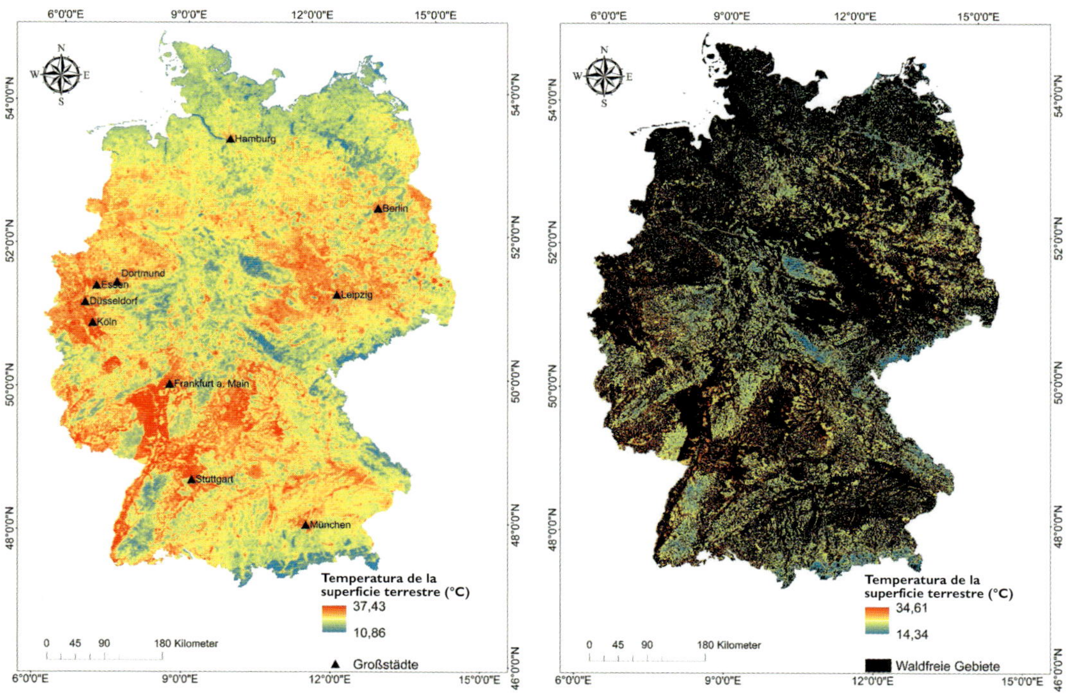

Fuente: Waldbedeckung: (Hansen et *al.*, 2013); datos de la temperatura se basan en MODIS Aqua Land Surface Temperature LST (Wan et *al.*, 2015); sistema de coordenadas: ETR S89/UTM zona 32N. Elaboración del mapa: Deepika Mann y Charlotte Gohr.

1. RG.2.2.31704.62724 Ibisch, P. L. et *al.* (2021). *Der Wald in Deutschland auf dem Weg in die Heißzeit. Vitalität, Schädigung und Erwärmung in den Extremsommern 2018-2020.* Centre for Econics and Ecosystem Management de la Universidad de Eberswalde para el Desarrollo Sostenible para Greenpeace. Eberswalde. 96 S. 10.13140

sultado de la pérdida de la cubierta forestal debido a la muerte de los monocultivos (en su mayoría abetos) y la subsiguiente deforestación y tala. Resulta chocante que esto se aprecie incluso cuando se observa Alemania en su conjunto y a baja resolución.

¿Podría uno permitirse eso? Teniendo en cuenta que en Alemania se destinan unos 100 000 kilómetros cuadrados a la producción de piensos, cabría pensar en una reducción del consumo de carne y la correspondiente ampliación de la superficie forestal.

Cada árbol cuenta. Esto también se ha investigado para el caso de los trópicos de América Latina y África.[450] Por cada 10 toneladas de carbono que los árboles almacenan en madera en una hectárea, la temperatura del paisaje puede reducirse entre -0,32 y -2,4 °C. Éste es un argumento de peso a favor de la agrosilvicultura en la crisis climática, es decir, la agricultura con hileras de árboles entre o en los campos.

El efecto de calentamiento de la destrucción de los bosques también se puede estimar a nivel mundial. Debemos suponer que la participación de la pérdida de bosques en el efecto invernadero provocado por el hombre contribuyó en un 18 por 100 al calentamiento de la superficie terrestre entre 2003 y 2012.[451]

Por desgracia, aún no ha llegado a la conciencia general. Cuando el bosque se pierde y las áreas forestales permanecen desnudas, esto no es sólo un problema de estética del paisaje. Existe el riesgo de enormes consecuencias ecológicas para el equilibrio hídrico del clima y el paisaje locales, y, por lo tanto, para los ecosistemas, las personas y la economía.

Creadores de lluvia y clima: ríos voladores y bombas de agua forestales

> «Durante mucho tiempo, se pensó que toda la humedad de las nubes que cae sobre la tierra en forma de lluvia o nieve provenía del vapor de agua que procedía del mar. Después de un tiempo, la gente empezó a preguntarse cómo las nubes que cubrían la parte central del país podían llevarse la humedad de la costa durante cientos de kilómetros sin perderla. [...] Tan pronto como la gente descubrió en qué medida los árboles forestales ayudaban a las nubes a regar las granjas de las praderas de nuestro país, empezaron a referirse a los bosques como «océanos del continente» y comenzaron a entender lo importantes que son los bosques para el suministro de alimentos en nuestro país, cosa que no habían hecho antes».[452]
> MARY I. CURTIS (1925)

En un libro estadounidense de cuentos sobre árboles para niños en edad escolar, Mary Curtis explicó hace 100 años que los bosques son importantes para la lluvia y, por lo tanto, también para la agricultura. Desde la perspectiva actual, es notable y gratificante que haya abordado este tema de la ecología del paisaje y lo haya explicado con mucha claridad, en un momento en que esta disciplina aún no existía.

Aún más sorprendente es el libro de texto *Wald, Wasserund Klima* («Bosque, agua y clima»), escrito en 1878 por el funcionario ministerial vienés Josef Roman Lorenz, caballero de Liburnau. Anticipó muchos de los temas que tanto nos preocupan hoy en día en la crisis climática. Lorenz, ex profesor de secundaria, se convirtió más tarde en presidente de la Sociedad Meteorológica de Austria. Describió a la perfección los fenómenos del microclima forestal, pero también pensó en cómo los bosques afectan al medio ambiente y qué tienen que ver con la generación de lluvia.

> «Por ejemplo, del hecho indiscutible de que el bosque libera abundantes cantidades de vapor de agua en el aire durante varios meses del semestre estival se deduce necesariamente que los grandes complejos forestales desempeñan durante los meses de verano un papel similar en los procesos atmosféricos al que desempeñan las grandes extensiones de agua, y que los vientos, que soplan desde tales complejos hacia regiones que de otro modo serían secas, aportan a estas

últimas una bienvenida humedad que no se produciría de este modo si el bosque no estuviera presente».[453]

Fue un revolucionario. Lorenz von Liburnau escribió sobre el efecto de los bosques en el «bienestar público» hace casi siglo y medio, y reflexionó sobre la necesidad de recompensar los aportes de los ecosistemas forestales. Por desgracia, la admiración se convierte en desconcierto si tenemos en cuenta que estas ideas visionarias prácticamente han desaparecido en el olvido hasta el día de hoy. Las ciencias forestales tienen que aceptar el reproche de haberse centrado cada vez más y de manera reduccionista sólo en los árboles a partir del siglo XX. En un primer momento, la hidrología forestal formó parte de

Los bosques son aún más «cool»* cuando hace calor

En un estudio basado en imágenes por satélite sobre las temperaturas de la superficie en una región del noreste de Alemania, que también incluye partes de la capital, Berlín, se investigó la influencia de la utilización de la tierra.[1] El área es particularmente interesante porque comprende áreas metropolitanas y masas de agua, así como extensas áreas agrícolas y forestales.

Las imágenes por satélite también se pueden ver y analizar de forma retroactiva. En este caso, se examinaron las temperaturas de la superficie registradas por el satélite al mediodía entre 2002 y 2020. La imagen inferior siempre muestra la misma región y los colores representan la desviación de la temperatura promedio. El azul oscuro significa más de 15 °C más frío que el promedio (se muestra en blanco), y el rojo oscuro, más de 5 °C más cálido que el promedio.

La mayor diferencia de temperatura medida se produjo en los días calurosos (de 35 a 40 °C): la zona más fría, un lago del Parque Nacional de Müritz, tenía 23,3 °C «fría», y una zona en Berlín, 44,1 °C «caliente». ¡Eso supone una diferencia de más de 20 °C! En este caso, los extremos también resutan evidentes. Los lagos son siempre los más frescos, al menos en verano. Esto se invierte en invierno, cuando las masas de agua calientan el paisaje debido a la alta capacidad calorífica específica del agua. Pero no sólo los lagos almacenan el calor latente, sino también los bosques ricos en agua. Lo mismo ocurre con los bosques. Se enfrían en verano y se calientan en invierno. ¡Debido al agua, el efecto de la temperatura relativa depende de la temperatura! De hecho, los bosques son particularmente eficaces para refrescarse cuando hace más calor en general. Las grandes zonas forestales son más frías que los pequeños bosques restantes. Además, el estudio confirmó que los bosques caducifolios se enfrían mejor que los bosques de coníferas.[2] Una expansión de las áreas forestales reduciría la temperatura del paisaje en general en los días calurosos. Con cada 10 por 100 más de bosque, ¡la temperatura en la región sería casi 1 °C más fría los días calurosos![3]

* *Cool*, del inglés, «fresco», «guay». *(N. de la T.)*

1. Gohr, C. *et al.* (2021). «Quantifying the mitigation of temperature extremes by forests and wetlands in a temperate landscape». *Ecological Informatics* 66: 101442.
2. Gohr, C. *et al.* (2021). «Quantifying the mitigation of temperature extremes by forests and wetlands in a temperate landscape». *Ecological Informatics* 66: 101442.
   Schwaab, J.; Davin, E. L.; Bebi, P.; Duguay-Tetzlaff, A.; Waser, L. T.; Häni, M.; R. Meier (2020). «Increasing the broad-leaved tree fraction in European forests mitigates hot temperature extremes». *Scientific Reports* 10 (1): 1-9.
   Novick, K. A. et al. (2020). «The duality of reforestation impacts on surface and air temperature». *Journal of Geophysical Research: Biogeosciences* 125 (4): e2019JG005543.
3. Gohr, C. *et al.* (2021). «Quantifying the mitigation of temperature extremes by forests and wetlands in a temperate landscape». *Ecological Informatics* 66: 101442.

un enfoque holístico de la protección de los bosques, pero esto se perdió por completo en la enseñanza y la práctica. Ahora ha sido necesaria una crisis climática para redescubrir estas cuestiones centrales.

Pero se equivoca quien piense que hoy en día los estudios (micro)climatológicos e hidrológicos son recibidos con interés por todos los silvicultores y científicos forestales. Los resultados de las mediciones exhaustivas sobre el calentamiento de los bosques a causa de la tala son simplemente puestos en duda por algunos hasta el día de hoy, sin poder presentar ellos mismos los datos correspondientes. En apariencia, lo que no encaja en la gestión convencional no debe serlo.

¡Sin embargo, la historia de la evidencia científica es fascinante! Los bosques pueden hacer llover no sólo por crear nubes, sino también por provocar el viento. Dos científicos rusos, Anastassia Makarieva y Viktor Gorshkov, han traído un soplo de aire fresco a la ciencia en este siglo, en el verdadero sentido de la palabra. El catedrático de Física Teórica Viktor Gorshkov, fallecido en 2019, desarrolló el concepto de bomba biótica, que explica cómo la vida en la Tierra hace funcionar el ciclo del agua. Su alumna, la física atmosférica Makarieva, continúa desarrollando el tema y se ocupa muchísimo acerca de cómo los sistemas vivos intervienen en los procesos energéticos y climáticos de la Tierra. La reconocida revista científica *Science* dedicó un artículo a su trabajo y al relato «Weathermakers» («Los bosques crean el tiempo»), en el que no sólo abordó el contenido, sino que también describió su verdadera odisea por el mundo de la ciencia.[454]

Los bosques crean el tiempo, ¿una provocación en el siglo XXI? Eso ya estaba escrito en un libro de texto hace 100 años y se ha aclarado desde hace tiempo. El agua que se evapora sobre el océano viaja tierra adentro y es reciclada por los bosques al volver a evaporarla parcialmente, lo que conduce de nuevo a la formación de nubes. Las nubes siguen volando y también traen precipitaciones a otras regiones. Lorenz von Liburnau ya lo había escrito en 1878, e incluso pensó en la dimensión internacional.

«Pero dado que los vientos, según las constelaciones predominantes, transportan sus propiedades a regiones más o menos lejanas, del mismo modo que, por ejemplo, la humedad importada al aire por los bosques del este de Francia puede ser transportada a través de la propia Alemania hasta Austria, y, del mismo modo, los vapores de agua transportados por el aire en el suroeste de Alemania hasta Hungría, la cuestión de la forestación más o menos densa de los países adquiere un carácter internacional, al igual que la cuestión de la protección de las aves, con respecto a la cual se ha acordado desde hace tiempo que las leyes eficaces sólo pueden aprobarse a nivel internacional».[455]

Pero Lorenz von Liburnau había sido olvidado. Tendrían que transcurrir otros 100 años antes de que el meteorólogo brasileño Eneas Salati demostrara que la mitad de la lluvia sobre la Amazonia provenía de la propia selva y no directamente del océano. Así se hizo patente que sobre la Amazonia volaba al menos tanta agua como la que fluía por el Amazonas, lo que supuso el descubrimiento de un primer «río volador».[456] Científicos holandeses descubrieron más tarde que tales ríos vuelan en muchos continentes y son bastante esenciales para el suministro de agua.[457] El 40 por 100 de las precipitaciones en todo el mundo no procede de los océanos. El sudeste de Sudamérica recibe el 70 por 100 de la lluvia del gran río volador, y China, hasta el 80 por 100 de su agua, no del Pacífico, sino del oeste, incluidos los bosques europeos. Sin embargo, esto requiere una cadena de suministro gigantesca para funcionar. El agua del Atlántico se transporta por una cinta transportadora a través de los bosques boreales de Escandinavia y Rusia en unos seis meses.

Hasta el momento, todo resulta muy emocionante, pero volvamos a los físicos rusos. Intentaron demostrar que los bosques realizan un trabajo físico como máquinas de vapor y que mueven la atmósfera como una bomba biótica.[458] Los resultados contradicen, en primer lugar, la teoría meteorológica, en la que se afirma lo siguiente: cuando la tierra se calienta al sol, el aire se eleva, hay baja presión atmosférica, el viento es aspirado y sopla desde el

Bosques, paisajes frescos y cálidos

Temperaturas medias de la superficie terrestre en días con diferentes temperaturas medias en la región al norte de Berlín. La mayoría de las áreas urbanas están por encima del promedio todos los días; las zonas forestales y las masas de agua son más frías que la media, especialmente durante los días calurosos (según Gohr *et al.*, 2021).

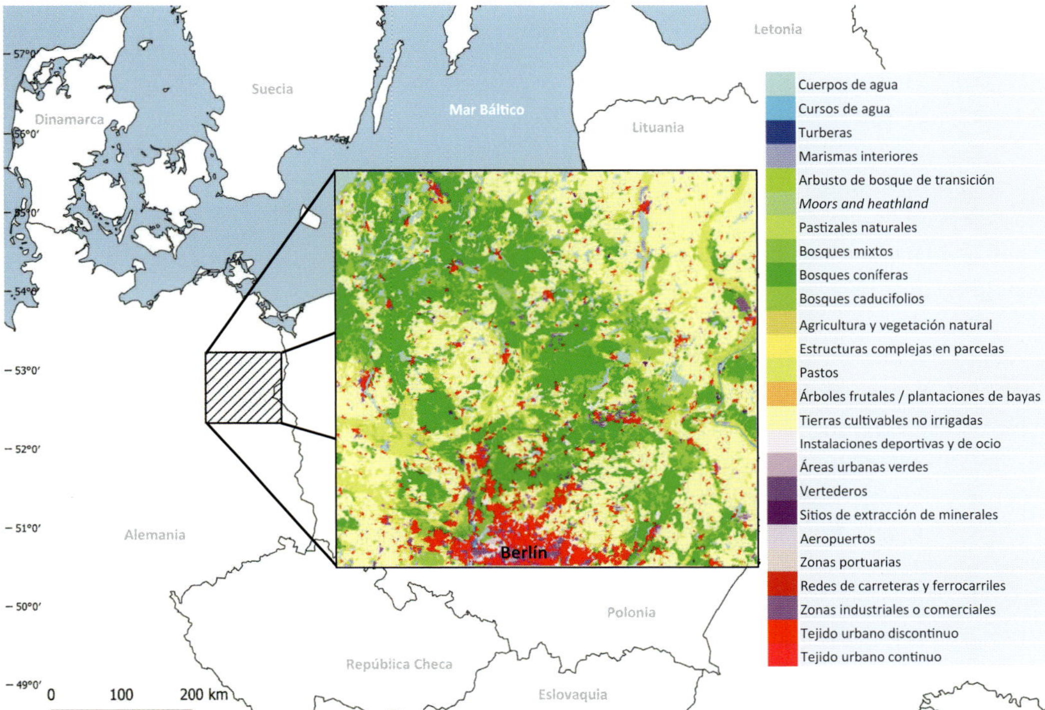

Fuente: EuroGeographics y ONU-FAO 2020, Copernicus 2018.

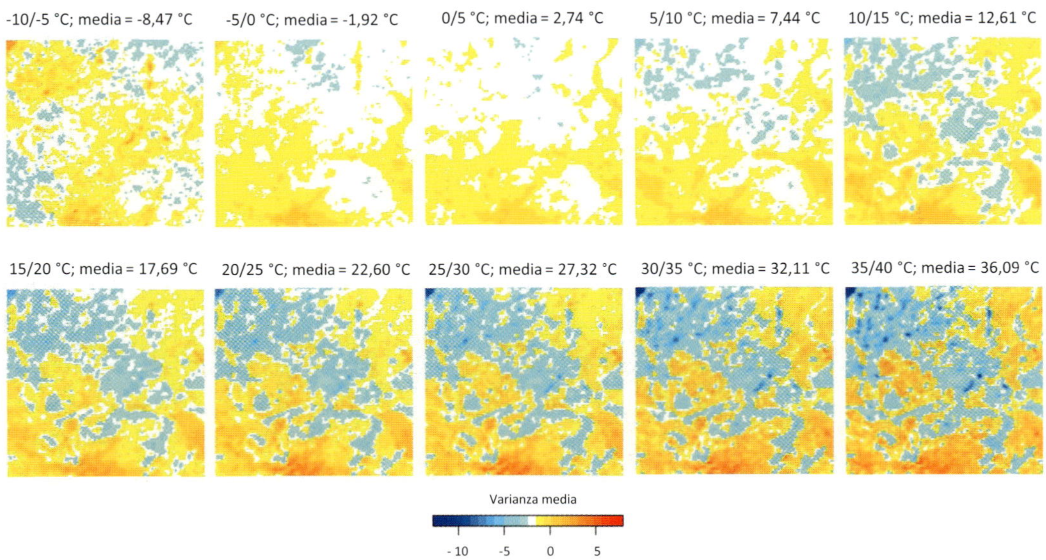

agua fría hacia la tierra. De esta manera funciona el viento marino, que entra en la costa durante el día. Sin embargo, esto no siempre coincide con la realidad. En la Amazonia, la masa terrestre está más fría que el océano de enero a junio, pero el viento sopla con fuerza en el continente, lo que se conoce como la «paradoja fría de la Amazonia». Gorshkov y Makarieva lo explican diciendo que la evaporación del agua a través de los bosques conduce a la formación de nubes. Después de la condensación, el agua ocupa menos espacio que antes como vapor de agua. Esto crea una presión negativa y atrae el aire húmedo del mar hacia las nubes del bosque. La clásica retroalimentación positiva. ¡Mucho se convierte en más!

La evidencia coincide con los hallazgos, pero los físicos atmosféricos de mentalidad convencional consideraron poco convincente la explicación de Gorshkov, Makarieva y su coautor Douglas Sheil y se negaron a aprobar la publicación en la revista *Atmospheric Chemistry and Physics*, importante para esta ciencia. Sin embargo, no tenían argumentos en contra. Se pasaron tres años discutiendo y no fue posible invalidar la teoría del viento de los bosques rusos. Al final, se publicó después de todo.[459] Lo inusual fue que los editores declararon que estaban lejos de estar convencidos por ello. ¿Te recuerda también a ti a la Iglesia católica y la idea que la Tierra es como un disco?

En las latitudes templadas y boreales, está demostrado que más zonas boscosas generan más nubes. En la Amazonia o África Central, esto está menos claro.[460] Por el contrario, se ha observado que la deforestación en algunas partes de la Amazonia (en el verano septentrional de junio a agosto), es decir, en el período más seco, incluso ha provocado un aumento de la nubosidad, pero sólo si hay áreas forestales cercanas que evaporan el agua. Sin embargo, cuando desaparecen zonas forestales muy extensas, también se produce una reducción de la nubosidad. Todo esto tiene mucho que ver con el calor perceptible y las diferencias de calor, que conducen a movimientos de aire complejos, turbulencias y estratificaciones. En todo el mundo circula la importante noticia, especialmente para los agricultores, de que la conservación de relictos forestales más o menos grandes en paisajes agrícolas puede preservar la lluvia y hacer que desciendan las temperaturas.

La formación de nubes no sólo incluye el agua, que debe evaporarse en algún lugar. Invertir la evaporación, es decir, las gotas o la condensación, por lo general requiere núcleos de condensación. Cuando se forman gotas de líquido a partir del vapor de agua, hablamos de «lluvia caliente». La «lluvia fría» se produce a partir de partículas de hielo que se hacen más grandes y pesadas, para, finalmente, caer y volver a derretirse en la Tierra en forma de agua de lluvia.

Los bosques no dejan que estos granos vuelen por el aire al azar, sino que están muy involucrados. Emiten a la atmósfera compuestos volátiles que contribuyen a la formación de los llamados bioaerosoles.[461] Se trata, por ejemplo, de sustancias olorosas como terpenos, limoneno, acetona o alcoholes como el metanol,[462] que emiten las coníferas en los días calurosos y que hacen de muchos paseos por el bosque una gran experiencia olfativa.

Los bioaerosoles también contienen microorganismos. Se trata, por ejemplo, de bacterias como *Pseudomonas syringae*, en realidad un patógeno temido en fruticultura, ya que provoca, por ejemplo, el tizón bacteriano. Al parecer, en la capa inferior de la atmósfera tienen la propiedad de facilitar la formación de hielo (a temperaturas superiores a -37 °C) que, de otro modo, sólo se produciría en condiciones más frías.[463]

Ya en 1982, los científicos propusieron la hipótesis de la bio-lluvia, según la cual en la formación de la lluvia interviene también una retroalimentación sistémica, es decir, las plantas emiten aerosoles que provocan más lluvia, lo que, a su vez, favorece el crecimiento vegetal.[464] Especialmente cuando ha llovido mucho, las bacterias se multiplican en las plantas y se liberan a la atmósfera en cantidades proporcionalmente grandes. Una media de 200 células por metro cuadrado y segundo.[465] ¡Se elevan al cielo! Los patógenos y otros microbios causan la lluvia y, probablemente, lo hayan hecho desde hace mucho tiempo en la Tierra. Casi nada es tan malo que no sirva para algo.

Estos bio-aerosoles también amortiguan el efecto invernadero. No sólo contribuyen a devolver radiación al espacio mediante la formación de nubes, sino que también reflejan cantidades aún menores de radiación solar incidente.[466] En este caso, se produce una retroalimentación negativa en relación con el calentamiento global. El calentamiento genera más bio-aerosoles, que refrescan la atmósfera.[467] Cuando las plantas están sometidas a estrés, por ejemplo por el aumento del calor y la sequía o por los daños causados por los insectos, liberan cantidades aún mayores de aerosoles a la atmósfera, lo que provoca un aumento de la formación de nubes, que debería aliviar el estrés.[468] Los grandes bosques boreales del hemisferio norte, en particular, contribuyen en gran medida a la formación de nubes y, por tanto, al enfriamiento del clima global.[469] El hecho de que este bosque boreal se haya visto sometido a una presión considerable a causa de la

El bosque y la atmósfera: una relación compleja

Los bosques no sólo almacenan carbono y producen oxígeno. Al evaporar agua y enviar materia orgánica o microorganismos, modifican el «viento y el clima», lo que, a su vez, repercute en el bosque. Los bosques son, ante todo, convertidores de energía que intervienen de forma compleja en el equilibrio energético y de radiación de la atmósfera y la biosfera (modificada después de Morris, 2018).[1]

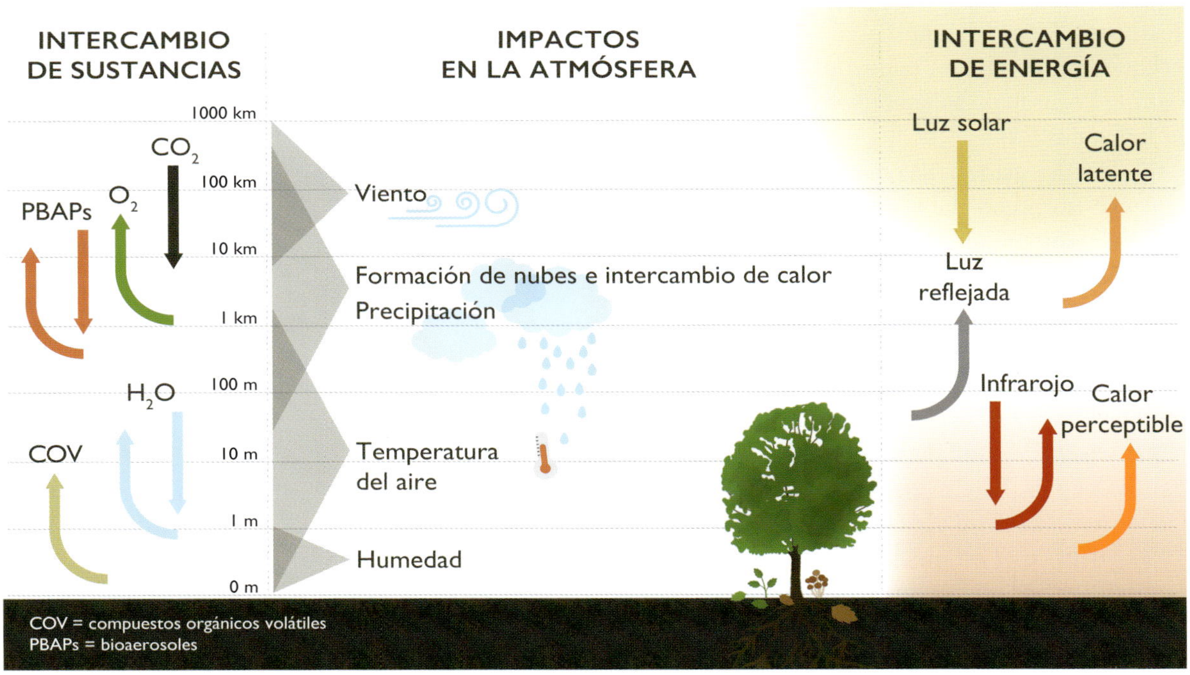

1. Morris, C. (2018). «Phytobiomes contribute to climate processes that regulate temperature, wind, cloud cover, and precipitation». *Phytobiomes* 2 (2): 10.1094/PBIOMES-12-17-0050-P.

tala, el cambio climático y los incendios es, por tanto, en extremo preocupante.

Al parecer, las superficies terrestres muy calientes pueden incluso bloquear las masas de aire húmedo procedentes del mar.[470] Tenemos que elegir: o conservamos el bosque húmedo y fresco y la lluvia o perdemos el bosque y, luego, la lluvia.[471] Debemos darnos cuenta rápidamente de que la conservación y restauración de los bosques no sólo tiene que ver con el carbono, sino, sobre todo, con la lucha contra el calor y la sequía.[472] Hay que romper cuanto antes el círculo vicioso de la pérdida de bosques y la desecación.[473]

Al mismo tiempo, está quedando claro que en tiempos de olas de calor y sequías severas, la contribución de las áreas forestales más grandes a las precipitaciones de verano adquiere una importancia crucial. Si, por ejemplo, hay condiciones meteorológicas de bloqueo en el verano europeo y las nubes se niegan a desplazarse hacia el interior desde el Atlántico, las nubes y la lluvia sólo pueden producirse sobre los bosques. No es necesario que sean cantidades gigantescas de agua, pero si los bosques proporcionan pequeños refrescos de vez en cuando, es más fácil sobrevivir a períodos secos prolongados.[474]

Tras todos estos hallazgos sobre los ríos voladores, no es sorprendente que la deforestación generalizada, pero también la muerte de las plantaciones y los bosques, puedan tener consecuencias suprarregionales. Los científicos estadounidenses han investigado este preocupante riesgo utilizando modelos.[475] En Estados Unidos, la pérdida de bosques en el sudoeste del Pacífico tuvo importantes efectos negativos en la vitalidad de los bosques de otras partes del país. Éste es sólo un ejemplo de interacciones remotas entre ecosistemas.

Ha llegado el momento, el «agua verde» debe estar en las mesas de negociación política,[476] como predijo Lorenz von Liburnau en 1878. Cuando hace poco se propuso el tema de las «aguas verdes» en relación con un documento de posición de las asociaciones de conservación de la naturaleza, se produjo una reacción defensiva por parte de un representante de una ONG: «¿Tenemos que apresurarnos otra vez con un nuevo concepto?». Sí, supongo que debemos hacerlo. El «agua verde» es uno de los límites planetarios que antes se habían pasado por alto, y que nosotros, como humanidad, hemos transgredido.[477] La crisis del «agua verde» es una prueba de lo interconectado que está todo en el complejo sistema terrestre y de cómo la biodiversidad, los bosques y el clima, en particular, forman un trío poderoso que es mejor no subestimar.

Relaciones vecinales y de larga distancia en el ecosistema

A nivel mundial, la madre de todas las relaciones de larga distancia en el sistema terrestre es El Niño-Oscilación Austral (ENOS), que tiene consecuencias globales debido a los enormes cambios en las corrientes oceánicas en el Pacífico y en la atmósfera.[478] Las relaciones entre los ecosistemas de larga distancia mundiales y continentales, lo discutimos en secciones anteriores sobre los bosques como sistemas de aire acondicionado y obras hidráulicas, surgen, desde luego, gracias a la influencia mutua de la biosfera y la atmósfera. Ya ha quedado claro en varios lugares que los ecosistemas forestales locales o regionales no sólo mantienen relaciones a larga distancia, sino que también interactúan con sus vecinos inmediatos.

Por ejemplo, un bosque sufre el calor y la sequía en los campos y asentamientos adyacentes. Un ejemplo bien conocido en Alemania es el bosque de Hambach, el lamentable vestigio del antaño gran «Bürgewald», en la bahía renana al oeste de Colonia. Casi todo el bosque fue destruido para crear la mina a cielo abierto más grande de Europa. La gigantesca fosa de la que se extraían los bosques fósiles de la tierra en forma de lignito es uno de los puntos más calurosos de Alemania. El aire caliente y seco, a veces por encima de los 45 °C, procedente del pozo de aproximadamente 4500 hectáreas y 500 metros de profundidad, está derribando el bosque residual que queda en el borde de la mina a cielo abierto y poniendo en peligro su existencia.[479] La situación es igualmente estresante en los bordes de las carreteras y los campos, donde se observa un aumento de la muerte de árboles estresados en los años de calor y sequía. En particular, las autopistas anchas con su reluciente asfalto crean una capa de calor que atraviesa el paisaje.[480]

Pero el calor no es el único problema marginal. Cuando se aplica fertilizantes y pesticidas en los campos, también llegan a los bosques; de nada les sirve que hayan sido declarados zona protegida. Sin embargo, el intercambio de materia entre ecosistemas, incluso a grandes distancias, también es un fenómeno natural.

Un ejemplo intercontinental de relación no climática a larga distancia es la selva amazónica. Se abastece de grandes cantidades de polvo mineral, que proviene del Sahara. El viento del Sahara, cargado de polvo, conocido como Harmattan, también resulta familiar en Europa, tanto, que incluso nubla el cielo del norte de Alemania, por ejemplo, ante determinadas condiciones meteorológicas. La Amazonia recibe hasta 40 millones de toneladas de polvo sahariano al año; se dice que una proporción considerable proviene del valle de Bodélé, al norte del lago Chad.[481] Para los suelos viejos, erosionados y pobres en nutrientes de la Amazonia, se trata de una importante inyección de nutrientes. Entre otras cosas, el polvo supone la importación de uno a cuatro kilogramos de fosfato por hectárea y año.[482] Muchos otros micro y macronutrientes, como el hierro, se ponen a disposición de las plantas, pero también de los microorganismos de las copas de los árboles.[483] El polvo se agrupa con otros componentes, como sales, para formar aerosoles.[484] Éstos también podrían desempeñar un papel en la formación de núcleos de hielo y nubes.[485] Como todo en el sistema terrestre, esta conexión a larga distancia entre el Sahara y el Amazonas también es muy dinámica, y probablemente más compleja de lo que se pensó durante mucho tiempo. Por ejemplo, hubo una interrupción en el suministro de nutrientes durante la época en que el Sahara estaba cubierto de vegetación.[486]

Probablemente, el factor más poderoso que crea relaciones de larga distancia entre los ecosistemas hoy en día son los seres humanos. Organizan enormes flujos de materiales de un continente a otro a través de la producción de biomasa y fertilizantes. Los nutrientes se traen de las zonas forestales taladas de Sudamérica con piensos a Europa, desde donde, a su vez, se exporta carne a China, entre otros. Sin embargo, las relaciones se crean a través de actividades turísticas (en las que los microbios de las botas de montaña incluso cambian de continente) o medidas internacionales de protección de la naturaleza. En este contexto, hablamos de acoplamiento remoto (teleacoplamiento).[487]

Los bosques para las personas, las personas para los bosques

La gente vive en y también de los bosques. Si preguntamos a las personas amantes de la naturaleza qué es la naturaleza, es posible que muchos no descarten nuestra propia especie. Esto, en el fondo, es cierto, porque somos un componente del ecosistema respectivo en el que vivimos, como cualquier otro ser.

Para poder evaluar el papel humano en el ecosistema forestal, debemos viajar varios milenios al pasado, a la época anterior a la agricultura. El asentamiento con agricultura regulada es, en última instancia, el origen de la sobreexplotación del bosque. Había suficientes árboles, pero no suficientes campos, por lo que se talaron y quemaron los árboles. Los hogares permanentes también permitían invertir más tiempo (y madera) en las viviendas; al fin y al cabo, se quedaban de forma permanente. La agricultura, a su vez, proporcionaba alimentos cada vez más uniformes, por lo que se dio la señal de partida para el crecimiento de la población. Cada revolución en los campos y pastos garantizaba un nuevo aumento de la población y, por tanto, también una desvinculación de los seres humanos de los sistemas de normas que se aplican a todas las demás especies. Los fertilizantes, los órdenes sociales y la medicina moderna hicieron el resto. Para poder entender mejor estas relaciones, veamos la interacción entre los seres humanos y los bosques antes de este cambio de era.

El hombre cazador de la Edad de Piedra también influía en su entorno. Por ejemplo, el aumento de la presencia de hayas en Europa Central hace unos 4000 o 5000 años[488] se atribuye a menudo a nuestros antepasados, que mataron a muchos grandes herbívoros. Estos herbívoros, como el bisonte, el tarpán o el uro, transformaron grandes zonas de Europa Central en bosques poco densos parecidos a sabanas al pastar el rebrote de los árboles. El haya es por naturaleza apenas defensivo, no tiene espinas ni contiene toxinas mortales. Su única pero poderosa ventaja es la capacidad de crecer incluso en la sombra más profunda y, en algún momento después de muchas décadas, levantar su copa por encima de las copas de sauces, álamos, abedules o cerezos. Más adelante explicaremos en detalle cómo mantiene a raya a los grandes herbívoros mediante la oscuridad del suelo.

Pero luego el pez se muerde la cola. ¿Cómo se supone que las hayas forman bosques oscuros si las plantas jóvenes son pastoreadas constantemente a medida que emergen? Al menos, así lo describen los partidarios de la teoría de los megaherbívoros, que califican de natural la condición de sabana y de mera consecuencia de la caza humana los posteriores hayedos primigenios. Solamente cuando estos últimos redujeron de manera drástica los animales de caza, el haya pudo hacer valer su ventaja y formar los bosques salvajes más oscuros junto con decenas de otras especies arbóreas. Sin embargo, descubrimientos recientes en la región del Eifel (Alemania) indican que, en realidad, fueron los árboles. Primero oscurecieron el suelo, haciendo desaparecer la hierba, y luego, con ella, los mamuts, los rinocerontes lanudos y los ciervos gigantes. Para ello, los investigadores examinaron los sedimentos de los lagos de los cráteres de los volcanes y, utilizando esporas de hongos que crecen en los excrementos de los herbívoros y el polen de los árboles, pudieron demostrar de manera convincente que esta vez los humanos no tenemos la culpa. Por lo tanto, los cazadores y una gran cantidad de mamuts y otras especies similares aparecieron juntos hasta que los árboles se apoderaron de ellos.[489]

Sistemas socioecológicos: ¿simplemente social y ecológico?

Toda la humanidad forma parte del ecosistema global, eso no se puede cambiar. Al igual que ocurre con los ciervos, los pájaros carpinteros o las hormigas del bosque. Como animales, los humanos somos consumidores que dependemos de otras criaturas para obtener energía a través de los alimentos. Además, para bien o para mal, estamos a merced de las condiciones de vida que resultan de los servicios prestados por el ecosistema de nuestro hábitat.

Algunas especies animales tienen áreas de distribución muy reducidas, por lo que forman parte exclusivamente de un complejo ecosistémico local; un ejemplo es la babosa azul de los bosques de los Cárpatos, un supuesto endemismo de Europa del Este. Otras especies tienen un área más grande y están integradas en varios ecosistemas. Esto se aplica, por ejemplo, al lobo europeo, que tiene varias subespecies en ecosistemas forestales, esteparios y desérticos muy diferentes, desde la península ibérica hasta el Lejano Oriente de Siberia y desde el Círculo Polar Ártico hasta áreas (sub)tropicales de la India y la península arábiga. Los lobos pudieron adaptarse a diferentes animales de presa, pero al final hacen el mismo «trabajo» de cazadores de herbívoros en todas partes.

Originalmente, las diversas especies humanas también eran miembros de ecosistemas más o menos locales. Sin embargo, varias especies humanas tuvieron la capacidad de extenderse desde África a otros continentes y de diferenciar cada vez más sus hábitos alimenticios, como, por ejemplo, *Homo erectus* y *Homo sapiens*. Al final, todas las especies hermanas de *Homo sapiens* se extinguieron. Los de nuestra especie tuvieron un éxito especial y prevalecieron.

La babosa azul habita en los bosques de los Cárpatos (Pierre L. Ibisch, Ucrania, 2019).

Lo que destaca es la capacidad del ser humano para adentrarse con gran rapidez en ecosistemas cada vez más nuevos y conectarse a los flujos de energía que existen en ellos o incluso redirigirlos. En el caso de los humanos, los cazadores-recolectores de las sabanas tropicales de África Oriental se convirtieron en pescadores en los ecosistemas costeros o en cazadores en el Ártico. Al final, las personas incluso se transformaron en agricultores y ganaderos en varias regiones del mundo. Estas culturas humanas gestionaron plantas y animales seleccionados en función de sus necesidades y remodelaron los ecosistemas de un modo significativo. Los bosques, por ejemplo, se degradaron hasta convertirse en estepas para que la gente pudiera extraer más energía del mismo espacio para su propio bienestar y el de sus animales domésticos. En el proceso, las cadenas alimentarias en las que no interviene el ser humano se han acortado y simplificado en cada vez más regiones del mundo. La creciente población se veía cada vez más en competencia con las plagas y los depredadores, que querían negarles parte de su sustento. Sin embargo, las personas seguían formando parte en gran medida de su ecosistema de hábitat local o regional. Eso sólo cambió con el comercio.

Entonces las cosas se volvieron más complejas. Los pueblos obtenían materias primas selectas, como maderas preciosas, marfil, pescado o especias, de otras regiones del mundo, a veces lejos de su hábitat. Al mismo tiempo, se incrementó la complejidad de las sociedades humanas, que también son sistemas. Se inventó la división del trabajo, surgieron las clases o estratos, la opresión y la esclavitud. Las guerras y los saqueos se extendieron por áreas cada vez más grandes. Se produjo un cambio drástico mediante el uso de combustibles fósiles. De repente, fue posible acceder a ecosistemas muy remotos e importar de ellos cantidades significativas de energía alimentaria o incluso materiales como metales preciosos o madera. Esto generó sistemas socioecológicos extremadamente complejos. El correspondiente enfoque científico ha contribuido hace no demasiado tiempo a comprender mejor nuestra relación con el medio ambiente.[490]

Los sistemas socioecológicos son ecosistemas muy marcados por la influencia de determinados sistemas sociales.

El ejemplo crucial para nosotros son los ecosistemas forestales o las partes de ellos que se gestionan. El bienestar y la aflicción de estos sistemas ya no dependen únicamente de la autoorganización y la regulación de los componentes ecológicos, sino también de los sistemas sociales que influyen y organizan la gestión. Los sistemas sociales que adquieren relevancia en un bosque de este tipo son, por ejemplo, las familias propietarias, los silvicultores que han aprendido su oficio en determinadas universidades, los sistemas estatales que regulan el uso de los bosques mediante leyes y ordenanzas, las empresas que desarrollan y venden máquinas para la tala de madera, los aserraderos que encargan determinados objetos a la empresa forestal y, por último, los consumidores con su demanda de productos. Esto dista mucho de mencionar todos los sistemas sociales participantes. También son importantes los agricultores, por ejemplo, que cultivan los campos adyacentes al bosque con fertilizantes y pesticidas, los actores que construyen carreteras a través del bosque, así como las personas que buscan relajarse en el bosque.

En la historia de Europa, las familias nobles propietarias de bosques toleraron determinadas actividades de otras personas. Se les permitió recolectar leña, hongos y bayas. El sistema socioecológico correspondiente era muy sencillo. Tradicionalmente, los propietarios de los bosques, junto con los silvicultores, decidían por sí solos lo que sucedía con el bosque. Hoy en día, los ciudadanos también están preocupados por el estado de los bosques. Crean iniciativas ciudadanas y cooperan con asociaciones de conservación de la naturaleza que están comprometidas con el bosque como ecosistema, incluso más allá de los intereses económicos de los grupos de usuarios individuales. Dado que cada vez está más claro por qué los bosques son tan importantes para todos nosotros, se incrementa el interés por los bosques y sus diversos servicios.

En años de grave sequía y calor, como 2022, se produjeron incendios forestales que conllevan enormes costes sociales. Esto significa que incluso las personas que no viven directamente en un bosque y que tal vez ni siquiera lo visiten tienen derecho a influir en la forma en que se gestiona. Al final, como contribuyentes, tienen que cofinanciar la prevención de incendios forestales o las subvenciones. Los bosques, como sistemas socioecológicos, se han vuelto cada vez más complejos sin que las prácticas de gestión y las leyes tradicionales sigan su ritmo. La gestión socioecológica de los bosques significa, por tanto, que los complejos sistemas sociales y ecológicos interactivos que los conforman hoy en día se consideren y gestionen adecuadamente como tales.

Sólo muchas décadas después de la invención de la ecología, el estudio del equilibrio natural, se reconoció científicamente que no sólo los animales y otras especies, sino, por supuesto, también las personas y sus sociedades, deben entenderse a nivel ecológico. La ecología social y la ecología humana surgieron como disciplinas independientes en las primeras décadas del siglo XX.[491] En la actualidad existe un importante enfoque científico para abordar los sistemas socioecológicos y su sostenibilidad, que también está siendo adoptado por disciplinas más económicas o aplicadas, como la investigación de desastres.[492]

El término «socioecológico» ahora está siendo también muy usado en política. En las últimas décadas ha caracterizado cada vez más la transformación que nuestra sociedad necesita experimentar para sobrevivir en el futuro.[493] Éste es un buen ejemplo de cómo las ideas científicas se abren camino en la política y la aplicación. Sin embargo, no todos los que hablan de una transformación socioecológica tienen en mente los conceptos científicos. El pensamiento en sistemas aún no está muy extendido. Esta transformación socioecológica no significa simplemente que nuestras acciones deban ser un poco más sociales y un poco más ecológicas. Más bien se trata de que todos nos veamos a nosotros mismos como parte de los sistemas sociales, que son todos parte del ecosistema global.

Para entender esto, debemos aclarar un viejo malentendido. El hecho de que podamos abusar, reconstruir y destruir los ecosistemas a corto plazo no significa que estemos lejos de poder gestionarlos y controlarlos a largo plazo. Esto se confunde a menudo. Efectivamente, podemos talar un árbol de 400 años en sólo unos minutos, pero no podemos devolverlo al bosque con la misma rapidez. Los seres humanos somos «agentes de la entropía», destruimos millones de años de trabajo ecosistémico en sólo unas pocas décadas. Pero no podemos obligar a la naturaleza a satisfacer nuestros en apariencia ilimitados deseos y necesidades. Todo nuestro modelo económico se ha basado en este malentendido durante demasiado tiempo y puede acabar mal.

Ecónica: aprender del sistema presupuestario forestal para la gestión económica

Una vez que nos hayamos dado cuenta de que sólo podemos cambiar o anular los ecosistemas en direcciones estrechas y sólo a corto plazo según nuestras propias ideas, podríamos decidir volver a mirar a la naturaleza más como un modelo a seguir. Como seres extremadamente dotados, los humanos siempre nos hemos guiado e inspirado por la naturaleza. Desde que existimos, nos hemos visto obligados a prestar atención al ritmo de la naturaleza y a hacer frente a los cambios de estación, así como a las fluctuaciones y cambios en los ecosistemas. La naturaleza nos inspiró a los humanos a crear arte, mitos y rituales, que también generaron el correspondiente sentido de pertenencia. Cuando creamos la tecnología, el control del fuego, el transporte en vehículos de todo tipo y, sobre todo, el uso aparentemente ilimitado de fuentes de energía como la madera o el carbón, empezamos a olvidar la naturaleza. Nuestras acciones y economías están «olvidadas del ecosistema».[494] Primero empezamos a considerarnos la corona de la creación, luego nos convertimos en maestros constructores: planificadores de tierras cultivables, forestales y urbanas. Hemos construido y cultivado nosotros mismos fuera de la naturaleza, o al menos eso creemos.

En las últimas décadas, los ingenieros y científicos han descubierto que puede ser muy beneficioso aprender de la naturaleza, que ha desarrollado soluciones para muchas cosas que pueden transferirse a problemas tecnológicos. Se puede aprender de las estructuras de las construcciones de las termitas, por ejemplo, cómo construir estructuras estables que sean económicas en cuanto a materiales y tengan un sistema de aire acondicionado que funcione sin requerir energía adicional.[495]

El efecto loto también es muy conocido. El botánico de Bonn e investigador de la biodiversidad Wilhelm Barthlott y sus colegas investigaron por qué las hojas de la flor de loto no se mojan ni se contaminan. No en vano, la planta es símbolo de pureza en las culturas asiáticas desde hace miles de años.[496] La razón por la que las hojas de loto (y muchas otras superficies vegetales) no se mojan se debe a unas estructuras microscópicas que hacen que las gotas de agua se vuelvan esféricas y se deslicen hacia abajo. La propiedad de repeler el agua está muy extendida en el reino vegetal.[497]

Este principio se ha podido trasladar a las superficies artificiales y utilizarse, por ejemplo, para nuevos tipos de pintura,[498] y es un gran ejemplo del enfoque biónico (o biomímico).[499] Mientras tanto, también existen muchas aplicaciones biónicas en ámbitos que no tienen nada que ver con la construcción. Esto se aplica, por ejemplo, al desarrollo de sistemas informáticos de aprendizaje o a instrumentos digitales para el mercado financiero, que ahora se entrenan con algoritmos de colonias de hormigas.[500]

Si entendemos la naturaleza como un sistema complejo de aprendizaje y mantenimiento que asegura su propia existencia de forma sostenible, y los seres humanos forman parte de esta naturaleza, deberíamos preguntarnos si no podemos aprender también sistemáticamente de la naturaleza cómo tratar los sistemas ecológicos y sociales de forma más sostenible. Trasladando la idea de la biónica, se propuso el concepto de ecónica.[501] Los ecosistemas gestionan recursos escasos, entre ellos los recursos primarios de energía y agua. Desarrollan propiedades emergentes que los hacen más resistentes y resilientes. ¿Se pueden imitar estas características o se pueden «crear» diseñando sistemas sociales como nuestras sociedades, empresas, sistemas educativos o económicos de manera similar a un ecosistema?

Existen muchos indicios de que los bosques de alta complejidad, en particular, son muy adecuados como fuente de inspiración para una gestión más sostenible. Si echamos un vistazo a este «baúl de sorpresas», encontraremos muchísima inspiración. Comencemos con principios muy generales:

- La diversidad de componentes, estructuras e interacciones se traduce en un mayor rendimiento y durabilidad.
- Una parte de la energía gratuita disponible se almacena en los ecosistemas o se invierte en la creación de infraestructuras que mejoren la capacidad de trabajo. Las estructuras necesarias asumen funciones adicionales.
- La conversión de energía libre en calor se retrasa.
- Los procesos caóticos están permitidos y se utilizan para la innovación.
- El control del sistema no requiere una jerarquía estricta. La existencia y el desarrollo son un proceso de aprendizaje incesante.
- El desarrollo significa una mayor capacidad de trabajo y una amortiguación cada vez mejor contra las alteraciones externas.
- El desarrollo desempeña un papel en este sentido, ya que tras una fase inicial de crecimiento de la masa, finalmente son, sobre todo, la red y la información las que se expanden en el sistema.
- La nueva información no reemplaza de manera necesaria a la antigua; más bien, la combinación de componentes antiguos y nuevos conduce a la innovación y la operatividad.
- No existen residuos; en la medida de lo posible, los recursos se mantienen en ciclos.
- Las estructuras envejecidas asumen nuevas funciones.
- Los sistemas se unen en alianzas cooperativas.
- En los sistemas maduros, la cooperación y la simbiosis es más importante que la competencia.

Todas estas frases estaban relacionadas con el bosque. Vuelve a leer la sección y reemplaza mentalmente el bosque por la economía, entonces encajará igual de bien: ¡bienvenido al mundo de la ecónica!

Después de todo, ya se han adoptado algunas cosas para lograr negocios y trabajos más sostenibles, como el reciclaje o la gestión adaptativa. Si los ecosistemas forestales se estudian de un modo sistemático, sin duda se podrán descubrir más trucos y técnicas. En cualquier caso, hay que aprender del bosque a gestionarlo adecuadamente. Esta idea no es nueva, sino que constituye la base de la gestión forestal casi natural o basada en la naturaleza. Lo decisivo, sin embargo, es en qué conocimientos sobre la naturaleza del bosque se inspira la gestión. Si sólo se destacan aspectos individuales y la gestión no sigue un enfoque sistémico, incluso un uso supuestamente natural puede acabar teniendo un impacto muy desfavorable en el ecosistema.

Muchas prácticas forestales habituales que se consideran sostenibles no son en absoluto naturales. Esto también incluye cosechar el crecimiento anual de los árboles: «No cosechar más de lo que vuelve a crecer». En primer lugar, hay que decir, por supuesto, que la tala de árboles del bosque no ocurre en la naturaleza. Pero, lo que es más importante, muchos ecosistemas forestales no influenciados por los silvicultores apenas dejan de acumular biomasa y, por tanto, energía libre en el sistema, en una fase muy madura.

Si un bosque joven y de mediana edad se ve obligado a mantenerse en un nivel de biomasa comparativamente bajo, su capacidad de trabajo también se ve gravemente limitada; ésta es la condición en la que se encuentra la gran mayoría de los bosques gestionados. Una gestión forestal basada más en el ecosistema permitirá por lo menos que se desarrolle durante mucho tiempo más biomasa viva y muerta, así como un suelo rico en carbono. Esto es un simple ejemplo de lo que debe tener en cuenta la gestión forestal basada en los ecosistemas y también la «inspirada en los ecosistemas». Al final, la pieza clave es la funcionalidad del ecosistema forestal, es decir, la salud del bosque.

(Pierre L. Ibisch, Uholka-ShyrokyiLuh, Transcarpatia, Ucrania, mayo de 2013).

El bosque y el hombre: breve historia de una larga relación

Sólo podemos gestionar los bosques de manera adecuada si sabemos qué podemos esperar de ellos y qué no.

Antes de poner una mano sobre los árboles, antes de destruir o crear nuevos bosques, deberíamos entender por qué existen los bosques y qué es lo que los mantiene unidos. La física, la química, la botánica, la zoología, la ecología, la microbiología, la investigación de sistemas, la hidrología, la climatología y muchas otras disciplinas permiten hoy formarnos una imagen de este ecosistema tan asombroso. No obstante, el bosque alberga otras lecciones que, junto con las conocidas hasta ahora, suponen un reto para la silvicultura convencional. Estas enseñanzas se aplican incluso más allá del bosque y pueden secundar nuestros esfuerzos por lograr un desarrollo sostenible.

Friedrich Wilhelm Leopold Pfeil, fundador de la Real Escuela Superior Prusiana de Silvicultura de Eberswalde, solía decir: «Pregunta a los árboles cómo quieren ser educados, ellos te enseñarán mejor que los libros».

En el siglo XIX, casi 200 años después del alegato de Wilhelm Pfeil, deberíamos reflexionar sobre si sigue siendo pertinente. ¿Hemos utilizado hasta ahora los métodos adecuados para preguntar a los árboles? ¿Y qué respuestas nos han proporcionado? ¿Hemos entendido su lenguaje y actuado en consecuencia? ¿Era correcto preguntar sólo a los árboles o deberíamos haber incluido todo el bosque con todas sus criaturas? ¿Y no es realmente presuntuoso querer criar árboles? Los bosques existían antes de que lo hiciera la humanidad. ¿Seguirán existiendo después de nosotros?

A continuación, no se trata tan sólo de replantearnos nuestra «imagen del bosque», sino también nuestra imagen de nosotros mismos, nuestra imagen del hombre.

Palabras del bosque

> Mientras tanto, por más visible que fuera,
> para los dos sabios esto no lo era,
> aunque observen a la bella con grandes ojos.
> A estos hombres demasiada luz suele deslumbrar;
> así que el bosque por tantos árboles no pueden
> percatar.[1]
>
> CHRISTOPH MARTIN WIELAND, MUSARION, *DIE PHYLOSOPHIE DER GRAZIEN* («LA FILOSOFÍA DE LAS GRACIAS»).[2]

El verso de Wieland «Siesehn den Wald vorlauter Bäumennicht» («No ven el bosque por los árboles») se ha convertido en un dicho común en alemán, una frase de uso frecuente que utiliza el bosque como imagen de algo incomprendido.

El bosque parece especialmente adecuado para esta sabiduría. Sin árboles no sería un bosque, aunque muchos árboles no constituyen sin más un bosque, porque: «El bosque es más que la suma de los árboles», como dijo Horst Stern.[3] El bosque se presta a malentendidos.

Este capítulo central tratará sobre el bosque como ese todo más amplio. En este contexto, no bastará con contentarse con una definición como la propuesta por la FAO (organización de las Naciones Unidas responsable, entre otras cosas, de la silvicultura) sobre la base de criterios prácticos y orientados al uso.

La definición de la FAO tiene sentido si la miramos a través de la lente de la silvicultura. Por este

Bosque según la definición de la FAO, 2020:[1]

Áreas de más de 0,5 hectáreas con árboles que miden más de 5 metros y tienen un grado de cobertura de más del 10 por 100, o con árboles que pueden alcanzar estos umbrales en sus sitios. No se incluyen las áreas que se utilizan principalmente para fines agrícolas o urbanos.

Notas explicativas:

1. El bosque viene determinado tanto por la presencia de árboles como por la ausencia de otros usos predominantes del suelo. Los árboles deben poder alcanzar una altura mínima de 5 metros en los emplazamientos.
2. Se incluyen las zonas con árboles jóvenes que aún no han alcanzado, pero se espera que alcancen, una cubierta de copas del 10 por 100 y una altura de los árboles de 5 metros. También se incluyen las áreas temporalmente despobladas debido a talas o a desastres naturales y que se espera que se regeneren en un plazo de 5 años. En casos excepcionales, las condiciones locales pueden justificar un plazo mayor.
3. Incluidos los caminos forestales, cortafuegos y otras pequeñas zonas abiertas; bosques en parques nacionales, reservas naturales y otras zonas de conservación y otras zonas protegidas, por ejemplo, las de especial interés ecológico, científico, histórico, cultural o espiritual.
4. Se incluyen los cortavientos, los cinturones de protección y los corredores de árboles con una superficie superior a 0,5 hectáreas y una anchura superior a 20 metros.
5. Incluye las zonas de cultivo itinerante abandonadas con una regeneración de árboles que tienen o se espera que alcancen una densidad de copas del 10 por 100 y una altura de 5 metros.
6. Incluye las áreas de manglares en zonas intermareales, con independencia de que esta área se clasifique o no como tierra.
7. Comprende plantaciones de árboles de caucho, alcornoques y árboles de Navidad.
8. Contempla zonas con bambú y palmeras, siempre que se cumplan los criterios de uso del suelo, altura y dosel.
9. Incluye áreas fuera de las áreas forestales legalmente designadas que cumplen con la definición de «bosque».
10. Excluye las plantaciones de árboles en sistemas de producción agrícola, como las plantaciones de árboles frutales, las plantaciones de palma aceitera, las plantaciones de olivos y los sistemas agroforestales en los que los cultivos se realizan bajo los árboles.

1. Original del inglés. FAO (2018). *Terms and Definitions. Forest Resources Assessment Working Paper 188*, Roma, 26 págs. https://www.fao.org/3/I8661EN/i8661en.pdf (consultado: 28.09.2023).

motivo, incluso las zonas que no están cubiertas de árboles, como las carreteras forestales necesarias para la tala de madera, se denominan bosques. También llama la atención que los bosques no se describan como sistemas en funcionamiento ni como ecosistemas.

En la concisa definición de la gran obra de referencia de la *Enciclopedia Británica* se desprende una imagen del bosque completamente diferente:[4] «Un bosque es un sistema ecológico complejo en el que los árboles son la forma de vida dominante. Un bosque es el ecosistema más eficiente de la naturaleza, con una alta tasa de fotosíntesis que afecta tanto a los sistemas vegetales como a los animales en una variedad de relaciones orgánicas complejas. Los bosques pueden desarrollarse en diversas condiciones, y los tipos de suelo, plantas y animales varían según los extremos de las influencias ambientales». Probablemente un biólogo haya sido el responsable de este artículo de la enciclopedia.

Las dos definiciones, que son tan diferentes y no se contradicen entre sí en términos de contenido, pueden llevar a formas muy distintas de pensar y actuar. Las palabras y el lenguaje, en general, influyen de manera sutil en nuestra forma de pensar. Resulta difícil cuando las preguntas complejas se resumen en eslóganes simples. Un ejemplo es el lema «El bosque antes que la caza».[5] Se refiere al hecho de que los silvicultores y muchos conservacionistas parten de la base de que los grandes herbívoros, como los ciervos o los venados, al comerse los brotes de los árboles jóvenes, impiden que el bosque se desarrolle adecuadamente. En esencia, se trata también de la crítica a la práctica habitual de la caza, que, por un lado, reduce las poblaciones de estos animales, pero al mismo tiempo permite que su número vuelva a aumentar gracias a la alimentación, de modo que hay suficientes ejemplares corriendo delante del rifle. Cualquiera que simplemente pregunte si no podría haber también «bosques con caza» se convierte de inmediato en sospechoso en ciertos círculos de estar próximo a la comunidad de cazadores conservadores.

La Asociación de Caza Ecológica, por su parte, otorga incluso un «premio bosque antes que caza» a los celosos reguladores de la fauna salvaje.[6] Volveremos sobre este conflicto de múltiples vertientes más adelante. En primer lugar, el sencillo eslogan revela una comprensión más bien unilateral del bosque. En este caso, los bosques se consideran sobre todo árboles. Los animales no parecen pertenecerle en absoluto. Se los clasifica lingüística y mentalmente porque parece ser una necesidad eliminar la fauna salvaje para que puedan crecer los bosques. ¿Es siquiera neutral en un sentido científico hablar de «venado»? Al fin y al cabo, es un concepto de los cazadores y no de la ecología.

No en vano, la introducción de términos y definiciones es de vital importancia en todas las ciencias. Los términos útiles pueden ser programáticos, resumir temas complejos e inspirar nuevas ideas. Por supuesto, esto se aplica no sólo al trabajo académico, sino también a la recepción de términos y contenidos en la sociedad. Los términos antiguos a menudo causan confusión, ya que han adquirido varios significados a lo largo de la historia, que incluso pueden variar según la región. Las palabras son hijas de su tiempo y reflejan el espíritu de la época.

El término «bosque» es muy antiguo. Las derivaciones en el significado de origen varían en los diferentes escritos. Una fuente en inglés cita el origen de la palabra protogermánica *walthuz*, de la que derivan términos similares, por ejemplo, en inglés antiguo, *wald*; en holandés medio, *woude, wold*; en frisón antiguo, *wald*; en sueco, *vall*; y en bajo alemán medio, *walde*.[7] En inglés, se cambió el significado de «tierras altas boscosas» a «terreno abierto y montañoso» (alrededor de 1200); posiblemente resultado de la deforestación en las islas británicas. La presunta derivación de la antigua palabra protoindoeuropea *welt*, que significa «plantas leñosas» pero también «plantas silvestres», se remonta aún más atrás. Curiosamente, existe un segundo término para el bosque en alemán, que es *Forst*, que podría provenir del latín tardío *forestem silvam*, «madera que yace afuera», un término de los capitulares de Carlomagno que describe «el bosque real». A finales de la Edad Media, el término se usaba para áreas extensas cubiertas de árboles, sobre todo

¿Todos los bosques son Forst? ¿Se trata de la silvicultura como acto cultural?

Erich Adolf Rossmässler (1806-1867) fue un zoólogo y escritor científico sajón que trabajó en Tharandt, en Forstaka, en la academia forestal dirigida por Heinrich Cotta, el fundador de la silvicultura. En 1862, escribió en su libro sobre el bosque:

«Cualquier *Forst* es también un *Wald,* pero no todos los *Wald,* por grandes que sean, son *Forst.* El cuidado y la hospitalidad regulados convierten el *Wald* en un *Forste.* Por eso hay *Urwälder* ("bosques primitivos"), pero no hay *Urforsten,* hay *Forstwissenschaft* ("ciencia forestal"), no hay *Waldwissenschaft* ("ciencia del bosque"). La palabra alemana antigua muestra de manera clara este significado limitado en la palabra *Förster* ("guarda forestal"), para la cual el alemán no ha formado un equivalente con bosque.

El uso de *Wald* ("bosque silvestre") aún no lo convierte en un Forste. [...] Sin embargo, la tarea del momento es dejar que todos los *Wälder* ("bosques silvestres") se conviertan en *Forsten* ("bosques gestionados"), al menos en los estados de cultivo. Todos estamos involucrados, e incluso más que nosotros, nuestros nietos. [...] Es justo decir que quienes viven lejos de los grandes bosques en ciudades pobladas conocen y aprecian la importancia forestal del bosque sólo de manera superficial y, por lo general, incluso menos. [...] Qué poco se sabe que el guarda forestal tiene la misma tarea que el jardinero y el agricultor: plantas para sembrar [sic] y criar, sólo que con esfuerzos y adversidades mucho mayores, y eso, no lo olvides, normalmente sin experimentar su recompensa en la maduración de las semillas. Por desgracia, muchos de los silvicultores son más administradores madereros que educadores forestales».[1]

1. Roßmäßler, E. A. (1871). *Der Wald.* 2. Edición de Winther'sche Verlagshandlung, Leipzig. pág. 5 y siguientes.

aquellas reservadas para la caza real y bajo la protección del rey.

Sólo en los tiempos modernos, tras el desarrollo de la silvicultura, se produjo un cambio de significado y la correspondiente distinción entre las dos palabras en alemán. El vocablo alemán *Forsten* o *Forste* se utilizaba cada vez más para referirse a masas arbóreas modeladas y gestionadas por silvicultores, mientras que el término *Wald* se asocia más con plantas leñosas más naturales, silvestres y a menudo más viejas. También puede haber contribuido a ello la aparición, a finales del siglo XVIII, de la palabra *Urwald* («bosque primigenio») para designar los bosques sin influencia humana.[8] No obstante, aún quedan antiguos bosques casi naturales que durante siglos se han llamado *Forst*, aunque desde la perspectiva actual, los describiríamos como *Wald* («bosques silvestres»). Algunos ejemplos destacados son el Forst de Hambach y el Forst de Dannenröder.

En este libro queremos hablar de forma consciente sobre los bosques y su gestión. Con ello se pretende distinguirlos de la silvicultura tradicional, que durante mucho tiempo se definió en términos de intervenciones en el bosque y caracterizó a los silvicultores como «educadores del bosque».

Nos preocupa la importancia de los sistemas más o menos salvajes, es decir, más autoorganizados. De hecho, entendemos los bosques, al igual que la *Enciclopedia Británica*, como ecosistemas forestales. El término «ecosistema» es un ejemplo de una palabra artificial que los científicos han puesto deliberadamente en circulación para estimular nuevas ideas.

Imágenes forestales

Las generaciones posteriores suelen subestimar los esfuerzos del conocimiento que tuvieron que hacer para que pudiéramos pensar en el mundo como lo damos por sentado. Antes de que se creara la palabra «ecosistema», en 1935, hubo que recorrer un largo camino. En primer lugar, era necesario descubrir los bosques y la naturaleza como objetos, o incluso sujetos. En el verdadero sentido de la palabra, las personas primero tenían que hacerse una idea de los bosques y la naturaleza. Todavía funciona de esa manera hoy en día. Como seres vivos que en un primer momento perciben y juzgan principalmente a simple vista, miramos algo que queremos entender y surge una imagen. También hablamos de una cosmovisión en la que clasificamos todo lo que aprendemos. Esta visión del mundo varía de una cultura a otra, al igual que nuestra imagen del hombre.

Los científicos y profesionales forestales llevan mucho tiempo hablando de las llamadas pinturas forestales. Esto significa una situación o constelación de árboles que resulta de un tratamiento forestal específico, lo que se denomina silvicultura. En este caso, también el lenguaje es instructivo. Los silvicultores construyen bosques, que luego se ven en imágenes del bosque. Aunque esta visión se basa en el crecimiento dinámico de los árboles, al mismo tiempo, la imagen de un bosque sugiere un conjunto estático de troncos en lugar de, por ejemplo, un sistema de trabajo subterráneo y aéreo de miles y miles de especies diferentes.

Uno tiende a ver más de lo que puede describir. Al mismo tiempo, es fácil descuidar todo lo que no aparece en la descripción de la imagen. Al hacerlo, con los conocimientos previos o la formación adecuados, sin duda, también se puede imaginar lo no visible con el ojo de la mente y tenerlo en cuenta; en consecuencia, un arte que se puede aprender en el análisis de los bosques.

En la historia de la humanidad, el proceso de aprendizaje sobre la naturaleza y los bosques duró milenios. Las obras de arte y las representaciones de la naturaleza en diferentes culturas sugieren que los humanos tenían inicialmente una relación más estrecha con los animales, a menudo sobre todo con los animales de granja y presa domesticados o susceptibles de cazarse,[9] pero también con los depredadores poderosos y peligrosos, con los que se asociaba y simbolizaba el poder y la fuerza en muchas culturas. En todas partes se encuentran leones, otros felinos de presa o águilas en escudos reales, en portales o en forma de estatuas. Las plantas se retrataron con menos frecuencia y más como actores de reparto. A menudo predominaban las plantas útiles, como el olivo o la vid en la Antigüedad, o bien las plantas simbólicas o sagradas, como la flor de loto o el crisantemo en Asia Oriental.

En el antiguo Oriente y en la antigua Grecia, ya había evidencia de una separación del hombre y su entorno civilizado de la naturaleza salvaje, lo que todavía hoy da forma a la imagen europea u occidental de la naturaleza y el hombre. El hombre domó a la naturaleza y a sí mismo, convirtiendo el desierto en una especie de contramundo. Las ideas míticas dominaban la percepción de la naturaleza. Había demonios y fuerzas del caos en la naturaleza silvestre.[10] Incluso en tragedias áticas como la de Edipo, el bosque silvestre y adverso contrasta con la casa.[11]

En Grecia, surgió la filosofía natural y, por lo tanto, la precursora de las ciencias naturales como las matemáticas, la geometría, la física y la astronomía, pero también la medicina, la botánica y la zoología. Durante muchos siglos, la botánica y la zoología se centraron más en las especies individuales, su forma y su utilidad. En las obras de arte de la Edad Media, la naturaleza apareció inicialmente sólo en segundo plano. A esto ya se refería Alexander von Humboldt, quien subrayó la importancia de la pintura de paisaje europea «por su influencia en la estimulación del estudio de la naturaleza».[12] Los árboles y la vegetación, antes accesorios artísticos, pasaron cada vez más a un primer plano.

Es apasionante ver cómo la naturaleza aparece de formas cada vez más detalladas y realistas en las pinturas del Renacimiento. En el mítico cuadro de Botticelli *La Primavera*, del siglo XV, se han identificado 138 especies diferentes de plantas.

Además, las pinturas antiguas revelan mucho sobre la interacción con el bosque. Cada vez más, se representaba cómo la gente vivía del bosque y sus recursos y cómo la cultura humana se diferenciaba de la naturaleza salvaje y oscura.

Los elementos naturales, como los árboles y las plantas leñosas representados con realismo, únicamente pasaron a primer plano en la pintura europea cuando se encontraban aislados en el paisaje. Es posible que eso también forme parte de la concepción humana de la naturaleza y de nuestra imagen del bosque; nos fijamos más en algo y lo apreciamos cuando se vuelve raro y escaso. Los árboles sólo se convirtieron en protagonistas y héroes de la historia del arte cuando luchaban visiblemente por sobrevivir, como *El árbol solitario* de Caspar David Friedrich en un paisaje muy estresado que había perdido sus bosques originales por el uso de la leña y el pastoreo del ganado. Estos árboles individuales o grupos de árboles también podrían presentarse de una manera más atractiva desde el punto de vista estético.

Los árboles que luchan en suelos empobrecidos también tienen un significado especial en el arte asiático. El simbolismo juega un papel importante en la pintura de paisajes tradicional china. Los pinos, por ejemplo, representan la longevidad, la firmeza y la autodisciplina, así como la resistencia y una larga vida.

En Europa, la naturaleza ya muy alterada de la era preindustrial y las correspondientes imágenes icónicas también dieron forma a su conservación. Entre los primeros conservacionistas influyentes se encontraban artistas románticos como el músico Ernst Rudorff. Con el inicio de la industrialización y el rápido cambio de los paisajes por los medios de transporte, cada vez más infraestructuras, chimeneas y ciudades, la gente añoraba cada vez más el paisaje natural que supuestamente había existido antes.

El punto de referencia, sin embargo, eran los paisajes cultivados, a menudo muy sobreexplotados, que pueden parecernos muy prístinos, pero que ya habían perdido gran parte de su funcionalidad ecológica.

Las «imágenes» de la naturaleza descompuesta en partes individuales, tanto en el arte como en el paisaje cultural moderno, son más poderosas de lo que pensamos. Al menos inconscientemente, moldean nuestra percepción de la belleza natural y también nuestra idea de cómo debería ser la naturaleza ¡hasta hoy!

Las imágenes, incluida la fotografía, de la naturaleza nos impresionan por su estética y pueden motivarnos para comprometernos con ella y conservarla. Las imágenes pueden aguzar nuestro ojo para los detalles, pero menos para la dinámica y las conexiones. Los documentales de naturaleza son mucho más acertados en este caso. Desde que las imágenes de la naturaleza comenzaron su andadura en el siglo XX, han sensibilizado a mucha gente sobre el devenir y el paso, así como sobre las conexiones ecológicas.

Sin embargo, los procesos importantes pero abstractos de la naturaleza, como los flujos de materia y energía o la evolución, no pueden filmarse. Las películas de animación ayudan un poco en este sentido. Mientras tanto, hemos llegado a un punto en el que los animales virtuales de las películas de animación digital muestran más detalles hasta en la punta del pelo y parecen más reales que las criaturas de verdad. Esto también puede promover el entusiasmo por la naturaleza. ¿Nos ayudan los distintos medios de comunicación a entender mejor el bosque? Sin duda, pero ¿los mensajes que se transmiten siguen el ritmo de la ciencia? En el mundo moderno, inundado de imágenes y películas, las relaciones excesivamente complejas y abstractas no ofrecen ningún valor de entretenimiento que pueda competir con las historias creadas por personas. Esto parece casi un final trágico para la comprensión humana de la naturaleza. ¿Es posible que seamos incapaces de formarnos una imagen realista de la verdadera naturaleza porque no se puede representar con tanta facilidad?

En física o astronomía, hace tiempo que es posible pensar y calcular hechos que escapan a la comprensión humana. Se trata de las partículas del bosón de Higgs, la antimateria, los quarks y las cuerdas. Sin embargo, será completamente intrascendente que no lo entienda mucha gente, porque no tenemos que ocuparnos del big bang ni de los agujeros negros.

La ecología y las ciencias forestales son diferentes, porque tratan de nuestros medios de vida. Si nos hacemos una idea equivocada del bosque, esto puede tener graves consecuencias para el medio ambiente y para nosotros mismos. Veamos hasta qué punto los términos individuales nos han conducido hasta ahora por el mal camino y no hacia el bosque.

Los términos forestales y la cuestión del sistema

Ya hemos hablado de todos los términos relacionados con los bosques y la silvicultura, pero existen otros muchos que conforman la ciencia de los bosques y su gestión. Están moldeados por las imágenes respectivas tomadas en ciertos momentos del bosque y la naturaleza, por las influencias histórico-culturales, las tradiciones y, una y otra vez, por el espíritu de la época (*Zeitgeist*).

Las ciencias forestales han surgido como una ciencia aplicada muy próxima a intereses económicos tangibles; los profesionales y los propietarios siempre han influido en su desarrollo. Esto se ha reflejado en el lenguaje forestal. En el bosque, también existe el lenguaje de los cazadores, que no sólo suena extraño para los forasteros, sino que también moldea la perspectiva del usuario sobre los animales. Los animales se clasifican según su capacidad de caza y no se agrupan de acuerdo con criterios biológicos (véase, por ejemplo, caza preciosa, caza mayor y caza menor, depredadores). Algunos términos forestales, como «presumido», «aprovechado», «árbol de élite» o «población envejecida», parecen claramente sentenciosos y alienantes desde el punto de vista de las ciencias naturales. Nuevas palabras, como especies arbóreas hospedadoras, pueden tener el efecto de «neolengua del bosque» en personas externas críticas, lo que puede incluso ocultar ciertos hechos. Siempre es necesario preguntarse en qué conceptos científicos se basan.

¿Nada más que palabras? ¿O quizás influyen en nuestra forma de pensar sobre el bosque y en cómo lo abordamos?

En la teoría del comportamiento y la comunicación, el encuadre se utiliza cuando las formulaciones tienen como objetivo provocar un determinado comportamiento en el destinatario del mensaje. A veces, sin duda, las palabras se usan tan sólo por tradición o sin reflexión. Pero siempre merece la pena comprobar qué contenido se transporta cuando se emplean determinados términos.

Los términos como programa

En muchos casos, el lenguaje forestal representa conceptos u objetivos de gestión muy concretos directamente relacionados con la producción maderera; por ejemplo, cuando se dice que un «árbol objetivo» es un «árbol seleccionado (portador de valor) que pertenece a la élite de una población en términos de estatus sociológico, salud y calidad».[13]

Los árboles son muy importantes para los silvicultores. Por lo tanto, es extraño qué palabras poco amables usan para describir a estos seres. Por ejemplo, hablamos de madera de coníferas o de caducifolios cuando en realidad nos referimos a bosques de coníferas o de caducifolios. Incluso el término «especie» se complementa con la raíz de la palabra «madera» (holz), por ejemplo, cuando se habla de especies de madera blanda (*Nadelholzart*) o frondosas (*Laubholzart*). Hablamos del producto deseado y no de los organismos. El vocablo «biomasa» como «suministro de madera» (*Holzvorrat*) va en la misma dirección, y donde crecen árboles, hay «suelo de madera» (*Holzboden*). En este caso, las palabras por sí solas dificultan una perspectiva ecológica. De hecho, al principio de la silvicultura todavía se hablaba de «explotación maderera»[14] (*Holzzucht*). Fue el fundador de las ciencias forestales, Heinrich Cotta, quien introdujo el término «silvicultura».[15]

También resulta interesante el tema de las denominaciones de origen. Por razones obvias, el término «especies arbóreas foráneas» o simplemente «forasteros» ya rara vez se escucha. Es notable que, como parte de los esfuerzos para adaptarse al cambio climático y como parte de la migración asistida (*assisted migration*), estas especies exóticas ahora se denominan «especies arbóreas alternativas» o «especies arbóreas para el bosque climático».[16] También se habla con más frecuencia de «especies arbóreas hospedadoras». La presencia de estas especies arbóreas hospedadoras puede y, ciertamente, estará limitada en el tiempo y/o el espacio».[17] Entonces, ¿existe también un «bosque huésped», un «bosque alternativo», un «ecosistema alternativo»?

El vocablo «suministro de madera» es igual de revelador. A su alrededor se ha establecido una narración completa con términos adicionales, que ignora de manera sistemática muchos procesos del bosque. El suministro de madera describe la cantidad de biomasa que se puede cosechar en forma de troncos. Hasta ahora, se ha prestado tanta atención a la madera que incluso la biomasa de las reservas en las que ya no se utiliza madera se cuantifica con este parámetro.

Las existencias de madera se miden en metros cúbicos sólidos. Como todavía es «madera en pie», es decir, árboles, también se mide la corteza. El tronco por sí solo se considera madera de hasta 7 centímetros sin corteza, el límite clásico para el procesamiento. El metro cúbico macizo de cosecha es la medida de venta para los troncos acabados. Se miden sin corteza y el procesamiento también produce pérdidas de alrededor del 10 por 100, que permanecen en el bosque en forma de trozos de madera.

En el pasado, las copas de los árboles quedaban en manos de los organismos forestales para que vivieran y formaran humus. El hecho de que este límite se supere a menudo en la actualidad se debe al hambre de energía y al fomento de la quema de leña. Para disfrazar verbalmente el expolio de hasta la última biomasa, la industria forestal introdujo el término «madera de residuos forestal». Todos conocemos las sobras: no te gustan cuando las comes porque se tiran a la basura si nadie tiene piedad de volver a prepararlas o de comerlas por hambre. Por lo tanto, la madera de residuo forestal sobra y podría usarse antes de que se pudra.

Sólo una vez más para recordar. Nuestros antepasados no llamaban madera a estos restos de manera delibera; era la vieja línea del decoro, por así decirlo. La madera de residuos sugiere que sobra algo, aunque a la inversa, se ha eliminado todo lo que se ha utilizado hasta ahora. Si nos fijamos en esta madera de desecho que ha sido agrupada o amontonada para triturarla, queda claro que se compone sobre todo de ramas, ramitas, cortezas y agujas, es decir, de ninguna manera de madera clásica. El bosque se convierte, por último, en un gran campo de cereales donde todo se aprovecha. ¿Qué queda como alimento para todas las demás especies después de semejante incursión de materia prima, de qué se supone que se forma el humus que tanto se necesita? Oficialmente, esto se tiene en cuenta, pero más bien en el sentido de la eliminación de nutrientes. Los mapas muestran con qué frecuencia es posible ese aprovechamiento de árboles completos sin afectar a los bosques futuros en su producción maderera. Si esto tan sólo es posible una vez cada 100 años, entonces sólo beneficia a la industria forestal una vez, pero no dentro de 100 años, sino ahora. Como sociedad, gestionamos las emisiones de manera similar. Hoy se expulsa CO_2 al aire, y se supone que en las próximas décadas se volverá a extraer mediante una cuestionable forestación compensatoria.

Volvamos una vez más a las «reservas de madera». Lo extraño de esta medida de la biomasa arbórea queda claro cuando la trasladamos a otros tipos de especies, como las aves. Imaginemos que midiéramos su población no en individuos, sino en kilogramos de carne por hectárea.

Esta existencia siempre tiene en cuenta las medidas forestales, como se hace patente en la expresión «mantenimiento del almacenamiento». Esto significa un aclareo menor con el objetivo de dirigir más luz y, por lo tanto, el crecimiento de la madera a los árboles mejor valorados, es decir, a los troncos, al dar paso a especímenes de madera de calidad inferior.

La expresión «cuidado de los bosques» está más extendida. Sugiere que el bosque es un paciente enfermo al que hay que cuidar para que no muera. Entonces, ¿el ecosistema es un caso de cuidado?[18]

En realidad, es lo que parece, por ejemplo, en un artículo sobre el aprovechamiento de la madera declarado como aprobado por un *Faktchecker*: «El cuidado del bosque como uso de la madera puede fortalecer los bosques. [...] Las intervenciones de gestión forestal son un requisito previo para mantener las mezclas de especies arbóreas en muchos bosques de Europa Central. Éstos, a su vez, sugieren una mayor resistencia de los bosques a las alteraciones abióticas y bióticas».[19]

Varios estudiantes de silvicultura están de acuerdo de manera similar: sin mantenimiento no hay bosque. Esto suena muy amable para el público, y la extracción de madera puede presentarse como un subproducto que no es el centro de los esfuerzos. Pero cuidar, en este caso, no significa acariciar y aplicar crema, sino cortar y replantar. En los debates en los que se pregunta por qué esto funciona en el Amazonas o en Siberia sin ayuda humana, los jóvenes profesionales forestales suelen mirar a su alrededor perplejos.

La indicación de las existencias de madera oculta el hecho de que un bosque produce una cantidad significativamente mayor de biomasa. ¿Qué hay del azúcar que las raíces de los árboles liberan en el suelo para abastecer a los hongos y bacterias que cooperan? ¿Qué sucede con las agujas, las hojas, las semillas, las escamas de la corteza y los capullos, las flores y todos los demás flujos constantes de materia orgánica que el ecosistema produce, reconstruye, recicla o almacena de un modo permanente en el suelo? Al fijarse sólo en la madera, se pierde de vista el resto del flujo de biomasa. ¿Qué revela el término «crecimiento»? Es un compañero fiable de la tan aclamada sostenibilidad.

En el contexto de la gestión forestal, el incremento se refiere siempre a la cantidad aprovechable de madera que vuelve a crecer en una población. El credo de la silvicultura es nunca cosechar más de lo que crece. A menudo esto se equipara con la sostenibilidad, pero incluso en términos de cantidad pura esto no es cierto. Si se tala una cantidad cercana al crecimiento, la vitalidad del bosque disminuye de una forma permanente. La tala de árboles aporta

El roble de copa del bosque estatal de Kellenhusen, que fue derribado en 2002 tras una vida de probablemente más de mil años, se convierte en mantillo con el paso de las décadas y, finalmente, en forma de humus, se transforma en el sustrato de nuevas generaciones de árboles (Pierre L. Ibisch, Ost-Holstein, Schleswig-Holstein, julio de 2021).

más luz y calor al suelo, lo que provoca la descomposición del humus. Es cierto que hay muchas copas de árboles en estos lugares, que ahora también se están descomponiendo, pero falta madera gruesa y muerta y cada vez entra menos carbono al suelo. En general, el bosque pierde mucha más biomasa que la simple madera cosechada.

Sin embargo, estas pérdidas no se calculan en los negocios cotidianos, aunque tienen un impacto importante en el éxito económico. El humus es un destacado depósito de agua y alberga innumerables especies especializadas. Si se reduce esta biomasa, el crecimiento también disminuye, de forma similar a un jardín del que se extrae el abono. Además, la luz del día y el aumento de las temperaturas provocan síntomas de estrés en los calurosos días de verano, lo que se traduce en un aumento de la mortalidad bajo los árboles. Por lo tanto, para trabajar de manera sostenible, el uso de la madera debe mantenerse significativamente por debajo de la tasa de crecimiento. En este sentido, la afirmación tipo mantra de no utilizar más que el crecimiento no es más que una frase vacía.

Sigamos con la letra Z y la madera; ahora se trata del «árbol Z». Z significa el futuro en este caso, por lo que un árbol Z es un árbol con el que se debe trabajar a largo plazo. En cierto sentido, él es el elegido y a quien se debe todo el cuidado. Los criterios de selección son los siguientes: debe ser la especie de árbol deseada, el tronco recto, sin ramas gruesas, sin crecimiento torcido, sin heridas; en resumen, el producto de aserradero perfecto. Para captar mucha luz y crecer con rapidez, el árbol debe ser predominante. Se trata de otro de esos términos definidos. «Predominante» significa que el árbol se eleva por encima de sus vecinos, como una reina del bosque, por así decirlo. Hasta el momento no se ha establecido una clasificación entre los árboles, pero es significativo que se clasifiquen en predominantes, dominantes, codominantes o suprimidos. Cuanto más dominantes, más sanos y valiosos.

Para que los árboles Z sean inmediatamente visibles para todos los trabajadores forestales, a menudo se marcan con pintura o una cinta. El objetivo es engordar a estos candidatos lo más rápido posible y evitar cualquier daño en los troncos.

Para que un árbol Z engorde con celeridad, se elimina de manera radical la supuesta competencia de los árboles vecinos (que suelen ser su red social). Incluso tocar las ramas del árbol Z es una sentencia de muerte para un vecino. Después de todo, la corona del elegido debe desplegarse con libertad por todos los lados: cuanta más luz y, por lo tanto, fotosíntesis, con más rapidez se hace más grueso el tronco.

Los ejemplares que «rocen» son en particular indeseables; siempre se desechan. Se trata de árboles especialmente delgados y largos que han aguantado bien en el bosque hasta el momento. Si a continuación se aclara, es decir, se eliminan muchos árboles a la vez y, por lo tanto, se quitan las ruedas de apoyo, por así decirlo, entonces esos especímenes se inclinan hacia los lados y se apoyan contra otros árboles. Al hacerlo, dañan su corteza, lo que puede provocar la putrefacción.

Sin embargo, dentro de unas décadas, el futuro del árbol también habrá terminado según lo planeado cuando entre en juego otro aspecto: el diámetro objetivo. Está establecido al menos en las principales administraciones forestales públicas y se mide con comodidad a la altura del pecho. Las hayas, por ejemplo, suelen considerarse listas para la tala a partir de un diámetro de 60 centímetros a la altura del pecho, aunque puedan llegar a ser considerablemente más gruesas. Si bien los árboles de este tamaño pueden tener muchos siglos de antigüedad en la jungla, los ejemplares que literalmente engordaron con tanta luz no suelen tener más de 120 años. Con razón, algo así también se llama mástil de luz, el modo de crecimiento de la luz.

El estado de salud de los árboles de élite liberados de este modo de la competencia es similar al de los cerdos de engorde, que también fueron alimentados lo más rápido posible para aumentar de peso y, por lo tanto, estaban listos para el sacrificio. Consumen toda su energía para crecer y, a menudo, son menos capaces de defenderse de los hongos y las bacterias; y eso tiene consecuencias. En un verano seco, por ejemplo, se observó que los abetos Z a menudo desarrollaban grietas secas en sus troncos, en contraposición a los ejemplares más débiles. Este tipo de grietas ya no cicatrizan a lo largo de su vida, son atacadas por hongos y hacen que el tronco se devalúe. El árbol del futuro se convierte así en un árbol del pasado; las apuestas sobre papel han fallado en esta ocasión.

Por desgracia, la distancia entre los árboles Z se calcula de tal manera que, después de décadas de buscar y eliminar a los competidores, casi sólo quedan árboles Z en la zona. Si algunos de ellos fallan, se crean huecos que los árboles vecinos no pueden cerrar porque ya no existen. Por lo tanto, el cálculo sólo funciona si los candidatos financiados sobreviven hasta el momento de la tala, una especulación atrevida, especialmente en vista de las condiciones ambientales, que cambian con suma rapidez.

Donde hay gobernantas, las sirvientas no pueden estar lejos. De hecho, hay unas «especies arbóreas de servicio». Una de esas especies es el carpe. Se planta entre robles para que den sombra a sus troncos. Se supone que algún día se convertirán en una valiosa madera de chapa sin nudos, pero esto apenas es posible en las plantaciones clareadas. Cuando la luz incide en la corteza, el árbol suele formar nuevas ramas en ese punto. Esto es justo lo que se supone que deben evitar los carpes sirvientes.

¿Conoces los *Schatter*? Deben ser criaturas aterradoras como las de un libro de Harry Potter, porque están siendo perseguidos sin piedad. En realidad, este término alemán se refiere a las hayas más jóvenes, las que se disponen a devolver un poco de naturalidad a los hayedos monótonos y artificiales de una época. Como no crecen en grupos, casi viveros (como ocurre en los bosques vírgenes), pueden extender ampliamente sus ramas laterales para captar toda la luz posible en la oscuridad bajo los árboles viejos. Estos árboles jóvenes en forma de paraguas no son bienvenidos en la silvicultura por dos razones. Cuando estos ejemplares crecen hasta alcanzar un tamaño considerable, su tronco está lleno de ramas que hacen que la calidad de la madera se reduzca. Además, si los jóvenes candidatos más acomodados van a volver a crecer, el árbol con forma de paraguas, con su sombra, lo impide. Por eso existen «planes de mantenimiento», que comprueban cuántas hectáreas de bosque caducifolio se han liberado de esos árboles. Con su retirada, el monótono bosque artificial pierde la última pizca de estructura, pero oficialmente se encuentra en buen estado.

El término alemán *Gelbbauchunken-Biotope* («biotopo del sapo de vientre amarillo») es más bien una reinterpretación fea. Este raro anfibio de vientre moteado se encontraba antaño en las praderas de arroyos y ríos, biotopos que a menudo se han transformado de tal manera que estos pequeños animales estaban al borde de la extinción. Sin embargo, los sapos son flexibles y también aceptan pequeñas masas de agua artificiales, incluso en bosques muy gestionados. Como resultado, se pueden encontrar una y otra vez en los carriles profundos y llenos de agua de las máquinas forestales pesadas. Esto llevó a muchas empresas forestales a abusar del animal como embajador del empleo de la maquinaria: ¿qué puede haber mejor que destrozar el bosque y crear biotopos de sapos de vientre amarillo? El hecho de que la evolución no haya adaptado a los sapos a las máquinas cosechadoras suena casi ridículamente banal. Asimismo, en la creación de estos dudosos biotopos sustitutivos, se suele pasar por alto el hecho de que rara vez se tiene en cuenta la vida acuática durante el funcionamiento de las máquinas. Cuando hay que ir a buscar la madera al bosque, no hace falta decir que se recorre el camino de la tala, incluido el biotopo de los sapos, y muchos habitantes subacuáticos son repentinamente arrebatados de la vida.

Al final, pasamos de los términos individuales a un término entre corchetes extenso, la silvicultura multifuncional, que ha sido objeto de un debate crítico durante mucho tiempo,[20] pero que todavía está presente en los debates. Se remite a las leyes forestales del Bundes (Estado Federal de Alemania) y de los estados federados, que dan prioridad a las funciones utilitaria, protectora y recreativa del bosque,

Incluso en los bosques gestionados sin talas, los árboles de élite se liberan de sus vecinos y se talan cuando alcanzan una cuarta parte de su edad máxima natural (Peter Wohlleben, Ostholstein, 2008).

sin conceder un peso especial a la función utilitaria. Algunos estados federados vuelven a insistir en la igualdad de valor de estas funciones (como Renania-Palatinado),[21] de modo que, según Adam Riese, las funciones de protección y recreo se superan mutuamente. Además, en una sentencia sobre la inconstitucionalidad de los gravámenes para el Fondo de Venta de Madera (una especie de tasa obligatoria para la publicidad de la venta de madera), el Tribunal Constitucional Federal declaró que la gestión de los bosques públicos no tenía por objeto la venta de madera, sino la protección y el ocio.[22] La silvicultura multifuncional también defiende una narrativa que heroiza el bosque y a quienes trabajan en él. «Nuestra silvicultura sostenible y multifuncional garantiza que el bosque sea un protector del clima», anunció Georg Schirmbeck, presidente del Consejo Forestal Alemán (DFWR) en 2014. «El bosque alemán es un importante sumidero de CO_2. Los logros de nuestros propietarios forestales y silvicultores para la protección del clima son enormes y merecen nuestro respeto. [...] Estamos firmemente convencidos de que, a través de nuestra silvicultura sostenible y multifuncional, podemos aumentar aún más la reducción de CO_2 del bosque sin descuidar la probada tríada de funciones beneficiosas, protectoras y recreativas».[23] Eso sucedió unos años antes de que los monocultivos de abetos colapsaran en cientos de miles de hectáreas a partir de 2018.

Ya en 2014, los bosques hablaban un lenguaje muy distinto. Han sido, y todavía son empujados en gran medida en dirección a las plantaciones, especialmente por las administraciones forestales estatales. En un estudio, la Academia de Bosques Naturales de Lübeck llegó a la conclusión de que casi el 90 por 100 del área forestal de Alemania se encuentra en malas condiciones de conservación.[24] Esto a menudo también se relaciona con un menor valor de recuperación debido a la falta de bosques muy antiguos con árboles particularmente gruesos. Por lo tanto, está claro que el poder ejecutivo no cumplió con la gestión exigida por la ley.

Las Administraciones forestales intentan desligarse con la teoría de la estela, alegando que en el

Imagen de arriba:
El tráfico en suelos forestales sensibles, como en este caso en el bosque de Reinhardswald, en Hesse, deja daños permanentes (Pierre L. Ibisch, abril de 2021).

Imagen de abajo:
Las máquinas forestales suelen pesar más de 10 toneladas y se utilizan bajo cualquier condición meteorológica. La destrucción, que no puede pasarse por alto, se vuelve a contar ahora como un beneficio para el medio ambiente (Peter Wohlleben, noviembre de 2014).

curso de la producción maderera a gran escala, la protección y la recuperación se producirían por sí solas (los sapos de vientre amarillo envían saludos). Como término pegadizo y programático, la teoría del agua de la estela ha definido las narrativas forestales durante varias décadas. Fue inventado en 1960 por el expresidente forestal estatal de Baden-Wurtemberg, Hubert Rupf, en su discurso de apertura ante la Asociación Forestal Alemana. La teoría afirma que los efectos de bienestar de los bosques en las estelas se generan a raíz de una gestión forestal adecuada. Los diversos servicios forestales se consideran subproductos de la producción de madera, que se proporcionan de manera óptima cuando la silvicultura prospera. Los objetivos contradictorios de los distintos servicios forestales se excluyen desde el principio sin haber sido examinados.[25] La historia de la estela se ideó para proteger a la silvicultura de influencias externas desagradables[26] y absolverla de forma generalizada, y en principio, de las acusaciones de daños medioambientales.

Con sus propios institutos de investigación, algunas Administraciones forestales de los estados federados y también científicos intentan incluso demostrar que la biodiversidad aumenta como consecuencia de la explotación maderera.[27]

Los ecologistas dudan de estas interpretaciones, ya que el marco analítico suele basarse en los bosques, pero no en el conocimiento de la ecología y la evolución.[28] Para tales análisis se suelen seleccionar grupos individuales de organismos, como plantas o aves, cuyo mero número no revela nada sobre el estado de un bosque. Si, por ejemplo, se aclara un bosque y se cruza con caminos, aparecerá una serie de especies que no son típicas de los bosques, lo que hará que aumente el número de especies, pero no necesariamente la eficacia funcional del bosque. Si, además, se tiene en cuenta que es probable que la mayoría de las especies (en especial las más pequeñas, como bacterias, hongos y otras criaturas diminutas) ni siquiera han sido descubiertas, y mucho menos estudiadas, hay que ser cauteloso con las afirmaciones generalizadas sobre el fomento de la biodiversidad mediante la silvicultura.

Divisiones y poblaciones de árboles: de la fragmentación y la construcción del bosque

Por razones de orientación y planificación, los bosques en la silvicultura convencional también se dividen territorialmente; en Alemania se trata de recintos, divisiones y reservas. Esto puede parecer práctico y lógico, pero también crea una determinada visión del bosque. Consciente o inconscientemente, ya no se percibe como un continuo. Los caminos y los límites siempre están definidos, lo que puede limitar el dinamismo.

En lenguaje administrativo, una población es un «colectivo de árboles con características y estructuras específicas, que difieren de manera sustancial del área circundante y para los que tiene sentido un tratamiento conjunto e independiente, su gestión y a menudo también el desplazamiento»,[29] o también «una unidad de árboles que interactúan entre sí y son tan similares en términos de composición de especies, nivel de desarrollo, edad y estructura que se diferencian de otras poblaciones. [...] La población es la unidad más pequeña para planificar las medidas silvícolas».

Lo que comienza con la terminología puede convertirse con facilidad en restricciones prácticas en la gestión y, sobre todo, moldear de manera decisiva la visión del bosque. Un enjambre de términos se convierte en un sistema. El bosque se transforma en algo que se clasifica y se divide. En Alemania, por ejemplo, la gestión de poblaciones existente ha contribuido a la pobreza estructural. La población de abetos se encuentra junto a la población mixta de abetos con hayas junto a la población mixta de hayas con abetos de Douglas, etc. Esta gestión incita a la gente a planificar de forma estáticamente determinista. El tipo de planificación determinista presupone que ciertas condiciones determinan cómo se desarrollará el bosque, o que puede controlarse para alcanzar un estado que los gestores han establecido de antemano.

Esta forma de gestión de los cultivos está concebida sobre todo como la agricultura, sólo que con cultivos de larga vida, de los que a veces se cultivan

Lenguaje de gestión de poblaciones

El bosque está sometido a una plantilla administrativa uniforme de la que ya no se puede liberar, porque las poblaciones son la unidad decisiva de la gestión actual. Para ellos hay una capacitación sobre la población:

«Tratamiento de una acción con respecto a la seguridad, el volumen y/o el valor de la población, la higiene forestal, etc.» y un valor esperado de las acciones: «Los ingresos financieros a la baja descontados a la fecha de presentación de la valoración más los ingresos financieros previos al uso ampliados hasta el momento de la carga aerodinámica, menos los costes administrativos y los impuestos calculados como una pensión, teniendo en cuenta el valor capitalizado del terreno».1 Las acciones se asignan a los tipos de condiciones de la población y, para ellas, se definen objetivos de población tipo: «Objetivo de desarrollo de la población, establecido de manera diferente según las condiciones prevalecientes del sitio. El tipo objetivo de población representa el estado deseado en las poblaciones maduras y es decisivo para las medidas de rejuvenecimiento». Todo esto también demuestra muy bien cómo la jerga forestal alemana hace que las actividades forestales se vuelvan bastante opacas para el público y los responsables de la toma de decisiones. Por ejemplo, muchos ayuntamientos ni siquiera saben qué es lo que deciden cada año con sus planes forestales para sus bosques.

1. Centro Estatal Forestal de Sajonia-Anhalt (2016). *Definitionen wichtiger forstlicher Begriffe*. https://landeszentrumwald.sachsen-anhalt.de/fuer-waldbesitzende/waldbauportal/definition-wichtiger-forstlicher-begriffe (consultado: 02.10.23).

dos o tres juntos. De hecho, el lenguaje forestal desarrollado históricamente también refleja este enfoque cultural y agrícola. La silvicultura se considera una disciplina importante, es decir, construye bosques de acuerdo con los objetivos del silvicultor. Se encarga de la infraestructura o de la preinstalación, por ejemplo.

> «De este modo, convergen varios ámbitos de la silvicultura, a partir de los cuales se ha creado una doctrina, para la que he elegido el nombre de silvicultura. La silvicultura debe entenderse del mismo modo que la agricultura en el campo. Por tanto, la silvicultura enseña el cultivo, el cuidado y la recolección de la madera».
> ENRIQUE COTTA (1845)[30]

Lo que se olvida por completo en estos términos sobre las «reservas construidas» y la gestión que implican es lo orgánico, lo organísmico, lo autodeterminado y lo sorprendente de la naturaleza. Esta naturaleza potencial de un bosque «con su propia voluntad»,[31] incluidos el desarrollo y la evolución, es lo opuesto a la silvicultura.

Silvicultura natural: ¿una cortina de humo?

La silvicultura conservadora se ha alejado tanto del ecosistema natural con su tratamiento de los bosques que parece que ella misma se asusta. Por eso ha creado nuevos términos. La «silvicultura natural» es de vital importancia hoy en día. ¿No es eso una contradicción en sí misma? Sin duda, esto depende sobre todo de la comprensión de la naturaleza. El antiguo término ofrece un área de proyección muy amplia.

> **Naturaleza**: f. «La totalidad de lo que ha crecido, se ha desarrollado, paisaje con fauna

Una población de abetos: una especie de árbol, una edad, estandarizada para la producción de madera y fácil de gestionar. Tan valiosa desde el punto de vista ecológico como un campo de cereales (Peter Wohlleben, Hümmel, abril de 2009).

> y flora, esencia, planta, carácter», antiguo alto alemán. *Natūra* (9.Jh.) en alto alemán medio. *Natūre* está tomado del latín *nātūra*, que en realidad es «nacimiento», «nacer», una formación del latín *nātus* «nacido», en parte. Perf. del latín *nāscī* «nacer», «hacerse», «crecer».[32]

La palabra naturaleza tiene tantas connotaciones positivas en el ámbito popular como las que ha acabado desdibujando a lo largo de siglos de uso y abuso. El estado federado de Brandeburgo lo demostró de forma impresionante al lanzar, a partir de 2005, una campaña de imagen de la silvicultura con el lema «Gestión forestal. Naturalmente, por supuesto».[33] La directriz forestal estatal se convirtió en la «carpeta verde», y la silvicultura del país se describió rápidamente como ecológica.[34] La definición de Brandeburgo de esta gestión forestal ecológica incluía no sólo el «aumento de los bosques caducifolios y mixtos», sino también la «producción de masas forestales bien mantenidas mediante la formación de bloques de mantenimiento y la reducción de residuos de mantenimiento y aclareo», la «aplicación consecuente de clareos de selección y mantenimiento de existencias», el «uso de la tecnología y métodos de trabajo respetuosos con el suelo y las poblaciones» y el «uso de la protección forestal integrada», que, en casos necesarios, puede incluir el empleo de pesticidas. Incluso una década y media después, Brandeburgo era y sigue siendo uno de los estados con una proporción particularmente alta de plantaciones de pinos. El ejemplo muestra cómo la silvicultura utiliza una y otra vez un lenguaje y unas palabras específicos para pulir su propia imagen sin tomar medidas. Por desgracia, términos como «natural» y «ecológico» están del todo devaluados.

¿Qué se supone que es la silvicultura casi natural? Las ideas entre los profesionales forestales difieren mucho sobre esta cuestión y los conceptos son tanto técnicos como económicos o centrados en el ser humano. Un documento de la Administración Forestal de Luxemburgo de 2006 afirma que la silvicultura casi natural es «la gestión forestal en el sentido de "cumplir múltiples funciones". [...] La proximidad a la naturaleza se considera un medio para satisfacer las necesidades humanas. Por tanto, puede interpretarse con una comprensión humanista de la naturaleza, y contrasta así con una visión ecocéntrica que sitúa la naturaleza en el centro y la idealiza. Según la concepción humanista, la naturaleza se protege y cuida el interés del hombre, no por sí misma, sino porque la preservación y conservación de la naturaleza también tiene una importancia existencial para el hombre».[35]

Por lo tanto, el objetivo de la «construcción forestal casi natural» está definido, en este caso, por los humanos y no por la naturaleza; por ahora, queda por ver si esto es humanista. Al mismo tiempo, la naturaleza debería ayudar a alcanzar estos objetivos humanos. El mismo folleto luxemburgués afirma: «La silvicultura seminatural tiene como objetivo alinear la estructura de los bosques económicos más estrechamente con su estado natural. Con este fin, la producción de madera debería basarse más en las fuerzas de producción naturales del bosque. Las directrices para esta forma de gestión se basan, entre otras cosas, en el principio de utilizar los procesos naturales que tienen lugar en los bosques en la medida de lo posible a fin de limitar todo lo posible la necesidad de intervención humana».[36]

Un folleto suizo afirma de manera similar: «La silvicultura debe dirigir el desarrollo forestal de tal manera que el bosque preste de manera óptima los servicios que necesita. [...] Los administradores de la silvicultura seminatural ya se guían por ciertos principios de acción para reducir los riesgos. Se basan, por ejemplo, en una composición de especies arbóreas apropiada para el lugar, en la regeneración natural y en estructuras forestales diversas». Sin embargo, en el proceso de adaptación al cambio climático, también es necesaria una «reducción del período de rotación o del diámetro objetivo o por una regeneración temprana», «porque esto reduce la proporción de árboles y poblaciones más viejos que son particularmente vulnerables a las alteraciones y permite un cambio más rápido de las especies arbóreas».[37] La estabilidad de los árboles individuales debe garantizarse mediante el aclareo. Se incrementará la forestación. Se deben seleccionar árboles futuros o árboles «Z».

Una última variante ejemplar se muestra en Renania-Palatinado (Alemania). En la página web de la Administración Forestal de este estado federal se afirma: «Desde el punto de vista de los bosques estatales, el concepto de gestión forestal casi natural es la mejor estrategia para proteger el bosque, mantener su eficiencia para el equilibrio natural y satisfacer las diversas necesidades de los usuarios de los bosques». Inmediatamente después, sin embargo, viene la nota de que esto incluye «trabajar sobre todo con especies arbóreas apropiadas para el lugar». ¿Apropiadas para el lugar? Esto no tiene nada que ver con la naturalidad; el término simplemente define los tipos de árboles (nativos o no) que pueden hacer frente a las condiciones locales. Por cierto, el maíz, que crece en una antigua pradera arada, es igual de adecuado para el lugar, porque el suelo y el clima lo permiten.

El término «silvicultura casi natural» ya apareció en la escena forestal en la década de 1980, pero se utilizó mucho más tras los huracanes invernales de 1990. En aquella época, la industria forestal, conmocionada por la destrucción de miles de kilómetros cuadrados de plantaciones de abeto, se alejó de la silvicultura de coníferas, al menos durante los primeros años. A partir de entonces, se quiso cultivar más cerca de la naturaleza, utilizando más especies arbóreas autóctonas. Ya había colegas que llevaban décadas haciéndolo, en contra de la normativa estatal: el Grupo de Trabajo para la Silvicultura Orientada a la Naturaleza (ANW – Arbeitsgemeinschaft naturgemäße Waldwirtschaft). Su origen se remonta a la idea del bosque permanente de la década de 1920 y a Alfred Möller, que creó oficialmente una asociación en 1950 y reunió en sus filas a silvicultores más sensibles que talaban el bosque (¡siempre bosque!) y querían cultivar cerca del bosque primitivo.

Después de los huracanes, esto podría haberse retomado, pero la gente del ANW, como es obvio, era demasiado radical para las administraciones fo-

Esta ola blanca en la corteza pretende señalar que se está prestando suficiente atención a la naturaleza (Peter Wohlleben, enero de 2015).

restales. Se suponía que era silvicultura natural «ligera», por lo que prevaleció el término alternativo silvicultura casi natural, que, en última instancia, carece de contenido y es arbitrario. Incluso los actuales y grandes claros efectuados a causa de los escarabajos de la corteza todavía se entienden oficialmente como tales.

Sin embargo, la propia ANW ya no está tan centrada en la naturaleza como solía estarlo. Después de 1990, se hizo tan popular ser miembro como guardabosques que la asociación se vio literalmente inundada de colegas con ideas convencionales. Los viejos principios se suavizaron y el sistema de Administración Forestal en forma de árbol «Z», que antes estaba mal visto en estos círculos, pasó a ser socialmente aceptable.

En qué medida la silvicultura no es natural o cercana a la naturaleza se aprecia bastante bien en la madera muerta; apenas está presente en los bosques gestionados de esta forma. Esto no puede sorprender, porque al fin y al cabo, casi todo lo que está dañado o enfermo se elimina y recicla durante el siguiente aclareo. En definitiva, este sistema también se caracteriza por el hecho de que se esfuerza por conseguir una población arbórea constituida por los mejores ejemplares aprovechables posibles, lo que no incluye, por ejemplo, los árboles con cavidades podridas.

Dado que en este ámbito existe un punto ciego reconocible, incluso para las Administraciones forestales, en muchos casos se han puesto en marcha programas de árboles biotopo. Quedan de cinco a diez árboles por hectárea, señalados con pájaros carpinteros o líneas onduladas. Deben permanecer de pie hasta que mueran de forma natural y luego desintegrarse *in situ* para formar humus. Proporcionan un hogar para todas las especies que están al borde de la extinción debido a la gestión. La gente también los conoce como «árboles de la eternidad» o «árboles de Matusalén»[38] porque suena muy emotivo. Son un ejemplo práctico de cómo la explotación y la protección pueden tener lugar en la misma área, y hacen patente que las áreas protegidas son superfluas con una silvicultura considerada.

Pero esta eternidad a menudo termina muy rápido. Esto se debe a que los árboles moribundos o podridos entran en conflicto con la seguridad laboral. Supongamos que los viejos árboles del biotopo alcanzan una altura de 30 metros. Pueden caerse cuando hace viento o incluso en caso de temblores, como los provocados por la tala de un árbol adyacente. Los clientes deben tener esto en cuenta, lo que significa que, en el caso del procesamiento manual con una motosierra, no se debe trabajar en el área de caída, es decir, en un radio de 30 metros alrededor del árbol muerto. Eso supone alrededor de 3000 metros cuadrados o 0,3 hectáreas. Con sólo cinco árboles por hectárea y distribuidos de manera uniforme, esto equivale, de hecho, a una reserva total por razones de seguridad laboral. Ahora bien, se podría argumentar que la solución sería procesar los árboles con una cosechadora, es decir, con máquinas que tengan una jaula protectora. Pero, en primer lugar, tampoco resulta beneficioso que un haya completamente crecida con decenas de toneladas se precipite sobre la cabaña desde una altura de 30 metros y, en segundo lugar, es precisamente en los viejos bosques caducifolios donde se tala la madera valiosa, un trabajo complicado y todavía manual.

De hecho, equivale a eliminar el árbol muerto, como reveló una sesión informativa en la Oficina Forestal de la región alemana del Eifel. El jefe de la oficina recomendó con claridad cortar simplemente el árbol eterno y señalar el árbol adyacente. El Instituto Estatal de Bosques y Silvicultura de Baviera incluso afirma lo siguiente en su página web: «Estos árboles sólo se retiran cuando existe un riesgo para los visitantes del bosque o los trabajadores forestales». Es una confesión de que la deseada cercanía a la naturaleza nunca se logrará en los bosques comerciales, porque no se pueden integrar árboles muy viejos, podridos o muertos.

Así que sigue existiendo perplejidad en cuanto a la naturaleza del asunto. La gestión forestal natural, casi natural o basada en la naturaleza es conceptualmente irreparable. Por cierto, el problema de difuminar la palabra antigua y ampliamente utilizada también se refiere a la conservación de la naturaleza, donde no está muy claro qué es exactamente lo que hay que proteger (a menudo son paisajes culturales antiguos). En la ciencia, así como en la práctica basada en el conocimiento, es muy importante que el lenguaje evolucione y siga el ritmo del conocimiento. La antigua concepción de la naturaleza se vio sacudida por una revolución científica en el siglo XIX, la teoría de la evolución de Darwin. Esta teoría dio lugar a una rápida evolución de la ciencia biológica y a la invención de la ecología.

Del organismo forestal al ecosistema

Al principio, la teoría de la evolución fue adoptada principalmente por los zoólogos. Esto también llevó a la «invención» de la ecología por parte del zoólogo berlinés Ernst Haeckel, inspirado en Darwin. Una innovación decisiva en la percepción de la naturaleza se refería, por un lado, al hecho de que ésta se encuentra en continuo cambio y que las especies no han existido de forma inmutable desde su «creación», sino que pueden cambiar y adaptarse a las nuevas condiciones de vida. Por otro lado, quedó claro que los organismos vivos y las especies no sólo existen uno al lado del otro, sino que están haciendo algo juntos, desarrollándose al unísono. El zoólogo Karl Möbius, que recibió la influencia de Darwin, estudió los criaderos de ostras de la bahía de Kiel y denominó «biocenosis o comunidad de vida» a «una selección y número de especies e individuos correspondientes a las condiciones medias de vida externas, que dependen unos de otros y se mantienen constantemente mediante la reproducción en un área medida».[39]

Fueron entonces los botánicos quienes estudiaron el desarrollo de la vegetación en un lugar, la sucesión, y dieron un paso más. Empezaron con el botánico estadounidense Frederic Clements, que sugirió que la vegetación era una especie de organismo.[40] Esto fue retomado por otros investigadores y, sobre todo, rebatido con vehemencia. Clements básicamente había anticipado la idea de un ecosis-

Una plantación de abetos de Douglas proporciona a la gente un espejismo de bosque. Pero incluso en estas plantaciones, alejadas de la naturaleza, no se permite que los árboles envejezcan, uno de los numerosos paralelismos con la agricultura industrial (Peter Wohlleben, Hummel, diciembre de 2012).

tema, pero no fue creado hasta 1935 por un botánico inglés.

El científico forestal de Eberswalde Alfred Möller no escribió en su libro sobre la «idea del bosque permanente» publicado en 1922, pero llevó el concepto de organismo al bosque: «Creo que he encontrado la palabra. El bosque es sólo un ser vivo (un organismo)».[41]

Después de terminar sus estudios, Alfred Möller pasó tres años de su vida en la selva brasileña y también conoció los bosques de América del Norte. Esto puede haber contribuido a que se sintiera conectado con los viajeros de Sudamérica Alexander von Humboldt y Charles Darwin. En su libro, por ejemplo, Alfred Möller citaba de manera extensa al creador de la teoría de la evolución, que describía cómo el desarrollo de un bosque a partir de un brezal iba acompañado de cambios en las especies vegetales y animales, y cómo las interacciones entre ellas eran inequívocas. También citó una sabia afirmación de Darwin, que tiene una importancia fundamental para la comprensión de la ecología, aunque ésta aún no se había inventado en ese momento: «Esto debería darnos la convicción de que ignoramos las interrelaciones entre todos los seres orgánicos; una convicción que es tan necesaria como difícil de obtener».[42]

Möller también formuló de inmediato una conclusión central, que podría deducirse de la visión ecológica de Darwin: «No podemos intervenir en el bosque sin provocar muchos otros efectos, además de los propósitos que perseguimos directamente, cuyas consecuencias ni siquiera pasamos por alto. [...] ¿No ocurre lo mismo con un organismo? Siempre que interviene en el organismo humano, ¿no debe el cirujano, además del objetivo que persigue en un caso concreto, tener en cuenta con la mayor prudencia y cuidado todas las demás consecuencias que pueden producirse, como secuelas en órganos distintos de los que se van a operar?».[43]

Las ideas de Möller sobre el organismo forestal han inspirado hasta el día de hoy a innumerables

Bosque como un todo mil veces compuesto

«El bosque es [...] un todo compuesto mil veces, en el que cada miembro ocupa su posición específica. Aunque no es concebible un bosque sin árboles, ciertamente no se compone sólo de árboles. Además de las plantas leñosas, el bosque incluye todas las plantas de la llamada flora del suelo. Todo el espacio, que las copas de los árboles rodean desde sus ramas más externas hasta las profundidades del suelo, hasta donde se extienden las puntas de las raíces y las ramas más externas, y todo lo que hay en este espacio, vive y se teje, pertenece al bosque [...].

Sin embargo, la fauna y la flora que perciben nuestros ojos están desapareciendo en número de especies en comparación con las que el microscopio nos enseña. La muestra más pequeña de suelo forestal, que tenemos entre las yemas de los dedos, contiene millones de gérmenes vivos, que crecen y se multiplican, es decir, convierten sustancias y tienen un efecto cambiante en su entorno inmediato. Hoy podemos estar convencidos de que el edáfono, como se ha llamado a la totalidad de la flora y fauna microscópicas del suelo en paralelo con el plancton del agua, de que este mundo de lo pequeño desempeña un papel indispensable e importante en la vida del bosque, que sólo conocemos de manera incompleta».

ALFRED MÖLLER, 1921[1]

1. Bode, W. (2021). *Alfred Möllers Dauerwaldidee.* Berlín: Matthes & Seitz.

silvicultores que trabajan de forma «natural» hasta la actualidad, pero ha sido objeto de una considerable hostilidad científica.[44] La silvicultura y las ciencias forestales se vieron desafiadas por la idea de forma aún más fundamental que la botánica.

Al fin y al cabo, en botánica, cómo se podía llamar a estas unidades de la naturaleza sólo era una cuestión académica: zoonosis, comunidad, colectividad, organismo o ecosistema, pero para la silvicultura, surgió de inmediato la acusación de maltratar a un (super)organismo vivo. Möller también había formulado esta alegación con sus críticas a los grupos de edad y a la industria de la explotación industrial, lo que provocó la ira del gremio.

El sucesor de Möller en la dirección de la Academia Forestal de Eberswalde, Alfred Dengler, escribió de manera clara las siguientes palabras: «Hay que rechazar el término organismo [para el bosque] porque es incorrecto y lleva a conclusiones incorrectas. La tarea de la ecología es reconocer el tipo de bosque natural específico del lugar como tal e investigar sus relaciones causales con las condiciones externas».[45] Alfred Dengler escribió esto en su libro sobre *Waldbau auf öko logischer Grundlage* («La silvicultura sobre una base ecológica»), que (al menos en Alemania) marcó la forma en que se practicó la ecología forestal durante mucho tiempo. No aparecían ni el organismo forestal en el sentido de Möller ni el ecosistema forestal.

Alfred Dengler y otros críticos no explicaron qué era exactamente lo que estaba mal en la imagen de Möller del organismo y qué conclusiones falsas llevó a ella. La estipulación de que los ecosistemas forestales no deben entenderse bajo ninguna circunstancia como una especie de «ser» u «organismo» era tan importante en la silvicultura que se hace hincapié en ello una y otra vez hasta el día de hoy. Se puede encontrar un ejemplo en la descripción general de las «definiciones de términos forestales importantes» del estado de Sajonia-Anhalt. En la definición de ecosistema afirma explícitamente: «¡No es un «superorganismo!» (con signo de exclamación y sin justificación).

En los círculos forestales, a menudo se pasa por alto que la discusión sobre el organismo del ecosistema en biología aún no ha sido rechazada con tanta claridad. Durante un tiempo, incluso para muchos biólogos, la evolución parecía ser el resultado exclusivo de las actividades de los «genes egoístas».[46] Pero eso ya no se puede sostener hoy en día: ¡el organismo forestal ha vuelto! Pero hablaremos de ello más adelante.

El botánico inglés Arthur Tansley tampoco estaba entusiasmado con la idea de un «superorganismo» que pudiera consistir en varios organismos vivos. Tampoco le gustaba la «comunidad viviente», pero aceptaba la idea de un «cuasiorganismo». Trabajando de manera crítica en los términos de la sociología de las plantas, logró crear el innovador término «ecosistema» en 1935, tras la invención de la «ecología», un paso lógico que dirigió el pensamiento sobre el tejido de los seres vivos en una nueva dirección. Ahora había un sistema en la ecología.

Arthur Tansley escribió: «[Los ecosistemas] tienen una organización que es el resultado inevitable de las interacciones y del consiguiente ajuste mutuo de sus componentes. Si los posibles elementos de un sistema no están organizados, no se forma ningún sistema o se rompe un sistema incipiente. De hecho, existe una especie de selección natural de los sistemas en evolución, y aquellos que pueden lograr el equilibrio más estable son los que sobreviven durante más tiempo».[47]

Con independencia de que se trate de un superorganismo o un ecosistema, no son los componentes los decisivos, sino que sólo las interacciones entre ellos dan lugar a la función y la viabilidad.

Los bellos brezales floridos son, en su mayoría, áreas forestales degradadas por el hombre. El pino de los pastos ingleses de North York Moors revela que la sucesión natural conduciría de nuevo al desarrollo del bosque (Pierre L. Ibisch, agosto de 2019).

El bienestar del bosque y del ser humano

De manera trágica, el bienestar humano se compra con la pobreza de la naturaleza. Los bosques dan paso a la prosperidad. Pero sin ecosistemas saludables no estamos «bien». Destruimos la buena vida al esforzarnos por conseguirla. Para no fracasar como los héroes de las tragedias griegas, deberíamos resolver nuestra desproporción con la naturaleza.

La salud parecía ser un concepto humano hasta que finalmente se permitió que los animales y las plantas enfermaran. Cualquiera que se niegue a ver un organismo de orden superior en un bosque también se abstendrá de hablar sobre su salud. Aunque esta actitud ha perdurado más tiempo en el mundo germanohablante y, especialmente, en la ciencia forestal, en inglés se empezó a hablar antes de *ecosystem health* («salud de los ecosistemas»). Desde 2001, existe incluso una revista científica con este nombre.[1] En el caso de organismos como los seres humanos, los animales o incluso las plantas, parece estar más claro lo que significa salud, pero obviamente esto es un poco más difícil en el caso del bosque compuesto de superorganismos. De hecho, la investigación médica aún discute qué debería ser realmente la salud. Se trata de preguntas pequeñas y grandes. ¿Qué es un microbioma sano en los seres humanos?[2] ¿Cuál es el papel de la resiliencia, es decir, la capacidad de volver a ponerse en forma después de una enfermedad?[3] ¿Qué significa la salud en la era actual de la autooptimización?[4]

A veces se critica que hay demasiada evaluación subjetiva de un ecosistema cuando se trata de definir lo que significa «saludable» o funcional.[5] Sin embargo, el concepto de salud del ecosistema se ha vuelto aceptable ahora, y parece estimular el pensamiento y la investigación. En relación con una comprensión más holística de la salud, los médicos ahora incluso hablan de «salud planetaria».[6] En la cooperación para el desarrollo, surgió la expresión de moda *One Health* («una sola salud»). En vista del creciente número de epidemias causadas por enfermedades de transmisión animal, se hizo patente que los ecosistemas «insalubres» también plantean nuevas e importantes amenazas para los seres humanos. Por eso se aplica el lema de que las personas sanas sólo pueden existir en una naturaleza sana.

Por supuesto, es más fácil decirlo que lograrlo. Incluso la simple evaluación del estado de salud requiere cierta reflexión.

En el ámbito de la salud humana, existen diferenciaciones entre la salud nutricional, la salud sexual, la salud del sueño y otras. ¿Merece la pena investigar también la salud de partes y procesos del ecosistema? ¿Es correcto pensar en la salud del suelo? Probablemente lo sea. Por lo menos, existen numerosos estudios sobre el tema.[7] Un equipo de científicos canadienses respondió recientemente de la siguiente manera: «Al final, los beneficios adicionales de la metáfora de la salud del suelo no dependen de si finalmente podemos registrarla en núme-

Informes forestales: del informe de daños al certificado sanitario

En la época de la «muerte de los bosques» relacionada con la contaminación del aire, los informes seguían llamándose informes de daños forestales, pero más tarde pasaron a denominarse informes sobre el estado de los bosques con «valores neutros». Con el tiempo, llegó a ser habitual informar sobre estas opiniones de expertos bajo el epígrafe «salud forestal». Sin embargo, en estos informes, la salud de los bosques se mide únicamente por el grado de follaje de las especies arbóreas en puntos de muestreo seleccionados. Resultó patente que los informes y su interpretación eran de escasa utilidad antes de la crisis forestal de 2018. En 2017, los bosques alemanes seguían recibiendo elogios por su salud en diversos comunicados de prensa de los estados federados: «Salud forestal en Schleswig-Holstein estable»,[1] «Los bosques de Brandeburgo están en buenas condiciones»,[2] «La salud de los bosques de Mecklemburgo-Pomerania Occidental es estable»[3] fueron algunas de las buenas noticias. Siguieron veranos extremadamente cálidos y secos y, a más tardar en 2019, los informes sobre el estado de los bosques tenían que ser sombríos. En teoría, habría sido posible que el bosque hubiera pasado repentinamente de la salud a la enfermedad. Pero quizá al final no fuera así. Ya años antes se había advertido de que los bosques estaban debilitados por la gran lejanía de la naturaleza y, por tanto, eran más sensibles a las alteraciones. Más del 50 por 100 eran monocultivos de coníferas y carecían de bosques, muchos de ellos de una sola capa con una copa aligerada y una biomasa arbórea muy reducida, sin la mayoría de las especies animales y vegetales típicas, pobres en madera muerta y suelos degradados, y también cortados en parcelas más o menos pequeñas junto a campos, asentamientos, carreteras y pistas de arrastre. Se trata de una combinación bastante negativa y, por supuesto, no puede ser correcto emitir un certificado de vitalidad para esos bosques. Esto sólo pudo suceder porque se consideraron indicadores inadecuados.

1. *Waldgesundheit in Schleswig-Holstein stabil* («Salud forestal en Schleswig-Holstein estable»), Waldzustandsbericht 2017 («Informe sobre el estado de los bosques 2017»). https://www.proplanta.de/agrar-nachrichten/wald-forst/waldgesundheit-in-schleswig-holstein-stabil_article1514443797.html 28.12.2017 (consultado: 06.10.23).
2. *Wälder in Brandenburg in gutem Zustand* («Bosques en Brandeburgo en buen estado»), Waldzustandsbericht («Informe sobre el estado de los bosques»). https://www.proplanta.de/agrar-nachrichten/wald-forst/waelder-in-brandenburg-in-gutem-zustand_article1513844978.html 21.12.2017 (consultado: 06.10.23).
3. *Waldgesundheit in Mecklenburg-Vorpommern stabil* («La salud de los bosques de Mecklemburgo-Pomerania Occidental es estable»), Waldzustand 2016 («Estado del bosque 2016»). https://www.proplanta.de/agrar-nachrichten/wald-forst/waldgesundheit-in-mecklenburg-vorpommern-stabil_article1489582476.html 15.03.2017 (consultado: 06.10.23).

ros, sino de si nos lleva a un mayor respeto por el suelo, a una visión más profunda de sus procesos beneficiosos y a formas más inteligentes de gestionar el suelo. Cuando la metáfora de la salud ya no pueda soportar este enorme peso, es posible que busquemos una sucesora digna; una buena metáfora engendra buena ciencia y la buena ciencia produce metáforas cada vez mejores».[8] Esto también puede aplicarse a la salud de los ecosistemas en su conjunto.

Sin embargo, hay que tener cuidado de no juzgar el estado de salud únicamente por la presencia de agentes patógenos o síntomas de enfermedad. La cuestión es siempre qué es lo normal y si los agentes patógenos forman parte de él. Es bien sabido que es importante que las personas pasen por enfermedades infantiles para entrenar el sistema inmunitario. Por ejemplo, el temido virus del herpes refuerza la inmunidad del organismo frente a bacterias peligrosas como el patógeno de la peste.[9] Del mismo modo, se sabe que los gusanos parásitos, por ejemplo, se encuentran definitivamente entre nuestros amigos,[10] porque nos hacen más aptos para hacer frente a los patógenos y a la inflamación.[11] En especial en los vertebrados, la inmunidad adquirida y un sistema inmunitario de aprendizaje desempeñan un papel fundamental.[12] Así que, como es obvio, la presencia de herbívoros, parásitos y hongos (potencialmente) causantes de enfermedades no significa de manera automática que un bosque esté enfermo y necesite un tratamiento curativo. Del mismo modo, la salud del superorganismo forestal no debe evaluarse tan sólo en función de los árboles.

¿Qué hace que el bosque sea saludable?

¿Qué significa la salud de los ecosistemas forestales? La respuesta es simple y, al mismo tiempo, difícil. Los bosques deben tener todo lo que los caracteriza como «superorganismos» complejos, diversos, autoorganizados, que gestionan los recursos, aprenden y convierten energía, es decir, tienen que ser ecoholobiontes, todo lo que se describió en el capítulo «El bosque es más que la suma de sus árboles». Se trata de las propiedades que resultan de la función del bosque y que «mantienen el bosque en funcionamiento», los llamados atributos ecológicos claves.[13]

Un bosque es saludable si se le permite ser un ecosistema que cambia y se adapta dinámicamente y si cuenta con los recursos necesarios para hacerlo. Se puede hacer una distinción aproximativa entre dos tipos de recursos. Por un lado, son los ingredientes que deben estar disponibles en el sitio para que se cree un bosque y pueda existir. Éstos son factores inanimados, como las principales condiciones meteorológicas, la radiación solar y, por supuesto, el agua, así como los componentes animados, es decir, los organismos vivos que dan forma al bosque. Por otro lado, éstos son sistemas inmunológicos de desarrollo propio y potenciadores de la aptitud física.

Además de los árboles, esto incluye a los animales, las plantas y los hongos, así como sus relaciones, como las simbiosis. El sistema en desarrollo, más o menos eficiente, resistente y resiliente, se crea a partir de la biomasa, la información y las redes.

Tiempo y espacio

Una vez más, hay que ser claro: estos atributos ecológicos clave para un ecosistema forestal saludable no están simplemente ahí, no caen de repente del cielo ni pueden ser provocados por los seres humanos. Más bien, muchos de ellos son el resultado de miles de años de trabajo del propio ecosistema. Hoy en día, sabemos que las personas también deben trabajar de manera activa para mantener su salud, por ejemplo, moviéndose lo suficiente y conservándose mentalmente en forma. Un bosque bueno y funcional necesita tiempo para madurar, sobre todo porque su red y sus conocimientos resultan más maduros con el tiempo.

Sin embargo, los bosques y muchos de sus organismos no sólo precisan tiempo, sino también espacio suficiente. En el caso de los animales, los organismos más grandes deambulan por grandes territorios, donde recolectan lo que normalmente es energía escasa (presas) y pueden devaluarla para su existencia y movilidad, es decir, para comer y digerir. Los grandes mamíferos, tanto los depredadores al final de la cadena alimentaria como los grandes herbívoros, se encontraban entre las primeras especies en ser suprimidas o erradicadas por los seres humanos. A menudo tiene que ver con conflictos, porque los grandes animales se interponen literalmente en el camino de los humanos. Pero otra razón es que los hábitats, antaño grandes y coherentes, se han fragmentado y reducido de tamaño.

En el caso de las plantas, la conexión entre el tamaño de los organismos y el área requerida para las poblaciones viables puede no ser tan clara, sobre todo porque las plantas funcionan de manera diferente a los animales, en especial en términos de energía. Siempre deben obtener la energía que necesitan para vivir en el sitio con su sistema solar de hojas. Muchos animales, por otro lado, pueden hacer largas caminatas para perseguir su comida. La desventaja es que los grandes carnívoros que viven solos, en particular, tienen dificultades para encontrar pareja en el camino. En el caso de las poblaciones de plantas, el área mínima se determina más por el número de organismos individuales que pueden existir juntos en un área para mantener cierta diversidad genética. Pero ni siquiera eso es tan estricto con las plantas como con los animales; en caso de apuro, se bastan a sí mismas. Los casos de autopolinización o autofertilización, o incluso de reproducción no sexual son mucho más comunes en las plantas.

En lo que respecta al tamaño, los ecosistemas forestales también se preocupan por sus efectos y su eficacia. A diferencia de los pantanos o masas de agua intercalados muy locales, la mayoría de los ecosistemas forestales existen en grandes áreas de tierra. Muchos procesos y funciones de los bosques sólo comienzan realmente cuando se alcanza un tamaño crítico. Unos pocos árboles no hacen un bosque. Pero cuando los bosques tienen una extensión de muchos miles de kilómetros cuadrados, como los bosques de los Cárpatos, adquieren eficacia regional como sistemas de aire acondicionado y centrales abastecedoras de agua. El complejo de ecosistemas forestales amazónicos, de varios millones de kilómetros cuadrados, es relevante a nivel mundial simplemente por su influencia en el balance de carbono y agua.

No es fácil responder qué tamaño debe tener un bosque para funcionar. Depende de la región y el clima, así como de lo que rodee al bosque. Cuanto más extremas sean la sequía y el calor, menos beneficioso será que el bosque tenga muchos bordes.[14] Las zonas aledañas de los bosques no sólo son perjudiciales para los árboles individuales, sino que también reducen la eficiencia de los bosques. La actividad de los organismos del suelo[15] y el contenido en carbono orgánico del suelo de los bosques marginales pueden verse afectados de forma significativa.[16] Un estudio realizado en Malasia demostró que dichas pérdidas están relacionadas con la altura de los árboles y la masa foliar por área, así como con el contenido de fósforo de las hojas, rasgos vegetales que influyen en la fotosíntesis y el crecimiento. El menor contenido en carbono se extendía desde el borde hasta 100 metros en el interior del bosque y aumentaba con la edad de los bordes.[17] En paisajes muy contaminados con fertilizantes, también puede haber más carbono en el borde del bosque, como se ha observado en Europa, por ejemplo,[18] pero esto también depende de la edad del bosque.[19] En la Amazonia, el colapso desenfrenado de los bordes de los bosques está provocando una gigantesca pérdida de carbono. Representa un tercio de las pérdidas causadas por la deforestación.[20] Es muy fácil de entender. La muerte de los árboles al borde del bosque también será un problema importante en Europa en tiempos de calor y sequía.[21]

Los bordes de los bosques no se pueden evitar en el paisaje cultivado, pero, como mínimo, deberían estar bien estructurados y ser densos. Los fragmentos de bosque necesitan una zona de amortiguación lo bastante grande para estar protegidos frente a influencias externas perjudiciales.[22] Por lo general, las zonas forestales a gran escala tienden a autorregularse mejor y a protegerse frente a las alteraciones y los cambios medioambientales. Por otro lado, incluso las islas forestales muy pequeñas, como las de las montañas de los Apeninos, pueden ser valiosos peldaños y refugios donde los árboles pueden llegar a ser antiguos; por ejemplo, el haya común «Michele» en el macizo del Pollino, en el extremo sur de Italia, con sus 622 años contados (y 725 estimados).[23] Las pequeñas islas forestales son refugios importantes a nivel biológico, aunque ecológicamente sean menos eficaces y tal vez estén más influenciadas por el campo circundante que al contrario.

La funcionalidad de los ecosistemas se basa en la interacción de sus componentes entre sí. Por lo tanto, no sólo es importante el requisito de espacio, sino también la llamada conectividad. Los componentes del ecosistema que se van a intercambiar deben estar juntos o poder reunirse. Los individuos o las poblaciones deben intercambiar genes de manera efectiva a través de la reproducción para evitar el agotamiento genético. Algunos animales errantes del bosque con grandes territorios, como los lobos o los osos, tienen más éxito porque también pueden unir áreas fuera de los bosques. Otros, que prefieren quedarse sólo en el bosque, como el lince, son, por lo tanto, más susceptibles al uso humano de la tierra. Si bien las barreras artificiales, como las carreteras, no son un obstáculo para las aves, algunos escarabajos o anfibios que viajan a pie pueden enfrentarse a grandes desafíos. Incluso los hongos se ven afectados por esas interrupciones. De esta manera, las redes de micorrizas en funcionamiento están separadas por caminos forestales de tala. Las pequeñas islas de hábitat suelen mantener poblaciones durante un tiempo limitado hasta que se extinguen. La fragmentación de los hábitats por las carreteras se ha convertido en un gigantesco problema ambiental global.[24]

Existe evidencia de que las redes de simbiosis funcionan mejor donde los ecosistemas están menos aislados. Por ejemplo, un estudio sobre fragmentos de hábitat en las pampas de Argentina mostró que los ecosistemas mejor conectados también tenían más polinizadores.[25]

Cuanto más silvestre, mejor

Si los bosques tienen suficiente tiempo y espacio, las interacciones que convierten el caos en orden pueden desarrollarse en sistemas complejos. Es como una persona sana, en la que todas las reacciones bioquímicas y los mecanismos reguladores están entrelazados. El corazón late, la digestión funciona, las hormonas controlan la actividad de los órganos, el cuerpo y la mente son eficientes. Sin embargo, si hay una intervención de control en algún lugar, por ejemplo con un medicamento, pueden existir efectos secundarios que haya que mitigar con otra medicación, intervenciones quirúrgicas, fisioterapia y mucho más. Las reparaciones en sistemas complejos a menudo resultan en una necesidad constante de nuevas reparaciones. Por supuesto, esto puede funcionar bien a largo plazo. Las personas con prótesis o marcapasos pueden envejecer mucho, pero necesitan atención médica y terapia regulares. La situación es similar en los ecosistemas. Cuando intervenimos mucho, erradicamos o sustituimos componentes, surgen cada vez más necesidades de gestión. Sin embargo, la diferencia con los seres humanos es que los ecosistemas no mueren después de cierto período de tiempo, sino que normalmente mejoran a través de sus funciones, se adaptan a las nuevas condiciones ambientales y cambian. El desarrollo de la autoorganización y la capacidad de desarrollo es fundamental.

¿Qué caracteriza en realidad esta capacidad de autoorganización? ¿Cómo se pueden medir y conservar? Un punto esencial es dejar que los ecosistemas tengan su «voluntad», que se les deje ser silvestres.

La palabra *wild* («salvaje») proviene del protogermánico y significa indómito e incontrolado. El origen exacto no está claro, pero tal vez el término deriva del vocablo protoindoeuropeo *welt* («mundo»), es decir, ¡la supuesta raíz del bosque y el mundo![26] Al menos ésa es una buena idea.

La naturaleza salvaje y la naturaleza silvestre juegan un papel importante en nuestra cultura. Es lo diferente, lo no influenciado por los humanos, lo

Fragmentación: casi dos millones de islas forestales en Alemania

Alemania es un país de bosques fragmentados. Con el tiempo, el ecosistema que en realidad abarca casi todo el país se ha fragmentado en muchas parcelas de bosque, en su mayoría bastante pequeñas y a menudo aisladas.

Sobre la base de imágenes de satélite con una resolución de 30 x 30 metros, se determina la distribución de las islas forestales más pequeñas o más grandes en el paisaje (áreas de vegetación con al menos 5 metros de altura y, como mínimo, el 50 por 100 de cobertura arbórea en el píxel de 30 x 30 metros). Si hay al menos una fila de píxeles (30 metros de ancho) alrededor de un bosque, se registran como un área separada. Sólo se incluyen las áreas forestales en las que realmente hay árboles. En el análisis, ¡las áreas áridas de calamidad no son áreas boscosas! Los colores muestran la situación interconectada de las islas forestales. Cuanto más pequeña y más rodeada de paisaje no boscoso, menor será el valor (según el cálculo de los denominados polígonos de Thiessen).[1] Los valores más altos y los colores más oscuros significan un mayor valor ecológico y menos efectos dañinos en los bordes. Llama la atención que destaque especialmente el bosque del Palatinado y que regiones tan conocidas como el Sauerland, el Harz o el bosque de Turingia ya no aparezcan con tanta fuerza como zonas forestales contiguas. El paisaje forestal, extremadamente fragmentado, es el resultado de la acción conjunta de la agricultura, el desarrollo de asentamientos e infraestructuras, la silvicultura y el cambio climático.

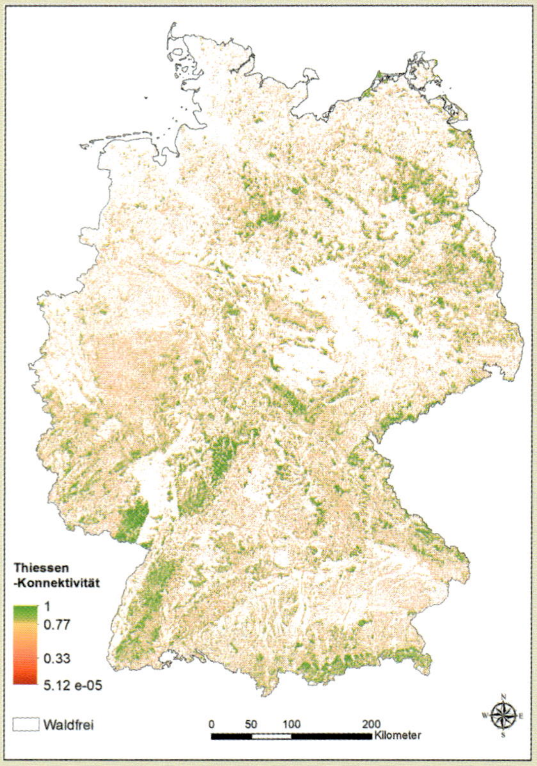

Las áreas forestales «en la zona verde» suelen ser más extensas y estar menos aisladas. Los bosques de color rojo oscuro son pequeñas islas en medio de zonas sin bosques. La llamada conectividad de Thiessen tiene en cuenta el tamaño de las islas forestales y las pone en relación con el tamaño de las zonas sin bosques que las rodean.

1. Mann, D.; Gohr, C. *et al.* (2023). «Does fragmentation contribute to the forest crisis in Germany?». *Frontiers in Forests and Global Change* 6 (2023): 10.3389/ffgc.2023.1099460.

que nos fascina, pero al mismo tiempo nos resistimos a tolerarlo a nuestro alrededor. Esto también se refleja en el concepto medieval de *Wildnis* («naturaleza salvaje»). Originalmente, se llamaba *Wilderness*, como todavía se le llama hoy en holandés o inglés, y se refiere a lugares despoblados e incultos, donde viven animales salvajes, es decir, *Wildtiernis* (cf. en inglés antiguo (*wild deor —> wild deer*).[27] La palabra *wild/wilde* («salvaje») también significaba «cruel», «crudo» y «extraño» (siglo VIII).[28] El uso de la palabra *Wildnis* tendió a decaer después del siglo XVII, y no volvió a cobrar importancia hasta el siglo pasado. Esto también tiene que ver con los filósofos naturalistas que promovieron el valor de lo salvaje y lo silvestre.

El valor de los ecosistemas salvajes reside en que albergan procesos y funciones altamente integrados y coordinados que han evolucionado a lo largo de millones de años gracias a la interacción de los organismos. Dada la gigantesca complejidad de los ecosistemas forestales, es presuntuoso que la gente piense que puede controlarlos mejor de lo que lo hacen por sí mismos. Esto es el olvido del ecosistema, un exceso de confianza de las personas «iluminadas».

Una confianza básica en los mecanismos desarrollados a lo largo de la evolución no es ingenua ni romántica. No se trata de apegarse a una visión poco realista del mundo que excluye a las personas de la naturaleza. El hombre surgió de la naturaleza y, por lo tanto, todo lo que hace es, estrictamente hablando, natural, parte de la evolución. Sólo existe el riesgo de que sus acciones dañen los sistemas establecidos hasta el punto de que dejen de funcionar correctamente. A la evolución no le importa eso, pero a los humanos nos perjudica, tanto para nosotros mismos como para nuestros medios de vida. Hay muchos ejemplos de esto cuando se trata de árboles y bosques. No se trata de salvar a la Tierra de nosotros y salvar así a la evolución de sí misma. En sentido estricto, tampoco necesitamos la protección de la naturaleza. La naturaleza no conoce un estado «buen», y a largo plazo también puede hacer frente a graves contratiempos, como extinciones masivas. Sin embargo, se nos recomienda proteger la naturaleza por nosotros mismos. ¡La protección de la naturaleza es protección humana!

El desdén por lo salvaje queda patente en posturas como «Quien deja el bosque a su suerte lo destruye»,[29] incluso cuando se trata de bosques supuestamente creados por humanos. Es un testimonio de que tan sólo se ignoran los resultados de las investigaciones actuales, que demuestran que los bosques primigenios son más ricos en especies y funciones que las selvas.[30] La naturaleza salvaje que los ingenieros y economistas inteligentes aprovechan en lugar de oponerle energía no sólo se refiere a la extensa naturaleza prístina. Al final, forma parte de todos los procesos ecológicos. La incomprensión de la naturaleza también se expresa en la frase «apaguen el bosque»,[31] que es popular entre muchos silvicultores. Un bosque no se queda en silencio cuando ya no se cosecha su madera, sino todo lo contrario. Los espacios naturales tampoco pueden limitarse a zonas silvestres, porque su extensión y las interacciones a gran escala también forman parte de ellos. ¿Es, pues, presuntuoso el concepto de naturaleza salvaje?[32]

La naturaleza salvaje ocurre dondequiera que los humanos se retiren, porque el salvajismo no es tanto una condición como el comportamiento de la naturaleza.[33] Un ecosistema puede ser salvaje, incluso si las personas residen en él, siempre y cuando la persona que lo planifica no lo controle ni manipule activamente. Al final, sólo hay una definición detrás de lo salvaje que yuxtapone artificialmente a los seres humanos con la naturaleza. Pero ésa no es la cuestión principal. La naturaleza salvaje es un «socio olvidado de la evolución»,[34] representa el azar y el caos, pero sobre todo la autorregulación, que resulta de la retroalimentación sistémica. Todo esto lo suprime la gente moderna, a la que, como es obvio, no le gustan las sorpresas demasiado grandes.

Los seres humanos tuvimos que domarnos para poder vivir juntos en paz en nuestras comunidades. Por supuesto, también era útil para reducir el riesgo de que los osos de las cavernas los mataran mientras caminaban por el bosque. Además, es práctico cuando no hay que recoger la madera en el bosque salvaje, sino cuando se puede talar rápidamente de hileras de árboles plantados de manera uniforme y bien planificada con máquinas cosechadoras.

En el pasado, recibíamos recompensas cuando eliminábamos el caos de nuestras vidas. Ahora está resultando trágico que hagamos de nuestro entorno algo tan pulcro y sencillo que ponemos en peligro nuestros medios de vida.

En los países anglosajones, y en particular en Gran Bretaña, existe un fuerte movimiento de

(Pensamientos) salvajes y ferocidad

De manera significativa, fueron los estadounidenses quienes comenzaron a estudiar los espacios naturales en la era moderna. Con la conquista y subyugación europeas del continente norteamericano, se produjo una destrucción muy rápida de las regiones salvajes inaccesibles. La apropiación colonialista de tierras en el impulso hacia el «Lejano Oeste» fue acompañada por el desplazamiento de la población indígena local que vivía en y con los ecosistemas, e incluso por el genocidio. Cuando se aplicó a las personas y culturas desplazadas, explotadas y destruidas por los crímenes coloniales, la palabra «salvaje» se utilizó como justificación del desenfreno de los europeos supuestamente cultivados. Los salvajes y los denominados «salvajes» eran considerados inferiores.

Esto provocó una reacción violenta por parte de los intelectuales y, en algunos casos, se tendió a idealizar las atribuciones. El escritor y filósofo natural Henry David Thoreau (1817-1862) escribió en 1851: «Todo lo que no ha estado bajo el control humano es salvaje. En este sentido, las personas originales e independientes son salvajes, no domesticadas ni destruidas por la sociedad».[1] Thoreau fue un pionero de todos los desertores y se dio a conocer con su libro *Walden, la vida en los bosques*. En sus conferencias y escritos sobre la importancia de caminar (*walking*), también habló repetidamente sobre el salvajismo.

«Y lo que quería decir es que la preservación del mundo radica en el salvajismo. Por lo que me gustaría decir: ¡Qué cerca está lo salvaje de lo bueno! [...] La vida consiste en el salvajismo. Lo más vivo es lo más salvaje. Aún no sujetos al hombre, su presencia lo refresca. [...] En la literatura, lo único que nos atrae es lo salvaje. La torpeza es sólo otro nombre para la mansedumbre. [...] Del mismo modo que el pato salvaje es más rápido y hermoso que el manso, también es el pensamiento salvaje el que, como el ánade real, se balancea a través de los pantanos en medio del rocío que cae. Un libro realmente bueno es algo tan natural y tan inesperado e inexplicablemente hermoso y perfecto como una flor silvestre descubierta en las praderas de Occidente o en las selvas de Oriente».[2]

Otro estadounidense que reconoció la naturaleza como un recurso agotador que vale la pena proteger y que fue pionero en un movimiento de conservación moderno fue el científico forestal y ecólogo Aldo Leopold (1887-1948). «Por primera vez en la historia de la especie humana, dos cambios son inminentes. Uno de ellos es el agotamiento de la naturaleza en las partes más habitables del planeta».[3]

Leopold no sólo se sintió conmovido por la filosofía natural, sino que también basó su posición en observaciones en el bosque. Comentó sobre el suelo y su microbioma, que aún no se llamaba así en ese momento: «En muchas plantaciones forestales, sólo se plantan uno o dos troncos en suelos en los que originalmente crecían árboles de tres y cuatro tallos. ¿Y por qué? Los silvicultores pensantes saben que la causa tal vez no se encuentre en el árbol, sino en la microflora del suelo, y que puede llevar más años restaurar la flora del suelo que destruirla».[4]

Aldo Leopold ya comparó el panorama de los enfermos con el de las personas enfermas y abogó por la introducción de una ciencia de la «salud de la tierra». Reconoció correctamente que las áreas silvestres pueden ayudarnos a entender qué constituye una naturaleza saludable, es decir, funcional. Por lo tanto, tienen un significado científico y no son sólo espacios para experimentar la naturaleza.

La naturaleza es definitivamente algo que los humanos no pueden producir: «La naturaleza es un recurso que puede reducirse pero no puede crecer. Las invasiones se pueden detener o modificar para que un área siga siendo utilizable para la recreación, la ciencia o la vida silvestre, pero es imposible crear una nueva naturaleza salvaje en el pleno sentido de la palabra».[5]

1. Original inglés: «Whatever has not come under the sway of man is wild. In this sense original and independent men are wild – not tamed and broken by society». Henry David Thoreau (1851). *Journal,* 3 de septiembre de 1851.
2. Original en inglés: «[...] and what I have been preparing to say is, that in Wildness is the preservation of the World». «So I would say — "How near to good is what is wild!" Life consists with wildness. The most alive is the wildest. Not yet subdued to man, its presence refreshes him. [...] at attracts us. Dullness is but another name for tameness. [...] As the wild duck is more swift and beautiful than the tame, so is the wild – the mallard – thought, which 'mid falling dews wings its way above the fens. A truly good book is something as natural, and as unexpectedly and unaccountably fair and perfect, as a wild flower discovered on the prairies of the west or in the jungles of the east. Genius is a light which makes the darkness visible, like the lightning's flash, which perchance shatters the temple of knowledge itself – and not a taper lighted at the hearthstone of the race, which pales before the light of common day», Thoreau, H. D.: Walking - https://www.gutenberg.org/files/1022/1022-h/1022-h.htm
3. Original en inglés: «For the first time in the history of the human species, two changes are now impending. One is the exhaustion of wilderness in the more habitable portions of the globe», Aldo Leopold (1949). *Wilderness from A Sand County Almanac and Sketches Here and There,* Oxford University Press. https://winapps.umt.edu/winapps/media2/wilderness/toolboxes/documents/awareness/Aldo%20Leopold%20writing%20on%20wilderness.pdf.
4. *Ibid.* Original en inglés: «Many forest plantations are producing one-log or two-log trees on soil which originally grew three-log and four-log trees. Why? Thinking foresters know that the cause probably lies not in the tree, but in the micro-flora of the soil, and that it may take more years to restore the soil flora than it took to destroy it».
5. *Ibid.* Original en inglés: «Wilderness is a resource which can shrink but not grow. Invasions can be arrested or modified in a manner to keep an area usable either for recreation, or for science, or for wildlife, but creation of new wilderness in the full sense of the word is impossible».

rewilding (re-silvestramiento). Curiosamente, a menudo se trata de introducir animales grandes en los paisajes.[35] Por un lado, esto tiene sentido, ya que los grandes depredadores y herbívoros contribuyen de manera importante al funcionamiento de los ecosistemas.[36] En algunos casos, sin embargo, es bastante cuestionable cuando, por ejemplo, se sueltan grandes animales domésticos como el bovino de Heck y se permite que corran en libertad. Este tipo de ganado es una colorida mezcla de cruces con el objetivo de resucitar a los extintos uros en términos puramente visuales. En apariencia, a veces sólo se trata de construir «catedrales imaginarias de la naturaleza»,[37] lo que no habría sido posible sin las personas. En esta tierra, nunca más habrá ecosistemas que no se vean afectados por los seres humanos; incluso si los humanos desaparecen, dejarán una huella indeleble. El objetivo de crear áreas silvestres sin efectos humanos es una ilusión y una contradicción en sí misma.[38]

La pregunta es cómo puede el mundo volver a ser más salvaje sin excluir al hombre.[39] Un paso importante en este sentido es la preservación de la diversidad y la complejidad y, por lo tanto, también la preservación de las sorpresas y los acontecimientos abiertos en la naturaleza. Éste es también un tema importante para la «renaturalización», la restauración de la naturaleza (en inglés *restoration*[40]). «Volver a la naturaleza» significa «volver al futuro». En ningún caso debemos aspirar a construir la naturaleza como telón de fondo de una película histórica. Más bien, debemos dar espacio y tiempo a la naturaleza y permitir que la naturaleza salvaje lleve a sí misma y a nosotros hacia el futuro. Inevitablemente, esto creará ecosistemas del todo nuevos.

¿Qué hace que el bosque enferme?

Hemos visto cómo los bosques se benefician de verse sacudidos de manera regular por un poco de caos. Perturbaciones naturales como tormentas, deslizamientos de tierra o incendios promueven la diversidad del hábitat y, a menudo, permiten que especies con requisitos muy diferentes vivan juntas en espacios confinados. La evolución ha producido sus propios «disruptores» con los herbívoros. Garantizan que se utilicen más estrategias vegetales, fomentan la diversidad, multiplican las funciones de los ecosistemas y las opciones de adaptación.[41] Entre estas perturbadores no sólo están los elefantes y los jabalíes o los escarabajos de la corteza y los pulgones, sino también nosotros, los humanos. Para que quede muy claro una vez más, las personas son parte del ecosistema global, somos la naturaleza y todo lo que hacemos en este planeta forma parte de la evolución. Comer, morir, enfermar y sufrir es natural, con independencia de que sea causado por terremotos, leones, tenias o seres humanos. Paradójicamente, incluso es necesario que la biosfera viva y sea más eficiente.

Sin embargo, nunca ha habido una sola especie que haya podido transformar o incluso destruir los ecosistemas de todo el planeta a una velocidad tan grande. Los desequilibrios son buenos, pero la vieja enseñanza del médico suizo Paracelso (1493/94-1541) también es correcta: «Todas las cosas son veneno y nada está sin veneno; la dosis por sí sola hace que una cosa no sea venenosa». Los seres humanos fueron tan eficaces que se han vuelto tóxicos para muchos seres vivos y ahora también para ellos mismos. Eso tampoco es un problema en relación con la evolución. Quien interfiera demasiado, tarde o temprano se verá ralentizado o expulsado de la carrera. La retroalimentación sistémica asegura que la proliferación de algas, la muerte de peces o bosques, por ejemplo, no duren para siempre. La paleontología tiene mucho que ofrecer a modo de consuelo. Tras enormes extinciones masivas y el colapso de ecosistemas a gran escala, se ha producido una y otra vez una recuperación, e incluso la diversidad biológica ha aumentado. El único problema es que la recuperación después de un colapso puede llevar muchos millones de años. Eso debería darnos en qué pensar: *Homo sapiens* es una especie que sólo ha estado en la Tierra durante 300 000 años.

Por el momento, el ecosistema global ya está respondiendo al dominio humano y es probable que tarde o temprano nos veamos privados de la base para hacer negocios. Ahora bien, no sólo somos buenos remodelando el ecosistema de la Tierra, sino que probablemente somos la primera especie condenada a tener que pensar en nuestras propias acciones y nuestro propio futuro. Requiere cierto esfuerzo, pero poco a poco nos damos cuenta de que nos estamos vaciando de agua a nosotros mismos. Inventamos la conservación de la naturaleza en el siglo XIX, pero nos estamos dando cuenta de que nuestros esfuerzos no son suficientes. ¿Qué está fallando?

Como los seres humanos por lo general somos muy sistemáticos, no sólo hemos empezado a introducir una taxonomía para los organismos vivos y a dar nombres a todas las especies, sino que también estamos clasificando las formas de daño que causamos a la naturaleza. La organización de conservación de la naturaleza UICN (Unión Internacional para la Conservación de la Naturaleza) ha introducido una sistemática de peligros y amenazas para los ecosistemas.[42] Resulta muy útil para analizar las causas de la pérdida de biodiversidad y diseñar contramedidas adecuadas. En este punto, queremos utilizar este enfoque para debatir qué amenazas de origen humano están afectando a los bosques.

La clasificación de la UICN comprende doce categorías diferentes. Cada una de ellas se subdivide en causas de riesgo específicas, que no analizamos en detalle aquí, ya que no todas son relevantes para los bosques. También abordamos el uso de la madera y la silvicultura con especial detalle, ya que principalmente queremos entender qué es lo que está mal en la gestión forestal y qué se puede mejorar.

Con la colaboración de miles de expertos, la UICN también publica las llamadas Listas Rojas de Especies en Peligro de Extinción. Éstos son informes de expertos que determinan el estado de la especie y cómo están cambiando sus poblaciones. Esto implica evaluar qué peligros les llevan a no estar bien. Los informes están mejorando metodológicamente y los resultados son cada vez más pesimistas.

En la actualidad, poco menos de un tercio de las especies evaluadas ya están en peligro de extinción.[43]

La principal razón de la extinción de la vida en este planeta es la destrucción del hábitat: el 88,3 por 100 de las especies evaluadas se ven afectadas. El 26,6 por 100 está sobreexplotada directamente, el 25 por 100 se ve afectado por el desplazamiento de especies invasoras, el 18,2 por 100 está afectado por la contaminación, y el 17 por 100, por el clima extremo y el cambio climático.[44] En este estudio, sólo se evaluaron 20 784 especies muy conocidas. Las poblaciones de mamíferos terrestres se han reducido una tercera parte de media, y en algunos casos el declive alcanza el 80 por 100.[45]

Se observó una disminución similar entre las aves de América del Norte; ¡una pérdida del 29 por 100 con respecto a 1970 significa casi tres mil millones de aves menos! Los autores señalan que muchas especies de aves que antes eran comunes también se ven afectadas, una crisis de biodiversidad que se desarrolla poco a poco y que se pasa por alto.[46] El 39 por 100 de las especies de plantas también están ahora amenazadas.[47]

Se conoce mejor el estado de animales tan conspicuos como los mamíferos y las aves que el de las lombrices de tierra y los colémbolos. Por no hablar de los millones y millones de criaturas que aún se desconocen científicamente. Utilizando modelos informáticos y examinando el uso del suelo, los investigadores llegaron a la conclusión de que en el 65 por 100 de la superficie terrestre, la biodiversidad debería haber disminuido más de un 10 por 100.[48] Así pues, es posible que se haya cruzado un umbral crítico. Además de los ecosistemas de pastizales, los centros de biodiversidad y las áreas silvestres se ven particularmente afectados.

Desde hace algunos años, también existen noticias muy preocupantes sobre el mundo de los insectos. Se midió una pérdida anual de biomasa de insectos del 1 por 100 en varios grupos y regiones: «la muerte por mil cortes», como escriben los autores, es una mezcla compleja de causas que conducen al desastre.[49] En vista de las funciones de los insectos en los ecosistemas, esto es del todo dramático. Un estudio sobre las moscas voladoras en zonas protegidas alemanas, por ejemplo, mostró un descenso del 82 por 100 en la biomasa y del 89 por 100 en el número de individuos entre 1989 y 2014.[50] Unos años antes, un equipo de investigadores había difundido por todo el mundo la impactante noticia de que en 27 años la biomasa de insectos voladores en zonas seleccionadas de Alemania se había desplomado un 75 por 100 .[51]

Por desgracia, con la pérdida de la diversidad biológica y la funcionalidad ecológica, se está formando un monstruo gigantesco, que apenas se mueve de forma perceptible y, por lo tanto, los humanos no lo tomamos en serio. Las extinciones masivas están ocurriendo poco a poco, muchos seres vivos sufren en silencio y, en algún momento, simplemente desaparecen del paisaje. Como cada vez más personas viven en ciudades y en un entorno muy cambiado y, además, a menudo no tienen un buen conocimiento de la diversidad de la vida, el colapso pasa en gran medida desapercibido. Los que no conozcan sírfidos, no podrán echarlos de menos, los que nunca se hayan topado con una rana arborícola y la hayan oído croar en la linde del bosque quizá se conformen con seguir viéndola sólo en fotos.

Las advertencias y llamadas de atención de la comunidad científica son cada vez más fuertes, comprometidas y urgentes. En una «advertencia a la humanidad», los científicos comentan sobre el estado de los árboles: «La extinción de los árboles [...] pondrá en peligro los medios de subsistencia de miles de millones de personas que actualmente dependen de los árboles y de los servicios que ofrecen. Esta advertencia dirigida a la humanidad tiene como objetivo crear conciencia sobre la crisis de mortalidad de los árboles, que es un importante problema ambiental que requiere con urgencia la atención mundial».[52] Los autores señalan de una manera muy acertada que alrededor del 80 por 100 de las especies de anfibios, el 75 por 100 de las especies de aves y el 68 por 100 de las especies de mamíferos del mundo, así como la mayoría de los no vertebrados, se encuentran en los bosques.

Todavía somos capaces de comprender hasta cierto punto la pérdida de especies, pero sólo podemos entender indirectamente cómo se están reduciendo las funciones de los ecosistemas. Los análisis basados en satélites indican, por ejemplo, que la resiliencia de los bosques ha disminuido en tres cuartas partes de la región amazónica, en especial desde principios de la década de 2000, es decir, su capacidad de reaccionar dinámicamente ante las crisis y el debilitamiento.[53] Se correría el riesgo de que los bosques colapsaran y se perdieran los sumideros de carbono, del mismo modo que habría consecuencias para la biodiversidad. Los investigadores dirigidos por el científico inglés sobre el cambio climático Timothy Lenton están dejando muy claro: «Estamos en una emergencia climática y ecológica, en la que el cambio climático y las intervenciones antropogénicas directas en la biosfera están provocando cambios abruptos o irreversibles que amenazan nuestros medios de subsistencia».[54] Existen algunas pruebas de que sólo nosotros subestimamos por completo el riesgo del cambio climático para nuestros bosques.[55]

Deberíamos estar impresionados. Al igual que la vida en la evolución se alimentó mediante retroalimentaciones sistémicas, dando lugar a más y más componentes y procesos, ahora todo se está invirtiendo a gran velocidad. Al comienzo del debate sobre la importancia de la diversidad biológica en la década de 1980, Anne y Paul Ehrlich formularon la hipótesis del «saca remaches» (del inglés: *rivet popper*).[56] Debemos imaginar que estamos sentados en un avión mientras un mecánico saca remaches de las alas. En respuesta a las preguntas de los interesados, responde que no hay que preocuparse porque hay tantos remaches que los individuales no importan en absoluto para la estabilidad. Pero en algún momento saca un remache de más y el avión se rompe. En esta imagen, los remaches representan las especies de la biosfera, nuestro «avión». Como resultado, los científicos discutieron con entusiasmo cuán redundantes son las especies en la naturaleza.[57] De hecho, no todas las especies pierden una función; hasta cierto punto, las especies pueden incluso reemplazarse a sí mismas o llenar vacíos críticos. Pero la imagen del remache tampoco funciona en otro aspecto, porque las especies del ecosistema terrestre no permanecen inmóviles en su sitio como componentes individuales, sino que trabajan una y otra vez e interactúan entre sí. La biosfera es una aeronave que aumenta sus alas durante la operación y se vuelve cada vez más poderosa. Cada vez que se pierde un remache, se sustituye por sí mismo, a menudo incluso por varios nuevos y aún más duraderos. Si ahora eliminamos pequeñas partes individuales, al principio no sucede nada, vuelven a crecer y el sistema «funciona». Pero en cierto punto, el daño ya no se puede compensar y no sólo se pierden piezas pequeñas, sino incluso otras más grandes.

Al final, sin embargo, no es apropiado comparar los ecosistemas con las máquinas, porque funcionan de una manera por completo diferente. Vamos a compararlos con nuestro cuerpo, es decir, con un organismo más pequeño. Podemos sufrir caries, dolores de espalda y endurecimiento de las arterias. Nos pueden extraer los dientes y extirpar la vesícula biliar y el apéndice, y, sin embargo, seguimos viviendo, no sin preocupaciones, pero tal vez felices. Pero si en algún momento se debilitan órganos especialmente críticos, las cosas pueden ponerse difíciles con mucha rapidez, sobre todo si el sistema inmunitario está debilitado por muchas enfermedades anteriores. Un organismo que corría animado en un momento puede sufrir una intoxicación sanguínea al siguiente, colapsar y sucumbir a un fallo orgánico múltiple, una auténtica crisis sistémica. Todo es muy traicionero, porque las enfermedades en el complejo sistema comienzan a interactuar entre sí y se refuerzan mutuamente.

Si de verdad visualizamos esta imagen, empezamos a entender lo que está ocurriendo ahora mismo en el ecosistema global. Muchos bosques ya están entrando en la fase de insuficiencia orgánica múltiple. Esto significa que se necesita ayuda de emergencia, el tratamiento de los síntomas y, al mismo tiempo, la estabilización de los órganos que aún están intactos. En los primeros tiempos, por cierto, la gente solía acabar con los enfermos intentando curarlos mediante sangrías. Con la falta de sangre, los pobres se vieron privados de sus últimas energías. Parece comparable cuando algunos expertos forestales creen hoy en día que la única manera de ayudar realmente al bosque en un momento de crisis es retirar más árboles. El enfoque parece tener su origen en la medicina medieval. Siempre ignora la teoría y los resultados de la investigación ecológica moderna.

Ahora bien, antes de examinar las terapias que parecen adecuadas, veamos más de cerca lo que estresa y destruye a nuestro paciente el bosque.

Uso de la madera y silvicultura

En los países industrializados, la silvicultura tiene actualmente el mayor impacto en la condición de los bosques. Aunque las leyes forestales estipulan que la protección, la función recreativa y el uso de la madera tienen la misma importancia, en la gran mayoría de los casos la silvicultura se centra en el aprovechamiento de las materias primas. Este desequilibrio no se solucionará porque existe una constelación única en el sector forestal. Las autoridades estatales o municipales no sólo son responsables de la supervisión, es decir, del cumplimiento de las leyes, sino que también suelen actuar como proveedores de servicios para otros municipios o bosques privados, y también se encuentran entre los mayores vendedores de madera de Alemania. Por lo tanto, las autoridades de control, como los principales participantes del mercado, a menudo se controlan a sí mismas y suelen dar fe de los mejores resultados o de la inocencia de los malos resultados. Es hora de que las Administraciones forestales se examinen de forma independiente. Esto requeriría una separación de la soberanía y de la economía, tal como las conocemos de otras áreas.

Desarrollo

El uso de la madera no funciona sin la correspondiente infraestructura; nuestros antepasados ya lo sabían y, además, es puramente intuitivo. Sin rutas a través de las cuales se pueda extraer la materia

Hambre de madera

El mercado mundial de la madera está muy tenso. Hay cuellos de botella en la oferta y los analistas esperan más escasez y subidas de precios.[1] La industria forestal y maderera mundial espera un crecimiento anual de más del 6 por 100 hasta 2025. Actualmente se producen casi cuatro mil millones de metros cúbicos de rollizos de madera. Las tasas de crecimiento más altas se esperan en Oriente Medio y África.[2] En las últimas décadas se ha producido un aumento impresionante del uso de la madera. La producción de madera en rollo ha crecido un 25 por 100 desde 1980 y un 12 por 100 desde 2000. En varias gamas de productos, las tasas de crecimiento han sido significativamente más altas desde 1980: pasta de madera (48 por 100), papel y cartón (137 por 100), madera contrachapada (200 por 100), paneles de madera (280 por 100), aglomerado y tableros OSB (335 por 100).[3]

China representó el 43 por 100 de las importaciones de madera y productos de madera en 2018. En 2018, las importaciones chinas de madera en rollo industrial aumentaron un 8 por 100. La producción y el consumo de madera aserrada y tableros de madera crecieron a un ritmo más rápido en China que en el resto del mundo. Los principales exportadores fueron Nueva Zelanda y Rusia. Brasil y Europa encabezan la clasificación de exportadores de pasta de madera.[4] Como descubrió la FAO (Organización de las Naciones Unidas para la Alimentación y la Agricultura) en las estadísticas de 2018, la producción y el consumo de pellets de madera crecieron de forma espectacular. En 2018, el crecimiento fue del 11 por 100 en comparación con el año anterior. En Europa, se produjo el 55 por 100 y se consumió el 75 por 100 del volumen total, pero las importaciones a Asia también crecieron un 51 por 100 en un año. Corea del Sur se convirtió en el tercer importador más importante de pellets y, según la FAO, impulsó la producción correspondiente en Vietnam, Malasia, Indonesia y Tailandia.

También en Alemania se ha extraído cada vez más madera de los bosques en los últimos años. Según la Oficina Federal de Estadística, la tala en 2020 alcanzó un nivel récord de 80,4 millones de metros cúbicos. De esta cantidad, se exportaron alrededor de 12,7 millones de metros cúbicos de madera en bruto; en comparación con 2019, esto representó un aumento de más de un tercio (el 42,6 por 100). En una comparación a largo plazo, la cantidad de madera en bruto exportada se ha más que triplicado desde 2015 (+ 238 por 100).

La mitad de la madera exportada se destinó a China en 2020 (en 2015 fue del 10 por 100). Más de la mitad de la madera extraída provino principalmente de monocultivos de coníferas muertas o sin usar (en 2020: > 87 por 100; en 2021: > 60 por 100),[5] lo que deja áreas desnudas donde no volverá a crecer madera utilizable durante al menos las próximas décadas. Por lo tanto, Alemania se está topando con una enorme brecha maderera, que no se espera hasta dentro de diez años (después del colapso de la mayoría de las plantaciones de abetos y pinos), pero que luego choca por completo con la construcción de madera de crecimiento lento y promovida políticamente.

Alemania ya no es autosuficiente, sobre todo en lo que respecta a la madera de coníferas de alta calidad para la construcción. Desde 2009, ha habido importaciones netas de madera de coníferas en bruto hasta el anómalo volumen de «madera dañada» (en 2013 y 2014 esta cifra fue de poco menos de 5,8 millones de metros cúbicos, y en 2015 de alrededor de 5,4 millones de metros cúbicos).[6] El uso de la madera se ha acelerado, en especial en el nuevo siglo. Por ejemplo, el uso se duplicó de 1990 a 2007 hasta superar los 127 millones de metros cúbicos. De 1990 a 2016, la demanda en la industria de aserraderos creció un 49 por 100 y la de la industria de paneles a base de madera hasta un 67 por 100.[7]

1. Erik Sherman (2021). *Lumber prices should have their own storm advisory, supply chain problems, labor issues, and geopolitical wrangling mean a continued uncertain and volatile future.* https://www.globest.com/2021/12/22/lumber-prices-should-have-their-own-storm-advisory/?slreturn=20220514040310 (consultado: 08.10.23).
2. Global Timber Market – Analysis for Q3 2021. https://issuu.com/centersourcetechnologies/docs/global_timber_market_analysis_for_q3_2021 (consultado: 08.10.23).
3. FAO: FAOSTAT-Forestry database. https://www.fao.org/forestry/statistics/80938/en/ (consultado: 08.10.23).
4. DESTATIS (2021). *Exporte von Rohholz im Jahr 2020 um 42,6 % gestiegen.* Comunicado de prensa núm. N 031 del 10 de mayo de 2021. https://www.destatis.de/DE/Presse/Pressemitteilungen/2021/05/PD21_N031_51.html (consultado: 08.10.23).
5. *Ibid.*
   DESTATIS (2022), Schadholzeinschlag 2021 auf 50,5 Millionen Kubikmeter gesunken. https://www.destatis.de/DE/Themen/Branchen-Unternehmen/Landwirtschaft-Forstwirtschaft-Fischerei/Wald-Holz/aktuell-holzeinschlag.html (consultado: 08.10.23).
6. Weimar, H. (2018). Holzbilanzen 2015 bis 2017 für die Bundesrepublik Deutschland und Neuberechnung der Zeitreihe der Gesamtholzbilanz ab 1995. Braunschweig: Instituto Johann Heinrich von Thünen, Documento de trabajo 101 de Thünen.
7. Mantau, U. (2019). Holzrohstoffbilanz Deutschland, Entwicklung des Holzaufkommens und der Holzverwendung 1987 bis 2016, Hamburgo.

Contenido del cuadro según de Ibisch, P. L.; Wohlleben, P.; Loske, R. (en preparación). Die Täuschung: »Wir können uns mit Holzhäusern aus der Klimakrise bauen«. En: Deutsche Umweltstiftung (ed.). *Die große Täuschung. Jahrbuch Ökologie*. Hirzel: Stuttgart.

El clima extremadamente cálido y seco provocó la muerte de plantaciones de abeto cada vez mayores en Alemania a partir de 2018. La tala y la limpieza dejaron ecosistemas muy dañados, ya que una gran cantidad de la madera «cosechada de emergencia» se exportó a China (Pierre L. Ibisch, Reinhardswald, Hesse, abril de 2021).

prima, cualquier uso de material no tiene sentido. A día de hoy, los propietarios forestales que han heredado una parcela en zonas de división real tienen que vivirlo con gran amargura. Durante generaciones, los bosques se repartían entre numerosos herederos, de forma que cada uno recibía una parte igual de grande. El resultado es que, hoy en día, la propiedad forestal se presenta en forma de parcelas de sólo unos pocos metros de ancho, pero a veces de cientos de metros de largo, sin conexiones por carretera. No es posible extraer madera sin utilizar varias parcelas vecinas en términos de acceso o tráfico, lo que en la práctica a menudo implica la renuncia al uso material.

En la mayoría de los casos, sin embargo, hay senderos más que suficientes, de una amplia variedad de categorías.

Veamos primero las rutas principales. Se trata prácticamente de carreteras forestales, es decir, carreteras bien pavimentadas en las que se puede retirar madera con camiones durante todo el año. El subsuelo debe fijarse de forma que pueda soportar cargas por eje de hasta más de 10 toneladas. El factor decisivo es el inciso «todo el año». Si bien la tala solía realizarse sobre todo en los meses de invierno, hoy en día, en principio, debe entregarse en cualquier momento. En el pasado, se tenía un cuidado meticuloso para garantizar que la madera talada sólo se retirara en caso de heladas o sequías. Además, los camiones tenían cargas por eje significativamente más bajas. Los aserraderos también compraron en consecuencia. En otras palabras, gran parte del requerimiento anual se compraba en invierno y se almacenaba en casa en el área de almacenamiento. De esta manera, era independiente de la intemperie y las sierras podían funcionar sin interferencias. Sin embargo, el espacio de almacenamiento es caro y, por desgracia, las entregas «justo a tiempo» también se han implantado en el bosque. Los árboles vivos ahora forman el almacén de la industria de la madera y, cuando es necesario, deben ser entregados. Como los grandes actores del mercado (como las Administraciones forestales estatales) participan en esto sin quejarse, las empresas forestales más pequeñas no tienen más remedio que seguir este ejemplo. De lo contrario, los clientes ya no les comprarán.

Como resultado, una red de senderos, la mayoría de los cuales con alrededor de 100 años, está contaminada. En aquel entonces, las estrechas carreteras se construían de un modo laborioso piedra a piedra para el tráfico de vagones, cuyos «motores» eran vacas lecheras demacradas. Estos animales, mucho más pequeños que las razas actuales de alto rendimiento, incluso estaban calzados como caballos y apenas podían tirar cargas pesadas. Sólo por esta razón era casi imposible dañar las carreteras. Si esos viejos caminos forestales y agrícolas ahora son transitados por vehículos pesados ultramodernos durante las semanas de lluvia, entonces la antigua superficie de la carretera queda aplastada y destrozada. Durante un tiempo, los Gobiernos estatales y locales se opusieron al uso en condiciones meteorológicas adversas y prohibieron sin contemplaciones la extracción de madera cuando hacía mal tiempo. Pero cualquiera que ponga fin a la relación comercial en caso de duda acepta a regañadientes el uso destructivo. Las pérdidas suelen superar los beneficios de la venta de madera, pero esto no suele reflejarse en los balances. Porque, aparte de unos pocos senderos forestales privados, la infraestructura del bosque pertenece al público en general.

Mientras que en los bosques estatales y municipales la construcción de carreteras es un centro de costes independiente y, por tanto, no puede vincularse directamente a la tala de madera en secciones forestales concretas, la situación en los bosques privados es aún más confusa. Por regla general, la red de senderos, en estos casos, también pertenece al municipio. Esto comparte los costes de mantenimiento con los residentes, en su mayoría propietarios de microbosques, a través de una tasa. Para reducir los costes administrativos, la cooperativa de caza a menudo transfiere las cantidades fijas por hectárea y las deduce del arrendamiento de caza que debe pagarse. Esto parece confuso y tiene una desventaja importante. Los propietarios de bosques rara vez se dan cuenta de que ellos mismos tienen que hacer pagos anuales para mantener los senderos. Si una sola persona destruye la infraestructura mediante un uso imprudente de las carreteras, todos pagarán el precio con el siguiente aumento de la tasa. Mientras los autores no sean considerados responsables de los daños en la carretera (lo que en teoría sería posible), no habrá cambios en la entrega justo a tiempo ni en sus daños colaterales.

En la práctica, las personas huyen hacia el frente y las carreteras están cada vez más pavimentadas para que sigan siendo transitables incluso en climas en extremo lluviosos. Esto no está exento de consecuencias para el bosque. Las carreteras forestales por las que pueden circular camiones durante todo el año actúan como presas; pueden acumular agua.

Las densidades óptimas de carreteras para la silvicultura convencional son en la actualidad de alrededor de 20 metros por hectárea o 2 kilómetros por kilómetro cuadrado, según el terreno. Si transferimos mentalmente este valor a la región amazónica, vemos una imagen de completa fragmentación. Por suerte, aún no se ha construido tanto en el bosque, pero en nuestros bosques esto no es más que la punta del iceberg. De hecho, la longitud real del camino es muchas veces superior si nos atenemos a la definición oficial. Los caminos, que se han abierto para que los utilicen los recolectores más pesados y que recientemente incluso se han pavimentado en parte, no se consideran senderos en la jerga técnica. Más bien son las llamadas pistas de arrastre, rutas de máquinas por las que la madera extraída se puede transportar a la siguiente ruta principal. ¡La longitud de estas pistas de arrastre de madera suma 50 kilómetros por kilómetro cuadrado de bosque! Examinaremos los problemas asociados a estos callejones en relación con las máquinas que circulan por ellos.

Tecnología

No se puede extraer madera sin herramientas; la gente lo sabía con sus hachas en la Edad de Piedra. El desarrollo de los dispositivos y, más tarde, de las máquinas experimentó una evolución técnica que, desde la perspectiva actual, avanzaba cada vez más en la dirección equivocada. De hecho, todos los esfuerzos se dirigían a facilitar el trabajo y no a proteger el ecosistema en la medida de lo posible. Lo que aún no era problemático con el hacha de piedra hace tiempo que dejó de serlo con la cosechadora completa. Porque, junto con el desarrollo continuo, los bosques se transformaron de tal manera que la tecnología se pudo utilizar de un modo más eficiente. Lo fatal de todo esto es que, mientras se emplee esta tecnología, por desgracia, apenas hay forma de volver al ecosistema natural del bosque, porque éste queda cautivo en las estructuras artificiales por este tipo de gestión.

Veamos cómo funciona usando el ejemplo de la cosechadora (cosechadora completa).

Por lo general, estas máquinas se controlan desde la cabina del conductor con aire acondicionado. Esto crea un lugar de trabajo seco, cómodo, limpio y, sobre todo, seguro. En el pasado, uno de cada tres trabajadores forestales sufría un accidente laboral cada año, sobre todo debido a una motosierra o a la caída de árboles; el procesamiento por control remoto en la cabina protegida por una estructura metálica se ha vuelto significativamente más seguro. Por cierto, los costes de la extracción de madera también se redujeron en varios euros por metro cúbico, un argumento importante si se tiene en cuenta que la materia prima es barata.

Las cosechadoras atrapan con facilidad árboles a una distancia de hasta 8 metros de las pistas de arrastre, a veces significativamente más. Sin embargo, como nunca se sabe qué máquinas se utilizarán, muchas empresas forestales se guían por el límite inferior. Esto significa que el bosque está dividido en franjas de árboles de 16 metros de ancho, a las que sigue una pista de arrastre de 4 a 5 metros de ancho a derecha e izquierda. Esto asegura que el brazo de agarre llegue a todos los árboles. Este desarrollo intensivo del bosque se suma a la longitud de carrera mencionada antes de hasta 50 kilómetros por kilómetro cuadrado.

Con los años, las máquinas se hicieron más pesadas y los neumáticos resultaron cada vez más an-

Por el camino de la madera

En cuanto se introdujeron los tractores pesados en el uso forestal, surgió la preocupación por lo que harían al bosque. Los primeros estudios provienen de la Unión Soviética y Estados Unidos a finales de las décadas de 1940 y 1950. Desde el principio se pensó en la pérdida de tierras donde no podían crecer árboles debido a los caminos. Innumerables estudios han demostrado que las pistas de arrastre no se recuperaron incluso después de años sin usarlos. La compactación del suelo suele persistir durante medio siglo o más.[1] Después de un tráfico frecuente, los suelos pueden dañarse para siempre.[2] El peso de las máquinas es importante, pero el número de viajes en una pista de arrastre de madera suele serlo todavía más. Incluso las máquinas más livianas pueden causar daños graves si viajan de un lado a otro con frecuencia por los campos.[3] Sin embargo, las tres o cuatro primeras impulsiones ya provocan una fuerte compactación y la correspondiente pérdida de poros, tan importantes para la absorción y el almacenamiento de agua, así como la excavación profunda de surcos.[4] Sin embargo, las tres o cuatro primeras impulsiones ya provocan una fuerte compactación y la correspondiente pérdida de poros, tan importantes para la absorción y el almacenamiento de agua, así como la excavación profunda de surcos. La compactación se produce no sólo debajo de las ruedas, sino también a una distancia de hasta 75 centímetros de los carriles.[5] La ventilación y la vida del suelo también se ven afectadas.[6] Los suelos forestales, que actúan como depósitos y sumideros de gases de efecto invernadero como el metano, se transforman en una fuente durante años como resultado del tráfico. Al parecer, existe incluso el riesgo de que la función original de sumidero no se restablezca hasta el siguiente ciclo de cosecha.[7] Los daños afectan tanto a los suelos arenosos como a los arcillosos.[8] La compactación se produce principalmente en los 30 centímetros superiores del suelo, la zona donde se encuentra la mayoría de las raíces de las plantas. Una publicación basada en 45 estudios mostró que el crecimiento de las plantas en suelos compactados también se ve afectado de un modo permanente. El deterioro del crecimiento de las raíces reduce la absorción de agua y la fotosíntesis.[9]

1. DeArmond, D. *et al.* (2021). «Natural recovery of skid trails: a review». *Canadian Journal of Forest Research* 51 (7): 948-961. 10.1139/cjfr-2020-0419.
   Mohieddinne, H. *et al.* (2019). «Physical recovery of forest soil after compaction by heavy machines, revealed by penetration resistance over multiple decades». *Forest Ecology and Management* 449: 117472. 10.1016/j.foreco.2019.117472.
2. Klaes, B. *et al.* (2016). «Middle-term effects after timber harvesting with heavy machinery on a fine-textured forest soil». *European Journal of Forest Research* 135: 1083-1095. 10.1007/s10342-016-0995-2.
3. Allman, M. *et al.* (2022). «Soil compaction after increasing the number of wheeled tractors passes on forest soils in West Carpathians». *Forests* 13 (1): 109. 10.3390/f13010109.
4. Toivio, J. *et al.* (2017). «Impacts of timber forwarding on physical properties of forest soils in southern Finland». *Forest Ecology and Management* 405: 22-30. 10.1016/j.foreco.2017.09.022.
   Grigorev, I. *et al.* (2022). «Dynamic impact of wheeled skidders on forest soil in felling areas». *Journal of Terramechanics* 101: 1-9. 10.1016/j.jterra.2022.02.001.
   Gartzia-Bengoetxea, N. *et al.* (2021). «Forest productivity and associated soil ecosystem services remain altered 15 years after mechanized site preparation for reforestation with *Pinus radiata*». *Soil and Tillage Research* 213: 105150. 10.1016/j. still.2021.105150.
   Kim, I. *et al.* (2021). «Effect of heavy machine traffic on soil CO2 concentration and efflux in a *Pinus koraiensis* thinning stand». *Forests* 12 (11): 1497. 10.3390/f12111497.
   Paolo D'Acqui, L. *et al.* (2020). «Machinery's impact on forest soil porosity». *Journal of Terramechanics* 91: 65-71. 10.1016/j. jterra.2020.05.002.
   Allman, M. *et al.* (2015). «Soil compaction of various Central European forest soils caused by traffic of forestry machines with various chassis». *Forest Systems* 24 (3): e038.10.5424/fs/2015243-07541.
   Tavankar, F. *et al.* (2022). «Long-term assessment of soil physicochemical properties and seedlings establishment after skidding operations in mountainous mixed hardwoods». *European Journal of Forest Research* 141: 571-585 10.1007/s10342-022-01461-9.
5. Kremers, J.; Boosten, M. (2018). *Long-term assessment of soil physicochemical properties and seedlings establishment after skidding operations in mountainous mixed hardwoods.* Stichting Probos, Wageningen. http://probos.nl/images/pdf/rapporten/Rap2018_soil_compaction_and_deformation_in_forest_exploitation.pdf (consultado: 08.10.23).
6. Frey, B. *et al.* (2009). «Compaction of forest soils with heavy logging machines affects soil bacterial community structure». *European Journal of Soil Biology* 45 (4): 312-320.
7. Vantellingen, J. *et al.* (2022). «Post-harvest recovery of soil methane oxidation on skid trails and landings in a managed northern hardwood forest». *Forest Ecology and Management* 515: 120202:10.1016/j.foreco.2022.120202.
8. Ampoorter, E. *et al.* (2012). «Impact of mechanized harvesting on compaction of sandy and clayey forest soils: results of a meta-analysis». *Annals of Forest Science* 69: 533-542. 10.1007/s13595-012-0199-y.
9. Mariotti, B. *et al.* (2020). «Vehicle-induced compaction of forest soil affects plant morphological and physiological attributes: Un metaanálisis. A meta-analysis». *Forest Ecology and Management* 462: 118004. 10.1016/j.foreco.2020.118004.

chos. La más grande de todas las cosechadoras de Alemania, un dinosaurio entre las cosechadoras, es la «Raptor», que pesa 70 toneladas.[58] Los neumáticos anchos están diseñados oficialmente para evitar daños en el suelo, visibles desde las huellas profundas del suelo del bosque.

Sin embargo, los daños más graves se producen debajo del carril. En ese punto, la tierra, llena de poros que contienen agua y aire, se aplasta como una esponja y tiene metros de profundidad. Sin embargo, a diferencia de una esponja, ya no se endereza después del viaje, sino que permanece comprimida hasta, ¿hasta cuándo en realidad? Todavía no hay estudios sobre la capacidad regenerativa de las capas más profundas del suelo, que son de particular importancia para la capacidad de almacenamiento de agua de los suelos; al fin y al cabo, se secan muy tarde en los períodos de sequía y representan, por así decirlo, una reserva de hierro para los árboles.

Muchos estudios sobre los daños causados por la maquinaria se centran en la capa superior del suelo, de 10 a 20 centímetros de profundidad. Esto sólo tiene una utilidad limitada para evaluar las consecuencias a largo plazo, porque en la parte superior tiene lugar una regeneración mensurable, que no se encuentra en las capas más profundas.

El terreno se afloja por la acción de las heladas (el suelo helado se expande) o por la actividad de los animales. A primera vista, el mundo parece haber vuelto a la normalidad después de unos pocos años.

Sin embargo, el crecimiento de los árboles habla otro idioma. Este proceso tan sólo tiene lugar de forma limitada porque las raíces de la mayoría de las especies se asfixian y mueren de sed en la zona compactada más profunda, donde no hay aire ni humedad. Como resultado, los árboles enraizan a escasa profundidad y sólo en la zona superior, débilmente regenerada, por lo que son derribados o destruidos con más facilidad por las tormentas o se secan en períodos de sequía. Por lo menos dan sombra, amainan el viento y acumulan biomasa en el ecosistema. Por lo tanto, estas líneas de tráfico no se pierden por completo.

Pero es justo un arraigo más profundo lo que tiene una importancia decisiva en el contexto del cambio climático. Cada centímetro de suelo aireado proporciona 10 000 centímetros cúbicos más de almacenamiento de agua y espacio para las raíces por metro cuadrado, y cada centímetro de profundidad ganado también proporciona un suelo más fresco y menos vulnerable a los procesos de desecación. Además, los árboles más profundos y, por tanto, más firmemente anclados, pueden defenderse mejor de las tormentas.

Las cosechadoras también conllevan otra desventaja grave. Concentran la biomasa de los árboles talados en los caminos de arrastre. Esto se debe a la tecnología. El árbol se encierra con el brazo de agarre, se sierra y se coloca en el suelo. Luego, la máquina pasa el tronco a través de la cuchilla de extracción para que las ramas y ramitas caigan al callejón frente a las ruedas. Incluso la parte superior suele colocarse delante de la máquina para crear un colchón de maleza lo más grueso posible. Está diseñado para amortiguar los daños del impacto proporcionando un amortiguador entre el vehículo y el suelo. De esta manera, difícilmente se pueden evitar daños profundos en el suelo, sólo la formación de carriles, que en climas húmedos pueden ser tan profundos que la cosechadora toque el suelo y ya no pueda avanzar. El objetivo es mantener el tránsito técnico, aunque este planteamiento se reviste a menudo con argumentos de consideración ecológica. Por el contrario, en este caso se crea otro problema, que es la concentración de nutrientes en los caminos de arrastre. Realizar la extracción de madera con este método es como saquear el suelo. Los troncos se eliminan por completo y la escasa biomasa que queda para las criaturas del bosque se concentra en líneas a intervalos de 20 metros. Entre estas líneas, el suelo se filtra, agotando el humus y, por lo tanto, la actividad del suelo; un proceso que se refleja en la reducción de la altura de los árboles después de décadas. Al final, ocurre lo mismo que en la agricultura, que, con la extracción continua de biomasa sin fertilización posterior, también se vuelve poco a poco improductiva, como demuestra un análisis del pasado.

Plantación

La mayoría de las plántulas provienen de viveros, empresas privadas que ofrecen sus productos a los propietarios de los bosques. Las semillas utilizadas para el cultivo proceden de agrupaciones de semillas, a menudo instituciones estatales, que procesan profesionalmente las semillas de los bosques para lograr los mayores índices de germinación. Las hayas, las bellotas, etc. se cosechan de poblaciones reconocidas. El criterio decisivo para el reconocimiento son las propiedades de utilización, es decir, lo bien que se pueden transformar los troncos maduros en madera de construcción o muebles.

Para ello, los troncos deben ser rectos, uniformemente redondos, sin bifurcaciones y sin crecimiento retorcido. Los árboles se reducen en este proceso a su futura idoneidad como materia prima. La silvicultura cultiva árboles y lleva a cabo la selección genética, pero sin tener en cuenta todo el espectro de características importantes. Sólo podemos estimar cuántas capacidades, cuánta diversidad de información genética no reconocida se pierde en dicha selección.

Ahora bien, se podría pensar que esto no debería suponer un gran problema, al menos para las especies arbóreas que se polinizan con el viento. Después de todo, el polen de los bosques vecinos también vuela al stock seleccionado para la cosecha de semillas. Sin embargo, los bosques circundantes se suelen gestionar de acuerdo con criterios similares o incluso los mismos. Con sus reglamentos sobre el aclareo y la selección, las Administraciones forestales estatales ejercen una influencia dominante no sólo en los bosques públicos, sino también en los privados mediante un asesoramiento económico o incluso gratuito. Por lo tanto, la gran mayoría de los bosques avanza lenta pero constantemente hacia la optimización de la industria maderera.

El abeto está luchando no sólo con el escaso atractivo clima local, con el calor y la sequía, sino también con su origen en el vivero. Su sistema radicular, que se ve alterado por el corte de raíces, pero también debido a una plantación incorrecta, no puede acceder al agua en profundidad. Esto también se ha descrito en el caso de otras especies de árboles, como los robles. Dependiendo de cómo se haya realizado la propagación, cambia la distri-

¡Invisible, subterráneo, insoportable!

Ilustración de los cambios del suelo bajo las huellas de las máquinas en las pistas de arrastre de madera. La concentración de oxígeno, que es importante para el crecimiento de las raíces y los organismos del suelo, disminuye no sólo directamente bajo las vías (según Schack-Kirchner, 2010).[1]

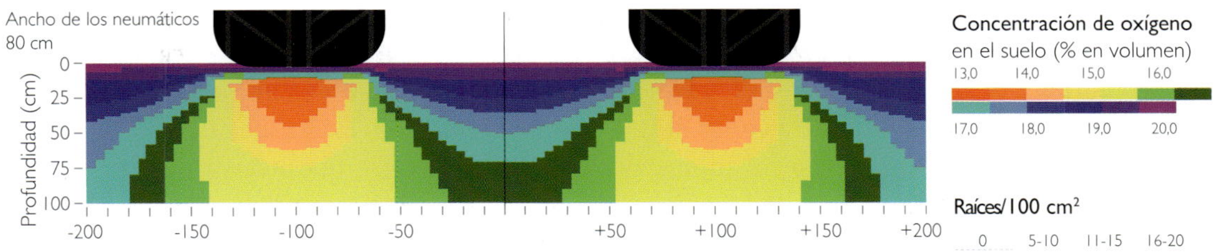

1. Schack-Kirchner, H. (2010). «30 Jahre Forschung zur Bodenverformung durch Forstmaschinen in Deutschland». *AFZ-DerWald* 65 (18): 14-16.

bución entre las raíces nodrizas y las estructurales. Los plantones espigados y podados desarrollan raíces finas más ramificadas cuando existe una mayor falta de agua, mientras que los plantones sembrados de bellotas o los plantones en contenedor desarrollan raíces más pioneras. La reducción de las reservas de almidón en las raíces principales cuando hay una grave falta de agua también puede significar que los robles con raíces recortadas son significativamente más susceptibles a la sequía en la capa superior del suelo que los árboles sembrados con bellotas.[59]

Los árboles, que tienen raíces poco profundas debido a este pasado, se vuelcan más rápido en una tormenta, ¡es lógico! La experiencia demuestra que si un árbol no puede sujetarse bien, empieza a balancearse de tal manera a partir de una altura de 25 metros y vientos de 100 km/h que no hay quien lo pare. Esto es especialmente fatal en el caso de las coníferas. En invierno, la estación en la que hay más tormentas, están allí en todo su esplendor verde y ofrecen al viento una gran superficie de ataque, mientras que sus frondosas compañeras dejan caer las hojas a tiempo y sobreviven a la mayoría de las tormentas sin sufrir daños. Tras las tormentas invernales, las administraciones forestales competentes dan a entender a la opinión pública que especies arbóreas como la pícea tienen las raíces planas por naturaleza, es decir, un caso clásico de «¡es tu culpa!». Se puede observar otro fenómeno en los abetos, debido a la placa radicular plana, que afecta de un modo grave al suelo bajo sus pies. Da pisotones como un gran pasapurés durante las tormentas. Posteriormente, se pueden encontrar rastros de este fenómeno en la placa radicular, sobre todo barro amarillo claro que ha salpicado entre las raíces durante el golpeo. Además, el suelo está compactado y se presume que sufre daños similares a los causados por pasar con las máquinas pesadas.

El procesamiento mecánico, como el arado del suelo en las plantaciones, también puede reducir la estabilidad de los árboles plantados, ya que se inhibe la propagación de las raíces laterales.[60]

La forestación no siempre es tan ciegamente ventajosa como se piensa. Si, por ejemplo, se plantan pastizales o turberas, estas áreas se convierten en una fuente de gases de efecto invernadero a largo plazo, en especial cuando se aran como preparación para la siembra.[61] También puede existir una pérdida de nutrientes valiosos en el suelo (nitrógeno, calcio, magnesio). Si los árboles se cosechan de manera regular en modo de rotación, el contenido de nutrientes en el ecosistema disminuye. Esto es aún más grave cuando se produce una tala rasa y no queda biomasa residual en la tierra.[62] Los monocultivos de coníferas también reducen la percolación del agua y, por tanto, impiden con facilidad la reposición de las reservas de aguas subterráneas. Bajo los pinos del norte de Alemania, la filtración media anual era de 68 milímetros de agua, mientras que bajo las hayas era de 134 milímetros.[63]

Por lo tanto, la creación de plantaciones presenta muchos problemas. Hacen que los bosques y la producción maderera sean vulnerables a las alteraciones y al cambio climático, y han contribuido a la pérdida de biodiversidad.[64] La creciente necesidad de muchas regiones de más bosques no se conseguirá con plantaciones, y puede ser hasta contraproducente. En este contexto, la visión de crear muchas más plantaciones lo antes posible, que supuestamente deberían proporcionar la madera para las «ciudades madereras» del futuro,[65] debe evaluarse de manera muy crítica.

Un país que ha adquirido una amplia experiencia en la reforestación masiva es China. También en este caso existe ahora una visión crítica de lo que se ha logrado: «Las enormes inversiones de China para aumentar la cubierta forestal parecen exacerbar la destrucción ambiental en áreas ecológicamente vulnerables, ya que se han ignorado los factores climáticos, científicos del suelo, hidrológicos y paisajísticos que harían que un lugar no fuera apto para la forestación. En muchos casos, esto ha provocado un deterioro de los ecosistemas del suelo y una disminución de la cubierta vegetal, así como un empeoramiento de la escasez de agua».[66]

Especie nueva

Los neófitos, es decir, las plantas exóticas, se han introducido no sólo desde los viajes de Cristóbal Colón. Con el inicio de la agricultura, muchas hierbas silvestres migraron a Europa Central y pudieron propagarse con facilidad en las áreas forestadas y taladas o aradas anualmente. Sin embargo, sólo las plantas que fueron importadas de América y otros continentes por los barcos que regresaban después de 1492 se denominan oficialmente neófitas.

La mayor parte de nuestro paisaje es cultural y se compone de especies de pastos no nativos como el trigo y el maíz, así como otras plantas exóticas como las patatas o la colza. En principio, esto se aplica a la mayor parte del área agrícola. Las cosas no pintan mucho mejor en el bosque. Aunque la mayoría de las especies de árboles existen en algún lugar dentro de las fronteras nacionales, el ejemplo del abeto (la especie arbórea más común en Alemania hasta la fecha, por ejemplo) muestra muy bien que esas fronteras no desempeñan ningún papel en la conservación de la naturaleza y sólo causan confusión.

Hagamos un pequeño juego mental. Imagínate poner focas en el lago de Constanza (entre Alemania, Austria y Suiza). Parece atrevido, aunque se trata de una especie autóctona, no en la región alpina, sino dentro de las fronteras del Estado alemán, en la costa del mar del Norte. Sin embargo, el animal no se encuentra a gusto en el lago de Constanza, como tampoco lo están los abetos fuera de sus pequeños refugios en las grandes altitudes de los Alpes, justo antes de la línea de árboles, o de las minúsculas apariciones en las cumbres de las cordilleras bajas. En estas zonas, las coníferas han sobrevivido desde la última glaciación, cuando la población se retiró al extremo norte debido al aumento del calentamiento.

Si se lleva el abeto a altitudes más bajas, entonces crece fuera de su área de distribución natural o, por decirlo de una manera más clara, no es autóctono de esa zona. Que haya un océano entre lo antiguo y lo nuevo, como en el caso de las patatas y los tomates, o sólo unos cientos de kilómetros de tierra, desempeña un papel ecológico poco importante. La especie arbórea con forma de aguja es un factor disruptivo en un ecosistema sensible y bien establecido, en especial cuando se cultiva en poblaciones masivas, por supuesto.

En el pasado, la silvicultura traía al bosque sobre todo árboles ajenos al ecosistema. También existe la liberación de microorganismos para el control biológico de plagas. La bacteria *Bacillus thuringiensis* se ha utilizado durante mucho tiempo para reducir las orugas que comen hojas. Sin embargo, también puede eliminar insectos que no son en absoluto dañinos.[67]

Podría surgir una nueva amenaza si se hicieran más intentos en el futuro para mejorar el bosque con bacterias promotoras del crecimiento de las plantas. Podrían confundir los microbiomas del suelo de manera bastante significativa.[68]

Cuidado

La expresión «cuidado de los bosques» no se usa de manera completamente uniforme en la silvicultura. En muchos casos, el aclareo, es decir, la tala selectiva de árboles para extraer madera, también se considera una medida de mantenimiento. Los problemas asociados con esta tala se analizan en el subcapítulo «Cosecha».

Cuando hablamos de cuidado de los bosques, no nos referimos al cuidado de los árboles. Por el contrario, el cuidado de las masas forestales jóvenes implica o bien la siega de la vegetación circundante o, lo que es aún más frecuente, la tala de los árboles no deseados para dar paso a ejemplares de mejor crecimiento. Desde este punto de vista, el cuidado no es más que la manipulación en bosques muy jóvenes en los que aún no se puede extraer madera. En las granjas convencionales, la última etapa de estas medidas de cuidado a veces se produce durante el primer año después de la siembra.

Al igual que en la agricultura, se elimina la vegetación circundante para que los nuevos árboles reciban más luz. Pero ¿es esto lo que quieren? En la mayoría de los casos, probablemente no, al menos cuando se trata de las especies típicas de nuestros bosques primitivos. A las hayas, robles, carpes, sicomoros y muchos otros les gusta un ambiente sombreado, fresco y húmedo. Aunque también pueden arreglárselas bien al aire libre, crecen mejor en las condiciones típicas para su especie.

En verano, el calor y la sequía reinan en una zona talada, pero a menudo durante poco tiempo. Entonces, el saúco, la retama y otros arbustos, junto con otras plantas, asumen una especie de servicio de enfermería. Mientras los árboles sigan recibiendo un poco de luz desde arriba, les irá mucho mejor en esta compañía. Son ideales los abedules o los álamos temblones que han crecido con libertad o que se han plantado con este fin. Crecen rápidamente más allá del maltrecho material de vivero y crean así de nuevo un clima forestal medianamente aceptable en unos cinco años.

Algunas empresas están luchando contra esta sombra natural de sus plántulas cortando la vegetación que las acompaña durante el primer año de crecimiento. Para ello, se utilizan guadañas eléctricas, que están equipadas con cuchillas metálicas. Incluso puede emplearse para talar arbustos y, por desgracia, con demasiada frecuencia golpea a los arbolitos que se ocultan bajo las ramas. Además, los supervivientes liberados de esta forma siguen empeorando, como ya se observó en 1993 en una zona del distrito de Hümmel en Renania Palatinado (Alemania). En esta zona, las tormentas invernales habían derribado los viejos abetos y, luego, se plantaron hayas. Sin ser invitados, innumerables abedules se abrieron paso, creciendo rápidamente y dando sombra a los plantones. Como exigía la norma forestal de la época, los trabajadores forestales cortaron los abedules. Pero debido a un cambio a métodos más respetuosos, se detuvieron en la mitad de la zona y dejaron los abedules en la otra mitad. El resultado fue que en las zonas donde se permitió que permanecieran los abedules, las hayas se desarrollaron mejor porque los primeros crearon un clima de bosque sombrío que las hayas tanto necesitan.

Sin embargo, no sólo se mantienen las plantaciones jóvenes, sino también los bosques más antiguos. En este momento es donde aparece el término «mantenimiento de reservas», por lo que no se trata tanto del bosque como de las reservas, que deben ponerse en mejores condiciones para la producción maderera. Una vez más, esto equivale a talar árboles, pero esta vez ejemplares más viejos. Veremos los efectos con más detalle en el siguiente capítulo.

Por último, analicemos una vez más el concepto de cuidado del bosque. El cuidado parece empático, como cuidar a un paciente enfermo, pero es poco frecuente en el mundo natural. Se trata más bien de la apariencia bien cuidada, ordenada, limpia, que se transfiere al bosque para que pierda su carácter silvestre y funcione de la manera en que imponemos a los procesos naturales. A muchas personas les gusta esto bastante, porque, según parece, esos bosques son más fáciles de planificar. Pero también en este caso, como ocurre con la mayoría de las otras manipulaciones, parece que el bosque bien mantenido está más estresado y, por lo tanto, es más susceptible a las alteraciones causadas por enfermedades e influencias meteorológicas. En especial en tiempos de cambio climático, los bosques pueden ser y son fácilmente cuidados hasta la muerte.

Cosecha

La cosecha de madera, es decir, la tala de árboles y, por lo tanto, la eliminación de biomasa, es siempre una perturbación masiva del ecosistema forestal. Los árboles albergan innumerables especies, son como planetas que forman sus propios ecosistemas y no se pueden reemplazar con facilidad. Además, forman directa o indirectamente la base del sustento para toda la vida bajo el dosel. Sobre todo cuando se talan troncos grandes, por cada árbol se eliminan de repente toneladas de biomasa del sistema. Si se decide hacer una intervención de este tipo, debe ser lo más pequeña posible. Se pueden atenuar trasladando la actividad a la época menos crítica del año.

La tala de madera, como ocurre en las montañas de Harz (Alemania), es más barata cuanto más se tala de una vez. Más grave es la degradación del ecosistema (Peter Wohlleben, mayo de 2015).

El invierno suele ser el mejor momento para cosechar madera. La vegetación está inactiva, los troncos están relativamente secos porque los árboles han eliminado en gran medida el agua. De este modo, los troncos están mejor protegidos de las heladas y todo el conjunto está muy en consonancia con la calidad deseada por la industria maderera.

La madera con escasa agua se puede procesar mejor y no hay que secarla durante tanto tiempo y de un modo tan laborioso. Pero esta forma de ver las cosas es algo del pasado. Porque, al igual que ocurre con los caminos forestales, el problema de las entregas «justo a tiempo» nos está volviendo a pasar factura, sobre todo en el caso de las coníferas. Si bien la industria de los aserraderos trabaja con dos o tres meses de antelación, la de la celulosa depende de entregas aún más breves, en especial durante los meses de verano. Apenas dos semanas después de la tala de los árboles en cuestión, los hongos pueden atacar la madera hasta tal punto que pierda calidad. El frenesí por alimentarse de los huéspedes no invitados hace que las fibras de madera pierdan longitud. Durante el proceso de producción en la fábrica de papel, las bandas de papel de las máquinas pueden romperse más fácilmente. Por este motivo, la mayoría de las empresas sólo aceptan mercancía recién cortada, ya que la madera para papel debe cortarse y entregarse durante todo el año.

Pero incluso las serrerías que solían abastecerse en invierno para todo el año ya no lo hacen para ahorrar costes de almacenamiento. Dado que la madera aserrada es un producto perecedero, también debe talarse durante todo el año. ¿Por qué nos centramos tanto en este hecho? Porque esto significa que la tala también tiene lugar durante la temporada de crecimiento. Durante este período, la naturaleza es en particular vulnerable, como podemos ver en el ejemplo de las aves. Millones de ellas se reproducen en los bosques y creen que están a salvo entre las densas ramas de las copas de los árboles. Esto puede aplicarse a los depredadores, pero no a las motosierras ni a las cosechadoras. Cientos de miles de árboles, nidos y polluelos caen al suelo, incluso en los santuarios de aves. Aun si se salvan los árboles nido, las especies especialmente sensibles a las alteraciones abandonan a sus crías como, por ejemplo, la cigüeña negra. Por supuesto, nadie hace esto a propósito y, además, existen normativas como las distancias mínimas a los árboles de nidificación. Pero en las prisas del trabajo diario hay muchas cosas que no se pueden tener en cuenta. También si las empresas individuales cumplen con las regulaciones, el fuerte poder de mercado de las administraciones forestales públicas limita su consideración. Mientras éstas sigan el juego, la caravana de compradores simplemente pasa de largo ante las pocas explotaciones ecológicas que no se atreven a entregar madera en primavera.

Incluso cuando se trata de madera de troncos de hoja caduca, el último bastión de las entregas tradicionales de madera en invierno, se está produciendo una alteración en los plazos de entrega. Sólo por prevención de accidentes, las hayas o los robles se solían talar antes de que cayeran las hojas en otoño. Con demasiada frecuencia, al serrar, se desprendía una rama gruesa en la copa, que los trabajadores forestales veían demasiado tarde y causaba lesiones graves. Sin embargo, si se cuenta con suficiente dinero, es obvio que este riesgo se puede olvidar. Las serrerías a veces pagan primas por una entrega más rápida, de modo que varios árboles ya se talan en verano.

Desde un punto de vista ecológico, el momento adecuado para talar madera es siempre fuera de la temporada de crecimiento. No se puede mencionar un período concreto, ya que puede oscilar cada año, y también es habilual que se extienda de manera gradual debido al cambio climático. Como resultado, la extracción de madera antes de octubre y después de febrero por lo general no es posible sin causar los daños y la destrucción ya mencionados. Como la mejor época para utilizar los caminos forestales es exactamente la opuesta, es decir, en verano, ahora hay que tomar una decisión. Un desarrollo vial cada vez más intenso para que la infraestructura pueda soportar el tráfico incluso durante el húmedo invierno o la tala en verano, con menos daños en las carreteras, una expansión menos intensiva pero con los daños asociados a los habitantes de los bosques.

Tras sopesar ambos aspectos, sólo puede existir una respuesta. La extracción de madera debe realizarse fuera de la temporada de crecimiento.

Las empresas que proceden de este modo se enfrentan al siguiente obstáculo. Si abandonan las prácticas de entrega por lo general aceptadas y rechazan las entregas de verano, es posible que la industria maderera los excluya de la lista. Este problema sólo puede resolverse políticamente, es decir, debe introducirse una prohibición de tala en los meses afectados para evitar desventajas competitivas. Un punto de partida podrían ser las áreas Natura 2000, áreas protegidas en las que, según la legislación de la Unión Europea (UE), debe evitarse el deterioro del estado de los bosques.

Además de en un momento inadecuado, también hay otros daños causados por la tala de árboles, como la limitación de la variabilidad genética natural. Los criterios de selección de los árboles que se talan tienen como consecuencia que éstos ya no puedan intervenir en la reproducción en el futuro, por lo que se pierden sus características genéticas. En los bosques con árboles más jóvenes, éstos suelen ser criterios económicamente negativos, porque no se quiere que estos árboles crezcan en grosor y resten espacio a otros mejores. Algunos ejemplos de estos criterios negativos son:

- **Horquilla**: árboles con un tronco que se bifurca. El objetivo es un tronco largo y grueso, no una parte inferior gruesa y dos secciones superiores más delgadas. Además, la podredumbre suele empezar en la horquilla, ya que aquí se forman grietas por las que pueden penetrar los hongos.
- **Crecimiento rotacional**: el tronco parece una toalla retorcida, es decir, con fibras de madera retorcidas. Las tablas aserradas de esos troncos se retuercen a medida que se secan.
- **Partes podridas**: los hongos penetran a través de las heridas del tronco, descomponiendo el interior, lo que hace que la madera carezca de valor económico.
- **Crecimiento torcido**: los troncos torcidos, que antes eran populares para las casas con entramado de madera y la construcción naval, son inútiles para la producción estandarizada en aserraderos.

Todos estos criterios negativos deben evaluarse de una manera completamente diferente desde un punto de vista ecológico. Así es como se forman los estanques más pequeños en las ramitas, que albergan comunidades especializadas. El crecimiento rotacional ayuda a los árboles a tener una mejor suspensión durante las tormentas, lo que significa que los troncos no se rompen con tanta facilidad. Las partes podridas no suelen ser responsables de que los árboles se vuelvan inestables, pero proporcionan un hábitat ahora poco frecuente para muchas especies. Además, la putrefacción puede contribuir a que los árboles envejezcan aún más. La biomasa de madera fijada en el interior se recicla prácticamente debido a la infestación por hongos y vuelve a estar disponible para el árbol, que a menudo forma nuevas raíces dentro del tronco hueco y libera su propio humus. Los troncos torcidos pueden proporcionar mejores condiciones de crecimiento en el caso de los musgos y líquenes, por ejemplo, porque el agua de lluvia no se escurre con tanta rapidez en la parte superior de la curva.

De este modo, el aclareo reduce el patrimonio genético y, al fin y al cabo, no es más que un proceso de cultivo.

Otro riesgo importante para el bosque es el tiempo de rotación y el diámetro objetivo. Ambos son parámetros para el momento de la cosecha de los árboles más viejos. El período de rotación se remonta a los primeros tiempos de la silvicultura, cuando se talaban parcelas enteras al mismo tiempo. Por ejemplo, se fijó la edad de 80 años para el abeto, por lo que en este momento se cosecharon campos enteros de árboles en función de la demanda. Antes de hablar de esta cosecha simultánea, es decir, de la deforestación, debemos centrarnos una vez más en la edad de los árboles. Los objetivos para la edad de tala deseada son considerablemente inferiores a la vida natural de los árboles. La mayoría de las especies arbóreas de nuestros bosques vírgenes pueden crecer 500 años o más y, a menudo, sólo empiezan a albergar determinadas comunidades bióticas a una edad más avanzada.[69]

La tala rasa es la forma más destructiva de extracción de madera. Se ha establecido firmemente desde la introducción de la silvicultura regulada hace siglos y, al menos en aquel entonces, por una buena razón. A diferencia de la suave remoción de árboles individuales, la tala es mucho más fácil de controlar. Si una especie de árbol como el abeto necesita 80 años antes de estar lista para su tala, basta con crear 80 campos del mismo tamaño, uno para cada tala. De este modo, se puede talar un campo cada año y reforestarlo después. De esta forma, no hay nada que se interponga en el camino de un suministro de madera uniforme y fácilmente controlable, al menos en teoría. Sin embargo, todo esto ya no tiene nada que ver con el bosque, sino con el cultivo de árboles a semejanza de los campos de maíz.

Esta forma de cultivo de árboles en los campos persiste hasta nuestros días. Por supuesto, uno quiere un bosque mixto, sin deforestación, con un solo tronco. Así se afirma también en los programas de silvicultura de las Administraciones forestales. Pero siempre que hay una crisis debido a tormentas o infestaciones de escarabajos de la corteza, las buenas intenciones parece que se olvidan. El área con los árboles caídos o muertos se corta lo más rápido posible y se retiran todos los troncos.

Eliminación de madera dañada: la palabra cobró un nuevo esplendor en los años de sequía de 2018 a 2020 y, al mismo tiempo, el bosque volvió a degradarse a la mera función de almacén, un almacén cuyo contenido dañado había que retirar lo más rápido posible. La supuesta urgencia de la tala quedó subrayada por la financiación, que ayudó a compensar el déficit financiero en el procesamiento de la madera. Las fotografías aéreas muestran hasta qué punto se ha recuperado el esquema de parcelas del pasado. La tala se realizaba, y se sigue realizando, a menudo hasta el siguiente camino o el siguiente límite de la parcela; ningún escarabajo de la corteza es capaz de avanzar con tanta precisión geométrica.

Hablando de escarabajos de la corteza, curiosamente, muchos responsables forestales no perciben en absoluto como tal la tala rasa en abetos muertos. En el debate sobre esta práctica anticuada y destructiva, siempre se dice que ya no existe; la tala rasa es tabú. Si uno señala los miles de kilómetros cuadrados de zonas de tala rasa que se han talado desde 2018 sólo en Alemania, se encoge de hombros y se culpa al escarabajo de la corteza. Pero estos insectos no tienen motosierras, como se puede ver con facilidad al caminar por el bosque. Por supuesto, son las empresas forestales las que destruyen el bosque de esa manera.

En este punto es donde entra en juego el siguiente golpe de las relaciones públicas. Al público en general se le dice que el bosque moriría debido a los escarabajos de la corteza. Esto no es cierto por varias razones. Una de ellas es el cultivo perdido del abeto, una especie de conífera boreal a la que le gustan los ambientes frescos y húmedos. Cultivado en altitudes bajas y medias en Europa central y occidental, el abeto sufre el calor y la sequía ya desde el siglo XIX.

Los primeros grandes desastres provocados por el escarabajo de la corteza ocurrieron ya en 1840, es decir, mucho antes del cambio climático. El aumento actual de las temperaturas sólo agrava el problema, pero ofrece una grata distracción ante la falta de información, en especial entre los propietarios de bosques públicos, con respecto al hecho de que esta especie de árbol no ha permitido una gestión forestal significativa en una gran área durante mucho tiempo. En pocas palabras, se han jugado el tipo y ahora buscan un chivo expiatorio. El cambio climático es cómodo porque nos hace culpables a todos, pero el escarabajo de la corteza es aún mejor. Usa la imagen arcaica de un ser malvado que trae el desastre. Estrictamente hablando, el pequeño es sólo el último clavo en el ataúd para secar los abetos, que en muchos lugares sueltan la cuchara incluso sin la influencia de los insectos.

Una vez muerto y desbrozado el monocultivo de abetos, un lamentable intento de protección de las especies se ha convertido en un auténtico monumento conmemorativo de un enfoque fallido de la naturaleza. La foto fue tomada cerca de Elvershausen, en las proximidades de Northeim, en el sur de Baja Sajonia (Alemania). En el siglo XVIII, los balseros transportaban madera desde este lugar hasta Hannover a través del Rhume y el Peine (Pierre L. Ibisch, abril de 2021).

Consecuencias graves de la tala rasa

La tala en el bosque no se puede comparar con los eventos naturales del ecosistema. Es por completo indiferente que una tala rasa afecte a árboles vivos, o que la denominada tala sanitaria se centre en ejemplares enfermos o muertos. No obstante, algunos silvicultores señalan que el desbroce de zonas de calamidad donde han muerto monocultivos no es una «tala rasa» para anunciar su inocencia, aunque se corten todos los árboles y al final quede una zona desnuda. Las graves alteraciones y deterioros están documentados desde hace décadas por numerosos estudios en todo el mundo. Comienzan con la circulación intensiva que compacta el suelo, lo que daña su estructura, la capacidad de absorción de agua y la vida del suelo[1]

Incluso en los bosques que han sido clareados varias veces, se produce una pérdida de carbono en el suelo.[2] En los Alpes bávaros, se descubrió que las talas, y también las denominadas talas a gran escala, en las que se permite que permanezcan unos pocos árboles, tenían un contenido reducido de carbono orgánico y nitrógeno en el suelo de hasta un 70 por 100 después de 35 años en comparación con el bosque de control no utilizado; la capa superficial del suelo era entre un 16 y un 20 por 100 menos gruesa.[3] La reducción del carbono del suelo permanece detectable durante décadas y afecta también a sus capas más profundas.[4] En otras palabras, la pérdida de carbono supone un aumento de las emisiones de dióxido de carbono durante años.[5] Pero aún peor, la tala rasa contribuye de forma especialmente importante al efecto invernadero si el suelo también se ara.[6]

Las zonas abiertas provocan cambios microclimáticos pronunciados, como temperaturas elevadas, vientos más fuertes y una grave desecación.[7] Los huecos y bordes recién creados debido a la tala extensiva hacen que el

1. Malmer, A.; Grip, H. (1990). «Soil disturbance and loss of infiltrability caused by mechanized and manual extraction of tropical rainforest in Sabah, Malaysia». *Forest Ecology and Management* 38 (1-2): 1-12.
Nawaz, M. *et al.* (2013). «Soil compaction impact and modelling. A review». *Agron. Sustaniable Development* 33: 291-309.
Tan, X.; Chang, S. X. (2007). «Soil compaction and forest litter amendment affect carbon and net nitrogen mineralization in a boreal forest soil». *Soil and Tillage Research* 93 (1): 77-86.
2. Dávila Reátegui, H. *et al.* (2020). «Repeated thinning treatments reduce long-term soil carbon and nitrogen storage: an 87-year study at the Petawawa Research Forest, Canada». *Canadian Journal of Forest Research* 51 (2): 190-197. 10.1139/cjfr-2020-0296.
3. Christophel, D. *et al.* (2015). «Long-term development of soil organic carbon and nitrogen stocks after shelterwood- and clear-cutting in a mountain forest in the Bavarian Limestone Alps». *European Journal of Forest Research* 134: 623-640. 10.1007/s10342-015-0877-z.
4. James, J.; Harrison, R. (2016). «The effect of harvest on forest soil carbon: a meta-analysis». *Forests* 7 (12): 308. 10.3390/f7120308.
James, J. *et al.* (2021). «Effects of forest harvesting and biomass removal on soil carbon and nitrogen: Two complementary meta-analyses». *Forest Ecology and Management* 485: 118935. 10.1016/j.foreco.2021.118935.
5. Das Gupta, S.; De Luca T. H. (2012). «Short-term changes in belowground C, N stocks in recently clear felled Sitka spruce plantations on podzolic soils of North Wales». *Forest Ecology and Management* 281: 48-58. 10.1016/j.foreco.2012.06.003.
6. Simola, H. (2017). «Persistent carbon loss from the humus layer of tilled boreal forest soil – Simola – 2018». *European Journal of Soil Science* 69 (2): 303-314. 10.1111/ejss.12498.
7. Zhang, G. *et al.* (2011). «The impact of logging on the surrounding flow in a managed forest». *Theoretical and Applied Climatology* 106 (3-4): 511-521.
Tanaka, K.; Hashimoto, S. (2006). «Plant canopy effects on soil thermal and hydrological properties and soil respiration». *Ecological Modelling* 196 (1-2): 32-44.
Hashimoto, S.; Suzuki, M. (2004). «The impact of forest clear-cutting on soil temperature: a comparison between before and after cutting, and between clear-cut and control sites». *Journal of Forest Research* 9 (2): 125-132.
Hais, M.; Kučera, T. (2008). «Surface temperature change of spruce forest as a result of bark beetle attack: remote sensing and GIS approach». *European Journal of Forest Research* 127 (4): 327-336.
Blumröder, J. S. *et al.* (2019). «Ecological effects of clearcutting practices in a boreal forest (Arkhangelsk Region, Russian Federation) both with and without FSC certification». *Ecology and Indicators* 106.
Castro, J. *et al.* (2011). «Salvage logging versus the use of burnt wood as a nurse object to promote post-fire tree seedling establishment». *Restoration Ecology* 19 (4): 537-544.

bosque restante sea en extremo susceptible a la acción del viento;[8] después de todo, los árboles estaban acostumbrados a poder apoyarse en las copas de los árboles vecinos durante las fuertes ráfagas. Debido a las desfavorables condiciones de crecimiento, el potencial de regeneración natural y los procesos de regeneración se ven gravemente perturbados.[9] A menudo, tras la tala y el despeje, dominan las hierbas, lo que puede dificultar aún más el crecimiento de los árboles pequeños.[10] Las heladas del suelo, pero sobre todo los ratones que habitan en esta zona, suelen abalanzarse sobre las suculentas raíces de las plántulas de árboles en invierno. La ausencia de madera muerta, que puede hacer que el suelo sea más húmedo, rico en estructuras y más vivo, además de proteger a los árboles pequeños de los herbívoros, también supone la pérdida de protección del suelo.[11] El clareo de biomasa retrasa la recuperación de los bosques.[12]

Desde hace más de 100 años se sabe que la tala rasa es un desastre para los bosques. Cientos de estudios y publicaciones con resultados claros no han conseguido poner fin a esta práctica.

Marcolin, E. *et al.* (2019). «Post-fire management impact on natural forest regeneration through altered microsite conditions». *Forests* 10 (11): 1014.
Vlassova, L.; Pérez-Cabello, F. (2016). «Effects of post-fire wood management strategies on vegetation recovery and land surface temperature (LST) estimated from Landsat images». *International Journal of Applied Earth Observation and Geoinformation* 44: 171-183.

8. Gardiner, B. (2021). «Wind damage to forests and trees: a review with an emphasis on planted and managed forests». *Journal of Forest Research* 26 (4): 248-266. 10.1080/13416979.2021.1940665.
9. Ough, K. (2001). «Regeneration of Wet Forest flora a decade after clear-felling or wildfire-is there a difference?». *Australian Journal of Botany* 49 (5): 645-664.
Jonášová, M.; Prach, K. (2008). «The influence of bark beetles outbreak vs. salvage logging on ground layer vegetation in Central European mountain spruce forests». *Biological Conservation* 141 (6): 1525-1535.
MochaLov, S. A.; Casual, R. (2002). «Development of two boreal forests after large-scale windthrow in the Central Urals». *Forest Snow Landscape Research* 77: 171-186.
Schönenberger, W. (2002). «Post windthrow stand regeneration in Swiss mountain forests: the first ten years after the 1990 storm Vivian». *Forest Snow Landscape Research* 77 (1/2): 61-80.
10. Rumbaitis del Río, C. M. (2006). «Changes in understory composition following catastrophic windthrow and salvage logging in a subalpine forest ecosystem». *Canadian Journal of Forest Research* 36 (11): 2943-2954.
11. Costa, M. *et al.* (2021). «Biological legacies and rockfall: The protective effect of a windthrown forest». *Forests* (Basilea) 12 (9): 1141. 10.3390/f12091141.
12. Harmon, M. E.; Franklin, J. F. (1989). «Tree seedlings on logs in Picea Tsuga forests of Oregon and Washington». *Ecology* 70 (1): 48-59.
Imbeck, H.; Ott, E. (1987). *Verjüngungsökologische Untersuchungen in einem hochstaudenreichen subalpinen Fichtenwald, mit spezieller Berücksichtigung der Schneeablagerung und der Lawinenbildung.* Eidgenössische Forschungsanstalt für Wald, Schnee und Landschaft WSL, Birmensdorf, 202.
Marzano, R. *et al.* (2013). «Deadwood anisotropic facilitation on seedling establishment after a stand-replacing wildfire in Aosta Valley (NW Italy)». *Ecological Engineering* 51: 117-122.
Svoboda, M. *et al.* (2010). «Natural development and regeneration of a Central European montane spruce forest». *Forest Ecology and Management* 260 (5): 707-714.
Al-Namazi, A. A. *et al.* (2017). «Competition and facilitation structure plant communities under nurse tree canopies in extremely stressful environments». *Ecology and Evolution* 7 (8): 2747-2755.
Beghin, R. *et al.* (2010). «*Pinus sylvestris* forest regeneration under different post-fire restoration practices in the northwestern Italian Alps». *Ecological Engineering* 36 (10): 1365-1372.
Pichler, V. *et al.* (2012). «Variability of moisture in coarse woody debris from several ecologically important tree species of the Temperate Zone of–Europe». *Ecohydrology* 5 (4): 424-434.
Smit, C. *et al.* (2012). «Coarse woody debris facilitates oak recruitment in Białowieża Primeval Forest, Poland». *Forest Ecology and Management* 284: 131-141.
Priewasser, K. *et al.* (2013). «Impacts of salvage-logging on the status of deadwood after windthrow in Swiss forests». *European Journal of Forest Research* 132 (2): 231-240.

Los escarabajos de la corteza son parásitos débiles que prefieren atacar a los árboles que ya no pueden defenderse adecuadamente. Esto ocurre porque los árboles tienen que economizar durante la sequía y el calor, y producen menos sustancias vegetales secundarias. En el momento de mayor peligro, se ven obligados a bajar sus defensas.[70] Haya, roble, arce o fresno: todos son objetivo de las cabezas negras de seis patas que no dudan en servirse de su corteza. Sin embargo, los informes se centran en las coníferas como el abeto, y cada vez más en los pinos. Por supuesto, ambos están sometidos a un estrés constante en la mayoría de las áreas de cultivo y, por lo tanto, son víctimas bienvenidas de los pequeños rastreadores. En el caso de los abetos, el beneficiario es la llamada imprenta de libros; los árboles más delgados y las partes de la copa son atacados por su colega, el escarabajo de corteza de abeto.

El abeto lucha no sólo con el clima local poco favorable para él, con el calor y la sequía, sino también con su origen en el vivero. Su sistema radicular, que se ve alterado por el corte de raíces, pero también debido a una plantación incorrecta, no puede acceder al agua en profundidad.

La tala suele iniciarse por desastres económicos, como los ataques de los escarabajos de la corteza, ya mencionados, o por tormentas. Mientras sólo mueran los árboles, éste seguirá siendo el mal menor para el ecosistema. Son los intentos de seguir utilizando la madera y de sacarla completamente de la zona para estos fines lo único que provoca la muerte del bosque. Después de todo, en una plantación de abetos muertos, todavía hay aves, insectos y mamíferos que encuentran biomasa utilizable. Si, por otro lado, se limpia la biomasa leñosa y, en varios casos, se transporta la «madera residual del bosque», la vida del suelo se muere de hambre tras un breve brote.

Vuelve a encenderse porque el calor ahora penetra en el humus y, por lo tanto, acelera la descomposición por parte de los microorganismos. El nitrógeno también se libera y se elimina porque no quedan árboles que lo absorban. Por naturaleza, el nitrógeno es un factor de deficiencia en los bosques. En la antigüedad, los árboles dependían de entregas a veces aventureras, por ejemplo, de peces. Así, el salmón trajo consigo el nitrógeno de sus tejidos cuando migró de los océanos a los ríos. Los osos y las águilas los pescaban, se los comían y esparcían el popular abono con sus heces. Las agujas y hojas de los árboles han sido y son recicladas por la vida del suelo, liberando tanto nitrógeno como los árboles puedan volver a absorber.

Esto ya no funciona después de una tala rasa. Parte del nitrógeno liberado desaparece en las aguas subterráneas y nunca vuelve a aparecer, lo que puede resultar problemático al menos durante las décadas posteriores. Debido a la escasez existente, la hojarasca también es baja en nitrógeno y se descompone peor, lo que agrava la deficiencia de nitrógeno en los árboles, ya que sin un reciclaje adecuado, vuelve menos. Sólo un día en un futuro lejano, cuando se permita que un bosque de este tipo vuelva a desarrollarse como un bosque primigenio, la hojarasca también podrá volver a tener una relación C/N (el nombre del valor característico que indica la relación entre carbono y nitrógeno) beneficiosa para la vida del suelo; al menos esto es lo que sugiere una tesis de diplomatura de 2011, que estudió la influencia de la silvicultura en los hayedos de la zona del Eifel (Alemania).[71]

Caza

La silvicultura no difiere demasiado de la agricultura; las plantas que queremos utilizar para producir y vender productos son al menos tan populares entre los bichos como entre nosotros. Debido a que comerlos generalmente reduce su valor, se consideran plagas y se controlan en consecuencia. Este problema es tan antiguo como nuestra civilización, pero especialmente en nuestro ecosistema más natural, el bosque, el control de los animales por razones económicas apenas se considera contemporáneo. ¡Y el daño económico puede ser enorme!

Incluso justo después de la siembra, los insectos y los mamíferos se abalanzan sobre los sabrosos productos del vivero. Los ciervos, por ejemplo, prefieren morder los brotes superiores de las plántulas. Como resultado, los árboles se agrupan y tienen troncos cortos y torcidos con una copa bastante bifurcada incluso a una edad más avanzada. En muchos casos, sólo se pueden destinar a productos inferiores, como la leña. Cuando los árboles son tan grandes que los ciervos ya no pueden alcanzar las yemas de la copa, comienza el siguiente peligro, el desmogue.

Los corzos macho y los ciervos producen cuernos nuevos a partir de los huesos cada año. Durante la fase de crecimiento, está rodeado de piel, que muere en la fase final. Esto provoca una comezón intensa que hace que los animales traten de calmar. Esto funciona mejor en árboles que ya son tan gruesos que no se rompen, pero que aún son un poco flexibles. A lo largo de este duro procedimiento, no sólo el corzo y el ciervo pierden la piel, sino que también el árbol pierde su corteza, que a menudo muere después.

Durante las siguientes décadas, otro peligro acecha a los troncos cada vez más gruesos. A los ciervos les gusta pelar la corteza para evitar esperar y pasar hambre hasta el anochecer, hasta que finalmente se trasladan a los prados. La consecuencia de esta descamación es la aparición de podredumbre, que devalúa la parte inferior del tronco, en especial valiosa.

Los propietarios de bosques que confían en el rejuvenecimiento natural del bosque dependen de la adecuada caída de semillas de los árboles madre. Para las especies de frutos pesados, como las hayas o los robles, esto requiere dos cosas: suficientes árboles con semillas en las inmediaciones y una población de animales de caza adaptada. Los ciervos prefieren pastar hayas y robles que han acabado de brotar en primavera.

De hecho, los animales tienen una lista de sus árboles favoritos. En la parte superior del menú hay capullos de abetos plateados, cerezas, arces y robles. Los carpes son un poco menos populares, y aún menos los hayedos, y el abedul aparentemente tiene un mal sabor entre los árboles de hoja caduca. Sin embargo, sigue siendo mejor que los abetos y los pinos, que sólo se comen debido a la falta de mejores alimentos. Las preferencias locales pueden variar, pero las coníferas por lo general no suelen mordisquearse con tanta frecuencia como los árboles de hoja caduca.

Como resultado de estas preferencias, la alimentación en presencia de grandes plantaciones de coníferas conduce a una segregación de las plántulas y a bosques puros de coníferas en la siguiente generación.

En un principio, lo que es raro es particularmente popular (como también sucede entre los humanos). Esto puede llevar incluso a que exista predilección por los pequeños abetos individuales en medio de hayas jóvenes que crecen a gran escala frente a la tendencia general.

El resultado es que los ciervos se aseguran de que algunas especies de árboles no puedan crecer. Si las densidades de población de herbívoros son altas, el desarrollo de la capa de hierbas y arbustos puede inhibirse permanentemente. Hay muchas pruebas de ello, y también puede tener consecuencias para otras especies que habitan en el suelo.[72] Una fuerte presión alimenticia significa que las capas herbáceas y arbustivas, así como los árboles en regeneración, disminuyen entre un 60 y un 80 por 100, lo que, por supuesto, también puede tener un impacto a muy largo plazo en el desarrollo de los bosques.[73] Las grandes poblaciones de herbívoros pueden incluso tener un impacto negativo en el contenido de carbono del suelo.[74]

Hay muchos árboles caducifolios con el mismo número de años en bosques con grandes poblaciones de herbívoros que tienen una altura constante de 50 centímetros, porque siempre son el sustento de estos animales. Los abetos intactos pueden alcanzar los 25 metros de altura en el mismo período de tiempo. Por lo tanto, si los propietarios de bosques quieren convertir sus plantaciones de coníferas en bosques caducifolios, esto entra en conflicto con los hábitos de alimentación de los ciervos, que hacen que el bosque vuelva a tener abetos y pinos. Entonces, ¿los ciervos destruyen la naturaleza?

No; sin embargo, pueden, al menos durante cierto período de tiempo, impulsar el desarrollo de los ecosistemas en una dirección diferente. Los efectos adversos son principalmente económicos pero, por lo general, no ecológicos.

No obstante, puede describirse como un problema claro cuando las plantaciones forestales extensas y taladas permanecen en un estado antinatural, corren el riesgo de incendiarse o derrumbarse y tienen un efecto adverso en el equilibrio hídrico del paisaje. Se sabe desde hace mucho tiempo que el bosque necesita con urgencia una mayor diversidad y convertirse en un bosque caducifolio. Los herbívoros suelen impedir el desarrollo forestal en este caso, pero no tienen la culpa. En primer lugar, hacen su trabajo en el ecosistema. Después de todo, los herbívoros son parte de la naturaleza; causan alteraciones en el ecosistema y, por lo tanto, pueden aumentar la diversidad. Su papel sólo ha cambiado porque hemos reconstruido por completo su hábitat.

Según el artículo § 960 del Código Civil alemán, los herbívoros son criaturas explícitamente callejeras. Por lo tanto, el daño a los bosques sólo puede ocurrir en relación con los servicios ecosistémicos que queremos. Éstos pueden referirse a la producción de madera o incluso a servicios por completo diferentes. Deberíamos tener esto en cuenta cuando hablemos de cazar más adelante.

Pero ¿por qué se produce este daño masivo? ¿Por qué la población animal se está descontrolando tanto?

Con algunas excepciones, la silvicultura practicada hasta este momento se ha caracterizado por intervenciones severas en el ecosistema forestal. Además de la fragmentación y la compactación del suelo, una intervención importante es la manipulación de la biomasa y la estructura. Frente a los bosques primigenios, quienes los gestionan retiran la mayor parte para su aprovechamiento por su valor económico y, al mismo tiempo, cambian drásticamente la composición de las especies arbóreas. Menos para comer y un cambio drástico de menú. Estas intervenciones masivas en la biomasa vegetal (y los árboles constituyen la mayor parte de esta masa en el bosque) alteran muchas cosas.

Tomemos como ejemplo el abeto. No es autóctono de muchas zonas y se introdujo en ellas como especie arbórea foránea, en parte ya en el siglo XIX. Los ciervos y los corzos sólo comen brotes y corteza cuando apenas hay otra cosa de la que alimentarse. Las sombrías plantaciones suelen estar tan oscuras en el suelo que, aparte de unos pocos musgos, apenas hay vegetación y, por lo tanto, no se puede encontrar alimento. No obstante, los herbívoros encuentran abundante alimento en las explotaciones forestales que dependen de las coníferas. Son las zonas catastróficas las que proporcionan sustento en abundancia. Dado que los abetos y los pinos se han cultivado en grandes monocultivos, se han visto afectados por insectos y tormentas. Ambos proporcionan áreas manchadas o incluso desnudas, donde el humus se descompone en masa con la cálida luz del sol. Como resultado, se libera una gran cantidad de nutrientes, y la vegetación amante del nitrógeno se instala con rapidez. Con tal suministro de alimentos, no es sorprendente que se produzca una explosión local de poblaciones de herbívoros.

La falta de barreras naturales es un factor importante tanto en las áreas extremadamente desnudas como en las plantaciones taladas y los bosques sin estructura. Existe una evidencia clara de que los árboles caídos y grandes cantidades de madera muerta ayudan a rejuvenecer el bosque.[75] La madera muerta no sólo protege y promueve a los árboles jóvenes a través de la sombra, los nutrientes y la humedad, sino que también los ayuda a ocultarse de los herbívoros. Los animales son criaturas que administran estrictamente su energía. Si hay muchas barreras en un bosque, piensan con detenimiento si vale la pena trepar por ellas. Además, los herbívoros de áreas con grandes depredadores corren el riesgo de no poder escapar con la suficiente rapidez en un bosque que les resulta confuso.

Es incomprensible que esta estructura, que es vital para el bosque, se esté retirando de áreas con coníferas desintegradas y muertas. Pero incluso en los bosques gestionados que aún están vivos, es, obviamente, difícil ver la madera muerta como una inversión de efectos múltiples en la salud de los bosques. Incluso es posible escuchar a los principales científicos forestales quejarse del «fetichismo de la madera muerta». Aún queda mucho por aclarar al respecto.

Ahora bien, se podría objetar que el abeto desaparecerá de todos modos en las próximas décadas debido al cambio climático y, por lo tanto, no es necesario examinar estos problemas de una manera intensiva. Sin embargo, un argumento a favor de un debate es que hemos tenido malas experiencias con esta especie arbórea durante mucho tiempo y bien documentadas, experiencias que, con cierta probabilidad, podemos trasladar a otras especies arbóreas no autóctonas y de inestabilidad similar.

Un sustitutivo típico del abeto es el abeto de Douglas de América del Norte, que se considera más tolerante al calor y la sequía. Se cultivaba y se cultiva en una gran superficie en los lugares donde el abeto está desapareciendo y no se quiere prescindir del cultivo de coníferas. Pero el abeto de Douglas también se está despidiendo poco a poco en el oeste de Alemania debido a los parásitos que lleva implícitos y al cambio climático, al igual que el pino en el este y sureste de Alemania. Por lo tanto, es muy probable que se produzca un aumento de las zonas clareadas y, por lo tanto, ricas en nutrientes, con el consiguiente agravamiento del problema de la caza, y que la conversión de las plantaciones de coníferas a las de caducifolios, la llamada conversión forestal, sea más difícil como consecuencia de ello.

Dado que es poco probable que la matanza masiva de ciervos por motivos económicos logre el consenso social, al menos en los bosques públicos, había que encontrar una justificación. Se trata de la amenaza a los bosques y la naturaleza que representan los grandes herbívoros, que han perdido todo el control en términos de número. Pero ¿es ése realmente el caso? Para ello, veamos primero qué factores influyen en el tamaño de la población. En primer lugar, está el suministro de alimentos. Como ocurre con todas las demás especies animales, es uno de los principales factores limitantes. Los árboles de los bosques primitivos tratan de mantener este factor lo más reducido posible, porque, por supuesto, no quieren que sus crías acaben en los estómagos de los mamíferos.

Normalmente, en los hayedos primitivos falta luz en el suelo durante la estación de crecimiento. También se hace patente en las plantas de floración temprana, que se han adaptado muy bien a esta situación Se apresuran a completar en pocas semanas todo el proceso de brotación, floración, formación de semillas y almacenamiento de sustancias de reserva para el invierno. Tan sólo hay suficiente luz hasta que brotan los árboles de hoja caduca. Por ese motivo, la mayoría de estas especies comienzan ya en marzo y crean un mar de colores en el bosque caducifolio, que aún está desnudo en invierno.

La mayoría de las otras especies sólo encuentran su oportunidad cuando uno o incluso varios árboles viejos caen o se desprenden en una tormenta; ahora se crea una isla de luz en la que prevalecen buenas condiciones durante algunos años. En la mayor parte de la zona, sin embargo, la oscuridad está a la orden del día en verano y, por lo tanto, aparte de algunos árboles que proporcionan sombra, el suelo está desnudo y marrón.

En verano, esto todavía es tolerable para los herbívoros, ya que pueden trasladarse a los márgenes de los bosques o a los prados junto a los lagos y ríos. En invierno, sin embargo, cuando la mayor parte de la vegetación se ha marchitado, las especies perennes como la mora desempeñan un papel decisivo. Esta especie es un ejemplo del suministro de alimentos en invierno. Sólo puede crecer donde encuentre mucha luz en verano y nitrógeno en el suelo. Casi no existe ninguno en los viejos bosques caducifolios, por lo que los arbustos de moras escasean allí incluso en invierno. Donde no hay nada que comer, los ciervos y los corzos no permanecen durante mucho tiempo. Como resultado, los árboles jóvenes de estos bosques son muy poco visitados durante el invierno, a diferencia de los árboles que se abren paso entre los arbustos de moras. Los herbívoros permanecen aquí durante horas, ¿y a quién le gusta comer lo mismo una y otra vez? Para variar, a los ciervos también les gusta mordisquear los brotes superiores de robles y hayas, que no consiguen crecer más.

Esto es particularmente problemático cuando se va a «reconstruir» el bosque. Los herbívoros ven en las plántulas frescas del vivero, que disponen de unos brotes crujientes gracias al abono y al riego, un cambio bienvenido en el monótono mar de moras. Donde ni siquiera hay arbustos espinosos, el alimento invernal recién plantado, pensado en realidad como un futuro bosque, es especialmente codiciado. Por lo tanto, estos «puntos críticos» permanecen a menudo sin árboles durante décadas. Esto no es un problema en los bosques grandes e intactos, sobre todo porque las poblaciones de grandes herbívoros permanecen en un nivel bajo debido a la falta general de alimentos de invierno. También es cierto que ya no tenemos grandes bosques intactos en Alemania, por ejemplo. ¡No es culpa de los animales, por cierto!

Los numerosos fragmentos pequeños de bosque, que sufren estrés debido al uso y al cambio climático, se ven sometidos a una presión adicional debido a las grandes poblaciones de herbívoros que transportan los seres humanos. Su capacidad de recuperación, su resiliencia, disminuye cuando los árboles jóvenes son devorados en una zona extensa.

Existen varias formas de prevenir los daños causados por los herbívoros. El método de defensa más común es la caza. El intento de reducir las poblaciones de ciervos, corzos y jabalíes mediante el derribo se ha practicado durante más de cien años y también parece lógico. Menos animales pueden causar menos daños. Sin embargo, las cosas no son tan sencillas, porque las interacciones de estos asesinatos son múltiples. Una evaluación sistemática más amplia de los estudios individuales mostró que la caza no produjo el éxito deseado en el 40 por 100 de los casos.[76] La caza por parte de cazadores aficionados sólo tuvo éxito en el 30 por 100 de los casos examinados. El éxito de la caza se ve contrarrestado, por ejemplo, por el efecto de que los animales cazados compensan la pérdida de individuos aumentando las multiplicaciones.[77]

Uno de los cambios más importantes, comprobado por innumerables estudios, es el comportamiento de los animales.[78] Está surgiendo una «ecología del miedo».[79]

Como ocurre con cualquier depredador, los animales se adaptan también a las características de los depredadores humanos. Los humanos apenas ven nada por la noche, así que supuestamente el animal de caza ha trasladado sus actividades a las horas nocturnas. En cualquier caso, apenas se ve en los espacios abiertos durante el día, pero en ningún caso duerme a esta hora. En cambio, los animales se encuentran en la vegetación difícil de ver, por ejemplo, en el bosque. En él, los ciervos comen hierba, pastos o, en su defecto, hojas, brotes y cortezas de árboles. Esto es exactamente lo que se supone que la caza impide al final, pero los cazadores, con su presencia, obligan a los animales a buscar sustento en lugares donde realmente no los quieren. Se sabe que las ciervas experimentadas miran primero los asientos altos antes de entrar en un claro. Sólo cuando el asiento elevado está vacío llevan a la manada al prado.

Los jabalíes actúan de forma similar y no dudan en acercarse a los puestos de maíz (comederos de cebo). Debido a que son particularmente difíciles de cazar, también, en muchos casos, se ha permitido la caza nocturna. Esto es en particular cruel, ya que a menudo no es posible distinguir con claridad entre las madres que producen crías y los animales jóvenes mayores sin descendencia. Las noticias que aparecen de manera regular en los periódicos sobre ponis abatidos muestran que otros animales también resultan afectados por el peligro de confusión.

Sin embargo, una vez que un animal de la manada ha sido abatido, el jabalí no se aleja permanentemente del comedor de cebo. Los astutos animales no sólo recuerdan el lugar, sino incluso la hora del día o de la noche en que les esperan los depredadores humanos.

Además del comportamiento, también se aprecian otros cambios en los animales, como la composición de la población. Los cazadores humanos atacan de una manera por completo diferente a la de los depredadores animales. Los disparos se realizan a menudo desde un asiento elevado. Proporciona una mejor visión general y evita que el proyectil vaya demasiado lejos. De arriba abajo, la bala suele adentrarse en el suelo tras unos cientos de metros, en lugar de volar durante kilómetros a través de nuestro paisaje densamente poblado. Pero, sobre todo, es cómodo y permite leer un poco o tomarse un café del termo mientras se espera a los animales de caza. Para los animales, esto significa que hay una criatura hostil al acecho que nunca corre tras ellos. Por eso, si eres lo bastante cuidadoso y sigues ciertas normas, como no pisar nunca espacios abiertos antes del anochecer, poco puede sucederte. En consecuencia, son sobre todo los animales jóvenes y descuidados quienes, guiados por la curiosidad y el hambre, se lanzan a los senderos de tiro para exhalar su último suspiro en ellos.

Un segundo factor de selección en la caza humana son los trofeos. Aunque los cazadores suelen negar que ésta sea una motivación importante a la hora de cazar, el trofeo demuestra que todos los años tienen lugar en todo el país y hablan un idioma completamente diferente. Los corzos y los ciervos con cuernos majestuosos son particularmente populares. Como resultado, los machos más viejos mueren con especial frecuencia. Cuando los ves, tienes que apuntar; de lo contrario, el vecino podría atacar, en especial cuando se trata de animales que deambulan más, como los ciervos. La envidia también es una fuerza impulsora en este caso. Hablando de trofeos, incluso existen pruebas (en el caso del borrego cimarrón) de que la caza de trofeos puede afectar a la evolución de los animales al hacer más comunes los animales más pequeños y con menos cuernos.[80]

Pero ¿cómo se puede disparar a los ciervos y corzos más viejos, que deberían tener mucho más cuidado debido a su experiencia de vida? Una vez más, son las pulsiones las que hacen que te olvides de todo lo que te rodea durante la época de apareamiento. En el caluroso verano, los corzos, por ejemplo, escuchan el encantador canto de las corzas para aparearse, silban breve y fuerte.

Este silbato se puede imitar de manera excelente con una hoja sujetada entre los dedos pulgar e índice de ambas manos como si se tocara una trompeta. Y *voilà*, el ciervo ya está en el claro, buscando a su amada. *Bang*, ya está tirado en la hierba.

Los ciervos pueden observarse en los lugares tradicionales de celo en otoño, donde los orgullosos portadores de la cornamenta rugen ruidosamente en defensa del terreno, incluida la manada de hembras, frente a los adversarios. Los cazadores tienen el mismo éxito o imitan la llamada profunda y áspera mediante ayudas en forma de tubo, de modo que el propietario del territorio se aproxima para ver quién quiere competir con él allí (éste era entonces a menudo su último vistazo).

Por cierto, los ciervos sólo visitan los surcos cuando hay una manada de hembras cerca; cuanto más grandes, mejor. Para mantener a estas manadas en su propio territorio, a menudo se les alimenta, con el correspondiente daño para la vegetación circundante. Por si fuera poco, existe otra especie animal que desempeña un papel subestimado en relación con los bosques caducifolios nativos, los jabalíes.

En los círculos de caza y silvicultura se informa en repetidas ocasiones de que los jabalíes ayudan al bosque. En teoría, esto también es cierto; su función en los ecosistemas consiste, entre otras cosas, en la creación de microhábitats. En este caso también es la cantidad la que determina si algo es dañino. En el paisaje transformado por el hombre, donde también proliferan los jabalíes, pueden surgir problemas. Los jabalíes escarban el suelo en busca de bellotas, hayucos, lombrices o ratones. Como las semillas germinan mejor en contacto con el suelo mineral, esto podría ser una buena ayuda para que los árboles se reproduzcan. Este «daño al suelo» también es un método forestal tradicional para conseguir que las hayas y las bellotas germinen mejor, pero no con la ayuda de jabalíes, sino con tractores que utilizan arados o gradas.

Pero los jabalíes no se dedican a la ecosilvicultura, sino que simplemente tienen hambre. Por eso no cavan la tierra de manera obediente y ayudan a las bellotas y las hayas, sino que sólo se las comen. Con la ayuda de su fina nariz, capturan la mayoría de los ejemplares. Los pocos que sobreviven a su ataque para comer germinan en primavera, pero luego son devorados por los ciervos hambrientos.

Cuán grande es la influencia de los jabalíes pudo advertirse hace muchos años en una excursión por Hesse. Hay un bosque en un triángulo de autopistas rodeado de tráfico continuo. En aquel entonces no había jabalíes, pero sí ciervos. Era primavera y había plantones de roble por todas partes. A pesar de los ciervos, encontramos hasta 1000 plántulas, ¡por metro cuadrado! Con una cantidad tan grande de crías, los ciervos no pueden causar mucho daño y, una vez más, entra en juego el comportamiento exigente de los herbívoros. En algún momento se desprecia lo que es abundante; las delicias raras, que en este caso no incluían las plántulas de roble, son más interesantes.

Por naturaleza, la población de jabalíes se mantiene controlada por hayas y robles, ya que estas especies de árboles no florecen todos los años y, cuando lo hacen, a menudo florecen en sincronía. En este caso, abundan los frutos de los árboles en otoño, que proporcionan calorías a los jabalíes durante el invierno. Las cerdas reaccionan a esta oferta con un aumento brusco que, sin embargo, no llega a nada. De hecho, si los árboles dejan de florecer al año siguiente, muchos animales mueren de hambre y la población vuelve a caer a niveles bajos. De esta manera, los robles y las hayas aseguran que no se coman demasiadas semillas y que aún queden suficientes árboles nuevos.

Sin embargo, como los cazadores humanos apenas pueden enfrentarse a los animales y desde el sector agrario también se oyen quejas masivas por los daños causados a los prados y los campos de maíz, se les está alimentando. Todos los días se vierten pequeñas cantidades de maíz en innumerables puntales para que los tímidos y astutos animales se atrevan a ponerse delante de los asientos elevados. En total, se recolectan toneladas de maíz en grano por coto de caza, que se sirven durante todo el año. Tienen el mismo efecto que un suministro masivo de bellotas y hayas; la población de jabalíes aumenta de manera vertiginosa. Si se detuviera la caza y, por lo tanto, la alimentación, lo más probable es que el daño se redujera.

Por lo tanto, es importante no socavar la autorregulación de los bosques con respecto a las poblaciones de herbívoros, es decir, evitar fuertes clareos o incluso la tala rasa, así como la alimentación de los animales. Pero en muchos lugares las crías ya han caído en el pozo y la descomposición del humus con su liberación de nutrientes avanza con rapidez. Paradójicamente, la explosión de la vegetación puede incluso tener en un primer momento un efecto amortiguador de los daños causados por la caza cuando existe una deforestación generalizada. Es el caso de 1990, con los huracanes Vivian y Wiebke, que afectaron a casi todas las áreas forestales de Europa central y occidental y, en la actualidad, con las plantaciones de abetos que están desapareciendo en una gran área, en especial en el centro de Alemania (como Sauerland, donde montañas enteras están siendo desforestadas por la tala). A menudo, el suministro de alimentos ya supera con rapidez el nivel que necesita la población de corzos para sobrevivir ese mismo año. En la vegetación desbordante pueden crecer numerosos árboles pequeños, lo que hace que las medidas de protección resulten superfluas incluso para los plantones de los viveros.

Sin embargo, esta situación no dura mucho. El bosque joven y, con él, muchos arbustos oscurecen el suelo después de unos años, por lo que los pastos y las hierbas vuelven a desaparecer. Al mismo tiempo, se están acumulando poblaciones de animales de caza adaptadas al suministro abundante de alimentos a corto plazo, cuya curva ascendente se encuentra con una curva descendente en la vegetación del suelo. Entonces comienza una carrera, por así decirlo, en las áreas abiertas restantes, que, en este caso, difícilmente pueden reforestarse. Incluso los abetos y los pinos, que de otro modo serían, en gran parte, despreciados, están siendo devorados. El daño causado por la caza ahora sólo se puede reducir con medidas de protección complejas, como vallas, o con una caza aún más intensiva.

¿De verdad deseamos como sociedad recluir a los grandes herbívoros en una amplia zona? Supongamos que éste fuera un mal necesario, al menos para la transición de las plantaciones forestales a los bosques de verdad. ¿Quién debería encargarse entonces de esta caza? Los cazadores aficionados ya han fracasado en la tarea, lo que no es sorprendente dada la práctica en su tiempo libre. La caza siempre ha tenido una carga cultural y ha simbolizado cierto estatus. Hoy en día, se suman las tendencias deportivas, la exageración como cumplimiento de un deber y un servicio, así como otras motivaciones y razones.[81]

Un problema para los cazadores aficionados y de trofeos es que la visibilidad disminuye de manera desproporcionada a medida que aumenta la caza de una población silvestre. Sólo unos pocos animales fusilados pueden hacer que los demás congéneres sean tan tímidos que ya casi no se muestren. Luego, se deben invertir varias noches por derribo. Además, los cotos de caza son relativamente caros; los arrendamientos, los vehículos todoterreno, los supervisores de caza, las cacerías en vehículo y los posibles daños suelen sumar números elevados de cinco cifras.

En pocas palabras, mucho dinero por mucho trabajo y muchos problemas. No es de extrañar que los cazadores se declaren en huelga en algún momento. Por lo tanto, los cazadores privados ya están al límite, por lo que no es de extrañar que los daños causados por los animales de caza en las plantaciones frescas apenas estén disminuyendo. La motivación de los nimrod recreativos está por los suelos y, además, vuelve el lobo. Hasta ahora, el eslogan era que la ausencia de grandes depredadores hace que la caza humana sea indispensable, pero este argumento a menudo ya no es válido. Aunque los lobos no pueden regular las poblaciones, tienen un efecto positivo en la salud al capturar a especímenes enfermos.

Sin embargo, los cazadores tradicionales suelen considerar a los lobos (y en algunas zonas también al lince) como una competencia molesta, y en realidad lo es. Es posible que los depredadores se coman el corzo, cuidadosamente abordado, que podría haber ganado la medalla de oro en la entrega de trofeos del año próximo. Por lo tanto, los tiroteos ilegales se producen una y otra vez, incluso si el tráfico se cobra aún más víctimas, al menos entre los lobos. La extensa lista de animales cazables también habla en contra de la caza privada. Cualquier persona que disfrute de la caza tiene más éxito si se aprueban legalmente tantas especies como sea posible. Esto aumenta las posibilidades de seguir teniendo una experiencia feliz si no se pueden ver ciervos ni corzos. En cambio, el objetivo son los zorros, las liebres, las becadas e incluso los cisnes.

También se va en contra de la caza por afición en su forma anterior: la caza en áreas. Con la abolición de la caza feudal debido a la revolución, por ejemplo, en Alemania, alrededor de 1848, con rapidez se introdujo algo muy parecido por la puerta trasera, la caza por el territorio. A diferencia de Suecia, por ejemplo, la caza sólo se puede practicar hoy en día en áreas con un tamaño mínimo (normalmente de 75 hectáreas), para lo cual los propietarios de bosques con áreas más pequeñas deben unir sus fuerzas en una cooperativa de caza. La ventaja de estos territorios radica en una especie de exclusividad, similar a las cacerías cortesanas de los nobles de la época. Los animales salvajes, por ley sin dueño, se consideran una especie de propiedad personal que no sólo hay que cuidar y alimentar, sino que también deben morir ante la propia escopeta si es necesario (y no, por ejemplo, en el coto de caza del vecino). La envidia de la caza y, por lo tanto, las emociones juegan un papel importante. Por desgracia, a medida que aumenta el tamaño de las áreas, disminuye la posibilidad de reducir la población, al menos en cierta medida, derribándola. Si quieres seguir cazando, como mínimo, se debería abolir el sistema de territorios, que muchos países ni siquiera conocen, por cierto. Si se supone que se va a cazar, esto significaría una especie de democratización de esta actividad, es decir, la participación de grupos de población significativamente mayores que, de otro modo, no podrían permitirse este pasatiempo.

Peligro de incendio y algo más: peligros más allá del uso forestal

Los bosques a menudo se debilitan y resultan gravemente dañados como resultado de su uso. Muchas otras amenazas están haciendo que las áreas forestales de todo el mundo se reduzcan y su estado empeore. A menudo, el bosque simplemente se interpone en el camino de la gente y lo talan o lo cortan en pedazos. Además, existen contaminantes que ya no conocen límites, como las sustancias peligrosas que se encuentran en el aire y, en última instancia, el cambio climático. Cuando se combinan, estos ataques contra la salud de los bosques pueden ser aún más mortales. Al final, los seres humanos causamos a los bosques una enfermedad compleja, en la que a menudo no está claro qué factores sólo los debilitan y cuáles incluso ponen en peligro la vida.

Esta situación es casi tentadora para expresar recriminaciones unilaterales para distraer la atención de la propia responsabilidad. Tradicionalmente, cuando el bosque está mal, se culpa sobre todo a los herbívoros, por ejemplo, a los escarabajos de la corteza o a los ciervos.

También se combaten las enfermedades causadas por hongos o virus o se lamentan las tormentas. De esta manera, no es necesario ser demasiado autocrítico con la silvicultura, el desarrollo forestal, la explotación maderera u otras prácticas forestales. El cambio climático ha vuelto a hacer que esta mentalidad de chivo expiatorio quede bastante clara. Es una amenaza existencial para el bosque, pero en lugar de protegerlo, algunos actores incluso quieren explotar este peligro para justificar un uso aún mayor. En general, suele faltar un enfoque holístico y complejo.

¿Hogar, fábrica o bosque? Asentamientos y desarrollo comercial

En Alemania, por ejemplo, las áreas forestales están relativamente bien protegidas contra la deforestación y la conversión. En siglos anteriores, los bos-

El Monumento Natural Nacional de los numerosos robles centenarios de Ivenack, en el distrito de los lagos de Feldberg, se diseñó como un parque de aventuras, con una torre de observación con vistas a los árboles (Pierre L. Ibisch, junio de 2019).

Mirar a los árboles desde arriba

Los senderos en las copas de los árboles, que a menudo se construyen en bosques y áreas protegidas de mayor valor ecológico, son una forma particular de uso turístico de los bosques. Para ello, se erigen enormes torres con cimientos y galerías de hormigón en bosques caducifolios seminaturales. Los suelos forestales se ven gravemente afectados, no sólo durante la construcción con equipos muy pesados. En el peor de los casos, los materiales que suelen ser extraños al bosque provocan un cambio en el microclima y causan estrés en los árboles vecinos. ¿Realmente necesitamos estructuras en el bosque para admirarlo y aumentar el contenido experiencial de nuestras visitas? Es lamentable que estas estructuras se encuentren hoy en día también en muchas zonas protegidas, incluidos los parques nacionales. ¿Es cierto que los visitantes conocen mejor el bosque después de subir y caminar por un sendero en la copa de un árbol, o que se sienten más tocados por él? ¿Están más comprometidos con la conservación de la naturaleza después de la visita? ¿O estas instalaciones crean incluso una mayor distancia con el organismo forestal? El sendero de 620 metros de longitud en las copas de los árboles cerca del Ivenacker Eichen en Stavenhagen, Mecklemburgo-Pomerania Occidental, inaugurado en 2017, es en particular deprimente para los visitantes críticos. Desde 2016 es el primer monumento natural nacional de Alemania. Con 140 metros cúbicos, el roble más grueso es, presumiblemente, el representante más voluminoso de su género en Europa.[1] Hay pocos lugares en Alemania donde los seres vivos nos conecten de forma tan imponente con la historia. Al fin y al cabo, ésta es una parte esencial de la fascinación que desprenden los viejos árboles y bosques. Algunos visitantes pueden reflexionar sobre los cambios en el medio ambiente y la sociedad que han tenido lugar durante sus aproximadamente 900 años de vida. Sin embargo, cualquiera que esté frente a ellos en el calor sin precedentes de los veranos actuales se estremece ante el hecho de que los árboles hayan entrado en lo que probablemente sean sus últimas décadas de vida. En estas circunstancias, una población arbórea más densa a su alrededor podría prolongarles la vida. Los amplios senderos para visitantes a través del parque y el sendero de las copas de los árboles con su torre de observación de 40 metros de altura no ayudan en nada a la supervivencia.

¿Cuál es el valor añadido de poder ver estos árboles únicos desde arriba? ¿Por qué no bastaba con presentar a los propios gigantes ancestrales como atracción central? ¿Por qué tenemos que observarlos desde arriba?

1. Landesforst Mecklenburg-Vorpommern (2022). Nationales Naturmonument Ivenacker Eichen. https://www.wald-mv.de/landingpage/ivenacker-eichen/ (consultado: 15.10.23).

ques tan sólo se talaban cuando se necesitaba espacio y, después del uso agrícola, a veces se podían recuperar. Esto sigue siendo posible hoy en día con permiso, pero a la inversa, la conversión de bosques en tierras de cultivo normalmente no es factible.

A lo largo de los siglos, las ciudades y los pueblos se fueron integrando en el paisaje, un proceso que aún no se ha detenido. Durante mucho tiempo estuvo impulsado por el crecimiento demográfico, pero luego surgieron otras razones. Especialmente después de la Segunda Guerra Mundial, la gente se acostumbró a tener cada vez más espacio habitable disponible. Con la creciente prosperidad, aumentó la clase media y, con ello, la perspectiva de ser propietario de una casa, mientras que la sociedad cambiaba al mismo tiempo. Las familias eran más reducidas, había más y más familias individuales, cada una de las cuales necesitaba un apartamento. Algunas de las ciudades se habían vuelto tan incómodas que muchos deseaban vivir en el campo.

Pero esto sólo era posible con la mecanización masiva, de modo que las personas pudieran desplazarse con mayor facilidad e independencia. Ya no era necesario vivir en el lugar de trabajo, y los suburbios y las áreas para dormir crecieron alrededor de las ciudades antiguas. Esto llevó a una creciente demanda de espacio. Durante décadas, en Alemania se sellaron y construyeron áreas residenciales y de tráfico de más de 100 hectáreas por día. Actualmente, ya ha alcanzado el 14,5 por 100 de la superficie del país.

Entre 2017 y 2020, a pesar de los intentos políticos para reducir drásticamente el consumo de suelo, se siguieron añadiendo más de 50 hectáreas ¡todos los días![82]

Este consumo de tierras afectó en especial a las tierras agrícolas. Lo hicieron posible la intensificación de la agricultura y la ganadería, así como la importación de piensos para animales; las tierras agrícolas necesarias simplemente se trasladaron al extranjero, por ejemplo, a Brasil. Los asentamientos rara vez se construían en el bosque, pero esto también ocurría, por ejemplo, para permitir una vida agradable en casas de madera de estilo sueco en bosques de pinos en lugares como Borkwalde (Brandeburgo).

Cuando las zonas forestales tienen que ceder terreno, suele ser para construir polígonos industriales o fábricas. Esto empieza con pequeños restos de bosque en medio de la ciudad, como el pequeño bosque de la estación de tren de Flensburg, donde se necesitaba el espacio para un hotel, y se extiende a varios kilómetros cuadrados, como ocurrió recientemente en el caso de la fábrica de Tesla en Brandemburgo. Es probable que la empresa de transporte y logística Amazon también tenga que duplicar el área de sus centros logísticos hasta superar las 880 hectáreas en 2028 para poder abastecer al mercado alemán, por ejemplo.[83] Esta área no incluye espacios de estacionamiento ni rutas adicionales.

Siempre existen buenas razones económicas: la zona parece viable y el número de árboles que caen es asumible. Al final, estos arranques, que están bien justificados a pequeña escala, adquieren proporciones aterradoras. Los defensores de la deforestación señalan que hay un reglamento de intervención en Alemania, lo que significa que las áreas forestales perdidas deben reemplazarse. Esta compensación suele traducirse en la plantación de árboles en áreas urbanas o en tierras cultivables, donde, sin embargo, no se desarrolla ningún bosque a corto plazo. Al final, el área sellada no se puede reemplazar, porque Alemania es, lógicamente, incapaz de crecer. Por el contrario, por desgracia, el uso descuidado de suelos valiosos en Alemania contribuye al hecho de que cada vez se importen más productos agrícolas del extranjero, donde también se talan bosques para satisfacer nuestro consumo y estilo de vida. Esto pone de manifiesto la diversidad del impacto de los cambios sociales y económicos en el paisaje, en el bosque, en toda Alemania y también en el extranjero.

La expansión de las áreas residenciales y comerciales no sólo es un problema de la tierra, sino que también conduce a un cambio en la calidad del paisaje. Impulsa la fragmentación de zonas naturales valiosas, y la mayoría de las zonas que estaban llenas de vida bajo tierra y en la superficie son sustituidas por superficies de hormigón muertas o jardines domésticos estériles. Los grandes asentamientos, los centros comerciales y las tiendas de descuento, pero también las fábricas o los edificios logísticos livianos con grandes espacios de estacionamiento calientan el paisaje y reducen las áreas donde el agua puede filtrarse y evaporarse a través de las plantas.

Los espacios comerciales también incluyen aquellos que están habilitados para uso deportivo y turístico. Esta categoría incluye los paraísos de esquí con sus pistas, remontes y recintos hoteleros, así como los campings en los bosques costeros.

Los alimentos como veneno para la biosfera: la agricultura

La agricultura fue y sigue siendo uno de los motores más importantes de la deforestación, tanto en el pasado como en el presente, en especial en los trópicos. Sin embargo, ya no son únicamente los pequeños agricultores de los países con una población en crecimiento los que tienen que ganarse la vida en las antiguas zonas forestales, sino, sobre todo, las empresas con sus grandes plantaciones, que son las responsables de la producción de alimentos y bebidas, así como de piensos y cultivos energéticos. Los clásicos de la deforestación incluyen el cultivo de soja, caña de azúcar y plátanos, pero también arroz, yuca, árboles de caucho y maíz.[84] La tasa de crecimiento más alta de las últimas décadas probablemente la haya alcanzado la palma aceitera africana para extraer aceite de palma y, por supuesto, la producción de carne. El gran incremento en la demanda de alimentos y otros tipos de biomasa (por ejemplo, para la producción de energía o con fines cosméticos), alimentado por el crecimiento de la población mundial y el consumismo, está destruyendo hábitats de organismos únicos, pero también procesos y funciones ecológicos.

En el caso del bloque forestal más grande de los trópicos, la selva amazónica, es probable que estudios anteriores incluso hayan subestimado la pérdida de bosque. Hasta el 17 por 100 del bosque original podría haberse perdido en 2017. Entre el 44 y el 60 por 100[85] están degradados y alterados, liberando importantes cantidades de carbono como gas de efecto invernadero y destruyendo innumerables hábitats.

La agricultura a gran escala debilita los ecosistemas paisajísticos y hace que las consecuencias del cambio climático sean mucho más dramáticas. En áreas con sólo una cuarta parte de los hábitats naturales del mundo, la biomasa de insectos se ha reducido casi un 50 por 100, y la biodiversidad un 27 por 100.[86] Donde se han conservado al menos tres cuartas partes de los ecosistemas naturales, la biomasa y la biodiversidad han disminuido sólo un 7 y un 5 por 100, respectivamente. La pérdida de hábitats está provocando que cada vez más poblaciones y especies se queden huérfanas.[87] No desaparecen de repente, pero pierden a sus socios y copartícipes en los ecosistemas fragmentados y, por tanto, están abocadas a la extinción a medio o largo plazo. Un ejemplo de ello son los mamíferos y los escarabajos peloteros de la selva atlántica de Brasil; ambos están disminuyendo.[88]

Los bosques que están rodeados de grandes áreas de tierra cultivable suelen estar aislados biológicamente porque las especies forestales ya no pueden interactuar a nivel genético con otras poblaciones. Además, hay microefectos climáticos y locales en los bordes.[89] Los campos grandes pueden calentarse significativamente y debilitar los bordes del bosque debido al calor y la sequía. Además, los fertilizantes y toxinas de la agricultura pueden llegar al bosque y causar daños. En Brasil, por ejemplo, se descubrió que en los bordes de las islas forestales más grandes había menos líquenes en la corteza de los árboles.[90] En Alemania, también se encontraron pesticidas de la agricultura en las aguas que fluyen en los bosques más allá de las tierras de cultivo.[91] Vivir en la periferia es más peligroso por muchas razones. En esta zona no sólo se enfrentan a condiciones climáticas extremas y a la entrada de sustancias, sino que también existe un mayor riesgo de contraer un patógeno.[92]

Las aves son un grupo de organismos muy bien estudiado. Por este motivo, la información sobre su estado de salud y sus riesgos es particularmente fiable. Según los datos actuales de la Unión Europea, la agricultura es el principal impulsor de la disminución de las aves.[93] De las 378 especies de aves reproductoras, se registró una pérdida de 560 a 620 millones de aves entre 1980 y 2017, una disminución del 17 al 19 por 100. Por cierto, las especies realmente comunes están en particular afectadas.

No es sorprendente que en sistemas complejos como los bosques, los diversos problemas se intensifiquen y escalen. Por eso es más importante que nunca que por fin lleguemos a una visión ecológica holística del bosque. Los problemas del bosque no se detienen cuando los árboles ya no crecen. Y si tratamos los síntomas individuales en lugar de adoptar un enfoque ecosistémico completo,[94] nosotros o el bosque fracasaremos.

Combustibles de la civilización: producción de energía y minería

Cuando a la gente se le ocurrió la idea de utilizar la energía para hacer sus vidas más bonitas y fáciles, cuando empezó a cocinar, a calentar y a hacer funcionar máquinas de vapor, los bosques tuvieron que proporcionarles el combustible que necesitaban. El ansia de energía crecía y crecía, pero, por suerte, se encontraron combustibles fósiles que podían extraerse de la tierra. Sin embargo, bosques enteros continuaron desapareciendo, pero esta vez bajo tierra, porque la madera era necesaria para sostener pozos y túneles. Además, existía una enorme demanda de madera para fundir minerales, que también se extraían de las montañas. A partir de 1700, por ejemplo, se destruyeron los bosques de las montañas de la zona del Harz (Alemania). Se dice que en esta área había 30 000 hornos, donde los bosques se carbonizaban para que pudieran funcionar las estufas.[95] El carbón vegetal es más fácil de transportar y, cuando se quema, produce temperaturas más altas, sin las cuales no sería posible derretirlo.

Se necesitaban cada vez más metales (y, por lo tanto, cada vez más carbón vegetal) para las construcciones, los dispositivos y las armas. Además, se disparó la producción de artículos de lujo como el vidrio, que, como se habrá adivinado, también consumía gigantescas cantidades de carbón vegetal para su fabricación. Como en esos momentos el bosque desaparecía aún más deprisa, en el siglo XVI se desarrollaron las llamadas cristalerías ambulantes o forestales, por ejemplo, en Turingia, que funcionaban en un bosque durante un tiempo hasta que se agotaba la madera y la pequeña industria simplemente se trasladaba.[96] Los gobernantes platearon la «madera en pie» durante algunos años, pero no la tierra. Posteriormente, las cabañas se instalaron de manera definitiva y, por lo tanto, tuvieron que comprar cada vez más madera. Donde la «madera ociosa» no podía obtenerse del paisaje de ninguna otra manera, por ejemplo porque no había río para hacer balsas, se asentaron deliberadamente cristalerías. Esto continuó hasta finales del siglo XVIII, a pesar de que ya existía escasez de madera.[97] Esta falta de madera surgió en una época en la que había significativamente menos personas en Alemania que en la actualidad, la mayoría de las cuales con hábitos de consumo mucho más modestos.

Después de este repaso histórico, ahora podríamos sentarnos, sacudir la cabeza y comentar que la gente no sabía en aquel entonces lo valiosa que era la madera como materia prima y su capacidad de agotarse. Pero, a continuación, debemos preguntarnos si realmente hemos aprendido algo de la historia. Si bien se dio un cierto respiro a los bosques porque cada vez se utilizaban más combustibles fósiles, como el carbón duro y el lignito, en la fundición y en todos los demás sectores industriales, así como para la calefacción, el ansia por estas materias primas fósiles también supuso, a su vez, nuevas pérdidas forestales. Todavía en el siglo XX, por ejemplo, se iniciaron gigantescos proyectos de minería a cielo abierto que destruyeron grandes zonas forestales históricas. Especialmente destacado es el antiguo bosque de Bürge, de 4100 hectáreas, en la zona minera renana de Renania del Norte-Westfalia, que fue talado a partir de la década de 1970 y sustituido casi por completo por la mayor mina de lignito a cielo abierto de Europa. El pequeño bosque restante se conoce ahora como Forst de Hambach. La minería a cielo abierto también ha arrasado en la campiña de Lusacia en Brandeburgo y Sajonia, y ha abierto agujeros profundos en el paisaje forestal. El bombeo de agua subterránea a grandes profundidades es muy problemático en todas las minas a cielo abierto. Esto contribuye a la desecación del paisaje y puede poner en grave peligro las aguas y los bosques, en especial en los años extremadamente calurosos y secos.

Desde el punto de vista alemán y europeo, resulta bastante decepcionante que la combustión de madera esté volviendo a repuntar. Mientras que en las últimas décadas del siglo XX estuvo en letargo debido al petróleo económico y al trabajo sucio necesario para quemarlo, las estufas de leña y los sistemas de calefacción central en la actualidad están vivien-

En la central térmica de combustión de leña de Eberswalde se queman grandes cantidades de madera fresca, a menudo incluso muchos árboles caducifolios viejos (Pierre L. Ibisch, enero de 2023).

do su apogeo. A partir del cambio de milenio, la quema de madera, antaño causa reconocida de la destrucción de los bosques, se consideró casi como una contribución a la salvación del mundo. De repente, los sistemas de calefacción con madera y pellets se consideraron modernos y sostenibles. La idea que subyacía a ello totalmente plausible. Sólo los residuos de madera, que se producen de todos modos, se reciclan. Además, por cada árbol talado, crece un árbol nuevo, recién plantado, que vuelve a absorber el CO_2 que se libera, por lo que la cuestión es neutra desde el punto de vista climático. A estas alturas ya sabemos que, por desgracia, esto no es tan sencillo, y que incluso es erróneo, aunque sólo fuera porque el gran árbol talado habría seguido creciendo.

El paso a las energías renovables aumenta la demanda de madera, que puede sustituir al carbón y al petróleo con especial facilidad como combustible, pero que en realidad libera más CO_2 por kilovatio/hora a la atmósfera a corto plazo que los fósiles cuando se quema.

La madera tiene una densidad energética más baja y parte de la energía se pierde simplemente porque hay que gastar calor para secar la madera antes de quemarla. Además, hay emisiones en los bosques talados o desnudos, por ejemplo, provenientes de los suelos forestales, así como la pérdida de almacenamiento de carbono en las capas más profundas del suelo, que a menudo se pasan por alto. La biomasa, como las copas de los árboles, también libera CO_2 y metano porque el árbol entero ni siquiera termina en el horno, sino que se pudre en el bosque bajo el sol brillante. La tala y el restablecimiento de los bosques para crear una colección de árboles jóvenes reduce la producción de sumideros. Todo resulta bastante difícil de equilibrar.

Por ese motivo es tan fácil dejarse engañar por la supuesta neutralidad climática de la madera como combustible.[98]

Tan pronto como se tomó este camino energético, se convirtió en una gran aberración. No sólo los hogares particulares se pasaron a la combustión de madera, sino también las centrales de cogeneración más pequeñas, y luego cada vez más grandes, así como las centrales para la producción de electricidad, que debían abandonar progresivamente la combustión de carbón. Para entonces estaba claro que ya no habría suficiente combustible sólo en Alemania, por ejemplo. Comenzaron por iniciar la compra de madera en otras partes del mundo. Cuando el ataque de Rusia a Ucrania puso en tela de juicio el suministro de gas natural, el «combustible de transición», comenzó la siguiente fase de la quema de leña. El enfoque en la protección del clima implica otros efectos adversos significativos en el bosque, y está dirigiendo el mercado energético en una dirección por completo equivocada. Esto se debe a que el combustible supuestamente neutro para el clima se comercializa como sustitutivo de los sistemas de calefacción de petróleo y gas, aunque, de hecho, está sustituyendo a la energía solar y a las bombas de calor en los edificios residenciales.

En los primeros días de la revolución energética (que aún no ha terminado), se prestó especial atención a la forma de convertir las necesidades energéticas actuales y futuras en fuentes renovables. Por desgracia, apenas había dudas sobre cómo podríamos trabajar para reducir de manera sustancial el consumo de energía al mismo tiempo. En lugar de decir adiós a los automóviles pesados, por ejemplo, sólo habría que cambiar el sistema de propulsión, de la gasolina a la electricidad; y la electricidad debe provenir entonces de las turbinas eólicas, cueste lo que cueste. En la actualidad, esto no sólo provoca conflictos con la población rural y los conservacionistas de especies, sino que, además, impulsa la instalación de turbinas eólicas en las últimas zonas forestales más extensas de Alemania, que en las cordilleras bajas han estado sometidas a menos presión por la agricultura y las grandes ciudades, pero más intensamente por la silvicultura.

Los bosques moribundos parecen ahora ser los lugares perfectos para las turbinas eólicas. Como resultado, las áreas forestales afectadas por el cambio climático y el uso de la tierra están expuestas a una amenaza por completo nueva, que conduce a una mayor fragmentación y tala, así como a la contaminación del suelo. También existe el riesgo de que las rutas anchas y dispersas contribuyan a la desecación de los bosques y aumenten el riesgo de incendios forestales. Es todo bastante difícil de equilibrar. Todavía no se ha demostrado cuantitativamente nada de esto, un dilema típico de la evaluación tecnológica; sólo se puede ver al niño en el pozo cuando ya ha caído en él. Sin embargo, las imágenes por satélite ya se pueden utilizar para evaluar cómo las instalaciones y las rutas de acceso elevan la temperatura de las áreas forestales. Los daños al suelo causados por los vehículos pesados necesarios para la instalación también son bastante visibles. Pero en caso de duda, todo esto puede borrarse de la mesa con el argumento de que ya es muy tarde y la protección del clima está retrasada, por lo que ahora no se puede salvar el mundo de forma purista. Es preferible sacrificar unos pocos milanos reales y zonas forestales que perder toda la naturaleza con la crisis climática.

Es un argumento supuestamente imbatible, pero no tiene en absoluto en cuenta que no nos salvamos sólo con la producción de electricidad, sino que sobre todo necesitamos paisajes funcionales. Otro argumento muy utilizado es el siguiente: «Sin protección del clima, podemos olvidar todos los aspectos de la conservación de la naturaleza, por lo que construir turbinas eólicas tiene prioridad sobre el mantenimiento de los bosques no fragmentados». Este argumento se cierra a las alternativas de construcción, aunque puedan ser un poco más difíciles de implementar. Una vez más, los amantes de la naturaleza y los conservacionistas son los aguafiestas, esta vez no sólo obstaculizando el progreso, sino también la sostenibilidad.

Cortado y fragmentado: infraestructura de transporte, líneas de comunicación y de energía

Una característica esencial de nuestra civilización moderna es trasladar a un gran número de personas, bienes, energía e información lo más rápido posible por todo el país y por todo el mundo. Tradicionalmente, los ríos y las costas eran muy importantes para el senderismo y el transporte. En las estepas, al menos se podía avanzar muy rápido a caballo, pero los bosques se resistieron durante mucho tiempo a los desplazamientos eficientes. Por lo tanto, los grandes imperios, como el romano o el inca, sólo podían mantenerse unidos con la ayuda de carreteras. La invención de la rueda, el carruaje tirado por caballos, el ferrocarril y el automóvil hizo que cada vez mereciera más la pena abrir rutas permanentes a través del paisaje. La red mundial de carreteras se estima entre 21[99] y 36 millones,[100] o incluso hasta 64 millones de kilómetros,[101] dependiendo del tipo de carreteras consideradas y de la fuente. Existe un verdadero tsunami de carreteras que se extiende por los continentes. Sólo en 2019, se planificaron o construyeron 289 730 kilómetros.[102] Los espacios sin carreteras son cada vez más pequeños y están más amenazados.[103] Pero incluso en países casi completamente tapizados de carreteras, como Alemania, todavía hay áreas por las que se están construyendo nuevas autopistas para que las personas puedan viajar más rápido. Estos proyectos gozan de una prioridad nacional tan alta que incluso se están talando bosques seminaturales antiguos para que sean realidad. El ejemplo más conocido de los últimos años es la tala del bosque de Dannenröder, en el Estado Federado de Hesse, por un nuevo trazado de la autopista 49.[104]

Cuanto más alta e impenetrable es la vegetación, más drástica es la construcción de carreteras. Las consecuencias ecológicas afectan al bosque en diferentes fases como en cascada. La construcción de carreteras, su impacto directo en el paisaje y su uso con consecuencias indirectas dañan los ecosistemas sin medida. En primer lugar, se trata de la tala directa, es decir, la pérdida de hábitats para determinadas especies y la fragmentación que dificulta el desplazamiento por el paisaje de las especies sensibles que viven sobre o en el suelo. Una carretera puede actuar como un muro que supone un obstáculo casi insuperable para las especies fotosensibles o muy lentas. Para los organismos del suelo, el suelo compactado actúa en realidad como un muro. Existe el riesgo de empobrecimiento genético y extinción local.

En la crisis climática, los cambios microclimáticos tienen un efecto agravante. Las carreteras se calientan mucho en veranos extremos y tienen un efecto desecante, que daña o mata cada vez más árboles en los límites del bosque.[105] Asimismo, las tormentas pueden causar muchos más estragos a través de estos pasillos artificiales. También pasan por cursos de agua, zanjas y presas, y pueden tener un efecto adverso en el equilibrio hídrico. Reducen la superficie para la filtración de agua y la recarga de las aguas subterráneas, y privan al paisaje de gran parte de la valiosa humedad a través de la escorrentía superficial. Pueden provocar erosión y deslizamientos de tierra, como en el río Ahr en 2021.

Las carreteras también causan una contaminación considerable en el paisaje. Hasta el momento, se ha subestimado por completo que la abrasión de los neumáticos de los automóviles sea una de las fuentes más importantes de partículas de plástico en el medio ambiente.[106] A escala mundial, 810 gramos de microplástico per cápita y año entran en el medio ambiente a través del desgaste de los neumáticos,[107] que sólo en Alemania, por ejemplo, asciende a la increíble cifra de 110 000 toneladas.[108] Son precisamente las partículas de plástico muy pequeñas las que pueden penetrar en las células de los organismos vivos y causar todo tipo de daños.

Por desgracia, eso no es todo. A lo largo de las carreteras también hay contaminación lumínica y acústica, cada una de las cuales puede estresar bastante a determinados organismos, como insectos voladores o aves. Las especies invasoras pueden migrar con facilidad a ecosistemas semiintactos a lo largo de estas rutas. Uno de estos migrantes es el ser humano, que comete una serie de fechorías a lo largo de las carreteras. Esto incluye tirar basura, provocar incendios forestales con cigarrillos o molestar y, por lo tanto, debilitar a los animales.

Un estudio mundial sobre los efectos de las carreteras en los vertebrados evaluó 253 estudios in-

Desde 2013, la carretera de circunvalación de Merzig, en el distrito de Besseringen (del Estado federado de Sarre, en Alemania), atraviesa el bosque urbano (Pierre L. Ibisch, mayo de 2021).

dividuales.[109] Los mamíferos medianos y grandes tienen muchas menos probabilidades de encontrarse en la zona de paso de la carretera, mientras que los pequeños son más comunes. En el caso de las aves, los efectos son detectables a más de un kilómetro de la carretera, por lo que casi no quedan puntos no afectados en regiones densamente pobladas como Alemania, por ejemplo.

En muchos países del sur global, las carreteras recién construidas son también la puerta de entrada para que los colonos degraden o talen el bosque. En los bosques tropicales, los bordes de los bosques crecieron del 27 al 31 por 100 de la superficie en diez años.[110] La muerte de los árboles en los bordes de los bosques contribuye de manera significativa a las emisiones de gases de efecto invernadero, lo cual es muy evidente en Amazonia, donde los efectos de borde entre 2001 y 2015 representaron hasta un tercio de las emisiones de gases de efecto invernadero por la pérdida de bosque.[111]

Las autopistas anchas con tráfico muy rápido son más peligrosas que las carreteras sin pavimentar por las que rara vez se circula. Sin embargo, las carreteras o pistas forestales también contribuyen a debilitar el bosque. Cortan las redes subterráneas de raíces y micorrizas en pequeñas divisiones, provocan bordes forestales en medio del bosque, modifican el comportamiento de movimiento de la fauna y reducen la superficie en la que pueden crecer los árboles y desarrollarse suelos productivos. Estos efectos negativos se aplican incluso a las pistas de arrastre, que también actúan como presas, impidiendo el flujo del agua del suelo.

Otras infraestructuras que afectan temporal o permanentemente a los bosques incluyen, por supuesto, las líneas de ferrocarril, las rutas de cables y oleoductos y las líneas eléctricas. Sobre todo en el contexto de la expansión de las redes eléctricas, se producen a menudo interrupciones nuevas y graves, ya que es más barato y técnicamente más fácil abrir nuevas rutas para las líneas eléctricas a través de los bosques y el campo que utilizar las ya existentes.

¿Los humanos como agentes perturbadores? Utilización de recursos no madereros y actividades en el bosque

Ya hemos hablado de los problemas de la caza en Alemania, por ejemplo. A diferencia de muchos otros países, la caza furtiva no juega un papel decisivo en términos de poner en peligro los ecosistemas forestales. Incluso la recolección de plantas y hongos silvestres del bosque no suele representar ningún riesgo para el bosque.[112]

No obstante, existen advertencias y prohibiciones en los tablones y señales correspondientes, que informan a los visitantes del bosque para que no recojan flores y permanezcan siempre en los senderos. Esto puede parecer bastante extraño cuando hay montones de madera justo al lado de estas advertencias, surcos profundos que atraviesan el suelo, y la tala mecánica y los monocultivos han causado un gran estrago en el ecosistema forestal. Los informes muestran una y otra vez que los silvicultores locales se quejan del comportamiento de las personas en el bosque. Por supuesto, existe una mala conducta, como tirar la basura, pasear con perros sin correa, fumar en bosques secos y cálidos o ir en bicicleta de montaña fuera de los caminos trillados. En las áreas metropolitanas y los bosques urbanos, esto también puede suponer verdaderos peligros para los organismos forestales y los suelos, pero, tras considerarlas, estas actividades desempeñan un papel en cierto sentido menor en la gran superficie en comparación con la explotación forestal con máquinas de hasta 70 toneladas de peso.

No obstante, controlar el comportamiento de los visitantes puede ser una tarea importante en la gestión forestal de las zonas urbanas. El papel de los caminos es en particular importante en este contexto. Por desgracia, en muchos bosques hay demasiados, y no fueron creados para el ocio, sino para facilitar el acceso a la explotación maderera. Si hay gente en los caminos, su presencia suele provocar la tala de árboles; el argumento recurrente para las intervenciones es entonces la seguridad vial. A muchos silvicultores les preocupa ser responsables de cualquier accidente provocado por la caída de ramas o árboles. Si bien los visitantes pueden entrar en el bosque, deben hacer frente a los peligros típicos del bosque bajo su propia responsabilidad, como demuestran las sentencias de los tribunales supremos.[113]

No cabe duda de que el riesgo para quienes caminan por el bosque aumenta debido al incremento de la mortalidad de los árboles debido a la crisis climática. En las zonas con extensos monocultivos en colapso, es necesario preparar de un modo más intenso a los excursionistas para las visitas a los bosques; quizá también sea necesario cerrar temporalmente las zonas forestales. El problema es similar cuando existe un riesgo extremo de incendio. En este caso, eliminar todos los árboles del bosque para reducir el riesgo de incendio es un enfoque incorrecto; es posible que la gente simplemente tenga que permanecer fuera durante un tiempo.

En tierra firme: cambios en el balance hídrico del paisaje

Desde los tiempos más remotos, los seres humanos han intervenido en el equilibrio hídrico del paisaje. El agua se dirige donde se necesita para el riego y se retira del paisaje a gran escala en otros lugares. Esto creó espacio en los valles fluviales para la agricultura y el asentamiento. El drenaje de las turberas, los páramos y los bosques ribereños es una de las intervenciones directas más graves en los ecosistemas.[114]

Incluso en los bosques, se sigue extrayendo agua mediante la creación de zanjas, lo que contribuye a debilitarlos en caso de que aumenten las sequías. En los bosques boreales en particular, el drenaje tiene un efecto sorprendentemente fuerte en la lixiviación de nutrientes como el nitrógeno y el fósforo en las aguas.[115] Además, las zanjas de drenaje contribuyen a las emisiones de metano, un gas de efecto invernadero.[116]

Por el contrario, la represión del agua es también un grave problema medioambiental mundial. Aunque sobre todo son los ríos los que se ven afectados, con ellos desaparecen también valles forestales enteros, que se convierten en embalses.

Sistemas en llamas: cambios en el régimen natural de incendios

El fuego es un factor natural en muchos ecosistemas de todo el mundo, que influye en el desarrollo de los bosques, e incluso puede ser beneficioso para las personas. De esta manera, los incendios naturales más pequeños pueden prevenir incendios grandes y catastróficos.[117] El fuego reorganiza las cartas en los ecosistemas y puede aumentar la diversidad de los organismos coexistentes, pero también es siempre un evento extremo que destruye las reservas de energía y la biomasa que el ecosistema determina laboriosamente en un corto período de tiempo. Por lo tanto, la evolución ecológica de los ecosistemas tiende a condiciones menos inflamables siempre que sea posible. En los bosques templados y boreales, por ejemplo, el riesgo de incendio por lo general disminuye a lo largo del desarrollo del ecosistema cuando los bosques pioneros con muchos pinos se convierten en bosques caducifolios mixtos o bosques de abetos más húmedos y oscuros.

Los bosques más antiguos, ricos en biomasa y carbono, pueden almacenar más agua en el suelo y la vegetación, lo que tiene un efecto ignífugo. Sin embargo, este desarrollo tiene límites cuando hay estaciones muy cálidas y secas. En los bosques secos, las sabanas o los semidesiertos de las regiones más cálidas del planeta y, en algunos casos, también en los bosques boreales con veranos continentales más extremos, se mide un mayor número de días con condiciones meteorológicas peligrosas para los incendios. A menudo hay estaciones secas pronunciadas sin precipitaciones y con aire muy seco. Luego, la falta de agua en el aire (déficit de presión de vapor) aumenta y una parte de la vegetación se seca. Las especies vegetales se han adaptado a ello como otras del extremo norte al frío invierno.

En estos bosques con estaciones cálidas y secas, los incendios se producen con regularidad y, si se repiten durante períodos muy largos en determinadas regiones, las especies de la zona se han ido adaptando a este factor ecológico. Desarrollan una corteza gruesa y aislante, como la de los alcornoques o las secuoyas, que puede quemar la superficie, pero protege el tronco con las células vivas del calor. Otras especies, como el brezo arbóreo de la región mediterránea, pueden volver a brotar de los órganos subterráneos tras un incendio. Ésta es una característica relativamente fácil de adquirir y también la conocemos de algunas especies arbóreas de Europa Central, como el roble o el álamo tembloroso. En los verdaderos ecosistemas de incendios, la adaptación llega a tal extremo que en algunos árboles, como la Banksia en Australia, las vainas de las semillas sólo se abren tras un calentamiento intenso.

Sin embargo, hace poco se ha observado que incluso los ecosistemas forestales adaptados al fuego sufren cada vez más a causa de los incendios. En California, por ejemplo, casi el 7 por 100 de la cubierta forestal original se perdió a causa de los incendios entre 1985 y 2021. Después de que los bosques se recuperaran bien en la década de 1990 y volvieran a aumentar su superficie, la pérdida prevaleció a partir del año 2000. Por todas partes se extienden arbustos y vegetación herbácea.[118] Por cierto, la pérdida de bosques en California siempre predominó cuando la temperatura media del verano superaba los 17,5 °C. Existe una clara dependencia de la temperatura, y no podemos hablar del riesgo de incendio sin el cambio climático.

En el caso de Estados Unidos en su conjunto, existen pruebas convincentes de que los incendios de la década de 2000 son, por término medio, hasta cuatro veces mayores, tres veces más frecuentes y más generalizados que en las dos décadas anteriores.[119]

El clima cada vez más extremo no sólo aumenta el riesgo de incendios, sino que también dificulta cada vez más la recuperación de los bosques en todo el mundo.[120] Incluso en los ecosistemas de incendios de Australia, las cosas se están agravando poco a poco. Un estudio concluye que los incendios son ya demasiado frecuentes para más de 250 especies vegetales, de modo que ya no pueden recuperarse ni reproducirse. Otras 400 especies corren un alto riesgo de extinción a causa de los incendios.[121] Por desgracia, incluso las especies especializadas en incendios, como *Banksia spinulosa*, están ya completamente desbordadas.[122]

Pero el riesgo de incendios está aumentando no sólo en los bosques más bien cálidos de los trópicos y subtrópicos. El Antropoceno, la edad del hombre, es también un piroceno, la era del fuego.[123] Las áreas donde el clima difiere significativamente entre el verano y el invierno también se están intensamente afectadas. En los bosques boreales del oeste de Siberia, por ejemplo, los incendios son ahora más frecuentes que en los últimos 5000 años, y la vegetación de los pinares secos se está transformando en un paisaje estepario.[124] También hay informes del extremo norte de Norteamérica que indican que los bosques boreales están siendo acorralados por el fuego y la explotación de madera. Desde hace tiempo no se recupera tanta biomasa como la que se pierde.[125]

Por desgraciada, esto también significa que los modelos clima-vegetación utilizados hasta ahora han sobrestimado la formación de biomasa en un factor de tres, por lo que los supuestos sobre la capacidad de sumidero de carbono del bosque boreal ya no son correctos. En determinadas zonas boreales, los árboles caducifolios de crecimiento rápido podrían seguir compensando esta situación.[126]

Los incendios forestales de mayor envergadura se multiplican aún más por el hecho de que aportan enormes cantidades de energía a la atmósfera.[127] Los meteorólogos han descrito el fenómeno como nubes de tormenta de fuego (*pyrocumulonimbus*). Estos fuegos generan entonces relámpagos que encienden aún más bosques, una retroalimentación gigantesca. Los megaincendios forestales provocan la inyección de aerosoles en la estratosfera inferior, algo que antes sólo se conocía por las erupciones volcánicas. Ésta es la inversión de empuje de los bosques, por así decirlo. De hecho, amortiguan el intercambio brusco de energía entre la superficie terrestre y la atmósfera. Pero después de cierto grado de perturbación, todo, literalmente, explota.

Una noticia incómoda para la silvicultura es que es la principal responsable de los incendios forestales en muchas regiones. Muchos incendios forestales son incendios de zonas arbóreas, ya que la gestión forestal a menudo ha creado el riesgo de incendio en primer lugar. Esto también se ha encontrado en Australia. Refiriéndose a varias fuentes y a investigaciones propias, el ecólogo australiano David Lindenmayer y sus colegas afirman lo siguiente: «Hay pruebas convincentes de que la deforestación histórica y actual en Australia ha hecho que muchos bosques sean más susceptibles a los incendios y ha contribuido a aumentar la intensidad y la inflamabilidad de los incendios. [...] Los cambios importantes en la composición de los bosques y la arquitectura existente causados por la tala, como la creación de áreas extensas con masas jóvenes y de edad uniforme, [...] pueden influir en la dinámica de los incendios y en los patrones de infección espacial en los incendios forestales».[128]

Lo mismo ocurre en Europa Central, donde las plantaciones de pinos y abetos, en particular, representan lo opuesto a la silvicultura adaptada al cambio climático.[129] En realidad combinan todos los factores necesarios para crear una tormenta de fuego perfecta. Sus agujas forman un humus ácido en bruto que se descompone mal y forma espesos cojines en el suelo. En climas secos y calurosos, éste es el combustible ideal; además, las agujas vivas de las ramas y la corteza con ingredientes esenciales aumentan la inflamabilidad. También puede haber hierba creciendo en el suelo, como el tubo de arena, que se seca en verano y proporciona un buen combustible para un fuego de paja. Los bosques abiertos de una sola capa tienen corrientes de aire y permiten el avivamiento eficaz de los fuegos en el suelo una vez que están en marcha.

En la actualidad, también es posible observar lo que hacen los incendios en estas plantaciones en áreas cada vez más grandes de Alemania, por ejemplo. Por un lado, los incendios son, sin duda, un ímpetu para la renovación. Después de tan sólo un año, pueden aparecer muchas plantas herbáceas y también árboles pioneros, lo que hace que la biodiversidad de todos los seres vivos aumente a pasos agigantados. Pero, por supuesto, también existen riesgos y consecuencias negativas. Como se sabe por las regiones típicas de incendios forestales, en especial en las zonas de topografía pronunciada, existe un riesgo prolongado de erosión del suelo, pérdida de nutrientes e inundaciones.[130] Los riesgos se agravan si después del incendio está muy seco y se retrasa la recuperación de la vegetación.[131] La sequedad puede resultar todavía más grave por el hecho de que las zonas quemadas se calientan muchísimo. La eliminación de la biomasa residual de las zonas incendiadas empeora la situación y reduce el número de árboles que se reasientan de manera espontánea; los árboles plantados (que suelen volver a ser coníferas) muestran una alta tasa de mortalidad.[132] Como siempre ocurre en la gestión forestal, después de grandes daños, es posible agravar aún más el desastre si no se gestiona de la forma adecuada.

El manejo humano del fuego en la biosfera es un proceso socioecológico.[133] Como todos los factores que impulsan las amenazas a los bosques y otros ecosistemas, no puede entenderse tan sólo desde la perspectiva de la ciencia. Para acabar, hay que puntualizar que hoy en día no son tanto los rayos los que provocan la ignición, sino los incendios provocados. Ya sea la pequeña hoguera durante una excursión en la naturaleza, la colilla de cigarrillo desechada o el catalizador caliente de un vehículo aparcado sobre hierba seca; quién admitiría que ha provocado el incendio por negligencia. Los incendios intencionados también siguen desempeñando un papel importante. En cambio, en los medios de comunicación aparecen una y otra vez informes sobre vidrios rotos, cuyo efecto de lupa podría incendiar la madera, o sobre la combustión espontánea debido al calor; por desgracia, ambos son del todo absurdos. Estas historias sólo impiden una búsqueda más intensa de los autores.

Ataque: especies invasoras y otras especies problemáticas

Algunas especies, ya sean naturalizadas o introducidas a través del comercio mundial, no se comportan como nos gustaría. Abandonan las zonas que les han sido asignadas y se propagan sin control. Al hacerlo, afectan al ecosistema local al provocar cambios notables en él. Una de esas plantas es el cerezo de racimo de floración tardía. Este árbol es originario del este y el sur del continente norteamericano. Ya en 1623 se introdujo, como muchas otras especies arbóreas, para su plantación en parques, y fue una de las primeras procedentes de otro continente.[134] Entonces llamó la atención de la industria forestal. En su tierra natal, el cerezo de racimo de floración tardía proporciona una madera valiosa y crece en suelos pobres en nutrientes. Debería ser ideal para los suelos arenosos, que se degradaron en tiempos históricos y donde en aquel entonces se cultivaban principalmente pinos.

Sin embargo, el cerezo no se comportó como debería. En lugar de formar valiosos troncos rectos, su hábito de crecimiento se asemejaba más bien al de los arbustos; no podía obtenerse madera para la industria maderera. Hasta bien entrado el siglo XX, la gente se aferró desafiante a esta especie arbórea hasta que fue clasificada como un neófito invasor dañino. Conquistó cada vez más terreno, aunque se le hizo frente con motosierras y productos químicos. Hoy en día, se extiende sobre un área de más de 1000 kilómetros cuadrados sólo en Alemania, por ejemplo.[135]

Pero ¿cómo puede prevalecer de esta manera una especie arbórea parecida a un arbusto? La solución al enigma consta de dos componentes. En primer lugar, está el paisaje forestal, muy alterado por la silvicultura. Mientras que el cerezo de racimo de floración tardía no puede extenderse en bosques caducifolios viejos y oscuros debido a la falta de luz, las plantaciones de pinos muy clareados y poco densos le ofrecen mejores condiciones. Sin embargo, las americanas apenas podían hacer frente a hayas y robles en crecimiento, que rápidamente las superaban. Pero ahora entra en juego el segundo componente: los animales salvajes son los que ayudan de manera involuntaria al cerezo. Los ciervos y los corzos se alimentan de su comida favorita (es decir, también de los jóvenes árboles caducifolios autóctonos) y desdeñan al recién llegado. Puede conquistar hectárea por hectárea sin ser molestado y sin miedo a la competencia.

Al observar las especies invasoras, una vez más, se ignora en gran medida a las más pequeñas. Esto ya ocurre en la preservación de la naturaleza; las grandes especies emblemáticas, como el lince, ganan popularidad y se utilizan a modo de argumento para establecer áreas protegidas. Pero ¿quién estaría tan comprometido con los ácaros del cuerno, los hongos o incluso las bacterias? También ellos están, en parte, amenazados por especies introducidas (si es que se conocen y se puede evaluar su estado).

El impacto de las bacterias u hongos introducidos en el ecosistema puede ser considerable, como demuestra el turismo mundial. Los últimos bosques de kauri de Nueva Zelanda son un ejemplo en particular impresionante y triste. Las poderosas coníferas (*Agathis australis*) de la familia de las araucarias pueden vivir varios miles de años, pero lo cierto es que ya no se tiene certeza sobre este plazo. El hongo *Phytophthora agathidicida* dificulta la vida de los gigantes,[136] un hongo originario de Corea. Desde esa zona, probablemente llegó al Pacífico Sur bajo las suelas de los zapatos de los turistas que practicaban senderismo y, en 2008, se identificó por primera vez como la causa de la muerte de los kauris. La infección se puede rastrear a lo largo de las rutas de senderismo y de bicicleta de montaña, por lo que está claro que se propaga a través de los zapatos y los neumáticos. A nivel local se está intentando controlar la situación mediante bañeras de desinfección y la limpieza de las suelas de los zapatos, pero es posible que no se opte, por motivos económicos, por la medida más segura, es decir, cerrar el bosque protegido a los turistas, al menos de manera temporal.

Hoy en día, las enfermedades fúngicas importadas se han convertido en omnipresentes. El género de hongos *Phytophthora*, que, traducido del griego, significa «destructor de plantas», es un viejo conocido del ser humano. La especie *Phytophthora infestans* es el agente causante del tizón de la patata, que ha provocado grandes hambrunas en el pasado. *Phytophthora ramorum*, una especie fúngica de los bosques de laureles del este de Asia,[137] parece ser una amenaza mayor para muchos árboles susceptibles.[138] Los hongos se propagan hoy en día, entre otras cosas, por los transportes de plantas hortícolas, y en muchos lugares se encuentran con árboles debilitados por el cambio climático y la silvicultura. Las enfermedades introducidas también interactúan con otros factores de estrés y males. La especie *Phythophthora ramorum*, que en el oeste de Estados Unidos se conoce también como «muerte súbita del roble»,[139] se ha descubierto asimismo en Europa en especies de árboles que se han introducido de otros lugares, como el alerce japonés.[140] La especie no parece ser selectiva; de hecho, los castaños dulces de Inglaterra también se han visto afectados desde hace algún tiempo.[141] Todo esto debería hacer reflexionar a los promotores de la adaptación activa al cambio climático, a quienes les gusta pregonar las especies exóticas de árboles de otros climas como solución milagrosa a la pérdida de bosques.

Pero las especies autóctonas también son atacadas. Por ejemplo, se encontraron varias especies de *Phytophthora* en hayas enfermas en Suiza.[142] Cabe destacar que en las poblaciones estudiadas las hayas enfermas con lesiones «sangrantes» en el tronco crecían principalmente a lo largo de carreteras y caminos. Estos resultados confirman una vez más observaciones anteriores sobre el flujo de tallos en árboles causado por *Phytophthora* y su propagación a través de partículas del suelo en vehículos y maquinaria.[143] Sin embargo, también podrían influir efectos marginales muy diferentes que se originan de los bordes y claros de los bosques. Esto no hace más que confirmar una vez más que los márgenes y los caminos ponen en peligro la salud de los bosques.

Resulta llamativo, pero no sorprendente, que cuanto más se ha manipulado y alterado un ecosistema, más fácil les resulta afianzarse a las especies invasoras.[144] Y esto tampoco difiere en nuestro caso, los humanos. Cuanto más estresados estamos, más susceptibles somos a la enfermedad. Sin embargo, un bosque intacto no es garantía de que los árboles no puedan ser atacados o incluso de que todo el ecosistema no pueda derrumbarse debido a las especies invasoras. Debemos ser mucho más consecuentes a la hora de garantizar que los flujos comerciales mundiales sólo transporten mercancías y no de manera involuntaria también especies por todo el planeta.

Puntos de descarga de basura: contaminación con sustancias extrañas a la naturaleza

En los bosques de las cordilleras bajas se pueden encontrar muchos vertederos antiguos, porque en siglos anteriores la población se limitaba a arrojar sus residuos ladera abajo. Esto no supuso ningún problema, ya que la cantidad de residuos era extremadamente baja. La gente no poseía mucho, y lo poco que tenía estaba hecho de materiales naturales que se podían reparar, reconstruir o, en caso necesario, quemar. Lo que sobraba se pudría fácilmente y se convertía en humus o, como mucho, dejaba algunos fragmentos de arcilla.

En el siglo XX, la prosperidad aumentó a pasos agigantados y, con ella, la cantidad de residuos. Hasta la Segunda Guerra Mundial, sin embargo, seguía tratándose de residuos fácilmente degradables y, más allá de eso, a lo sumo botellas de vidrio o cubos de hojalata. Esto cambió en las décadas siguientes, en las que incluso automóviles completos, así como pilas crecientes de residuos plásticos o baterías de plomo viejas, fueron arrojados a los valles de los arroyos más cercanos, como era costumbre. En las zonas rurales, la recogida regulada de residuos no se estableció hasta la década de 1970 en Alemania, por ejemplo. Pero si crees que han cambiado las viejas costumbres, un vistazo entre bastidores al bosque te demostrará que te equivocas. Ya no se trata de los vehículos ni de los residuos domésticos, sino que son los residuos del jardín los que, según la antigua costumbre, los sábados se lle-

Ajeno a la naturaleza: coberturas de plástico como protección para los árboles recién plantados en una plantación de píceas talada (Pierre L. Ibisch, cerca de Bromskirchen, Hesse, mayo de 2021).

van del pueblo al bosque más cercano en tractor y remolque. Por desgracia, con demasiada frecuencia se encuentran macetas de plástico, alambres o cordones de plástico entre las montañas de restos de césped y flores marchitas.

Pero los habitantes de la ciudad también acarrean residuos más peligrosos al bosque. Se trata, por ejemplo, de residuos voluminosos que, de otro modo, tendrían que entregarse a la empresa de gestión de residuos del distrito para su recogida. Antes de que las cosas permanezcan en pie durante más tiempo, se suben rápidamente a un remolque y se tiran a algún lugar del bosque. Los bosques son mucho más populares que las tierras agrícolas, porque los árboles ocultan bien lo que se hace. Además, hay neumáticos viejos, techos de fibrocemento u otros residuos que deben eliminarse pagando una tarifa y que no están cubiertos por la recogida de residuos domésticos. Con el creciente uso de maquinaria, también aumenta la contaminación por petróleo. Oficialmente, esto no es un problema; al fin y al cabo, al menos en los bosques públicos, sólo se pueden utilizar aceites biodegradables para hidráulica y cadenas. Pero, en primer lugar, esto no se aplica a los aceites de motor; en segundo lugar, casi nadie puede comprobarlo en el bosque y, en tercer lugar, no se aplica a los bosques de propiedad privada. Así que hay personas que utilizan aceite usado en su motosierra para lubricar la cadena en lugar del aceite orgánico para cadenas, que es más caro. La lubricación de cadenas significa que se bombea aceite constantemente a la barra de la cadena, ya que ésta pierde aceite de continuo debido a la rápida rotación y al aserrado, que salpica el suelo del bosque. Además, no cabe duda de que el conjunto de tractores privados no está completamente repleto de bioaceites. Cuando veas lo mucho que ya está cubierto en las carreteras del pueblo, puedes imaginarte lo que se acumula en el suelo del bosque a lo largo de los años.

Por desgracia, el problema de los microplásticos no se limita al bosque. En primer lugar, está el campo agrícola adyacente. En él, el plástico se utiliza a gran escala. No son sólo las bolsas de fertilizantes las que desaparecen con las ráfagas de viento, sino también las redes y películas de plástico que se utilizan para producir heno y ensilado. Una y otra vez, las pacas individuales ruedan por las laderas de las colinas y sólo se ralentizan en el bosque de al lado. Permanecen allí porque la recuperación sería demasiado cara. Los autores serían fáciles de identificar, pero todo esto ni siquiera se considera un delito menor.

La industria forestal se queja de la suciedad del bosque, pero también contribuye a ella. En la década de 1990, se colocaron redes de plástico alrededor de los troncos de los árboles jóvenes para evitar que los ciervos se alimentaran de la corteza. Estas redes se habían fabricado con plástico negro que, supuestamente, se degrada en CO_2 y agua cuando se expone a la radiación UV, es decir, a la luz solar. Estas redes todavía se pueden encontrar en el bosque hoy en día, aunque se prohibieron hace mucho tiempo. El motivo es que la descomposición tiene lugar, como mucho, en condiciones óptimas, es decir, más bien al aire libre bajo la influencia constante de la luz, algo que apenas es posible en el bosque sombrío.

Con justificaciones similares de supuesta degradabilidad, también se envolvieron bandas de plástico alrededor de cientos de miles de árboles para marcar troncos en especial valiosos, que, como habrás adivinado, tampoco se degradaron de manera adecuada y, en el mejor de los casos, se desmenuzaron en miles de pequeños fragmentos.

¿Se ha aprendido algo de estas experiencias? Parece que no, porque en la actualidad, los claros que se crearon en las plantaciones de coníferas muertas están salpicados de fundas de plástico.

Se supone que protegen a los árboles recién plantados de ser devorados por la naturaleza y, al mismo tiempo, forman una especie de miniinvernadero que protege a las plántulas de la desecación. Estas fundas de crecimiento, sujetas a palos de madera, a veces también se fabrican con materias primas renovables y llevan el prefijo *bio-*. Al menos en el ámbito de los plásticos, la Agencia Federal de Medio Ambiente critica su degradabilidad.[145] No es de extrañar, ya que se pueden producir los mismos plásticos a partir de plantas que a partir del petróleo crudo.

Aparte de eso, las fundas de crecimiento sirven de poco en muchos casos, más bien al contrario; durante las tormentas, los tubos de luz ofrecen una gran superficie de ataque y, en consecuencia, se tuercen Si no se reconstruyen de inmediato (y los propietarios de los bosques a menudo no tienen tiempo para hacerlo), los árboles jóvenes de las plantaciones siguen creciendo torcidos. De esta manera, apenas se pueden producir troncos valiosos y la inversión en plantación y protección ya ha fracasado económicamente en los primeros años.

El deseo de degradabilidad nace de la experiencia de que no todos estos productos se recogen de nuevo tras su uso. Además, esto ocasiona unos costes inmensos si se lleva a cabo, porque las cáscaras crecen en la vegetación con el tiempo y, a veces, son difíciles de recuperar. Por otra parte, también se fragmentan si se dejan en el bosque durante mucho tiempo, lo que hace que su eliminación lleve aún más tiempo.

Para proteger las coníferas recién plantadas, se utilizan capuchones que se colocan sobre el brote principal para evitar que los ciervos lo muerdan. Como no podía ser de otra manera, también son de plástico. La lista podría ser interminable, desde placas de numeración para troncos hasta cajas de cebo para ratones y trampas para escarabajos de la corteza. Pero hay un producto que nos gustaría destacar una vez más: la pintura en aerosol. Se utiliza en todas partes para marcar los árboles en pie o los troncos listos para el transporte, para marcar los caminos de las máquinas o para resaltar los árboles biotopos y con cavidades. Cuando se aplica, la pintura produce una niebla de partículas que causa problemas pulmonares a muchos silvicultores. Esta niebla, pero también la pintura descascarillada, ¿dónde queda? Así es, ¡en el bosque!

La contaminación con sustancias ajenas al ecosistema es una contribución más a la tensión general que sufre nuestra biosfera. Hace tiempo que es un problema global, uno de los llamados límites planetarios que todos estamos traspasando de ma-

El calor, la sequía y la escasez de agua en el Parque Nacional austriaco de la llanura aluvial del Danubio ponen en peligro el ecosistema forestal de la llanura aluvial que depende del agua (Pierre L. Ibisch, julio de 2022).

nera sistemática. Desde 1950, la producción de estas sustancias, a menudo tóxicas (unas 350 000 sustancias químicas), ¡se ha multiplicado por cincuenta![146] Se prevé que para 2050 se haya multiplicado por tres.

Ya hemos hablado de las partículas de plástico más pequeñas en relación con el desgaste de los neumáticos de los vehículos en las carreteras. Una buena parte acaba en el bosque. Mientras tanto, también se ha descubierto que los árboles forestales pueden absorber nanoplásticos a través de sus raíces y distribuirlos por toda la planta.[147] ¿Qué efectos tiene esto? No lo sabemos. Lo que ya es evidente, sin embargo, es que la toxicidad puede aumentar cuando interactúan varias sustancias.[148]

Por último, también hay sustancias que no son en sí mismas ajenas al ecosistema, pero que nunca se dan en condiciones naturales en concentraciones tan elevadas como las que introduce el ser humano. El nitrógeno es en particular digno de mención en este punto. En realidad, se trata de un nutriente de las plantas y un fertilizante, pero el nitrógeno provoca diversos problemas, por ejemplo, en forma de amonio u óxidos de nitrógeno. Los compuestos nitrogenados procedentes de la industria y el tráfico fueron algunas de las causas de la «muerte de los bosques» en las décadas de 1980 y 1990. La fertilización excesiva y la acidificación de los suelos forestales provocan la pérdida de nutrientes en el suelo, una mayor sensibilidad de los árboles a la sequía y una pérdida de diversidad biológica en todo el ecosistema.[149] Si bien las políticas de contaminación del aire han dado lugar a una mejora en respuesta a la «muerte de los bosques», la contaminación por nitrógeno del suelo sigue siendo un problema importante.[150]

La crisis climática provocada por el hombre y la supuesta adaptación

Los titulares actuales parecen querer superarse unos a otros: en todos los rincones del planeta se registran temperaturas récord, las mayores sequías que se recuerdan en varios continentes, incendios forestales de proporciones sin precedentes durante períodos cada vez más largos, ríos y lagos que se secan, cultivos que se marchitan... El cambio climático provocado por el hombre, que ahora se ha intensificado hasta tal punto que podemos hablar sin temor a equivocarnos de catástrofe climática, lo está poniendo todo en tela de juicio. Todas las demás amenazas para los bosques pasarán a ser irrelevantes si la humanidad permite que este planeta siga precipitándose sin control hacia un período cálido, del que sólo hemos empezado a comprender lo peligroso que será.

Las emisiones de gases de efecto invernadero, consecuencia de nuestra descuidada mala gestión de los recursos naturales, nos están situando en un camino que supone al menos un calentamiento de entre 2 y 3 °C de la temperatura media global en comparación con la época preindustrial,[151] en absoluto comparable a si nuestro salón se calienta 18 o 21 °C. Más bien, estos 2 o 3 °C, aparentemente modestos, se deben a las enormes diferencias entre las regiones del mundo, con un calentamiento mucho mayor en el hemisferio norte, por ejemplo, y al aumento de los fenómenos extremos, como las olas de calor, las sequías sin precedentes y las inundaciones catastróficas. Hace unas décadas, ya había datos suficientes para ver venir todo esto, pero no eran más que escenarios futuros que aún podían revertirse con bastante facilidad. Mientras tanto, los escenarios de ayer se han convertido en una realidad acuciante y superan muchos temores.

La mayor catástrofe inminente: el cambio climático y los puntos de inflexión

El efecto invernadero provocado por el hombre y el calentamiento global parecía bastante inofensivo al principio. Cada año había más dióxido de carbono en la atmósfera, un fertilizante perfecto para las plantas de este mundo.[152] Además, la temporada de cultivo se alargaba en muchas regiones. En las latitudes árticas, la gente estaba deseando cultivar patatas y la viticultura era posible incluso en Sylt y Usedom. Hasta hace poco, los abetos y las hayas crecían entre un 32 y un 77 por 100 más rápido que en la década de 1960.[153] Los datos de los satélites mostraban un reverdecimiento de muchas zonas, un *global greening* («reverdecimiento global»).[154]

Sin embargo, estos efectos en principio positivos están desapareciendo poco a poco. Los bosques ya no se benefician de la fertilización si ésta se vuelve demasiado cálida y demasiado seca al mismo tiempo.[155] La fertilización carbónica tampoco sirve de nada si faltan otros nutrientes críticos como el fósforo[156] o si las micorrizas no cooperan y aportan suficiente nitrógeno.[157] Tarde o temprano, si no se reduce el efecto invernadero, se producirá un punto de inflexión en todos los bosques en las próximas décadas, en el que prevalecerán los daños provocados por la crisis climática.[158] El reverdecimiento global ya se está convirtiendo en un oscurecimiento más o menos oculto.[159] Además, por naturaleza no es necesariamente bueno que los árboles crezcan rápido. En especial en el caso de los abetos que crecieron muy rápido, ya en 2003 se pudo observar que sus troncos se resquebrajaban durante los veranos secos y ofrecían así grandes superficies para el ataque de los hongos que destruyen la madera.

Si muchos bosques pasan del verde al marrón, como estamos experimentando en Alemania, por ejemplo, desde 2018 en kilómetros cuadrados de bosques de abetos, esto significa un punto de inflexión[160] que agrava aún más la crisis climática. Cuando mueren cada vez más árboles viejos y disminuye su edad media, los bosques ya no pueden absorber más carbono; su capacidad de sumidero de carbono se reduce. El debilitamiento en períodos críticos de calor y sequía puede compensarse cada vez menos a pesar de la fertilización con dióxido de carbono.[161] En Alemania, Renania del Norte-Westfalia es probablemente el primer estado federal en el que la muerte prematura del abeto ha provocado una disminución significativa de la biomasa arbórea en lugar de su crecimiento.[162] En caso de un fuerte calentamiento, gran parte del carbono del suelo también se desvanecerá literalmente en el aire,[163] porque el calor en las capas más profundas provoca la muerte de las raíces finas y la descomposición de los compuestos orgánicos del carbono.[164] Un experimento de cinco años en un bosque de coníferas demostró hasta qué punto puede llegar esto en tan sólo unos pocos años. En esta zona, el calentamiento de 4 °C provocó una pérdida significativa de carbono en el suelo (-33 ± 11 por 100) y un aumento de las emisiones de dióxido de carbono de aproximadamente un tercio.[165]

La vulnerabilidad de los bosques europeos al cambio climático ha aumentado en gran medida en los últimos años.[166] Un estudio dirigido por científicos italianos concluyó que el 58 por 100 de la biomasa arbórea de este continente podría verse amenazada, la increíble cifra de 33 400 millones de toneladas. El 40 por 100 estaría específicamente amenazado por el viento, el 34 por 100 por el fuego y el 26 por 100 por los daños causados por insectos. Los monocultivos de coníferas corren un riesgo especial, lo que ya se puede observar en la actualidad. La sequía ya ha provocado un exceso de mortalidad de árboles en las últimas décadas.[167]

La crisis climática también afectará a la vitalidad y el rendimiento de los bosques casi naturales y los bosques primitivos. Entre otras cosas, las temperaturas más altas harán que la cantidad de madera muerta en las selvas húmedas disminuya debido a la descomposición acelerada; a nivel mundial, esto podría reducir este importante recurso forestal hasta en un tercio, y en los trópicos incluso hasta un 41 por 100.[168] En todo el mundo, la productividad y, por tanto, la capacidad de recuperación están disminuyendo en la mayoría de las zonas forestales.[169] Según un estudio de 2022, casi una cuarta parte de los bosques intactos y no alterados, en especial en los trópicos, podrían haber alcanzado un umbral crítico. Representan 3320 millones de toneladas de producción primaria bruta de carbono. Esto supone tres veces la cantidad de carbono liberada antes por la deforestación en diez años. En el mismo estudio, se descubrió que los bosques empleados han perdido su resiliencia de manera aún más significativa. La ampliación de la temporada de crecimiento debido a una primavera más temprana y un otoño más tardío no puede compensar la producción de biomasa y el almacenamiento de carbono perdidos debido al aumento de los fenómenos extremos.[170] Entre los años 2000 y 2020, el 20 por 100 de la producción primaria bruta de los bosques europeos fue consumida por la disminución del crecimiento en los bosques sujetos a estrés.

Sin embargo, no se trata sólo del balance mundial de carbono, sino también del clima regional, los ríos voladores y la biodiversidad. En la selva amazónica, la tasa de crecimiento de la biomasa ya se ha reducido en un tercio desde la década de 1990.[171] Parece que se está llegando a un punto de inflexión preocupante, porque la masa crítica de bosque se ha reducido y, además, el clima se está volviendo demasiado extremo.[172] Presumiblemente, hasta un 20 a 25 por 100 de pérdida de bosque con todas las consecuencias hidrológicas en la Amazonia podría compensarse con el bosque restante. Por desgracia, el 11 por 100 ya ha sido destruido y el 17 por 100 gravemente alterado. No falta mucho para superar la masa crítica necesaria para su funcionamiento.

Los resultados de las últimas investigaciones muestran que, debido a puntos de inflexión como el de la Amazonia, el peligroso cambio climático no amenaza sólo por encima de los 2 °C de calentamiento global, sino a menos grados.[173] En la actualidad, ya tenemos 1,1 °C más de temperatura global que antes de la industrialización, y esto parece ser mucho más peligroso de lo que se pensó durante mucho tiempo. Gran parte de la incertidumbre surge del hecho de que los sistemas complejos interconectados que tropiezan y resbalan pueden, en el peor de los casos, derrumbarse más rápido de lo que puede calcularse.[174]

«El punto de inflexión de la temperatura de la biosfera terrestre no se producirá a final del siglo o después, sino dentro de los próximos 20 a 30 años». Ésa es la conclusión de un inquietante estudio sobre la fotosíntesis de las plantas y su dependencia de rangos específicos de temperatura.[175] El crecimiento de las plantas no está limitado tan sólo por la disponibilidad de agua, sino también por la temperatura. Mientras haya agua, contrarrestará las altas temperaturas, ya que la vegetación puede utilizarla para refrescarse de una manera activa. Por otro lado, el calor seco es realmente peligroso.[176] Su efecto en las plantas se ha subestimado durante mucho tiempo.[177] Las temperaturas récord de los veranos secos están llevando a más y más especies de árboles al borde de la funcionalidad.[178] Esto afecta sobre todo a las coníferas. En Alemania, por ejemplo, durante las recientes olas de calor, también se vieron afectadas las especies arbóreas importadas supuestamente más tolerantes al calor y a la sequía, como el abeto de Douglas o el cedro del Atlas, y no sólo las especies locales, como los pinos o los abetos plateados.

El abeto es la especie arbórea más sensible de Europa Central. A temperaturas superiores a 38,5 °C, la producción de energía se debilita por la reducción del transporte de electrones, tras lo cual las moléculas del aparato de conversión de la luz también resultan dañadas. Las altas temperaturas destruyen una parte cada vez mayor del sistema de fotosíntesis en las agujas y muchas se vuelven amarillas. La muerte masiva de las hojas a menudo significa, en especial en las especies de hoja perenne, un primer paso hacia el colapso. A esto le siguen no sólo el hambre y una escasa repelencia a los insectos, sino también la reducción de la evaporación y el enfriamiento, lo que, a su vez, conduce a temperaturas más altas. ¡Retroalimentación una y otra vez!

Aunque las altas temperaturas pueden ser críticas en sí mismas, la sequía a menudo provoca la muerte de los árboles debido a problemas puramente hidráulicos. Fue lo que ocurrió en 2018, por ejemplo, en el caso de muchos abetos centroeuropeos.[179] Lo que los científicos han aprendido del estudio de los árboles de las montañas del Jura suizo durante este año extremo es preocupante. Al principio, el estrés hídrico se acumula lentamente y muy poco a poco disminuye la presión del agua en los conductos de la zona más externa del tallo (*xilema*). Cuando

Temperaturas a las que la fotosíntesis de especies arbóreas autóctonas y plantadas seleccionadas pierde eficacia				
Especie arbórea	Origen	Temperatura 95 por 100 de eficiencia	Temperatura 50 por 100 de eficiencia	Temperatura 5 por 100 de eficiencia
		°C ± DE	°C ± DE	°C ± DE
Abeto blanco *Abies alba*	Europa	39,5 ± 1,0	52,3 ± 0,2	54,6 ± 0,7
Abeto *Picea abies*	Eurasia	38,5 ± 0,8	51,6 ± 0,2	53,9 ± 0,2
Pino silvestre *Pinus sylvestris*	Eurasia	41,9 ± 0,7	47,8 ± 0,3	54,6 ± 1,0
Abeto de Douglas *Pseudotsuga menziesii*	Zona oeste de Norteamérica	39,8 ± 1,0	48,3 ± 0,3	53,9 ± 0,6
Pino salgareño *Pinus nigra*	Europa meridional	43,1 ± 0,6	47,8 ± 0,3	57,5 ± 1,4
Cedro del Atlas *Cedrus atlantica*	Norte de África	39,0 ± 1,6	51,8 ± 0,4	56,5 ± 1,2

DE = desviación estándar (desviación de los valores medidos con respecto a la media).

De: Kunert, N. *et al.* (2021). «Summer temperatures reach the thermal tolerance threshold of photosynthetic decline in temperate conifers». *Plant Biology*: 10.1111/plb.13349.

se alcanza un valor umbral crítico, los hilos de agua que salen de las raíces se rompen de manera repentina y se producen las primeras embolias; de repente, todo sucede muy rápido. Hay un colapso del sistema y la probabilidad de recuperación disminuye con rapidez. Las investigaciones llegaron a la conclusión de que los abetos son aún más susceptibles a la sequía de lo que se pensaba antes. En combinación con el daño causado por los insectos, la sequía es en particular mortal para las coníferas.[180]

A menudo, los árboles de hoja caduca pueden reaccionar al estrés de forma más dinámica que las coníferas, por ejemplo, rebrotando incluso después de que gran parte del árbol haya muerto, pero, por supuesto, esta capacidad de recuperación también tiene sus límites. Más recientemente, se ha estudiado de un modo más intenso el haya,[181] que ha sufrido mucho en los años extremos a partir de 2018, en especial en lugares de crecimiento desfavorables o en bosques clareados. Una vez más, quedó claro que los árboles tienen una memoria fisiológica. Si ya han padecido estrés durante varios años, las reacciones en la situación de emergencia aguda son más graves.[182]

Investigadores del Instituto Federal Suizo de Investigación Forestal, de la Nieve y del Paisaje descubrieron que las hayas reaccionaron de un modo mucho más intenso a la sequía en 2018 que en 2003.

2019

en el Hohe Schrecke de Turingia (Alemania):

En el segundo verano consecutivo con temperaturas extremadamente altas y precipitaciones por encima de la media, las hayas de suelos calizos poco profundos sufrieron graves daños o murieron. En pleno verano, el follaje del árbol se secó y se cortó el suministro de agua en los conductos del tronco. Sin embargo, muchos árboles resistieron y lucharon por sobrevivir. Brotaron hojas en la base del tronco o más arriba (Pierre L. Ibisch, julio de 2019).

2021

en el mismo lugar:

Después de 2018 y 2019, 2020 también fue un año con temperaturas extremas; 2021 trajo más precipitaciones. Muchas de las hayas previamente dañadas mostraron sorprendentes reacciones de crecimiento. Aunque al menos parte de las copas habían muerto, los árboles formaron una nueva copa, sólo que uno o dos niveles más baja. Las nuevas ramas protegían los troncos y su follaje volvía a dar sombra a buena parte del suelo del bosque. El estrés y los graves daños sufridos por los árboles provocaron la movilización de fuerzas de autosanación. Un buen ejemplo de la capacidad de recuperación de los ecosistemas forestales (Pierre L. Ibisch, mayo de 2021).

Una mirada retrospectiva a las condiciones meteorológicas de los tres años anteriores permite prever si los árboles sufrirán graves daños o incluso morirán durante la sequía. Las hayas también mueren debido a una insuficiencia orgánica múltiple bajo un estrés climático extremo. Tan importante como la falta de energía debida a una fotosíntesis deficiente y la presencia de parásitos o enfermedades que se aprovechan del mal estado de salud, es la ruptura hidráulica del suministro de agua en ramas y troncos. Además, se produce un blanqueamiento del pigmento verde de las hojas debido a la carencia de fósforo y a las altas temperaturas. Sin embargo, las diferentes áreas forestales no se ven afectadas por igual. En el sudoeste y centro de Europa y en el extremo sur del bosque boreal de coníferas, por ejemplo, el riesgo de incendios forestales aumentó de manera significativa entre 1980 y 2018. A partir del año 2000, el riesgo de daños masivos por insectos aumentó de forma especialmente intensa y constante en amplias zonas de Europa. Las áreas afectadas por las olas de calor en todo el mundo se cuadruplicarán de 2020 a 2040.[183]

Sin duda, estamos subestimando las numerosas combinaciones y retroalimentaciones sistémicas.[184] Que un suelo árido ya no es capaz de almacenar energía en forma de calor latente estaba teóricamente claro, pero ahora vemos cómo la sequía, el hambre de agua en el aire (déficit de presión de vapor) y los daños en el bosque pueden aumentar la temperatura varios grados, lo que, a su vez, provoca una mayor evaporación y un peligro adicional para las plantas.

Obviamente, las cosas se agravan cuando la humedad del suelo cae por debajo del 50 por 100. Un déficit elevado de presión de vapor puede desencadenar por sí solo un calentamiento local de 2 °C.[185] El aire seco y caliente, y las células vegetales flácidas también suponen una amenaza para el crecimiento del grosor de los árboles y el almacenamiento de carbono en el bosque.[186] Para crecer, la célula vegetal debe estar sometida a presión de agua, lo que en años normales ocurre sobre todo por la noche y conlleva que los árboles sólo crezcan más gruesos por la noche.[187] Por cierto, también se puede notar lo secos que están muchos de nuestros paisajes por lo raro que se ha vuelto el rocío matutino. Cuando el aire está mínimamente húmedo, las temperaturas más bajas provocan condensación y formación de gotas, en especial en las plantas. Éste es un proceso muy importante, porque así es como un ecosistema se hidrata cuando hay falta de lluvia. Si el aire y el suelo se secan demasiado, esto también desaparece.

Con el calor y la sequía, las simbiosis se rompen debido a la falta de alimentación de los socios por parte de los árboles; las enfermedades y los parásitos se vuelven más virulentos[188] y se acelera el adelgazamiento del dosel. De 1985 a 2018, la muerte de las copas de los árboles en 35 países europeos aumentó un 1,5 por 100 cada año.[189] Cuantos más agujeros se abren en el dosel del bosque, más caluroso y peligroso se vuelve para las criaturas que quedan, así como para el suelo. Otra consecuencia de la muerte de los árboles más viejos puede ser una menor producción de semillas y, por tanto, un menor o nulo rebrote, lo que causa más problemas para la salud y la resiliencia del bosque en el futuro. Los estudios actuales indican incluso que el clareo de los hayedos puede debilitar su salud durante al menos 40 a 60 años.[190]

Esto debería ser un motivo para cuestionarse críticamente si el aclareo adicional del bosque mediante la tala de madera sigue siendo aceptable. Si los bosques viejos y protegidos pierden menos agua y siguen siendo más vitales incluso en años extremos, la respuesta forestal al cambio climático no debe consistir en ningún caso en talar más árboles. Proteger los bosques reduce el riesgo de estrés por calor, falta de agua e incendios forestales.[191]

Si las cosas empeoran y no ajustamos el tratamiento de nuestros bosques, se combinarán más y más círculos viciosos para formar un vórtice que gira cada vez más rápido y destruye los árboles hasta la muerte. Así lo han descrito científicos estadounidenses en un artículo en el que advierten contra la subestimación de la vulnerabilidad del bosque en la estación seca y calurosa.[192] Temen que los extremos de estrés sigan aumentando, de modo que incluso los años ligeramente más fríos y húmedos ya no puedan proporcionar al bosque una recuperación suficiente.

Si la crisis climática sigue desarrollándose de forma tan dinámica, el número de cambios aumentará. Grandes biomas como el bosque boreal de coníferas se están desplazando porque las condiciones de crecimiento de los árboles están mejorando en el norte, mientras que bosques enteros están pereciendo en el extremo sur, más cálido.[193] Sin embargo, en especial en los bosques más ricos en especies arbóreas, no se trata tan sólo de desplazamientos. Las especies arbóreas reaccionan de manera muy individual, lo que también puede crear tipos de bosque completamente nuevos.[194] Sin embargo, la resiliencia de los bosques aún incluye el hecho de que los árboles más jóvenes sobreviven a períodos bastante estresantes y pueden reiniciar un bosque si es necesario.[195] Los ejemplares viejos también se resisten al cambio. En caso de emergencia, saquean la despensa, invierten buena parte de sus reservas de carbono en los brotes y apenas en el crecimiento.[196] Sin embargo, cuando esto ocurre año tras año, las reservas de energía, y también la viabilidad del bosque, disminuyen.

Lo emocionante es que los árboles, que tienen que ahorrar en gastos de mantenimiento, no sólo invierten en reproducirse, sino que siguen alimentando el suelo. Incluso cuando su productividad había caído en picado en un 50 por 100, las hayas y los abetos liberaron un 1 por 100 y un 2,5 por 100 del carbono, respectivamente, en la zona de las raíces, abasteciendo así al microbioma del suelo que los sustenta de muchas maneras.[197] Es fascinante lo que podemos aprender sobre los árboles y los bosques en la actual crisis climática; tan sólo es una pena que haya tenido que llegar tan lejos y que ahora tengamos que observar cómo actúan los ecosistemas en su lucha por la supervivencia.

Del mismo modo que los árboles reaccionan con bastante resentimiento a la sequía, también existe una especie de legado de la sequía en todo el ecosistema.[198] Esto se debe no sólo a los daños a los organismos vivos, como los microorganismos y los hongos o plantas, sino también por cambios físicos y químicos en el suelo, por ejemplo. Científicos australianos observaron el preocupante fenómeno de que, incluso varios años después de una sequía, muchas cuencas hidrográficas aún no se habían recuperado y, a pesar de las precipitaciones, ya no había tanta agua en los cursos de agua como antes de la sequía.[199] Sospechaban que una mayor proporción de la lluvia se evaporaba. Como resultado, cada vez más paisajes están acumulando una deuda de agua. Por ejemplo, una vez que las reservas de agua subterránea son tomadas, se necesitan varios años de precipitaciones normales antes de que se recuperen.[200]

Una y otra vez tenemos que recordar que nos enfrentamos a un cambio climático complejo y desatado que nos sorprenderá periódicamente. Aunque ciertas tendencias y riesgos ya eran previsibles hace 15 años, nadie fue capaz de saber cuándo exactamente qué valores extremos serían relevantes y en qué combinación. Los modelos están mejorando y, a pesar de los continuos patrones climáticos caóticos, las probabilidades a medio plazo se pueden calcular bien.[201]

Sin embargo, la ciencia descubre constantemente nuevos factores y riesgos. Hace unos años no habríamos pensado que la salud de los hayedos pudiera tener algo que ver con la corriente en chorro (*jet stream*),[202] el vórtice ciclónico del Círculo Polar Ártico, que se sacude de forma cada vez menos fiable y, de repente, nos ofrece unas condiciones meteorológicas caprichosas que en realidad no formaban parte del repertorio centroeuropeo, como períodos soleados y secos de larga duración. ¿Qué lección debemos aprender de esto? Como mínimo ¡la constatación de que no podemos comprender lo bastante el futuro cambio climático en interacción con la biosfera! Al contrario, deberíamos estar muy inquietos por esta situación.

En el caso de los árboles ópticamente dominantes, podemos ver la crisis de forma bastante inmediata, mientras que muchas especies más pequeñas mueren de forma silenciosa e invisible.

Bienintencionado, pero muy arriesgado: protección del clima y adaptación al cambio climático

La vegetación de los continentes todavía representa hasta el 30 por 100 de las emisiones de carbono. Para 2040, en el peor de los casos, la capacidad de sumidero podría haberse reducido a la mitad.[203] Las altas temperaturas reducirán en un principio la fotosíntesis, sobre todo en los trópicos.

Para 2060, en el hemisferio norte, podría alcanzarse también la productividad máxima de la biosfera, hasta que las cosas empiecen a ir cuesta abajo a nivel mundial.[204] Se trata de proyecciones de horror que ni siquiera incluyen todos los retos a los que tienen que enfrentarse los árboles y los bosques.

¿Podemos salvar el mundo aumentando el uso de la madera y plantando nuevos árboles? Desde luego que no mientras no detengamos simultáneamente la emisión de gases que cambian el clima y aumentemos la protección de los bosques existentes. Incluso entre 1990 y 2020, los cambios en las condiciones de crecimiento tuvieron un mayor impacto en el balance global de carbono que la nueva reforestación. En este contexto, el estudio de un equipo de Viena concluye de manera clara que, en lo que respecta a las opciones forestales, reducir la explotación maderera y detener la deforestación son las opciones más eficaces.[205]

Al mismo tiempo, debemos desconfiar de la idea de que la renaturalización de los ecosistemas puede compensar nuestros fracasos a la hora de reducir las emisiones procedentes de la quema de combustibles fósiles.[206] La conservación y renaturalización de los bosques y pantanos es vital por muchas razones, pero en la actual crisis climática no sólo pueden salvar, sino que, por desgracia, también son víctimas.

Desafortunadamente, grandes sectores de la sociedad aún subestiman la crisis climática. En un mundo entre 3 y 4 °C más cálido, ya no se trata de si se producirá una pérdida de ingresos en algunas regiones o tal vez una crisis financiera mundial,[207] sino que estará en juego la propia civilización.[208] Muchos silvicultores tampoco parecen ser cons-

¿Estamos subestimando los riesgos de la crisis climática para los árboles y los bosques?

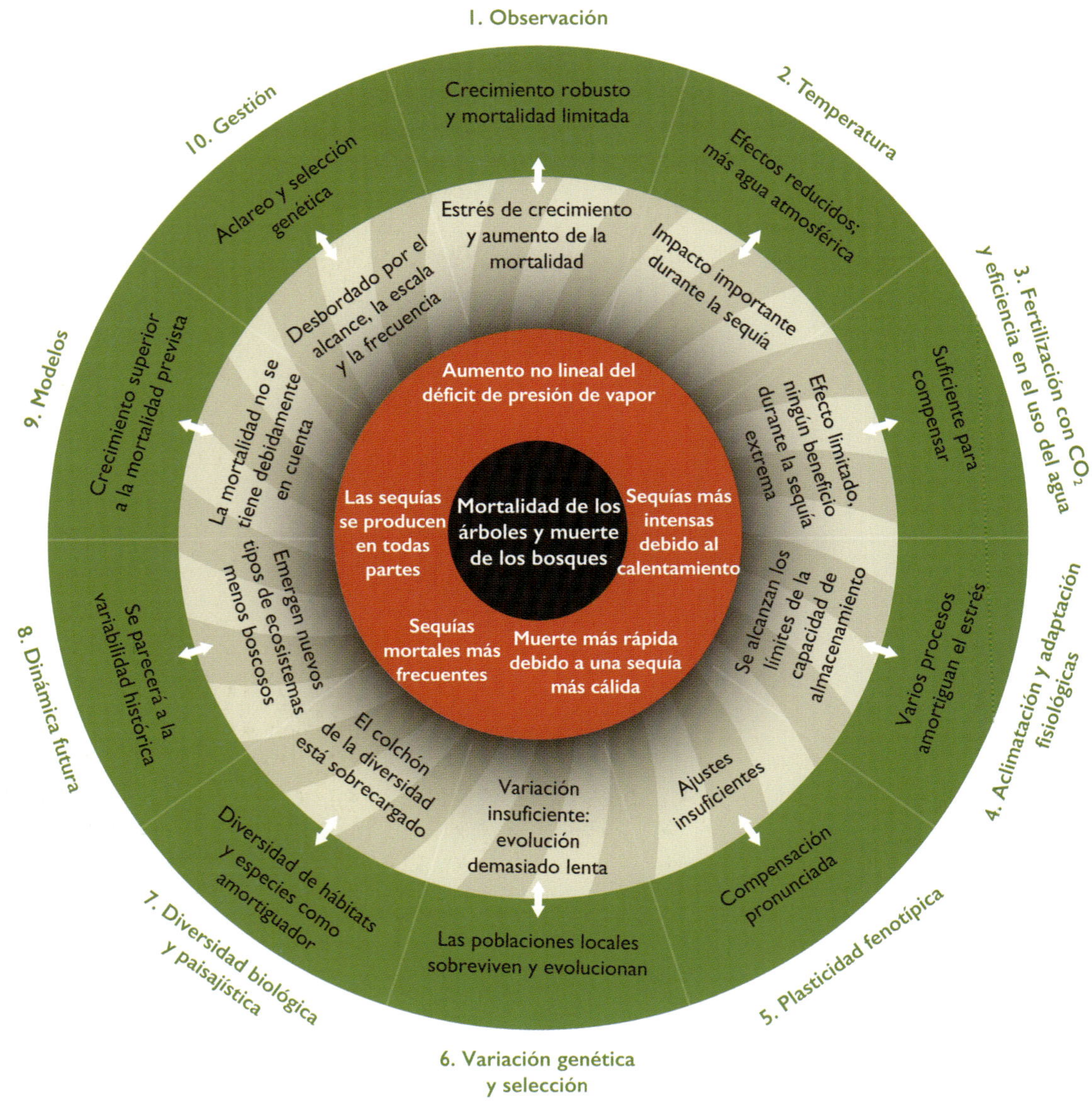

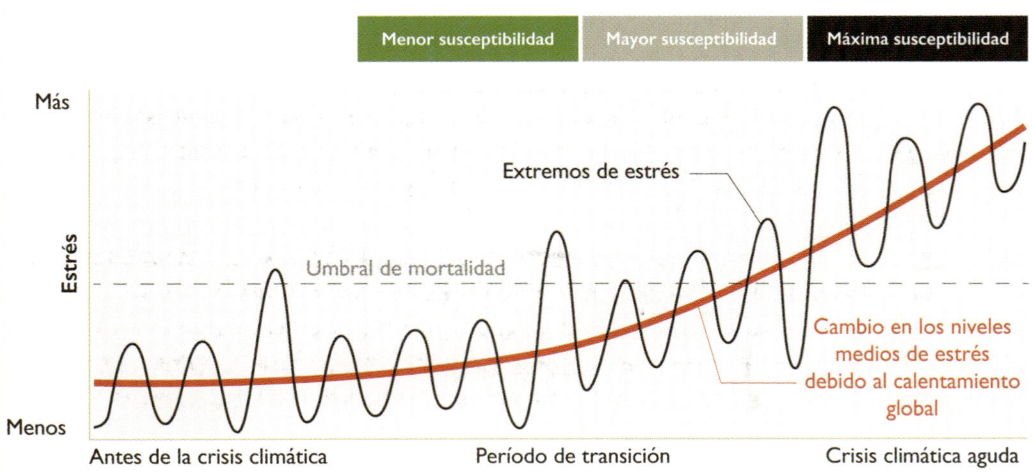

Más cálido, más seco, más y más peligroso: una multitud de factores de peligro, que incluyen no sólo las consecuencias del propio cambio climático, sino también la gestión forestal, pueden provocar una escalada de la degradación de los bosques (según Allen *et al.*, 2015).[1]

1. Allen, C. D. *et al.* (2015): «On underestimation of global vulnerability to tree mortality and forest die-off from hotter drought in the Anthropocene». *Ecosphere* 6 (8): 129. http://dx.doi.org/10.1890/ES15-00203.1

cientes de cómo podría ser el clima forestal en el futuro. Si se tomaran en serio hasta qué punto la crisis climática amenaza la supervivencia del bosque, quizá harían más por transformar nuestra sociedad que insistir siempre en que el bosque utilizado es el mejor protector del clima.

En efecto, lo ideal es que los árboles y los bosques sigan creciendo en el futuro. Nos complace compartir la esperanza de que así sea, pero, para ello, debemos rediseñar nuestro modelo de desarrollo actual con mucha rapidez y poner fin a la destrucción de la naturaleza. Además, parece francamente criminal talar y dañar viejos bosques de hayas y robles, por ejemplo, que son depósitos y sumideros de carbono, y al mismo tiempo seguir plantando nuevos árboles, unas plantaciones que en la actualidad estamos viendo debilitarse o derrumbarse en distintos países del planeta. La viabilidad futura de tales estructuras artificiales ni siquiera ha sido confirmada ni remotamente por la teoría ecológica o por los resultados científicos sobre bosques resilientes. Es comprensible que el *lobby* de la madera y los aserraderos afirme que la madera es un material neutro desde el punto de vista climático; sólo cabe lamentar que ahora también lo hagan los protagonistas de la protección del climática.

Por ejemplo, Hans Joachim Schellnhuber, reconocido por sus investigaciones y su compromiso político con el cambio climático, ha descartado la idea de que «los ecosistemas forestales que no son alterados por los humanos almacenan un máximo de carbono» por considerarla un «error romántico». «Los activistas y las asociaciones de protección de la naturaleza» seguirían «intensificando todavía las campañas a favor de una política forestal purista».[209] Estas palabras tan concisas quizá deberían considerarse con más detenimiento a la vista del estado de la ciencia forestal. El hecho de pasar por alto hechos elementales sobre el equilibrio del carbono, el suelo, la madera muerta, el microbioma, la importancia de la diversidad y la complejidad, así como la capacidad de autoorganización de los ecosistemas complejos y, además, el deterioro de los bosques y las plantaciones por el cambio climático parece ir emparejado en este punto con la creencia en la viabilidad de la silvicultura: «El bosque alemán, "construido en lo alto", como escribió Joseph von Eichendorff, debe rediseñarse desde la base si quiere prosperar incluso en el cambio climático». Esta cita también es de John Schellnhuber. Sin embargo, el hecho de que nuestros bosques ya no sean «naturaleza pura» no significa que seamos libres de construir y gestionar el bosque a nuestro antojo. Ahora bien, esto podría descartarse como una opinión aislada, pero cuando se escuchan voces de tal importancia, los políticos, por desgracia, reaccionan con programas apropiados, por ejemplo, para reforzar la construcción con madera. A pesar de que John Schellnhuber no es un experto forestal acreditado, y aunque ni siquiera hoy en día esté claro de dónde se va a obtener madera para satisfacer la demanda actual de este material para la construcción, por no hablar de una demanda creciente en el futuro, todavía se siguen concediendo subvenciones alegremente.

La voluntad de diseñar de los ingenieros forestales y su obsesión por la viabilidad, basada en exclusiva en la suposición de que podemos construir ecosistemas de forma que se adapten mejor al cambio climático, se están convirtiendo en la nueva amenaza para el bosque. A gran escala, los modelos forestales anteriores han fracasado y los monocultivos ya se han quemado o han muerto en miles de kilómetros cuadrados de terreno sólo en un país como Alemania, por ejemplo. ¿Por qué los mismos ingenieros que intentaron «construir bosques» y crearon estos frágiles bosques artificiales van a poder adaptar ahora el bosque a las condiciones ambientales futuras? ¿Sólo porque la gente puede imaginar futuros posibles que luego no suceden?

Aunque resulte difícil imaginar que se están cometiendo los mismos errores una y otra vez en pleno cambio climático, al público se le ha enseñado lo contrario. En medio de la grave crisis de sequía de 2019 y 2020, a menudo bastaron unos pocos meses para que se plantaran nuevas coníferas en hileras en zonas liberadas de abetos o pinos muertos. Para facilitar estas plantaciones, en algunos casos se retiró incluso la capa superior del suelo con orugas y des-

Con el objetivo de crear un bosque del futuro en el Reinhardswald de la región de Hesse (Alemania) se dañó irreversiblemente el suelo forestal. Tras la tala, la capa superior del suelo fue arrancada y luego arada para preparar la plantación de nuevas coníferas (Pierre L. Ibisch, abril de 2021).

pués se aró la zona con tractores. No se podía haber eliminado el bosque más a fondo.

La frenética plantación y la activa ejecución se llevan a cabo porque no tenemos tiempo que perder, como siempre se recalca. La única pregunta es cuánto tiempo ahorramos si no crecen árboles en las áreas desnudas y el costoso material de siembra se seca, como se puede observar en muchos lugares.

Sin embargo, la adaptación activa al cambio climático no se detiene en las zonas afectadas, sino que también amenaza a los bosques que aún están intactos; al fin y al cabo, también quieren prepararse con la silvicultura, aunque hasta ahora han superado de manera sorprendente (o lógicamente) bien el último verano de sequía.

Se dice que debemos adaptar de forma activa la naturaleza al cambio climático provocado por el hombre. Pero ¿a qué clima (futuro) en realidad? ¿El de 2040, el de 2075 o el de 2090? ¿Y si estos climas futuros, y por desgracia parece que así será, nos sorprenden y nos decepcionan amargamente? De hecho, se caracterizarán sobre todo por extremos impredecibles, con períodos inesperados de sequía y calor e incendios, seguidos de lluvias torrenciales con la misma cantidad de agua que la que cae a principios de un año. La gente será feliz en las regiones donde aún queden bosques con suelos medio intactos.

Es cierto que ya existen indicios de que los bosques no se recuperan tan fácilmente tras daños catastróficos como los incendios debido a la falta de semillas y plantones. Los bosques se ven en particular afectados, ya que las especies arbóreas crecen en su límite de sequía y calor.[210] También es cierto que no es fácil plantar y mantener árboles en estas áreas. Casi un tercio de los ecosistemas terrestres muestran una capacidad de recuperación reducida; el bosque boreal de coníferas es uno de los más afectados.[211]

Algunos científicos forestales recomiendan eliminar los árboles viejos del bosque porque, de todos modos, son más susceptibles al cambio climático. Los árboles jóvenes son más adaptables y, si es necesario, podrían reemplazarse de nuevo si no fun-

¿El hombre piensa y el bosque dirige? El ejemplo del bosque aluvial de Leipzig

Un ejemplo instructivo de adaptación al cambio climático fue el creado por los silvicultores en el bosque de ribera de Leipzig, una auténtica maravilla por tratarse de una extensa zona forestal en medio de una gran ciudad. Por desgracia se está secando porque las medidas de ingeniería hidráulica han separado el bosque de su río. En este ámbito sometido a estrés, se descubrió que había muy pocos árboles jóvenes de roble y fresno en el bosque de estas mismas especies,[1] y que los fresnos estaban, además, en peligro por la muerte súbita de los brotes. Así que se empezó a talar hasta una hectárea en el bosque de llanura aluvial, todavía bastante intacto, para ayudar al bosque a crecer. En estas zonas, la empresa estatal Sachsenforst plantó, entre otros, poblaciones puras de castaños dulces o árboles de servicio silvestres. Pero un momento, ¡ninguna de estas especies arbóreas es propia del bosque de ribera de Sajonia! La excusa era que también se trataba de anticiparse al cambio climático y hacer que el bosque estuviera preparado para el futuro. Para ello, se crearon estos agujeros, que lo calientan y proporcionan bordes de bosque adicionales. En pocas palabras, se talaron robles viejos para dejar sitio a los jóvenes, porque se había calculado que, de lo contrario, podría existir escasez de robles dentro de 300 años.[2] Dejar este bosque a su suerte lo pondría en grave peligro, según los científicos que estudian el bosque de forma intensiva:

> «El escenario negativo es el siguiente: la población de fresnos se está derrumbando por completo y los viejos robles del *Mittelwald*[3] también sufren un aumento de la mortalidad. La muerte del arce debido a la enfermedad de la corteza del hollín no supera el 50 por 100, por lo que quedan suficientes árboles con semillas para llenar inmediatamente los huecos recién creados con brotes jóvenes. De esta manera, la arceificación se está acelerando a pesar de la enfermedad de la corteza del hollín, y se crea el así llamado ecosistema nuevo, una población dominante de especies de arce que no es típica de este hábitat. Con la pérdida de las principales especies arbóreas características, desaparecen innumerables especies animales en peligro de extinción asociadas a ellas».[4]

En este caso, la dinámica natural del ecosistema, que tan sólo reacciona ante las numerosas perturbaciones provocadas por el hombre (el drenaje, la silvicultura y el cambio climático), se describe como un escenario negativo porque el bosque ya no cumpliría con la «vegetación natural potencial». La «arceificación» es una palabrota forestal común; sin embargo, no tiene base alguna. Las especies de arce también desempeñan un papel importante en los bosques primitivos cuando colonizan áreas alteradas, por ejemplo, después de una tormenta de viento. Contribuyen en la reparación de heridas en los bosques y aumentan la biodiversidad.[5]

Por cierto, el bosque tampoco ha seguido hasta ahora el concepto silvícola. Las plantaciones de arce se encargaron de reparar el bosque y crecieron por encima de los robles plantados. Así que ahora había que talar el arce, lo que llevaría al bosque en la dirección equivocada... La pérdida del clima forestal causó daños a los árboles viejos que quedaban.

Los científicos citados anteriormente también comentaron las consecuencias de la crisis de sequía y calor de 2018: «Tenemos que admitir que nos sorprendió tanto la rapidez de la evolución de la vega de Leipziger como a los expertos forestales de toda Alemania la "Muerte forestal 2.0". No cabe duda de que se podría haber previsto, ya que se viene observado en todo el mundo un aumento de la mortalidad de los árboles, así como de los daños a los bosques debido a la sequía y el calor como resultado del cambio climático desde hace más de una década».

Si se estaba tan equivocado acerca de los acontecimientos a corto plazo en el bosque ribereño, ¿por qué se cree que, ante una estación calurosa desatada, se tiene las recetas adecuadas para guiar al bosque mediante intervenciones forestales durante los próximos dos o tres siglos?

1. Sickert, A. (2011). «Fortschreibung der Konzeption zur forstlichen Pflege des Leipziger Auwaldes».
   Wirth, C. *et al.* (eds). «Der Leipziger Auwald - ein dynamischer Lebensraum». *Actas de la 5.ª conferencia del Lauensymposium de Leipzig el 16 de abril de 2011*. Informe de la UFZ, núm. 06/2011. págs. 51-57 https://www.econstor.eu/bitstream/10419/57867/1/715011138.pdf (consultado: 22.10.23).
   Engelmann, R. A. *et al.* (2019). «Reiner Prozessschutz gefährdet Artenvielfalt im Leipziger Auwald». Documento de debate de la UFZ Núm. 8/2019. http://hdl.handle.net/10419/209624 (consultado: 22.10.23).
2. *Ibid.*: «Con la mera protección del proceso, el roble será muy escaso dentro de 200 o 300 años, y otras especies forestales ribereñas como el fresno, el tilo, el arce campestre y el carpe también disminuirán. Esto, a su vez, significa que es probable que la biodiversidad sustentada por estas valiosas especies disminuya drásticamente. La protección total del proceso amenazaría la riqueza de especies del bosque de ribera a largo plazo».
3. El término *Mittelwald* hace referencia a un bosque formado por dos estratos arbóreos, el bosque superior, que se deja envejecer, y el sotobosque, que se tala en una amplia zona como leña cada 30 años, aproximadamente. *(N. de la T.)*
4. Wirth, C. *et al.* (2021). «Naturschutz und Klimawandel im Leipziger Auwald: Ein Biodiversitätshotspot an der Belastungsgrenze». *Biologie in Unserer Zeit* 51 (1): 55-65. 10.11576/biuz-4107
5. Fuera de su hábitat nativo, por ejemplo, en Norteamérica, el sicomoro también puede presentarse como una especie invasora; Galbraith, S. L.; Handel, S. N. (2008). «Invasive *Acer platanoides* inhibits native sapling growth in forest understorey communities». *Journal of Ecology* 96 (2): 293-302. 10.1111/j.13652745.2007.01337.x.

cionaran tan bien. En el cambio climático, las especies arbóreas estarían más de paso, y los silvicultores deberían verse como «acompañantes de viaje».[212] Por desgracia, sin embargo, las plantaciones jóvenes no son en absoluto más resistentes que los bosques viejos o naturales. En el caso de los monocultivos de pino canadiense, se observaron plantaciones de 17, 45 y 80 años, incluidos sus suelos, durante un período de años relativamente cálidos y secos (2016 a 2018). El monocultivo más joven fue fuente de gases de efecto invernadero en los tres años, y el más viejo empezó a actuar como fuente de CO_2 en 2018.[213] En el estudio, la temperatura fue la que más influyó en la productividad forestal. También quedó claro lo que estamos aprendiendo en la actualidad en Alemania, que los bosques y arboledas sigan absorbiendo y almacenando carbono depende mucho del momento y la sucesión de fenómenos meteorológicos extremos.

Nuestra previsión es que, a medida que avance la crisis climática, cada año será más difícil y caro plantar árboles en áreas abiertas y desnudas y permitir que crezcan hasta convertirse en bosques resilientes. Con cada grado de aumento de las temperaturas medias o máximas, el bosque necesitará más recursos y más biomasa para mantenerse fresco y absorber y almacenar agua. Si destruimos los suelos forestales y la biodiversidad al mismo tiempo y eliminamos del paisaje la madera muerta en descomposición, existe un mayor riesgo de que los organismos longevos, como los árboles, desaparezcan. Los ecosistemas se adaptarán al cambio climático, incluso sin nosotros, y, en el peor de los casos, sin árboles. Si llega a un extremo, este ajuste significará que los pastos, las plantas perennes y los arbustos tolerantes al estrés asumirán el trabajo de los árboles.

Las enfermedades del bosque y sus causas

Parece que todo va mal. Estamos inmersos en un sistema en el que nuestro estilo de vida, con todas sus consecuencias, como nuestra alimentación, nuestra construcción, nuestra movilidad, el suministro de energía, el uso de la tierra o nuestro consumo, entre otros, daña cada vez más la biosfera. Lo que se aplica a los bosques afecta a otros ecosistemas de forma comparable; están siendo reducidos en tamaño, fragmentados, destruidos, contaminados y manipulados hasta el punto de perder su función. ¿Cómo pudo pasar eso? Bueno, hemos caído de manera trágica en una trampa.

Cuando rastreamos los factores individuales del estrés en la naturaleza, casi siempre comienza con nuestro deseo de una vida buena y segura y con decisiones supuestamente racionales. Nuestros medios de vida no están siendo destruidos porque las fuerzas del mal así lo hayan decidido. Tenemos hambre, necesitamos ropa, queremos un refugio que nos proteja, nos gusta conocer a otras personas, tenemos que ir a trabajar y nos alegramos de los viajes de vacaciones. Quienes talan árboles y degradan los suelos lo hacen porque nosotros, como consumidores, demandamos productos, porque necesitamos alimentos o madera. Por supuesto, también es posible actuar de forma más respetuosa con el medio ambiente. Pero ¿por qué no lo hacemos?

Por un lado, porque somos muchos. Vivimos en un «mundo lleno» y sigue llenándose muy deprisa con más y más personas cuyo derecho es vivir una vida cómoda y estar bien abastecidas. Ahora hay alrededor de ocho mil millones de personas viviendo en la Tierra.[214] Cuando nosotros (los autores) nacimos, había menos de cuatro mil millones.[215] Cuando se fundó la agricultura, había alrededor de cinco millones de personas en todo el mundo, y fue entonces cuando se inició la producción intensiva de alimentos. Como cualquier otra especie animal, los humanos también utilizaron este suministro de alimentos para que aumentara la población.

A pesar de la caída de la tasa de crecimiento, en la actualidad se añaden más de 90 millones de personas cada año. Esto significa que cada año más personas que las que viven en Alemania, por ejemplo, necesitan ser cuidadas. El problema se multiplica por el hecho de que la gente moderna tiene muchos más deseos y mayores exigencias que hace

8000 años. Incluso las personas de hace 80 años precisaban muchos menos recursos per cápita que los que necesitamos hoy en día. El progreso tecnológico ha hecho que el consumo de algunos recursos sea algo más eficiente, al tiempo que ha generado demandas siempre nuevas. La tecnología de la información y la digitalización por sí solas han llevado el consumo de energía a niveles inimaginables en tan sólo unas décadas. Al mismo tiempo, creemos inquebrantablemente que las nuevas tecnologías nos liberarán de todas las preocupaciones. Está claro que hay factores culturales y psicológicos que están impulsando la crisis mundial actual. Tomamos decisiones equivocadas por razones comprensibles, también somos conscientes de ello, pero inventamos justificaciones que nos calman de nuevo, al menos a corto plazo.

Hace medio siglo, el informe del Club de Roma sacudió al menos a los expertos y también a algunos políticos. ¡Los límites del crecimiento![216] Partiendo de hipótesis muy sencillas y de opciones de cálculo limitadas en aquel momento, se advirtió de que el crecimiento descontrolado del uso de los recursos y la destrucción natural podían provocar desastres. El mensaje era tan simple como claro. O la propia humanidad encontrará formas para reconocer que debe ponerse límites en un planeta limitado o cruzarlo significará hambre, sufrimiento humano o incluso el colapso. Se mencionó el aumento del efecto invernadero provocado por el hombre. Por un lado, el informe dio lugar a un debate ambiental más intenso y contribuyó a la invención de la política de sostenibilidad. Por otro lado, hubo muchas voces que minimizaron el problema. Se subestimaría el progreso técnico y, entonces, un mayor crecimiento también traería soluciones a los problemas ambientales. Incluso hoy en día, hay discusiones entre los científicos sobre si «menos es más» o «más es menos».[217]

Esto parece bastante remoto, ya que los ecosistemas que nos rodean en este momento se están derrumbando y las amenazas son visibles para todos los que miran. Por desgracia, es probable que estemos sobrepasando o hayamos sobrepasado ya los límites del crecimiento. Un enfoque más reciente habla de límites planetarios;[218] al final se trata del mismo problema: el sistema terrestre no negociará con nosotros. Es realista suponer que el crecimiento global de todo lo creado por el hombre se ralentizará y dará marcha atrás.[219]

Muchas personas siguen desmintiendo, negando o relativizando los grandes problemas ecológicos. No sólo hay quienes niegan el cambio climático, sino también quienes niegan la crisis de la biodiversidad.[220] La negación tiene lugar con diversos grados de intensidad y, a menudo, en diferentes etapas, una tras otra. Esto es bien conocido en el caso de los límites al crecimiento, el cambio climático o la pandemia del coronavirus. Primero, se afirma que los hechos son incorrectos («no hay crisis, todo está mal»), luego se pone en perspectiva («hay cambios, pero se trata de fluctuaciones naturales; esto siempre ha sucedido»), finalmente se sostiene que la crisis no requiere una respuesta drástica o que las medidas propuestas tendrían efectos mucho peores («no necesitamos cambiar nuestro comportamiento; el problema volverá a desaparecer; sólo tenemos que esperar el progreso tecnológico»). Por desgracia, relativizar y negar los problemas existenciales inminentes resulta extremadamente atractivo, tanto para quienes los siguen impulsando como para quienes son responsables pero no pueden encontrar soluciones.

La inmensa megamáquina[221] desatada por el hombre nos alimenta y nos hace dependientes. Los sistemas financieros y económicos se han vuelto independientes y se han desvinculado de la base de nuestra existencia, la biosfera. Esto ha creado muchos intereses. Muchas personas e instituciones se están beneficiando de la forma en que están sucediendo las cosas y están aprovechando las oportunidades que aún ofrecen para mantener la máquina en funcionamiento.

En el complejo aparato de los sistemas sociales creados por el hombre, los individuos ya no pueden tener una visión de conjunto, y ocurren tantas cosas a pequeña escala en este mundo lleno que estamos permanentemente distraídos de la visión de conjunto. Eso, a su vez, se traduce en nuestra cultura y nuestra política, y así nos enredamos. Sin embargo, la biosfera ahora está empezando a pagarnos la factura por nuestro consumo excesivo, y nos está pagando multas por exceso de velocidad por nuestra terrible mala conducta en este planeta.

Hicimos los cálculos sin el anfitrión, sin el ecosistema terrestre. Por eso somos malos economistas. Peor aún, hemos tratado tan mal al anfitrión que se ha convertido en un paciente. Los más pobres de los pobres pagan esta factura en primer lugar. Mientras trabajamos en soluciones a paso de tortuga, según la Organicación de las Naciones Unidas (ONU), más de 800 millones de personas mueren de hambre en todo el mundo, debido, entre otros, al aumento de los desastres climáticos locales. Esta cifra aumentará cuanto más tarde adoptemos por fin contramedidas consecuentes.

¿Qué pasa con las enfermeras del paciente bosque?

Se ha confirmado el diagnóstico del paciente bosque. Pero ¿por qué muchos empleados de la industria forestal, como enfermeros y médicos supuestamente ecológicos, no alivian las enfermedades, sino que debilitan cada vez más el bosque? La respuesta la encontramos en el mundo forestal, donde las emociones juegan un papel dominante.

Los silvicultores no son malas personas que quieren destruir el bosque. Más bien están convencidos (con algunas excepciones) de que sólo un bosque artificial muy manipulado puede sobrevivir. Sorprendentemente, esta convicción es aún más fuerte en vista del cambio climático y la consiguiente muerte de miles de kilómetros cuadrados de plantaciones de abetos y pinos.

Pero ¿qué pasa con la próxima generación de silvicultores? ¿Están provocando un replanteamiento de las cuestiones de gestión forestal? Al menos en lo que respecta a las condiciones generales de estudio, hay que mirar en números negros, porque la Conferencia de Jefes Forestales participa de manera activa en la enseñanza en los colegios y universidades. El comité está formado por los jefes de las Administraciones forestales federales y estatales. Se reúne para tratar temas como los requisitos para que los estudiantes de silvicultura y ciencias forestales reciban una formación que cumpla los requisitos administrativos.

Un ejemplo es la Universidad de Ciencias Aplicadas de Rotemburgo, que explica en su página de inicio sobre el programa de máster en Silvicultura en un FAQ, entre otras cosas: «Los requisitos de contenido de la Conferencia de Jefes Forestales de 2014 se tuvieron en cuenta al diseñar el curso de estudio».[222] La «hoja de requisitos» de la conferencia se creó en el contexto de la «preocupación de los empleadores públicos de que los conocimientos y competencias adquiridos por los graduados no cumplan los requisitos básicos en los que se puede basar fácilmente la cualificación posterior dentro de la Administración (período de cualificación y examen de la carrera)».[223] Así son las cosas. Antes de entrar en servicio, aún les queda aproximadamente un año de preparación para la función pública, durante el cual los licenciados dan los últimos retoques para encajar a la perfección en el servicio administrativo.

La cuestión es si esta práctica fomenta un monocultivo académico y si la ciencia tiene suficientes oportunidades para introducir las innovaciones necesarias en la educación. Ése parece ser menos el caso. En cambio, los lobistas intentan influir en la formación de los jóvenes profesionales de la silvicultura. Esto llega hasta el punto de que las asociaciones de propietarios forestales intervienen ante los políticos cuando se proponen nuevas carreras.[224]

El *lobbying* es un fenómeno bastante peligroso desde el punto de vista democrático. En el sector forestal, aparece bajo la apariencia de asociaciones cuyo nombre sugiere que son una institución estatal o una organización de conservación de la naturaleza. Veamos dos ejemplos en particular problemáticos. El primero es el Consejo Forestal Alemán (Deutsche Forstwirtschaftsrat [DFWR]), la voz de la silvicultura. Como portavoz de la política forestal, el DFWR «representa los intereses de la silvicultura de acuerdo con los objetivos de la sostenibilidad económica, ecológica y social».[225] Parece un organismo oficial pero no lo es. La DFWR es una asociación, por lo que sus actividades no están sujetas al control de los parlamentos, y eso está muy bien para las asociaciones normales. Los estatutos ya son interesantes. En el § 2 se enumera quién está representado en cada caso; en primer lugar, se mencionan los bosques privados, estatales y corporativos, es decir, todo el bosque sin excepción. Lo que suena bien (es decir, que el bosque tiene una voz) no es más que una descripción impura para los propietarios forestales... Y en el caso de los bosques estatales y corporativos, se trata de las Administraciones públicas. Es cuestionable que las Administraciones se conviertan en miembros de asociaciones privadas. ¿Quién determina lo que están haciendo allí y en nombre de quién? ¿Dónde están los límites de tales afiliaciones, a qué asociaciones se puede apoyar y a cuáles no?

Se menciona explícitamente en los estatutos; las cuotas de afiliación no las paga la persona respectiva, sino el departamento o la institución, o, lo que es lo mismo, nosotros, los contribuyentes. Una vez más, se paga con dinero de los impuestos a una asociación privada para que apoye a los *lobbies* del sector forestal. Los vínculos entre el Estado, las asociaciones, las empresas y los actores son, como en todos los ámbitos políticos y económicos, muy intensos. Por ejemplo, el presidente del Consejo Forestal Alemán, Georg Schirmbeck (desde 2007), es un antiguo diputado de la CDU en el Parlamento Federal que ha «influido decisivamente en los debates sobre agricultura y silvicultura».[226] Es miembro del comité principal del Grupo de Trabajo de las Asociaciones Alemanas de Propietarios de Bosques (AGDW), la asociación de propietarios forestales más influyente.

El expresidente de la AGDW, Hans Georg von der Marwitz, estuvo en el Bundestag (cámara baja del parlamento alemán) mientras trabajaba para el partido de la Unión Democrática Cristiana de Alemania, la CDU, y tuvo buenos contactos con la entonces ministra de Silvicultura Julia Klöckner, a quien también se dirigió públicamente como «Julia». Por cierto, von der Marwitz había cedido su cargo a Philipp Franz Buhl-Freiherr von und zu Guttenberg, hermano del exministro de la Unión Social Cristiana (CSU).

Pero volvamos a Georg Schirmbeck (DFWR), que a partir de 2009 también fue durante unos años miembro de la junta directiva de la Agencia de Recursos Renovables (Fachagentur für Nachwachsende Rohstoffe [FNR e.V.]), una asociación que, como institución subordinada al Ministerio Federal de Agricultura, no sólo aboga por un mayor uso de la madera, sino que también asume tareas administrativas para el ministerio. Esto también incluye la evaluación, la selección y el apoyo técnico de proyectos de investigación (como el programa Forest Climate Fund). A su vez, la FNR también apoya proyectos de la DFWR, como la campaña de imágenes que se describe a continuación. Al igual que otros sectores económicos alemanes, la industria forestal también se ha dotado de un sistema de *lobbies* que no está estipulado en la Constitución y que sigue siendo totalmente opaco para los ciudadanos.

Sólo hay una razón para crear un *lobby*: querer influir en las decisiones políticas. Si la situación política y legal es adecuada para los asuntos propios, se debe hacer todo lo posible para garantizar que estas condiciones marco no cambien. Si no es adecuada, se debe influir en los representantes electos para que realicen los cambios oportunos.

Puede que esto siga siendo tolerable para las empresas privadas, pero es muy problemático en el caso de las Administraciones. No en vano existe la separación de poderes; la democracia no puede socavarse si se aplica correctamente. Por lo tanto, las leyes las aprueban algunos organismos (parlamentos, consejos), mientras que otros organismos (ministerios, administraciones) las implementan.

Sin embargo, cuando el poder ejecutivo intenta ejercer una influencia encubierta sobre el legislativo a través de asociaciones, se desarrolla entonces una peligrosa vida propia que, sin embargo, a menudo no es percibida por la población. De este modo, se evitan con eficacia las correcciones de hechos inde-

La tala rasa en una zona protegida: estudio de caso Montabaurer Höhe en Renania-Palatinado

En la región montañosa de Westerwald, en Renania-Palatinado, el escarabajo de la corteza había atacado las grandes plantaciones de abetos y provocado la muerte de varios árboles. No obstante, los árboles muertos proporcionaban una valiosa biomasa y sombra, y podrían haber supuesto una ayuda inicial para el bosque en sucesión. Esto habría sido necesario simplemente porque las especies raras deben preservarse en este lugar en una zona FFH, es decir, un área protegida según la legislación de la UE (establecida de acuerdo con la Directiva Fauna-Flora-Hábitat). Por cierto, la zona también es un área de protección del agua. Sin embargo, en este lugar se llevaron a cabo importantes operaciones de tala bajo los auspicios de la Administración Forestal del Estado de Renania-Palatinado.

Aunque primero debería haberse examinado la compatibilidad medioambiental de la medida (y, en consecuencia, podría haberse prohibido la tala), ésta se llevó a cabo durante años sin el examen y la aprobación adecuados. Los hábitats sensibles, como arroyos y musgos raros, se vieron gravemente afectados o destruidos. Los biólogos de la cercana Universidad de Coblenza intentaron en vano convencer a los responsables de la nocividad de la tala, que provocó la pérdida local de especies raras. Las áreas, ahora expuestas al sol abrasador sin protección, fueron luego reforestadas en gran parte, como si fuera una broma, con abetos de Douglas no autóctonos, rematados con algunas hayas.

Nosotros (los autores) hicimos preparar un dictamen jurídico, que concluía que la tala no sólo había sido ilegal, sino que los responsables, desde el jefe de la oficina forestal hasta el ministerio, podrían incluso personalmente haber incurrido en responsabilidad penal. ¿Dónde se denuncia un hecho de este tipo? Correcto, en la fiscalía; y, en este punto, se puso de manifiesto una circunstancia alarmante, denunciada incluso por la Comisión de la UE:[1] la fiscalía no es independiente, sino que puede recibir instrucciones de los ministros de Justicia de los estados federados.

Así que si quiere denunciar al Estado por un delito penal, debe hacerlo ante una autoridad subordinada al acusado. Ésta es una debilidad grave del sistema legal alemán, por lo que la República Federal debería cumplir finalmente con la solicitud de la Comisión de la UE y garantizar la independencia de las fiscalías.

El secretario de Estado, que ha pasado a ser el centro de atención de los periodistas, dijo ante la cámara que no se había tomado ninguna medida forestal en la zona en cuestión. ¡Corten! La cámara se desplaza sobre los tocones de los árboles de la zona protegida que contradicen en silencio lo dicho.[2]

El final de la historia fue que la fiscalía se negó a abrir una investigación[3] y lo justificó, entre otras cosas, con el argumento de que los árboles muertos ya no producirían sombra; cualquier día soleado puedes convencerte de lo contrario. Además, se decía que la madera muerta compactaría el suelo. Como se puede leer en los informes forestales, habría que «sopesar el hecho de que la descomposición progresiva de los árboles muertos que caracteriza la zona también amenaza con tener consecuencias perjudiciales para el suelo».[4] Se trata de una admisión notable y cualquier cosa menos una interpretación de la ley basada en el conocimiento.

El ministerio, que sólo se pronunció sobre la cuestión de si se había puesto en contacto con la fiscalía en calidad de acusado tras reiterados recordatorios a través de nuestro abogado y de Facebook (¡!), les facilitó una redacción «proactiva», que, en parte, quedó reflejada en la decisión de la fiscalía. Esto deja más que un mal sabor de boca, porque ¿adónde debe dirigirse la población si sospecha que el Estado está cometiendo delitos en el bosque?

El círculo se cierra cuando el secretario de Estado del ministerio, que proporcionó a la fiscalía los argumentos técnicos para el rechazo, comenta públicamente la decisión: «El secretario de Estado de Protección del Clima acoge con satisfacción los

1. Becker, M. (2021). *Ungarn und Polen am Rechtsstaats-Pranger. Wo Korruption und Diskriminierung politischer Alltag sind.* https://www.spiegel.de/ausland/ungarn-und-polen-eu-kommission-uebt-im-rechtsstaatsbericht-scharfe-kritik-a-56066574-a3cf-4cf2-a2de-c6581bf09420 (consultado: 29.10.23).
2. Koberstein, H.; Steinhausen, M. (2021). *Kahlschlag im Wald. Verfehlte Klimapolitik.* https://www.zdf.de/politik/frontal/klimawandel-kahlschlag-im-wald-100.html (consultado: 29.10.23).
3. SWR (2021). *Abholzung im Waldgebiet »Montabaurer Höhe«. Keine Ermittlungen nach Strafanzeige von Peter Wohlleben.* https://www.swr.de/swraktuell/rheinland-pfalz/koblenz/klage-wohlleben-abholzung-montabaur-abgelehnt-100.html (consultado: 29.10.23).
4. Soppa, R. (2021). *Kein Ermittlungsverfahren wegen »Montabaurer Höhe«.* https://www.forstpraxis.de/kein-ermittlungsverfahren-wegen-der-abholzung-im-waldgebiet-montabaurer-hoehe/ (consultado: 29.10.23).

Tala de árboles en una zona protegida de Montabaurer Höhe, Renania-Palatinado (Peter Wohlleben, abril de 2021).

resultados de la fiscalía: la tala de abetos infectados por escarabajos de la corteza en Montabaurer Höhe era necesaria y legalmente inobjetable. Estábamos convencidos de ello desde el principio», afirmó el Dr. Erwin Manz, secretario de Estado de Protección del Clima, en respuesta al informe de la fiscalía de Coblenza».[5]

El comunicado de prensa de la fiscalía, en el que afirmaba que no quería investigar los hechos, fue retirado posteriormente de la red, aunque diversos medios de comunicación hacen referencia a él mediante un enlace[6] y, en general, estas declaraciones estarán disponibles durante muchos años. Por cierto, varios informes de la Forst und Holzpresse («Prensa de los bosques y la madera») revelaron un asombroso desconocimiento del sistema legal alemán. Se informó de que los denunciantes «fracasaron ante el tribunal».[7] Una denuncia no es una demanda y el fiscal no es el tribunal.

El caso acabó en denuncia ante la Comisión de la UE.

5. WW-Kurier (2021). *Strafanzeige Montabaurer Höhe: Staatsanwaltschaft lehnt Aufnahme von Ermittlungen ab.* https://www.ww-kurier.de/artikel/110545-strafanzeige-montabaurer-hoehe--staatsanwaltschaft-lehnt-aufnahme-von-ermittlungen-ab (consultado: 29.10.23).
6. Véase el texto completo del comunicado de prensa, que está disponible en: BEN Kurier (2022). *Kein Ermittlungsverfahren im Zusammenhang mit Abholzung im Waldgebiet »Montabaurer Höhe«.* https://ben-kurier.de/2021/12/21/kein-ermittlungsverfahren-im-zusammenhang-mit-abholzung-im-waldgebiet-montabaurer-hoehe/ (consultado: 29.10.23).
7. EUWID Holz und Möbel (2022). *Wohlleben und Ibisch sind vor Gericht gescheitert.* https://www.euwid-holz.de/news/rundholz-schnittholz/wohlleben-und-ibisch-sind-vor-gericht-gescheitert/ (consultado: 29.10.23). cf.: Matzku, P. (2022). *Klage von Wohlleben und Ibisch gescheitert. Holzkurier.* https://www.holzkurier.com/rundholz/2022/01/klage-von-wohlleben-montabauer-hoehen-gescheitert.html (consultado: 29.10.23).

seables, sobre todo cuando el propio presidente de la asociación fue durante un tiempo miembro del Bundestag y, por tanto, también tiene muy buenas conexiones personales.

Volvamos una vez más a la separación de poderes. Hemos visto un ejemplo de cómo el poder ejecutivo influye en el poder legislativo. Por desgracia, ni siquiera el tercer poder, el poder judicial, es completamente independiente, como quedó claro en Renania-Palatinado, por ejemplo, en el caso de intervenciones forestales graves en una reserva natural europea y de protección del agua.

En el marco de la gestión forestal habitual, parece que no siempre es fácil garantizar una gestión sostenible o responsable de los bosques, incluso en Alemania. Por lo tanto, en la industria forestal y maderera, se ha desarrollado el enfoque de certificación, cuyo objetivo es garantizar a los compradores que las materias primas utilizadas provienen en exclusiva de una producción responsable. El sello del «Forest Stewardship Council» (FSC) se propuso a partir de la década de 1990 con la cooperación de la industria y las asociaciones de protección del medio ambiente.

Más tarde le siguieron el PEFC (Programa de aprobación de la certificación forestal) y la asociación alemana de agricultura ecológica Naturland. La idea es que estas certificadoras, que, a su vez, funcionan como empresas, apliquen criterios según los cuales se comprueban los productos o la extracción de madera. La certificación FSC se basa en diez principios diferentes, que están respaldados por criterios e indicadores económicos, sociales y ambientales. Grandes consumidores de madera como IKEA,[227] Amazon,[228] Tetra Pak[229] o el Grupo Otto[230] han cambiado una elevada proporción de sus surtidos de madera por productos con certificación FSC y confían en que el sello cumpla lo que promete. Es una forma cómoda de delegar responsabilidades.

Sin embargo, los estudios realizados ponen en duda que se pueda confiar en realidad en la validez del sello.[231] Por ejemplo, en algunos bosques certificados se llevan a cabo grandes talas e incluso se talan bosques vírgenes. En muchas ocasiones, no se pudieron demostrar diferencias en la gestión de las zonas certificadas y no certificadas.

En el bosque Reinhardswald (en las tierras altas del Weser, Alemania), durante el tratamiento de los bosques de abetos dañados por la sequía y los escarabajos de la corteza, se observó que los ecosistemas de las tierras certificadas por el FSC sufrían graves daños por la extracción de madera y de los tocones (eliminación de los tocones de los árboles), así como por el desprendimiento de la capa superior del suelo y el arado. Incluso en parques nacionales como el de la región del Eifel se vendía madera talada con esta etiqueta, algo que en los trópicos sería por completo inaceptable desde una perspectiva europea.

Un alto porcentaje de la madera certificada por el FSC procedía de países en los que se violaban masivamente los derechos humanos y en los que no podía tener lugar ningún control por parte de la sociedad civil; el 35 por 100 de la madera FSC mundial procedía (al menos hasta principios de 2022) sólo de Rusia y Bielorrusia.[232]

En el caso del PEFC, las organizaciones ecologistas critican, entre otras cosas, que el sello no proteja eficazmente el bosque debido a la debilidad del sistema de control.[233] Merece la pena echar un vistazo a la norma.[234] En ella se afirma, por ejemplo: «Se cumplen los requisitos legales y de otro tipo que los propietarios de bosques están obligados a cumplir». Entonces, ¿se cumple con las leyes que, de todos modos, verifican las instituciones estatales? Y en ese caso, ¿cuál es el valor añadido del sello? La siguiente afirmación se encuentra en el apartado de «Salud y vitalidad de los bosques»: «Se aplican los métodos de protección forestal integrada: a) Protección forestal integrada: combinación de métodos en la que, teniendo en cuenta prioritariamente las medidas mecánicas, biológicas, biotécnicas, de mejora y cultivo de plantas y de cultivo-técnicas, se limita la aplicación de productos fitosanitarios químicos a lo necesario (§ 2 Ley de protección fitosanitaria)». ¡Incluso los propietarios forestales más temerarios usarían menos productos fitosanitarios de los que creen que son necesarios aunque sólo fuera por motivos de coste!

En el apartado «Diversidad biológica en los ecosistemas forestales» también se aplica lo siguiente: «Se permiten excepciones si no es posible por otros medios convertir una especie de árbol ligero adecuada para el emplazamiento o rejuvenecer una especie de árbol ligero adecuada para la ubicación a partir de la población vieja, si otros procesos silvícolas no tienen sentido debido a la estructura de la explotación parcelada más pequeña o por razones imperiosas de protección de los bosques, la situación económica del propietario del bosque, las obligaciones de seguridad vial o debido a los planes oficiales de protección de la naturaleza. [...] Los aprovechamientos a pequeña escala que sirven para desarrollar el rejuvenecimiento natural o para crear secuencias poblacionales de varios niveles y formas históricas de uso de los bosques (gestión de monte bajo) no se consideran tala rasa. [...] Son razones imperiosas de la situación económica del propietario forestal las dificultades económicas, que deben justificarse adecuadamente ante el certificador a petición de éste». También podría decirlo de esta manera: «No talarás a menos que encuentres una razón para hacerlo».

Siempre existe el riesgo de *greenwashing* cuando los controles de sostenibilidad se dejan al libre mercado. Una cultura orientada al bien común debe, sin duda, ser iniciada y controlada legalmente por el Estado. Uno de los principales problemas de la certificación voluntaria y basada en el mercado es que las certificaciones se benefician si se usa y, por tanto, se tala más madera. «En pocas palabras, cuando eliges productos con el sello FSC, estás ayudando a proteger los bosques del mundo»,[235] eso es lo que dice la autodeclaración del FSC. Pero eso no es cierto si la madera proviene de la tala de bosques primitivos o de la tala rasa. En principio, talar madera nunca significa proteger los bosques, no tenemos que engañarnos. En el mejor de los casos, se puede contribuir a la protección si se utiliza productos reciclados; y el consumo más respetuoso con el medio ambiente es el que no se produce. La certificación puede ser muy engañosa, incluso contraproducente, si sugiere a los consumidores que el consumo de materiales es adecuado o incluso que contribuye a salvar el mundo.

Para que quede claro, amamos los libros y las bibliotecas. Pero, por supuesto, tenemos que preguntarnos cada vez con más rigor en qué condiciones deben producirse nuestros periódicos, revistas o libros para reducir al mínimo el impacto forestal. Aunque los libros suelen tener una vida más larga, debemos ser muy críticos con productos como los materiales publicitarios que nadie mira antes de tirarlos, o, tal vez, lo mejor sería evitarlos por completo.

El trauma de la silvicultura: pérdida de significado

La silvicultura regulada nació del temor de no disponer de madera suficiente como motor de la economía, así como de la vida privada. Este motor empezó a tambalearse en la segunda mitad del siglo XX.

La calefacción con leña se hizo impopular; ¿quién querría soportar trozos de madera quebradizos y cenizas polvorientas cuando se puede simplemente encender la calefacción central de gasoil? Otros productos que antes se valoraban también estaban perdiendo importancia con rapidez. Por ejemplo, desaparecieron la madera de foso (utilizada para sostener galerías en las minas), la madera de traviesa (para las traviesas de ferrocarril, ahora de hormigón o acero) o la madera de álamo para la fabricación de cerillas. Durante décadas, la silvicultura fue deficitaria, al menos en los bosques públicos, y sólo se vio interrumpida de vez en cuando por precios de la madera razonablemente tolerables. También hubo tormentas y escarabajos de la corteza en esa época, lo que provocó el colapso de los mercados madereros casi con regularidad cada cinco o diez años debido al exceso de oferta.

Incluso los propietarios forestales privados a menudo sólo podían obtener beneficios con la ayuda de subvenciones estatales. En los municipios más pequeños, en particular, las pérdidas de sólo unos pocos miles de euros eran apenas manejables y, para mantener a estos clientes comprometidos con los servicios de atención prestados por las oficinas forestales estatales, se cantó la canción del cuidado del bosque.

No se trataba de una estrategia de relaciones públicas, sino de la vieja preocupación por el suministro de materias primas, aunque ahora la demanda fuera floja. Sin el cuidado de los bosques (es decir, la extracción de madera y la reforestación), no hay bosque; así es como se puede resumir brevemente. ¡Y los bosques deben tener algún valor para el público! Así que los municipios, los contribuyentes (por el bosque estatal) y los propietarios de bosques privados pagaron más por la gestión, con el fin de hacer algo por el medio ambiente y la siguiente generación.

La madera que no podía utilizarse por motivos económicos tenía que permanecer en el bosque. En el proceso, la generación de la guerra había aprendido que no había que desperdiciar nada y que el bosque debía estar siempre ordenado como signo de buena economía. Costó mucho convencer a los ancianos que un bosque desordenado es señal de una especial cercanía a la naturaleza.

En el siglo XXI, el viento económico dio un giro de 180 grados. Debido al fomento de las energías renovables y, por tanto, también de la combustión de madera, la materia prima se hizo más escasa y los precios subieron. El aumento de la construcción con madera también recibió un enfoque ecológico positivo y provocó un incremento de la demanda. Además, el comercio mundial estaba en auge, y las exportaciones a China en particular, con precios en un principio increíblemente altos, crearon una verdadera fiebre del oro. Entonces se usaba todo lo que podía transportarse fuera del bosque. No sólo los troncos para el aserradero, sino también las coronas (como madera de desecho forestal para la siguiente central eléctrica de astillas de madera), e incluso las raíces cobraron más importancia. Se puede decir también de otra manera: el saqueo final de los bosques pasó a ser socialmente aceptable. Con este fin, se puso en primer plano el viejo y falso argumento de la neutralidad climática del uso de la madera. La protección del clima contra la biomasa forestal y, por lo tanto, la protección de las especies; pero estas últimas sólo pueden salir perdiendo.

El cambio climático es el hombre del saco por excelencia, y luchar contra él justifica los aparentes daños colaterales, que pueden ser más graves, pero son más difíciles de explicar. Cualquiera que se pronuncie a favor de un uso más comedido recibe rápidamente un reproche: «Si no utilizamos la madera aquí, tendremos que importarla de otros países donde el bosque recibe un trato mucho peor». Además del hecho de que los tiempos de las colonias han terminado y otros países también han reconocido el problema, el enfoque negativo de la silvicultura en Alemania, por ejemplo, es difícil de superar. Kilómetros cuadrados de tala rasa, especies arbóreas foráneas, monocultivos, uso de insecticidas y talas incluso en zonas protegidas. Estas palabras clave se aplican a muchos países, incluida y especialmente Alemania.

Esto ocurre justo en un momento en que se intenta presentar la importancia de los bosques y la silvicultura como arma decisiva contra el cambio climático.

«¡El bosque es el protector climático número 1!»,[236] por ejemplo, es el lema de una campaña de la empresa familiar Landund Forst («Tierra y Bosque», con el acrónimo FABLF) y de la AGDW, es decir, la asociación de los propietarios de bosques. «¡El bosque es el protector climático más importante de Alemania! [...] Con la gestión forestal sostenible, los silvicultores forman la base de la protección climática de nuestros bosques y contribuyen así de forma decisiva a la sociedad en su conjunto». La Asociación de Propietarios de Bosques de Hesse incluso habla de heroísmo: «¡Los bosques de Hesse son verdaderos héroes climáticos gracias a su gestión sostenible!».[237] El Consejo Forestal de Alemania hace una aparición vergonzosamente estupenda: «Nosotros ya protegíamos el clima cuando aún no estaba de moda. [...] La S.A. de protección del clima. Bueno, vale. Esta empresa es ficticia. *Tutto completto*, nada existe. En este punto probablemente te preguntes: Vaya, vale… entonces, ¿para qué sirve todo este lío? La respuesta es bastante inteligente. Pensamos: no puede ser tan difícil prestar a los campeones del clima, que trabajan con y para el bosque, la atención que merecen. Porque la gestión forestal es una protección activa del clima, ¡maldita sea!».[238] En este caso, esta campaña de imagen «de moda» se financió incluso con dinero de los contribuyentes a través de una subvención del Fondo Forestal para el Clima de los Ministerios Federales de Medio Ambiente y Agricultura. Entre otros, «conservacionistas de la naturaleza» de la Schutzgemeinschaft Deutscher Wald («Asociación Alemana de Protección de los Bosques») o el científico forestal Prof. Jürgen Bauhus, presidente del Consejo Asesor Científico de Política Forestal del Ministerio Federal Alemán de Agricultura, aparecen como patrocinadores y partidarios o «campeones del clima» en esta página de la campaña. Este consejo asesor «aconseja y apoya al Gobierno Federal en la configuración de las condiciones marco para una gestión forestal sostenible».[239] Está «integrado por representantes de diversas disciplinas científicas que reflejan las demandas sociales sobre el bosque». Éstas incluyen, entre otras cosas, «un suministro seguro de madera como materia prima renovable para la industria maderera y el sector energético».

La historia sobre el bosque como el principal protector climático tiene como objetivo, por un lado, apoderarse de los fondos del Gobierno para compensar las pérdidas causadas por la muerte de los monocultivos. Al mismo tiempo, es una estrategia para aumentar aún más el consumo de madera y garantizar unos ingresos vertiginosos para los propietarios de los bosques. La audaz fanfarria de la protección del clima se desentiende de los hallazgos científicos que demuestran lo contrario, e ignora de forma extraña lo mal que lo está pasando el bosque.

¿Se trata de engañar a los ciudadanos y a los políticos o, incluso, de autoengañarse?

La pregunta también surge cuando se promueve de forma descarada y acrítica el uso de más madera e, incluso, una utilización más intensiva de los bosques. Hasta el derroche de papel puede presentarse como un acto heroico porque es bueno para el crecimiento económico:

> «Está bien imprimir este mensaje de correo electrónico. El papel es un producto reciclable, biológico, degradable, renovable y sostenible a base de madera. La gestión de los bosques y la extracción de madera aseguran puestos de trabajo para millones de personas y benefician a muchas empresas familiares del sector forestal. Al mismo tiempo, los bosques gestionados garantizan un medio ambiente intacto, nos proporcionan aire y agua limpios, almacenan CO_2 y aseguran el hábitat de muchos animales y plantas protegidos».
>
> Correo electrónico - Firma Freiherrlich von Loë›sche Administración de Tierras y Bosques (NRW+MV), agosto de 2022[240]

¿Mi bosque, mi propiedad, mis derechos?

A lo largo de la historia, algunas personas se convirtieron en propietarias de tierras y bosques o tuvieron más recursos y poder que otras. La cuestión de la propiedad es delicada porque, en cuanto se plantea, saltan las alarmas ideológicas y políticas en varios bandos, sobre todo porque en Alemania ya se han producido expropiaciones, nacionalizaciones y abusos de la propiedad «en nombre del pueblo». Cualquiera que se atreva a plantear preguntas críticas es de inmediato sospechoso, por parte de los propietarios forestales, de querer fomentar la envidia social y alterar la propiedad garantizada por la Constitución. En este punto no podemos ni queremos discutir cómo se originó la propiedad y por qué las cosas no son justas en este mundo. Por otra parte, no es nuevo constatar que los recursos están repartidos de manera desigual entre los países, las clases y las personas o familias individuales. No obstante, cabe señalar que es diferente que alguien posea una pepita de oro, un coche o un ecosistema.

«Yo diría de mí mismo: soy propietario de un bosque, un ladrón también es poseedor, establezco una distinción entre propiedad y propiedad; si bien la propiedad es más que un derecho, para mí es la base económica de la libertad individual. La propiedad también puede justificarse en nuestra sociedad por el hecho de que el bien común surge del rendimiento de la propiedad, y eso es especialmente importante en el caso del bosque».

PHILIPP ZU GUTTENBERG, 2017[241]

No es fácil responder a la pregunta de si se pueden poseer ecosistemas. Lo que se suele comprar son tierras, es decir, terrenos en los que se encuentran diversos recursos que se pueden utilizar. Esto incluye, por ejemplo, terrenos para actividades agrícolas o los árboles para uso forestal. El empleo por parte de los propietarios puede ser restringido por el Estado mediante normativas específicas o generales si ello responde al interés general de la sociedad. Se pueden establecer áreas protegidas, por ejemplo, para proteger las aguas subterráneas o la naturaleza y sus especies.

Hay muchas preguntas sin respuesta sobre las propiedades de la naturaleza. Está claro que los propietarios no son dueños de partes esenciales del ecosistema. Sin embargo, es evidente que esto no está claro para todo el mundo, y también genera problemas en el bosque y en la sociedad. En el pasado, los propietarios forestales han tenido mucho éxito a la hora de eludir las normativas legales sobre cómo tratar el bosque. Se intentó introducir buenas prácticas profesionales para regular lo que debe prohibirse o permitirse en la silvicultura. Esto fracasó debido a la feroz resistencia del *lobby* forestal. Al mismo tiempo, las leyes forestales federales y estatales son muy muy vagas. Apenas permiten a los gobiernos controlar lo que ocurre en los bosques privados. Ésta es una situación que experimentan y reconocen una y otra vez los ministros de Silvicultura.

Las grandes familias terratenientes de Alemania, en particular, son extremadamente influyentes. «A excepción de Constantia Forst GmbH, la Fundación Bofrost y Blauwald GmbH, los mayores propietarios privados alemanes de bosques son todos familias nobles», afirma la página de la empresa Waldprinz.[242]

En esta página se mencionan las siguientes familias: Thurnund Taxis (casi 20 000 hectáreas), Christian Erbprinzzu Fürstenberg (aproximadamente 18 000 hectáreas;con Lignis GmbH & Co. KG, Heinrich Prinzzu Fürstenberg construyó una empresa que comercializa madera en la que involucró a muchas casas principescas de renombre, como Waldburg-Wolfegg, Leiningen, Löwenstein-Wertheim-Rosenberg y Sayn-Wittgenstein-Hohenstein (un total de 52 000 hectáreas de bosque), Hatzfeldt-Wildenburg (15 058 hectáreas), el grupo de empresas Fürst von Hohenzollern (aproximadamente 15 000 hectáreas), Waldgesellschaftder Riedesel Freiherren zu Eisenbach GbR (unas 14 000 hectáreas) y Sayn Wittgenstein-Berleburg (alrededor de 13 100 hectáreas). Le siguen muchos otros nombres, que representan un «quién es quién» de la nobleza alemana, entre ellos las casas de Sajonia-Coburgo y Gotha, Wurtemberg, Bismarck, los príncipes de Baden o zu Salm-Salm, y muchos condes y barones, como von Hardenberg, von Knigge, von Carlowitz y un largo etcétera.

Sólo para ilustrar el alcance de la propiedad forestal, se citan las áreas de algunos parques nacionales forestales como comparación: sólo el Parque Nacional del Bosque Bávaro y el Parque Nacional del Harz, con unas 25 000 hectáreas cada uno, son más grandes que las mayores propiedades privadas. Otros resultan ser extremadamente modestos en comparación, como el Parque Nacional de Jasmund, con 3000 hectáreas; el Parque Nacional Kellerwald-Edersee, con 7700 hectáreas, o el Parque Nacional de Hainich, con 5500 hectáreas (redondeadas).

Como se puede ver en la lista, algunas empresas también se dedican al bosque. Un ejemplo es el Grupo Lindhorst, activo en proyectos inmobiliarios, agrícolas y energéticos. Su implicación se dio a conocer en 2022, cuando planeó talar un bosque cerca

Bosque antiguo autoorganizado en la reserva natural de los Santos Salones en Mecklemburgo-Pomerania Occidental (Pierre L. Ibisch, diciembre de 2014).

¿Quién es el dueño del mundo?

Es importante aclarar que no todo lo que hay en un terreno pertenece a sus propietarios. Esto se aplica, por ejemplo, a la columna de aire situada sobre un terreno o a las masas de agua subterránea que se encuentran en el subsuelo. También se excluyen los recursos minerales. La propiedad de la tierra es, por tanto, algo bastante superficial. Los propietarios tampoco tienen derechos sobre los zorros que merodean por la tierra ni los pájaros que sobrevuelan el territorio o incluso anidan en él. En este punto es donde la cosa comienza a ponerse interesante.

Según el Código Civil alemán,[1] por ejemplo, es posible recoger cosas sin dueño y convertirlas en tu propiedad si no pertenecen a nadie. Incluso los «animales salvajes» no tienen dueño siempre y cuando vivan en libertad. Así que, teóricamente, puedes hacer que sean de tu propiedad, siempre y cuando estuviera permitido capturarlos. En este punto no se habla de otros seres vivos. La Ley Federal de Conservación de la Naturaleza,[2] por otro lado, contempla las plantas: «Está prohibido 1. molestar deliberadamente a los animales salvajes o atraparlos, herirlos o matarlos sin motivo razonable; 2. extraer o utilizar plantas silvestres de su ubicación sin motivo razonable o derribar sus poblaciones o devastarlas de otro modo; 3. deteriorar o destruir los hábitats de los animales y plantas silvestres sin un motivo razonable» (§39 [1]).

Aún no está claro qué ocurre con las bacterias o los hongos. En cualquier caso, no puedes hacer tuyos a los animales y las plantas a voluntad. Desde luego, no te pertenece ni la información genética de los seres vivos ni de los procesos ecológicos como la polinización, el reciclaje de nutrientes y la renovación del agua verde. ¿Pertenecen a la comunidad internacional, al Estado, o no tienen dueño, como las aves silvestres y las nubes? No se trata en absoluto de cuestiones abstractas en derecho internacional, ya que los estados, por ejemplo, tienen acreditados en su cuenta nacional los rendimientos de sus bosques en materia de protección climática. ¿Y qué ocurre en realidad cuando un país gestiona tan mal sus ecosistemas que se secan los ríos voladores que abastecen de precipitaciones a otros países?

1. Bundesministerium der Justiz: Ministerio Federal de Justicia (2022). Código Civil alemán. https://www.gesetze-im-internet.de/bgb/index.html#BJNR001950896BJNE100802377 (consultado: 31.10.23).
2. Dejure.org (2022). Bundesnaturschutzgesetz: Ley Federal alemana de Conservación de la Naturaleza (Ley de Conservación de la Naturaleza y Gestión del Paisaje). https://dejure.org/gesetze/BNatSchG (consultado: 31.10.23).

del río Oder, en Brandeburgo, para construir una central de energía solar. Otro ejemplo es Muhr'sche Forstverwaltung, del grupo multimillonario MUBEA, de la industria de suministros de automoción, que compró en 2022 un bosque municipal de 2000 hectáreas a la localidad de Treuenbrietzen, en apuros económicos.[243]

Como toda propiedad de la tierra, los bosques se han convertido desde hace tiempo en objeto de especulación e inversión. Además, la propiedad forestal se utiliza con fines sociales, por ejemplo, para la caza social. Un ejemplo es Franz-Albrecht, príncipe heredero de Oettingen-Oettingen y Oettingen-Spielberg, que no sólo da consejos sobre caza con batida («dispara como un veneno, cazador experimentado y maestro de la observación»,[244] «estrella fugaz de la escena de la caza compulsiva»[245]), sino que también se dice que invita a su coto de caza en la reserva de la biosfera de Schorfheide-Chorin («Limusinas grandes con matrículas extranjeras circulan habitualmente por el pueblo, al igual que las grandes partidas de caza con celebridades de la aristocracia europea»).[246]

Hasta este punto llega la visión del mundo de la propiedad forestal. Si observamos la lista de propietarios importantes, quizá no nos sorprenda tanto que intenten que el Estado no les moleste en exceso. Esto puede explicar, entre otras cosas, que los esfuerzos por regular legalmente las «buenas prácticas profesionales» hayan fracasado hasta la fecha y que los intentos de modificar la legislación sobre caza también sean complicados. Sin embargo, en tiempos de crisis climática, no se puede evitar examinar más de cerca la propiedad forestal y la cuestión de la orientación hacia el bienestar público. Ya no es aceptable que los propietarios adinerados críen ciervos para sus aventuras de caza, detengan el desarrollo forestal o arruinen los ecosistemas debido a una gestión miope.

Desde 2018, se han realizado importantes pagos a propietarios de bosques privados para ayudarlos a «limpiar» las áreas de abetos derrumbadas y para amortiguar los costes adicionales. Se han puesto miles de millones a disposición del bosque. Es importante evitar que, una vez más, los contribuyentes carguen con los costes de la creación de daños, mientras que durante décadas se han privatizado los beneficios de la silvicultura.

También habrá que prestar más atención a cómo se comportan los propietarios forestales cuando se trata de actividades que se llevan a cabo en interés de la sociedad. Esto incluye la investigación, por ejemplo. Ya se han dado casos de obstaculización o incluso prohibición de acceso a zonas del bosque público, tal vez porque los responsables se sintieron demasiado molestados.

De modo que, aunque la propiedad de los bosques es un asunto bastante poco regulado, cada vez más bosques han sido privatizados de la propiedad del Estado. Tras la revolución pacífica en la República Democrática de Alemania (RDA) y la reunificación, al menos la mitad de los bosques estatales se vendieron a particulares, con el resultado de que ahora parece imposible detener la tala de laderas y paisajes enteros en áreas forestales dañadas por la sequía, por ejemplo. Esto no está bien y, al parecer, el Estado también está eludiendo su responsabilidad en este caso, aunque las prácticas forestales supuestamente violan las leyes de conservación del suelo, el agua y la naturaleza. Se sospecha que cualquiera que proteste contra esto quiere quitar su ecosistema a los propietarios de los bosques, aunque no les pertenezcan en absoluto.

Falta de conciencia, conocimiento y certeza

El conocimiento y la conciencia desempeñan un papel fundamental en todo lo que la gente hace bien o mal o en lo que se considera correcto o incorrecto. En cuanto al conocimiento, a veces no es lo bastante profundo, es demasiado unilateral, demasiado teórico o no puede aplicarse por diversas razones.

Como parte de un estudio internacional, resultó que los administradores forestales conocen bien el papel crucial de la biodiversidad del suelo y también tienen una comprensión práctica. Sin embargo, el conocimiento de los procesos y funciones de los ecosistemas, así como de las propiedades importantes del suelo, no era muy profundo. Además, los agricultores no parecían tener en cuenta la biodiversidad del suelo al tomar decisiones y medidas específicas, sino que lo trataban como si se tratara de una caja negra. Si bien los científicos entrevistados tenían una comprensión más detallada, dependía de una perspectiva profesional específica. Al hacerlo, en su mayoría pasaron por alto las implicaciones prácticas.[247]

Básicamente, se puede observar algo similar en todas partes. ¿A qué silvicultor le resulta del todo indiferente el suelo del bosque? ¿A quién no le gustaría protegerlo? ¿Quién de ellos no sabe que no hay nada posible sin un suelo sano? No obstante, se realiza talas o limpieza de árboles muertos, se conduce con maquinaria pesada y se ara o elimina la capa de humus. Son las supuestas restricciones técnicas o económicas, las reglamentaciones y la falta de alternativas las que conducen a la acción en contra de un mejor conocimiento. Algunos pueden incluso sentir remordimientos, pero a menudo es su propia inseguridad la que les ayuda a pasar por alto los problemas. A veces, los silvicultores pasan al ataque comunicativo para mantener su soberanía interpretativa y se niegan a aceptar cualquier crítica. Cuando te atribuyes un papel de héroe, es mucho más fácil no admitir preguntas.

Es cierto que existen motivos de sobra para la confusión. Hemos demostrado lo complejos, sorprendentes e inmanejables que son los ecosistemas forestales. La crisis climática y los numerosos factores de estrés en el bosque están haciendo que el futuro sea aún más incierto. Cuando el conocimiento es incompleto y, a veces, incluso los mensajes que provienen de diferentes rincones del conocimiento son contradictorios, las cosas se ponen realmente difíciles. Ante una gran incertidumbre, complejidad y marcados extremos, junto con presiones económicas y políticas, una determinada información suele ser evaluada de forma muy diferente por distintas personas.[248] La ambigüedad aumenta. En un contexto así, es humano adherirse a la supuesta «verdad» que se difunde dentro del propio grupo. Aumenta la necesidad de no sentirse solo e inseguro, y hay una mayor formación de identidades, comunidades y campamentos en los que las personas se reafirman con sus propios conocimientos. Hoy en día, los medios sociales y digitales actúan como aceleradores de incendios. En ellos es más fácil denunciar y menospreciar a las personas, negarles legitimidad y, por tanto, también desacreditar sus posiciones profesionales.[249]

Desorientación, confusión, polémicas, «hechos alternativos»; la discusión sobre el bosque es como en la vida real. Las cosas empeoran cuando la pérdida de certidumbre va acompañada de crisis existenciales. La inseguridad personal surge cuando los propietarios pierden sus bosques a causa de incendios o sequías, sufren pérdidas de ingresos o cuando en la sociedad se hace evidente que los actuales modelos de desarrollo conducen al desastre. También se cuestionan instituciones enteras. Por supuesto, esto no conduce de manera automática a la humildad y la comprensión de otras posturas. Más bien, existe el riesgo de que los diferentes bandos se alejen unos de otros en sus propias burbujas y cámaras de resonancia, intensifiquen los conflictos, manipulen el conocimiento y lo dejen de lado. Todo esto hace que sea más difícil negociar lo que es importante y correcto, y, por desgracia, a menudo en la práctica se traduce en actuaciones incorrectas.

Redefinir el desarrollo

En 2001, el entonces secretario general de las Naciones Unidas, Kofi Annan, encargó un estudio mundial, la Evaluación de los Ecosistemas del Milenio (Millennium EcosystemAssessment):[250] ¡un estudio milenario de los ecosistemas! Fue la primera vez que se intentó obtener una visión general completa del estado de los ecosistemas de la Tierra. Esta tarea ocupó a unos 1360 expertos entre 2001 y 2005, que no sólo describieron el estado de la biosfera, sino que también dieron forma al inicio de una nueva perspectiva. De hecho, este estudio mundial de los ecosistemas mostró de manera muy sistemática cómo el bienestar humano depende del estado de los ecosistemas. Para ello, se utilizó el concepto de servicios ecosistémicos, que se había descrito un tiempo antes. No obstante, los resultados del estudio dejaron muy claro que no puede existir bienestar sin el funcionamiento de los ecosistemas.

El concepto de bienestar se generalizó a principios de la década de 2000. Antes se pensaba, sobre todo, en el desarrollo humano, que se consideraba el objetivo final. También se habló de prosperidad, pero esto estaba relacionado principalmente con los ingresos y la riqueza. En algún momento, la gente se dio cuenta de que el término «desarrollo» no se había definido bien. Durante mucho tiempo, a muchos países se les llamó países en desarrollo y los que ya deberían haberse desarrollado eran los países industrializados. Por lo tanto, desarrollo significa industrialización; el término pasó a ser sinónimo de crecimiento económico después de la Segunda Guerra Mundial. Pero parecía que había

Ecopopulistas y pseudoconservacionistas forestales

Los artículos de los medios especializados en silvicultura realizan repetidamente ataques emocionales y poco objetivos, por ejemplo, bajo el llamativo título «Toma del poder sobre el bosque». «Durante años, los ecopopulistas y los pseudoprotectores de los bosques han estado encantados de utilizar esta percepción errónea para machacar a los silvicultores y castigar a la silvicultura en Alemania. [...] Y ahora la red alemana de conservación de la naturaleza, la organización que agrupa a las organizaciones alemanas de protección de la naturaleza, los animales y el medio ambiente, publica un documento de posición lleno de mentiras. [...] Y justo en este momento, aparecen populistas al lado del bosque, sacando jugo de los miedos de la gente e intentando hacernos creer que la salvación de la naturaleza forestal de Alemania se halla en los bosques salvajes».[1] Estas frases dicen mucho sobre el propio autor y la situación.

Esto podría archivarse si el autor de estas frases no perteneciera a un grupo de académicos jubilados que tratan en gran medida de convencer de sus interpretaciones a editores y responsables de la toma de decisiones. En el proceso, a veces se presentan cálculos erróneos como hechos científicos en un artículo de opinión sin revisión por pares.[2] Además, a menudo se citan de manera deliberada artículos de forma muy selectiva; la bibliografía crítica que cuestiona las propias posiciones simplemente se ignora. Por ejemplo, se escribe que la gestión forestal a nivel de paisaje no influye en el almacenamiento de carbono en los bosques,[3] pero no se menciona ninguno de los trabajos que demuestran lo contrario.[4] O (en el mismo artículo) se describe el llamado efecto de sustitución de la madera por el almacenamiento de carbono de los productos madereros sin hacer referencia a trabajos internacionales que diseccionan o contradicen de un modo sistemático la argumentación.[5]

Es muy problemático cuando se citan las fuentes, pero se hace de forma completamente errónea, por ejemplo, cuando se dice que los bosques se convierten en una una «fuente neta de CO_2 a partir de un volumen de existencias de unos 400 m^3 ha-1. Esta observación también parece aplicarse a los bosques caducifolios europeos, donde las antiguas poblaciones de árboles protegidas de Ucrania (Stillhard *et al.*, 2021) no muestran una acumulación neta de volumen de existencias ni de superficie habitable».[6] Ahora bien, si uno se toma la molestia de leer la fuente citada, es consciente de que estos bosques viejos ucranianos tienen mucha más biomasa que 400 m^3 ha-1, que no se perdió en absoluto entre dos inventarios: «El volumen permanente (2010: 578 m^3/ha; 2019: 584 m^3/ha) de los árboles vivos se mantuvo estable entre los dos inventarios».[7] Justo debajo del título se destaca en el artículo original que la biomasa de los árboles muertos se compensó con el crecimiento de los árboles aún vivos.

Fake News en el bosque. ¿Qué ha pasado? ¿Se trata sólo de un trabajo sucio o de un engaño deliberado? Al final, el principal problema es que todos estos «detalles» sólo pueden ser detectados por especialistas. En el mejor de los casos, el público recibe el mensaje siguiente: «Los expertos discuten...». Uno podría encogerse de hombros y descartar todo el asunto como ejercicios académicos, pero, por desgracia, no es el caso. Se trata de determinar qué tratamiento forestal es bueno para el ecosistema y el clima. Si se cometen errores como base para las decisiones políticas, esto puede tener consecuencias fatales.

1. Irslinger, R. (2022). *Machtergreifung über den Wald. Forstpraxis* https://www.forstpraxis.de/machtergreifung-ueber-den-wald/ (Consultado: 31.10.23).
2. Schulze, E. D. *et al.* (2020). «The climate mitigation effect of bioenergy from sustainably managed forests in Central Europe». *GCB Bioenergy* 12: 186-197.
   Welle, T. *et al.* (2020). «Incorrect data sustain the claim of forest-based bioenergy being more effective in climate change mitigation than forest conservation». *Global Change Biology Bioenergy* 13 (2): 286-287. 10.1111/gcbb.12738.
   Welle, T. *et al.* (2021). «Accurate use of forest inventories shows that unmanaged forests have a higher climate protection effect than managed forests: A response to the letter by Bolte et al». *Global Change Biology Bioenergy* 13 (3): 367-368. 10.1111/gcbb.12796. 3 E.D.
3. Schulze, E. D. *et al.* (2022). «The role of wood harvest from sustainably managed forests in the carbon cycle». *Annals of Forest Science* 79: 17. 10.1186/s13595-022-01127-x.
4. Simola, H. (2017). «Persistent carbon loss from the humus layer of tilled boreal forest soil». *Revista Europea de Ciencias del Suelo* 69 (2): 303-314. 10.1111/ejss.12498.
5. Leturcq, P. (2020). «GHG displacement factors of harvested wood products: the myth of substitution». *Scientific Reports* 10: 20752. 10.1038/s41598-020-77527-8.
   Skytt, T. *et al.* (2021). «Climate mitigation forestry – temporal trade-offs». *Environmental Research Letters* 16: 114037. 10.1088/1748-9326/ac30fa.
   Howard, C. *et al.* (2021). «Wood product carbon substitution benefits: a critical review of assumptions». *Carbon Balance Manage* 16: 9. 10.1186/s13021-021-00171-w
   https://bg.copernicus.org/articles/19/3263/2022/bg-19-3263-2022.html
   Erb, K. H. *et al.* (2018). «Unexpectedly large impact of forest management and grazing on global vegetation biomass». *Nature* 553 (7686): 73-76..
   Ter-Mikaelian, M. T. *et al.* (2015). «The burning question: Does forest bioenergy reduce carbon emissions? A review of common misconceptions about forest carbon accounting». *Journal of Forestry* 113 (1): 57-68. 10.5849/jof.14-016.
6. Original en inglés: «Thus, forest stands become a net CO_2 source at a stand volume of about 400 m^3 ha-1. This observation seems to hold also for European broadleaved forests where the protected old stands of the Ukraine (Stillhard *et al.*, 2021) do not show a net accumulation of standvolumes, nor of basal areas».
   Schulze, E. D. *et al.* (2022). «The role of wood harvest from sustainably managed forests in the carbon cycle». *Annals of Forest Science* 79: 17. 10.1186/s13595-022-01127-x.
7. Original en inglés: «The structural characteristics tree density (2010: 441 N ha1, 2019: 458 N ha−1), basal area (2010: 35,9 m^2 ha−1, 2019: 35.4 m^2 ha−1), and standing volume (2010: 578 m^3 ha−1, 2019: 584 m^3 ha−1) of the living trees remained stable between the two inventories».
   Stillhard, J. *et al.* (2021). «Structural changes in a primaeval beech forest at the landscape scape». *Forest Ecology and Management* 504: 119836. Ya bajo los aspectos más destacados, por encima del artículo dice de manera inequívoca: «Volume lost between inventories was replaced by volume increment of surviving trees. Ingrowing trees compensated for trees that died or decayed regarding tree density».

algo malo en ello, sobre todo a medida que resultaba cada vez más claro que los países industrializados estaban atacando sus propios medios de vida a través de su forma de hacer negocios. El desarrollo implica un uso cada vez mayor de los recursos y la destrucción de la naturaleza.

Esto se estaba sedimentando desde la década de 1970, cuando se lanzaron las primeras advertencias sobre los límites del crecimiento.[251] Dennis y Donella Meadows y sus colegas utilizaron el enfoque sistémico y las primeras posibilidades de diseñar escenarios futuros con ayuda de ordenadores. La humanidad había podido vislumbrar desde la Luna la pequeña Tierra azul, en apariencia perdida en la inmensidad del espacio. Amaneció una nueva era, surgió la conciencia ambiental global. Los resultados científicos de la termodinámica se transfirieron a la idea de desarrollo; de repente, la energía y la entropía desempeñaron un papel, al menos en las discusiones técnicas. ¿Qué pasa si desatamos demasiado caos destruyendo los sistemas que crean el orden natural? En teoría, sabemos que las leyes de la naturaleza también se aplican al desarrollo humano, pero en la práctica no actuamos en consecuencia.

La calidad de la energía disminuye cuando se usa y, al final, no se puede trabajar más con ella. Este problema físico lo dio a conocer de manera significativa el matemático y economista rumano Nicholas Georgescu-Roegen.[252] Fue el mentor del economista estadounidense Herman Daly (1938 a 2022), quien puede considerarse el padre fundador de la economía ecológica.[253] Daly trabajó para el Banco Mundial y criticó los fundamentos del sistema económico moderno. Propuso una forma completamente nueva de actividad económica basada en las ciencias naturales, que, sin embargo, aún no se ha incorporado a la economía dominante. Sostuvo que la tecnología y la economía humana, que ignoran las leyes de la termodinámica, no tienen ninguna posibilidad. En la vejez (no sólo), Herman Daly declaró: «Los límites del crecimiento han demostrado ser correctos».[254]

Podemos ver estos límites de forma más concreta en el ejemplo de los bosques. Si bien el uso de la madera aumenta alrededor de un 6 por 100 anual,[255] las áreas forestales en sí mismas no lo hacen. Al contrario, se están reduciendo, como afirma el último informe de las Naciones Unidas sobre el logro de los objetivos mundiales de sostenibilidad: «La superficie forestal mundial sigue disminuyendo, pero a un ritmo ligeramente más lento que en décadas anteriores. La proporción de la superficie forestal se redujo del 31,9 por 100 de la superficie terrestre total en 2000 al 31,2 por 100 de la superficie terrestre total en 2020».[256] Además, el cambio climático está reduciendo la productividad en cada vez más bosques. En vista de esto, ¿cómo es posible incrementar el consumo de madera sin practicar la sobreexplotación?

Sin embargo, la mayoría de los economistas simplemente no pueden pensar en la economía sin crecimiento. La ideología del crecimiento se ha convertido en la base del modelo de desarrollo de todas las sociedades, tanto en los estados totalitarios y autocráticos como en los democráticos. En definitiva, significa que el crecimiento generará tanta riqueza, innovaciones y posibilidades técnicas siempre nuevas que, al final, también resolverá todos los problemas que ella misma provoca. La idea parece una máquina de movimiento perpetuo que es igual de imposible.

Hasta la década de 1980 no se inventó el desarrollo sostenible y, en 1992, se organizó la primera Cumbre Mundial de las Naciones Unidas sobre el Medio Ambiente y el Desarrollo. En aquel entonces, existía interés por adoptar un convenio forestal mundial. Sin embargo, la cuestión se descartó con rapidez porque los países densamente poblados de bosques no deseaban empeorar sus oportunidades de desarrollo mediante la protección de los bosques. Luego, las Naciones Unidas intentaron promover la conservación de los bosques mediante la preservación de la biodiversidad y la protección del clima. Sin embargo, al final esto no funcionó. La deforestación mundial y la degradación de los bosques avanzaron sin alcanzar los objetivos previstos en los convenios mundiales sobre medio ambiente; aunque se establecieron objetivos.

Las Naciones Unidas también crearon los Objetivos de Desarrollo del Milenio. Por desgracia, los ecosistemas no desempeñaron un papel importante en esto. Las cosas mejoraron un poco con los Objetivos de Desarrollo Sostenible (ODS) formulados en 2015.[257] Al menos la superficie forestal mundial pasó a ser un indicador del desarrollo sostenible.

Todo esto dista mucho de ser suficiente, pero al menos medio siglo de políticas ambientales globales e investigaciones intensivas sobre el desarrollo y el cambio global nos han dado la idea de que ya no podemos ignorar la importancia de los bosques y otros ecosistemas para los seres humanos.

No sólo con respecto al bosque es importante que desarrollemos una visión de las personas y del mundo que encaje con nuestros conocimientos científicos y nos hagan entender lo que realmente importa.

Quiénes somos y qué deberíamos querer

Cuando los bosques se deterioran, esto tiene consecuencias para la vida de las personas. Ya lo hemos descrito antes. Las personas y los ecosistemas se consideran sistemas socioecológicos, y esto no es sólo un concepto teórico, sino que tiene importantes efectos prácticos. Una consecuencia es que tenemos que vernos como parte del todo y no como gobernantes y los controladores principales. Esto nos resulta infinitamente difícil después de varios siglos de éxitos científicos y crecimiento económico. Explicamos el mundo y el bosque desde el cosmos hasta las partes individuales de los átomos, movemos montañas y volamos al espacio. Este éxito ha hecho que nos olvidemos de nuestro ecosistema y excesivamente confiados. Pero, de alguna manera, todo ha ido siempre bien…

Homo sapiens se ha vuelto tan inteligente que esta especie está remodelando la Tierra para adaptarla a sus necesidades. Esto es evolución para observar. La especie humana es un experimento, y la pregunta apasionante es: ¿hemos recibido tanta inteligencia que no sólo podemos remodelar la Tierra, sino que ahora también sabemos moderarnos de tal manera que nuestros medios de subsistencia se conservan? ¿O nos falta esto, y nuestros instintos, nuestra codicia, conservan la sartén por el mango, haciendo que el experimento fracase?

Lo que ha ocurrido hasta ahora es lo siguiente. Como parte de la evolución, los humanos surgimos en África como una especie animal, sin duda bastante interesante, a la que le gusta vivir en grupos y en sistemas sociales. Hemos colonizado el mundo entero y, gracias a nuestro ingenio, nos hemos adaptado a una gran variedad de hábitats. Usamos todo tipo de recursos para satisfacer nuestras necesidades. Utilizamos la energía y la tecnología para sentirnos bien, pero también para probar una y otra vez cosas nuevas. Somos seres inteligentes y culturales, capaces de aprender y transmitir conocimientos de generación en generación. Podemos imaginar nuestra muerte e incluso futuros diferentes. Somos emocionales y podemos sentir compasión. No sólo nos gustan las personas, sino también otros seres vivos. Esto significa que somos biofílicos, que amamos la vida. Podemos pensar críticamente sobre nosotros mismos, sobre nosotros como personas y como humanidad. Nuestras habilidades de pensamiento nos muestran que nuestras acciones a menudo no están a la altura de nuestros sentimientos o pensamientos. Esto se traduce en sentimientos de culpa y responsabilidad. Definimos el bien y el mal. Podemos ser bastante malos, pero también buenos y sostenibles.[258]

Somos capaces de pensar en salir de nuestro planeta, incluso de transportar individuos a cuerpos celestes vecinos como la Luna y quizá Marte. Pero somos un componente dependiente del ecosistema de la Tierra. Dependemos de este sistema para cultivar nuestros alimentos y de la biosfera para que nos proporcione las condiciones básicas que necesitamos para sobrevivir. En realidad, nos habíamos creído más magníficos. Pensamos que la Tierra era un disco, en el centro de todo y que todo debía girar en torno a nosotros. Experimentamos la humillación de que no era así. Nos considerábamos la corona de la creación, creados a imagen de Dios. Pero la biología evolutiva nos ha enseñado lo contrario en un proceso circunstancial de siglos. Además. ahora también tenemos que tragarnos el sapo de que no podemos controlar el ecosistema terrestre, sino que dependemos en cuerpo y alma de que los ecosistemas realicen un trabajo físico, y nos limitamos a dejarnos enchufar a los flujos materiales y energéticos.

En realidad, estas lecciones de la ciencia, las humillaciones de la humanidad, no reducen nuestro sentido de que la vida puede ser muy bella, de que el ser humano es algo único y de que la condición humana es un valor especial. Las personas que son felices y disfrutan de la belleza del mundo, la naturaleza y la cultura, el aprendizaje, el conocimiento y la reflexión quieren que todos los demás sientan lo mismo; hoy y todas las generaciones futuras. Como seres humanos, tenemos buenas razones para tomarnos en serio a nosotros mismos y asegurarnos de que todo el mundo está bien. Es comprensible y legítimo situar a las personas en el centro de nuestros intereses. Así es como llegamos al enfoque humanista. Se trata de una idea antigua que se ha replanteado muchas veces. Se trata de la hermosa visión del desarrollo de seres humanos a los que se les permite desarrollar su potencial de tal manera que lleven una buena vida, lo que también incluye ser humano y defender a otras personas y seres vivos.

Sin embargo, este humanismo tiene una debilidad. El entusiasmo por la magnificencia y la importancia de los seres humanos puede ser tan grande que se olvide el resto, es decir, la cuestión de estar integrados en el ecosistema global y depender de él. La hazaña que debemos conseguir ahora los humanos modernos es, por un lado, no perder la fe en los humanos y en la humanidad ante el estado ecológico de la Tierra y, por otro, no situar a los humanos por encima de la naturaleza, de la que formamos parte. Esta forma de pensar y de aunar los valores del humanismo con los conocimientos de la ecología puede denominarse ecohumanismo.[259]

Con estas consideraciones, parece que nos hemos alejado bastante del bosque. Pero si resumimos lo que hemos aprendido hasta ahora sobre el bosque y sobre nosotros mismos, queda claro que estamos destruyendo este magnífico y complejo ecosistema con nuestro desarrollo humano. Esto puede describirse en términos científicos. Sin embargo, medir la diversidad de árboles, el verdor de la vegetación, el contenido de carbono de los suelos forestales o la extinción de especies sólo nos proporciona información sobre lo que está ocurriendo. Esto no nos facilita ningún conocimiento sobre lo que deberíamos querer y lo que es bueno o correcto. Si hay tantas cosas que van tan claramente mal en este mundo, tenemos que preguntarnos si estamos utilizando nuestros conocimientos de forma responsable.

Se supone que la responsabilidad es algo que sólo podemos sentir los seres humanos. Es un sentimiento y depende de lo que se considere correcto en una sociedad con ciertos valores morales. En definitiva, se trata de decisiones que nos llevan a imponernos normas a nosotros mismos. En un laborioso proceso, a lo largo de la historia ha prevalecido la idea de que la dignidad humana es inviolable, de que no debemos matar ni esclavizar a otros seres humanos, de que todos los seres humanos son iguales y, por tanto, merecen los mismos derechos humanos.

Diseñamos nuestras leyes y normas sobre la base de dichos principios éticos y morales. Esto no quiere decir que siempre podamos cumplirlas, pero se han tomado medidas importantes. Ya existen algunas leyes relativas al tratamiento de nuestros medios de vida y de otros seres vivos. La pregunta es si podemos ir un poco más lejos. ¿Somos capaces de dotarnos de principios éticos y morales basados en el conocimiento que nos guíen sobre cómo debemos tratar el bosque? ¿Y cuál es el punto de partida para construir esos principios? En este punto es donde entra en juego la ética.

El término «ética» aparece una y otra vez en las noticias. Por ejemplo, cuando el Consejo de Ética alemán hace recomendaciones y se supone que debe explicar, por ejemplo, si es bueno que un país imponga la vacunación obligatoria durante una pandemia. «El Consejo de Ética de Alemania se ocupa de las grandes cuestiones de la vida. Con sus declaraciones y recomendaciones, proporciona orientación para la sociedad y la política [...]». El Consejo de Ética de Alemania, que existe desde 2008 (surgió del Consejo Nacional de Ética fundado en 2001), «ha preparado 22 declaraciones exhaustivas, entre ellas sobre los temas de la renuncia anónima a los hijos, la intersexualidad, el diagnóstico preimplantatorio, el diagnóstico genético, el bienestar de los pacientes y el *big data*. De este modo, se ha establecido como una fuerza impulsora para asesorar a los políticos, pero también al público en general».[260] ¿Qué llama la atención? Exacto, que no se abordan temas ecológicos.

En una conferencia celebrada en 2012 se abordaron las cuestiones éticas del suministro mundial de alimentos, pero sin tratar los límites ecológicos o ecosistémicos del crecimiento. Desde una perspectiva ecológica, la ética en Alemania sigue siendo bastante ciega. Tendemos a dejar los bosques y los animales salvajes, la tierra y el agua en manos de los expertos, los ingenieros y las personas con intereses de exploración. Los ciudadanos y las asociaciones que hacen campaña por la protección están dotados, a su vez, de ciertos derechos para que se escuche su voz. Pero, al final, se trata de que lo que queremos de la naturaleza es lo que impulsa su uso, sólo ligeramente frenado por las leyes de conservación de la naturaleza y el medio ambiente o las protestas de la sociedad civil.

No existe un debate ético permanente en la sociedad sobre lo que está bien o mal en el trato con la naturaleza. Esto no significa que los impulsos no existan, pero aún no son tan fuertes como para que la política tenga que lidiar con ellos constantemente.

En la actualidad, está cobrando más peso la idea de que la naturaleza debería tener sus propios derechos, de modo que las personas pudieran acudir a los tribunales y demandar en caso de daños medioambientales. Se trata de una construcción jurídica auxiliar que se inspira, entre otras cosas, en el hecho de que los primeros países han inscrito esos derechos de la naturaleza en sus constituciones. La cuestión, sin embargo, es si el segundo paso se está dando antes que el primero.

¿No sería importante aclarar éticamente de antemano si es correcto que nosotros, como humanos, presumamos de conferir derechos humanos a ríos, océanos o especies para luego defenderlos ante los tribunales, sin que esté claro si la naturaleza quiere ser nuestro cliente? ¿Por qué nos desviamos tanto hacia la humanización de la naturaleza?

No sería tal vez más eficaz afirmar tan sólo que debemos proteger los ecosistemas de nosotros mismos en nombre de las personas que viven hoy y en el futuro y para preservar sus medios de subsistencia? ¿No deberíamos definir e interpretar mejor ética y jurídicamente el derecho humano a un medio ambiente sano, a un ecosistema terrestre que funcione?

La ética significa hacer muchas preguntas importantes. Una sociedad que se hace más preguntas antes de actuar es más lenta, pero al final quizá esté mejor protegida de querer hacer lo incorrecto.

Desde que se empezó a pensar en el medio ambiente, ha habido una reflexión ética sobre él. No comenzó con el fraile medieval Francisco de Asís, que abogaba por una relación fraternal con los demás seres vivos, ni terminó con el ecologista estadounidense Aldo Leopold, que abogaba por una ética de la Tierra.

> «Una ética de la tierra cambia el papel de *Homo sapiens* de conquistador de la comunidad de la Tierra a miembro de pleno derecho y ciudadano de ella. Significa respeto por los demás miembros y por la comunidad como tal».
> ALDO LEOPOLD (1949)[261]

Proponemos una ética del ecosistema sobre esta base.[262] Tomaría como punto de partida nuestro estado actual de conocimiento sobre el ecosistema terrestre. Esto significa que los seres humanos nos vemos como parte del gran proceso de la evolución y como organismos que tienen licencia para participar en el gran sistema doméstico de la biosfera.

En un sentido ecohumanista, primero hay que garantizar que el ecosistema funcione. Esto es importante para el ecosistema y también para las personas que dependen de él. El enfoque está orientado al uso, pero no sólo a él, ya que amamos la vida en todas sus formas y podemos empatizar con otros organismos. Toda reflexión debe partir del ecosistema; pero también puede y debe tener en cuenta a las personas. Debemos luchar por lo que es bueno para el ser humano y su humanidad; al fin y al cabo también en el sentido de la biosfera. En este punto volvemos al bienestar humano, que debemos definir.

¿Qué es una buena vida?

La forma exacta en que debe definirse el bienestar humano es tema de investigación y discusiones políticas. El término surgió en inglés como *human well-being* y se distingue claramente del concepto de riqueza (*wealth*). Está muy cerca de la buena vida, que desempeña un papel más importante en otros círculos culturales. En América Latina, el *buen vivir* o *vivir bien* desempeña un papel más relevante en la búsqueda de objetivos adecuados de desarrollo social y personal.[263] En realidad, esto es justo lo que todas las personas desean. La cuestión es cómo definirlo.

En la economía de la prosperidad clásica, la atención se centra principalmente en lo material, es decir, en cómo se pueden satisfacer las necesidades y los deseos de los consumidores.[264] Sin embargo, desde hace décadas, está claro que un mayor consumo sólo hace feliz a la gente hasta cierto punto, y surgió la pregunta de si la felicidad subjetiva no sería una forma mejor de medir la prosperidad.[265] Desde entonces, varios informes internacionales[266] e incluso una comisión del Bundestag alemán se han ocupado de estas cuestiones.

En 2013, esta comisión propuso el empleo de un nuevo concepto de prosperidad y una nueva medición de ésta que tuviera en cuenta las dimensiones social y ecológica, además del aspecto material.[267] Este proyecto permaneció en el olvido durante muchos años, pero al menos la pelota fue recogida desde el ámbito internacional al más alto nivel político. Los estudios sobre nuevos indicadores que van más allá del crecimiento y el producto interior bruto ahora llenan estanterías enteras.[268]

También en la investigación sobre los sistemas ecológicos sociales, la evaluación del bienestar humano se ha intensificado.[269] Se mencionan una y otra vez los límites del crecimiento, incluso después de 50 años.[270]

Las dimensiones del bienestar humano que se discuten en la actualidad incluyen los niveles de vida materiales (ingresos, consumo y riqueza), la salud, el desarrollo personal, las actividades personales, incluidos el trabajo, la participación política y la gobernanza, las conexiones y relaciones sociales, y la seguridad, tanto económica como física. Algunas de estas dimensiones pueden ser ingredientes más que indicadores de bienestar.

Creemos que el bienestar humano (percibido y medible) incluye los siguientes aspectos: seguridad alimentaria, seguridad frente al peligro, salud física, salud mental, información, relaciones sociales y pertenencia, estima experimentada, libertad y autorrealización, capacidad intelectual, moralidad, buena vida. Estos aspectos del bienestar están, por supuesto, interrelacionados y son mutuamente beneficiosos. Quizás una vida que se siente bien o exitosa también sea el resultado de los otros aspectos. Es importante que reconozcamos que existen tres fuentes principales gracias a las cuales se puede obtener una buena vida: el entorno natural, nuestros semejantes y la propia persona.

Por lo tanto, nuestro bienestar depende de los servicios ecosistémicos y sociales. En particular, los ecosistemas proporcionan en gran medida los ingredientes para la nutrición, la salud y la seguridad. Cualquiera que esté hambriento y enfermo será menos capaz de preocuparse por desarrollar su intelecto y juicio moral. Pero no se trata sólo de la seguridad alimentaria, sino también de las condiciones de vida seguras, la protección contra tormentas, inundaciones, incendios y calor, entre otros.

A veces, los productos y servicios que proporcionan los ecosistemas, como los cultivos agrícolas o los recursos hídricos, deben ser gestionados y distribuidos por las personas para que lleguen al individuo. Sin embargo, los bienes fundamentales que necesitamos para vivir y que provienen de los ecosistemas en funcionamiento, es decir, los alimentos y el agua, no pueden ser reemplazados por las personas. En el mejor de los casos, esto puede funcionar a nivel local o regional enviando suministros de socorro a un área cuando la cosecha ha fallado.

En primer lugar, es crucial estar de acuerdo en que debemos esforzarnos por conseguir una buena vida para el mayor número posible de personas a todos los niveles: mundial, nacional y local. En realidad, para esto se inventó la economía, aunque ésta a veces parece perder de vista este principio.

En cualquier caso, apostamos por la necesidad de cultivar con los recursos escasos y los servicios que nos ofrecen los ecosistemas. Por eso es importante conocer bien estos servicios ecosistémicos, saber cuáles son especialmente importantes y en qué circunstancias están a nuestra disposición. Sólo entonces se podrá decidir cómo se organizará un acceso justo a estos servicios.

Los servicios ecosistémicos como base esencial para el bienestar humano

Los servicios ecosistémicos describen sobre todo todas las relaciones entre los seres humanos y la naturaleza. El término «servicios ecosistémicos» surgió en la década de 1970 en relación con su valor para los seres humanos. Walter Westman preguntó, en 1977, lo siguiente en la revista científica *Science*: «¿Qué valor tienen los logros de la naturaleza?».[271] Comenzó el artículo con una cita del poeta William Wordsworth: «La flor más común que florece puede hacerme pensar que a menudo es demasiado profunda como para llorar», y se pregunta cuánto podría haber valido esta humilde flor de Wordsworth. Con ello se abrió el debate. La naturaleza tiene un gran valor para nosotros sin que esta apreciación esté asociada al consumo de productos. Westman reproduce una inspiración de la naturaleza que ahora llamaríamos un servicio ecosistémico cultural. El matrimonio Paul y Anne Ehrlich retomó y divulgó el tema de los servicios funcionales que finalmente se denominaron servicios ecosistémicos.[272]

En alemán, el término sólo se utilizó en el debate sobre la *Evaluación de los Ecosistemas del Milenio*. Al principio, la gente hablaba a menudo de los servicios ecosistémicos. Una diferencia pequeña pero sutil que enfatiza aún más la idea de que los ecosistemas están «a nuestro servicio». Se trata de otro cambio en la visión del mundo, porque sugiere que la biosfera está ahí para que la controlemos y provea a la humanidad. El presidente de la Asociación Alemana de Propietarios de Bosques, el Prof. Dr. Andreas Bitter, llegó a afirmar que el público en general se beneficia de numerosos servicios ecosistémicos prestados por el bosque, que los propietarios forestales siguen proporcionando de forma gratuita; el bosque como centro turístico, como depósito de agua, el bosque protector, como el mayor sumidero natural de CO_2...[273] Se trata claramente de procesos y funciones de los ecosistemas que también están presentes sin los seres humanos. En el momento en que los seres humanos los utilizamos, consciente o inconscientemente, se convierten en servicios ecosistémicos.

La «prestación de servicios ecosistémicos» ha existido desde el principio de la humanidad. Contienen todo el material que se extrae de la naturaleza para que las personas puedan alimentarse, construir, calentarse, vestirse o proveerse de cualquier otro modo de las cosas creadas por el ecosistema. Éstos son, por tanto, los recursos naturales clásicos. Estos servicios son bienes que se extraen o retiran y se procesan o consumen. El uso de estos servicios ecosistémicos puede tener un efecto perjudicial sobre el ecosistema si supera un determinado nivel. En el caso de los bosques, estos servicios son la producción de madera en particular, pero también de setas o frutos y carne de caza.

Los «servicios ecosistémicos regulatorios» fueron especialmente populares debido a la crisis climática. El hecho de que las plantas almacenen carbono y, a cambio, eliminen el dióxido de carbono del aire es algo que se aprende en todos los cursos de biología básica, pero que este proceso podría ser esencial para la supervivencia de la humanidad sólo se ha vuelto más importante en las últimas décadas. El papel de los bosques protectores, por ejemplo en las montañas, también está claro desde hace mucho tiempo. Estabilizan los suelos y evitan deslizamientos de tierra o inundaciones. El almacenamiento y la purificación del agua, la refrigeración de los paisajes... todo ello forma parte de los servicios ecosistémicos que no sólo hacen habitable nuestro hábitat, sino que a menudo lo hacen soportable y, sobre todo, seguro.

Las personas sólo comienzan a apreciar realmente los servicios ecosistémicos regulatorios cuando escasean y se ven amenazados. Hemos llegado a este punto, y muy pronto serán los componentes más importantes de las llamadas «soluciones basadas en la naturaleza» en la crisis climática.

También en este contexto vale la pena buscar libros antiguos. En el libro *El bosque* de Emil Adolph Rossmässler de 1862, se pueden encontrar reflexiones espectaculares: «Cuando el roble yace talado junto a su raíz, y la sierra y el hacha lo ocultan, no es sólo entonces cuando empieza a resultarnos útil. La mayor parte de su utilidad termina con su vida. Lo que hacemos con su madera no es igual en importancia a lo que aportó como árbol vivo en beneficio de nuestra vida con otros árboles. Como guardabosques, no como leñador, el silvicultor es un trabajador importante al servicio de la vida del pueblo, no menos destacado que el agricultor. [...] Quizá sólo para algunos de mis lectores sea necesario decir primero que ahora tengo presente la importancia del bosque para el clima y, por tanto, para la fertilidad del suelo».[274]

En este pasaje se elogian los servicios ecosistémicos del bosque cien años antes de que empezaran a llamarse así. Pero también hay cierta autocrítica por parte del silvicultor Rossmäßler: «Sin embargo, la silvicultura todavía no presta especial atención a este aspecto de la mayor importancia de los bosques, porque su último y próximo objetivo siempre ha sido cosechar la mayor cantidad de madera posible, con la prudente consideración de que también se asegura una cosecha similar para tiempos futuros».[275]

No obstante, esta ligera crítica se disipa inmediatamente cuando afirma que «el bosque cultivado por la madera y por el bien de la vida [...] también era adecuado» para cumplir con las demás tareas. Fue entonces cuando surgió la llamada teoría del agua de la estela; la utilización de la madera garantiza que también se fomenten los demás servicios a la vez. No obstante, como es bien sabido, en realidad no funcionó bien.

El hombre y los bosques: sobre vivir y sentir

Las tres clases de servicios ecosistémicos actualmente reconocidas en la ciencia son, por lo tanto, el suministro, la regulación y la cultura. Los de suministro están claros, los de regulación no requieren ser tratados en profundidad en este apartado, ya que las secciones sobre los bosques como acondicionadores del aire, hacedores de lluvia y constructores han dejado muy claro hasta qué punto depende de ellos el funcionamiento del sistema terrestre y, por tanto, nuestra existencia. Sin embargo, los servicios culturales de los ecosistemas merecen una consideración especial.

Según la categorización internacional, estos servicios culturales incluyen todas las experiencias que las personas tienen con la naturaleza mientras están en ella. Estas experiencias conducen a la recuperación, la sanación, el entretenimiento y/o la edificación. Además, los seres humanos adquirimos percepciones y conocimientos a través de nuestra interacción con la naturaleza; nos sentimos inspirados. Para muchos de nosotros, la interacción con la naturaleza también tiene un valor simbólico, espiritual o religioso. Este valor puede experimentarse tanto en la interacción con criaturas individuales, como mascotas o animales de zoológico, como en el ecosistema.

La naturaleza del hábitat ancestral o lugar principal de residencia de una persona, lo que suele denominarse hogar, contribuye a su identidad. Nos sentimos conectados a un paisaje familiar de mar, montaña o bosque. A lo largo de la vida, este sentimiento también puede surgir en relación con paisajes previamente desconocidos que nos encantan como destino de vacaciones o a través de experiencias vitales especiales. Por lo tanto, la naturaleza puede generar un sentimiento de bienestar y perte-

No existe bienestar humano sin el funcionamiento de los ecosistemas

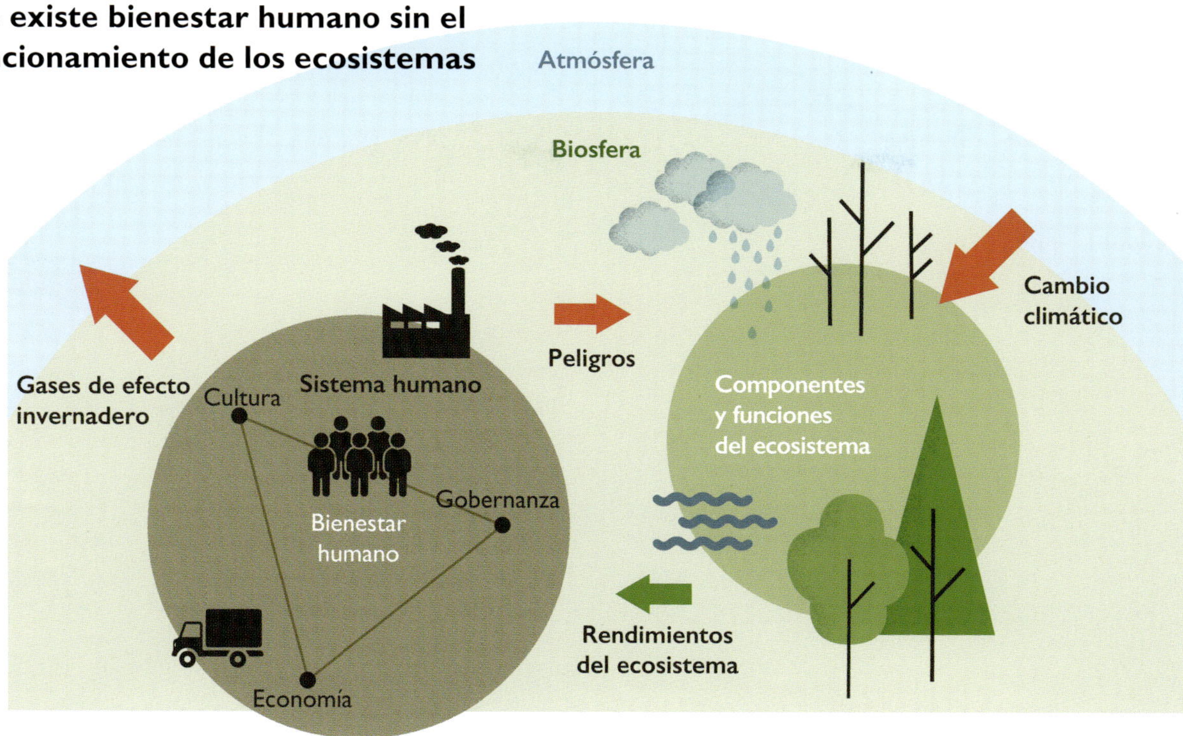

Gráfico superior:
Toda la humanidad, todo el sistema humano están incluidos como componente dependiente en el ecosistema global.
Los servicios ecosistémicos, junto con los servicios sociales derivados de la cultura, la gobernanza y la economía, generan bienestar en las personas. Sin embargo, la actividad económica también crea amenazas para el ecosistema. Al utilizar los servicios ecosistémicos, se dañan componentes y funciones del ecosistema, lo que provoca cambios atmosféricos y climáticos.
A la larga, esto también limita los servicios del ecosistema.
Un bucle de retroalimentación negativa.

Gráfico inferior:
La interacción de los componentes del ecosistema forestal da lugar a interacciones y procesos que, a su vez, cumplen funciones dentro de la estructura. El ser humano utiliza estas funciones ecológicas como servicios ecosistémicos.
Las funciones reguladoras y productivas conducen a servicios reguladores, culturales y de aprovisionamiento. Éstos son la base del bienestar humano.

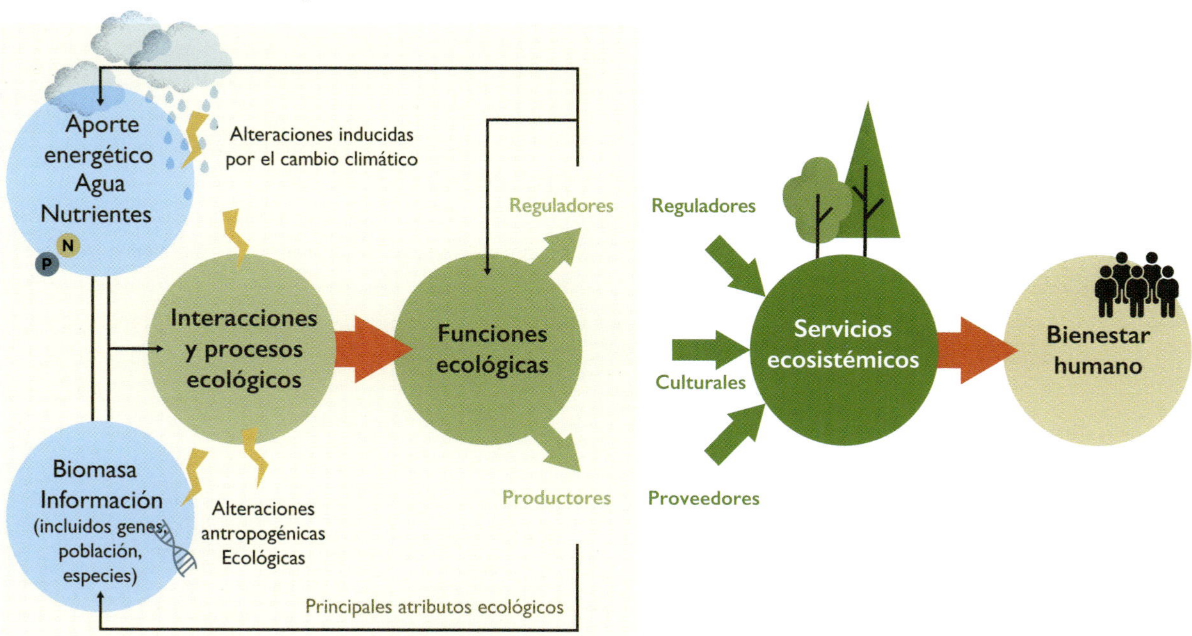

(Pierre L. Ibisch, Lazy Place, Brandeburgo, mayo de 2022).

nencia. No hay que subestimar el efecto de todo esto en nuestro bienestar.

La naturaleza puede hacer directa e indirectamente que las personas estén sanas, fuertes y seguras de sí mismas, aunque sólo podamos hablar de efectos culturales de los ecosistemas de forma limitada a nivel individual.

Una vez más, fue Edward Wilson, a quien debemos logros clave en biogeografía insular, sociobiología e investigación sobre biodiversidad y conservación de la naturaleza, quien popularizó el término biofilia, que ya había sido acuñado mucho antes.[276] Esta hermosa palabra significa «amor a la vida» y se refiere a nuestro deseo de conectarnos con los seres vivos. Ahora hay incluso evidencia científica (por ejemplo, de un estudio con gemelos) de que una devoción pronunciada por la naturaleza está influida genéticamente.[277]

Los seres humanos somos seres sociales y, sin relaciones con los demás, nos atrofiamos y ni siquiera podemos empezar a desarrollar nuestro potencial emocional e intelectual. No estamos destinados a estar del todo solos. Sin embargo, las personas no se encuentran necesariamente solas sin sus semejantes si pueden comunicarse con la naturaleza, como un ermitaño, por ejemplo, o convivir con un animal.

Nuestra capacidad de relacionarnos con los demás y con todos los seres vivos es lo que nos hace del todo humanos y es posible que mejores personas. Es parte de la humanidad que podamos preocuparnos por los demás y que también queramos preocuparnos por ellos. Somos capaces de sentir compasión, somos empáticos. Sin embargo, esta empatía no sólo se aplica a otras personas, sino también a los organismos vivos que no pertenecen a nuestra especie o, incluso, a los organismos de los ecosistemas. Las personas pueden sufrir cuando presencian la destrucción de un bosque. El miedo a la pérdida puede influir, así como el sentido de nuestra propia finitud, pero también una profunda simpatía y amor. Podemos atribuir un valor a la naturaleza y a los demás seres vivos, el derecho a existir, incluso podemos canonizarlos.

Al final, esta empatía, vista con sobriedad desde una perspectiva evolutiva, también puede contribuir a la autoprotección. Nuestro amor por la naturaleza nos infunde respeto y nos impide destruir la base de nuestra existencia. Espera un momento… ¿pero por qué la naturaleza parece ahora tan maltratada en muchos lugares? ¿Por qué la estamos llevando colectivamente a la destrucción? Puede que tenga algo que ver con el hecho de que nos hemos distanciado trágicamente de la naturaleza como parte de nuestro desarrollo cultural. Nuestra supuesta inteligencia nos llevó a nosotros, *Homo sapiens*, a influir en la naturaleza para cuidarnos mejor. Construimos casas para no tener que depender únicamente de tejados frondosos, canales para poder tener ríos donde antes no los había, puentes, coches y aviones para poder superar los límites que nuestra propia naturaleza nos había impuesto.

Más de la mitad de la población mundial vive ahora en ciudades alejadas de la naturaleza. Con frecuencia no han crecido lentamente, sino que han sido diseñadas sobre papel, ya no tienen formas orgánicas y son pobres en seres vivos visibles. Los mapas de las ciudades parecen tableros de ajedrez con líneas rectas que casi no existen en la naturaleza; las ciudades tienen superficies lisas y frías, fabricadas con materiales que extraemos de la tierra o creamos nosotros mismos, como el hormigón, el acero y el vidrio. En el momento en que los arquitectos fueron capaces de elevar las viviendas humanas por encima de la naturaleza, la construcción adquirió un significado adicional, una declaración de superioridad e independencia. Durante miles de años, los maestros constructores de diversas culturas han citado a la naturaleza. Ornamentos en forma de flores y hojas adornaban fachadas, tejados y columnas. El arte arquitectónico rebosaba de representaciones animales de todo tipo. Hace cien años, los zarcillos y las flores *art nouveau* volvieron a proliferar en torno a arcos y fachadas. Con el advenimiento definitivo del movimiento moderno, sin embargo, regresó una nueva sobriedad. No obstante, ahora los arquitectos también debaten sus consecuencias.[278] Entre las preguntas actuales figuran, por ejemplo: ¿cómo deberían ser las ciudades u hospitales biofílicos?

Incluso en mundos alejados de la naturaleza, la gente sigue rodeándose de elementos naturales como plantas de interior y acuarios, y, si es necesario, de ejemplares artificiales como peluches o plantas de plástico. Por desgracia, nada de esto nos ayuda a los humanos a superar nuestra falta de experiencia con la naturaleza, en especial los encuentros imprevistos, sorprendentes y a veces desagradables con criaturas salvajes. Incluso las personas a las que les gusta estar al aire libre hoy en día se envuelven en nubes de productos químicos para evitar que les piquen los mosquitos y nunca salen de los caminos trillados para que el ecosistema no les estorbe su ritmo acelerado. Muchos se mueven al aire libre, pero a menudo sólo por senderos llanos y pasando entre verdes telones de fondo. Pero ¿y si es el encuentro con hormigas, mosquitos, zorros y viejos árboles del bosque lo que realmente nos hace por completo humanos? ¿A las personas que aprenden a empatizar con la naturaleza y, por tanto, quieren protegerla? Los baños de bosque de los adultos y, sobre todo, de los niños que juegan en el bosque, ensuciándose los dedos al jugar con el barro o examinar troncos de árboles caídos, adquieren un significado por completo distinto que va mucho más allá de los efectos superficiales sobre la salud.

> «La naturaleza, en las múltiples interpretaciones de la palabra, a veces entendida como la totalidad

Servicios ecosistémicos de salud

La naturaleza hace que estés saludable y sano. Lo que durante mucho tiempo se consideró una verdad evidente basada en experiencias subjetivas y que algunos incluso tacharon de tonterías ha sido objeto de intensas investigaciones científicas. Por razones comprensibles, la investigación ha hecho especial hincapié en los espacios verdes urbanos. Amplias evaluaciones[1] muestran que los «espacios verdes» tienen un efecto muy positivo en la salud mental, en contraste con un entorno alterado y poco saludable.[2] Influyen en el estado de ánimo y las emociones, y reducen el estrés y las enfermedades mentales. Los investigadores deportivos también han descubierto que hacer ejercicio en la naturaleza es más saludable que hacerlo en espacios cerrados.[3] Incluso un paseo de una hora por el campo calma la amígdala, el llamado núcleo amigdalino del cerebro, responsable de la excitación emocional y el estrés.[4] En cambio, permanece activado durante un paseo de una hora por la ciudad.

Mientras que el ruido del tráfico contribuye al estrés, a trastornos de ansiedad y a otras enfermedades mentales, se ha demostrado que el canto de los pájaros es beneficioso.[5] La diversidad de los paisajes sonoros naturales también desempeña un papel en este sentido. Los ecologistas estudian cada vez más los paisajes sonoros (soundscapes) como indicadores de la salud de los ecosistemas. Evidentemente, también tienen un efecto muy directo en el bienestar humano, algo que no sorprende a nadie que disfrute paseando por el bosque y escuchando a los pájaros, las copas de los árboles y los arroyos.

Aunque se ha demostrado que disfrutar de la naturaleza virtual con ayuda de todo tipo de medios también puede ser relajante,[6] este efecto suele ser sólo a corto plazo.[7] Los efectos positivos de la naturaleza real, en cambio, van mucho más allá y son más profundos, ya que en ella confluyen efectos psicológicos y físicos. Entre otras cosas, las sustancias orgánicas volátiles que emanan de las flores y las hojas son responsables de ello.[8] En el caso de las coníferas, los terpenos son especialmente eficaces, mientras que los derivados de los ácidos grasos desempeñan un papel importante en los árboles de hoja caduca.

También se ha demostrado el efecto positivo de las sustancias orgánicas volátiles de álamos y pinos, por ejemplo, en relación con el tratamiento de la COVID-19.[9] Ésta es una de las razones por las que «darse un baño de bosque» puede ser tan saludable. Un notable estudio ha investigado las diferentes tasas de mortalidad relacionadas con el coronavirus en distintas regiones de Italia. Descubrió que, aunque el número medio de muertes se multiplicó por cuatro entre 2020 y 2021, el porcentaje de muertes por habitante fue menor en las regiones mediterráneas más verdes, como Cerdeña, Calabria y Basilicata, que en las regiones septentrionales con escasos bosques. Los datos también muestran que la gravedad de la pandemia no podría explicarse únicamente por la densidad de población. La proximidad al mar, un clima más suave y una dieta más saludable también desempeñaron un papel importante. Existe incluso una explicación molecular; las sustancias vegetales orgánicas podrían interferir en la unión de la proteína del coronavirus con el receptor celular humano.[10] Las tasas de mortalidad más bajas se registraron en regiones del sur de Italia como Molise y Basilicata, donde la proporción de bosque per cápita es superior a 0,5 hectáreas/persona.[11]

En la crisis climática, los efectos microclimáticos de los bosques también son cada vez más importantes para la salud humana.[12] Prevenir o reducir las olas de calor salva vidas.

1. White, M. P. *et al.* (2021). «Associations between green/blue spaces and mental health across 18 countries». *Scientific Reports* 11: 8903 10.1038/s41598-021-87675-0
2. Hobbs, M. *et al.* (2021). «Unhealthy environments are associated with adverse mental health and psychological distress: Cross-sectional evidence from nationally representative data in New Zealand». *Preventive Medicine* 145. 106416. 10.1016/j.ypmed.2020.106416.
   Bratman, G. N. *et al.* (2021). «The affective benefits of nature exposure». *Social and Personality Psychology Compass* 15 (8): artículo e12630. 10.1111/spc3.12630.
3. Araújo, D. *et al.* (2019). «The empowering variability of affordances of nature: Why do exercisers feel better after performing the same exercise in natural environments than in indoor environments?». *Psychology of Sport and Exercise* 42: 138-145. 10.1016/j.psychsport.2018.12.020.
4. Sudimac, S. *et al.* (2022). «How nature nurtures: Amygdala activity decreases as the result of a one-hour walk in nature». *Molecular Psychiatry*. Publicación *online*: 10.1038/s41380-022-01720-6.
5. Stobbe, E. *et al.* (2022). «Birdsongs alleviate anxiety and paranoia in healthy participants». *Informes científicos* 12, artículo 16414. 10.1038/s41598-022-20841-0.
6. Li, H. *et al.* (2021). «Access to nature via virtual reality: a mini-review». *Front. Psychol., Sec.* Psychology for Clinical Settings: 10.3389/fpsyg.2021.725288.
7. Zabini, F. *et al.* (2020). «Comparative Study of the Restorative Effects of Forest and Urban Videos during COVID-19 Lockdown: Intrinsic and Benchmark Values». *International Journal of Environmental Research and Public Health* 17 (21): 8011. 10.3390/ijerph17218011.
8. Wu, J. *et al.* (2021). «Biogenic volatile organic compounds from 14 landscape woody species: Tree species selection in the construction of urban greenspace with forest healthcare effects». *Journal of Environmental Management* 300: 113761. 10.1016/j.jenvman.2021.113761.
9. Roviello, V. *et al.* «Forest-bathing and physical activity as weapons against COVID-19: a review». *Environ Chem Lett* 20: 131-140. 10.1007/s10311-021-01321-9.
10. Roviello, V.; Roviello G. N. (2022). «Less COVID-19 deaths in southern and insular Italy explained by forest bathing, Mediterranean environment, and antiviral plant volatile organic compounds». *Environmental Chem. Letters* 20: 7-17. 10.1007/s10311-021-01309-5.
11. Roviello, V.; Roviello G. N.(2021). «Lower COVID-19 mortality in Italian forested areas suggests immunoprotection by Mediterranean plants». *Environmental Chem. Letters* 19: 699-710. 10.1007/s10311-020-01063-0.
12. Gillerot, L. *et al.* (2022). «Forest structure and composition alleviate human thermal stress – Gillerot – Global Change». *Biology* 28 (24): 7340-7352. 10.1111/gcb.16419.

> del ser y del devenir, en ocasiones como una fuerza interior y en movimiento, y otras veces como el misterioso arquetipo de todos los fenómenos, se revela al simple sentido y sentimiento del hombre sobre todo como algo terrenal, más estrechamente relacionado con él».
> ALEXANDER VON HUMBOLDT[279]

Ésta era la opinión del naturista, conocido sobre todo por su acercamiento en extremo racional a la naturaleza, observando los detalles, tomando una y otra vez medidas y recogiendo muestras. Aunque no apreciaba el hecho de que la filosofía natural que floreció en su época ignorara los descubrimientos científicos, siempre defendió que la naturaleza no podía entenderse sin sentirla. En una carta a Goethe en enero de 1810, escribió con bastante claridad: «Hay que sentir la naturaleza. Cualquiera que sólo vea y haga abstracciones puede diseccionar plantas y animales de una era humana, en el ajetreo y el bullicio del resplandeciente mundo tropical; pensará que describe la naturaleza, pero será eternamente ajeno a ella».[280]

Encontrarse con la naturaleza es algo más que unos servicios ecosistémicos culturales. Quizá deberíamos hablar también de servicios psíquicos del ecosistema que nos ayudan a sentirnos uno con el todo, que pueden hacernos no sólo más completos e inspirados, sino también más responsables y sostenibles. Los representantes de los llamados pueblos primitivos, que durante tanto tiempo han sido despreciados por los supuestamente civilizados, casi con seguridad no podrán más que asombrarse ante estas consideraciones. Para las personas que han crecido en estrecha relación con un ecosistema, todo esto está muy claro, al menos de manera inconsciente.

Por otro lado, muchos representantes de la Sociedad 2.0 que creen en la tecnología se apresuran, sin duda, a hacer acusaciones esotéricas poco objetivas. En el fondo, sin embargo, se trata de una negación de las emociones que es cualquier cosa menos científica, porque los humanos somos seres racionales y emocionales.

La experiencia percibida de la naturaleza podría convertirnos en personas más sostenibles. Por supuesto, nadie tiene la culpa de tener miedo a la naturaleza, a los bichos o simplemente de que no le apetezcan los paseos salvajes por pantanos y maleza. Sería del todo inapropiado culpar a las personas por haber crecido en una civilización moderna alejada de la naturaleza y por apreciar las comodidades de las ciudades. Pero quizás deberíamos al menos pensar mucho más en lo que podríamos estar pasando por alto y qué opciones tenemos para eliminar esta deficiencia. La biofilia puede ayudarnos a desarrollar una motivación más fuerte para defender la naturaleza, pero hay que entrenarla.[281]

No cabe duda de que nuestra cultura también puede apoyarnos en esto. Lo hace con la ayuda de programas que nos conducen a la naturaleza (sus restos) y nos proporcionan experiencias algo menos salvajes. Las instituciones educativas tienen una gran responsabilidad en este sentido; en los jardines de infancia, las escuelas y las universidades, se debería aplicar lo siguiente: salir y volver a la naturaleza siempre que sea posible.[282] El arte también tiene una gran importancia en este caso. Puede enfrentarnos a la falta de naturaleza, confundirnos o simplemente deleitarnos con belleza.

> «En el bosque, en el bosque, me siento
> iluminado,
> El mundo es oscuro,
> Pero entre las hojas espesado,
> Este baño me hace sentir puro.
> Nado en un mar de colores,
> Me proporciona las sensaciones mejores.
> Nunca me he sentido tan bien».
> EXTRACTO DE: ACHIM VON ARNIM: «STOLZE EINSAMKEIT» («ORGULLOSA SOLEDAD») (1813)[283]

Estas líneas de la era romántica nos parecen extrañas a muchos de nosotros hoy en día; quizás incluso cursis y embarazosas. ¿Cómo hemos podido alejarnos tanto de los bosques y la naturaleza?

¿Por qué la gestión forestal?

Un curso de quince capítulos y catorce ideas básicas para un cambio de rumbo del bosque.

En sentido figurado, la actividad económica consiste en abastecer a grupos pequeños o grandes de personas, aunque es evidente que siempre se debe prestar atención a producir beneficio. No se puede llevar a la mesa más de lo que está disponible en la cocina y la despensa. Los buenos anfitriones han planificado y comprado lo suficiente como medida de precaución, tienen sus cadenas de suministro bajo control y se aseguran de cubrir sus costes y obtener ganancias para poder vivir bien ellos mismos.

A lo largo de la historia, las personas han aprendido a gestionar todo tipo de recursos escasos. Para ello, se forman especialistas que, por ejemplo, se dedican a la agricultura, el agua o, por supuesto, la silvicultura. Los silvicultores y los administradores forestales son responsables de garantizar que los productos y servicios de los bosques lleguen a la sociedad. Durante mucho tiempo, era evidente que la sociedad pedía madera sobre todo a los silvicultores. Por lo tanto, se convirtieron esencialmente en leñadores. El asunto estaba muy bien definido: el bosque se usa para que los propietarios puedan obtener ingresos y satisfacer la demanda del mercado de productos forestales.

Las fuentes históricas del siglo XVIII proporcionan información interesante sobre la utilización de los bosques. En el caso de los bosques soberanos, estos ingresos proceden del uso principal del bosque o de los usos secundarios que suelen darse. Los usos principales dependen en exclusiva de la madera; y los ingresos que derivan de ellos proceden de la madera y la leña que pueden venderse cada año de los bosques soberanos; los ingresos forestales anuales constituyen, pues, los ingresos principales».[1] En el texto de la enciclopedia en alemán fundada por Johann Georg Krünitz y publicada entre 1773 y 1858, también se enumeraban los llamados usos secundarios, lo que generaba unos ingresos adicionales. «Entre los usos adicionales se incluyen los siguientes: ingresos del uso de la resina y la destilación para obtener alquitrán, carbonato potásico, cristalerías, de los aserraderos de corte o aserrado, de la corteza a la pila de curtidores, de las nuevas minas u hornos de carbón, del engorde, del pastoreo en el bosque, de la madera de tala, de la madera pequeña para quemar (...), del tronco = y del dinero para plantar [...], de las sanciones por delitos forestales, de la abolición de los accidentes forestales [...], de la apicultura silvestre o de las abejas y la miel que se encuentran en los bosques [...], de la misma manera cuando se traen abejas domesticadas al bosque [...], de las roturas de las tuberías, de la recolección de bayas de enebro y avellanas, de la búsqueda de trufas, de las ramitas de abedul cortado para escobas [...], del servicio forestal, del que todo se comercia en su lugar».

Lo que era un uso primario o secundario se definía en función de los ingresos generados o casi exclusivamente desde la perspectiva de los propietarios forestales.

Reconocemos lo mucho que han cambiado los usos a medida que los combustibles fósiles y el petróleo han ido sustituyendo a los usos antes basados en los árboles. En el pasado, por ejemplo, las fábricas de vidrio, con su enorme demanda de leña, suponían una importante sangría para los bosques; la producción moderna de vidrio, en cambio, ha pasado a depender en gran medida del gas natural.

Hoy en día, las demandas de los bosques son más diversas y diferenciadas. Ya no se puede pensar en la economía tan sólo en términos de propietarios o demanda. Hoy sabemos que muchas de las antiguas prácticas silvícolas para obtener el material deseado no son buenas para el bosque. ¿Acaso hemos hecho demasiadas veces «el cálculo sin tener en cuenta al propietario»? ¿O tal vez los gestores han juzgado mal el equilibrio natural?

¿A quién sirve la gestión forestal?

¿Por qué siquiera deberíamos gestionar los bosques? ¿Sobre la base de qué conocimientos y con qué motivación? ¿A quién debemos escuchar, qué es un interés legítimo? ¿Y qué significa realmente la gestión? En relación con los bosques, ¿significa de manera automática talar árboles y recoger madera?

Es importante reflexionar sobre cómo funcionan en realidad nuestras sociedades y cómo organizan lo que hay que hacer. ¿Sabemos lo suficiente al respecto y, sobre todo, sabemos lo correcto? ¿Los conocimientos incorrectos o incompletos conducen a una mala gestión?

¿Quién decide realmente lo que es correcto? Puede que estas preguntas no se les ocurran a todos los implicados en la conservación de la naturaleza, la agricultura o la silvicultura. En la mayoría de los casos, la gente tan sólo actúa como ha aprendido o como ha hecho siempre.

La forma en que hacemos negocios está cambiando, pero lo que es seguro es que hacemos negocios. La agricultura se practica para las personas, sí, pero ¿para quién exactamente? ¿En beneficio de los propietarios o, en realidad, en beneficio de todas las personas, o mejor aún, en beneficio de la naturaleza, de la que formamos parte?

Los bosques son ecosistemas antiguos que no requieren la gestión humana para sobrevivir. Eso parece banal y, de hecho, no vale la pena mencionarlo. ¿De qué otra manera podrían haber sobrevivido los grandes bosques boreales de coníferas o los bosques tropicales primitivos del Amazonas o el Congo? Precisamente el problema de nuestro tiempo es que intervenimos con demasiada fuerza y dureza, y contribuimos así a la desestabilización de estos maravillosos bosques.

Sin embargo, durante décadas, las partes interesadas en la silvicultura han estado anclando en la arena política una narrativa que afirma lo contrario. Los bosques no pueden sobrevivir sin gestión forestal, y menos en tiempos de cambio climático. Esto culmina con titulares como el siguiente: «Usen la madera y los árboles, ¡por el bien del bosque!».[2]

Como resultado, muchos municipios aceptaron un presupuesto forestal deficitario, a pesar de que en el bosque se sucedían las talas y muchos bosques caducifolios se convertían en monocultivos de coníferas. Al fin y al cabo, el objetivo oficial era mantener el bosque, y eso tenía que costar algo; después de todo, ¿quién quería que le dijeran que la conservación del bosque no valía nada para él?

Ya hemos discutido el hecho de que, por el contrario, las medidas tuvieron un efecto desestabilizador, y arrojaremos más luz sobre ello a lo largo de este capítulo.

En primer lugar, es importante que seamos más honestos con nuestras necesidades. La explotación maderera no es un beneficio para el bosque, sino que sirve para extraer materias primas. En principio, talar árboles no puede servir para fortalecer este ecosistema en la nueva era caliente, sino más bien para debilitarlo, lógicamente.

Por este motivo resulta aún más extraño anunciar el consumo de madera con frases como la anterior. La madera es una materia prima maravillosa que crea una sensación de cercanía a la naturaleza en la vida cotidiana, sobre todo cuando sigue siendo reconocible como material de origen (como en los muebles). La madera es una materia prima maravillosa que crea una sensación de cercanía a la naturaleza en la vida cotidiana, sobre todo cuando sigue siendo reconocible como material de origen (como en los muebles). Sin embargo, el factor decisivo para la futura gestión forestal es la respuesta a la pregunta de hasta qué punto se nos permite talar el bosque con este fin.

Pero no se trata sólo de la madera, sino también de otros servicios ecosistémicos. Según la opinión anterior de los actores forestales, están disponibles de forma gratuita como parte de la producción de madera. Así que volvemos a la «teoría del agua de la estela», que afirma que todo lo demás se encontrará en el burbujeante agua detrás del camión maderero.

Sin embargo, la situación forestal actual habla un idioma completamente diferente. Las grandes áreas de bosques desnudos sin árboles, el restablecimiento de plantaciones con especies arbóreas exóticas, los caminos rotos que hacen que los excursionistas se sonrojen y las especies que mueren localmente y cuya ausencia desestabiliza el sistema; el agua de la estela es destructiva, no rentable. Por lo tanto, es importante encontrar un nuevo equilibrio.

Si queremos gestionar los bosques, primero debemos evaluar su estado y rendimiento. Las intervenciones sólo pueden justificarse si la situación actual no puede proporcionar los servicios ecosistémicos deseados y si el cambio no debilita el bosque.

La incertidumbre como desafío

Vivimos en una época en la que todo, pero realmente todo, tiene que ser sometido a escrutinio porque es evidente que estamos haciendo tantas cosas mal que nuestros medios de vida se están viendo perjudicados y muchas personas son infelices o incluso sufren. ¿Deberías cosechar tanta madera en el bosque como vuelve a crecer, porque ése fue un principio durante siglos? Ya sabemos que éste no es el camino correcto. ¿Seguiremos utilizando papel higiénico elaborado con madera durante los próximos 200 años simplemente porque se convirtió en un producto masivo a partir de 1857 y ya es algo habitual, en especial en los últimos cincuenta años?

Siempre que algo parece seguro hay que cuestionarlo. Sobre todo el propio conocimiento, las ciencias y las prácticas tradicionales que han surgido de ellas. Vivimos una época de enorme incertidumbre. Las grandes crisis ambientales y los posibles escenarios desfavorables deberían sacudirnos hasta tal punto que ya no estemos seguros de nuestra causa. En la ciencia y el aprendizaje, ahora será una habilidad decisiva no dejarse abrumar por esta incertidumbre, sino aceptarla como un desafío deportivo o como una parte integral del aprendizaje y la actividad empresarial.

Durante mucho tiempo, la silvicultura se convirtió en un oficio bastante fiable. Era necesario conocer el material, los instrumentos y la tecnología para poder operar con éxito. En esencia, había que producir madera al precio más bajo posible. Esto siempre ha requerido unos conocimientos comparativamente amplios y extensos; había que reconocer los diferentes árboles, así como las plagas y muchas otras especies. Se esperaba que los silvicultores dominaran las habilidades de agrimensura, pudieran estimar el crecimiento de los árboles, conocieran el mercado de la madera y pudieran elaborar cálculos comerciales. La producción y la comercialización formaban parte del negocio, al igual que la comunicación con los clientes y otras personas que pasaban tiempo en el bosque. Sin duda, era una profesión bastante diversa y exigente. Por supuesto, ponerla en práctica ayudaría si se pudieran asumir ciertas condiciones con certeza, por ejemplo, que los árboles crecieran de manera confiable, que el conocimiento adquirido condujera a un tratamiento adecuado de los bosques, que la madera aún pudiera venderse una generación después y que la sociedad reconociera la silvicultura y sus logros.

Sin embargo, esto nunca ha funcionado de forma tan fiable como sugieren los libros de texto y los reglamentos administrativos. Las tormentas, las sequías, los insectos e incluso las guerras han desbaratado los planes con regularidad, pero esto sólo ha llevado después a un retorno más tenaz al viejo orden.

Estas perturbaciones se acumulan ahora o se hacen aún más patentes. En general, el antiguo sistema forestal está al borde del fracaso porque no habrá más fases silenciosas entre los desastres y la vuelta a la normalidad. El sector forestal ya se vio desbordado cuando hubo que integrar en el trabajo nuevas herramientas como las máquinas y la tecnología topográfica (digital) o los simuladores de crecimiento forestal. A día de hoy, por ejemplo, los daños al suelo causados por la conducción apenas se clasifican adecuadamente en la industria, razón por la cual se toman pocas medidas para mitigarlo. En la actualidad, las condiciones sociales y ecológicas están cambiando cada vez más rápido, e incluso la supuesta certeza de que «los árboles siempre crecerán» ya no es fiable ante la crisis climática. La aceptación social de la explotación maderera está disminuyendo y la demanda de una mayor conservación de la naturaleza es cada vez más importante.

De repente, comprendemos que incluso las «fuerzas productivas libres de la naturaleza» no están tan sólo ahí y están disponibles sin coste alguno, sino que deben gestionarse como recursos escasos. Ahora valoramos los servicios ecosistémicos como el agua o el almacenamiento de carbono, en los que casi nadie pensaba en el pasado, y nos sentimos obligados a gestionar los recursos a pesar de que sus mercados aún no se han desarrollado de verdad. Pero ¿necesariamente requiere una gestión inteligente la existencia de un mercado en el que se puedan comercializar servicios y productos? Hace unos años, un economista forestal de un renombrado instituto nacional, al que se consulta a menudo sobre esta cuestión, afirmaba con toda seriedad que la refrigeración del paisaje, por ejemplo, no era un servicio ecosistémico porque sencillamente no existía demanda para ello. Sin embargo, con los nuevos conocimientos, las antiguas valoraciones suelen cambiar, como nos han demostrado los últimos años de calor.

Al mismo tiempo, el conocimiento sobre los organismos vivos y las relaciones en los ecosistemas, que se encuentran en múltiples crisis, ha aumentado en gran medida. Este conocimiento también disuelve viejas supuestas certezas que impulsaban y guiaban la gestión de los bosques. Al final, después de un siglo de rechazo por parte de la ciencia forestal, resulta que, después de todo, el bosque es un organismo.

Por eso, la pregunta del «por qué» adquiere una nueva relevancia.

Las preguntas más difíciles comienzan con «por qué». Por ello, a menudo las dejamos de lado. Esto también tiene que ver con la tradición de nuestras ciencias modernas, fruto de la Ilustración. Surgieron en un intento de romper con las respuestas demasiado simples o de separar el conocimiento de la creencia, y nos han enseñado a no contentarnos con respuestas simples, sino a llegar al fondo de las cosas y buscar las causas. Un supuesto básico importante en este sentido es que no todo lo que es y sucede tiene sentido ni obedece a un propósito (superior). Por lo tanto, a menudo no se puede responder al «por qué».

Si bien la difícil pregunta de «por qué» no se plantea en realidad en las sociedades fuertemente religiosas, incluso en las sociedades más seculares y basadas en el conocimiento se plantea muy poco. El dominio de los conocimientos suele ponerse al servicio del funcionamiento práctico de la sociedad y la economía, es decir, la gente se preocupa más por la vida cotidiana. De esta manera, el aprendizaje y la formación cumplen sobre todo la función del mercado laboral. Esto es en particular cierto en disciplinas prácticas como la silvicultura, que siempre han garantizado que los recursos se proporcionen de manera efectiva a las personas y a la economía.

Por supuesto, esto no significa que las sociedades del conocimiento no filosofen o reflexionen críticamente, pero en la sociedad moderna, estas áreas se han dejado en manos de especialistas. Los filósofos han reinterpretado el mundo una y otra vez, pero los ingenieros se han propuesto cambiarlo.

Los economistas o los administradores forestales no filosofan. ¿Por qué ocurre esto?

Acerca de la economía y el conocimiento

El florecimiento de las ciencias provocó una explosión de conocimientos y una fragmentación de las distintas disciplinas. Cada vez resultaba más difícil y, a la larga, imposible ser un erudito universal, porque hay muchos más conocimientos de los que puede absorber un solo individuo. El desarrollo de las ciencias condujo, pues, a una división del trabajo. Algunos exploran qué fue y qué es, otros se preocupan por cómo se hace algo y otros se preguntan por qué algo debería suceder o investigarse. Sigue existiendo una división estricta entre las ciencias naturales y las humanísticas y sociales, así como las ingenierías y quizá también las ciencias de la gestión. La pregunta es por qué en la sociedad suele dejarse en manos de los filósofos, quienes, en el mejor de los casos, asesoran a los políticos sobre sus decisiones. Sin embargo, debido al enorme volumen y complejidad del conocimiento, quienes piensan en las decisiones correctas no suelen ser por completo conscientes de todo lo que podría verse afectado por una decisión.

Los inventores e ingenieros, en cambio, suelen dejar en manos de la sociedad la decisión de si algo que han concebido y desarrollado debe aplicarse o producirse y, a veces, evitan pensar en las posibles consecuencias indeseables. Por ejemplo, el uso de la fisión de los átomos llegó al mundo sobre la base de consideraciones teóricas y cálculos de los físicos, quienes, ciertamente, no pensaban que sus hallazgos daría a la humanidad bombas atómicas y el problema de millones de años de desechos radiactivos. Los inventores del internet tampoco consideraron que este medio también generaría desventajas como la *dark web*, las noticias falsas y la ciberdelincuencia. Un colega que abogaba por la producción de leña «respetuosa con el clima» en las denominadas plantaciones de rotación corta en tierras de cultivo respondió una vez a la pregunta de si también estaba pensando en el hecho de que esto se traduciría en una mayor competencia por la tierra para la producción de alimentos. Él sólo quería preocuparse por la viabilidad técnica; todo lo demás debería decidirlo la sociedad, ése no era su trabajo. Muchos científicos, que entienden mucho sobre «qué» o «cómo», tienen miedo a juzgar «si» algo debe hacerse o «por qué», ya que esto no se considera científico. ¿Sigue teniendo justificación esta actitud en el siglo XXI?

Los riesgos derivados de la investigación, los nuevos conocimientos y las acciones humanas no suelen ser reconocibles de antemano. Con demasiada frecuencia, la llamada evaluación del impacto de la tecnología sólo se lleva a cabo cuando las consecuencias ya son evidentes o ya se han producido. Sólo después de la detonación de las bombas atómicas, con sus desastrosos efectos, se hicieron esfuerzos para firmar tratados de no proliferación nuclear y controlar el comercio de material nuclear fisionable. El hecho de que el llamado agujero de la capa de ozono, por ejemplo, permite que la radiación UV más peligrosa llegue a la superficie terrestre sólo se descubrió cuando ya era una realidad. Y sólo después de la liberación de ciertos productos químicos (clorofluorocarbonos, CFC), que se utilizan para la tecnología de refrigeración y que agotan el ozono en la estratosfera, se descubrió la conexión gracias a la investigación criminalística. A partir de entonces (y no antes), se prohibieron los CFC y se sustituyeron por sustancias más inocuas.

A principios de la década de 2000, se descubrió que la quema de biomasa podía sustituir a los combustibles fósiles perjudiciales para el clima. Se ignoraron las primeras voces de alarma y, por el contrario, se promovió masivamente en la agricultura el uso de maíz y otros cultivos para biocombustibles y biogás. El resultado fue una mayor intensificación de la agricultura con consecuencias desastrosas para los ecosistemas. Esto se podía haber previsto. La quema de madera también parecía ser una contribución prometedora a la protección del clima. Ahora predominan las voces críticas, pero los mercados, las empresas, las capacidades de las centrales eléctricas y las estufas de pellets están ahora en el mundo hambrientos de madera. En consecuencia, es difícil cambiar de rumbo. Y hasta que esta toma de conciencia madure en la sociedad, se crearán nuevas plantaciones y se liberarán a la atmósfera cantidades ingentes de madera.

En el sector medioambiental en particular, cada vez está más claro que las sociedades no sopesan primero las cosas y luego toman medidas meditadas, sino que a menudo sólo reaccionan ante los problemas y las crisis. El rápido desarrollo de crisis medioambientales como el cambio climático provocado por el hombre hace necesario que actuemos y cambiemos nuestro comportamiento antes de que se produzcan las peores consecuencias de la crisis. Esto aumenta la imposición para las sociedades que tratan de tomar decisiones basadas en el conocimiento a medio camino. Ahora la política no sólo debe configurarse a partir de pruebas e indicios fiables, sino que las decisiones deben tomarse tan sólo sobre la base de suposiciones y escenarios de posibles evoluciones imaginables. Por desgracia, las pruebas, las evidencias sólidas, sólo pueden aportarse una vez que algo ya ha sucedido.

En primer lugar, sin embargo, hay que estar de acuerdo en que existe o podría existir un problema en el futuro. Cuando los científicos analizan las consecuencias del comportamiento humano desde distintas perspectivas profesionales, suelen llegar a valoraciones muy diferentes. Esto puede ser aún más pronunciado cuando se trata de problemas nuevos y poco conocidos. Esto pudo observarse en la pandemia de coronavirus a partir de 2020, cuando incluso los expertos tuvieron que rectificar de manera periódica, por ejemplo, sobre si las mascarillas ayudan o no contra las infecciones, o si la vacunación obligatoria podría ser necesaria o no. Esto no fue bien recibido por gran parte de la sociedad, porque la gente opinaba que los expertos siempre deberían estar al tanto de todo.

Incluso cuando hay pruebas abrumadoras de un problema y, por lo tanto, una justificación para una acción urgente, siempre hay expertos individuales que afirman lo contrario. En un mundo complejo con casi ocho mil millones de personas con orígenes culturales y experiencias personales muy diversos, que no pueden tener los mismos conocimientos en todas partes, cada vez es más difícil ponerse de acuerdo sobre procedimientos coordinados.

Todo esto se ve agravado por el hecho de que este mundo está cambiando con rapidez gracias a la tecnología humana y a los cambios ambientales globales. Lo que ayer era cierto mañana puede ser erróneo. El propio progreso de la ciencia contribuye a la confusión. En algunos ámbitos, la vida útil de los conocimientos en apariencia ciertos disminuye con rapidez. Los nuevos métodos y descubrimientos ponen periódicamente en tela de juicio lo que se consideraba doctrina.

En la década de 1990, los filósofos de la ciencia Silvio Funtowicz y Jerome Ravetz propusieron anunciar el fin de la «ciencia normal». En esta ciencia normal, las preguntas complejas se desglosan y se reducen a detalles supuestamente simples. Los científicos se acercan poco a poco a la verdad a través del conocimiento, que luego se comunica a la sociedad. La ciencia normal resuelve los problemas sociales al permitir que los hechos reconocidos como «verdaderos» conduzcan a las decisiones

La ciencia debe ser popular

Durante mucho tiempo, la ciencia fue una empresa muy elitista. Sólo los ricos y privilegiados podían permitirse investigar y, a menudo, tenían acceso directo a los gobernantes que encargaban las investigaciones. Un científico típico de su época era el admirado Alexander von Humboldt, que podía viajar por todo el mundo con la fortuna que había heredado y tenía total libertad para hacer preguntas e investigar en cualquier área que quisiera. La gran mayoría de sus contemporáneos no disponían de esta libertad. Incluso von Humboldt tuvo que ponerse más tarde al servicio del rey cuando su dinero se agotó. El conocimiento científico siempre fue también conocimiento del poder. Y quienes están en el poder pueden, por ejemplo, mediante la financiación de la investigación, controlar lo que debe conocerse. A medida que avanzaba la investigación, la brecha entre los pobres y los ignorantes se fue ampliando. Se desarrolló una jerga técnica que aún hoy confunde a los forasteros y, en el peor de los casos, los científicos incluso miran con sorna a los demás que no están al tanto de su mundo de conocimientos y códigos. Muchos de ellos se ocultaron en la proverbial torre de marfil y produjeron ideas que no eran relevantes para la sociedad. A veces, sólo a segunda vista surgía una posible aplicación que podía justificar con facilidad este tipo de investigación. La economía del conocimiento no consiste en ser lo más eficiente y rentable posible a corto plazo. Algo que también puede aprenderse de la naturaleza, de la que se sabe que gasta mucha energía en crear e intercambiar información, aunque no se necesite de inmediato, sino años o siglos después en una situación de emergencia.

Cuanto más orientada a la práctica se ha vuelto la ciencia, cuanto más necesaria es para resolver los agudos problemas sociales, menos puede desarrollarse en una torre de marfil. Por este motivo, hoy en día la ciencia tiene que explicar y comunicar mucho más para que la sociedad pueda dar sentido a los resultados. También se ha popularizado gracias a los medios de comunicación; hoy es normal que los nuevos descubrimientos importantes se anuncien en comunicados de prensa. Pero eso no es todo. Desde hace tiempo se reconoce que el conocimiento científico es sólo una forma de conocimiento relevante. En la gestión de los recursos, en particular, existen conocimientos importantes entre los indígenas, la población local y los afectados por la actividad económica. Por eso surgió el enfoque de la coproducción de conocimientos, tan importante para tratar la naturaleza y los recursos naturales.[1] En el curso de la nueva ciencia abierta se creó la ciencia ciudadana, en la que los ciudadanos también participan como investigadores y son mucho más que mano de obra gratuita.[2] Por ejemplo, cuentan pájaros de jardín para NABU, lo que proporciona datos, crea conciencia y compromiso y ayuda a ejercer presión sobre la política y las empresas, si es necesario. Las universidades han fundado centros sobre el tema,[3] y, en la actualidad, existen incluso redes regionales y mundiales que promueven la ciencia ciudadana.[4] Los ciudadanos aportan una enorme cantidad de datos a la investigación sobre biodiversidad, por ejemplo.[5] Se trata de cartografiar especies, los efectos del cambio climático o la salud de los bosques arbolados del noroeste de Estados Unidos.[6]

1. Vinke-de Kuif, J. *et al.* (2022). «Knowledge co-production and researcher roles in transdisciplinary environmental management projects». *Sustainable Development* 30 (2): 393-405. 10.1002/sd.2281.
   Norström, A. V. *et al.* (2020). «Principles for knowledge co-production in sustainability research». *Nature Sustaniable* 3: 182-190. 10.1038/s41893-019-0448-2.
2. Fraisl, D. *et al.* (2022). «Citizen science in environmental and ecological sciences». *Nature Reviews Methods Primers* 2: 64. 10.1038/s43586-022-00144-4.
3. Citizen Science Center Zurich. https://citizenscience.ch/en.html (consultado: 13.11.23).
4. Global Citizen Science Partnership. http://globalcitizenscience.org/ (consultado: 13.11.23).
5. Chandler, M. *et al.* (2017). «Contribution of citizen science towards international biodiversity monitoring». *Biological Conservation* 213: 280-294.
   Groom, Q. *et al.* (2017). «Is citizen science an open science in the case of biodiversity observations?». *Journal of Applied Ecology* 54: 612-617.
6. Western Redcedar Dieback Map. https://www.inaturalist.org/projects/western-redcedar-dieback-map (consultado: 13.11.23).

Un agujero en el dosel arbóreo provoca numerosos cambios en los árboles vecinos y las criaturas asociadas a ellos. Lo mismo ocurre de forma natural con la muerte de ejemplares individuales. ¿Cuántas veces podemos imitarlo talando árboles antes de que el bosque se debilite demasiado? (Peter Wohlleben, Hümmel, mayo de 2007).

(políticas) correctas. En el contexto de desafíos complicados y complejos, como el cambio climático, hemos aprendido ahora que no funciona de esa manera. La sugerencia de Funtowicz y Ravetz fue perseguir una «ciencia posnormal» a partir de entonces. El punto de partida es que los hechos son inciertos, los valores controvertidos, los intereses pronunciados y las decisiones urgentes.[3] En el enfoque científico posnormal, la aceptación de la incertidumbre y la ambigüedad es decisiva.

La ciencia posnormal es más reflexiva que la ciencia normal, convive con la diversidad de enfoques y también defiende una democratización de la creación de conocimiento. Hasta ahora, el enfoque posnormal no ha provocado una revolución en las ciencias, pero algunos elementos importantes están bien integrados en algunas ciencias sociales. Sobre todo cuando las personas y las sociedades se ven afectadas por un problema, es obvio que tienen conocimientos relevantes sobre este problema que los científicos no pueden tener en la misma medida (pensemos, por ejemplo, en los conocimientos de los pueblos indígenas sobre los bosques). Por lo tanto, los no científicos también deben participar en la creación de conocimiento.

La ciencia de hoy simplemente tiene que ser interdisciplinaria cuando se ocupa de cuestiones complejas. La ciencia posnormal también es de gran importancia con respecto a una visión económica (alternativa) de este mundo, y plantea preguntas inusuales como: ¿cuánto vale en realidad un pájaro cantor?

Los padres fundadores del planteamiento posnormal debatieron esta cuestión en un ensayo en la revista *Ecological Economics*.[4] Concluyen, entre otras cosas: «El valor de un pájaro cantor implica, sin duda, un aspecto monetario, pero el pájaro cantor, en peligro de extinción, no se reduce a una mercancía como resultado. [...] [Y] el valor del pájaro cantor también radica en el hecho de que nos enseña algo sobre nosotros mismos y lo que queremos hacer con nuestras vidas mientras estamos aquí».

¿Resulta poco científico? Según los criterios convencionales, tal vez sí, pero los aspectos emocionales y filosóficos de la actividad económica pueden tener una importancia decisiva.

Gestión socioecológica y gestión doméstica

Hemos encontrado respuestas a la pregunta de por qué es importante entender los bosques como ecosistemas, como estructuras domésticas y productoras de trabajo en las que los organismos vivos no sólo compiten entre sí, sino que también crean alianzas más o menos fuertes para constituir superorganismos y «super- superorganismos». Las múltiples interacciones entre los componentes del sistema producen propiedades sorprendentes denominadas emergentes. Estas cualidades dan lugar a la función y a la capacidad de trabajo.

Ya no podemos negar que los seres humanos formamos parte del ecosistema global. En este sistema, nuestra existencia está asegurada por una variedad ridículamente grande de funciones ecológicas.

Partes de nuestras sociedades humanas, los llamados sistemas sociales, interactúan intensamente con los ecosistemas locales o regionales, incluidos los bosques, por supuesto, y constituyen sistemas socioecológicos.

Nuestras conclusiones a partir de estos resultados son, en principio, muy sencillas. En primer lugar, la transformación sostenible de nuestra sociedad, que se necesita con urgencia, debe ser socioecológica. En segundo lugar, este término no debe convertirse en una palabra de moda, sino que debe ponerse en práctica sobre la base de nuestro conocimiento de los sistemas socioecológicos. En tercer lugar, se trata de los fundamentos científicos, pero también de los principios éticos y de la cuestión de cómo nos impulsa nuestra preocupación por el bienestar de la humanidad. En cuarto lugar, la gestión de todos los ecosistemas debe ser socioecológica. Utilizando el ejemplo de la gestión forestal socioecológica, mostraremos qué significa exactamente eso.

¿Qué es la gestión forestal socioecológica?

Los seres humanos, hoy y en el futuro, necesitamos el bosque para vivir bien. Por eso es fundamental su supervivencia. La complejidad de los ecosistemas forestales y el cambio medioambiental suponen una gran incertidumbre para nuestra gestión de los bosques. De modo que debemos aprender del bosque y adaptar nuestras acciones con humildad. Cualquier uso del bosque debe reflejarse éticamente y ser equitativo.

La gestión forestal podría resumirse como la gestión de los bosques basada en nuestro conocimiento e ignorancia de la física forestal, la ecología forestal y la ecología de los ecosistemas. Refleja de forma humilde, cuidadosa y ética los diversos servicios de los ecosistemas forestales de los que depende nuestra existencia, y sirve para gestionarlos en beneficio de las personas que viven hoy y en el futuro.

Un ejemplo de interacción entre el hombre y el bosque: un haya en la zona de montañas de Fagarasş, en Rumanía, proporcionan agua y alegría (Pierre L. Ibisch, Parque Nacional de Cozia, agosto de 2022).

Primera premisa:

Aprender del bosque y adaptar con humildad nuestras acciones

En este punto se plantea, por supuesto, la cuestión de qué implica la gestión forestal moderna en términos socioecológicos.

Objetivos y medición del éxito económico

En comparación con los enfoques económicos convencionales, los pensadores socioecológicos deben, ante todo, diferenciar con claridad entre los objetivos y la evaluación del éxito económico. Los objetivos se refieren no sólo a garantizar y aumentar los ingresos y la propiedad, sino también a contribuir al funcionamiento a largo plazo de la naturaleza y la sociedad. La postura básica se caracteriza por la responsabilidad hacia la sociedad. Durante mucho tiempo, sólo los poderosos como los reyes y los príncipes eran propietarios del bosque y decidían hasta qué punto la sociedad podía participar en él.

En una sociedad democrática sucede lo contrario. Permite a los gestores utilizar el bosque. Esto va asociado a una gran responsabilidad hacia los demás seres humanos que, por diversas razones, no tienen acceso directo a los servicios de los ecosistemas forestales pero los necesitan para vivir bien, y, por supuesto, también hacia el ecosistema. La motivación es preservar el bosque como base para todas las formas de servicios ecosistémicos. Esto se hace con la conciencia de que aún no se conocen suficientemente todos los servicios y que sólo podrán ser descubiertos o demandados por las generaciones futuras. El lema de moda que describe este enfoque y el alejamiento de la pura búsqueda de beneficios y de la atención primordial al mercado es *la orientación hacia el bien común*.

Segunda premisa:

La orientación hacia el bien común es la medida: la utilización de los bosques está asociada a una gran responsabilidad

En nuestra sociedad, la actividad económica se define en gran medida por el consumo. En la época del milagro económico, la gente se acostumbró a llamar al ciudadano medio «consumidor medio». Incluso hoy en día, en Alemania, por ejemplo, existe un ministerio que se ocupa de la protección del consumidor. Pero también podría haber un Ministerio de Protección Ciudadana, ¿verdad?

Aunque esté en total desacuerdo con las visiones anteriores de la economía (forestal), la preservación de los ecosistemas en funcionamiento, sin consumo, también forma parte de la gestión económica y doméstica humana. Es una «economía fundamental» que preserva nuestros medios de vida sin que las personas tengan que controlar o manipular los ecosistemas para obtenerla.[5] El valor se crea al proteger los ecosistemas de la destrucción y la degradación. Este enfoque fomenta los correspondientes servicios reguladores y culturales de los ecosistemas.

La idea errónea en nuestra sociedad es que la conservación de la naturaleza se sigue presentando como la antítesis de los negocios, ya que sólo se reconoce la creación de valor a través del consumo y la destrucción de la naturaleza. Esto debe cambiar lo antes posible. La economía primaria, también conocida como «producción primaria», es responsable de extraer los recursos naturales a través de la agricultura, la silvicultura, la pesca o la minería.[6] Proporciona servicios ecosistémicos como la alimentación y es indispensable para la humanidad. Pero como ahora sabemos, no podría existir sin la economía fundamental. Si esta «economía de la conservación» no gestionara los ecosistemas salvajes, los recursos hídricos, climáticos y forestales, y preservara la biodiversidad, todas las economías comerciales a lo largo de toda la cadena de valor colapsarían. Sin ecosistemas no hay economía primaria, industria de procesamiento, servicios ni gestión de residuos. Por lo tanto, es hora de redefinir el valor añadido. Hasta ahora se aplica lo siguiente:

El valor añadido es «la suma de los bienes y servicios producidos en los sectores económicos individuales de la economía nacional durante un período de tiempo específico. En las cuentas nacionales, el valor añadido se calcula como valor añadido bruto a partir de los valores brutos de producción (cantidades de bienes producidos a los precios correspondientes del mercado) menos los consumos intermedios [...] de los distintos sectores económicos. El valor añadido bruto es el punto de partida para el cálculo del producto interior bruto».[7]

Esta definición se remonta a una época en la que aún no se conocían los servicios de los ecosistemas, o cuando se denominaban «fuerzas productivas libres de la naturaleza», que simplemente se suponía que eran inagotables y estaban disponibles de manera automática. Esto significaba que casi no tenían ningún valor, ya que sólo se producía con el trabajo humano. Hoy sabemos que fue un grave error. Hace tiempo que se empezó a hablar de los costes económicos del cambio climático[8] o del valor de la biodiversidad.[9] En la actualidad, los servicios de los ecosistemas disminuyen a un ritmo dramático cada día, con cada bosque talado que no vuelve a crecer, con cada masa de agua que se seca. Pero la economía y la política simplemente actúan como si la base del negocio no hubiera cambiado hace tiempo. El punto crucial es que la biosfera en funcionamiento tiene un valor infinito para nosotros, los humanos, porque nuestra existencia depende de ella. La primera etapa del valor añadido significa que respiramos aire y vivimos.

Tercera premisa:

No sólo hay un valor añadido, sino también un coste medioambiental

Debe aplicarse un concepto económico básico que no equipara la eficiencia con el beneficio y la maximización de las ganancias. Más bien se trata de un equilibrio entre los costes y los beneficios.[10] Sin embargo, los beneficios de los bosques no son sólo los que se derivan para los propietarios, sino que también incluyen los beneficios para todas las personas y el propio bosque. Esto engloba toda la gama de funciones y servicios de los ecosistemas, así como la refrigeración del paisaje o proporcionar una fuente de inspiración y un lugar de recreo para los senderistas.

Por supuesto, la gestión también debe merecer la pena para los gestores. Si los costes superan a los ingresos, el interés por el bien común acabará siendo nulo. Sin embargo, los gestores socioecológicos tratarán sobre todo de minimizar los costes. Los gastos más elevados derivan de intervenciones intensivas, maquinaria u otras herramientas que también causan daños al ecosistema. En este punto entra en juego otra perspectiva socioecológica. Los daños se entienden como costes que no tienen que ser pagados directamente por los gerentes, sino que causan problemas en otra parte y ponen en peligro la sostenibilidad.

Para lograr un «cambio de valores», es importante que todos los gestores forestales con motivaciones socioecológicas hagan balance de cómo contribuyen al bien común y de cómo éste se ve perjudicado. El objetivo debe ser, por supuesto, crear mucho más valor que daño. También está claro que los precios de los bienes y servicios deberán reflejar mucho mejor los costes en el futuro.

Por lo general, los gestores de bosques socioecológicos se esforzarán para que la financiación de sus operaciones no dependa tan sólo de la producción de madera, que implica de manera inevitable una gran cantidad de daños, sino más bien para desarrollar una cartera diversificada. Además de las ofertas turísticas tradicionales, esto también incluye contribuciones a la educación y al sector de la salud, por ejemplo, en forma de baños en el bosque,[11] o cementerios forestales, que ofrecen entierros en la naturaleza.

Las oportunidades organizadas por el Estado y el sector privado para dar un valor monetario a la regulación de los servicios ecosistémicos para los propietarios merecen especial atención. Sin duda, es necesario examinar con más detenimiento la extracción de agua potable en las zonas forestales. Una remuneración justa para los propietarios de bosques debería permitirles tratar el bosque de tal manera que se regenere la mayor cantidad de agua subterránea posible y de la mejor manera que se pueda. La cuestión de la remuneración de los servicios ecosistémicos, sobre todo en el contexto de los recursos hídricos, ya se está debatiendo y ensayando de un modo más intenso en América Latina[12] y Asia[13] que en Europa. También en este caso, la teoría está más clara que la práctica y los efectos económicos,[14] pero al menos existen algunos ejemplos iniciales positivos.[15]

La contribución de los bosques al almacenamiento y la captura de gases de efecto invernadero se ha convertido en un tema de gran relevancia.[16] En la actualidad existen muchas oportunidades internacionales para «comprar» toneladas de carbono y compensaciones a nivel internacional, pero, por desgracia, el mercado es muy opaco y está plagado de charlatanes. En Alemania, por ejemplo, hasta ahora sólo quedaban los mercados voluntarios, ya que el Estado se hace abonar en su cuenta el servicio de protección del clima para mejorar el balance nacional. Sin embargo, esto no tiene muy en cuenta lo que ocurre en realidad en la tierra y priva a los propietarios de la oportunidad de gestionar los bosques como sumideros de carbono. Muchos propietarios de bosques y científicos forestales han causado un gran daño en este ámbito porque difunden el mito del «bosque como protector del clima» sin basarse en hechos. En su opinión, la gestión forestal es sobre todo respetuosa con el clima, al igual que el uso de la madera. Como sabemos, la cuestión es algo más compleja que limitarse a contar el carbono de los troncos de los árboles y afirmar que cada tabla y cada tronco sustituyen automáticamente a los productos convencionales perjudiciales para el clima.

Dondequiera que haya nuevos productos y oportunidades económicas, ya estarán embarcados los aprovechados y los proveedores dudosos. Por ello, la gestión socioecológica exige siempre transparencia y reflexión autocrítica. Por el momento, los propietarios forestales que quieran dedicarse a la gestión

Valor añadido y daños

En la actividad económica, no sólo existe el valor añadido, lo que significa que se suministran productos que proporcionan calidad de vida a otras personas, que entonces tienen algún valor para ellas, y que, por tanto, pueden ser objeto de comercio. Y también existe un coste medioambiental.[1] Si, por ejemplo, al utilizar los bosques se compactan los suelos o se convierten en caminos, de modo que se puede almacenar menos carbono en el ecosistema, o incluso se producen emisiones de dióxido de carbono, se está contribuyendo al cambio climático, con el perjuicio consiguiente para los ecosistemas y las personas.

Cuando las especies mueren en un bosque explotado o incluso se crean monocultivos, estos bosques se vuelven más susceptibles a las plagas, a los incendios o a la lluvia, y el riesgo de producción aumenta. Cualquier persona que produce y vende leña contribuye a contaminar el aire. Todo esto se traduce en costes no sólo ecológicos, sino también económicos, que a menudo se hacen evidentes después de un retraso, quizás sólo después de décadas, cuando toda la plantación muere o se quema. El daño causado por la gestión forestal también incluye todos los costes que la sociedad debe soportar, por ejemplo, para prevenir incendios forestales con tecnología compleja.

Cuanto menos natural y propenso a los incendios sea un bosque, mayor será la carga para los fondos públicos. Al final, esto significa que hay subvenciones ocultas para determinadas empresas de las que muchos ni siquiera son conscientes.

Los gestores forestales socioecológicos se esforzarán por lograr un cálculo económico global que sea lo más realista posible y que registre y evalúe las contribuciones al valor añadido y al coste medioambiental. Los problemas son evidentes. Los costes y los beneficios suelen producirse en momentos y lugares diferentes. Cualquier persona que cause deforestación contribuye al cambio climático global. Posiblemente se pueda estimar la contribución en emisiones de dióxido de carbono. Pero no se puede determinar el daño causado por la cantidad de carbono liberada en algún lugar del mundo.

Quien reforesta una zona incendiada, donde antes se ganaba un buen dinero con monocultivos susceptibles y lo paga con subvenciones, está trasladando los costes de su propio negocio a la sociedad. Una economía socioecológica no puede funcionar si no existe una coordinación estatal que, por un lado, promueva y apoye a los propietarios forestales y, por otro, establezca también las condiciones marco para la generación de beneficios y la participación en los costes sociales.

1. Schaltegger, S. *et al.* (1996). «Schadschöpfung und Öko-Effizienz». En: *Innovatives Management staatlicher Umweltpolitik. Themenhefte Schwerpunktprogramm Umwelt.* Basilea: Birkhäuser. 10.1007/978-3-0348-5057-5_2.
Schaltegger, S. *et al.* (2003). «Die »Werkzeuge« des Nachhaltigkeitsmanagements. Konzepte und Instrumente zur Umsetzung unternehmerischer Nachhaltigkeit». En: G. Linne; M. Schwarz (ed.). *Handbuch Nachhaltige Entwicklung.* Wiesbaden: Editorial VS Verlag. 10.1007/978-3-663-10272-4_31.
Prammer, H. K. (2009). «Betriebliche Schadschöpfung und ökologische Nachhaltigkeit – betriebswirtschaftliche Analyse und interdisziplinäre Perspektiven zur Einordnung des Umweltkosten managements». En: *Integriertes Umweltkostenmanagement.* Gabler. 10.1007/978-3-8349-8447-0_2.

socioecológica deben contentarse con presentar sus servicios para el bien común de la mejor manera posible y generar los ingresos correspondientes con la ayuda de instrumentos privados y estatales.

No hay nada que decir en contra de las soluciones creativas que incluyan, por ejemplo, a empresas locales o regionales que puedan financiar la creación de bosques de biodiversidad, clima y agua como parte de su compromiso social y *marketing*. Además, no se puede eludir un debate más intenso sobre las obligaciones que deben ir asociadas a la propiedad de los bosques.

Gestión forestal mundial, justicia ecosistémica mundial

El desafío de una economía buena y justa con «propiedad» va más allá del nivel nacional. Esto también incluye el hecho de que algunos ecosistemas, que toda la humanidad necesita para sobrevivir, «pertenezcan» a unos pocos países. Solo 16 países controlan el 75 por 100 de los bosques del mundo. Para los países con una participación de más del 1 por 100 de la superficie forestal mundial, en 2016 se midieron las siguientes proporciones: Federación de Rusia (20,4 por 100), Brasil (12,4 por 100), Canadá (8,7 por 100), Estados Unidos (7,8 por 100), China (5,3 por 100), República Democrática del Congo (3,8 por 100), Australia (3,1 por 100), Indonesia (2,3 por 100), Perú (1,9 por 100), India (1,8 por 100), México (1,7 por 100), Colombia (1,5 por 100), Angola (1,4 por 100), Bolivia (1,4 por 100), Zambia (1,4 por 100) y Venezuela (1,2 por 100). La distribución de los bosques es desigual e «injusta», del mismo modo que la riqueza, el poder económico, la libertad o la salud. En un mundo gestionado socioecológicamente, no sólo debe distribuirse de manera equitativa el acceso a los bienes económicos, sino también los costes derivados de la protección de los servicios ecosistémicos. Si en un país se producen muchos servicios de los ecosistemas forestales para el equilibrio climático global, esto también beneficia a las personas que viven en países sin bosques. Por lo tanto, necesitamos soluciones para lograr el equilibrio mundial. Ya existen enfoques basados en el mercado de los bosques con la posibilidad de comerciar con certificados de carbono forestal, pero al final esto no puede conducir a una conservación justa y eficaz de los bosques. Los países ricos en bosques y biodiversidad deberían poder financiar la conservación de la naturaleza como un servicio a la sociedad mundial con un fondo mundial de compensación medioambiental y no tener que depender de las limosnas de la ayuda al desarrollo.

Hace años, Ecuador desafió a los países del norte global y exigió una compensación por dejar sus reservas de petróleo bajo la valiosa selva tropical del Yasuní.[1] Sin embargo, países como Alemania no accedieron y perdieron la oportunidad de desarrollar un nuevo modelo de cooperación internacional para los bosques y el clima. En lugar de 100 millones de dólares, sólo se recaudaron 13,5 millones en la primera fase; al cabo de 13 años, se habría necesitado la suma total de 3600 millones de dólares. En el fondo, la iniciativa era también una crítica a la comercialización de la naturaleza,[2] pero no se entendió. Ésta es una gigantesca laguna para la política medioambiental mundial en un momento en que las Naciones Unidas se están debilitando. La Iniciativa del Yasuní supone una lección muy oscura sobre ética y desarrollo.[3] Si repartiéramos de una forma equitativa la superficie terrestre, vital para la supervivencia humana, cada uno de nosotros tendría cada día un acceso menor a recursos vitales, simplemente por el crecimiento demográfico, la disminución de los bosques y la pérdida progresiva de otros recursos. En un mundo justo, en la actualidad, nadie tendría derecho a mantener el *statu quo*. Los que no dan nada quitan algo a los demás.

1. Alarcón, P. *et al.* (2018). «Die Yasuní-ITT-Initiative zehn Jahre später. Entwicklung und Natur in Ecuador heute». *PERIPHERIE* 1: 55-73. 10.3224/peripherie.v38i1.03.
2. Taz (2011). Öl oder Leben. https://taz.de/Debatte-Die-Yasuni-Initiative/!5111245/ (Consultado: 15.11.23).
3. Hernández Rentería, P. E. (2020). «La iniciativa Yasuní-ITT: una lección sobre ética y desarrollo». *Revista Facultad de Jurisprudencia* 7: 208-244.

El artículo 14 de la Ley Fundamental alemana, por ejemplo, establece: «(1) La propiedad y el derecho de sucesión están garantizados. La ley determinará su contenido y sus límites. (2) La propiedad obliga. Su uso debe servir al mismo tiempo al bien común».[17]

En relación con este apartado de la Ley Fundamental, los propietarios suelen insistir en que el uso, es decir, la utilización, debe servir al público en general. Esto lleva a la conclusión de que el empleo de la madera es obligatorio, aunque, por supuesto, esta afirmación no es correcta. El uso de la propiedad también incluye la gestión y la preservación de los bosques de tal manera que produzcan servicios ecosistémicos reguladores y contribuyan de manera mensurable al funcionamiento de la biosfera. Las obligaciones que se derivan de la propiedad de los ecosistemas, que forman parte del hábitat de la humanidad, probablemente deban redefinirse una vez más y de manera más estricta. Quizás sería correcto tener que justificar esa titularidad de forma regular proporcionando pruebas de las contribuciones exitosas al bien común y al bienestar de los ecosistemas. Esto también debería incluir parámetros mensurables, como el rendimiento de los ecosistemas en forma de biomasa y diversidad biológica.

Se sabe que los ecosistemas mejoran a medida que funcionan. Como mínimo, su estado no debería empeorar por el hecho de ser una propiedad. O, dicho de manera más drástica, cualquier persona que gestione los bosques de forma destructiva, es decir, que se dedique a la sobreexplotación, debería, en caso de duda, perder también su derecho a la propiedad del bosque. Esto mismo ocurre desde hace tiempo con otros bienes, como un vehículo. Tras un delito penal, el Estado puede confiscar un vehículo. ¿No sería también concebible en el caso de un bosque que se haya explotado en detrimento del bien común?

En política se están dando los primeros pasos para medir la prosperidad y la fortaleza económica en términos de algo más que ventas y valores mone-

¿Estamos gestionando bien nuestros recursos? Contabilidad y certificación del bien común

Un balance del bien común puede utilizarse para evaluar las empresas que operan de manera socioecológica. Se examina cómo la empresa respeta la dignidad humana, promueve la solidaridad, la transparencia y la justicia en sus actividades empresariales, pero también si la producción causa daños a la naturaleza. Un balance completo tiene en cuenta no sólo a su propia empresa y a sus empleados, sino también a toda la cadena, desde el suministro hasta la distribución. Los criterios para una gestión ejemplar son, por ejemplo: «La gestión ecológica de compras forma parte de la identidad y el posicionamiento corporativos. Los procesos para la adquisición orgánica y la reducción de los riesgos ecológicos de los productos comprados se han implementado de manera innovadora en todas las áreas de la empresa».[1] Éste es un buen comienzo, pero también deja mucho espacio para la interpretación.

La contabilidad del bienestar público se puede llevar a cabo para todo tipo de empresas u organizaciones, incluidas las que trabajan con los bosques. Esto no sólo debe tener en cuenta si se logra algo bueno para las personas y los bosques y en qué medida, sino también si se evita la contaminación. Sin embargo, no es tan fácil medir y verificar todo esto de manera confiable. No basta con que las empresas afirmen en sus informes de sostenibilidad que son particularmente ejemplares.

1. Blachfellner, M. *et al.* (2017). *Arbeitsbuch zur Gemeinwohlbilanz 5.0 Vollbilanz.* https://web.ecogood.org/media/filer_public/73/da/73dab961-6125-4f69-bf7a-3c8613a90739/gwoe_arbeitsbuch_5_0_vollbilanz.pdf (consultado:15.11.23).

tarios. La comisión de investigación del Bundestag alemán «Crecimiento, prosperidad, calidad de vida: caminos hacia una economía sostenible y el progreso social en la economía social de mercado» presentó una serie de propuestas iniciales sobre este tema entre 2010 y 2013. En el Informe Económico Anual de 2022 del Gobierno Federal,[18] se incluyeron por primera vez indicadores novedosos para medir la prosperidad. Esto también incluyó algunos factores ecológicos, como el aumento diario promedio de las áreas residenciales y del tráfico, las emisiones de determinados contaminantes atmosféricos o los niveles de nitratos en las aguas subterráneas.

Cuarta premisa:

Hacer de la salud de la naturaleza una balanza de la política

Lo que sigue faltando son indicadores que evalúen la funcionalidad y el rendimiento de los ecosistemas en Alemania, por ejemplo, a pesar de que son de vital importancia para el bienestar humano. Alemania, entre otros muchos países, debe gestionar con éxito su economía, eso es indiscutible. Pero el éxito no sólo debe medirse por la cantidad de automóviles que se exportan a Asia, la cantidad de pesticidas que produce la industria química o la cantidad de cajas de cartón que se utilizan. Es al menos igual de importante medir si la salud de los bosques no se está deteriorando drásticamente, cuánta vida hay en los ríos o si las poblaciones de insectos se están recuperando. Reducir la evaporación del agua es tan importante desde el punto de vista económico como estabilizar el nivel de las aguas subterráneas. La expansión del enfriamiento efectivo de los paisajes forestales significa un mejor bienestar humano y, al mismo tiempo, la preservación de un hábitat valioso para muchos organismos vivos. Estos indicadores de la salud de la naturaleza podrían registrarse con facilidad en todos los ámbitos empleando datos vía satélite, por ejemplo, y cambiarían nuestra visión de lo que significa un desarrollo exitoso en Alemania.

Gestión de riesgos y economía

Como muchos otros de los innumerables organismos forestales, los árboles son «criaturas de costumbres». Aunque pueden adaptarse a los cambios hasta cierto punto, es muy difícil determinar este esquema. Los seres humanos cambiamos demasiados parámetros al mismo tiempo y, por tanto, rara vez podemos determinar con exactitud dónde y cuándo nos salimos de este marco.

No obstante, al menos somos conscientes de una serie de factores de riesgo y, si éstos entran en el ámbito de la gestión forestal, deberíamos nombrarlos y, como mínimo, intentar ponerles precio. Los estudiaremos con más detalle en el siguiente capítulo en los aspectos individuales, pero merece la pena echarles un vistazo de antemano.

La eliminación de biomasa hace que el bosque se caliente y tienda a secarse; al mismo tiempo, se produce al menos un desplazamiento, si no incluso una extinción localizada de especies sensibles a las alteraciones. Por ejemplo, la composición de las especies de arañas puede cambiar si la humedad del bosque disminuye como resultado de las medidas de aclareo. Aún no sabemos qué significa eso para el bosque. Pero ¿quitarías un engranaje de un reloj de bolsillo, por ejemplo, sin saber cómo afecta esto a su función?

Tampoco hay que subestimar las revueltas sociales e incluso las guerras. Por supuesto, estas cosas difícilmente se pueden contabilizar, pero hay que recordar la devastación de la Segunda Guerra Mundial, que incluso después provocó grandes talas como consecuencia de los llamados recortes de reparación por parte de los aliados. La brutal guerra de agresión de Rusia contra Ucrania demuestra lo actuales que siguen siendo estos cambios bruscos en la supuestamente pacífica Europa. En la primavera de 2022, sacudió muchas certezas aparentes y sumió al continente en una crisis energética. Tras el cierre del grifo del gas, no sólo se disparó el precio de la leña, sino que también aumentó la presión sobre la industria forestal y los bosques para que suministraran combustible económico para calefacción. Los países europeos afectados se quedaron muy sorprendidos de que Rusia pudiera no sólo invadir un Estado vecino, sino también explotar geopolíticamente la dependencia energética de otros Estados. Un riesgo del que algunos, en especial los ucranianos, ya habían advertido antes. Por lo tanto, no era un «cisne negro», como se denomina a los riesgos que son extremadamente improbables pero muy potentes en cuanto se materializan.[19]

En las sociedades bajo presión, siempre pueden producirse cambios repentinos en la política. Nadie hubiera pensado que los parques nacionales ya establecidos en Alemania y sus esfuerzos de protección se pondrían en tela de juicio, pero los extensos incendios forestales del verano extremo de 2022 también cambiaron esa situación. De repente, los políticos populistas locales expresaron su oposición a la protección de los procesos (el desarrollo natural de la naturaleza no controlado por los humanos) y a la madera muerta. Junto con la pandemia del coronavirus, la guerra de agresión contra Ucrania, la crisis energética y la subsiguiente recesión económica con el fortalecimiento de las fuerzas populistas y nacionalistas en varios países europeos, la legislación de protección de la naturaleza y la gestión sostenible de los ecosistemas pueden resultar gravemente dañadas a medio y largo plazo.

Quinta premisa:

La gestión forestal sólo debe aplicar medidas de las que no se arrepienta más tarde

Antes de que se objete que otras empresas ajenas al bosque también están sujetas a tales influencias, la principal diferencia radica en los largos períodos de tiempo que tarda un árbol en madurar y poder ser utilizado. Mientras que la industria suele reaccionar en cuestión de meses, un cambio de rumbo en el bosque sólo funciona durante décadas.

¿Y ahora? ¿Tiene siquiera sentido la gestión forestal dada la incalculabilidad de los hechos? ¡Desde luego que sí! Sólo se trata de invertir el menor dinero posible, por un lado, y fomentar la salud del ecosistema forestal, por otro, para minimizar los riesgos que hay que calcular. La gestión de riesgos también debe considerarse siempre en términos de todos los servicios ecosistémicos. No se trata sólo del riesgo de pérdida de la producción maderera, sino también de aquellos otros que amenazan los servicios ecosistémicos regulatorios y culturales.

En la actualidad, es imposible hacer otra cosa que asumir el peor de los escenarios imaginables de cambio climático y clasificar la gestión dentro de este marco. Cualquiera que hoy en día corte o plante árboles, quien circula por el suelo y lo trabaja, quien introduce en el bosque sustancias o especies que antes no estaban allí debe considerar lo que podría significar todo eso si hace más calor y sequía, se alcanzan extremos hasta el momento desconocidos o se producen fuertes lluvias. Especialmente en lo que respecta a la protección del clima, sólo se deben implementar medidas de las que no nos arrepintamos más adelante; en inglés, se habla de un *no-regret approach*.[20]

Además, una gestión consciente de los riesgos también implica reflexionar sobre cada medida y sus posibles consecuencias mucho más a fondo de lo que se ha hecho hasta ahora. Cualquier propietario de un bosque debería responder afirmativamente a una serie de preguntas antes de intervenir en el bosque:

- ¿Estoy seguro de que no me arrepentiré de la medida dentro de poco tiempo por motivos económicos o ecológicos, porque es irreversible y las condiciones marco han cambiado?
- ¿Estoy seguro de que la intervención o decisión no dará lugar a nuevas amenazas adicio-

nales para el bosque, incluso en el supuesto de condiciones climáticas más severas?

- ¿Me he asegurado de que no se pondrá en peligro ningún servicio ecosistémico regulador o cultural?
- En particular, ¿he incluido en mis consideraciones el suelo con su microbioma y el microclima?
- ¿Tengo conocimientos suficientes para evaluar de forma fiable las consecuencias y el alcance de la intervención?
- ¿He examinado con cuidado todas las opciones alternativas?
- ¿He reflexionado suficientemente sobre los posibles riesgos futuros y sobre cómo podría ocurrir lo inesperado?

Registro y evaluación del ecosistema forestal y su gestión

¿Cuándo deja un bosque de ser un bosque? Es una pregunta clave, ya que la extracción de materias primas, normalmente madera, consiste en no dañar demasiado el ecosistema. Pero ¿cómo podemos determinarlo si aún no sabemos exactamente cómo funciona? Gran parte de todas las especies forestales son aún desconocidas, entre ellas la mayoría de las especies de bacterias y hongos, pero también muchos insectos. E incluso aunque se conocieran, todavía tendríamos que investigar sus interacciones con otras especies. Y si supiéramos todo esto (como se puede ver, ahora es muy poco probable), tendríamos que comprobar qué efectos tendría la eliminación de la biomasa en forma de troncos de árboles antes de cualquier intervención. Esto no es posible y es probable que nunca lo sea. Pero lo que podemos hacer es comparar. Podemos observar cómo cambia un bosque explotado en comparación con las reservas vírgenes.

Por lo tanto, una gestión forestal realmente sostenible, que está orientada a la naturaleza, primero necesita áreas protegidas lo bastante grandes como referencia.

Pero ¿qué es lo bastante grande? Ni siquiera eso se puede definir con precisión, porque, para ello, tendríamos que conocer todos los procesos, cosa que no sabemos. Así es, estamos dando vueltas en círculo y, antes de marearnos, procedamos de otra manera. Lo que es seguro es que un bosque funciona mejor cuanto mayor es su tamaño. Las áreas que miden al menos varios kilómetros cuadrados proporcionan datos razonablemente útiles. Más pequeñas no serían válidas, porque los efectos de borde serían entonces demasiado grandes. Los bosques que bordean prados o campos pierden de manera continua aire fresco y húmedo hacia el exterior, es decir, se calientan. Asimismo, muchas especies que influyen en los bosques o viven en ellos necesitan un tamaño mínimo para mantener una población estable.

Además de las superficies de referencia, también precisamos instrumentos de control. Es importante determinarlos antes de utilizar la madera, porque sin ellos no se puede conocer la cantidad; sin mediciones, sólo puede ser y seguir siendo una estimación. Existen varios métodos para ello. La silvicultura convencional sigue funcionando con un ciclo de diez años, como hace cien años. En muchos casos, se inspeccionan brevemente las masas forestales, se describe la composición de especies arbóreas, se estima el incremento y se determina la masa de madera. Un inventario por muestreo, en el que se visitan y miden cientos de puntos de muestreo cada diez años, es mucho más preciso. Estos puntos de muestreo se crean en una cuadrícula fija (por lo general de 100 x 100 metros) y el centro se marca con una varilla metálica que se hunde de forma invisible en el suelo. Al fin y al cabo, los productores no deberían trabajar aquí con especial cuidado y así poder falsear el resultado del control. En las proximidades de los marcadores, no se realiza una estimación de los árboles, sino que se miden meticulosamente, se cuenta cada plántula y se registran todos los daños causados por animales o maquinaria. Si extrapolamos estas muestras aleatorias a toda la explotación, obtenemos un resultado muy preciso.

¿Arrepentimiento sin fin? En primer lugar, se plantaron abetos susceptibles que luego no se convirtieron en un bosque mixto. Cuando murieron, el suelo sufrió graves daños y las zonas quedaron desnudas. A continuación, se plantaron nuevas coníferas; los abetos de Douglas, que sólo tenían unos pocos años, no pudieron resistir las condiciones meteorológicas extremas y murieron. Si se hubiera aplicado una gestión cuidadosa de los riesgos y se hubiera prestado atención al ecosistema, no se habría perdido el bosque (Pierre L. Ibisch, cerca de Königshütte, Harz, mayo de 2021).

El quid de la cuestión es el ritmo decenal. Ante el cambio climático, hay que poder reaccionar de inmediato si, por ejemplo, mueren cientos de miles de hectáreas de plantaciones de abetos o los árboles apenas producen madera porque el verano ha sido demasiado seco. Si entonces se confía en una tasa de crecimiento determinada cinco años antes, se cortará mucha más madera de la que el ecosistema puede soportar en ese momento. Esto fue fácil de observar en los años secos de 2018-2020, cuando las Administraciones forestales estatales siguieron talando alegremente gruesas hayas y robles porque confiaban en las tasas de crecimiento del pasado.

Para ello, disponemos de la mejor tecnología, los satélites. Con su ayuda, se puede determinar de forma continua el grado de aclareo de los bosques, su estado de salud y, utilizando diversos parámetros como las temperaturas, la biomasa existente. Antes de cada temporada de cosecha, es decir, a finales del verano, se deben comprobar estos parámetros y ajustar la tala en consecuencia. Resulta asombrosa la escasa utilización de la observación de la Tierra por satélite en un centro neurálgico del conocimiento y la tecnología como Alemania, por ejemplo, aunque también podría aplicarse a otros países del mundo. Éste ha sido también el caso de importantes estrategias diseñadas para evaluar la biodiversidad o la adaptación al cambio climático. Existen muchos indicadores que pueden proporcionar información sobre el progreso de estos temas, pero casi todos se discuten sin hacer referencia al área. Informes como el «estado de la naturaleza»,[21] que publica la Agencia Federal para la Conservación de la Naturaleza, no emplean datos espaciales ni las correspondientes posibilidades de visualizar los focos con mapas de alta resolución. Resulta bastante llamativo que siempre se proponga un uso más intensivo de la tecnología y la digitalización para abordar nuestros numerosos problemas, mientras que las soluciones analógicas basadas en la naturaleza quedan relegadas a un segundo plano. Entonces parece lógico que estos instrumentos modernos no se empleen para la protección y gestión de la naturaleza. Esto debe cambiar lo antes posible.

Árboles en el espacio

La ventaja más importante de los viajes espaciales no es preparar nuestro traslado a otros planetas y ver cómo podemos crear un hábitat para humanos y plantas en el espacio, aunque también se está investigando sobre esto,[1] sino comprender mejor nuestro planeta y cómo interactuamos con él.

En la actualidad, la NASA y la ESA, entre otras, han llevado a cabo numerosas misiones espaciales con el objetivo de mejorar los satélites de observación de la Tierra. Además, también se pueden utilizar datos obtenidos por aviones o drones que los satélites no pueden registrar. Esto incluye métodos de escaneado láser que pueden cartografiar las condiciones de la superficie. El programa estadounidense Landsat funciona desde 1972, y desde ese momento proporciona imágenes de la superficie terrestre. Desde 1982 se dispone de datos con una resolución espacial de 30 x 30 metros. Satélites como Terra o Aqua proporcionan cada día nuevas imágenes con una resolución de un kilómetro. La misión Sentinel-2 de la Agencia Espacial Europea facilita imágenes con una resolución espacial de 10 a 60 metros y un margen de cinco días desde 2015. Se puede obtener mucha información a partir del comportamiento de reflexión o absorción de la radiación de la superficie terrestre o de los bosques.[2] Es posible determinar el verdor de la vegetación y, por tanto, su vitalidad, el contenido de agua en las hojas, la biomasa, la diversidad estructural o la temperatura de la superficie. El uso de estos indicadores, junto con las nuevas posibilidades de cálculo de conjuntos de datos globales basado en la computación en nube (*cloud-computing*), ha revolucionado el seguimiento de la deforestación mundial y ha abierto posibilidades del todo nuevas para científicos y activistas. Un ejemplo importante es la plataforma de libre acceso sobre el cambio forestal de la Universidad de Maryland,[3] que también muestra con claridad la pérdida de bosques en Alemania en los últimos años.

También a nivel nacional surgen cada vez más ofertas de la ciencia y la sociedad civil para el seguimiento de los bosques, como el monitor forestal de la Academia de Bosques Naturales de Lübeck, que no sólo examina la salud de los bosques, sino que, por primera vez, también proporciona información sobre el estado de las especies arbóreas más importantes.[4] Sólo las autoridades estatales siguen a la zaga.

1. Chen, M. *et al.* (2020). «Design and analysis of a growable artificial gravity space habitat». *Aerospace Science and Technology* 106. 106147. 10.1016/j.ast.2020.106147.
2. Pettorelli, N. *et al.* (2018). «Satellite remote sensing of ecosystem functions: opportunities, challenges and way forward». *Remote Sensing in Ecology and Conservation* 4 (2): 71-93.
3. Hansen, M. C. *et al.* (2013). «High-resolution global maps of 21st-century forest cover change». *Science* 342 (6160): 850-853.
4. RSS & Naturwald Akademie: *Waldmonitor.* https://map3d.remote-sensing-solutions.de/waldmonitor-deutschland/#.

A continuación, se plantaron nuevas coníferas; los abetos de Douglas, que sólo tenían unos pocos años, no pudieron resistir las condiciones meteorológicas extremas y murieron. Si se hubiera aplicado una gestión cuidadosa de los riesgos y se hubiera prestado atención al ecosistema, no se habría perdido el bosque (Pierre L. Ibisch, cerca de Königshütte, Harz, mayo de 2021).

Aprender de la experiencia: (no) conocimiento y gestión adaptativa

En la actualidad, la silvicultura responde al cambio climático plantando, por ejemplo, especies arbóreas de climas más meridionales. Como los árboles más viejos van muriendo poco a poco tras el brutal tratamiento anterior, también se está sugiriendo que no se permita que los árboles envejezcan tanto. De este modo, el maltrecho ecosistema se pone cada vez más patas arriba sin ni siquiera haber empezado a comprenderlo. A modo de recordatorio, los ecosistemas forestales son más complicados que el clima cuando se trata de reacciones predecibles, y este último no puede predecirse con ningún grado de fiabilidad más allá de un período de 14 días. Con los bosques, en cambio, la industria se atreve a invertir miles de millones de euros en plantaciones y especies arbóreas para preparar y abastecer tanto al ecosistema como al sector maderero para el año 2100. Esto ya ha fracasado una y otra vez en el pasado y, en vista de la rápida evolución de las condiciones medioambientales, tal autoevaluación de la previsibilidad de los bosques roza la megalomanía.

Sexta premisa:

Mediante un cuidadoso proceso de probar y tantear hay que tomar constantemente el pulso al ecosistema

Muchos administradores forestales se han dado cuenta ahora de que se necesitan otros enfoques para lograr la certeza y la previsibilidad a largo plazo. El método cuidadoso de probar y tantear parece más apropiado que las tasas de tala fijas durante largos períodos de tiempo y las mezclas de especies arbóreas definidas en porcentajes precisos, que tienen que formar un bosque dentro de 50 años, tal y como los gestores se lo imaginan hoy. Un enfoque que parece mucho más apropiado se denomina «gestión adaptativa». Deriva de la observación de los ecosistemas y los organismos vivos, que proceden exactamente de la misma manera, es decir, identificar una situación con desafíos, reaccionar mediante la innovación y la evolución, reorganizarse en caso de fracaso y emprender nuevos intentos. El aprendizaje es importante durante el proceso de ensayo y error; los errores y el éxito conducen, a continuación, a la adaptación. El enfoque se ha trasladado a la gestión de proyectos e instituciones, teniendo en cuenta también la gestión de riesgos, y se ha propuesto asimismo para la conservación de la naturaleza y la gestión de ecosistemas.[22] El seguimiento y la evaluación son un componente central de la gestión adaptativa de los ecosistemas. Hay que tomar constantemente el pulso al ecosistema y, al mismo tiempo, observar si la gestión está causando daños.

El término «gestión adaptativa» también se utiliza cada vez más en silvicultura. Sin embargo, es necesario comprender qué significa exactamente. El bonito y moderno nombre no es, por supuesto, una licencia para causar grandes daños y alegar después que uno es amigo de los errores y que sólo ha probado cosas diferentes. La voluntad de experimentar no lo exime de adoptar un enfoque responsable y proactivo. Se necesitan ciertos principios para guiar la gestión.

Una cuestión de justicia: gobernanza forestal socioecológica

La teoría económica liberal clásica afirma que sólo hay que permitir que los agentes económicos lleven a cabo su actividad de la forma más eficiente posible y obtengan beneficios para que luego la comunidad se beneficie indirectamente.[23] Los que ganan mucho dinero invierten su capital en la creación de puestos de trabajo y, en última instancia, también en la conservación de la base de la producción. Esto puede ser cierto en casos individuales, pero si todas las empresas actuaran de este modo, no existiría destrucción de ecosistemas ni contaminación ambiental. Si además reconocemos que los ecosistemas son el hábitat insustituible de todas las personas, no podemos dejar en manos de los individuos el hecho de pensar o no en el bien común a la hora de gestionar la propiedad. Necesitamos orientación y control, y justo por eso los seres humanos nos organizamos en Estados. Por un lado, el Estado puede intentar persuadir a los propietarios para que hagan algo por el bien común y la biodiversidad promoviendo determinadas medidas o recompensando los servicios ecosistémicos. Por otro, existe la posibilidad de establecer directrices mediante leyes y controlar su aplicación.

Séptima premisa:

Es necesario dirigir y controlar

Las actividades del Estado que se han descrito, como promover y exigir, dirigir, mediar y prohibir, suelen denominarse hoy gobernanza (del inglés *governance*). «La gobernanza es el conjunto de las numerosas formas en que los individuos y las instituciones públicas y privadas regulan sus asuntos comunes. Es un proceso continuo a través del cual pueden conciliarse intereses controvertidos o divergentes e iniciarse acciones cooperativas. El término engloba tanto las instituciones formales y los sistemas de gobierno con poder de ejecución como los acuerdos informales de las personas y las instituciones o que se consideran convenientes para sus propios intereses» (Development and Peace Foundation).[24]

Si existe una gestión socioecológica de los bosques, también tiene que haber una gobernanza socioecológica. ¿Qué hay detrás de ello? ¿Cuál es el objetivo?

Si todas las personas necesitan el bosque para su bienestar (y ahora podemos demostrarlo) y si el bosque es nuestro hábitat sin el cual no podemos vivir, entonces se convierte en un derecho humano. En ese caso, debe prohibirse destruir este hábitat en la explotación de los recursos, sea cual sea la motivación. Se trata de una cuestión de justicia, un concepto que adquiere cada vez más importancia en el derecho moderno.

Octava premisa:

La justicia forestal significa que todas las personas tengan un acceso adecuado a los servicios ecosistémicos que proporcionan los bosques

En los debates sobre la emergencia climática, por ejemplo, el concepto de justicia climática es omnipresente.[25] Tiene su origen en la ciencia y el activismo por la justicia ambiental. Se originó en Estados Unidos en relación con el «racismo ambiental» (por ejemplo, la protección desigual contra las amenazas ambientales para personas de diferentes colores de piel).[26] Si existe justicia ambiental y justicia climática,[27] ¿no es necesaria también la justicia forestal? Por supuesto, y ni siquiera hay que inventar la palabra, porque ya figura en diccionarios antiguos. El concepto de justicia forestal o de los bosques existe desde hace siglos, y se refería originalmente al acceso a los servicios ecosistémicos de suministro: «Justicia forestal, f. derecho de propiedad o derecho de uso de un bosque».[28] En un decreto de 1529, «Orden forestal relativa a los súbditos marggrevianos que tienen justicia forestal en los bosques de Nuremberg»,[29] se regula el acceso de los súbditos a recursos como la leña. Pero, sobre todo, se trataba también de prohibiciones. Por ejemplo, era un delito punible ir a buscar leña al bosque un día festivo, entrar en el bosque con más de cuatro caballos enganchados o cortar leña después de la puesta de sol o por la noche. También estaba prohibido cortar y dejar demasiada leña, llevar al ganado a los bosques nuevos o recolectar bellotas de las ramas.

En el siglo XXI, con nuestra visión democrática y completamente nueva de los bosques y de su importancia para el funcionamiento de la biosfera, esta justicia forestal debe entenderse de forma mucho más amplia. Se trata de garantizar que todas las personas tengan un acceso adecuado a los servicios ecosistémicos que proporcionan los bosques. Esto se aplica, por un lado, al acceso local concreto a los bosques, pero también al acceso a la regulación regional y mundial del equilibrio climático e hídrico.

Cuatro líneas fronterizas relacionadas con los bosques: desafíos y tareas actuales

Si nos fijamos en el bosque, o en la gente que quiere algo del bosque, hay varios bandos enfrentados y fronteras, es decir, líneas divisorias, entre distintos puntos de vista e intereses. Georg Winkel, profesor de Política Forestal y Ambiental, y sus colegas han identificado varios de esos límites en su artículo «Old Patterns and New Trends», en el que describen bastante bien los desafíos actuales.[30]

En primer lugar, se trata de que haya un bosque o no lo haya. En muchos países, resulta una cuestión de vida o muerte de especies, ecosistemas e incluso personas. La pregunta es si los bosques pueden permanecer o se talarán, si se cultivarán alimentos y los ecosistemas podrán hacer su trabajo. También en Alemania se compite por el suelo cuando hay que construir carreteras o minas a cielo abierto, implantar una industria o realizar una reforestación en tierras cultivables. Los individuos a cargo de la gobernanza deben entonces evaluar y priorizar lo que es más importante para las personas.

Hay que cumplir las leyes y crear compensaciones. La frontera entre lo forestal y lo no forestal también se encuentra en cualquier parte del paisaje y significa efectos de borde y estrés en el bosque. Los problemas a lo largo de esta frontera son cada vez mayores con la crisis climática.

La segunda frontera se refiere a la brecha entre la protección y el uso de los bosques. ¿Para qué sirve el bosque? ¿En qué medida se puede intervenir y utilizar la madera? ¿Puede lograrse también la protección de la biodiversidad y la función ecológica cuando se talan árboles? Es necesario mediar entre posturas que se basan en mayor o menor medida en intereses o en información objetiva. Los límites entre los distintos campos y grupos de interés son menos nítidos de lo que se cree. Incluso si se quiere proteger los bosques, se puede hacer de distintas maneras, por ejemplo, permitiendo que el bosque se vuelva salvaje o intentando restaurar ciertas condiciones históricas como el monte bajo (Niederwald) o el Mittelwald. Es posible que se quiera proteger especialmente a las aves, los murciélagos o los escarabajos que viven en la madera muerta, o incluso las funciones ecológicas. En cada caso, esto puede dar lugar a estrategias por completo diferentes, que pueden contradecirse entre sí o interponerse unas en el camino de otras. Siempre se trata de decisiones normativas, es decir, de la cuestión de qué es bueno y correcto o qué es malo e incorrecto. La ciencia aporta argumentos, pero la decisión siempre se basa en los principios y valores de la sociedad. Estos surgen sobre la base de cosmovisiones e ideologías.

El tercer límite se refiere a la cuestión de tener o no tener. Se trata de la propiedad de los bosques y de la oportunidad de acceder a ellos y a los servicios de los ecosistemas forestales. Éste es el desafío clásico de la gobernanza forestal. En Alemania, los derechos de los ciudadanos al bosque son relativamente amplios, al menos en lo que respecta a las actividades de ocio. Por ejemplo, se puede entrar en el bosque a cualquier hora del día o de la noche y, salvo algunas excepciones como las zonas estrictamente protegidas o las repoblaciones forestales recientes, incluso fuera de los senderos. Además, se pueden recolectar flores, frutos y setas para uso personal, con independencia de la forma de propiedad, es decir, incluso en bosques privados.

Además de los «derechos de uso», el acceso a la información medioambiental y la cuestión de la adecuada participación también son importantes. En Alemania se observa que los agentes estatales fracasan a menudo en este ámbito. Son incapaces de explicar a la gente lo que ocurre en el bosque cuando se utilizan grandes máquinas para abrir caminos a través del bosque y, obviamente, se dañan bienes protegidos, como la tierra o las especies en peligro de extinción. Si bien en el pasado los silvicultores eran figuras respetuosas y, en el sentido más estricto de la palabra, representantes públicos en el bos-

En siglos anteriores, era una cuestión de justicia forestal tener un acceso adecuado a las tierras de pastoreo en el bosque. En tiempos de crisis climática, están en juego la existencia del bosque e importantes funciones como la refrigeración y el almacenamiento de agua. El pastoreo suele tener un efecto nada desfavorable para la salud de los bosques. En algunas zonas protegidas, como en el Parque Nacional de North York Moors, en Inglaterra, es posible ver cómo el pastoreo afecta al ecosistema (Pierre L. Ibisch, agosto de 2019).

que, hoy los ciudadanos se están rebelando y organizando. El sector forestal está sufriendo una pérdida importante de confianza pública; esto se debe, por un lado, al aumento de la comercialización o la intensificación de la gestión forestal, pero, por otro lado, también a la gestión de perturbaciones y calamidades (por ejemplo, la deforestación y la tala de bosques en caso de infestación por escarabajos de la corteza). Además de las asociaciones medioambientales «convencionales», la mayoría de las cuales cuentan con responsables forestales que luchan política y profesionalmente por el bosque, en Alemania, por ejemplo, se ha desarrollado un panorama diferenciado de iniciativas ciudadanas. También existen nuevos movimientos ecologistas como Fridays for Future. La propiedad de los bosques y la cuestión de las obligaciones sociales o ambientales también son objeto de debate. ¿Qué deben los propietarios al público en general y quién hace valer las demandas de la sociedad frente a ellos?

La cuarta línea fronteriza describe los conflictos que surgen cuando se emplean diferentes recetas para responder a las crisis. El principal impulsor es la crisis climática y la necesidad de «proteger el clima», con independencia de cómo se defina. En este caso, la cuestión se centra en qué servicios ecosistémicos son los más importantes en el siglo XXI y si la llamada silvicultura multifuncional puede en realidad cumplir su promesa de hacer que el bosque sea más eficiente y adaptable a pesar de la explotación maderera o incluso a través de ella. Básicamente, se están intensificando viejos conflictos. Quienes siempre han estado a favor de la extracción intensiva de madera y de muchas intervenciones en el bosque ahora justifican esto con el supuesto efecto de protección del clima. Pero también hay nuevas escaramuzas, como las nuevas tecnologías que penetran en el bosque en nombre de la protección del clima. Los conservacionistas también debaten si es más importante contribuir a la protección del clima para que el bosque pueda sobrevivir al final o si se está tirando la fruta fresca con la podrida si se talan los bosques y se siguen talando para construir turbinas eólicas o parques solares.

El último ejemplo muestra con claridad que las distintas fronteras y líneas de conflicto se cruzan a veces de forma compleja, y que incluso el campo de la conservación de la naturaleza puede estar dividido, por ejemplo, en la concesión de autorizaciones para la instalación de turbinas eólicas en los bosques. La polarización y las formas de conflicto no se han vuelto más implacables que en épocas anteriores, pero las disputas se están librando con más participación y atención, sobre todo a través de las redes sociales. Nuevas herramientas como las peticiones en línea, las cartas electrónicas en cadena o las valoraciones con «me gusta» y «no me gusta» consiguen una movilización más rápida y extrema de personas afines que se radicalizan en cámaras de eco.

La sociedad, ya de por sí estresada en tiempos de crisis, reacciona en algunos casos con más violencia, odio y desprecio. También en el sector forestal hay «ciudadanos enojados» que no siempre prestan atención a las buenas costumbres y a la corrección en internet o en los artículos de la prensa forestal.[31] Incluso cuando se trata de disputas entre científicos o profesores universitarios surge la máxima acusación de ideología o ignorancia; en el peor de los casos, estas disputas alimentan el rechazo a la ciencia misma.

La gobernanza forestal socioecológica no podrá limitarse a eliminar estos problemas, pero deberá abogar por la creación y el cumplimiento de unas reglas del juego dignas de una idea eco-humanista, así como crear oportunidades para un intercambio lo más objetivo posible.

Los conflictos descritos no pueden entenderse al margen de la situación de las «sociedades estresadas». En nuestra sociedad global orientada al crecimiento, la libertad de elección de las personas y los Estados disminuye rápidamente. Hay que responder a los problemas cada vez con más frecuencia y rapidez, lo que hace que la posibilidad de una gobernanza predictiva y anticipatoria sea cada vez más limitada. Y cuanto más nos adentramos en la pérdida de bosques, el calentamiento, la deshidratación y la extinción de especies, más frenéticas se ponen las cosas.

Novena premisa:

En nuestra sociedad global orientada al crecimiento, la libertad de elección de las personas y los Estados disminuye rápidamente

Por lo tanto, la gobernanza forestal socioecológica tiene muchas tareas por delante. En cuanto a los retos y las líneas de conflicto existentes, puede contribuir, no obstante, a crear unas condiciones marco a través de instrumentos y discursos sociales que garanticen la preservación y el fomento de ecosistemas forestales capaces de desarrollarse y adaptarse, así como la justicia forestal contemporánea en el sentido de la provisión, distribución y utilización de todos los servicios ecosistémicos necesarios para el bienestar humano. Los requisitos básicos para ello son los valores éticos y los principios sólidos.

Sin embargo, dado que las condiciones marco cambian con tanta rapidez y que los sistemas socioecológicos funcionan en ciclos adaptativos,[32] la gobernanza también debe ser lo más adaptable posible. Ésta es la única forma en que podemos reaccionar con flexibilidad ante los imprevistos, hacer que las instituciones sean cada vez más eficaces y permitirles aprender.[33]

Organización y control de las operaciones forestales

La gestión de la tierra existente y la legislación correspondiente se caracterizan por la cuestión de la propiedad de los bienes naturales y los servicios de suministro resultantes. A menudo se busca la propiedad de los bosques para adquirir un lugar de producción de madera; la caza también desempeña un papel en algunos casos. La prestación de servicios ecosistémicos o la gestión de los bosques para maximizar el rendimiento de la madera con frecuencia provoca el deterioro de otros servicios ecosistémicos, en particular los reglamentarios. Al tratarse de los denominados bienes comunes, éstos, en particular, tienen una importancia considerable para los propietarios no forestales, tanto para los que viven actualmente como para los de las generaciones futuras.

Ya lo hemos visto, los bosques están fragmentados y parcelados, rodeados del uso del suelo, de carreteras y asentamientos, y atravesados por caminos madereros. Esta fragmentación también se refleja en la estructura de la propiedad. Casi la mitad de los bosques de Alemania, por ejemplo, pertenece a propietarios privados (el 48 por 100), poco menos de un tercio está gestionado por los estados federales, el 19 por 100 lo gestionan los municipios y las empresas, y el 4 por 100, el gobierno federal.[34] Los propietarios privados son alrededor de dos millones de familias y particulares. Alrededor de la mitad de la superficie forestal privada corresponde a pequeñas empresas con menos de 20 hectáreas, y sólo el 13 por 100 de los bosques privados supera las 1000 hectáreas. Además, los bosques privados y públicos suelen estar entrelazados. Para poder organizar la gestión forestal de una manera razonablemente asequible, muchos propietarios de bosques unen sus fuerzas para crear asociaciones de gestión forestal. Los propietarios de bosques con propiedades muy pequeñas suelen ser controlados y asesorados por los silvicultores estatales. Como resultado, aunque a muchos no les interesa maximizar el rendimiento maderero, sino más bien la tranquilidad y el recreo, sus bosques se gestionan mecánicamente de la misma forma que los bosques estatales y, en algunos casos, incluso se talan. El hecho de que la recomendación de un daño forestal tan drástico no sea una norma oficial, sino sólo una oferta, no está claro para los laicos.

Por lo general, el gran bosque privado elude en gran medida la gestión forestal estatal porque emplea a su propio personal.

Décima premisa:

No existe un control independiente de los bosques nacionales y su gestión

Los demás agentes también están fragmentados, ya que se reparten entre distintos municipios, autoridades de conservación de la naturaleza y del agua, zonas protegidas o asociaciones de agua y suelo, y apenas se coordinan entre sí. Incluso el marco legal no está claro. Existe una legislación local, federal, nacional e internacional que es relevante, desde la regulación de una pequeña reserva natural o área de protección del agua hasta una reserva de la biosfera. A menudo hay varias zonas protegidas superpuestas, por ejemplo, una zona FFH (Fauna-Flora-Hábitat) y un santuario de aves, además de un parque natural. Se aplican las estrategias federales o de la Unión Europea sobre biodiversidad y bosques. La complejidad es enorme, pero los recursos de las agencias gubernamentales responsables suelen ser insuficientes. Ésta es una de las razones de los déficits de aplicación; ¿quién se supone que entiende aún algo?

Prácticamente no existe un control independiente de los bosques estatales y su gestión, porque el personal estatal gestiona y controla en unión personal. Las autoridades forestales de Alemania son, con diferencia, los principales vendedores y proveedores de servicios de madera y, al mismo tiempo, actúan como autoridades públicas para supervisar el cumplimiento de las leyes de este mercado. Después de todo, los parlamentos controlan el poder ejecutivo, es decir, el Gobierno con sus autoridades. Pueden, por ejemplo, plantear pequeñas y grandes preguntas al Gobierno, pero la mayoría de los parlamentarios apenas disponen de recursos humanos para hacer un seguimiento detallado de las respuestas.[35] Incluso las autoridades forestales superiores suelen depender de la experiencia de los organismos subordinados que se supone que deben gestionar y controlar.

Los numerosos límites relacionados con la propiedad y la confusión administrativa constituyen un verdadero reto desde el punto de vista de la gobernanza; desde la perspectiva de la gestión de los ecosistemas, son una pesadilla. Sin un considerable esfuerzo de coordinación, que en realidad no se lleva a cabo, semejante mosaico no puede gestionarse de forma respetuosa con el ecosistema. Desde una perspectiva socioecológica, es urgente establecer unidades de gestión definidas en términos de ecología paisajística en las que los distintos propietarios colaboran para garantizar el buen funcionamiento de los bosques y se coordinan con otras partes interesadas del paisaje. Las características y necesidades especiales de los ecosistemas forestales deben tener prioridad sobre los intereses de los propietarios forestales individuales. Por ejemplo, se necesitan conceptos de desarrollo forestal técnicamente fundamentados para zonas naturales como las montañas de Harz (Alemania), la zona volcánica del Eifel (Alemania) o el paisaje de morrenas del noreste de Alemania. Por supuesto, la necesidad de una gestión de la tierra y el agua basada en los ecosistemas no se limita a los bosques. ¿Qué puede haber más importante que una visión estratégica del territorio y de los ecosistemas productivos para luego decidir qué queremos hacer con ellos? Hasta ahora, sólo ha habido instrumentos aislados de conservación de la naturaleza, como la planificación espacial y paisajística (el marco) de los estados federados. Se les dedica un gran esfuerzo para cumplir los requisitos legales, pero luego dan lugar a planes que o bien permanecen latentes en los cajones o sólo se utilizan de forma selectiva y, al final, no influyen en el desarrollo del país.

Comunicación y participación

Los seres humanos son componentes dependientes de los ecosistemas, una idea central de la teoría evolutiva y la ecología, y uno de los fundamentos de la idea socioecológica. La gestión forestal no es sólo la producción de madera, sino también la gestión del hábitat humano. Por ese motivo, las personas se preocupan por lo que sucede en el bosque. Tienen el derecho (humano) a estar informadas y a participar en las decisiones importantes. Implementar esto es una tarea clave de la gobernanza forestal moderna.

Sin embargo, la participación es un tema con el que la silvicultura está luchando. El bosque había sido durante mucho tiempo el centro de atención de las clases ricas y dirigentes. Debido a la caza y la madera, se convirtió en un recurso estratégico desde tiempos inmemorables. A diferencia de la agricultura, que también era practicada por pequeñas familias campesinas lo mejor que sabían para poder alimentarse, y en la que las cosas solían ser más democráticas, las grandes extensiones de bosque se concentraban en unas pocas manos. Los conocimientos especializados que controlaban los silvicultores se convirtieron en una especie de saber dominante, mucho más que en el caso de la agricultura. El distrito forestal solía estar academizado. Como el guarda forestal estaba muy próximo a la caza y al poder, esto implicaba que el común de los mortales tendía a ser excluido y se conformaba con que le permitieran recoger algo de leña o setas. Esto sigue teniendo efecto en la actualidad en países como Alemania, por ejemplo. La organización de los bosques públicos y de los grandes bosques privados en circunscripciones da a los silvicultores la impresión de que se trata de su propio bosque, y los forasteros, como los miembros de las ONG, suelen ser vistos como alborotadores. Ésta es también la forma en que se sigue hablando interna (y extraoficialmente, por supuesto) hasta el día de hoy.

Sin embargo, si el bosque produce servicios ecosistémicos para toda la población y la propiedad forestal privada está sujeta a la responsabilidad social, es decir, debe contribuir al bienestar general, es del todo inaceptable que la gestión permanezca secreta. No puede darse el caso de que no tenga que explicarse y que la población no tenga derecho a participar. De hecho, es extremadamente difícil para los ciudadanos comunes obtener información sobre las medidas y planes de gestión forestal. La situación es aún peor cuando se trata de datos sobre equipos o propietarios forestales. Cuando se pregunta, se suele decir que todo esto es un secreto comercial.

Undécima premisa:

Gestión forestal no debe ser un secreto comercial

Si el Estado ha vendido su bosque, es decir, el bosque de los ciudadanos, a particulares, es evidente que el público debe saber exactamente dónde se encuentra esa propiedad y quiénes son los nuevos propietarios. Al fin y al cabo, en Alemania, por ejemplo, existen leyes de información y transparencia medioambiental que estipulan el derecho a conocer en profundidad las actividades oficiales. Sin embargo, la transparencia también se detiene legalmente en el límite de la propiedad privada, algo que urge cambiar y que es fácil de aplicar con la ayuda de las modernas tecnologías de la información. Tendría sentido que los ciudadanos pudieran consultar mapas en internet para ver a quién pertenecen las parcelas forestales más grandes. Esto debería aplicarse al menos a los bosques gestionados comercialmente a partir de un tamaño mínimo de 100 hectáreas, por ejemplo. Por cierto, en otros países, como Suecia, la transparencia va mucho más allá; allí es posible incluso consultar los ingresos de tus vecinos.

Doceava premisa:

El bosque es demasiado importante para dejarlo sólo en manos de sus propietarios: las mesas redondas garantizan la participación de todos los ciudadanos

El acceso a la información es una cosa, pero la oportunidad de participar es algo por completo distinto.

Especialmente en el caso de los bosques públicos, las personas deberían poder participar en las decisiones importantes. Esto sería en particular fácil de implementar en los bosques municipales. Los bosques municipales y comarcales están mucho más cerca de la gente; los políticos locales pueden opinar sobre cómo debe gestionarse el bosque que tienen frente a sus casas. Lo ideal sería que también se realizaran encuestas a los ciudadanos para que pudieran expresar qué servicios ecosistémicos y tratamientos forestales son en particular importantes para ellos.[36] En Darmstadt (ciudad en Hessen, Alemania), por ejemplo, se creó una mesa redonda sobre el bosque municipal en 2018 ante la gran preocupación por la salud del bosque en años extremos.[37] La Mesa Redonda Forestal estaba constituida por los grupos parlamentarios del ayuntamiento, organizaciones de conservación de la naturaleza, asociaciones de caza y silvicultura, iniciativas ciudadanas, el Consejo Asesor de Conservación de la Naturaleza, la Red de Actores Climáticos y Medioambientales de Darmstadt, Hessen Forst, la ciencia, la Oficina de Deportes, el Consejo Regional, la Oficina Estatal de Conservación de la Naturaleza, Medio Ambiente y Geología de Hesse, las oficinas de medio ambiente y espacios verdes y los departamentos pertinentes. El comité decidió no talar el bosque por el momento y crear un consejo de expertos.

Este enfoque puede considerarse ejemplar y representa un paso hacia una nueva forma de gobernanza forestal. Lo ideal sería que este tipo de mesas redondas no tan sólo se crearan en tiempos de crisis y no se limitaran a los bosques comunales, sino que abarcaran todas las zonas forestales.

Política forestal socioecológica

La transformación socioecológica de la gestión forestal debe comenzar en la política.

- Una política forestal socioecológica debe garantizar que el bosque contribuya a la buena vida de los ciudadanos, preservando, promoviendo y, si es necesario, recompensando todos los servicios ecosistémicos para apoyar el funcionamiento del bosque.
- No sólo debe proporcionar la información adecuada sobre el bosque y utilizar tecnologías modernas para la recopilación, el procesamiento y la publicación de datos. También debe garantizar que la gestión forestal se diseñe e implemente de acuerdo con los conocimientos y la ignorancia más recientes. Con este fin, se deben incluir todas las formas de conocimiento relevantes.
- La capacitación para la gestión forestal debe ser más diversa. Los cursos tradicionales de formación en silvicultura y ciencias forestales deberían complementarse con modelos alternativos con una orientación socioecológica.
- Una política forestal socioecológica debe garantizar la participación ciudadana adecuada e impedir la influencia unilateral de la política forestal por parte de *lobbies* con intenciones económicas.
- Debe garantizar que los riesgos y la gran incertidumbre derivados de la crisis climática se traduzcan en una adecuada precaución y protección de los ecosistemas forestales, así como en una adecuada gestión adaptativa.
- El seguimiento necesario para la gestión forestal adaptativa y la gobernanza adaptativa de los sistemas forestales socioecológicos, es decir, el seguimiento de la salud del bosque y de los efectos de las medidas, debe llevarse a cabo de forma independiente y constituir la base de una evaluación independiente.
- La política forestal socioecológica debe contribuir a reducir o resolver los conflictos, garantizar la separación de poderes y promover una legislación actualizada.

Básicamente, si vamos a fijarnos normas en forma de leyes, deberían ser justiciables. ¿Qué sentido tiene mencionar de manera explícita la gestión forestal adecuada en muchas leyes sin definirla con claridad? Hoy en día, todo el mundo sabe y puede

Fragmentación, descenso de las aguas subterráneas, crisis climática: los graves daños sufridos por el bosque urbano de Darmstadt (Alemania) llevaron a la Administración a abrir nuevos caminos. Una mesa redonda en la que participaron numerosas partes interesadas decidió suspender la utilización del bosque y centrarse en su esparcimiento (Pierre L. Ibisch, mayo de 2022).

imaginar algo diferente al respecto, lo que en caso de duda significa que la naturaleza se lleva la peor parte. En efecto, sólo así es posible que cientos de miles de nidos de pájaros, con sus huevos y polluelos, caigan al suelo cada verano cuando se talan los árboles donde hay nidos en el marco de las operaciones de clareo.

Antes de que se inicie el proceso legislativo con participación pública, es preciso examinar a fondo todas las partes interesadas. Si, como ocurre con el Consejo Forestal Alemán, el poder ejecutivo concentrado, que incluye a todas las Administraciones forestales estatales, está representado en una organización, estrictamente hablando, esta asociación no es una organización no gubernamental, sino que puede incluso ser cuestionable desde el punto de vista constitucional.

Decimotercera premisa:

Los servicios de los ecosistemas deben recompensarse de tal manera que se paguen exclusivamente los que ya son efectivos; por ejemplo, el efecto mensurable de enfriamiento

Una tarea central de la política forestal socioecológica es el control financiero de la gestión forestal. Los servicios ecosistémicos deben recompensarse de manera transparente y comprensible. Los instrumentos de financiación o los certificadores existentes recompensan y evalúan las medidas individuales, como una plantación de nueva creación, o incluso promesas como el cumplimiento futuro de las normas ecológicas, es decir, el propósito de crear un bosque natural, que a menudo sólo puede lograrse muchas décadas después. Con demasiada frecuencia, después de muchos años desperdiciados, tal promesa resulta insostenible. Si, en su lugar, se utilizaran dispositivos de teledetección, como satélites o aviones, para medir el enfriamiento del paisaje, la biomasa, la vitalidad y otros parámetros, se podría establecer una cuota por año y hectárea basada en un estado o cambio real formulado de la forma correspondiente.[38] En términos simples, sólo se paga por lo que ya es efectivo, es decir, el *statu quo*, como una cantidad X por grado centígrado de descenso de la temperatura media en comparación con las tierras abiertas u otros bosques menos fríos.

Si esto se hiciera cada año, correspondería a los propietarios de los bosques decidir si enfrían o recogen más madera, lo que provocaría un aumento de la temperatura en el bosque en cuestión. La madera competiría entonces directamente con la refrigeración, lo que, de manera indudable, llevaría a un aumento del precio de la materia prima, que hasta ahora ha sido demasiado barata. El valor de una refrigeración eficaz también aumentaría a medida que el paisaje se calentara.

Decimocuarta premisa:

La gestión forestal debe reflejarse éticamente

La gestión socioecológica de los bosques debe representar una forma alternativa de tratar el bosque, pero también una manera diferente de tratar con las personas para quienes el bosque es importante y una forma diferente de aprender y enseñar. Por tanto, se basa en el ecosistema, es ecohumanista y posnormal. Suena a ideología, y lo es. Al fin y al cabo, cualquier ciencia y cualquier técnica que la gente piense y ponga en práctica obedece a ciertas ideas e ideales que no siempre se comunican de un modo abierto. Debemos cambiar eso en el futuro.

Los veinte principios de la gestión forestal socioecológica: un manifiesto

En resumen, la gestión forestal socioecológica puede caracterizarse por unos principios que derivan, en primer lugar, de los descubrimientos de la ciencia y, en segundo lugar, de sus reflexiones éticas. En principio, el enfoque se basa en dos pilares, que pueden formularse como condiciones: la gestión forestal debe estar en armonía con el funcionamiento de los ecosistemas y debe ser éticamente reflexiva, es decir, cuestionar de continuo y debatir lo que se supone que debe conseguir en primer lugar y lo que significa una buena gestión.

«La gestión forestal se basa en los ecosistemas»[1]

1. **El bosque debe entenderse como un biorreactor.**
Los bosques son sistemas abiertos de conversión de energía y están sujetos a las leyes de la termodinámica.

2. **Los bosques trabajan con reservas y nosotros tenemos que ayudarles a hacerlo.**
Los bosques invierten en su capacidad de trabajo. Cuando los ecosistemas reciben energía libre adicional, cualquier excedente que no sea necesario para mantener las funciones básicas se utiliza para formar estructuras disipativas que absorben y utilizan la energía y alejan al sistema del equilibrio termodinámico.

3. **El bosque debe poder crecer y aprender cuantitativa y cualitativamente.**
La base de la función ecosistémica de mantener el sistema lo más alejado posible del equilibrio termodinámico, es decir, del caos, reside en tres formas de maduración: crecimiento de la biomasa, crecimiento de la red y crecimiento de la información.

4. **Gestionar los bosques significa gestionar agua.**
Dado que la vida funciona sobre la base de soluciones hídricas, los ecosistemas son sistemas ecohidrológicos abiertos. La capacidad de los bosques para gestionar el agua tiene una influencia decisiva en su equilibrio energético y en su desarrollo en todos los niveles del sistema.

5. **Los bosques y sus componentes sólo pueden funcionar si pueden interactuar entre sí.**
La maduración de los ecosistemas requiere una continuidad temporal y espacial y la correspondiente interconexión (conectividad).

6. **Los ecosistemas no son jerárquicos, por lo que no se les debe dar instrucciones.**
Los bosques son sistemas anidados que, junto con otros sistemas, constituyen el ecosistema global. Este todo más grande tiene un efecto en las partes, del mismo modo que los componentes actúan sobre la estructura mayor de la que forman parte (holarquía). Todas las interacciones, de arriba a abajo y viceversa, crean funciones y regulación.

1. Cambiado según: Ibisch, P. L. (2022). «Ein ökosystembasierter Ansatz für den Umgang mit der Waldkrise in der Klimakrise». *Natur und Landschaft* 97 (7): 325-333.

7. **En los ecosistemas (casi) todo es posible; su desarrollo es, por tanto, imprevisible.**
La complejidad de los ecosistemas, junto con propiedades termodinámicas como la irreversibilidad y la inestabilidad, conduce a una apertura al desarrollo del sistema y, por tanto, a una indeterminación inherente.

8. **Los bosques crean amortiguadores y ciclos y, por lo tanto, se vuelven más eficientes.**
El crecimiento y el desarrollo de los ecosistemas en maduración están ligados al aumento de los ciclos. En particular, el agua y los nutrientes se reciclan, lo que hace que los bosques sean algo menos dependientes del medio ambiente.

9. **En los ecosistemas, las causas y los efectos se alimentan mutuamente, lo que contribuye de manera significativa al control y al desarrollo.**
«Mucho» puede convertirse con rapidez en «aún más» o incluso en «mucho menos». Las retroalimentaciones sistémicas positivas y negativas son una base esencial para la regulación y la adaptabilidad de los ecosistemas.

10. **Los ecosistemas se desarrollan a través de la continua destrucción y reorganización de los componentes del sistema.**
Los ciclos adaptativos, que existen en los distintos niveles anidados del sistema y tienen efecto en conjunto, son la base de la capacidad de adaptación y recuperación de un ecosistema (resiliencia adaptativa). «La "destrucción creativa" es un elemento importante de la funcionalidad. La gestión forestal es ética y contribuye al bienestar de las personas a corto y largo plazo».

«La gestión forestal se considera ética y contribuye al bienestar de las personas a corto y largo plazo».

11. **El uso o la gestión de los bosques no deben realizarse sin una reflexión ética.**
La gestión socioecológica de los bosques se basa en los ecosistemas y se centra en las personas en un sentido ecohumanista. Esto significa que la base de la funcionalidad de los ecosistemas descrita científicamente va acompañada de una reflexión y una orientación éticas pertinentes a fin de proporcionar las condiciones marco adecuadas para la gestión de todos los recursos.

12. **Al tratar con los bosques, siempre tenemos en cuenta el hecho de que no sólo los utilizamos de manera racional, sino que también los experimentamos y necesitamos emocionalmente.**
El nivel emocional de nuestras experiencias y decisiones, así como nuestra capacidad de biofilia y empatía con el bosque y sus criaturas, merecen ser reconocidos y apoyados.

13. **En interés de las personas, toda gestión forestal debe ser buena para el bosque y también para las personas.**
La gestión forestal se lleva a cabo tan sólo con el objetivo de contribuir a una buena vida para las personas; el bosque no la necesita. Promueve las funciones de los ecosistemas que denominamos servicios ecosistémicos porque contribuyen directa o indirectamente al bienestar humano. Es justo por este objetivo último de una buena vida para las personas por lo que debe aplicarse la primacía ecológica en la gestión forestal.

14. **Es necesario garantizar la justicia forestal contemporánea.**
La gobernanza socioecológica de los bosques pretende lograr un equilibrio social adecuado en la valoración, promoción, utilización y accesibilidad de todos los servicios ecosistémicos.

15. Una contabilidad económica adecuada de la gestión forestal incluye todos los ingresos y todos los costes.
La gestión forestal socioecológica defiende una contabilidad económica lo más transparente y lo más completa posibles. Esto significa que no sólo se considera el valor añadido, medible en términos monetarios o no, sino también el «coste medioambiental». No debe existir una subcontratación (externalización) oculta de los costes.

16. La gestión forestal socioecológica contribuye a la comprensión de un modelo ecológico de desarrollo económico que no requiere un crecimiento cuantitativo.
Una buena vida para las personas sólo puede lograrse dentro de los límites establecidos por la capacidad de carga de los ecosistemas. El funcionamiento de un ecosistema y el número de personas que puede soportar no es algo fijo para siempre. Esto puede cambiar con mucha rapidez si también lo hacen las condiciones marco.

17. La gestión socioecológica de los bosques es conflictiva, democrática y tolerante, pero se enfrenta de manera consciente a los conflictos socioeconómicos y sociales que se están intensificando debido a la escasez de recursos y a la crisis climática.
La gestión no consiste en un consenso mínimo y la resolución de conflictos en aras de la armonía. La situación actual de los bosques exige un debate constructivo al mejor nivel profesional posible.

18. El tratamiento del conocimiento es posnormal, lo que significa, entre otras cosas, que el conocimiento científico no debe ser excluyente y que todas las formas de conocimiento relevantes deben incluirse en el proceso de aprendizaje.
Es importante fomentar el respeto por otros conocimientos, integrarlos adecuadamente en el trabajo y ver siempre el trabajo con el bosque como una producción conjunta de conocimientos.

19. La gestión socioecológica de los bosques no consiste en trasladar de un modo descuidado los conocimientos existentes a la acción, sino, sobre todo, en utilizar la falta de conocimientos identificada o sospechada y animar a todos los implicados a actuar con cautela.
La humildad es un leitmotiv cuando nos ocupamos del bosque y de nuestro conocimiento de él y de las consecuencias de nuestras acciones. Se acepta la incertidumbre como parte del proceso de aprendizaje y se prescinde de la certeza. Un enfoque consciente y activo de los límites del conocimiento y la ignorancia forma parte de la base académica de la gestión forestal socioecológica. No se trata en absoluto de hostilidad hacia el conocimiento, sino todo lo contrario. Los hechos y las pruebas se valoran y se reflejan en su contexto.

20. En la gestión socioecológica de los bosques, el manejo adaptativo reflexivo es la base para el desarrollo de estrategias.
La acción no se basa tan sólo en visiones, sino que se entiende como parte de un proceso de aprendizaje. Se proporcionan recursos suficientes para la documentación y la revisión crítica. El enfoque es propicio a los errores, pero al mismo tiempo se esfuerza por aprender todo lo posible de ellos.

La nueva brújula para el bosque: una guía

Una pregunta clave sobre la gestión de los bosques es la siguiente: ¿hacia dónde debe llevarnos nuestro viaje?

Estamos entrando en un nuevo territorio y necesitamos una nueva brújula para no deambular sin un rumbo fijo. Cuando observamos muchos de los bosques del mundo, parece como si la humanidad hubiera perdido el antiguo. Sin embargo, está claro que la dirección ya no es la correcta. Por lo tanto, debemos desarrollar una nueva brújula para poder determinar primero dónde estamos. De este modo, estaremos aún más decididos a avanzar en la dirección correcta.

La brújula que proponemos es una herramienta completamente nueva para la gestión forestal: ¡un giro de compás forestal! Utilizarla del modo correcto requiere agilidad; se necesita una visión de 360 grados para mantener el rumbo. Si sólo miras en una dirección, no descubrirás el giro correcto. Se guía por preguntas (auto)críticas. Explorar y gestionar el bosque dará respuesta a esas preguntas y planteará otras nuevas. En el sentido de la gestión adaptativa, vale la pena hacer las preguntas una y otra vez, aprender de los errores y los éxitos y avanzar con cuidado. A diferencia de la gestión anterior, la vieja brújula, no puede existir una única dirección correcta que valga para siempre y para todos los tiempos. Al contrario, sólo las lecturas frecuentes, es decir, las preguntas, observaciones y aprendizajes frecuentes, permiten hacer las correcciones de rumbo necesarias.

Antes de que las cosas se pongan en marcha en la práctica y se invierta un solo euro en el bosque, antes de que se dé un solo apretón de manos, hay que definir el objetivo de la gestión. En los bosques públicos, se trata de un proceso político; en los privados, puede determinarse de manera individual en el marco de la legislación vigente. Para ello, hay que analizar el marco de los tres servicios ecosistémicos (de suministro, de regulación y cultural). ¿Están los tres en el punto de mira? ¿Están justificados por igual o hay un servicio en particular en primer plano? La sinceridad con uno mismo es muy importante en este sentido, sobre todo en lo que respecta a los objetivos blandos, es decir, emocionales. Los seminarios de gestión forestal de una semana de duración que se imparten en la Academia Forestal de

Wershofen (en Renania Palatinado, Alemania), por ejemplo, suelen revelar un cambio sorprendente en los participantes (en su mayoría, propietarios de bosques privados). El primer día se les pregunta por sus objetivos, que suelen ser los siguientes: por encima de todo, quieren generar ingresos con la venta de madera y mantener el bosque a largo plazo.

Al final de la semana, el panorama suele ser por completo diferente. Las numerosas e intensas discusiones conducen a que la motivación real salga a la luz. Se trata de paz, de relajación, de armonía. En el mejor de los casos, algunos troncos deberían procesarse para leña o para la venta, pero la atención se centra en el deseo de un bosque que se regule y

Una brújula para la gestión forestal

Las preguntas abiertas y las respuestas sinceras sobre todo lo que (deberíamos) o no (podemos) saber sirven de orientación.

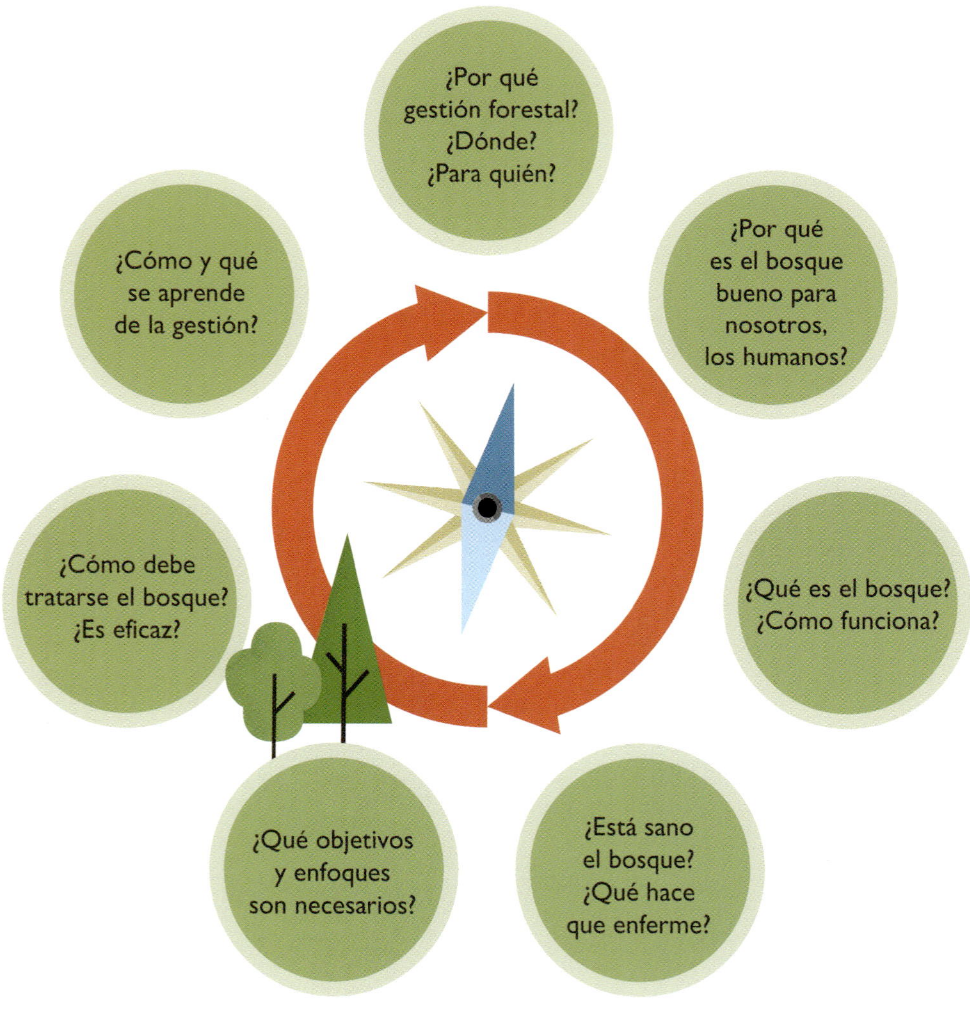

se mantenga por sí mismo, y, por lo tanto, sea el lugar ideal para pasar horas agradables.

Estas personas suelen estar expuestas a la presión de las Administraciones forestales locales, que se ponen en contacto con los propietarios forestales privados y los instan a cosechar madera. Los silvicultores suelen justificarlo alegando la necesidad de mantenimiento o la supuesta amenaza de colapso de los bosques. Se mezclan así diversas tareas y servicios ofrecidos por las autoridades, que no resultan transparentes para aquellos no familiarizados con este ámbito. Para ellos, es la autoridad forestal la que actúa en este caso de forma soberana, pero, desde el punto de vista jurídico, la oficina forestal actúa como un proveedor de servicios que ofrece sus servicios de forma no convencional.

Esta mezcla, cuanto menos cuestionable desde el punto de vista de la legislación sobre competencia, está haciendo que muchos propietarios forestales abandonen sus objetivos originales y sigan el camino de la gestión convencional.

Sin embargo, son justo esos bosques «gestionados emocionalmente» (o no gestionados desde el punto de vista de la industria maderera) los que proporcionan bienes en particular estables que tienen una gran demanda, como el agua potable o el aire fresco. Aunque todas las leyes forestales se centran en todos los servicios de los ecosistemas, la silvicultura sin tala sigue considerándose un pasatiempo de urbanitas que no tienen ni idea de la vida real del bosque.

Los bosques intactos proporcionan la mayoría de los servicios que deseamos los seres humanos, casi o incluso por completo, sin ninguna manipulación, excepto uno, el suministro de madera. Esta manipulación repercute en todos los demás del ecosistema, pero, a continuación, queremos analizar la gestión forestal tan sólo bajo uno de los tres aspectos, es decir, como un escenario extremo, por así decirlo. Esto hace que quede más claro hasta qué punto puede llegar un uso relativamente unilateral y hasta qué punto puede controlarse. A la hora de fijar objetivos individuales para un bosque, el arte consiste entonces en combinar y equilibrar los tres servicios de tal manera que se cree un concepto global óptimo. Por ejemplo, un bosque que prioriza el uso de la madera tan sólo puede hacerlo posible si también funcionan los servicios ecosistémicos reguladores. Un bosque razonablemente intacto y rico en especies produce más biomasa que uno maltrecho, por lo que una explotación forestal bien gestionada en este sentido también es más capaz de proporcionar los demás servicios.

Hambre de madera: fomentar los servicios ecosistémicos que proporcionan madera

Si deseamos gestionar los bosques en los que se puede extraer madera, debemos centrarnos en la calidad más que en la cantidad. La madera sigue siendo una materia prima económica, pero su producción lleva mucho tiempo y está asociada a numerosos riesgos. Por tanto, se aplica (como en todos los ámbitos de la economía) el principio de maximizar los beneficios que se obtienen de la madera. En la gestión forestal, la palabra mágica es madera valiosa. Estas maderas se cortan en láminas milimétricas, también denominadas chapas, con potentes máquinas, o bien se pelan como un sacapuntas gigante. Estas láminas pueden aplicarse después a superficies de muebles, por ejemplo, para mejorar su aspecto. Estos troncos también están muy solicitados para otras aplicaciones de gran calidad visual. Para ello, al menos los dos tercios exteriores de los anillos anuales deben estar libres de ramas encarnadas, es decir, el árbol debe haber perdido las ramas inferiores en su juventud. Además, se requiere un crecimiento rectilíneo y las lesiones antiguas también son tabú para su uso. ¿Quién quiere tener manchas podridas en el tablero de su mesa? ¡Son muchos requisitos!

Pero ¿qué sucede si esa madera ya no tiene demanda en el futuro? Después de todo, ha habido cambios frecuentes en los requisitos de la industria maderera; recordemos la madera de pozo que alguna vez se necesitaba para soportar los túneles de las minas.

Imagen superior:
Incluso en los bosques no gestionados, los árboles crecen rectos. Sin alteraciones se consigue incluso una mayor productividad (Pierre L. Ibisch, hayedo de Strâmbu-Baiut, en Rumanía, Patrimonio Mundial de la UNESCO, mayo de 2018).

Imagen inferior:
En los bosques gestionados de forma menos intensiva, los árboles están más juntos. En el bosque urbano de Lübeck (Alemania), se demostró que esto conduce incluso a una producción adicional de biomasa porque los árboles son más altos (Pierre L. Ibisch, Schattiner Zuschlag, zona protegida del bosque urbano de Lübeck, julio de 2018).

Esto no influye en el caso de la madera de chapa, porque siempre se puede obtener un producto de menor calidad a partir de la mejor madera, desde la madera de sierra hasta la de aglomerado, pasando por la leña. Por desgracia, no funciona al revés. No es posible obtener una variedad valiosa de productos producidos en masa, es decir, los típicos troncos de plantación cubiertos de ramas y de crecimiento rápido.

Por eso es importante permitir que crezcan tantos árboles como sea posible de esta calidad, sabiendo muy bien que al mismo tiempo no debemos manipular demasiado el ecosistema. El propio bosque dispone de la solución. Las crías crecen muy lentamente a la sombra de los árboles madre y sólo forman ramas laterales delgadas como un lápiz. Si ya no se necesitan, mueren y sólo dejan pequeñas heridas en el tronco cuando se caen, que se superan con rapidez sin pudrirse. El crecimiento recto es esencial si se quiere alcanzar la copa lo antes posible con la poca luz disponible. En cuanto esto ocurre, con cada anillo anual se produce la madera más valiosa, sin nudos y recta. Esto tiene la ventaja para el árbol de que no pueden penetrar hongos y de que dicha madera está en gran medida libre de tensiones, es decir, no se agrieta con facilidad.

Los árboles con este tipo de potencial deben madurar, es decir, hacerse especialmente viejos.

Las capas exteriores de la madera son en especial valiosas y cada nuevo anillo anual tiene un diámetro mayor que el anterior. Esto significa un volumen exponencial y, por lo tanto, un crecimiento exponencial del rendimiento. Incluso la putrefacción incipiente en el interior tiene poca importancia siempre que las capas externas libres de nudos no se vean afectadas. Como resultado, la producción de madera valiosa debe orientarse de manera inevitable a los procesos forestales primigenios y está prácticamente predestinada a la gestión forestal ecológica.

Sin embargo, el largo período que transcurre hasta la tala, a menudo de 160 años o más, exige un manejo bastante cuidadoso del bosque. Los daños causados por las máquinas o los troncos que chocan contra el árbol al ser arrancados y dañan su corteza son el pistoletazo de salida para que se pudran las capas externas de la madera; se acabó el sueño de la madera de chapa.

Lo mismo ocurre con el debilitamiento de los árboles debido al cambio climático y/o a los parásitos. El futuro es cada vez más arriesgado, lo que dificulta la producción de madera a largo plazo. Por lo tanto, hay que hacer todo lo posible, o no hacerlo, por la salud de los árboles; en otras palabras, se debe conservar mucha biomasa en el bosque y perturbar lo menos posible manipulando el ecosistema.

Si los bosques primitivos son los mejores para producir madera valiosa, entonces deberíamos dejar esta tarea en manos de los propios bosques. Esto significa evitar en gran medida el aclareo, ya que las alteraciones debidas al uso aumentan los riesgos para los árboles restantes.

Incluso las formas de crecimiento económicamente indeseables, como troncos torcidos en árboles individuales, que solían ser un criterio que conducía a su eliminación, ahora se juzgan de forma diferente. En realidad, deberían dejar sitio a ejemplares de mejor crecimiento. Sin embargo, si su tala conlleva un aumento de los riesgos para los árboles maderables valiosos debido a un cambio en el microclima o a lesiones durante el transporte, es mejor prescindir de ellos. De todos modos, los ingresos procedentes de estos árboles «mal ubicados», que de manera ideal deberían talarse en las primeras décadas de su vida, son escasos. No hay problema, se dirá, y entonces no haremos más clareos. Pero no es tan sencillo, como mínimo para las pequeñas explotaciones forestales. Si tienen una estructura de árboles relativamente uniforme y de edad temprana, un período de espera de décadas significa un cuello de botella de liquidez asimismo largo; sin la extracción de madera, no hay dinero, al menos si se centra en los ingresos de la biomasa.

Más adelante hablaremos de ello. El segundo problema es económico. Sin la madera de entresaca, que tradicionalmente se produce con mucha regularidad, industrias enteras tendrán problemas de suministro. La industria papelera depende de un suministro constante de madera fina y fresca, que debe entregarse no sólo una vez al año, sino también de forma continua durante la temporada de crecimiento. La situación es similar en el caso de los fabricantes de aglomerado y otros productos fabricados con madera finamente cortada. Aunque podrían acumular existencias, seguirían dependiendo de las entregas anuales regulares. ¿Y ahora qué?

En el futuro, muchos productos que antes se fabricaban con troncos finos deberían fabricarse a partir de residuos de madera, es decir, utilizando el proceso de reciclaje.

Sin embargo, esto no es posible en todos los sectores, como el papel. Pero también en este caso hay que reducir de forma drástica el consumo de todos modos, y el resto, si no puede producirse a partir de papel usado (que siempre requiere cierto aporte de madera fresca), posiblemente pueda suministrarse en el futuro a partir de otras fibras o residuos de madera procedentes de la producción de madera valiosa.

En conclusión, debemos despedirnos de la idea de que el bosque es un almacén siempre disponible y desde el que podemos abastecernos en cualquier momento. En primer lugar, se debe permitir que el ecosistema se recupere de tres siglos de silvicultura para poder sobrevivir al cambio climático provocado por el hombre. Ésta es la prioridad.

¿Cómo se obtiene la madera del bosque?

Si planeamos un desarrollo ecológicamente justificable del bosque con senderos, debe quedar claro que esto no puede hacerse con independencia de la tecnología utilizada. Los daños causados al suelo por la conducción que se practicado sobre su superficie se regenerarán por completo en un futuro previsible. Por lo tanto, no se trata de que las máquinas actuales funcionen con la mayor eficacia posible, sino de alcanzar un compromiso sostenible a largo plazo con respecto al impacto en el ecosistema forestal. Al fin y al cabo, la tecnología puede cambiar por completo en unas pocas décadas, pero el daño en el suelo permanece.

Los errores del pasado nos lo dejan muy claro; no debería haber más carreteras forestales nuevas, ni siquiera caminos secundarios. Como ya hemos visto en el capítulo «El bienestar del bosque y del ser humano», gran parte del suelo ya ha sido dañado por la circulación de vehículos. Esto plantea la cuestión de cuántos caminos de las infraestructuras existentes seguimos necesitando y cuáles queremos dejar al menos para una regeneración superficial. Por suerte, esto aún se está llevando a cabo. Precisamente por eso deberíamos abandonar de manera definitiva el mayor número posible de carreteras, pero ¿cuántas son suficientes? También en este aspecto, queridos lectores, es necesario seguir investigando. Cada ruta supone una reducción de los costes de cosecha (porque la madera es más accesible) y, al mismo tiempo, un debilitamiento del ecosistema por las razones ya mencionadas. En resumen, cuanto más cambio climático, menos rutas.

¿Y ahora qué? ¡La madera tiene que salir del bosque de alguna manera! Y lo hace, con especial delicadeza, utilizando un método que ha funcionado durante miles de años, el transporte a caballo. Son animales de sangre fría, que pueden alcanzar un peso de más de una tonelada, que tiran de los troncos de los árboles hasta el sendero forestal más cercano. Pero ¿qué sucede con la compactación del suelo mediante el uso de caballos? Aunque un animal de sangre fría de este tipo tiene una presión sobre el suelo por centímetro cuadrado más alta que una máquina moderna con neumáticos anchos, a diferencia de una máquina, un caballo no tiembla ni vibra, lo que evita que la tierra se asiente en las profundidades. La compactación superficial se regenera en la huella de las pezuñas como en las carreteras forestales y, en apariencia, esto funciona mucho más rápido con huellas de pequeña superficie, pues nuestros suelos ya lo han experimentado miles de veces con los uros, los tarsos, los ciervos y los bisontes. Los grandes herbívoros tenían y siguen teniendo presiones de suelo similares por centímetro cuadrado de superficie de pezuña y, sin duda, han visitado todos los parches de bosque varias veces a lo largo de la historia. Sin embargo, no hay rastros de estas visitas en los suelos. Por lo tanto, podemos suponer que, al menos tal y como están las cosas hoy en día, las visitas ocasionales de los caballos no causan ningún daño grave y permanente. En el debate sobre las posibilidades de utilizar caballos surgen una y otra vez las mismas preguntas, por eso las enumeramos a continuación junto con las respuestas:

Pregunta: ¿Hay suficientes animales y personas para hacerlo?
Respuesta: No, de momento, no, porque la demanda es muy baja. Muchos cuidadores de caballos sólo hacen este trabajo a tiempo parcial porque no hay suficientes pedidos para un trabajo a tiempo completo.

Pregunta: ¿No es maltrato hacia los animales?
Respuesta: Desde luego que no. Los caballos de las granjas bien gestionadas están muy contentos de trabajar en el bosque, e incluso se enfadan cuando tienen que tomarse un descanso. Se les controla sobre todo vocalmente, lo que hace que su trabajo se parezca más al de los perros pastores.

Pregunta/afirmación: ¡Muchos troncos son demasiado pesados para que los transporte un caballo!
Respuesta: Los troncos demasiado pesados se pueden cortar; de todos modos, en el aserradero, los troncos no se procesan en su longitud original. ¿Y si el tronco sigue siendo demasiado pesado? Entonces se utilizan dos caballos, como hace miles de años.

Si hay que hacerlo mecánicamente, la grúa de cable es una buena opción.[1] Se trata de un tipo de teleférico móvil cuyos cables de suspensión se extienden por el bosque entre dos caminos. Sobre el cable circula un trineo, cuyas cuerdas o cadenas levantan los troncos del suelo y, luego, los llevan suspendidos hasta el siguiente sendero. Sin embargo, como la construcción es tan compleja, el uso de una grúa de cable sólo es factible en el caso de grandes superficies de tierra.

Si se suman los daños al suelo y la consiguiente reducción del crecimiento de la madera debido al uso de maquinaria, entonces el caballo también resulta competitivo desde el punto de vista económico (Peter Wohlleben, Hümmel, diciembre de 2012).

El tractor de cable o *skidder* es suave con el suelo, pero no tanto con los árboles. Se trata de un tractor con un cabrestante cuya cuerda se enrolla a mano alrededor del extremo de un tronco. A continuación, se tira de la madera hasta el siguiente camino, donde se aparca el tractor. El inconveniente es que la cuerda no puede maniobrar y, si hay un árbol o un crecimiento arbóreo en el camino, el tronco choca contra él. Esto se puede evitar utilizando poleas de desvío en los árboles vecinos, con las que se puede apartar el tronco de la línea ideal. Sin embargo, esto cuesta mucho tiempo y, por lo tanto, dinero.

Pero esta tecnología no tiene por qué ser el final del camino. Necesitamos nuevos métodos que se adapten a los nuevos objetivos de la gestión forestal o que se desarrollen para ellos, y tenemos que alejarnos de la silvicultura adaptada a la tecnología actual.

Árboles nuevos

Quien tala árboles también debe asegurarse de que vuelvan a crecer nuevos ejemplares. De lo contrario, la gestión forestal acabaría inevitablemente en una zona desnuda al cabo de pocas décadas. Por suerte, no tenemos que inventar nada nuevo, porque la propia naturaleza ha estado organizando esto durante 300 millones de años por medio de una avalancha de plantones que brotan de la tierra cada primavera e intentan hacerse con uno de los escasos puestos de la lotería de la vida. En el caso de las hayas, sólo una de cada dos millones puede aspirar a convertirse en árbol adulto. Todo tipo de peligros, como hongos, bacterias, herbívoros o incluso la caída de árboles viejos, acaban con la vida de la gran mayoría de los candidatos muy pronto. La situación es aún menos favorable para especies arbóreas como el álamo temblón. Sólo una de cada mil millones de semillas se convertirá algún día en un árbol de verdad. ¿Por qué sucede esto? Porque, por naturaleza, allí donde pueda crecer un bosque, crece ya uno. Si una semilla cae en un océano verde, está condenada a morir por falta de luz en el suelo.

En este sentido, nuestro paisaje cultivado, incluidos los bosques talados, es casi un golpe de suerte para los pequeños árboles. En estos lugares, hay muchas más oportunidades para que crezcan árboles pequeños. Pero ¿son éstas también las especies de árboles que los propietarios de bosques quieren para sus parcelas? Para ello, primero hay que saber hasta qué punto se pueden propagar las semillas de las distintas especies de árboles. Las candidatas más ligeras y esponjosas van en cabeza. Su carga ligera como una pluma puede volar muchos kilómetros, como las semillas del álamo temblón o el cedro. Las semillas de las coníferas y las especies de arce con hélice pueden viajar unos cientos de metros, al igual que las semillas de haya y roble, que son transportadas hasta 1,5 kilómetros por córvidos como el arrendajo, así como por trepadores y herrerillos.[2]

Para averiguar qué especies arbóreas pueden colonizar por sí solas, los propietarios forestales deberían dar un paseo por su parcela dentro del radio de la posible distancia de dispersión. Incluso en las monótonas y enormes plantaciones de pinos o abetos, suelen sobrevivir muchas especies de árboles caducifolios, al menos a lo largo de caminos o pasillos, por lo que existe potencial en casi todas partes.

En cambio, si la especie arbórea deseada no se encuentra en los alrededores, las semillas deben recogerse en otra parte del bosque. Sin embargo, este trozo de bosque debe estar situado dentro de la propia explotación, ya que, de lo contrario, el Estado pondrá trabas y prohibirá su uso. La única opción entonces es comprar las semillas a un centro de semillas reconocido por el Estado, que, a su vez, como ya sabemos, obtiene sus semillas de las poblaciones reproductoras. No obstante, para preservar la diversidad genética y, por tanto, la resistencia de las especies arbóreas, debería tratarse de semillas procedentes de poblaciones silvestres, en las que la silvicultura apenas ha intervenido de forma orientativa hasta ahora.

Como sabemos que los árboles madre transmiten sus experiencias individuales con un clima local cambiante directamente a su descendencia a través de efectos epigenéticos, no hay forma de evitar las semillas de origen local.

Si estos árboles no se encuentran en su propia explotación y el propietario no quiere actuar de forma ilegal, entonces necesitamos un cambio legal para la producción local de semillas. ¿O tal vez no? También podríamos cambiar los criterios de selección de los árboles reconocidos, alejándolos de los óptimos para la industria de aserrado y orientándolos hacia la diversidad genética. Se debería intentar. Mientras tanto, algunos propietarios forestales con parcelas más pequeñas optan por tácticas de guerrilla y se saltan la ley para obtener hayucos y bellotas en los bosques vecinos.

Con independencia de cómo hayan obtenido las semillas los propietarios de los bosques, hay que sembrarlas en el bosque. Para ello, las semillas de los árboles se ponen en contacto con el suelo mineral en la medida de lo posible. Pero un momento, ¡los propios árboles tampoco lo hacen! Cuando las semillas caen o son arrastradas por el viento en verano u otoño, lo hacen sobre la capa de hojarasca de agujas u hojas. Sin embargo, las tormentas invernales, los animales o el agua las transportan a capas más profundas de humus, donde siempre permanecen húmedas. Esto no afecta a todas; una gran parte continúa en la superficie y acaba marchitándose o siendo devorada. Por fortuna (o quizá justo por eso), los árboles son muy pródigos en la producción de semillas, de modo que siempre hay suficientes para garantizar unas condiciones óptimas de germinación.

Sin embargo, la situación es diferente en los bosques gestionados. Las semillas son caras y escasas, por lo que no se puede sembrar con generosidad varias veces lo necesario y esparcirlas a manos llenas. En muchos casos, hablaríamos, sobre todo, de comida cara para jabalíes. En su lugar, simplemente es posible imitar al arrendajo y poner bellotas y hayucos en el suelo a cierta distancia. Para ello es ideal una vara de plantar. Se trata de un tubo con una pata que se introduce unos centímetros en el suelo. Luego, se deja caer en él una bellota o un hayuco desde arriba, se saca, se cierra el agujero y listo.

En estas cajas se introducen bellotas y hayucos. El arrendajo oculta sus capturas y se asegura así la famosa semilla del arrendajo incluso en las plantaciones de coníferas (Peter Wohlleben, Hummel, 2014).

Una opción más cómoda, pero muy poco fiable, es colocar cajas para arrendajos. Se trata de cajas de madera de fabricación casera que se rellenan con bellotas y granos de haya y se ofrecen a los pájaros inteligentes. Pero un momento, ¡se los comerán! Sí, pero sólo afectará a una pequeña parte. Los arrendajos son fanáticos de la seguridad y esconden mucho más de lo que necesitan. De estos depósitos sobrantes pueden germinar las crías de los árboles. Las cajas de madera se atornillan a postes o tocones de árboles tan altos que los ciervos no pueden alcanzarlas (éstos no esconden nada, tan sólo comen).

Si no funciona de inmediato y los arrendajos no se dan cuenta del suministro de alimentos durante el primer año, no hay motivo para desesperarse. A veces las aves tardan un poco más en comprender que también hay bellotas y hayas que recoger en las plantaciones de abetos. El único inconveniente del método es que hay que ser muy generoso. Porque los arrendajos no saben dónde están los límites de la propiedad forestal y simplemente distribuyen los depósitos por todas partes.

Es mejor no colocar cajas de semillas en medio de grandes áreas desnudas. Es muy poco probable que pase un arrendajo por esa zona. También prefiere esconder las semillas donde hay puntos de referencia, como árboles o grupos de árboles, que le ayudan a orientarse.

Trabajar con semillas es particularmente útil cuando todavía no hay demasiada vegetación y los árboles viejos proporcionan suficiente sombra. Además, la población de grandes herbívoros no debe estar por completo fuera de control, ya que, en este caso, todas las plántulas serán devoradas de inmediato después de la germinación en primavera. Sin embargo, si la zona está vallada o incluso hay, además, un montón de árboles muertos y caídos de la última tormenta de invierno, entonces los árboles jóvenes pueden crecer protegidos.

Si la zona no está vallada y existe cierta presión en cuanto a tiempo debido a los veranos cada vez más secos, por ejemplo al convertir los desiertos de pinos y abetos en bosques caducifolios, entonces merece la pena considerar los plantones procedentes del vivero. Al fin y al cabo, ya han completado de dos a tres años de crecimiento en los bancales. Estas crías de medio metro de altura son más fáciles de proteger contra los depredadores, y también es más sencillo no dañarlas a la hora de talar la madera.

Sin embargo, la plantación de árboles forestales es, sobre todo, un desastre económico para el área de prestación de servicios ecosistémicos. Hay que llamarlo así, porque el objetivo es producir madera. Desde un punto de vista económico, esto significa que la inversión en una planta se amortiza con los ingresos de la posterior extracción de madera. Para ello, debemos calcular esta inversión utilizando la tasa de interés a largo plazo ajustada a la inflación hasta el momento en que se extrae la madera. Entonces se recuperará el dinero, incluidos los intereses, y aquí es exactamente donde se esconde la trampa de los plazos largos para este tipo de inversiones. El capital permanece inmovilizado durante 80, 100 o incluso 150 años antes de que se recupere junto con los intereses mediante la tala de la madera. Aunque al cabo de unas décadas se puede realizar un pequeño clareo, en promedio, durante muchos años, estos ingresos sólo cubren, en el mejor de los casos, los costes de administración y procesamiento.

Y, sin embargo, sin duda, las plantaciones pueden tener sentido, por ejemplo, para mantener y fomentar los servicios ecosistémicos o los servicios culturales a corto plazo. En cambio, por motivos económicos, rara vez tienen sentido por las razones antes mencionadas. Se podría argumentar que la plantación es esencial en tierras desnudas que, de lo contrario, correrían el riesgo de convertirse en pastizales. Además, dependiendo de la formulación, existe la obligación legal de replantar una zona abierta que haya sido declarada oficialmente bosque con una cubierta arbórea suficiente en un plazo de tres a cinco años.

Si uno se encuentra en una situación así, la catástrofe ya se ha producido. Al fin y al cabo, la tala no se produce por sí sola, sino que ha sido creada por la empresa forestal. Cualquiera que actúe de esta manera no ha entendido las reglas económicas de la silvicultura ecológica y luego compensa los daños con la superficie talada.

A pesar de todo, se invierte en reforestación en todo el país, y uno se pregunta por qué se sigue haciendo, dadas las cuentas tan sombrías. La razón es que en la mayoría de los casos no son los propios propietarios forestales los que actúan de forma económicamente cuestionable. Es el sector público el que interviene de manera repetida para ayudar cuando la gestión forestal acaba en desastre. Mientras la silvicultura consiga vender las malas decisiones como catástrofes naturales, la opinión pública se desencadena y es fácil convencerla de que salve el ecosistema forestal financiando la siguiente plantación. Si la costosa inversión inicial es catapultada fuera de la ecuación por las subvenciones, entonces la silvicultura de plantación puede, por supuesto, resultar rentable.

Un aspecto por completo distinto sería asegurar los servicios ecosistémicos reguladores, como el agua potable o la refrigeración del paisaje. Veremos esto más adelante, pero por ahora centrémonos en la forestación con el objetivo principal de producir madera como materia prima.

Cualquiera que decida replantar una zona, a pesar de todo, se enfrenta, primero, a la cuestión de qué es exactamente lo que se va a plantar. Plantar significa un cambio activo, que en la mayoría de los casos incluye la introducción de una especie arbórea que antes no crecía de forma natural en la zona en cuestión. Esta especie arbórea debe cumplir varios requisitos. En primer lugar, debe ser capaz de adaptarse al lugar, es decir, crecer de forma razonablemente segura durante muchas décadas hasta convertirse en un ejemplar poderoso con un tronco aprovechable. En segundo lugar, debe ser lo más estable posible en cuanto a clima y plagas para tener el menor número de pérdidas durante el largo período hasta la cosecha y, en tercer lugar, también debe encajar en el ecosistema local. Este último es el criterio más importante para el futuro, aunque en el pasado se le concediera menos prioridad.

Para ocultar que el cultivo de abetos y pinos (que antes representaban la mitad de la superficie forestal de Alemania, por ejemplo) es difícil que supusiera una aportación ecológica, se utilizó el término bosques mixtos. En principio, los bosques mixtos no tienen nada de malo, ya que los bosques primigenios están constituidos por decenas de especies arbóreas y, por tanto, también son una colorida mezcla. En cambio, en la práctica forestal, bosque mixto significa que a un monocultivo se le añade al menos una especie arbórea adicional, no necesariamente autóctona, y la plantación deja de ser monótona para convertirse en mixta, lo que sugiere diversidad.

Quien quiera trabajar con la naturaleza y siga considerando que plantar es una opción sensata, debería elegir especies arbóreas del bosque autóctono local. Existen mapas a tal efecto, pero sólo pueden ofrecer una orientación aproximada. Si la parcela en cuestión se encuentra en una zona en la que se ha cartografiado un bosque de carpes, el roble pedunculado, el roble albar, el abeto blanco y otras especies arbóreas también deberían ser adecuadas, además del haya común. En el caso de las zonas pequeñas de la región, la situación puede ser muy diferente, ya que estos mapas sólo representan zonas grandes. Por ejemplo, pueden darse pequeños bosques pantanosos de alisos en los que se acumule agua, provocando la muerte de cualquier haya. Los valles de arroyos estrechos, sombríos y húmedos pueden albergar arces sicomoros, a menudo asociados con fresnos.

¿Y qué sucede con el cambio climático? ¿Podemos seguir confiando en nuestras especies autóctonas, aunque cada vez haga más calor y esté más seco? Nadie puede saberlo, por supuesto, pero la solución parece sencilla; ayudemos a los árboles con su migración prevista hacia el norte. Los árboles son lentos y sólo pueden expandir su área a un ritmo de unos pocos cientos de metros por año. Además del viento, las especies con semillas pesadas, como el roble o el haya, reciben ayuda de animales, como el arrendajo. Sin embargo, un árbol que produce sus propias semillas debe crecer primero en el lugar donde el pájaro ha creado su depósito antes de que el viaje pueda continuar. Esto puede llevar décadas y, según muchos expertos de la in-

¿La reforestación como inversión?

Calculemos un ejemplo de reforestación. La plantación cuesta alrededor de 10 000 euros por hectárea. Esta inversión debe compararse con otras inversiones, como el mercado de valores. De 1900 a 2022, por ejemplo, el mercado bursátil estadounidense obtuvo un rendimiento ajustado a la inflación del 6,7 por 100,[1] un promedio realmente a largo plazo, incluidas dos guerras mundiales y la Gran Depresión.

Cualquier propietario forestal debe plantearse si invierte en reforestación o, por el contrario, deja la zona a la reforestación natural e invierte el dinero en acciones.

En el mejor de los casos, la inversión se establece como reforestación durante 80 años. Con el interés compuesto, los 10 000 euros han pasado a ser 1 057 960 euros ajustados a la inflación. Esto es lo que deben dar ahora los ingresos de la madera si se quiere ganar a las acciones. Una plantación típica y vigorosa de abetos produce unos 1300 metros cúbicos de madera en 80 años. Sin contar las pérdidas por tala, 1040 metros cúbicos son comercializables en el mejor de los casos. Es difícil facilitar un precio medio válido en general, ya que depende de la proporción de madera fina, de la calidad, de los daños de la caza y del mercado actual de la madera. Sin embargo, nos gustaría intentarlo basándonos en la experiencia. Los troncos (el mejor producto para los aserraderos) se valoran en 60 €/m^3, la madera industrial más pobre (para papel, tableros aglomerados y similares) en 10 €/m^3, ambos después de deducir los costes de tala. Si calculamos un 70 por 100 de troncos y un 30 por 100 de madera industrial, al cabo de 80 años toda la madera de la parcela vale 46 800 euros ajustados a la inflación. ¡Un mal negocio!

A estas escalas, no se trata tanto de los detalles, como se puede ver. Con independencia de que el metro cúbico cueste unos euros más o menos, y de que la proporción de troncos mejores sea mayor o menor, la forestación casi nunca podrá superar a otras formas de inversión.

Para que quede claro una vez más, se trata sólo de economía. Salvo contadas excepciones, la reforestación es una mera inversión, sobre todo si, en contra de todos los principios ecológicos, se recurre a especies arbóreas no autóctonas. Si quisiéramos ayudar a la naturaleza, siempre sería preferible la reforestación natural, y si hubiera que plantar, entonces sólo se tendría que hacer con especies arbóreas de los ecosistemas forestales locales.

Sin embargo, este cálculo muestral sigue siendo muy favorable para la silvicultura. A menudo se añade un vallado, que puede costar otros 10 000 euros por hectárea. El cultivo, el mantenimiento de los árboles jóvenes, la construcción de carreteras y mucho más; hay una serie de costes adicionales por hectárea que no hemos tenido en cuenta en este ejemplo por motivos de simplicidad. En realidad, el cálculo de las inversiones (o malas inversiones) forestales es aún más desastroso. Tormentas, escarabajos descortezadores, incendios forestales, hundimiento de los mercados, podredumbre de la madera debido a los hongos; la lista de posibles riesgos es larga. En el futuro, por desgracia, el riesgo aumentará de una forma desmesurada debido a la galopante crisis climática. Y, a diferencia de otras inversiones, por desgracia, nunca se podrá salir de por vida si se necesita liquidez (a menos que se vendan las tierras de inmediato, incluida la reforestación).

1. Dimson, E. *et al.* (2022). *Credit Suisse Global Investment Returns Yearbook 2022 Summary Edition*. Credit Suisse.

dustria forestal, es demasiado lento. Aparte de que no son las capacidades de árboles individuales las que deben evaluarse, sino las de ecosistemas enteros, nos complace participar en el juego mental. Cualquier persona que ayude a los árboles a viajar y se vea a sí misma como un compañero de viaje debe conocer primero cuán rápido cambia el clima en el lugar de la plantación planificada y cómo será cuando el árbol esté completamente desarrollado. Al fin y al cabo, los protegidos deberían poder disfrutar de unas condiciones de crecimiento razonablemente favorables durante toda su vida.

El problema es que el cambio climático significa que las temperaturas seguirán aumentando y, en el peor de los casos, a un ritmo acelerado. Al calor se le suman otros fenómenos cada vez más extremos, como sequías, inundaciones, fuertes tormentas y nevadas masivas, presumiblemente en combinaciones cada vez más graves. Ni siquiera los científicos pueden predecir qué ocurrirá en un lugar concreto. De hecho, existen modelos de cambio de valores que se calculan con décadas de antelación.

Pero, como sabemos, la naturaleza es caótica y puede tomar un camino por completo distinto cuando se trata del cambio climático. Hay muchos indicios de que experimentaremos climas del todo nuevos a los que con dificultad podremos adaptarnos. Y no se trata en absoluto de que las zonas climáticas se desplacen simplemente hacia el norte; Hamburgo, por ejemplo, nunca tendrá el clima de Milán o Nápoles.

Además, los valores futuros calculados sólo representan una media. Sin embargo, los extremos locales son decisivos para la supervivencia de los árboles plantados, como puede uno comprobar fácilmente en su propio jardín. ¿De qué sirve que la temperatura media para el mes de mayo indique una mínima de 7 °C y una máxima de 17 °C? Estos valores serían una mala guía para poner en el exterior plantas sensibles a las heladas. Hace unos años, hubo fuertes heladas nocturnas de hasta -10 °C en Eifel, pero también en otras zonas de Alemania, por ejemplo, lo que no sólo redujo la cosecha de fruta, sino que también hizo llorar a numerosos jardineros aficionados.

Imagen superior:
La simple plantación de árboles no siempre genera nuevos bosques. En esta imagen se ve cómo fracasa la reforestación en los Andes bolivianos con eucaliptos australianos. La erosión del suelo continúa incluso por debajo de los árboles (Pierre L. Ibisch, departamento de Cochabamba, marzo de 2019).

Imagen inferior:
El abeto costero americano a menudo se considera el árbol del futuro para el llamado «bosque climáticamente estable» en Alemania. Después de los veranos en extremo calurosos y secos a partir de 2018, poderosos abetos costeros de décadas de edad cerca de Merzig murieron en un intervalo de tiempo muy breve (Pierre L. Ibisch, Merzig, Sarre, mayo de 2021).

Volvemos a repetirlo de una manera muy clara: la suposición, a menudo inconsciente, de que obtendremos un nuevo clima que luego estará vigente durante un tiempo es un error. Sería estupendo, porque entonces sí que podríamos adaptarnos mejor a él. Sin embargo, mientras la curva de emisiones de gases de efecto invernadero siga disparándose y no apliquemos medidas eficaces de protección del clima, lo único que permanecerá constante es el cambio radical.

Imaginemos nuestra situación como si fuéramos ranas deslizándose poco a poco por una tabla torcida hacia una olla llena de agua caliente. La pendiente aumenta con el tiempo y el deslizamiento se acelera. A medida que descienden, más calor hace. Las ranas entonces discuten con entusiasmo cómo será y cómo podrían refrescarse cuando hayan caído un 25 por 100 más. Tal vez también estén haciendo un modelo de cómo sería la vida a esta temperatura exacta. Por desgracia, esto es completamente irrelevante, porque sólo se deslizarán por ese punto durante un breve período de tiempo. En su situación, tendría mucho más sentido centrar todos sus esfuerzos en pisar el freno y bajarse de esa tabla.

Tan sólo las especies arbóreas destinadas a plantaciones, es decir, a espacios abiertos, deben ser resistentes al calor, la sequía y las heladas. Para las demás, son importantes otras aptitudes por completo distintas como, por ejemplo, si los árboles deseados pueden tener un efecto de equilibrio; si son capaces de constituir ecosistemas que almacenen fuertes lluvias y liberen humedad lentamente; si favorecen el desarrollo del suelo y de su microbioma o si son capaces de amortiguar el calor y reducir la temperatura ambiente a niveles tolerables.

Las especies arbóreas introducidas por primera vez tendrían que demostrar primero todas estas cualidades, si es que no han demostrado antes que en realidad son contraproducentes. Para averiguarlo, necesitamos períodos de observación de al menos cien años. Nuestros ecosistemas forestales autóctonos, que estaban razonablemente sanos, sólo están demostrando que, a pesar de todos los efectos adversos de los veranos secos, siguen siendo más resistentes que cualquier estructura forestal artificial. ¿Por qué deberíamos arriesgarnos a realizar experimentos innecesarios en un área grande?

También queremos dejar esto muy claro una vez más: no, no podemos confiar en que los bosques caducifolios mixtos seminaturales sean inmunes a la crisis climática. Ellos también se están deslizando hacia la olla con nosotros. De momento, se trata de ganar tiempo y, en el mejor de los casos, de reducir la velocidad del deslizamiento. Y los datos demuestran que los bosques naturales viejos se deslizan hoy mucho más despacio que las plantaciones.

Y ¿qué ocurre con la migración artificial de especies emparentadas con los árboles autóctonos, como las hayas del sur de Italia o los robles de España, que la industria forestal ha empezado a practicar? En nuestra opinión, en este punto las cosas se ponen difíciles. Por un lado, botánicamente hablando, son la misma especie, pero por otro, las poblaciones del sur se han adaptado a lo largo de miles de años a condiciones diferentes, que no sólo incluyen el clima. De todas formas, algunas especies, como el haya, tienen mucho potencial mediterráneo, ya que sólo llegaron del sur hace unos miles de años, después de la Edad de Hielo, es decir, hace poco desde el punto de vista de los árboles. Sería necesario investigar si nuestros colegas del sur realmente cooperan tan bien con nuestros animales, bacterias y hongos autóctonos como con los árboles arraigados. En principio, cuanto más emparentados estén, más probable es que esto ocurra.

Pero quién sabe cómo acabará la cosa si sustituimos las hayas comunes del norte de Alemania por hayas orientales de Irán. Si tiene lugar un problema inesperado y las hayas, que antes estaban adaptadas al hábitat, desaparecen, ya no se podrá retrasar el reloj. Como ingenieros de ecosistemas, los humanos hemos calculado mal muchas veces o no hemos tenido en cuenta las consecuencias, por lo que deberíamos evitar tomar medidas precipitadas, incluso cuando la casa está ardiendo o, sobre todo, entonces. Es aún más fácil cometer errores en un momento de ajetreo, y podríamos arrepentirnos de ellos en el futuro.

La gestión forestal basada en los ecosistemas no significa una confianza ingenua en que la naturaleza lo arreglará todo. Pero se caracteriza por una marcada desconfianza hacia las personas de pensamiento lineal que se apresuran a encontrar soluciones técnicas.

Un último argumento, en apariencia extraño pero no sin importancia, habla en contra de la conversión de los bosques en la dirección de una presunta necesidad de resistencia a la sequía. ¿Qué sucede si nuestra lucha contra el cambio climático tiene éxito? Al fin y al cabo, ése es el objetivo de todos nosotros y, al menos, está dentro de lo posible. Si esto ocurriera un día y se detuviera el calentamiento global, el objetivo climático se habría alcanzado, pero nuestros ecosistemas forestales originales habrían desaparecido. Se remodelarían, intercalarían o incluso se plantarían de forma exclusiva plantas leñosas termófilas de otros continentes o, como mínimo, se alterarían genéticamente para siempre mediante la introducción de parientes meridionales y la mezcla a través de la dispersión del polen. No, estos experimentos sólo oscurecen nuestra visión de la realidad, que no se puede describir con suficiente frecuencia. Nunca hemos logrado construir bosques mejores que los que puede crear la naturaleza. Las plantaciones que han llevado a cabo los seres humanos son muy muy jóvenes en cuanto a la edad máxima de los árboles. Y muchas demuestran lo vulnerables que son al cabo de pocas décadas.

Aunque se den situaciones en las que la plantación tenga sentido (y las hay), hay que favorecer las especies arbóreas autóctonas. Esto no es terquedad ni ingenuidad, sino prudencia y ser conservador en un sentido ecosistémico. Si el cambio ambiental nos está arrollando con tanta rapidez, ¿por qué habríamos de acelerarlo con nuestras medidas?

Los árboles de vivero procedentes de semillas locales también pueden ser entrenados para adaptarse a la dura realidad, igual que lo hacen sus hermanos silvestres mediante efectos de aprendizaje.

Una alternativa a los grandes viveros para obtener árboles genéticamente adaptados es cultivarlos en viveros propios. De hecho, ésta solía ser la norma; la mayoría de los distritos forestales contaba con viveros locales de este tipo, pero se abandonaron hace décadas.

Los pequeños viveros en los bosques no tenían ninguna posibilidad frente al cultivo a escala industrial. Sin embargo, las plantas propias tienen varias ventajas. Pueden utilizar semillas recogidas en la propia explotación y adaptadas con precisión al lugar. Además, las plántulas cultivadas crecen en condiciones similares a las de sus hermanos silvestres. En tiempos de cambio climático, los viveros deberían experimentar un renacimiento porque la calidad de las plántulas es simplemente inmejorable.

Un consejo más: no es necesario abonar ni regar cuando se cultivan plantas de este modo. Al fin y al cabo, necesitamos pequeños ascetas que puedan soportar los desafíos de los espacios abiertos que no son propios de los bosques.

¿Por qué se necesitan tantos miles de árboles por hectárea para considerar un éxito una plantación o una reforestación natural? Los bosques crecerían sin duda con sólo unos cientos de árboles en la misma superficie. Los numerosos árboles adicionales son necesarios para obtener troncos razonablemente aprovechables para la venta de madera más adelante. Un vistazo al comportamiento de crecimiento de los árboles silvestres muestra cómo esto está relacionado.

En un bosque primigenio suele haber penumbra, por lo que los árboles jóvenes tienen poca energía para crecer y permanecen en estado de espera durante décadas. Tan sólo cuando se abre un hueco entre las copas, ya sea debido a una tormenta o a la muerte de un árbol madre, los árboles más pequeños pueden invertir energía en crecer en altura y seguir aumentando. Al mismo tiempo, los árboles maduros aprovechan el espacio creado y empujan ramas y ramitas hacia ese hueco para aprovechar la luz adicional. Como resultado, al cabo de unos años, el bosque vuelve a oscurecerse en los pisos inferiores y los árboles a medio crecer tienen que esperar de nuevo.

Durante este largo período de espera, en los tallos se forman exclusivamente ramas laterales delgadas, que acaban muriendo en las zonas inferiores y son descompuestas con rapidez por hongos y bacterias debido a su escaso diámetro. Se caen y el árbol puede superar rápidamente las pequeñas heridas y así volver a cerrar su tronco. El resultado son troncos delgados y sin ramas, en cuya parte superior una pequeña copa de árbol intenta captar la mayor cantidad posible de la escasa luz.

Un día, sin embargo, será realidad. El joven habrá alcanzado a los árboles viejos, habrá llegado a lo más alto de la selva con sus ramas en la copa y disfrutará de la plena luz del sol. Ahora comienza un período de crecimiento más rápido, el tronco se vuelve más grueso y estable. De hecho, tiene que ser así, porque las velocidades del viento son diferentes allí arriba y el largo tronco tiene que ser capaz de absorber fuerzas por completo distintas.

La madera de estos bosques es en especial valiosa, ya que carece de nudos, al menos en las zonas inferiores del tronco y, por tanto, es apta para el sector mejor remunerado, es decir, como madera de contrachapado, como ya sabemos.

La gestión forestal actual ha fracasado en su intento de imitar esta producción de madera de valor en las plantaciones forestales.

Las conversaciones que mantuvimos con los fabricantes de madera de chapas nos han pintado un panorama pesimista. Según los principales representantes del sector, la oferta de madera de valor en el mercado maderero lleva muchos años disminuyendo. Y esto nos lleva de nuevo a la cuestión de los árboles plantados. Los árboles jóvenes que crecen bajo el sol abrasador tienen la sensación de haber llegado ya a la copa de los árboles madre. Como resultado, no forman un tronco, sino una copa. Esto es, ciertamente, eficaz desde la perspectiva de un árbol, pero un desastre desde el punto de vista económico. Tales troncos partidos (ramificados), o incluso de múltiples ramas con ramas laterales gruesas, por lo general, sólo son adecuados como madera industrial de baja calidad, por ejemplo, para la producción de aglomerado.

Pero ¿cómo conseguir que los árboles pequeños situados en espacios abiertos formen troncos medianamente aprovechables a pesar del sol más intenso? Sin árboles madre protectores, la única forma de conseguirlo es mediante una plantación densa. Esto significa plantar de 10 a 100 veces más árboles de los que finalmente se cosecharán. A medida que crecen, dan sombra a los brotes laterales del otro, que, por último, mueren debido a la falta de luz. A menudo, sin embargo, incluso las ramas más delgadas no se caen porque las plantaciones jóvenes de coníferas en particular tienen una concentración de humedad en especial baja. Las densas copas actúan como paraguas y permiten que la mayor parte de la precipitación se evapore antes incluso de llegar al suelo. En el aire seco, los hongos no pueden descomponer los brotes laterales muertos, por lo que crecen poco a poco en los troncos cada vez más gruesos. La ya proverbial calidad impecable de la madera no se consigue de este modo. Los viejos nudos aún pueden reconocerse como manchas o vetas oscuras en las tablas aserradas.

Por cierto, nunca se debe preparar el suelo para la plantación, es decir, ararlo o cubrirlo con mantillo. Dicha preparación no sirve para mejorar el crecimiento del material de vivero, sino para facilitar y abaratar la plantación. A veces también es el amor por el orden lo que se interpone en el camino del crecimiento salvaje de la vegetación que lo acompaña. Cuando el tojo, el saúco o la zarza impiden plantar en hileras rectas, se suele recurrir a las máquinas trituradoras. Destruyen la vegetación y partes de la capa superior del suelo y, al mismo tiempo, toda la vida que contiene. Aún más duro es el uso de excavadoras y orugas, que retiran la capa superficial del suelo junto con todas las plantas y la amontonan en montículos. En estos casos, se necesitan décadas, quizás incluso siglos, para que la vida del suelo se recupere de manera relativamente aceptable. Además, el suelo no sólo pierde nutrientes, sino también un importante depósito de agua junto al humus.

Esta vegetación de acompañamiento es muy valiosa, ya que actúa como planta nodriza para los nuevos árboles. A su sombra, pueden soportar mejor el calor del verano y hay más agua en el suelo más fresco. A ello contribuye también el humus que em-

El álamo temblón es un árbol pionero que inicia la reforestación en zonas desnudas o alteradas. Las hojas son muy hidrófugas gracias a la cera de su superficie. Esto significa que las hojas se secan rápidamente después de la lluvia y no existe riesgo de desarrollo de hongos. También significa que el agua gotea con celeridad al suelo antes de que se evapore y esté disponible en el ecosistema (Pierre L. Ibisch, Eberswalde, julio de 2020).

pieza a formarse con rapidez bajo la vegetación arbustiva y herbácea.

En muchos lugares, sin embargo, acechan problemas por completo diferentes.

Escarabajos y chivos expiatorios

En muchos lugares, la caza crea los problemas que en realidad se supone que debe resolver, como ya hemos visto. Entonces, ¿cómo debe ser la caza del futuro para que apoye la conservación o restauración de los bosques?

Ante todos los efectos negativos causados por la matanza de millones de animales salvajes y las incertidumbres relativas a una mejor situación de los árboles jóvenes de hoja caduca en términos de superficie, en una zona grande (al menos una o dos comarcas, preferiblemente más) con bosques de estructura muy diferente no se debería cazar durante varios años para poder investigar cómo se comportan los herbívoros en nuestro paisaje cultural y si realmente es necesario cazar.

En primer lugar, se debería dejar de cazar de forma generalizada. Donde no sea necesario en términos ecológicos y económicos, debe tener prioridad absoluta la protección de los procesos naturales, incluidos los grandes herbívoros. Esto supone, al menos, la suspensión de la caza estacionaria por afición en muchos lugares. Está diseñado de tal manera que se caza permanentemente en todos los cotos, a menudo previo pago de un arrendamiento. Los que pagan también quieren tener su diversión, una de las muchas razones que explican la inmovilización en este sector.

Las zonas en las que no se puede cazar pueden ser grandes bosques caducifolios cerrados e intactos, pero también enormes zonas taladas que han surgido hace poco y que presentan la explosión de vegetación antes comentada. En estas zonas, la reproducción de los animales salvajes ya no puede seguir el ritmo del suministro de alimentos durante varios años, por lo que, en la mayoría de los casos, es probable que sobrevivan suficientes árboles jóvenes.

Por cierto, deberíamos abandonar la idea de que, en los bosques caducifolios más antiguos, el rebrote de los árboles debe ser visible en cualquier lugar y en todo momento. Incluso en la naturaleza, a veces no hay plántulas durante décadas antes de que la siguiente generación arranque de nuevo. El deseo de que la regeneración natural sea uniforme en una gran superficie puede verse como el último vestigio de la gestión por clases de edad, en la que todo el bosque debía ser de una sola pieza. Mientras crezcan árboles más jóvenes aquí y allá en los bosques caducifolios más viejos, esto debería considerarse suficiente, al menos desde un punto de vista ecológico. La luz es un factor decisivo para estimular el rejuvenecimiento. Teniendo en cuenta que es de temer que la mortalidad de los árboles siga aumentando con la crisis climática y que caiga más luz sobre el suelo forestal, es probable que pronto crezcan muchos más árboles jóvenes. En este caso es importante ver si tienen éxito o si se los comen.

En las zonas donde aún prevalecen grandes extensiones de plantaciones estériles con apenas vegetación en el suelo, experimentamos el problema temporal descrito antes, que nos hemos buscado nosotros mismos con el cambio climático. En estas partes, el suelo está seco debido a las copas de las agujas, y en el suelo hay una densa hojarasca de coníferas, difícil de que se pudra y que apenas permite la presencia de vegetación en el suelo. Si se plantaran o sembraran plantas en este lugar, los ciervos y venados se abalanzarían sobre el escaso alimento e impedirían un cambio ecológico. En este caso, la caza podría ayudar, pero sólo si se toman medidas al mismo tiempo para eliminar las plantaciones y promover la madera muerta y, por lo tanto, las barreras naturales. Todas estas medidas deben servir para iniciar lo antes posible la vuelta a la comunidad forestal natural. Entonces, al menos en lo que respecta a corzos y jabalíes, el problema de la alimentación quedaría resuelto al cabo de apenas una docena de años, porque los árboles jóvenes ya habrían crecido mucho más que las bocas hambrientas.

Otro aspecto a tener en cuenta es la llamada segregación. En un área pequeña, pueden existir docenas de especies de árboles de manera natural, que, a su vez, tienen diversos grados de popularidad entre los animales de caza. Cuanto mejor sabor tienen los brotes y las hojas, menos ejemplares de esa especie arbórea sobreviven. Cuando las poblaciones de ciervos y corzos son grandes, los árboles más populares se erradican localmente y la diversidad de especies arbóreas disminuye de manera drástica. Para justificar la caza en este caso, hay que registrar las poblaciones arbóreas a gran escala y definir directrices ecológicas con valores umbral sobre cuándo es realmente necesario intervenir. Hay que tener en cuenta que las medidas silvícolas y otras influencias medioambientales también pueden provocar la desaparición de especies de árboles.

Si se llega a la conclusión de que debería haber menos corzos y jabalíes, el método más suave sería una cacería anual, bien preparada y con batida. Esto no parece sólo brutal, sino que en realidad lo es, pero tiene una gran ventaja sobre la caza desde un rececho. En el mejor de los casos, la molestia masiva y la perturbación de los animales (y de los visitantes del bosque) sólo se producen una vez al año. La caza en rececho, que tiene lugar durante todo el año para una gran variedad de especies animales, siembra el miedo y el terror entre los animales a diario. Si, por el contrario, la caza sólo tiene lugar una vez al año, los animales vuelven a calmarse con rapidez e incluso pueden ser observados durante el día en los prados y en los lindes de los bosques durante muchos meses.

Este tipo de cacerías dirigidas debería ser organizado únicamente por verdaderos profesionales, es decir, cazadores profesionales. La gran cantidad de disparos fallidos y de animales gravemente heridos como consecuencia de ello se debe a las cacerías sociales, que tienen más que ver con relaciones comerciales o amistades personales y en las que, por tanto, a menudo se invita a tiradores que no saben cazar como es debido.

A la hora de cazar ciervos, existe otro método que se utiliza con éxito en Nueva Zelanda como, por ejemplo, la caza en helicóptero, como propuso Knut Sturm, jefe de la oficina forestal de Lübeck, durante una sesión de lluvia de ideas. Antes deberíamos plantearnos si no sería una opción por el bien de los animales y los árboles siempre que no exista ninguna forma de evitar la caza. ¿Qué es más cruel, la perturbación constante causada por cazas individuales desde un rececho, la caza con jaurías de perros varias veces durante el invierno o la misión puntual en helicóptero durante unas horas en un solo día del año, tal vez incluso sólo una vez en un intervalo de varios años? Esta última opción tiene muchas ventajas, pero presenta un inconveniente decisivo (aparte del gasto energético). Esta forma de caza es llamativa y muestra muy claramente a la población que se está actuando de manera brutal contra una especie grande y amistosa de animales salvajes. Apenas difiere de la caza de delfines en Japón, donde cientos de estos mamíferos marinos son acorralados en barco y sacrificados en la bahía de Taiji cada año.

Pero, como mínimo, en los bosques públicos, la caza también debería ser pública. Al fin y al cabo, es el bosque del pueblo y, por tanto, los métodos de regulación de las poblaciones animales sólo pueden llevarse a cabo en armonía con él.

Somos conscientes de que no se encontrará tan rápidamente ninguna autoridad local, ningún bosque estatal y, desde luego, ningún bosque privado que solicite y lleve a cabo un sacrificio de este tipo. Pero ¿no es paternalista entonces preferir otros métodos más secretos, que son más estresantes para los corzos y los ciervos, pero que dejan a la población en la oscuridad, al menos a nivel emocional?

Estamos en contra de la caza tal y como se practica en la actualidad, en parte, porque es una afición que ha quedado desfasada en el tiempo o es privilegio de terratenientes adinerados. Al mismo tiempo, queremos dejar claro una vez más que, como mucho, debería permitirse como transición de la gestión de plantaciones a bosques estructuralmente ricos y autoorganizados. Sin embargo, si la caza se utiliza para esta transformación, también debe ser objeto de un seguimiento continuo para garantizar que en realidad se consigue el resultado deseado. Según los informes silvícolas de los estados federados, esto todavía no se ha producido, salvo en algunos casos excepcionales. Si los años de caza muestran escasos progresos en el desarrollo forestal, debe suspenderse localmente. Lo mismo se aplica a los propietarios forestales que siguen realizando talas o aclareos masivos innecesarios o que quieren mantener el sistema de plantación de árboles no autóctonos. Además, no se les debería autorizar que permitan que la fauna salvaje sufra y que se manipule a gran escala.

A fin de cuentas, no sabemos si dejar de cazar no sería la mejor solución. Si los corzos y los ciervos pudieran mostrar su comportamiento normal, es decir, si pudieran deambular por los bordes de los bosques y prados sin miedo en lugar de esconderse en los viveros de los árboles, posiblemente la tasa de pastoreo de los árboles jóvenes por parte de estos animales sería significativamente inferior que en la actualidad. Y como no lo sabemos, al final deberíamos investigar más sobre el tema. Desde luego, existe todo tipo de proyectos, pero se ocupan más de los métodos de caza que de este tema fundamental y en áreas demasiado reducidas.

Estas zonas de prueba tan pequeñas sólo provocan un efecto de balsa salvavidas. Los ciervos, y especialmente los corzos, que migran mucho más lejos, se refugian en ellas de las armas de los cazadores. Detectan exactamente dónde se está cazando y dónde no a unos cientos de metros.

Cualquiera que se niegue a cazar o cuyas tierras estén incluidas de manera obligatoria en una cooperativa de caza, donde las poblaciones de caza son demasiado elevadas a pesar de la caza o a causa de ella, sigue teniendo opciones para mantener a los ciervos y corzos alejados de los árboles pequeños. Una herramienta en particular cara es instalar una valla. Aparte de que conduce al desastre económico, tiene otros inconvenientes. Cada vez que hay una tormenta, hay que revisar después el bosque para ver si un árbol ha caído sobre la valla de tal forma que queda parcialmente destruida y ofrece una puerta de entrada a los ciervos. Los jabalíes causan un problema similar, pero a una altura inferior. Si una cerca se interpone en su camino durante sus incursiones, simplemente la levantan con el hocico. ¡Pueden hacerlo incluso cuando la malla de alambre está muy tensada y anclada al suelo con clavijas! Hemos visto ciervos deslizarse por esos agujeros con el vientre hacia la zona vallada. ¿Por qué sucede esto? Porque encuentran una tierra de leche y miel con hierbas, arbustos y árboles muy sabrosos que han sido mordisqueados por sus colegas animales fuera de la valla. Una vez dentro, es casi imposible volver a sacarlos. Por eso, la regla general es que, a pesar de todos los controles, las vallas pierden su función protectora al cabo de unos cinco años como máximo.

Durante estos cinco años, los arbolitos están protegidos dentro de la valla, pero el peligro crece fuera de ella. Los ciervos y los corzos disponen de menos espacio, por lo que los árboles jóvenes desprotegidos son pastoreados con mayor intensidad. Se forman zonas de pastoreo regulares que, en ocasiones, los animales mantienen libres de árboles durante décadas.

Una alternativa a la valla es la lana de oveja, por ejemplo. Si se arranca un poco y se enrolla alrededor del capullo superior, les quita el apetito de árboles jóvenes. ¿A quién le gusta tener pelo en la boca? La industria también ofrece productos químicos, como una pasta que se aplica con un cepillo sobre los brotes. Estos productos son caros y no suelen funcionar bien en condiciones de humedad o heladas. La pintura forestal en aerosol, por ejemplo la cera, que es menos nociva para el medio ambiente, funciona muy bien cuando se rocía sobre los brotes, especialmente cuando es de color azul. No daña a los árboles, actúa como señal para los herbívoros y marca lo que no sabe bien. Sin embargo, esta práctica está oficialmente prohibida porque la pintura en aerosol no es un producto fitosanitario aprobado.

No recomendamos los protectores de cultivo que se utilizan en muchos sitios. Se tuercen con rapidez y también son una fuente de microplásticos.

Sin embargo, tras grandes catástrofes, sobre todo en las plantaciones de coníferas, existen otras posibilidades, dependiendo de lo rápidos que sean los propietarios forestales. Sólo tienen que ser rápidos para plantar productos de vivero; de lo contrario, pueden limitarse a observar la reforestación natural. Ya sean naturales o plantados, sobre todo en los primeros años, los árboles de ambos sistemas tienen muchas posibilidades de crecer. En principio, las mejores zonas de alimentación para los herbívoros se crean tras perturbaciones suprarregionales como tormentas, plagas de escarabajos de la corteza o incendios forestales. Al sol, el humus se descompone en espacios abiertos y libera un gran número de nutrientes, como el nitrógeno. La vegetación está explotando y, con ella, las poblaciones de ciervos y corzos. Sin embargo, su desarrollo va años por detrás del de las plantas, lo que abre oportunidades especiales. El exceso de pastos, hierbas y árboles jóvenes alivia en un primer momento la superficie forestal de los daños causados por el pastoreo de los animales salvajes. En algunos lugares, la regeneración puede observarse bajo los árboles directamente junto a una zona talada, mientras que el pastoreo en campo abierto no permite que crezca ningún árbol.

La probabilidad de ser descubierto por un ciervo hambriento disminuye de una forma drástica en los primeros años. Esta vida paradisíaca llega a su fin cuando se cierra el dosel de los nuevos brotes y el sotobosque disminuye de un modo considerable. Al mismo tiempo, aumenta el hambre de los numerosos corzos y ciervos, que ahora se concentran en espacios cada vez menos abiertos. A menudo, ya no es posible plantar árboles en estas últimas parcelas. Por lo tanto, es importante aprovechar el impulso del desarrollo inmediatamente posterior a la catástrofe. Si no se quiere depender de la reforestación natural o complementarla con plantas de vivero, es importante reservar de inmediato los productos adecuados en los viveros de árboles. Mientras la mayoría de las empresas forestales siguen ocupadas con la reforestación, ya habría que estar planificando para los próximos años y haciendo los pedidos correspondientes; las existencias de plantación suelen escasear mucho, sobre todo después de las catástrofes.

No obstante, la construcción de vallas y la plantación pueden salvarse a menudo sin tener que vol-

Los escarabajos de la corteza son parásitos débiles. Si los árboles no están bien debido al calor y la sequía, son incapaces de defenderse de los ataques. En definitiva, la infestación masiva de insectos no es más que el remate final de una gestión fallida de la plantación.

Imagen superior:
Escarabajo de la corteza del pino de doce dientes (*Ipssex dentatus*) (Pierre L. Ibisch, Mosigkauer Heide, Sajonia-Anhalt, julio de 2020).

ver a sacar la pistola del armario, aunque las poblaciones de herbívoros sean demasiado numerosas. Cuando una tormenta ha derribado una plantación grande, los troncos se encuentran entrecruzados sobre la zona como un enorme mikado. Nadie entra ahí, ni siquiera ciervos o corzos. En este desorden hay suficiente luz en el suelo para que broten cientos de miles de árboles jóvenes. Cuando los árboles viejos se han convertido en humus y la valla natural desaparece, el nuevo bosque ya ha crecido muchísimo. Los incendios forestales y las plagas de escarabajos de la corteza crean vallas similares cuando los árboles muertos se pudren en los años siguientes y entonces caen. También en este caso debería aplicarse lo siguiente con respecto a la caza: a cualquiera que recoja la madera muerta, que de todos modos no es útil para el mercado, tampoco se le debería permitir cazar los grandes mamíferos después.

Además de los grandes herbívoros, hay muchos otros peligros que acechan a los árboles, como los insectos. El escarabajo de la corteza se ha revelado como una de las principales amenazas. Junto con el cambio climático, se considera el principal culpable de la muerte de las plantaciones de abetos. Por supuesto, queridos lectores, ya sabéis que la causa real es el cultivo inadecuado de esta especie arbórea amante del frío en las tierras bajas de nuestras latitudes y, además, en plantaciones, pero no importa, se ha encontrado otro chivo expiatorio. Pero el escarabajo de la corteza no existe.

Como muchos otros organismos vivos, los árboles también tienen que enfrentarse a los parásitos. Éstos suelen estar muy especializados en su huésped. Por ejemplo, un escarabajo de la corteza del abeto nunca podría infestar un haya porque simplemente no le gusta su corteza. El haya, por su parte, también tiene sus propios escarabajos de la corteza, pero oímos hablar poco de ellos; al fin y al cabo, el haya es resistente en su zona de origen, por lo que muy rara vez se infesta. La situación es muy distinta en el caso del abeto rojo, que se halla lejos de casa y en monocultivos antinaturales. Se ve afectada sobre todo por el escarabajo de la corteza del abeto, un insecto que crea patrones de reproducción bellamente simétricos bajo la corteza. El escarabajo de la corteza del pino huele a los abetos estresados. Los árboles emiten aerosoles cuando hace demasiado calor y están demasiado secos, lo que en el mejor de los casos podría contribuir a la formación de precipitaciones. Por cierto, se puede oler muy bien cuando se camina por las calurosas y estresadas plantaciones de coníferas en verano, algo agradable para nosotros, pero para el escarabajo de la corteza es una señal de que esos abetos ya no pueden defenderse lo suficiente.

Son los machos los que se aventuran primero. El riesgo es considerable, ya que si el abeto, a pesar de todo, no se debilita, simplemente secreta una gota de resina por el orificio que ha hecho el escarabajo, que se pega y se ahoga. Sin embargo, si el escarabajo tiene éxito porque el abeto está a punto de morir de sed y ya no ofrece resistencia, lanza una señal olfativa a sus congéneres: «El bufet está abierto». Más y más machos se acercan, siempre con cuidado de mantener suficiente distancia entre ellos. Después de todo, la cría, que más tarde excavará y comerá en túneles dentro y debajo de la corteza, no debe estorbar a su vecino. Una vez que el macho ha creado la cámara de las larvas, se aparea con una hembra, que pone hasta 40 huevos en nichos. Una vez que las larvas se convierten en pupas y nacen como escarabajos acabados después de unas seis semanas, los siguientes árboles son atacados, en el sentido literal de la palabra. ¿Por qué irse lejos cuando hay otros abetos débiles justo al lado? El dilema de las plantaciones es el paraíso de los escarabajos de la corteza del pino, que así (como muchos «organismos nocivos») explota el punto débil de cualquier monocultivo.

¿Cómo se puede controlar al escarabajo de la corteza? Los árboles nos han proporcionado la respuesta durante millones de años, es decir, permitiéndoles que crezcan en ecosistemas sanos donde se sientan cómodos. Los escarabajos de la corteza del pino y otros escarabajos similares rara vez tienen posibilidades contra árboles sanos en bosques ricos en especies. Por este motivo es importante mantenerse alejado de las especies exóticas y los monocultivos. ¿Y si la desgracia ya se ha producido cuando el escarabajo de la corteza ya está atacando a las plantaciones de abetos y pinos más antiguas?

El factor decisivo para el control es el tamaño de la zona infestada. Si sólo hay árboles afectados, se pueden talar y despojar el tronco de su corteza. De esta manera, se evita que las larvas sigan desarrollándose. Si pelar la corteza es demasiado agotador, también se puede cortar el tronco en trozos cortos (menos de 80 centímetros). Estos bloques se secan con tanta rapidez que las larvas tampoco pueden desarrollarse en ellos. Para detectar estas infestaciones individuales, cada plantación de abetos debe inspeccionarse cada quince días en verano. ¿Por qué no es suficiente cada seis semanas? Porque los padres de la primera generación no mueren después de poner los huevos, como ocurre con otras especies de insectos. Se recuperan y adquieren nuevas fuerzas mediante la llamada alimentación de regeneración antes de iniciar la siguiente ronda de reproducción dos semanas más tarde. Como resultado, durante el verano sólo hay grandes oleadas de escarabajos cada seis semanas, pero éstas siempre van acompañadas de oleadas más pequeñas, lo que significa que hay que esperar constantemente nuevas infestaciones. Si bien las infestaciones de escarabajos viejos se pueden advertir desde lejos en otoño, invierno y principios de primavera debido a las agujas rojizas, esto no sucede durante la estación de crecimiento vegetativo, que es particularmente crítica. En esta época, los abetos suelen permanecer verdes cuando ya se están desprendiendo las primeras cortezas y salen volando escarabajos del todo desarrollados. Si se desea detectar a tiempo una nueva infestación, la única forma de hacerlo es comprobar la corteza en busca de los diminutos orificios de los que gotea polvo marrón. Además, en los abetos afectados caen al suelo las primeras agujas verdes, una señal de advertencia magnífica. A veces, los pájaros carpinteros también ayudan con la inspección. Huelen a la presa debajo de la corteza y cortan trozos de corteza para que aparezca la madera clara.

La lucha contra el escarabajo de la corteza implica mucho trabajo y requiere mucho tiempo, del que muchos silvicultores no suelen disponer en sus labores diarias. Sin embargo, es la única forma de contener la infestación, al menos en los años más fríos y con precipitaciones suficientes.

En los veranos secos y calurosos, por otro lado, los escarabajos se propagan en muy poco tiempo. Intervenir bruscamente con la tala rasa no hace más que agravar el problema. A diferencia de la eliminación de los escarabajos individuales, ahora se crean grandes superficies abiertas que se calientan al sol y someten a un estrés aún mayor a las plantaciones de abetos vecinas, razonablemente sanas. En realidad, deberían estar protegidos por la tala rasa, pero ahora son una presa aún más fácil para el escarabajo de la corteza del abeto. Los árboles muertos proporcionan al menos una sombra parcial, almacenan agua en la madera en descomposición y contribuyen así de forma significativa a refrescar la zona forestal.

El resultado de la deforestación es que la tala rasa suele devorar cada vez más bosque hasta eliminarlo por completo. Operación exitosa, paciente muerto; así se podría resumir en pocas palabras. Por cierto, por lo general no se determina de qué murieron realmente los abetos. En algunos casos, un examen más detallado revela que no siempre fueron los escarabajos de la corteza los causantes, sino que a menudo murieron por falta de agua, lo que provocó el rápido final. Los escarabajos de la corteza atraídos de esta manera eran, por lo tanto, sólo el último clavo del ataúd.

Existen otras razones por las que no tiene sentido eliminar los abetos muertos. Los temidos escarabajos de la corteza viven en abetos vivos y no pueden reproducirse en ejemplares muertos. Sin embargo, los abetos muertos suelen albergar a sus oponentes, como los escarabajos hormiga, que incluso se alimentan de los escarabajos de corteza en enjambre y ponen sus huevos en las galerías de las larvas. Las crías de los coloridos depredadores se alimentan de las larvas del escarabajo de la corteza, pero se desarrollan de una forma mucho más lenta y pupan bajo la corteza restante de los abetos muertos en otoño. O lo harían si los propietarios de los bosques no hubieran talado antes radicalmente todos los árboles, vivos o muertos, y transportado así al nirvana a sus colaboradores más destacados.

En resumen, la tala de la madera dañada debilita a los árboles vecinos, favorece los ataques de los escarabajos de la corteza y elimina a sus depredadores.

Pero eso no es todo. Estas «operaciones de rescate» provocan una serie de daños colaterales adicionales. En primer lugar, están todas las demás especies que viven de la biomasa de los árboles. ¿Qué sucede con las ardillas, los pájaros carpinteros y las hormigas? Representan sólo la punta del iceberg de las especies que viven directa o indirectamente de la biomasa de los árboles. La deforestación les priva de la mayoría de sus alimentos y viviendas.

En conclusión, cuando los árboles mueren, el bosque no muere. Únicamente desaparece cuando se paraliza todo el ecosistema privándolo de su fuente de vida.

¿Por qué hay que intervenir? La transición de una plantación de coníferas a un bosque caducifolio es tanto más fácil cuanto más natural es el clima del bosque. Los hayedos jóvenes, por ejemplo, adoran la sombra y la humedad elevada. Por este motivo, también es una buena idea detener la aparición de la plaga de escarabajos talando y podando los árboles infestados; al fin y al cabo, la mejor sombra sigue proviniendo de los árboles vivos. Una vez que han muerto, puede que sea un poco más ligera, pero la sombra parcial de los abetos y pinos muertos sigue siendo un buen punto de partida. El mayor problema de estos procesos son las propias emociones. Debemos ser capaces de soportar el hecho de que se esté produciendo un desarrollo que, en primer lugar, es criticado con frecuencia por los propietarios de los bosques vecinos y, en segundo lugar, exige pasividad. El escarabajo de la corteza es un ejemplo de cómo tratar a los insectos. Sin embargo, como este escarabajo, a diferencia de muchas otras especies, vive bajo la corteza, no se le aplica el medio de control más drástico que puede afectar a un bosque, es decir, la fumigación con insecticidas desde helicópteros.

Hablemos de monjas. No, ahora no estamos deambulando hacia el monasterio, sino que nos enfrentamos a una polilla de color marrón blanquecino, que puede provocar pesadillas entre los propietarios de bosques con plantaciones de pinos. Las voraces orugas destruyen y dañan hasta 400 acículas de pino ¡por oruga! En caso de reproducción masiva, como puede ocurrir en las plantaciones, muchos árboles son devorados y quedan desnudos como árboles de hoja caduca en invierno. ¿Cómo se puede controlar algo así de forma rápida? Las coníferas sin agujas acaban muriendo e, incluso si sobreviven, casi no vuelve a crecer madera, al menos el año de la infestación, ya que los árboles luchan por sobrevivir. Rápidamente, se echa mano de la caja de venenos y se sacan a relucir pulverizadores con nombres tan ilustres como «Karate Forst». Es un insecticida de alimentación y contacto que sigue siendo eficaz durante muchas semanas tras su aplicación. Se emplea en primavera, es decir, durante la época de cría. Es difícil imaginar lo que provoca en un bosque cuando se destruye gran parte de los insectos. Además, los ejemplos de bosques privados muestran que los árboles de parcelas vecinas asimismo infestadas se recuperan igual de rápido de la infestación sin necesidad de fumigar. También en este caso, la solución no puede ser otra que evitar el monocultivo lo antes posible.

¿Cuidar con una sierra?

Debido a sus efectos beneficiosos sobre los árboles pequeños, la intervención en la vegetación de acompañamiento sólo tiene sentido en raras excepciones, como la aparición masiva de la mora. Este arbusto, temido por los propietarios de bosques, adora el nitrógeno y la luz. Obtiene ambos en abundancia en las talas, el primero principalmente por la rápida descomposición del humus en el calor. Los zarcillos forman matorrales impenetrables y a veces incluso crecen por encima de los nuevos árboles. Al tratarse de una planta invernal, las nevadas pueden hacer que los arbustos sean empujados al suelo por el peso de su blanco esplendor y no vuelven a enderezarse ni siquiera tras el deshielo. Como resultado, entierran de manera permanente a las hayas y los robles (o a las piceas, los abetos de Douglas y los alerces en el caso de los indoctos). Esto no puede solventarse con motodesbrozadoras o incluso trituradoras, que, como sabemos, a menudo rasuran los árboles. Además, tales medidas crean vías de acceso para los ciervos, que corren agradecidos a lo largo de las hileras y se comen un brote superior tras otro de los plantones. No, en este caso, se necesitarían las tijeras de podar rosales para cortar los zarcillos que crecen demasiado y, por lo demás, no dañar esta valla natural. Mientras los árboles puedan verse desde arriba, todo va bien para ellos.

Una vez que los arbolitos han alcanzado varios metros de altura, empiezan a tocarse con sus ramas laterales y a hacerse sombra mutuamente. Esto también es deseable por las razones ya mencionadas para producir madera de mejor calidad. Sin embargo, parece que muchos propietarios de bosques se encuentran afectados por una inquietud interior y quieren volver a ser activos. Tampoco es fácil esperar 20 años o más después de la siembra antes de desembalar la motosierra por primera vez.

Sin embargo, en este caso, la impaciencia se penaliza económicamente. Si el aclareo se realiza en este momento, las ramas laterales permanecen vivas durante mucho más tiempo y se vuelven más gruesas. Aunque la copa se cierre más tarde e incluso si estas ramas laterales mueren un día, permanecen como gruesas ramas muertas en el tronco en crecimiento y reducen de una forma significativa el valor de la madera cuando se venda más tarde.

Además, existe una marcada tendencia a la bifurcación, es decir, a la división en dos troncos más delgados después de un clareo de este tipo. Se desconoce el motivo, pero en muchas parcelas forestales puede observarse que han sido tratadas de este modo. Como ya se ha comentado, estos Zwiesel también reducen significativamente el valor. Entonces, ¿por qué se suele hacer de todos modos? Aparte de la impaciencia, se tiene la convicción de que hay que hacer algo de inmediato. Por ejemplo, hay que acabar con los ejemplares de escaso tamaño que están torcidos o muy ramificados y que prometen poco rendimiento maderero. Estos árboles se pueden eliminar de forma mucho más económica cuando son jóvenes, porque esos troncos tan delgados a menudo se pueden cortar incluso con una desbrozadora, lo que hace que el proceso sea muy rápido.

En realidad sólo existe una razón sensata para actuar, y es la de salvar árboles caducifolios individuales en un mar de coníferas jóvenes. En el raro caso de una plantación joven de coníferas con sólo muy pocos árboles de hoja caduca que también necesitan mucha luz (como el cerezo de monte), es realmente posible deshacerse de parte de la competencia de las coníferas de las rarezas acosadas. Aunque esto también conlleva la pérdida de calidad que se ha descrito, mejora el bosque desde el punto de vista ecológico. A los insectos y pájaros no les importa si los árboles de hoja caduca crecen torcidos o rectos; lo principal es que existan.

De lo contrario, la primera intervención en el bosque en regeneración sólo debería tener lugar cuando se destine a la explotación maderera. Para ello, los árboles deben haber alcanzado cierta edad y diámetro de tronco; además, la copa verde sólo debe comenzar a una altura de al menos 10 metros para que, como mínimo, parte del tronco pueda crecer sin ramas gruesas.

¿Cierta edad, cierta altura? Suena muy vago y lo es. La impaciencia de los propietarios de los bosques y la necesidad de dinero o madera también influyen en este sentido. Cuanto más urgente es la necesidad, antes tiene lugar la primera tala de madera, también conocida como clareo. Esto puede ocurrir cuando los árboles tienen 20 años, un momento en el que los árboles jóvenes todavía están en la escuela primaria, por así decirlo. Sin embargo, si se tiene paciencia y se espera unas décadas más, un bosque estable se desarrollará por sí solo, pero antes de ver estos procesos, echemos un vistazo al método convencional del árbol Z.

En el proceso, se seleccionan los candidatos a quienes los demás árboles deben ceder el paso. La

Imagen superior:
Estas plántulas de haya pueden encontrarse no sólo bajo los árboles madre, sino también a cientos de metros de distancia. Pueden transformar las plantaciones vecinas en un futuro bosque caducifolio de forma totalmente gratuita (Peter Wohlleben, Hümmel, mayo de 2007).

Imagen de la derecha:
Estos troncos de haya de 200 años no están rectos y gruesos gracias a la silvicultura, sino que son los últimos vestigios de la explotación forestal preindustrial, bastante extensiva, y ahora llevan décadas abandonados a su suerte. Como árboles Z, hace tiempo que habrían desaparecido en el aserradero (Peter Wohlleben, Hümmel, mayo de 2007).

copa de estos árboles, con sus hojas, se considera un motor de producción de madera y debe ser lo más grande posible para que el tronco se espese aún más rápido. Para ello, los árboles vecinos se eliminan paso a paso con cada adelgazamiento, es decir, todos aquellos cuyas ramas tocan las ramas de las princesas herederas. A partir de ahora, reciben mucha luz todo el tiempo, por lo que pueden formar abundante biomasa y, sobre todo, formar con rapidez troncos gruesos. Dado que estas medidas sirven para el desarrollo cualitativo de los árboles Z, se siguen describiendo aquí como «cuidado», a pesar de que se trate ya de una cosecha de madera. Al menos en los árboles más jóvenes o delgados, el mantenimiento conduce a un crecimiento individual más rápido. Al final, el árbol reacciona a la luz adicional, piensa que ha alcanzado la copa superior y expande su copa en consecuencia. Sin embargo, esto hace que la longitud útil del tronco deje de aumentar. Cuanto antes se pode el árbol en Z, más corta será posteriormente la valiosa sección inferior del tronco sin ramas. Y otra desventaja resulta muy evidente. Al eliminar la supuesta competencia, el bosque suelto se calienta más, en especial alrededor de los árboles Z, y permite que el suelo se seque en consecuencia. En los veranos secos de 2018-2020, las hayas en particular mostraron que los árboles más fuertes y de copa más grande sufrieron bastante como resultado de esta promoción. En poco tiempo, un árbol del futuro se convierte en candidato a la unidad de cuidados intensivos.

Algunas especies de árboles, como el roble, tienen otro problema. Si reciben luz lateral tras la tala de los árboles vecinos, pueden brotar nuevas ramas del tronco. El objetivo de obtener la madera de chapa más valiosa puede considerarse entonces un fracaso, porque incluso las ramitas más pequeñas que crecen en la madera estropean el aspecto impecable deseado como los llamados clavos.

Sin embargo, el aclareo ni siquiera es necesario para conseguir troncos más gruesos, como han demostrado estudios realizados en hayedos de Lübeck y Gotinga. A medida que aumenta el diámetro, la densidad del bosque apenas influye en el crecimiento posterior, lo que significa que el clareo ya no es necesario para promover los troncos más gruesos.[3] Si el riesgo de perder los mejores árboles desde el punto de vista económico disminuye al abstenerse de talar y, al mismo tiempo, aumenta las posibilidades de lograr un mayor crecimiento de la biomasa y producir tallos aún más largos y utilizables, entonces la única razón para el aclareo temprano es la liquidez de la empresa forestal, que no puede renunciar a ingresos durante décadas, o a un instrumento económico. ¿De dónde debería provenir la leña barata? ¿Dónde están los surtidos inferiores que se procesan en aglomerado, por ejemplo, la llamada madera industrial?

Cuando las plantaciones se convierten en comunidades forestales naturales, la situación es muy distinta. En este caso, se puede, e incluso se debe intervenir, al menos si se quiere gestionar el bosque. No cabe duda de que la naturaleza podría transformar por sí sola las plantaciones apagadas en bosques caducifolios mixtos ricos en especies, pero esto llevaría mucho más tiempo en algunos lugares. Además, muchos troncos pueden aprovecharse económicamente durante la fase de transformación, aunque también sería mejor dejar la biomasa en el bosque incluso en estas situaciones iniciales ecológicamente desfavorables.

La gestión forestal siempre implica llegar a compromisos entre el ecosistema no manipulado y la extracción de materias primas, y la extracción de madera en bosques de abetos y pinos muy alejados de la naturaleza causa, sin duda, menos daños que en bosques caducifolios que ya están bien encaminados hacia la naturaleza.

¿Por qué hay que talar árboles individuales en plantaciones densas de abetos? La respuesta la proporciona cada lluvia. Las precipitaciones de menos de 10 litros por metro cuadrado apenas llegan al suelo, quedan atrapadas en las copas en forma de paraguas y agravan considerablemente los períodos de sequía. Los pequeños árboles de hoja caduca, que están protegidos del sol abrasador y pueden tolerar mucha sombra dependiendo de la especie arbórea, se secan entonces con rapidez.

Además, el humus en bruto, difícil de digerir para la vida del suelo y formado por agujas viejas enmarañadas, apenas se descompone e impide que el agua penetre en el suelo.

Los huecos en el dosel de abetos y pinos crean mejores condiciones en áreas pequeñas. A los tres años del clareo suelen formarse islas verdes de sotobosque, que indican con seguridad dónde pueden sembrarse o plantarse hayas y otras especies.

Lo ideal, sin embargo, es que algunas de las coníferas taladas permanezcan en el bosque cuando se talen y desbrocen los árboles y favorezcan el desarrollo del futuro bosque mixto como madera muerta.

Invertir en regeneración, desarrollo del suelo, microclima y almacenamiento de agua no sólo es sensato desde el punto de vista ecológico, sino también económico y, además, está científicamente demostrado. Un estudio realizado en el paisaje de Bodden, en Pomerania Occidental, demostró que talar los abetos y dejarlos en el suelo es la forma más rápida de regenerar los bosques.[4]

Cosechar, ¡pero, por favor, con moderación!

Antes de poner en marcha la primera motosierra para talar madera, es imprescindible hablar de cuál es el momento más oportuno. Hay que recordar que durante la tala de madera en invierno, los caminos están húmedos y blandos, lo que significa que el tráfico de máquinas y camiones los daña rápida y gravemente. Lo mismo ocurre con los suelos, en especial sensibles cuando están empapados como una esponja. En contra del período vegetativo hablan las aves reproductoras y todos los demás seres vivos, que en esa época están ocupados creciendo y reproduciéndose. Sopesando todos los aspectos, el invierno sigue siendo la época del año en que se causan menos daños colaterales al ecosistema.

Para evitar que se acabe en primavera debido a retrasos imprevisibles, la tala de la madera debe comenzar cuando los árboles caducifolios dejan caer sus hojas. Esto puede variar de un año a otro y nos recuerda que los trabajos de explotación deben adaptarse al ritmo de la naturaleza y no al revés.

Pero ¿qué sucede si la industria maderera quiere comprar durante todo el año y ya no recibe suministros continuos? ¿No ignora entonces a los proveedores que sólo suministran en los meses de invierno? La experiencia previa de las empresas que trabajan de este modo no lo confirma. La madera también se convertirá en un bien cada vez más escaso en las próximas décadas y, sin duda, encontrará sus compradores.

Ya se ha fijado el momento, ahora llega el instante de determinar la cantidad que se va a talar. Los intervalos de cosecha, es decir, el período entre dos talas de madera, desempeñan en este caso un papel destacado. Veamos el siguiente ejemplo de una explotación clásica cuya planificación se basa en un período de diez años.

Para una parcela forestal se definió un volumen de extracción de madera de 100 metros cúbicos por década y hectárea. Esta cantidad suele obtenerse en dos cantidades parciales, es decir, con un intervalo de cinco años. Esto da como resultado 50 metros cúbicos de madera por hectárea y por intervención. Dependiendo de las existencias de biomasa, puede suponer la eliminación de entre el 10 y el 20 por 100 de todos los árboles. Los ejemplares restantes sufren entonces un choque múltiple. En los calurosos días de verano, los huecos en el dosel provocan calentamiento y desecación, es decir, un cambio en el microclima. En las plantaciones densas de coníferas, esto no es tan crítico, porque los huecos permiten que la lluvia caiga sin obstáculos sobre el suelo y, por lo tanto, proporcionan más humedad si no hay sequía.

La capacidad de adaptación de los árboles se pone a prueba con fuertes aclareos, sobre todo ante el rápido avance del cambio climático. Lo mismo ocurre con todas las demás especies del ecosistema, muchas de las cuales dependen de condiciones constantes a largo plazo, como muchas especies de hongos. Los apasionados cazadores de hongos informan una y otra vez que los codiciados cuerpos fructíferos desaparecen después de una tala intensa.

Pero eso no es todo. El bosque es entonces más susceptible de sufrir daños por tormentas a lo largo de los años. Al fin y al cabo, los árboles han adaptado su estabilidad individual de tal forma que los árboles vecinos se tienen en cuenta como soporte. Si se talan estos apoyos, los árboles restantes siguen balanceándose, se doblan más y se rompen o caen con más facilidad.

Otro aspecto es la incipiente descomposición del humus debido al aumento del calor en el suelo. Las plantaciones de coníferas, en particular, lo esperan a veces con impaciencia. La hojarasca de las coníferas, difícil de digerir o incluso indigesta para muchos organismos del suelo, hace que con los años se forme una gruesa capa en el suelo. Entre otras cosas, esta capa dificulta la penetración del agua de lluvia y actúa como una alfombra impregnada. Como consecuencia del aclareo, cae más lluvia al suelo y, al mismo tiempo, la superficie se calienta. Como resultado, este humus crudo se va degradando de manera gradual. La aparición de gramíneas indica que ya se puede considerar la introducción de árboles de hoja caduca si no colonizan por sí solos. Sin embargo, la otra cara de la moneda es la liberación de grandes cantidades de CO_2, ya que la descomposición de la biomasa por hongos, bacterias o animales del suelo no es otra cosa que procesos digestivos con su correspondiente desgasificación. Ya sea para la descomposición del humus bruto o simplemente para la extracción de madera, cada aclareo desencadena o acelera dichos procesos. Por lo tanto, sólo se debe cosechar una pequeña cantidad de madera a la vez.

Por otro lado, los costes hablan a favor de intervenciones más intensas. Especialmente en el caso de las parcelas más pequeñas, apenas vale la pena que el personal y las máquinas viajen, y la comercialización también se está volviendo más difícil. Si no existe como mínimo un camión cargado por surtido, muchos compradores de madera se marchan molestos; al fin y al cabo, muchos de ellos manejan cada día cantidades que pueden alcanzar con facilidad los 50 camiones completamente cargados. Sin embargo, este dilema puede resolverse desde el punto de vista organizativo, por ejemplo si varios propietarios forestales unen sus fuerzas para vender madera.

Por lo tanto, una menor extracción de madera por superficie es buena para el bosque porque hay menos cambios posteriores. Sin embargo, esta afirmación no es del todo correcta, ya que si sólo se extrae la mitad de la cantidad habitual, se necesita el doble de superficie para alcanzar la masa deseada. En consecuencia, también se producen cambios en el doble de superficie, aunque no sean tan pronunciados.

Las especies sensibles, como la cigüeña negra, no toleran ningún cambio en un radio de 100 metros alrededor de su nido. Si la tala de árboles tiene lugar dentro de este radio mientras las aves pasan el invierno en el sur, existe el riesgo de que ya no acepten su nido cuando regresen en primavera. Las cigüeñas son especies grandes que nos gustan. Apenas sabemos qué animales más pequeños, del tamaño de insectos o ácaros, reaccionan ante estos cambios y cómo lo hacen, y mucho menos qué área debe protegerse para no molestar sensiblemente a estas especies. En el caso de la cigüeña negra, esto significa que alrededor de tres hectáreas alrededor del nido no se pueden cultivar fuera de la temporada de reproducción. Durante la época de reproducción, esta zona aumenta a un radio de al menos 300 metros, es decir, se pierden casi 30 hectáreas por la tala. Una vez más, se trata de una de las pocas especies bien estudiadas. Poco o nada sabemos de decenas de miles de otras.

Está claro que no se puede responder en absoluto a la pregunta de los intervalos en los que tales alteraciones son aceptables para el ecosistema. Como mínimo, los propietarios forestales deberían ponerse en contacto con científicos que hayan estudiado el mayor número posible de especies forestales en la zona en cuestión. De este modo, al menos tendrán una idea de dónde puede estar el compromiso entre protección y explotación.

Por si esto no fuera suficientemente difícil, hay que volver a la cantidad de madera que se puede aprovechar. De hecho, el ciclo habitual de diez años ha tenido su momento y sólo se mencionó antes como ejemplo para planificar el volumen de impacto. Hasta la fecha, este volumen de tala se ha determinado a partir de tablas de rendimiento, hojas de datos que resumen la experiencia adquirida tras décadas de gestión de plantaciones. Están disponibles para una gran variedad de especies de árboles y ubicaciones y se han calculado para optimizar el rendimiento maderero. El problema reside en que estos cálculos tienen muchas décadas y ya no se ajustan al cambio climático y, en segundo lugar, se aplican a bosques artificiales monótonos de la misma edad, cuyo objetivo es acabar en tala rasa. Los árboles en estas plantaciones se comportan de manera diferente que si estuvieran en la naturaleza, lo que también se aplica a todo el ecosistema forestal. Dependiendo de la especie de árbol, la cantidad de madera producida por año y hectárea disminuye entre los 50 y los 80 años de edad, como si los árboles estuvieran agotados.

Ya en 2009, el estudio de Carbo Europe IP descubrió que estas tablas de rendimiento sólo cubren las fases más jóvenes de desarrollo de un bosque no gestionado y que, sorprendentemente, estos bosques mostraban unas tasas de crecimiento superiores a las predichas por las tablas de rendimiento. Y mientras que las tablas de rendimiento sólo tienen en cuenta la edad de los árboles hasta unos 130 años, según hallazgos anteriores, los bosques silvestres siguen creciendo con facilidad durante siglos sin que se establezca un equilibrio entre crecimiento y descomposición, lo que, en definitiva, significa que la biomasa sigue acumulándose.[5] Por lo tanto, el mayor período de crecimiento no se tiene en cuenta en absoluto o, dicho de otro modo, en un bosque gestionado con cuidado, las tablas de rendimiento ya han tenido su día.

Las existencias de madera que todavía pueden encontrarse en los planes de gestión forestal actuales, elaborados de forma convencional (los planes operativos decenales), también pueden olvidarse con seguridad. Aunque dan una idea aproximada de la cantidad de madera aprovechable en forma de árboles vivos en el bosque, derivar de ellos cualquier tasa de utilización, como se sigue haciendo en todo el país, es del todo contraproducente.

La cuestión no es cuánto podría aprovecharse, sino cuánto puede aprovecharse bajo la premisa de que el ecosistema sigue funcionando como antes de la intervención.

La biomasa de un bosque aumenta con la edad, pero, por desgracia, la sensibilidad individual de los árboles restantes a los cambios también aumenta en la misma medida. Es una paradoja: si bien los bosques viejos intactos son mucho más robustos en términos de fluctuaciones climáticas, las haya viejas, por ejemplo, han reaccionado casi como mimosas a la eliminación y la distancia de sus vecinos. Muchas de las ramas superiores de la copa mueren y, cuando el tronco está expuesto al sol abrasador, la corteza a menudo sufre quemaduras solares, lo que hace que se desprenda en una amplia zona hasta llegar a la madera.

Sin embargo, los árboles a menudo se recuperan de la intervención, sobre todo si los árboles jóvenes que vuelven a crecer pueden cerrar con rapidez los huecos en el dosel. La sensibilidad individual contrasta, por tanto, con la robustez de la comunidad forestal.

Sin embargo, el panorama suele ser muy diferente para los árboles jóvenes de antiguas talas. Mientras que los ejemplares recién plantados o germinados siguen siendo muy sensibles al calor y la sequía, los árboles en crecimiento reaccionan con mucha más tolerancia a este tipo de clima. También soportan el aclareo inicial, es decir, la tala selectiva de madera, relativamente sin quejas, lo que puede deberse al hecho de que aún no se han acostumbrado a vivir en condiciones óptimas. Por cierto, los troncos de menos de 50 años todavía son tan delgados que apenas se produce ningún surtido de madera aprovechable. Esto ha llevado a la conclusión generalizada en silvicultura de que los árboles jóvenes son mucho más «estables climáticamente» que los viejos, en especial cuando se trata de árboles de hoja caduca. Por lo tanto, los bosques deberían rejuvenecerse antes, es decir, reducir una vez más la edad de cosecha y eliminar las poblaciones viejas y enfermas para que los jóvenes, supuestamente robustos, puedan tomar el relevo.

Sin embargo, el cambio climático ha llegado con el calor extremo y la sequía a cuestas. Los bosques antiguos aprovechan, sin duda, las ventajas de su gran biomasa y las mayores reservas de agua asociadas, una mejor amortiguación y refrigeración. Los bosques jóvenes, supuestamente más sanos y robustos, están adquiriendo un color marrón amarillento uniforme y se les caen las orejas, perdón, las hojas. En muchos lugares, era el año 2020, en el que los suelos finalmente se habían secado del todo después de dos años anteriores, que también estuvieron muy secos, y en el que las diferencias entre jóvenes y mayores se hicieron en particular evidentes. A los hayedos jóvenes, que ya estaban perdiendo sus hojas en agosto, les acompañaban bosques viejos muy raleados, en los que también se podía observar la pérdida de hojas y la muerte de las hayas viejas. Sólo los viejos bosques caducifolios ricos en biomasa sobrevivieron más o menos bien a esta sequía, y eso en toda Alemania. Por otro lado, en los bosques de hayas viejos, muy explotados, murieron toneladas de árboles. Sin embargo, esto no se atribuyó a la tala severa, sino al cambio climático y a la sensibilidad de las hayas.

También se ha observado algo similar en otras especies de árboles, aunque las transiciones en los abetos, por ejemplo, no son tan suaves, sino que bosques enteros mueren de manera abrupta.

¿Cómo incorporar todos estos hallazgos a la planificación de la explotación forestal? Destacamos lo siguiente: los bosques viejos son más estables que los jóvenes; las reservas de biomasa más altas significan una mayor resiliencia. Esto coincide plenamente con las conclusiones de la ecología forestal y la teoría de los ecosistemas. Por tanto, los ecosistemas forestales estables sólo pueden mantenerse utilizando poca o ninguna madera, una obviedad. Al fin y al cabo, esta biomasa no se produce para ser utilizada en aserraderos, sino para preservar las especies que viven en esta comunidad.

¿Y ahora? ¿Dónde podemos obtener las cifras que necesitamos para planificar las talas?

Sólo existe una solución correcta. Debemos abordarlo con cautela, es decir, con un bajo nivel de extracción de madera. Por desgracia, la experiencia local previa tampoco ayuda, ya que las condiciones marco cambian una y otra vez como resultado de nuestro trabajo colectivo en relación con el problema del clima. El bosque nos dirá qué cantidad es la adecuada, si hay que reducir aún más la tala o incluso detenerla por completo. Es importante observar cómo supera los períodos secos; si hay signos de deterioro, hay que echar el freno. Todas las observaciones deben documentarse para obtener imágenes comparativas y aclarar los procesos progresivos. Por cierto, esto también sirve de motivación, ya que hace mucho más fácil reconocer las mejoras.

Podemos responder con tranquilidad a los comentarios de protesta de la silvicultura convencional sobre de dónde debe proceder entonces la madera. Vendrá del bosque, por supuesto, ¡de dónde si no! Pero para ello, primero debe sobrevivir, razón por la cual este enfoque prudente debe prevalecer sobre cualquier satisfacción de demanda de madera.

De los prados y las plantaciones al bosque de verdad

Si deseas saber si los prados y pastizales pueden volver a convertirse en bosques y de qué manera, echa un vistazo a los caminos rurales en desuso, las viejas alambradas o las tierras en barbecho. Los caminos abandonados, en particular, son un caso difícil para el establecimiento de nuevos árboles. Las zonas situadas a la izquierda y a la derecha de ellos siguen siendo utilizadas, es decir, segadas y cortadas, y los arbustos jóvenes o los árboles de hoja caduca, que representan un manjar especial, son devorados sobre todo por los corzos, pero también por las liebres, ya que son muy escasas en los prados. No obstante, los árboles consiguen a menudo hacerse un hueco en este lugar. La vanguardia suele estar formada por arbustos como la ginesta, el espino negro y el espino blanco, que crean un microclima favorable y protegen a los árboles jóvenes al menos un poco de las bocas codiciosas. Incluso especies consideradas especialmente sensibles al pastoreo de los animales, como los cerezos o los robles, consiguen asentarse en estos lugares. Es cierto que no son las formas de crecimiento con troncos largos y sin ramas las que se demandan en silvicultura. Al fin y al cabo, los primeros árboles no necesitan crecer a gran altura para formar una gran copa inundada de luz, por lo que los troncos son muy cortos. Por tanto, la primera generación de árboles se parece más a los viejos árboles de cabaña, es decir, nudosos, bonitos a la vista, pero bastante inferiores en términos de producción de madera. Al menos este bosque aparece de forma gratuita y, si se permite que se desarrolle en una superficie mayor, la situación del pastoreo de los animales salvajes también se reducirá en cierta medida.

En un campo, la situación es similar a la que se produce tras un incendio forestal. La zona está libre de vegetación; estos lugares son la especialidad de los álamos temblones. En muchos lugares, es probable que aprovechen la oportunidad y formen un primer bosque joven en combinación con abedules y sauces. Las fuerzas de la reforestación natural deberían aprovecharse sin duda alguna; todavía estamos estudiando la posibilidad de proporcionar servicios ecosistémicos en este ámbito, es decir, con el objetivo de la futura producción de madera, entre otras cosas, y hemos calculado con resultados alarmantes que la plantación no compensa.

Cuando los árboles no quieren crecer por sí solos o se desea acelerar el proceso mediante la plantación a pesar de todos los buenos consejos (y en vista del cambio climático con el aumento de la sequía y, por tanto, de las dificultades para los árboles jóvenes, si es el caso), también se puede recurrir excepcionalmente a las máquinas en las praderas. Cuando se reforestan tierras agrícolas, se aplican normas por completo diferentes a las de las zonas taladas en el bosque. No se preocupe, no estamos ajustando la brújula, pero estos suelos ya han sido pisados innumerables veces con tractores pesados y, por lo tanto, dañados, de modo que una última pasada con el objetivo de hacerlos más fáciles de plantar es algo que podemos superar. En par-

La serie de imágenes muestra el mismo lugar en 2004 (superior), 2009 (centro) y 2022 (inferior): tras la demolición de los edificios de un antiguo cuartel soviético en Eberswalde (Brandemburgo, Alemania), el bosque trabaja para recuperar el terreno. Pinos, robinias, sauces y álamos temblones son las principales especies implicadas en la sucesión, que hace unos años no podía detenerse ni por el suelo estéril ni por la poda (Pierre L. Ibisch).

ticular, los prados son propensos a un problema voraz que ya ha sido la perdición de innumerables arbolitos, los ratones. En esta zona se camuflan bien de los depredadores y se reproducen en masa con regularidad.

El viejo dicho de los gestores forestales sigue siendo válido: «Luz, hierba, ratón, fuera». Con mucha luz (un bien escaso en el suelo del bosque), se desarrolla rápidamente una cubierta herbácea en la que los ratones se reproducen muy bien. El dicho, que estaba destinado principalmente a los bosques talados, sigue siendo válido en los prados, por supuesto. A estos animalitos les encanta roer los cuellos de las raíces de los árboles jóvenes, sobre todo en invierno, llegando a veces a morder todo el tronco. Dependiendo del tipo de ratón, el riesgo persiste hasta que el árbol joven ha superado una altura de unos dos metros.

A pesar de todas las desventajas de las plantas de vivero ya descritas, el objetivo no es crear verdaderos bosques, sino tan sólo proporcionar una chispa inicial con el fin de crear un clima forestal fresco y húmedo. La temperatura del suelo cae, la sombra hace que la hierba desaparezca y, por lo tanto, crea mejores condiciones para la reforestación natural.

En primer lugar, se arranca la capa de hierba en franjas estrechas con un tractor y un ligero arado (¡no se ara!); la distancia entre las franjas corresponde a la distancia entre las hileras de plantación. De este modo, resulta mucho más fácil plantar en estas hileras y los ratones ya no se esconden en ellas, al menos el primer año.

Los abedules o álamos temblones y las hayas son una mezcla de eficacia probada. Se plantan al mismo tiempo. ¡Un momento! ¿No son las hayas árboles que sólo prosperan a la sombra? Así es, y eso es justo lo que hacen los abedules y los álamos. En los primeros años, crecen hasta tres veces más rápido que las hayas y, por lo tanto, proporcionan rápidamente la protección solar necesaria. Con el paso de los años y las décadas, otras especies de árboles pueden afianzarse gracias al viento y los pájaros, y formar así el bosque estable del futuro sin los inconvenientes de los plantones de vivero.

Las dos especies de árboles de crecimiento rápido tienen otra ventaja, que no les gustan tanto a los ciervos como otras especies de árboles caducifolios. Sobre todo cuando se reforesta en campos abiertos, las pequeñas parcelas arboladas pueden actuar como balsas salvavidas para los animales salvajes, lo que, por un lado, es muy positivo, pero, por otro, aumenta en gran medida el riesgo para las plántulas. Es donde pueden esconderse, donde pasan el día y donde sacian su hambre hasta que oscurece. Pero el álamo tembloroso en particular tiene una estrategia concreta. Los brotes de las raíces de un mismo árbol forman numerosos troncos, que se convierten en arbustos impenetrables y permiten que los tallos individuales en su centro crezcan en altura sin ser molestados.

Los bosques jóvenes en los que los árboles de la misma edad están muy juntos pasan por una fase crítica en lo que respecta a la nieve. Los árboles individuales apenas son capaces de sostener sus propias copas. Sólo pueden hacerlo apoyándose en sus vecinos en condiciones de viento. Los campos de cereales también muestran este apoyo mutuo, y lo que ocurre cuando las condiciones meteorológicas adversas desbordan este efecto puede observarse en ellos casi todos los años. Después de fuertes tormentas, grandes superficies se tumban en el suelo. Lo que la lluvia torrencial es para los granos, la nieve húmeda es para los árboles jóvenes. Por eso no es nada trágico que los árboles jóvenes no crezcan como de una sola pieza en toda el área; cuanto más variada sea la estructura de edades, más resistente será el bosque joven. E incluso si todo el vivero de árboles es arrojado al suelo y no vuelve a levantarse (lo que ocurre muy raramente en un área grande), se crea al menos un desorden, en cuya protección otras plántulas o brotes de raíces aprovechan rápidamente la próxima oportunidad.

En las plantaciones de coníferas existentes, otros retos ocupan un lugar central. En primer lugar, los abetos y los pinos son también valiosas fuentes de sombra para los futuros árboles caducifolios. Por tanto, hay que hacer todo lo que se pueda para conservar estos viejos árboles el mayor tiempo posible. Asimismo, suelen ser necesarias intervenciones suaves para iniciar el cambio. La hojarasca ácida de coníferas a menudo crea una capa gruesa en el suelo, que apenas permite que el agua penetre y dificulta el crecimiento de otras plantas. Además, las copas perennes actúan como paraguas e intensifican aún más la desecación. Por este motivo, se puede recurrir al clareo para aflojar poco a poco los árboles, es decir, se pueden talar árboles individuales una y otra vez. En estos intervalos de lluvia y luz, el suelo mejora, y al cabo de unos años permite el establecimiento natural de árboles de hoja caduca o la plantación a pequeña escala (sí, aquí viene de nuevo la tarjeta roja de la gestión empresarial). También es una buena oportunidad para utilizar la madera, aunque sea moderadamente, porque, de lo contrario, los riesgos de daños por tormentas antes mencionados aumentan en gran medida.

Durante el período de transición de las plantaciones a los bosques naturales, los propietarios forestales deben ejercer un autocontrol constante. Porque cuando los monocultivos colapsan, existe una agitación constante en el mercado. Si la sequía y los escarabajos de la corteza azotan miles de kilómetros cuadrados al mismo tiempo, los precios de las coníferas caen masivamente, como ocurrió en 2020. En aquel momento, la regeneración sólo resultaba económicamente atractiva con la ayuda de subvenciones estatales cuestionables. Si en medio hay años lluviosos, también se tala madera como si no hubiera un mañana. Porque ahora los precios vuelven a subir y todo el mundo quiere comercializar su madera en condiciones razonablemente normales, sabiendo muy bien que se acerca el próximo verano de sequía. Una vez más, la protección que brindan los árboles de plantación más viejos es valiosa, tal vez más que su madera.

Lo mismo se aplica a los bosques caducifolios. Si faltan los ingresos de las plantaciones de abetos y pinos que se están derrumbando o que ya han sido taladas, el dinero necesario se genera aumentando la tala de frondosas. Por supuesto, así no se conseguirá el bosque natural deseado y su valioso potencial maderero. Por el contrario, la estrategia correcta consiste en moderar la tala y, en el caso de los bosques caducifolios más jóvenes, incluso dejar de utilizar la madera para el enriquecimiento de la biomasa durante muchas décadas. Los ingresos que faltan deben sustituirse, por tanto, por la protección del clima y del agua, así como por el turismo. Los programas gubernamentales son apropiados en este caso para recompensar los servicios ecosistémicos, que en la actualidad siguen fluyendo en masa hacia la deforestación y la reforestación.

La madera no lo es todo: promover la regulación de los servicios ecosistémicos

¿Es necesario gestionar los bosques de manera diferente para promover los servicios de regulación? Al fin y al cabo, estos servicios son evidentes en la gestión de la producción maderera; la teoría de la estela del agua no deja de ser un éxito. Mientras tanto, la narrativa había cobrado tal vida propia que durante décadas los propietarios forestales habían aceptado los números rojos en las operaciones forestales porque los servicios ecológicos tenían que valer algo para la sociedad.

Ya hemos debatido el hecho de que la utilización de la madera perjudica las funciones de los ecosistemas. Desde este punto de vista, la gestión forestal en sentido clásico prácticamente no debería tener lugar en zonas donde los servicios ecosistémicos reguladores están en primer plano. ¿No deberíamos entonces identificar los bosques que utilizan recursos intensivos, por un lado, y los bosques por completo protegidos, por otro? A esto se le llama segregación, y desde el campo de la silvicultura convencional se advierte de que los bosques que deberían designarse para el suministro de madera se utilizarían entonces con mayor dureza. ¿No sería mejor emplear todos los bosques con cuidado para que todos los servicios ecosistémicos se presten por igual en toda la zona? Esto puede rebatirse con el hecho de que la primacía del aprovechamiento maderero ya parece aplicarse a la mayor parte de la tierra. ¿Cómo podrían empeorar las cosas si se establecieran más zonas protegidas? El único requisito puede ser que necesitamos más reservas y más grandes en las que se excluya el aprovechamiento maderero (¡y nada más!) y, al mismo tiempo, bosques que se gestionen con más consideración, que se conserven a largo plazo incluso en tiempos de cambio climático y que permitan el aprovechamiento maderero.

En la crisis climática, la silvicultura tradicional debe pasar a un segundo plano en todas partes. Porque cuando la gestión se lleva a cabo perfectamente en el sentido de los servicios ecosistémicos regulatorios, los servicios de suministro (como el uso de la madera) también son posibles en la medida en que no afecten al sistema.

Organicemos las medidas necesarias en la secuencia de edad habitual y empecemos por la reforestación de tierras agrícolas y la tala de árboles. En este caso, como ya se sabe, el proceso natural tiene prioridad sobre la plantación. Si la reforestación no empieza con buen pie y hay que complementarla con siembras o plantaciones, ya no se aplica el cálculo de rendimiento anterior. Es cierto que la reforestación de tierras que antes se dedicaban a la agricultura tiene poco sentido en términos de producción maderera, ya que el dinero invertido en otras formas de inversión es considerablemente más rentable y menos arriesgado. Sin embargo, si queremos fomentar los servicios ecosistémicos, como la refrigeración del paisaje o la potenciación de los ciclos del agua, la situación es bien distinta.

Nadie puede calcular lo rentable que resulta amortiguar las olas de calor y las sequías. Pero si pensamos en el pueblo canadiense de Lytton, situado en el paralelo 50, y, por tanto, tan al norte como el sur de Inglaterra, el norte de Francia o el centro de Alemania, la cosa cambia. El asentamiento se incendió en 2021 después de que se registraran en la zona temperaturas récord de Canadá de casi 50 °C. El clima de este lugar es especial debido a las características geográficas, y no es comparable al clima de Alemania, por ejemplo, que está influenciado por la corriente del Golfo y, sin embargo, la temperatura máxima allí en junio hasta la fecha sólo ha sido de 25 °C.

¿Cómo se deben tener en cuenta las precipitaciones que, entre otras cosas, generan los bosques locales en forma de nubes y que luego pasan a Asia por las corrientes de aire? ¿Qué importancia tiene la bomba de agua forestal, que mantiene el equilibrio hídrico en todos los continentes? ¿Cuál es el valor de mercado si nuestro paisaje se enfría porque la biomasa aumenta en los bosques y esto hace que se incremente la evaporación del agua? ¿Qué valor tiene para nosotros la recarga de agua subterránea, que puede ser de tres a cinco veces más alta en los hayedos del norte de Brandeburgo, en Alemania, por ejemplo, que en las plantaciones de pinos?[6] ¿Y quién sabe qué otros fenómenos desagradables provocarán el debilitamiento de la corriente oceánica a nuestras puertas y el aumento de las temperaturas medias, que los bosques sanos podrían atenuar?

En caso de duda, casi cualquier precio es razonable para evitar temperaturas y sequías catastróficas. Los costes razonables de reforestación suelen ser bastante más elevados que el valor esperado de la madera, pero ¿hasta qué punto se trata de una cuestión que, en última instancia, es objeto de debate científico y social?

La reforestación natural puede tener lugar con relativa lentitud, sobre todo en antiguos prados y pastizales. Esto se debe a los ratones de campo y de tierra, que se sienten muy cómodos en la hierba. La mezcla antes descrita de especies arbóreas de crecimiento rápido, como el abedul o el álamo temblón, con hayas u otras especies autóctonas de bosques primigenios, es también el método elegido en este caso. No se puede crear un bosque de esta manera, pero sí la chispa inicial para un clima forestal. Al cabo de pocos años, la antigua pradera estará sombreada y mejor protegida de los vientos desecantes.

Los bosques más antiguos de la comunidad forestal natural, como los viejos hayedos, deberían quedar excluidos de cualquier aprovechamiento maderero, incluso de cualquier manipulación. Al menos por el momento, todavía son capaces de hacer frente a los cambios ambientales en cierta medida, proporcionar los servicios climáticos antes mencionados y, además, representan un cúmulo de los ecosistemas originales. Son los núcleos de renovación forestal desde los que las especies pueden migrar a los bosques en recuperación de los antiguos paisajes de plantaciones. En este sentido, no queda más remedio que alejar de manera definitiva nuestras manos de estos tesoros de biodiversidad.

Si bien dos tercios de Alemania alguna vez estuvieron cubiertos de hayedos primitivos, hoy en día sólo representan el 5 por 100, pero no son bosques primitivos, sino bosques económicos muy reducidos en biomasa, algunos como plantaciones. La proporción de bosques antiguos con árboles de más de 180 años (lo que no es mucho para las hayas, que pueden vivir más de 500 años) es sólo de unos pocos por mil,[7] e incluso estos escasos restos no están del todo protegidos.

¿A qué edad deben protegerse los hayedos de la motosierra? También en este caso se trata de una cuestión política. Por razones de protección del medio ambiente, especialmente del clima local, no deberíamos seguir interviniendo en los bosques caducifolios, ni siquiera en los más jóvenes. Al final, esta pregunta sólo puede responderse determinando políticamente cuántos ecosistemas terrestres deberían estar de manera permanente sin agricultura ni explotación maderera, es decir, convertirse en espacios naturales. Para ello, empezamos por el extremo más original y antiguo de los bosques, los viejos bosques caducifolios, y, con cada porcentaje adicional acordado, sacamos de la red de la industria maderera los siguientes bosques más antiguos.

Esto también es necesario en un contexto internacional. A nivel mundial, un grupo de Estados, incluida Alemania, por ejemplo, pide que se proteja al menos el 30 por 100 de la superficie terrestre. Según el WWF, hasta el momento sólo hemos alcanzado el 0,6 por 100 a nivel nacional en las llamadas áreas silvestres. ¡Necesitamos una velocidad significativamente mayor para designar áreas adicionales!

Caminos y pasarelas

Las zonas protegidas y los caminos urbanizados parecen excluirse mutuamente; al fin y al cabo, todo camino supone una alteración considerable de los flujos de aire y agua y la fragmentación del hábitat. Desde el punto de vista de la conservación, es importante preservar o restaurar el mayor número posible de zonas forestales no fragmentadas. La Agencia Federal Alemana del Medio Ambiente, por ejemplo, define la fragmentación de un paisaje de la siguiente manera: «Se clasifican como ejes de transporte fragmentadores las carreteras (autopistas, carreteras federales, estatales y comarcales) con un volumen de tráfico igual o superior a 1000 vehículos diarios, las líneas de ferrocarril electrificadas con al menos dos vías o una vía y los canales con categoría de vía navegable federal».[8] Según esta definición, en 2015, los fragmentos de paisaje contiguos de al menos 100 kilómetros cuadrados cada uno seguían representando el 23,5 por 100 de la superficie de Alemania, por ejemplo, que no estaba dividida por dichos ejes de transporte. Para un país tan densamente poblado, eso sigue pareciendo mucho, y, por supuesto, es demasiado bueno para ser verdad.

¿Qué sucede con las carreteras con menos de 1000 vehículos al día, los caminos agrícolas asfaltados o las carreteras casi rurales que conducen a turbinas eólicas en el bosque? Las carreteras de tránsito frecuente pueden provocar más muertes en el mundo animal, pero en términos de calentamiento y desecación del paisaje, difícilmente tienen consecuencias más graves que una carretera con el mismo nivel de construcción y menos tráfico. En este último caso, también está la subestructura, que penetra de un modo tan profundo en el terreno como una carretera asfaltada. Actúa como un muro subterráneo y no sólo obstaculiza el flujo de agua, sino también la actividad animal y vegetal subterránea. Incluso los caminos sin pavimentar son pasillos en los que el viento arrastra el aire fresco y húmedo que producen los árboles.

Y eso no es todo, todavía tenemos la red de carriles secundarios, que también crea caminos libres

Las amplias rutas que conducen a las turbinas eólicas en el bosque diseccionan el ecosistema por encima y por debajo del suelo. Interrumpen el flujo de agua subterránea, el suelo, muy compactado, no puede desarraigarse y, sobre todo, se produce un fuerte calentamiento y desecación. En conjunto, el estrés sobre el ecosistema aumenta de una forma considerable. En torno a 2015, Göllnitz-Lieskau-Rehain era uno de los mayores «parques eólicos forestales» de Alemania (Pierre L. Ibisch, 2022).

de suciedad de unos 5 metros de ancho con un intervalo regular de 20 metros. En el caso del viento, no importa si sopla sobre el suelo desgastado de un bosque o sobre una capa de grava; sólo los caminos y su anchura son decisivos. Imaginemos que en la selva amazónica se instalara una infraestructura de explotación maderera de este tipo; ya no diríamos que esos bosques no están fragmentados. Es un buen ejemplo de la visión distorsionada de nuestro país y del resto del mundo.

En resumen, la infraestructura actual no sólo es más que suficiente, sino que también necesitamos planificar urgentemente el desmantelamiento de muchas carreteras en lugar de construir otras nuevas.

A diferencia de la región amazónica, nuestro paisaje está densamente poblado y lo que suena banal tiene graves consecuencias. Por un lado, tenemos derecho a entrar con libertad en el bosque y, por tanto, también la correspondiente presión de visitantes, que puede canalizarse mejor mediante caminos para dejar espacio a las especies sensibles a las alteraciones. Por otro lado, los visitantes recreativos suponen riesgos para el bosque, como los incendios. En este sentido, los senderos son un arma de doble filo; abren el bosque y, por tanto, lo hacen más vulnerable, pero, por otro lado, también permiten a los profesionales de la conservación forestal conjurar los peligros. ¿Dónde está el equilibrio entre peligro y protección, cuántos senderos necesita el bosque para sus servicios de regulación?

Echemos un vistazo a las amenazas más importantes.

En primer lugar, está el fuego. Apenas encuentra alimento en los bosques caducifolios viejos e intactos con una elevada proporción de madera muerta, ni siquiera en los períodos secos. Los árboles caducifolios vivos no arden y la espesa madera muerta almacena agua durante tanto tiempo que en este caso tampoco existe apenas peligro. Sólo la hojarasca seca y las ramitas podrían arder, por lo general en conexión con incendios forestales vecinos en terraplenes o en plantaciones de coníferas.

Sin embargo, la mayoría de los bosques están muy aclarados o talados por completo e, incluso, las plantaciones de coníferas verdes e intactas, con sus aceites esenciales, se parecen más a barriles de gasolina llenos que a vegetación ignífuga. Por lo tanto, debemos prepararnos para un aumento de incendios forestales importantes en los próximos años.

¿Necesitamos, por tanto, más carreteras para facilitar el acceso de los camiones de bomberos? Si las carreteras aumentan el calentamiento y la desecación de los bosques, habría que reducirlas. Esto también es fácilmente factible, ya que los incendios forestales pueden combatirse de otras maneras. La tecnología de alerta temprana ha cambiado con rapidez desde la invención de las torres de alerta, en las que el personal oteaba el horizonte en busca de humo y luego transmitía las coordenadas. Desde aviones hasta satélites y drones, en la actualidad se dispone de herramientas que, por el momento, hacen los caminos innecesarios. Pero una vez identificado el incendio forestal, hay que llevar agua a la zona. En este caso, los camiones cisterna son más bien una segunda opción, porque los desplazamientos de ida y vuelta al bosque implican demasiado tiempo. Los aviones y helicópteros de extinción de incendios son significativamente más rápidos, pero Alemania, por ejemplo, aún no se ha preparado de la manera adecuada para este tipo de extinción de incendios forestales. Por lo tanto, en lugar de mejores rutas, se requieren más equipos, sin olvidar una planificación de despliegue más eficaz.

El segundo riesgo, que no debe subestimarse, es el robo de plantas y animales. Hace muchos años, una plantación de abetos cercana a la academia forestal de Wohlleben sufrió un ataque. La ladera frente al pueblo vecino de Hümmel tenía un aspecto significativamente diferente una mañana, y una segunda mirada de incredulidad reveló una brecha en el bosque. En un área de una hectárea, todos los árboles habían desaparecido. Al parecer, una banda bien organizada había utilizado, primero, cosechadoras para desbrozar y procesar todo, luego un transportista lo había conducido todo hasta el camino del valle y, después, un camión lo había cargado y se lo había llevado.

Dado que los bosques ofrecen un buen escudo visual, es especialmente fácil deshacerse ilegalmente de residuos, como estos neumáticos viejos, que, de otro modo, si se hubieran llevado a un punto de recogida, habría costado mucho dinero (Peter Wohlleben, Hümmel, 2007).

Hoy en día, el riesgo de estos robos vuelve a aumentar. La madera es cada vez más escasa debido a la extinción de las plantaciones de coníferas y su precio aumenta en consecuencia. También en este punto nos encontramos ante un dilema: cuanto mejor se acondicione el bosque con senderos, más fácil será el saqueo, pero también su control. También en este caso se debería buscar la solución desde el aire. Que haya pocos caminos permite el robo de madera sólo en los bordes del bosque, que pueden controlarse con facilidad desde el aire o desde las vías públicas. Lo que parece caro es la mejor solución desde el punto de vista económico (y ecológico), porque el mantenimiento de los senderos forestales es caro y cada vez lo es más en vista del aumento de los fenómenos meteorológicos extremos. En este contexto, cabe recordar las inundaciones de 2020, que apenas dejaron un solo sendero de la cuenca sin daños graves.

Pero no sólo existen peligros, sino también otros aspectos, como el turismo verde, que, como mínimo, requiere rutas para los clientes que pagan. Los senderos aprovechan las oportunidades naturales para moverse por el terreno sin intervención, pero no siempre en la ruta más corta. Los científicos también pueden utilizar estos senderos. ¿Y si transportan equipaje pesado, como instrumentos de medición? Entonces se podrían usar caballos de carga. Si la extracción de madera depende de los animales, ¿por qué no también de la ciencia?

Lo último que quedaría serían las comunicaciones móviles. Cualquiera que haya viajado alguna vez por Suecia sabe lo increíblemente buena que es la cobertura, incluso en bosques remotos (con la excepción de los parques nacionales del extremo norte). Sin embargo, las antenas de telefonía móvil requieren carreteras para su instalación y mantenimiento. Pero ¿es de verdad necesario? Cualquiera que se aventure en la naturaleza se expone de manera inevitable al riesgo de no estar protegido en todas partes en caso de accidente. Éste sigue siendo el caso hoy en día en los valles de bosques profundos; cualquiera que quiera caminar por ellos puede continuar haciéndolo bajo su propio riesgo. ¿Y el riesgo de incendios forestales? ¿Cómo se puede informar con celeridad de los incendios? Es muy sencillo: vía satélite. Esto ya lo ofrecen hoy en día empresas que vigilan las zonas forestales de forma por completo automática y, en caso necesario, envían una alarma al teléfono móvil del propietario del bosque o directamente a los bomberos, incluida la planificación completa del despliegue.

Plantas

De hecho, ya se ha dicho todo sobre la plantación de árboles nuevos. Es un desastre financiero para la producción de madera, pero a menudo no lo es para asegurar o restaurar los servicios de los ecosistemas. Para ello, deben tenerse en cuenta el cálculo de la reforestación o la conversión; además de factores como el enfriamiento, las precipitaciones y la protección de las especies que, en el mejor de los casos, sólo pueden estimarse de forma aproximada. Por otro lado, sólo se deben manipular las plantaciones no naturales o las tierras agrícolas; por cierto, esto también puede afectar a los monocultivos de árboles de hoja caduca, como las plantaciones de hayas, que no son tan raros.

Si queremos pensar en algo radicalmente nuevo, deberíamos echar un vistazo a las zonas de incendios forestales. En ellas, el cambio a bosque caducifolio suele producirse con mucha más rapidez, y el álamo temblón, por ejemplo, puede colonizar de un modo mucho más fácil. Esto se debe, en parte, a que las llamas eliminan la hojarasca de las coníferas y la alfombra de hierba, lo que transforma todo en abono que es fácilmente enraizable.

¿Sería posible encender fuegos controlados en el suelo de las plantaciones de pinos fuera de las épocas de sequía, lo que, además, tendría la ventaja de preservar muchos de los árboles viejos? Los resultados actuales del proyecto de investigación PYROPHOB en el Estado Federado de Brandeburgo sugieren que esto podría ser prometedor. La quema controlada ya se está utilizando en otras regiones, por ejemplo, para reducir la carga del fuego. En Alemania se tiene experiencia en la gestión de los brezales mediante el fuego. Desde el punto de vista moral, quizás se trate de un dilema, ya que, por un lado, es importante acelerar el proceso de conversión de las plantaciones en bosque (quién sabe hasta cuándo será posible) y, por otro, innumerables animales, en especial los que viven en el suelo, arden incluso en un incendio de tierra. Sin embargo, en las plantaciones estériles viven muchos menos animales que tras un incendio y el brote de hierbas y árboles jóvenes. ¿Puede compensarse el daño en términos monetarios mejorando y creando diversidad en el bosque? La gestión socioecológica de los bosques requiere esta reflexión antes de tomar cualquier medida. No todo lo que es técnicamente posible es correcto.

Hablando de animales, la gestión de los herbívoros puede ser necesaria para asegurar los servicios reguladores de los ecosistemas, de forma similar a los casos especiales para cerciorarse de la producción de madera. Quizás deberíamos sustituir el término gestión por matanza para que quede claro que esto es: a) brutal y, por tanto, b) sólo se justifica si es absolutamente necesario. Y esta necesidad es a veces diferente cuando se trata de garantizar la funcionalidad del ecosistema. Un caso típico es un área talada donde sólo hay pocos árboles nuevos. Esto da lugar a un crecimiento arbóreo de bastantes ramas, es decir, con un tronco muy corto sobre el que se forman gruesas ramas. Desde el punto de vista de la industria maderera, se trata de árboles desastrosos, pero desde el punto de vista ecológico, la situación es por completo distinta. Mientras los árboles consigan finalmente dar sombra a toda la zona con sus copas en crecimiento, es decir, crear un verdadero clima forestal, el lúpulo y la malta no están perdidos.

Las especies que dependen de los bosques cerrados pueden regresar. Las áreas protegidas, como el «bosque primitivo» de Sababurg en Reinhardswald (Alemania), muestran lo valiosos que son esos bosques antes maltratados y cómo pueden desarrollarse aún más. Para muchos visitantes, es el epítome de la naturaleza virgen autóctona. De hecho, las zonas más impresionantes con árboles viejos y nudosos son en realidad antiguos sistemas silvopastoriles. Los sistemas silvopastoriles inmensos eran zonas de pastoreo con una masa arbórea suelta. Estos árboles desarrollaban sólo troncos cortos con copas enormes y extendidas porque eran antinaturalmente libres. El tronco y las ramas a menudo tenían formas extrañas. En la memoria social de la población, estos árboles han llegado a simbolizar los árboles de los bosques primitivos, aunque son precisamente lo contrario. Los verdaderos árboles de los bosques primigenios son delgados y rectos; su copa sólo se despliega después de 20-30 metros. Los bosques de pastoreo actuales, por otro lado, son reliquias de la sobreexplotación del paisaje por el ganado de pastoreo. Los animales encontraban sombra bajo los poderosos robles en los calurosos días de verano, y sus bellotas y hayucos eran sabrosos para los cerdos domésticos, que en otoño engordaban en la época de la matanza. Los sistemas silvopastoriles, que ya no estaban en uso, pudieron recuperarse lentamente y volver a cerrar su copa debido a una mayor expansión y al rebrote de más árboles. Así es como se creó el bosque primitivo de Sababurg (Alemania) y, aunque es muy hermoso, pasará mucho tiempo antes de que vuelva a su estado original.

La cuestión de si se puede acelerar este proceso disparando a ciervos y corzos no es una pregunta fácil de responder. Por un lado, seguramente crecerán más plántulas si se protegen de las bocas hambrientas. Es indiscutible que la densidad de herbívoros es significativamente mayor de lo que sería en los bosques primitivos. Por otro lado, se plantea la cuestión de si el desarrollo ecológico se retrasa hasta tal punto que esto suponga un problema. La velocidad de crecimiento de los árboles jóvenes y rectos puede ser un factor importante en la gestión forestal centrada en la producción de madera, pero no es necesariamente el objetivo principal de la regulación de los servicios ecosistémicos. La cuestión es más bien si determinados aspectos, como el enriquecimiento de la biomasa, la refrigeración o la recarga de las aguas subterráneas, se ven perjudicados por el elevado número de ciervos y corzos. Sólo si éste es el caso, por ejemplo si grandes zonas corren el riesgo de desertificarse, deberíamos considerar la posibilidad de abatirlos.

Sin embargo, hay otro argumento que debe sopesarse frente a los demás. Si los herbívoros (indiscutiblemente) reducen la biomasa y ralentizan el crecimiento de los bosques, entonces también podríamos reducirla en la misma medida. El problema surge, al menos en parte, porque competimos por la misma biomasa, con la diferencia de que no buscamos brotes y hojas, sino madera. Sin embargo, en el caso de los servicios de regulación, la madera no es el objetivo principal. En caso de duda, habría que reducir, por tanto, la utilización de la biomasa antes de dirigirse a los animales. ¿Es una consideración inapropiada, romántica e ingenua? ¿Por qué nos hemos acostumbrado a priorizar automáticamente nuestro consumo sobre todo lo demás, incluida la vida de otros organismos?

Baños de bosque y otras actividades: fomento de los servicios ecosistémicos culturales

En tiempos de crecientes problemas y catástrofes globales, los bosques son un lugar de refugio para mantener el equilibrio mental o, dicho sin rodeos, para desconectar. El término «lugar de refugio» desencadena inmediatamente asociaciones con el escapismo, es decir, la huida de la realidad. ¿Las personas a las que les gusta relajarse en un hermoso bosque viajan realmente a un mundo ilusorio? Biológicamente hablando, es al revés. Durante gran parte de nuestra historia evolutiva, nuestra especie ha pasado tiempo en hábitats de este tipo en lugar de en espacios habitables con aire acondicionado y oficinas. Un mundo de fantasía es, por tanto, la vida cotidiana digitalizada, más que el senderismo bajo los árboles. Mientras se ridiculicen actividades como los baños de bosque o simplemente «abrazar árboles», no se podrá aprovechar el potencial sanitario y económico de este servicio ecosistémico. ¡Y estos servicios, de hecho, revsiten potencial económico!

Si la gestión forestal va a promover servicios culturales como el turismo, primero debemos considerar cómo podría ser un bosque de este tipo. Aunque las plantaciones de abetos con el suelo cubierto de musgo también tienen sus aficionados, es probable que la mayoría de los partidos se consigan en viejos bosques caducifolios con poderosos árboles centenarios y una gran riqueza de estructuras. También existen experiencias con animales de todo tipo. Con independencia de si observa mariposas, ciervos o jabalíes, o si cantan los pájaros, cualquiera que quiera experimentar el bosque, es decir, la naturaleza en gran parte prístina o virgen, tiene dificultades en los bosques que se centran en la gestión de la madera. Porque hay otro punto importante: caminos y senderos razonablemente sólidos. Cualquiera que haya recorrido kilómetros de senderos forestales desgastados y embarrados por las grandes máquinas de tala sabe de lo que estamos hablando. En ese caso, lo único que preocupa es encontrar un terreno razonablemente libre de barro para el siguiente paso; la relajación tiene otro aspecto. En cambio, un camino sinuoso con una superficie natural ofrece una experiencia de la naturaleza por completo distinta a la de una pista ancha cubierta de escombros y restos no forestales.

Desarrollo y tecnología

La infraestructura para fines culturales como el turismo es fundamentalmente diferente de la red de carreteras para la explotación forestal. La enorme densidad de anchas carreteras forestales no es necesaria en este caso, pero tampoco es del todo superflua, porque incluso en esta zona de servicio existe el tráfico de vehículos. Además de los vehículos de salvamento y extinción de incendios de todo tipo ya mencionados en las otras zonas, en este caso también se trata del transporte de equipos para eventos o de personas con discapacidad para caminar. Por tanto, el objetivo del desarrollo no es poder transportar la mayor cantidad posible de madera a bajo coste, sino abrir zonas de excursión y descanso especialmente bellas. Esto significa que la red de carreteras puede aligerarse de manera considerable y, sobre todo, que no tiene que ser apta para cargas por eje extremadamente elevadas. Los radios de las curvas, que de otro modo serían muy grandes para el tráfico de camiones, también pueden ser bastante menores, lo que supone una interferencia mucho menor con las pendientes, en especial en las montañas.

Entre la oferta significativamente reducida de carreteras, los senderos, que en la actualidad se denominan a menudo «Steige» («cuestas» en alemán), son suficientes como vías de acceso. La verdadera explosión de estas rutas de senderismo y sus nombres (por ejemplo, «sendero de ensueño») demuestra claramente que la población que busca diversión tiene necesidades completamente distintas a las del transporte de madera en máquinas y camiones.

Estos caminos apenas requieren intervenciones en el terreno y no hay que talar árboles para hacerlos accesibles. Se trata de infraestructuras respetuosas con el ecosistema en las que la gente quiere sumergirse. Sendero y experiencia no se contradicen, sino que se complementan de una forma armoniosa. Sin embargo, estas rutas tienen una desventaja importante: son difíciles de usar para personas con una movilidad reducida. Las sillas de ruedas y los andadores necesitan caminos transitables y pavimentados con un ancho mínimo durante todo el año, y definitivamente deben tener una conexión con el estacionamiento más cercano. Y ya tenemos la siguiente infraestructura; al fin y al cabo, los vehículos tienen que aparcar en algún sitio. Pero el transporte privado también debería convertirse poco a poco en cosa del pasado o, al menos, dejar de ser el centro de nuestra atención. Más importante es la conexión con el transporte público. Por supuesto, esto no puede realizarse en todos los senderos forestales y, por tanto, conduce a un deseable control o concentración de los flujos de visitantes. Una infraestructura de este tipo puede guiar a los visitantes del bosque hacia zonas que no son críticas en términos de especies animales sensibles a las perturbaciones o de subecosistemas especialmente amenazados. También permite explotar de una manera más eficaz otras instalaciones como los aseos públicos. Por desgracia, se presta muy poca atención a este aspecto, como demuestran las innumerables «minas de tierra» en bosques muy visitados.

Los contenedores, en cambio, están por completo fuera de lugar. A menudo no se vacían a tiempo y rebosan hasta tal punto que la basura se esparce por todo el bosque. Aparte de eso, la señal ya no está actualizada, ya que, por lo general, no se deben abandonar residuos.

¿Y qué sucede con los teléfonos móviles? A mucha gente le gusta estar fuera de casa sin cobertura. Sin embargo, eso cambia rápidamente en caso de emergencia. Los puntos de rescate (señales que indican la ubicación geográfica) pueden utilizarse para guiar con precisión a los vehículos de rescate incluso a zonas forestales más extensas en caso de duda. Las comunicaciones móviles también pueden mejorar la experiencia de la naturaleza si, por ejemplo, se pueden identificar plantas y animales a través de aplicaciones. Como esta infraestructura también requiere intervenciones en el bosque, sería concebible un compromiso en el que sólo las zonas forestales muy urbanizadas estuvieran equipadas con comunicaciones móviles sin necesidad de crear caminos y emplazamientos específicos.

Plantar y cuidar

Plantar un árbol es un acto bastante simbólico. Representa la fe en el futuro, la preocupación por las generaciones futuras. Es la promesa de pensar no sólo en uno mismo, sino también en las necesidades de los hijos de sus hijos. A esto se suma el deseo de ayudar al bosque. No en vano surgen como setas campañas en las que todo el mundo puede echar una mano en el bosque. Quienes trabajan al servicio del medio ambiente, se ensucian las manos y luego disfrutan de un tentempié sudoroso alrededor de la hoguera suelen sentir una conexión mucho más intensa con el bosque que las personas que donan dinero a las zonas protegidas. Plantar árboles también puede tener un efecto terapéutico vivencial considerable.

No obstante, las campañas de plantación deben orientarse estrictamente a los requisitos ecológicos ya descritos para la gestión de los servicios ecosistémicos. Por lo tanto, las zonas típicas para las campañas de plantación son, por ejemplo, las zonas agrícolas o las zonas forestales en las que existe una presión temporal para la transición a bosques autóctonos debido a las plantaciones de coníferas existentes y al aumento de la sequía.

Hay que dar preferencia a las tierras agrícolas para aumentar la superficie forestal. Se dispone de fondos públicos suficientes para el cambio forestal; sin embargo, las ayudas en este caso tienen un sabor insulso. En sentido estricto, las plantaciones de coníferas moribundas no son más que la prueba de que los propietarios forestales han hecho una gran apuesta en este tema. Al hacerlo, no sólo han fracasado a nivel económico, sino también ecológicamente, y eso nos afecta a todos. El calentamiento de las zonas, el hundimiento de las capas freáticas y la drástica disminución de las especies forestales son daños colaterales por los que no se debe recompensar a los responsables. Las campañas de plantación con voluntarios, en especial niños, pueden comercializarse de manera eficaz en la prensa y mejorar muchas talas de escarabajos de la corteza. Primero se tala todo, luego se culpa públicamente al cambio climático y se lamenta la pérdida de bosques y, después, se salva el bosque con el apoyo del público en general. Con ello se consigue sobre todo una cosa, y es que los propietarios forestales eludan el debate sobre sus acciones y se refugien en el papel de víctimas.

Si se plantan árboles, los propietarios de la zona también deben garantizar que no se establecerá la siguiente plantación maderera en el lugar en cuestión. Los voluntarios que plantan árboles suelen pensar que están contribuyendo a la conservación de la naturaleza y a la protección del clima, y no en que alimente la producción de materias primas para el siguiente aserradero. Esta protección puede proporcionarse, por ejemplo, inscribiendo la correspondiente servidumbre en el registro de la propiedad.

Desde el punto de vista turístico, puede resultar muy atractivo crear una colección de árboles (un arboreto) o, en otras palabras, un zoo de árboles a lo largo de los senderos. ¿Por qué un zoológico de árboles? Al igual que con los animales, un arboreto es una colección de seres vivos que en su mayoría no son autóctonos y que, por tanto, pueden admirarse en este lugar sin tener que hacer un viaje de larga distancia. Como ocurre con los animales del zoo, los árboles también carecen de ecosistema autóctono, por lo que su valor educativo es limitado cuando se sacan de contexto. No obstante, pueden mejorar la experiencia. Las secuoyas son un clásico. Ya sólo su nombre estimula la imaginación.

Pero ¿tiene en realidad cabida una colección así en el bosque? ¿No sería mejor colocar los árboles en un parque municipal o en una zona especialmente designada (como suele suceder)? Al fin y al cabo, estos árboles también se propagan por el resto del bosque y pueden perjudicar su desarrollo natural.

¿Y qué ocurre con el cuidado de los bosques? Por supuesto, no se refiere al aclareo, al que se le da un bonito color con este término. Pero el cuidado forestal también puede significar diseño en términos de estética. Sin embargo, lo que sigue siendo comprensible en los parques urbanos debería dejarse de lado en el bosque. Por regla general, la gente quiere experimentar la naturaleza, no un paisaje arbóreo artificial forzado en un corsé. Sólo en los caminos entre los árboles se pueden recortar aquí y allá las ramas laterales que dificultan el paso. En el caso de árboles viejos problemáticos que corren peligro de caerse o podrían perder ramas muertas, es aconsejable restringir de forma temporal los caminos o desviarlos alrededor del árbol. Aunque esto provoca una compactación adicional del suelo, puede salvar la vida de un árbol viejo durante décadas.

Cazar gratis: animales del bosque sin miedo

Demos un salto geográfico y nos encontraremos en el Serengeti. El *jeep* retumba con nuestro grupo sobre la pista polvorienta, la sabana verde amarillenta se extiende ante nuestros ojos bajo el resplandeciente sol de África oriental. Todo está en silencio y, aparte de las hierbas que se mecen con el viento, no hay nada que ver. Nada en absoluto. ¿Sería éste un escenario tentador para un safari? Desde luego que no, y los huéspedes de pago no tardarían en marcharse.

De hecho, tenemos una situación similar en varios parques nacionales, por ejemplo en Alemania. La caza continúa en ellos para lograr ciertos objetivos de desarrollo forestal. Esto contradice los principios básicos de los parques nacionales, que no pretenden proteger conceptos forestales concretos, sino el proceso natural en el que no influye el ser humano. No cabe duda de que este proceso incluye también a los grandes herbívoros, como ciervos y corzos. Estos animales pueden garantizar, al menos de manera temporal, que las plantaciones de abetos de muchos parques no se conviertan directamente en bosques caducifolios nativos, sino que se desvíen por un paisaje de estepas arbóreas.

Existe el riesgo de que, con el cambio climático y aumento del calor y la sequía asociados, ya no se produzca el desarrollo de bosques cerrados. Si ahora intervenimos a gran escala, el proceso natural se detiene. Esto puede tener sentido, pero entonces el producto ya no sería natural. Nada es sencillo, ¡y merece la pena reflexionar!

Pero volvamos a los grandes mamíferos. Apenas pueden observarse en la mayoría de los parques nacionales, sobre todo a corta distancia. Desde el punto de vista de los animales, todos los visitantes son depredadores potenciales que podrían provocar la muerte y la destrucción en cualquier momento. Por otro lado, imagina caminar solo y desarmado por la sabana y encontrarte con más de 230 leones por kilómetro cuadrado. Ésta es la situación de nuestros congéneres salvajes.

Los animales son capaces de saber exactamente dónde están en peligro y dónde no en unos pocos cientos de metros. Por eso, la distancia de huida de los ciervos en los jardines de las ciudades es mucho menor que en los campos abiertos donde se les dispara.

Si los humanos dejasen de ser percibidos como depredadores, el turismo también supondría un factor de estrés mucho menor para los animales salvajes. En los debates, la causa de su estrés, la caza, se mezcla a menudo con sensibilidades personales; se percibe a otras personas como una molestia para el propio ocio, que a menudo se prefiere vivir sin encontrarse con miembros de la propia especie.

Hay otro aspecto importante desde el punto de vista turístico en relación con el control de los grandes herbívoros e insectos. ¿Cómo se supone que los grupos guiados van a entender las maravillas de la naturaleza si los animales se clasifican como plagas e insectos beneficiosos? ¿Cómo se puede despertar la empatía con los congéneres si los guías están a favor de la muerte de algunas especies bastante comunes y, por tanto, fácilmente observables?

Según la Asociación Alemana de Caza, sólo en Alemania, por ejemplo, se cazan alrededor de dos millones de grandes mamíferos al año, además de cientos de miles de zorros y aves. Estos últimos son, en efecto, daños colaterales de la «caza de plagas» de ciervos, zorros y jabalíes, algo aceptado incluso por algunas grandes ONG. Si se eliminara este argumento, el camino hacia una prohibición general de la caza no estaría muy lejos.

Si los cazadores mataran a un número similar de mamíferos marinos, la protesta sería grande. Las protestas masivas llevan mucho tiempo produciéndose, con éxitos bien conocidos, por ejemplo, en la protección de las ballenas.

Ya no es procedente aplicar un enfoque diferente a los animales que viven en el agua y a los que viven en la tierra, sobre todo si se tiene en cuenta que los intentos de reducir las poblaciones de herbívoros para proteger los bosques han fracasado de una forma regular. Por lo tanto, se debe rechazar la caza por motivos educativos y turísticos. Un mal ejemplo de cómo se intenta conciliar la caza y la educación se puede ver en muchas escuelas forestales sobre ruedas (un remolque de automóviles lleno de materiales) o en los juegos forestales para jóvenes de algunas oficinas forestales. A los niños se les muestra la naturaleza, entre otras cosas, utilizando animales disecados, que suelen ser una cartera reducida habitual de «animales cazados», que no refleja en absoluto la diversidad de la vida en el bosque. No se pueden mostrar animales vivos, pues ya han huido lejos por miedo a las personas.

Los animales de los bosques son un importante factor emocional para muchos de sus visitantes. ¿No sería un sueño poder observar a estas criaturas a una distancia tan cercana como en el Parque Nacional de Yellowstone o en las islas Galápagos? Esto también sería posible en nuestro caso, siempre que los grandes mamíferos perdieran el miedo a nosotros. Para ello se necesitarían zonas lo bastante grandes libres de caza. Los corzos y los ciervos pueden juzgar exactamente dónde están en peligro y dónde no en unos pocos cientos de metros. El mejor ejemplo son los jardines frontales urbanos, donde los ciervos pierden la timidez y pastan con tranquilidad en las jardineras. De momento, lo ideal serían los parques nacionales, en los que los objetivos de gestión de la madera ya no deberían desempeñar ningún papel.

Motosierra versus turismo

El tema está comenzando a resultar difícil. Si los propietarios de los bosques quieren comercializarlos para los turistas, la tala de árboles queda descartada. Muchas empresas forestales no se dan cuenta de ello, como puede verse, por ejemplo, en el caso del Departamento Forestal Estatal de Baja Sajonia. Las autoridades anuncian en su página web programas de bienestar como baños de bosque.[9] En los bosques, sin embargo, se talan muchas zonas o se reducen las copas de los viejos hayedos y se compacta y rotura el suelo con maquinaria pesada. Quienes, por un lado, abogan por la concienciación con uno mismo y con el medio ambiente y, al mismo tiempo, dificultan con sus acciones la comprensión de esa mentalidad, con dificultad lograrán un éxito duradero con sus ofertas en un mercado caracterizado por una competencia cada vez mayor. En este caso no puede haber «ambas cosas a la vez», como demuestra el ejemplo mental de un zoológico de mascotas. Imaginemos que visitamos un recinto al aire libre de este tipo para acercarnos a ovejas, cabras y cerdos y disfrutar de la sensación de felicidad. Al lado, en el restaurante del zoo, los animales del recinto se sirven en forma de albóndigas, salchichas y escalopes. Sería un descanso emocional y daría al traste con todos los bonitos carteles de los recintos que explican a los huéspedes el mundo emocional de los animales.

¿Existe algún compromiso? ¿No podrías organizar un baño de bosque en una zona, por ejemplo, y utilizar la madera de los árboles en otra zona? No lo recomendamos, porque no existe una filosofía estricta. Además, el negocio de la madera en particular es casi imposible de controlar en cuanto a ruidos y otras molestias. Los propietarios forestales pueden planificar con meticulosidad sus operaciones de tala y organizarlo todo en términos de tiempo, pero si éste no acompaña, los trabajadores forestales enferman o la empresa maderera cambia sus planes, sus manos están atadas. Entonces, las motosierras corren al lado mientras sus huéspedes, tumbados bajo los árboles, intentan con desesperación relajarse.

Sin embargo hay excepciones. Como autores, no nos oponemos de ninguna manera al uso cuidadoso de la madera, y esto puede incluso ser beneficioso para ciertas ofertas. Si, por ejemplo, se quiere demostrar el uso de caballos en el bosque, los troncos talados son del todo imprescindibles. En general, las actividades que no son recreativas no tienen por qué chocar con el trabajo forestal. Si se realizan en los meses de invierno, como es necesario por motivos ecológicos, las excursiones para observar plantas, animales u hongos pueden realizarse, sin duda, en los meses de verano. E incluso si un camión deja la madera tarde sin programar, esto es mucho menos molesto que durante el baño de bosque.

A veces, sin embargo, la preservación de antiguas formas de gestión se utiliza como excusa para talar madera. Todo ello se adereza con medidas insostenibles de protección de especies y la tala de árboles se ennoblece ecológicamente. Un ejemplo clásico son los sistemas silvopastoriles. Ya los hemos visto en relación con los herbívoros, y es en este

¿Lo bueno es lo que te hace fuerte?

Cuando hablamos de escuelas forestales dirigidas por guardabosques con cuernos de caza y animales disecados, se plantea la cuestión no sólo de lo que deben saber los niños, sino también de los sentimientos que deben desarrollar.
A menudo se afirma que la gente moderna se ha vuelto blanda y se ha distanciado de la vida real, que incluye matar animales y talar árboles. Desde este punto de vista, los niños deberían ya preocuparse por la necesidad de matar.
A menudo se cita la paradoja del matadero: a todo el mundo le gusta el escalope, pero rechaza la matanza (como ocurre con los árboles, el papel higiénico y los muebles están bien, pero talar árboles no). Es muy posible que eso se cuestione. La vida que se conjura en ella no es la que la mayoría de la gente de un planeta con ocho mil millones de habitantes tiene y quiere llevar. En vista de nuestra brutal huella y nuestra guerra contra la naturaleza, nos corresponde plantearnos si seremos mejores personas, si podemos matar animales o aceptar la matanza con indiferencia como algo natural. Quizás necesitemos una dosis extra de entrenamiento en empatía y biofilia en el Antropoceno, esta era de los humanos que ha expulsado a la mayoría de nuestras criaturas de la Tierra. Estamos en el umbral de la caída de nuestra civilización porque no podemos moderarnos. Por otra parte, el término «civilización» significa que nos hemos domesticado a nosotros mismos y que hemos suprimido con más o menos éxito los instintos del depredador potencial que llevamos dentro.
De lo contrario, no podríamos convivir con una densidad de población tan elevada. Entonces, ¿por qué no seguir desarrollando conscientemente nuestra civilización? Y en caso de duda, esto significa que ahora debemos aprender en realidad a luchar por un futuro común con respeto y humildad hacia la biosfera, los organismos forestales y todos los seres vivos, sin querer dominar y utilizar todo.

punto donde reaparecen. Para revitalizar este uso histórico, se están talando los bosques caducifolios. Los grandes herbívoros son liberados en las áreas de pastoreo. No se trata de animales salvajes, sino domésticos. Aunque este pastoreo forestal está prohibido por la ley, en muchos lugares se autoriza por la puerta trasera de la protección de especies. Para ello se utiliza ganado heck, uros mestizos y koniks, una raza de caballos polaca de la que se dice que porta más genes salvajes que otras (aunque esto es discutible). Estos animales se sueltan en cantidades demasiado grandes en la zona de pastoreo y allí hacen lo que el ganado de nuestros antepasados hacía en una superficie igualmente demasiado pequeña, es decir, dañar el bosque.

También se suelen elogiar las formas forestales históricas los Niederwald (monte bajo) y el Mittelwald para ayudar a mejorar la estructura forestal, que, supuestamente, resulta mucho más adecuada para determinadas especies diana. Estos bosques se crearon, por ejemplo, para el uso de la leña y perdieron su carácter de bosque alto; las especies procedentes de las extensiones abiertas o de las regiones biogeográficas vecinas pudieron encontrar su hábitat en el bosque. Además de otros aspectos, se olvida que ya no vivimos en un bosque ni en el clima de los siglos XVI o XVII y que actualmente nos enfrentamos a una crisis climática. Esto demuestra que los conceptos estáticos y retrógrados de protección de la naturaleza o de las especies también pueden perjudicar la capacidad de funcionar y desarrollarse.

Desde hace años pende sobre el bosque una espada de Damocles: la seguridad vial. Se trata de una forma especial de explotación maderera, porque no está provocada por el deseo de obtener la materia prima madera, sino por la obligación de evitar riesgos. Los peligros que no pueden ser reconocidos fácilmente por terceros deben ser eliminados, pero no en todos los casos. Para entenderlo, hay que saber que no existe una ley de seguridad vial, sino sólo precedentes en los que se basa la jurisprudencia.

Siempre es necesario reaccionar a lo largo de las vías públicas y al borde de las propiedades edificadas. Cualquiera que se encuentre o circule por estas zonas no puede estar siempre atento ante la caída de árboles o ramas. En el bosque propiamente dicho, sin embargo, los tribunales tienen una opinión diferente. En ellos, tales sucesos son peligros típicos de los bosques que cualquiera que pasee por ellos debe esperar. Lo mismo se aplica a los caminos forestales.

El Tribunal Federal de Justicia de Alemania declaró en una sentencia del 2 de octubre de 2012: «En principio, el propietario forestal no es responsable del incumplimiento de la obligación de garantizar la seguridad pública por peligros forestales típicos». ¿Y cuáles son los peligros forestales típicos? Es muy sencillo; es todo aquello que está presente o se desarrolla sin intervención humana activa, como ramas sueltas en la copa, árboles muertos, partes de árboles tumbados en caminos con los que se puede tropezar y similares. La situación es del todo diferente cuando los árboles han sido manipulados, como los ejemplares cortados que se quedan enganchados en el árbol adyacente y caen al suelo más tarde.

Por lo tanto, la relajación está a la orden del día en el bosque, en especial en las rutas de senderismo. Pero hay un escollo: si se recomienda expresamente a los visitantes del bosque que se tomen un descanso en un lugar determinado, esta exención no se aplica. Ese incentivo puede crearse instalando bancos o una cabaña para excursionistas, lo que significa que no pueden dejarse troncos muertos a su alrededor; no obstante, amueblar el bosque conduce a su degradación parcial.

Por otro lado, algunas personas necesitan sentarse y tomarse un respiro. Por ello, en caso de duda, los bancos deben colocarse en zonas de antiguos almacenes de madera, en bosques jóvenes o en praderas forestales y, por tanto, a una distancia prudencial de los árboles viejos.

La situación es similar con los eventos organizados, como los baños en el bosque. Si los participantes deben recostarse bajo los árboles de manera relajada, estas zonas deben ser revisadas previamente para detectar peligros. El problema de la obligación de garantizar la seguridad pública es que, en caso de accidente con daños personales, se aplica el derecho penal. Si los propietarios de los bosques deberían haber reconocido el peligro y haberlo evitado, se trata de una negligencia grave por lesiones corporales. No puedes asegurarte contra esto y te provoca noches de insomnio cuando eres un propietario de bosques cerca de carreteras o zonas residenciales.

¿Cómo se deben proteger las poblaciones forestales? En primer lugar, están los controles. ¿Hay algo que hacer? Para determinarlo, se deben realizar inspecciones visuales dos veces al año en la zona de peligro; una durante la temporada de crecimiento y otra fuera de ella.

Los árboles de hoja caduca de la zona de copas también pueden evaluarse de este modo. Por ejemplo, hay que inspeccionar todos los árboles situados a lo largo de una carretera que, en teoría, podrían caer sobre ella. ¿Hay hongos en el tronco? ¿El árbol cuelga torcido tras una tormenta, parte de la raíz está suelta? ¿O hay una rama rota que cuelga suelta en la copa y podría caer sobre la carretera? Por término medio, los árboles maduros tienen entre 30 y 40 metros de altura, lo que significa que una franja de esta anchura debe revisarse dos veces al año. Por desgracia, esto se ha convertido en una práctica común debido al celo de las Administraciones forestales estatales, que así lo estipulan para su personal. Y como los tribunales se guían por la práctica habitual, apenas hay forma de evitar imitar este esquema.

Si se encuentra un árbol que puede ser peligroso y, por tanto, debe talarse, hay que solicitar y ejecutar un cierre de la carretera. Esto cuesta mucho tiempo y dinero, razón por la cual muchas empresas forestales han optado por medidas radicales. Simplemente talan una franja de bosque de hasta 40 metros de

La interacción entre los bosques y la atmósfera puede describirse en términos de física y biología. Pero para los humanos también entran en juego las experiencias, las emociones y la inspiración (Pierre L. Ibisch, Transcarpa Tien, Ucrania, agosto de 2021).

ancho a la izquierda y a la derecha de las carreteras para salir de la manía del control y de la trampa de los costes. También lo hacen por otra razón: muy pocos propietarios forestales y su personal son profesionales del cuidado de los árboles. ¿Quién conoce todos los tipos de hongos que destruyen la madera? ¿Quién sabe si un árbol hueco todavía tiene suficiente estabilidad para durar décadas o si podría caerse durante la siguiente tormenta?

Los que tienen poca idea tienden a talar cualquier cosa medianamente sospechosa para ir sobre seguro. En tiempos de cambio climático y con nuestros bosques gravemente fragmentados por la infraestructura de transporte, éste es un derramamiento de sangre que ya no podemos permitirnos. En cualquier caso, las carreteras provocan que las áreas forestales se calienten y se debiliten. Este debilitamiento se ve agravado aún más por la tala que la acompaña. En este caso, le corresponde al legislador crear finalmente reglamentos que se centren más en la protección de los bosques.

Por supuesto, nadie quiere que la gente sufra daños por la caída de árboles. Sin embargo, si se consideran los efectos de los bosques sobre la salud en relación con los peligros potenciales que plantean los árboles, la seguridad del tráfico se reduciría a un nivel más moderado. E incluso durante la implementación, sería adecuada para aliviar la carga de los propietarios forestales. Al fin y al cabo, es posible conciliar la protección de los bosques y la seguridad del tráfico. Para ello, los profesionales en el campo del cuidado de los árboles deberían examinar primero todos los árboles en cuestión.

Una vez inscritos en un catastro de árboles, se pueden determinar las medidas necesarias. Estas medidas rara vez indican «talar», sino que suelen consistir en la eliminación de ramas individuales para aliviar la presión o, en casos extremos, el desmoche de la copa. De este modo, como mínimo, el tronco permanece como un torso, que proporciona hogar y alimento a innumerables hongos, insectos e incluso pájaros durante décadas.

Es verdad que este enfoque cuesta dinero, pero no tiene un fin en sí mismo. Un tema recurrente a lo largo de este libro es que debemos hacer todo lo posible para evitar que nuestros bosques se debiliten aún más. No podemos permitirnos seguir fomentando el colapso localizado de zonas forestales mediante un mayor calentamiento y fragmentación por razones de costes.

Un enfoque responsable de la seguridad vial también es un certificado para los bosques que se utilizan de manera respetuosa con el medio ambiente para el turismo. El público está cada vez más informado sobre la importancia de la madera muerta y, por lo general, suele enfrentarse mejor a las plantaciones de abetos muertos que a las grandes talas.

Una de las preguntas más importantes de nuestro tiempo es: ¿cuánta superficie forestal debemos proteger? Antes de responderla, primero es importante aclarar qué significa en realidad proteger. Muchas personas perciben esta medida como excluyente y los usuarios tradicionales de los bosques hacen todo lo que pueden para alimentar estos sentimientos en el período previo a la expulsión. Las personas antes que los bosques, así podría resumirse esta actitud. Esto también se refleja en el término «cierre». Pero no se pueden cerrar o silenciar los bosques. Nadie deja que los pájaros se queden sin aliento; no, los pájaros cantan (ojalá) con alegría y es posible que incluso más que nunca. Sólo una motosierra y una cosechadora pueden callar. Además de los efectos en el clima, la protección de las especies y la recreación, estas áreas protegidas también benefician la producción de madera. Los bosques, que se han empobrecido genéticamente mediante plantaciones y aclareos selectivos, pueden al menos hacer que su descendencia empiece la carrera bien equipada si hay árboles silvestres cerca. Mediante la polinización por el viento, la información genética de los ejemplares domesticados se mezcla con la de los silvestres, y hasta los organismos más pequeños del suelo pueden ser transportados desde las reservas a los alrededores. No es sólo el viento, sino también los animales que ruedan por el suelo o descansan en él. Llevan innumerables polizones en su pelaje o plumas, que sueltan en su siguiente lugar de descanso en el vecindario.

Los bosques protegidos son balsas salvavidas que preservan especies que no pueden sobrevivir en bosques intensamente explotados. Si resulta (y cada vez sucede más) que no podemos prescindir de ellos, ¿cómo podremos recuperar grandes extensiones de bosques reales si la mayoría de los actores se pierden irremediablemente?

Volvamos a la cuestión de cuántos bosques deben protegerse. Antes que nada, un matiz: los ecosistemas de los que no se extrae madera aportan más en cuanto a aspectos como el clima, la conservación de especies forestales típicas o la recarga de las aguas subterráneas que los ecosistemas manipulados. Por lo tanto, sigue existiendo un beneficio económico, que el término «silencio del bosque» oculta. Por lo tanto, deberíamos hablar más bien de áreas libres de uso de madera.

La iniciativa Nature Needs Half se compromete a compartir de manera justa con otros organismos vivos y a proteger la mitad del país para que los ecosistemas de ese país puedan ser silvestres, es decir, en gran medida autoorganizados.[10] Entre sus miembros se encuentran varias de las organizaciones de financiación y ONG más importantes que trabajan en favor de la naturaleza, como la Sociedad Zoológica de Fráncfort.

El legendario biólogo Edward O. Wilson (1929-2021), el padre de la biodiversidad, popularizó la idea de que al proteger el 50 por 100 de la tierra, se podría preservar el 85 por 100 de las especies.[11] Incluso existen desde hace tiempo propuestas en este sentido. Está claro que esto sólo podría funcionar si la economía humana se contrajera y decayera. Un grupo de científicos conservacionistas lo expresó de este modo en un artículo: «Al proteger generosamente la naturaleza y, al mismo tiempo, restringir y reestructurar las economías humanas, podemos crear las condiciones para la justicia y el bienestar tanto para las personas como para otras especies. Si no lo hacemos, aceptaremos un mundo caótico y empobrecido que será peligroso para todos nosotros».[12] Esto también deja claro en un sentido ecohumanista que no se trata de perjudicar a los humanos mediante la conservación de la naturaleza, sino que los humanos sólo tendrán alguna oportunidad si los sistemas que garantizan su supervivencia siguen funcionando.

A escala mundial, una asociación de más de 50 países, la High Ambition Coalition for Nature and People (HAC), de la que Alemania, por ejemplo, también es miembro, ha reclamado el 30 por 100 de la superficie terrestre. ¿Sería esto también posible para Europa?

Esto resulta menos problemático de lo que parece a primera vista. Veamos como ejemplo la agricultura de un país muy densamente poblado como Alemania. Según la Oficina Federal Alemana de Estadística, la superficie forestal de este país rondaba los 107 000 kilómetros cuadrados en 2021. Según la Oficina Federal Alemana de Agricultura y Alimentación, la superficie cultivada para la alimentación animal es igualmente grande, unos 100 000 kilómetros cuadrados.[13]

La carne es un método en extremo ineficaz de producir alimentos porque requiere varias veces más tierra por unidad producida que la necesaria para producir alimentos de origen vegetal. Si reducimos el consumo de productos animales, podemos reforestar áreas del orden de decenas de miles de kilómetros cuadrados o, mejor dicho, convertirlas en áreas silvestres. Los agricultores podrían recibir los subsidios anteriores para los servicios de protección climática y ambiental y, por lo tanto, se convertirían en economistas climáticos. ¿Imposible? Mientras no actuemos de manera ejemplar en este sentido, es poco probable que otros países se convenzan de proteger más la naturaleza con una producción económica más baja.

Organización de ofertas turísticas

Turismo y naturaleza: ¿no es eso una contradicción en sí mismo? A menudo surge la pregunta de si las numerosas personas que acuden al bosque atraídas por atracciones turísticas no causan alteraciones inaceptables. No obstante, este argumento puede refutarse con rapidez.

Se puede guiar a los excursionistas alrededor de las zonas sensibles con una planificación inteligente de la ruta. En los lugares donde las especies son sensibles a las perturbaciones, la red de senderos puede reducirse de tal forma que resulte poco atractiva para los senderistas. Las visitas guiadas son aún mejores. Los guías locales saben muy bien por dónde se puede caminar y en qué época del año sin alterar el ecosistema, y también pueden proporcionar consejos sobre el comportamiento correcto. Esto es un incentivo importante para los propietarios forestales, ya que se puede ganar dinero protegiendo los bosques, lo que aumenta la motivación para reducir la tala de madera y para realizar más esfuerzos de conservación.

Este argumento se utiliza a menudo contra los responsables de los países del sur global, pero funciona igual de bien en otros países. Hay que introducir a la gente en el bosque de una forma moderna, porque las lecciones de biología en el bosque están descartadas. Por muy bonitas que sean las visitas guiadas bajo los árboles, mientras sólo toquen el cerebro y no el corazón, los participantes no se llevan casi ninguna información a casa. Así que lo importante no es explicar, sino contar. ¡Y aún más crucial que contar es hacer preguntas, enseñar a hacer preguntas! Se trata de experimentar, sentir, asombrar y cuestionarse cosas, así como de la capacidad de escuchar el bosque y aprender de él.

Pero no todo el mundo quiere pasear con tranquilidad por el bosque. Para muchos es sólo un telón de fondo estimulante para las actividades deportivas. El ciclismo de montaña, por ejemplo, ofrece un potencial conflictivo especialmente alto y es una señal de alarma para muchos visitantes del bosque. ¿No destruyen estos gamberros el delicado suelo del bosque con sus rugosos y bastos neumáticos? ¿No ahuyentan los ciclistas a las tímidas especies animales?

Sí, eso ocurriría si corriesen por el bosque de esa manera. Sin embargo, en los senderos fijos, esto supone un problema mucho menor para las criaturas del bosque. Saben que las personas cruzan a gran velocidad una y otra vez en ciertas líneas y están preparados para ello, al igual que el tráfico por carretera.

En cuanto a nuestros bosques, sufren menos por los turistas que por la explotación masiva de materias primas. Debido a ello se eliminan tres cuartas partes de la biomasa natural, el suelo se compacta cada 20 metros con la maquinaria más pesada o se destruyen miles de nidos de pájaros durante la época de cría, así que unos cuantos ciclistas no son el principal problema. Los senderos fijos los dirigen a zonas ecológicamente menos sensibles y garantizan que no haya encuentros con excursionistas.

Los senderos por las copas de los árboles son una atracción con sensaciones de hormigueo en el estómago. No sólo proporcionan una perspectiva diferente del bosque, sino que también pueden mostrar que es la tercera dimensión la que hace que este hábitat sea tan único y proporcione innumerables nichos ecológicos. Para ello, se instalan puentes altos y estrechos entre los árboles o sobre ellos, lo que, por desgracia, frustra el bonito propósito didáctico de despertar una mayor comprensión hacia la frágil naturaleza. De hecho, las sujeciones causan graves daños a los árboles. Por un lado, están las esposas que se atan alrededor de los árboles. Deben ser muy firmes para poder sujetar adecuadamente los cables entre los árboles y hacer que sean resistentes. Esto a menudo daña la corteza sensible de los árboles portadores, que siguen creciendo en los meses de verano. En teoría, habría que reajustarlos o ajustarlos un poco cada día para que no corten la corteza, pero esto no es práctico.

Otra opción es instalar el sendero de copas sobre pilares que se levantan entre los árboles sobre cimientos de hormigón. Esta opción daña en gran medida las raíces de los árboles, no sólo por los propios cimientos, sino también por el paso de las máquinas. Este tipo de instalaciones convierte los bosques en una atracción de ocio, construida con la mejor de las intenciones, pero que aleja a la gente de la naturaleza porque prácticamente ignora a los árboles como seres sensibles.

¿Gestión forestal sólo en los bosques?

La cuestión de si la gestión forestal debe tener lugar tan sólo en el bosque parece paradójica. Después de todo, fuera del bosque hay, por definición, otro ecosistema, ¿no es cierto? Tras haber analizado la historia del bosque, es evidente que éste tuvo que ceder muchas veces y se transformó en praderas, pastos y tierras de cultivo. En muchos casos, las áreas agrícolas libres de bosques son antiguos bosques que aún generan un débil eco, al menos a nivel de los suelos. Cuando hablamos de bosques, no hay que olvidar estas zonas, porque si las liberáramos de nuestro cuidado, los árboles volverían a aparecer.

Especialmente en la crisis climática, no va acorde con los tiempos gestionar los distintos ecosistemas por separado sin unificar los tratamientos. Por ley y por propiedad, a menudo se congelan límites en el paisaje que nada tienen que ver con las necesidades de la naturaleza. En este caso, la gestión socioecológica de los bosques implica trabajar con los distintos grupos de interés y propietarios para estudiar y planificar cómo se pueden conseguir mejoras, por ejemplo, creando setos, corredores forestales o redondeando las zonas forestales. Deben incluirse todos los bosquecillos y grupos de árboles, con independencia de si tienen o no estatus forestal legal.

Necesitamos de nuevo más árboles en el llamado campo abierto. Los bosques y las plantas leñosas deben volver al paisaje despoblado. La agrosilvicultura, es decir, la combinación de árboles y plantas leñosas con cultivos agrícolas, es un planteamiento de eficacia probada que debe promoverse de manera activa. Los beneficios son múltiples. Los setos pueden aumentar de una forma significativa el almacenamiento de carbono en el paisaje,[14] mejorar la estructura y la fertilidad del suelo, así como la actividad microbiana,[15] y tienen muchos efectos microclimáticos positivos,[16] reducen la evaporación y la velocidad del viento.[17] Más árboles en el paisaje ayudan a las personas y a la naturaleza en las zonas abiertas, pero también tienen un efecto beneficioso sobre el bosque al enfriar el paisaje.

Los bosques y espacios verdes de las ciudades también son en especial importantes, y deben promoverse y ampliarse. Ofrecen el mejor potencial para «experiencias biofílicas de la naturaleza» y el uso educativo. No es necesario explicar más la importancia ecológica de la planificación del paisaje arbóreo y forestal, pero los ciudadanos y los municipios pueden trabajar juntos para comprender el potencial económico que hay detrás de ella. Unos bosques sanos favorecen otros sectores de uso del suelo y la salud de las personas. Eso debería tener mucho valor para nosotros.

Mucha gente prefiere las infraestructuras y las ofertas turísticas para vivir el bosque (Pierre L. Ibisch, parque de escalada, Potsdam, Brandenburgo, 2022).

El futuro: ¿cómo puede y debe continuar?

Habrá un futuro, de eso no cabe duda. Pero nos olvidamos de él, y donde se invoca el futuro, falta el bosque. Por ejemplo, en el centro de la capital alemana, en Berlín, se encuentra el Ministerio de Educación e Investigación, un fresco y funcional edificio a la orilla del río Spree. Es el ministerio responsable del futuro. «Presenta perspectivas sobre cómo Alemania puede moldear con éxito su futuro a través de la investigación y la innovación».

En 2018, el Ministerio de Educación e Investigación situó en el centro de su acción la «Estrategia de alta tecnología 2025», cuyo nombre no dejaba lugar a dudas. Ésta crearía «espacio para cosas nuevas y organiza la cooperación en el proceso de innovación. Su objetivo es alentar a una amplia serie de actores a moldear el progreso de una manera activa».[1] El bosque no se menciona explícitamente en la estrategia. «Las investigaciones sobre sostenibilidad muestran formas de vivir y hacer negocios de manera sostenible. Lanzaremos nuevas iniciativas nacionales e internacionales para preservar la biodiversidad y los ecosistemas y fortalecer la investigación sobre la reducción de las poblaciones de insectos». Se habla de la investigación marina, costera y polar, del clima, por supuesto, de la energía, los recursos y la bioeconomía, la economía 4.0, la inteligencia artificial y los insectos, pero no de los bosques.

Esto no es diferente en la plataforma europea Futurium, que se inauguró en 2019. Se trata de un lugar, justo al lado del Ministerio de Investigación, donde se puede visitar el futuro o lo que el gobierno cree que es. «El Futurium es una casa de futuros. En ella todo gira en torno a la siguiente pregunta: ¿cómo queremos vivir? En la exposición, los visitantes pueden descubrir muchos futuros posibles».[2] Se trata de las impresoras 3D, el código genético y los robots, la continuación del dogma de la tecnología, la ciencia ficción, todo lo que se supone que nos hará aún más independientes del pasado aparentemente eterno, los molestos ecosistemas que compiten con los humanos por el espacio. Se siguen citando los bosques, pero sólo en forma de jungla urbana. El reverdecimiento de las fachadas es lo más verde que existe. También se muestra el hongo yesquero, que vive en los viejos árboles forestales en descomposición y que solía servir para hacer fuego. Pero el

El Futurium de Berlín pretende despertar en la gente el apetito de futuro con mucha tecnología. La narrativa de «ciencia ficción» de este museo no incluye los ecosistemas autoorganizados y sus servicios indispensables para la humanidad. «Repensar la naturaleza» es uno de los eslóganes de la exposición; se trata de «mundos naturales artificiales». ¿No deberíamos quizás mejor repensar nuestra cultura? (Pierre L. Ibisch, Berlín, febrero de 2020).

tema apasionante del futuro en la exposición son los nuevos materiales que podrían desarrollarse a partir de las hifas de los hongos.

Futurium pone de manifiesto la trampa en la que hemos caído. En apariencia, el futuro sólo puede ser aprovechamiento, nuevo diseño y tecnología. Esta estimación de un escaparate de Alemania en su camino «de país inventor a nación innovadora», donde se está escribiendo «Historia del progreso con perspectivas de futuro»,[3] puede parecer injusta.

Es cierto que se sigue hablando de preservar la biodiversidad, pero no se esboza una imagen del futuro en la que los ecosistemas naturales y funcionales tengan cabida junto a las junglas urbanas.

Es evidente que se sigue considerando que el futuro es la utilización de los recursos y el diseño. Es el gran paradigma de consumo y diseño de una humanidad que se ha desvinculado de los ecosistemas a nivel mental, de los que, sin embargo, es física y ecológicamente una parte inseparable. Vivimos en un país de ingenieros que no conocen la moderación, sólo la intervención y la manipulación. En un mundo en el que la humanidad se ha adentrado en el Antropoceno. El «Antropoceno» es en realidad una expresión de horror, ya que nos hemos convertido en una potencia casi geológica en el cambio medioambiental global y estamos empujando el sistema terrestre hacia un nuevo estado por completo desconocido. Pero el Antropoceno también se ha convertido en una narración de acción. Puesto que hemos llegado hasta este punto, por desgracia debemos continuar. Debemos seguir construyendo casas, carreteras, suministro de energía e incluso bosques. El bosque también debe reconstruirse, ya que el antiguo ya no se ajusta al futuro desatado por los humanos, según la narrativa forestal de la crisis climática.

Es significativo que la última «Estrategia forestal 2050» del Ministerio Federal Alemán de Alimentación y Agricultura se integrara en una narrativa nacional y social. Se trataba de un esfuerzo puramente sectorial. La cuestión principal es que la industria forestal quería ponerse al día con la sociedad tecnológicamente acelerada y contribuir a alimentar el desarrollo social con recursos madereros. El sector y los científicos que lo apoyan luchan por su derecho a existir en el país industrializado que es Alemania, por ejemplo. En apariencia, esto sólo es posible con materias primas, empleos y poder económico. Nuevos argumentos como la protección del clima se incorporan a la justificación, pero sólo de una forma que defienda una mayor explotación; el progreso de los bosques sólo puede tener lugar con una gestión activa, un uso intensivo y una tecnología moderna. Los bosques como ecosistemas y hábitats, salvajes y caóticos, autoorganizados, como desearían sectores cada vez más amplios de la sociedad, no se consideran sostenibles.

Cualquiera que defienda el bosque sin querer hacer leña es de inmediato sospechoso de ser un soñador retrógrado y un romántico que no quiere reconocer que hay que progresar. La postura de desear preservar los bosques como un ecosistema eficiente, autorregulado y autoprotegido que gestiona de un modo eficiente unos recursos escasos y trata de adaptarse a las perturbaciones y los cambios no es algo anticuado, sino al contrario, muy moderno, algo que, evidentemente, todavía hay que entender en el siglo XXI.

El bosque aparece en los cuentos de hadas y en el pasado. Algunos conservacionistas de los bosques y la naturaleza operan, sin duda, sobre una base romántica, igual que el padre fundador de la conservación de la naturaleza, el pianista y compositor Ernst Rudorff, que quería proteger la naturaleza cultivada de los siglos XVIII y XIX de los efectos de la industrialización. Los ecologistas también forman parte de esa tradición romántica de rebelarse contra la remodelación en apariencia inevitable de nuestro hábitat y contra el hecho de seguir de manera ciega caminos que nos conducen a una necesidad de reparación cada vez mayor y a un futuro cada vez más arriesgado. Por lo tanto, son conservadores en el sentido de querer preservar, no necesariamente nacionalistas como Ernst Rudorff, un niño burgués de su época.

Entonces, ¿necesitamos ahora un neorromanticismo o más bien una nueva forma de resistencia ecológica en la tradición de los movimientos antinucleares, ecologistas y climáticos?

El romanticismo no nos ayudará si el planteamiento significa querer volver a un pasado preindustrial porque parece más acogedor. En el fondo, viajamos por este mundo poblado, con ecosistemas en parte gravemente dañados, camino de una era cálida de proporciones sin precedentes. A la vista de los datos presentados en este libro sobre el estado del planeta, algunas personas pierden el apetito por el futuro.

El peor escenario imaginable para los bosques, el peor de los casos, podría significar su desaparición de Alemania, por ejemplo. Las proyecciones climáticas hacen que parezcan plausibles futuros en los que mucho calor y sequía, fenómenos meteorológicos extremos e incendios hagan la vida muy difícil a los ecosistemas y a las personas que viven en ellos. Habrá grandes penurias y sufrimientos inconmensurables en muchas partes del mundo. Los antiguos conflictos y las nuevas guerras seguirán escribiendo la historia. Eso es amargo. Nunca antes la gente había tenido que mirar a un abismo tan profundo sobre la base de tantos datos acerca del estado del mundo y con un buen conocimiento de la historia.

El miedo al fin del mundo es tal vez tan antiguo como la humanidad, es un precio que pagamos por nuestra capacidad de imaginar un futuro. No queremos continuar imaginando este posible futuro sombrío, todo lo contrario. A lo largo de la historia, las personas han demostrado una y otra vez que son capaces de alcanzar logros sorprendentes en una crisis. En este sentido, nuestro objetivo ahora debe ser sorprendernos a nosotros mismos. Por un lado, esto sólo es posible si imaginamos un posible futuro que definitivamente no queremos tener, pero, por otro lado, también que creemos en el hecho de que el futuro puede ser influido por nosotros.

Así que deberíamos hablar un poco más sobre el futuro. Pero ¿en qué momento estamos pensando? Si somos sinceros, nuestra visión del futuro a largo plazo está del todo nublada. A pesar de que a los silvicultores nos gusta mirar a un siglo vista y pensar en la cosecha de los árboles plantados hoy, esto no resulta productivo en estos momentos. Es del todo absurdo pensar en el mercado de la madera en 2080 o 2099 y considerar qué árboles tendrán que crecer hoy en el bosque. Tampoco sirve de nada imaginar un clima en 2076 para el que nos preparamos ahora, porque volverá a ser diferente en 2086.

Ahora es importante fijar el rumbo correcto en las próximas décadas para que los cambios desencadenados en la biosfera y la atmósfera se ralenticen al máximo y se detengan o incluso se inviertan a largo plazo. Ése es el objetivo general. Todos los modelos de desarrollo que se refieren a las condiciones del pasado o del presente están condenados al fracaso. Sin embargo, si podemos salvar de la destrucción y la pérdida de vitalidad el mayor número posible de sistemas que sustentan la vida y que han demostrado su eficacia durante largos períodos de tiempo, esto forma parte de la solución. Seguiremos necesitando servicios ecosistémicos en el futuro. Incluso más que en la actualidad. Así que ¿no tiene sentido tratarlos con cuidado?

A pesar de que ya no podamos imaginar el futuro, necesitamos una visión. Una visión del bosque (y del mundo). El mejor futuro posible significará que haya bosques viables y adaptables que nos apoyen a los humanos con una amplia gama de servicios ecosistémicos en una crisis global, para que el mayor número posible de personas pueda llevar una buena vida. Sin embargo, no nos regalarán este mejor futuro posible. Por el contrario, tenemos que trabajar muy duro para conseguirlo ahora. ¿Qué hace falta para ello?

¡No funcionará sin radicalismo!

¿Tienen los bosques todavía alguna posibilidad en un clima que se está calentando? ¿Pueden nuestros árboles recuperarse sin ayuda humana, sin especies foráneas amantes del calor y sin todo tipo de ayudas? Un científico forestal conservador afirmó que los poderes de autocuración de la naturaleza son una «narrativa sin evidencia», por lo que el bosque de por sí ya no está a la altura. Los árboles protestarían con vehemencia si pudieran; en este contexto merece la pena echar un vistazo a los lugares menos

Muchas ciudades se están dando cuenta de que la moda del hormigón y el asfalto se convierte en una amenaza para la vida durante la estación cálida, ya que provoca un gran estrés térmico en las personas. En Viena se está promoviendo la desimpermeabilización del suelo y la creación de nuevos espacios verdes (Pierre L. Ibisch, julio de 2022).

beneficiosos para los bosques. Observemos más de cerca el andén 11 de la estación de Colonia-Deutz, por ejemplo. En él, los trenes de alta velocidad (ICE) circulan cada media hora por las vías, en las que el sol abrasador incide sobre el lecho pedregoso de la vía y genera un calor casi insoportable para las plantas en verano. Por si fuera poco, se rocía, además, de manera regular con herbicidas. A pesar de todo, en este espacio crece tímidamente un arce campestre perenne que demuestra la increíble voluntad de supervivencia de los árboles. Justo al lado, entre el andén pavimentado y la parada de autobús, se erige un haya común sana, lo que demuestra que una especie forestal primigenia que necesita sombra y humedad, así como la compañía de sus congéneres, puede prosperar incluso en la calurosa Colonia. ¿Cómo es posible? Se trata de árboles que son capaces de adaptarse desde una edad temprana a condiciones muy extremas. Es probable que desciendan de padres que también crecieron en esas condiciones y pudieron transmitir sus conocimientos a su descendencia.

Tales condiciones de crecimiento distan mucho de las condiciones microclimáticas que prevalecen en la actualidad en las talas o en las zonas forestales muy aclaradas. En los veranos secos de 2018 a 2020, incluso abedules, cerezos y álamos sobrevivieron tras meses de sequía en los tejados o cornisas de muros de edificios abandonados, sin mostrar de dónde extraían el agua que necesitaban para sobrevivir.

Todo ello deja lugar a la esperanza de que los árboles aún puedan afianzarse en muchos lugares y, más adelante, volver a formar comunidades funcionales. Aun así, no obstante, no debemos ver estas capacidades como una invitación a sentarnos y relajarnos, sino al contrario, a trabajar por fin con todo el vigor (y de forma radical) para preservar unos bosques que funcionen. Esto requiere varios procesos que deben iniciarse en paralelo (¡y no uno detrás de otro!), como los que se indican a continuación:

Todos los bosques especialmente resilientes, es decir, sobre todo los bosques caducifolios de al menos 100 años (o incluso menos), deberían estar sujetos a una moratoria de tala hasta que la sociedad haya decidido qué hacer con el bosque.

- Debemos determinar el *statu quo* del bosque, de manera despiadadamente honesta e interdisciplinaria.
- Debemos determinar qué se necesita para preservar y fortalecer el bosque, el verdadero bosque.
- Como sociedad, tenemos que preguntarnos qué necesidades queremos que satisfagan la naturaleza y los bosques, y cuáles son las prioridades.
- Debemos determinar las reglas precisas del juego según las cuales se pueden gestionar los bosques.
- Necesitamos un sistema independiente de control y sanción que reaccione de inmediato en caso de daños a los bosques causados por el hombre.

La silvicultura convencional podría responder que ya tenemos todo esto. No obstante, ahora ya sabemos que todos los criterios anteriores son difusos y opacos y, por lo tanto, se aprovechan en gran medida en favor de los intereses particulares. Esto se debe, en gran parte, al hecho de que la silvicultura, a través de las estructuras gubernamentales, pero también de los *lobbies*, se aseguró de que la niebla no se disipara tan rápido. Por ese motivo, el «nosotros» de la lista se refiere a todos nosotros, es decir, a la sociedad en su conjunto.

Una moratoria de la tala para los bosques que aún están razonablemente intactos al comienzo de este proceso de transformación es extremadamente importante, porque de lo contrario habrá saqueos de última hora. No se trata de una preocupación infundada, sino que proviene de la práctica habitual hasta el momento en que se designaban zonas forestales protegidas.

Cada vez que se habla de este tema en el caso de un bosque concreto, las empresas forestales cortan reflexivamente más madera para no dejar los troncos en manos de la naturaleza.

Cuando hablamos de radicalismo, es decir, de «volver a las raíces» (latín: *radix,* «raíz»), también nos dirigimos a todos los ciudadanos. ¿Dónde están las principales protestas masivas a la vista de la enorme deforestación actual? Mientras que en la época de la mortandad forestal de la década de 1980 aún había manifestaciones a favor de la protección de los bosques, éstas se han desplazado a grupos de trabajo y reuniones del sector, donde quedan en agua de borrajas y no conducen a ningún avance visible para la protección de los bosques. Las acciones de menor envergadura de organizaciones ecologistas como Greenpeace o Robin Wood utilizan regularmente pancartas y proyecciones para mostrar cómo se puede llamar la atención sobre cuestiones relevantes, como la quema de madera en las centrales térmicas de carbón.[4] Las principales asociaciones también participan en esto, pero ¿cuánto más poder podría tener si más de un millón de personas en las ciudades se pusieran de pie para proteger los bosques? Sólo el BUND y la NABU, por ejemplo, dos de las asociaciones ambientales más grandes, ya tienen más miembros juntas.[5]

También hacemos campaña a favor de un enfoque radical del pensamiento y la acción, y esto no es un llamamiento al extremismo. Más bien, pedimos un importante proceso de debate democrático sobre cuánto tiempo más queremos cerrar los ojos ante el sufrimiento de la naturaleza, nuestro medio de vida. ¿Queremos quedarnos de brazos cruzados hasta que todos los ríos se sequen en verano y todos los bosques se conviertan en estepa?

Si ciertos sectores nos niegan estos procesos de transformación socioecológica, esto ya no es tolerable. De las raíces de los problemas del bosque surgen también muchos otros males. Tienen que ver con nuestro estilo de vida y nuestra avaricia, nuestra forma despreocupada de explotar todos los ecosistemas, nuestra voluntad de posponer las soluciones a los problemas para más adelante, nuestra falta de indignación. Vivimos en una época de crisis interrelacionadas y, con demasiada frecuencia, aceptamos que las cosas suceden de maneras que supuestamente no se pueden cambiar. ¿Qué estamos esperando? ¿No son suficientes para nosotros las señales de alarma y las llamadas de atención que nos vienen golpeando desde hace décadas?

> «La ciencia es clara e irrefutable. La humanidad se encuentra en un avanzado estado de sobregiro ecológico. Nuestra sobreexplotación de los recursos supera la capacidad de los ecosistemas para proporcionarlos o absorber nuestros residuos. La sociedad no ha logrado alcanzar los objetivos claramente establecidos en la Convención Marco de las Naciones Unidas sobre el Cambio Climático. La civilización se encuentra en una encrucijada histórica, pero con perspectivas en potencia mucho mejores y más sabias si actuamos ahora».
>
> WORLD SCIENTISTS' WARNINGS INTO ACTION, LOCAL TO GLOBAL (2021)[6]

En el pasado, los mineros solían llevar canarios a los túneles subterráneos. No querían disfrutar en ellos de su canto, sino aprovechar que las aves tienen una respiración muy eficaz, lo que las hace eficientes pero también sensibles al inodoro y mortal monóxido de carbono. Si los canarios se caían de la barra de su jaula como bioindicadores, los mineros aún tenían tiempo suficiente para escapar de la mina. No es una forma de utilizar a los animales que se pueda comprender, pero sí es muy eficaz. En la actualidad, el mundo entero es nuestra mina. Estamos sobreexplotando, erosionando la tierra, liberando gases y poniéndonos en peligro. ¿Qué organismos son nuestros canarios hoy en día? Pues bien, toda la biodiversidad está desapareciendo a un ritmo vertiginoso, ¡y son los bosques! La tasa de mortalidad de árboles que ya tienen siglos de antigüedad está aumentando en todo el mundo; los bosques jóvenes y viejos se están derrumbando y quemando porque las condiciones ambientales se están tornando demasiado extremas. Los bosques son el epítome de la autorregulación, la estabilidad y la longevidad. Si tienen problemas debido a la aceleración del cambio climático, deberíamos echar a volar. Deberíamos salir rápidamente del pozo en el que estamos causando tanto daño. ¡Eso significa frenar en seco y salir de nuestra zona de confort!

Hay que analizarlo todo y luchar con decisión por nuestros ecosistemas y su salud, porque no hay nada más importante.

Cuando alguien nos dice que no es para tanto, que lo tenemos todo bajo control y que ya nos estamos ocupando de ello, hay que mostrar una gran desconfianza. Si algunos sectores llegan a afirmar que las prácticas actuales son la mejor solución posible para las crisis del mañana, debemos negarnos a seguirlas de inmediato y con coherencia. ¿Es posible imaginar ante retos tan gigantescos a actores que afirmen que todo irá bien si hacemos más de lo mismo? Sí, es posible; gran parte de la silvicultura apoya este enfoque. Ahora que el bosque está en tan mal estado tras siglos de uso intensivo y silvicultura dirigida por la ciencia, se está sugiriendo que el bosque debería utilizarse aún más, que debería emplearse aún más madera. Deberíamos quemar árboles para combatir el cambio climático y construir casas de madera porque así los bosques están mejor. Sólo el uso intensivo podría preservar la diversidad biológica y el rendimiento de protección del clima del bosque y, debido al cambio climático, tendríamos que construir un bosque completamente nuevo.

¡Hay que oponerse a estas narrativas y seducciones de manera radical!

A favor de la mitigación del cambio climático

El radicalismo necesario incluye adoptar una postura en particular firme contra la crisis más peligrosa de todas, la catástrofe climática. Estamos en un camino que nos llevará a una peligrosa estación de calor y, por desgracia, todos los esfuerzos anteriores han sido del todo insuficientes.[7] El peor calentamiento concebible en la actualidad amenaza con arrastrar gran parte de los ecosistemas a una enorme vorágine, de la que volverá a emerger una naturaleza funcional, pero sin que esté asegurada la pervivencia de la civilización humana. Aunque hoy los representantes de la economía también consideran relevantes los riesgos medioambientales, su reconocimiento es mucho menos claro que el de los científicos del medio ambiente.[8]

Entre las verdades del todo incómodas se encuentran las siguientes: tendremos que subordinar casi todo a la lucha contra la crisis climática. Casi todo, excepto la conservación de ecosistemas sanos. Protegerlos preserva la vida, y esto también protege el clima.

No sólo tenemos que volver a conceder espacio a los ríos, como siempre se ha dicho en la prevención de inundaciones, sino también a los bosques de las llanuras aluviales y a todos los demás ecosistemas que conforman el funcionamiento del paisaje. Necesitamos bosques frescos alrededor de los grandes asentamientos, sistemas agroforestales que mejoren el suelo y el microclima en zonas abiertas, idealmente en combinación con sistemas agrivoltaicos inteligentes que no sólo produzcan energía solar, sino que también apoyen la producción agrícola.

Precisamos bosques grandes e intactos que puedan funcionar correctamente con todos sus organismos. Un solo árbol no puede formar nubes de lluvia, no puede enfriar entre 10 y 15 °C y no puede ser el hogar de linces. Así que tiene que ser un bosque, pero ¿a partir de qué tamaño empieza a funcionar bien? Porque nadie lo sabe con exactitud. Cuanto más grande, mejor, pero al menos a una escala de varios kilómetros cuadrados; de lo contrario, los efectos de borde descritos antes serán demasiado grandes.

Pero ¿cómo vamos a aumentar la superficie forestal, en especial en países densamente poblados como Alemania, por ejemplo? ¿No se emplea está cada metro cuadrado ya cultivado como campos o plantaciones forestales? Aparte de los escasos espacios naturales no conservados, que representan menos del 1 por 100 de la superficie, es cierto. Por lo tanto, tenemos que ver qué cantidad del espacio planificado podemos liberar. En este caso, la atención se centra en la agricultura. Como ya se ha dicho, sólo en Alemania se cultivan unos 100 000 kilómetros cuadrados para alimentación animal. Por lo tanto, si reducimos nuestro consumo de carne, como se sugirió en el capítulo anterior, podríamos recuperar decenas de miles de kilómetros cuadrados de tierra para la reforestación (y convertir a los propietarios de tierras en anfitriones climáticos remunerados). Sin embargo, dependiendo de la voluntad de participar en un programa de este tipo, las superficies se repartirían por el paisaje como un mosaico, lo que significa que no podrían crearse grandes zonas forestales.

¿O quizás no es así? En la agricultura, hace décadas que se solucionan problemas similares derivados del reparto de la tierra; las tierras de las explotaciones familiares se dividían de generación en generación entre los numerosos hijos, lo que significaba que, a finales del siglo XX, en algunos lugares ya no era posible cultivar. Aunque las parcelas tenían a menudo 100 metros o más de longitud, a veces tenían menos de 5 metros de ancho. Por esta razón, existía y sigue existiendo un procedimiento en el que las parcelas dispersas se fusionan a la fuerza en otras más grandes: la consolidación de la tierra.

¿No podría aplicarse también esta concentración parcelaria desde una perspectiva forestal y de protección del clima? En muchas zonas, la agricultura y la silvicultura se alternan de tal manera que los bosques sólo se dan en zonas aisladas.

Si se quiere crear en estas zonas grandes superficies forestales reforestando prados y campos, entonces no hay más remedio que realizar una especie de concentración parcelaria climática, es decir, que las zonas con prioridad para la reforestación se definan de tal manera que las islas forestales puedan conectarse en red y formar unidades coherentes. Para ello, los agricultores que posean campos en esas parcelas y quieran seguir cultivándolos de forma tradicional tendrían que intercambiar sus tierras con personas que deseen cultivar bosques en su lugar. Este tipo de reubicación ya se ha hecho por la fuerza, pero no con la intención de proteger el ecosistema. Pero si ya se están organizando esas reubicaciones forzosas para mejorar los cultivos mecánicos, ¿no serían aún más útiles las mismas medidas para la protección del clima local?

Tenemos que pensar en la planificación y utilización del paisaje en términos de protección del clima. Esto implica prevenir las emisiones de gases de efecto invernadero para proteger el clima global, pero también el clima regional, aumentando el número de bosques y la protección del microclima mediante una gestión adecuada de árboles y bosques. La protección del clima también implica promover el «agua verde» en el paisaje. El agua verde es un recurso mucho más importante para nuestra supervivencia que la madera. La conservación del agua y la protección del clima son contribuciones esenciales a la protección de la vida. El agua, la refrigeración y la biofilia son los tres grandes temas del desarrollo del paisaje en el siglo XXI.

Transformar el miedo y el duelo

En este libro, nos hemos esforzado para retratar la realidad. Esto incluye muchas facetas del fracaso, la mala gestión, la brutal destrucción de nuestra biosfera y también el destino de la humanidad, la catástrofe climática. Sabemos que la información concentrada y compleja sobre las numerosas crisis puede resultar impactante, abrumadora e incluso desalentadora. Ya existe una intensa investigación sobre este conjunto de problemas, e incluso una taxonomía de las emociones climáticas.[9] Decepción, confusión, conmoción, trauma, sensación de aislamiento, miedo, tristeza, anhelo, desesperación, culpa y frustración son sólo algunos de los sentimientos con los que tenemos que lidiar.

La «ansiedad climática» se está convirtiendo en una amenaza para la salud mental de los niños, pero también de los adultos.[10] Superarla o afrontarla de manera constructiva debe formar parte de la transformación socioecológica que ahora tenemos que abordar. Es amargo que los jóvenes puedan desarrollar la sensación de que pueden ser la «última generación». Y aún es más amargo el miedo y la indignación de las personas mayores, que ya no tienen que preocuparse por las condiciones de vida en la Tierra dentro de 30 a 50 años. La ansiedad climática actual no debe desaparecer como un estado de ánimo patológico apocalíptico.

Pero, por supuesto, las personas mayores también pueden sentirse atenazadas por la desesperación, porque pueden haber experimentado en su vida cambios medioambientales que van mucho más allá de lo que la gente vivió en épocas anteriores. En particular, para quienes aman los bosques, puede resultar francamente traumático presenciar su deforestación o su colapso relacionado con la sequía.

No sólo existe la ansiedad climática, sino también el duelo climático, el duelo por la naturaleza o el duelo por los bosques. Duelo por algo que significaba mucho para nosotros y que pensábamos que siempre estaría ahí. Cuando se pierden bosques por los que los activistas de la conservación de la naturaleza o los científicos han luchado de manera activa, el sentimiento de impotencia puede mezclarse con el duelo. También en Alemania, por ejemplo, lo experimentamos una y otra vez; ejemplos destacados del pasado reciente son los bosques de Hambach y Dannenröder.

Los temores climáticos y medioambientales son peligrosos. Pueden conducir a graves enfermedades en personas sensibles, a la resignación y también al escapismo, a mirar hacia otro lado o incluso a negar los problemas. Debemos evitar todo esto. Por el contrario, la preocupación por el futuro debe transformarse, primero, en indignación y, después, en motivación positiva para que podamos comprometernos y formar parte de un esfuerzo sin precedentes. Este compromiso puede dar sentido a nuestras vidas, pero sólo si no nos abrumamos ni nos fijamos metas poco realistas. Como individuos, no tenemos el deber de salvar el mundo o la naturaleza. Ni siquiera tenemos que salvar la naturaleza, porque ella se abrirá camino. Sin embargo, tenemos la responsabilidad de contribuir, en la medida de lo posible, a una vida mejor para todas las personas y los seres vivos. Hay muchas maneras de hacerlo e, incluso, la contribución más pequeña cuenta.

> «Debemos soportar mundos en los que los "mundos" se entiendan como combinaciones complejas de relaciones, tendencias, prácticas, estructuras, percepciones e identidades más que humanas. Debemos ser capaces de soportar el dolor que causan los mundos tradicionales para crear mundos más habitables. Por lo tanto, aprender a vivir con el cambio climático no significa rendirse o darse por vencido. Más bien, se trata de confrontar y afrontar las terribles realidades del cambio climático y esforzarnos por hacer las cosas de manera diferente, aunque sabemos que tal vez no podamos "salvar el mundo". Cuando aprendemos a vivir con el cambio climático, reconocemos que no es "el" mundo el que termina, sino "un" mundo, y que algunos mundos deben concluir para dar otro espacio para respirar. Los mundos que promovemos son cruciales».
> BLANCHE VERLIE (2022)[11]

La peculiaridad de la lucha de la humanidad y la naturaleza en el siglo XXI es que, como todo lo que ocurre en los sistemas complejos, tiene un final abierto y es impredecible. Como bien señala Blanche Verlie en su libro *Aprender a vivir con el cambio climático*, esta lucha será traumática en cualquier caso. Por un lado, están las consecuencias inevitables de la crisis climática, que ya estamos experimentando, y por otro, la pérdida de hábitos y estilos de vida apreciados.[12]

No debemos tomárnoslo a la ligera. Nuestras sociedades tendrán que ocuparse mucho más de la psicología de las crisis climáticas y medioambientales. Ya existen numerosas investigaciones sobre este tema que merecen más atención, no sólo en escuelas y universidades.[13] En este contexto, también se trata de si nos percibimos como parte de la naturaleza y cómo lo hacemos, una cuestión que también desempeña un papel importante en la ecología profunda.[14] Es crucial que existan diferentes caminos hacia un comportamiento ético para distintas personas y, por tanto, también formas muy diversas de afrontar psicológicamente la crisis de la Tierra.

Estamos convencidos de que la experiencia de la naturaleza y, en especial, de los bosques, tiene una importancia clave a la hora de no perder el coraje. Por eso es doblemente importante que luchemos por cada trozo de bosque. Por el bosque y por nosotros. Ahora mismo. No ocultemos el miedo con optimismo; utilicemos su poder para generar confianza. Para ello hay que actuar y se puede empezar hoy mismo, como demuestran algunos ejemplos:

- La próxima vez que cambies tu sistema de calefacción, opta por bombas de calor en lugar de leña.
- No sustituyas las bolsas de plástico por bolsas de papel, sino por bolsas de más de un uso, que resulten duraderas.
- Reduce drásticamente el consumo de productos de origen animal, en especial la carne.
- Únete a una iniciativa ciudadana local para la conservación de los bosques (o crea una tú mismo) e involúcrate en política.
- Y algo banal pero muy importante: ¡vive conservando los recursos!

Conocimiento y sentimiento del bosque: la esperanza al final

¿Existe esperanza para un futuro con bosques intactos? Hay suficientes razones tangibles para estar preocupados y, por tanto, para luchar decididamente por el bosque. Pero esto sólo puede llevarse a cabo con motivación y esperanza. La maravillosa vitalidad del complejo organismo forestal que se ha desarrollado a lo largo de millones de años, la capacidad de los bosques para influir en el destino de la biosfera, la diversidad de formas de vida y de interacciones... todo ello suscita asombro, humildad y también esperanza. El poder de los ecosistemas es fuerte. El hecho de que cada vez más gente empiece a darse cuenta y a sentir este poder también nos proporciona esperanza. Hemos conocido y trabajado con gente de todo el mundo, personas comprometidas con la protección de los bosques y la biodiversidad, en países económicamente pobres y ricos, con independencia de su filiación cultural y religiosa. La adaptabilidad y el ingenio de los seres humanos también son motivos de confianza. Sin duda, podemos aprender a vivir de forma muy diferente y ser felices al mismo tiempo. Estamos felices de no sólo ser racionales, sino también emocionalmente dotados. Nuestra capacidad para sentir responsabilidad y amar la vida misma será mucho más importante en el futuro que nuestra habilidad para utilizar ordenadores para crear mezclas de especies arbóreas.

Creemos que una combinación de conocimiento forestal y conciencia sobre los bosques puede contribuir a una buena vida y a la cualificación necesaria para guiar a los ecosistemas forestales y a las personas hacia el futuro. Porque el bosque ya no necesita a silvicultores para que lo conviertan en bosques, sino a guardabosques que acompañen con cariño a los árboles.

Notas

¿Por qué precisamente el bosque?

1. Schellnhuber, H. J. (2022). «Mir reicht es, sie auf schlampige Weise zu retten». En: Hans Joachim Schellnhuber «Streitgespräch: Sollen wir unsere Wälder schützen – oder nutzen?». *GEO* 10: 138.
2. Iles, L. (2016). «The role of metallurgy in transforming global forests». *J. Archaeol. Method. Theory* 23: 1219-1241. https://doi.org/10.1007/s1081601592667
3. Radkau, J. (2012). *Wood: a history*. Cambridge: Polity.
4. Pollard, J.; Robinson, D. W. (2007). «A return to Woodhenge: the results and implications of the 2006 excavations». En M. Larsson; M. Parker Pearson (eds). *From Stonehenge to the Baltic: living with cultural diversity in the third millennium BC*. Oxford: BAR, págs. 159-169.
5. Lawton, G. (2019). *The age of wood. The New Scientist*. Reproducido por Gresham House. https://www.greshamhouse.com/wpcontent/uploads/2019/11/GHNSArticle120619.pdf
6. M'Hirit, O. (s. f.). *Mediterranean forests: ecological space and economic and community wealth*. Recuperado de http://www.fao.org/docrep/x1880e/x1880e03.htm [8/5/2014 2:13:50 PM]
   Butzer, K. W. (2005). «Environmental history in the Mediterranean world: cross disciplinary investigation of cause-and-effect for degradation and soil erosion». *Journal of Archaeological Science* 32 (12): 1773-1800. https://doi.org/10.1016/j.jas.2005.06.001

El bosque es más que la suma de sus árboles

1. Woese, C. R. (2004). «A new biology for a new century». *Microbiology and Molecular Biology Reviews* 68 (2): 173-186. Pmid: 15187180.
2. Harper, D. *Etymology of system*. Online Etymology Dictionary. https://www.etymonline.com/word/system (consultado: 07.12.23).
3. von Bertalanffy, L. (1969). *General system theory: foundations, development, applications*. Nueva York: George Braziller.
4. Mills, D. B. *et al.* (2022). «Eukaryogenesis and oxygen in Earth history». *Nat. Ecol. Evol.* 6: 520-532. https://doi.org/10.1038/s41559-022-01733-y.
5. Falkowski, P. G.; Raven, J. A. (2007). *Aquatic photosynthesis*, 2.ª ed. Princeton, NJ: Princeton University Press.
6. Hong-He, X. *et al.* (2017). «Unique growth strategy in the Earth's irst trees revealed in siliciied fossil trunks from China». *PNAS* 114 (45): 12009-12014. https://doi.org/10.1073/pnas.1708241114.
7. Jiang, Z. *et al.* (2016). «A Jurassic wood providing insights into the earliest step in Ginkgo wood evolution». *Sci. Rep.* 6: 38191. https://doi.org/10.1038/srep38191.
8. Retallack, G. J. (1997). «Early forest soils and their role in Devonian global change». *Science* 276: 583-585.
9. *Ibid.*
10. *Ibid.*
11. Bianconi, E. *et al.* (2013). «An estimation of the number of cells in the human body». *Annals of Human Biology* 40 (6): 463-471. 10.3109/03014460.2013.807878.
12. Mora, C. *et al.* (2011). «How many species are there on Earth and in the ocean?». *PLoS Biol.* 9. e1001127 10.1371/journal.pbio.1001127.
13. Chimeno, C. *et al.* (2022). «Peering into the darkness: DNA barcoding reveals surprisingly high diversity of unknown species of Diptera (Insecta) in Germany». *Insects* 13 (1): 82. 10.3390/insects13010082.
14. Bien, S.; Damm, U. (2020). «Prunus trees in Germany — a hideout of unknown fungi?». *Mycol. Progress* 19: 667-690. 10.1007/s11557-020-01586-4.
15. Cheek, M. *et al.* (2020). «New scientiic discoveries: Plants and fungi». *Plants People Planet* 2 (5): 371-388.
16. Crous, P. W. *et al.* (2019). «New and Interesting Fungi. 2». *Fungal Syst. Evol.* 3: 57-134. 10.3114/fuse.2019.03.06.
17. Cheek, M. *et al.* (2020). «New scientific discoveries: Plants and fungi». *Plants People Planet* 2 (5): 371-388.
18. *Ibid.*
19. Torsvik, V. *et al.* (1990). «Comparison of phenotypic diversity and DNA heterogeneity in a population of soil bacteria». *Appl. Environ. Microbiol.* 56 (3): 776-781.
20. Duikhuizen, D. (2005). «Species numbers in Bacteria». *Proc. Calif. Acad. Sci.* 56 (6 Suppl 1): 62-71.
21. Louca, S. *et al.* (2019). «A census-based estimate of Earth's bacterial and archaeal diversity». *PLOS Biology*. 10.1371/journal.pbio.3000106.
22. Cazolla Gatti, R. *et al.* (2021). «The number of tree species on Earth». *PNAS* 119 (6): e2115329119.
23. *Ibid.*
24. Gosline, G. *et al.* (2022). «*Uvariopsis dicaprio (Annonaceae)* a new tree species with notes on its pollination biology, and the Critically Endangered narrowly endemic plant species of the Ebo Forest, Cameroon». *PeerJ* 10: e12614. 10.7717/peerj.12614.
25. Thomas, W. W. *et al.* (2021). «*Aenigmanu*, a new genus of *Picramniaceae* from Western Amazonia». *Taxon* 70 (6): 1239-1247.
26. Weber, L. C.; Forster, P. I. (2021). «*Endiandra wongawallanensis* L. Weber (*Lauraceae*), a new species from south-east Queensland allied to *E. loydii* B. Hyland». *Austrobaileya* 11: 155-169.
27. Forbes, T. *et al.* (2022). «Gold Coast botanist discovers new rainforest tree species ›minutes from the M1». https://www.abc.net.au/news/2022-02-10/new-tree-species-discovery-on-gold-coast/100812328 (consultado: 07.12.23).
28. Rahbek, C. *et al.* (2019). «Humboldt's enigma: What causes global patterns of mountain biodiversity?». *Science* 365: 1108-1113.
29. *Ibid.*
30. Grose, J. H.; Casjens, S. (2014). «Understanding the enormous diversity of bacteriophages: The tailed phages that infect the bacterial family Enterobacteriaceae». *Virology* 468-470: 421-443. 10.1016/j.virol.2014.08.024.
31. Crowther, T. *et al.* (2015). «Mapping tree density at a global scale». *Nature* 525: 201-205. 10.1038/nature14967.
32. Chiumenti, M. *et al.* (2021). «*Olea europaea* geminivirus: A novel bipartite geminivirid infecting olive trees». *Viruses* 13 (3): 481. 10.3390/v13030481.
33. Umer, M. *et al.* (2019). «Genomic, morphological and biological traits of the viruses infecting major fruit trees». *Viruses* 11: 515. 10.3390/v11060515.
34. Mackay, I. M.; Arden, K. E. (2016). «Mayaro virus: a forest virus primed for a trip to the city?». *Microbes and Infection* 18 (12): 724-734. 10.1016/j.micinf.2016.10.007.
35. Rulli, M. C. *et al.* (2017). «The nexus between forest fragmentation in Africa and Ebola virus disease outbreaks». *Sci. Rep.* 7: 41613. 10.1038/srep41613.
36. Chua, K. B. *et al.* (2002). «Anthropogenic deforestation, El Niño and the emergence of Nipah virus in Malaysia». *Malaysian Journal of Pathology* 24 (1): 15-21.
37. Mac Lulick, D. A. (1937). «Fluctuations in numbers of the varying hare (*Lepus americanus*)». University of Toronto Studies, *Biological Series* 43: 1-136.
38. Krebs, C. J. *et al.* (1995). «Impact of food and predation on the snowshoe hare cycle». *Science* 269: 1112-1115.
    Majchrzak, Y. N. (2020). «The role of food limitation in the snowshoe hare (*Lepus americanus*) population cycle». Tesis de doctorado, Department of Biological Sciences, University of Alberta. https://era.library.ualberta.ca/items/b69d58ad-041c-4dc9-b253-e27b25698647 (consultado: 07.12.23)
    Krebs, C. J. *et al.* (2001). «What drives the ten-year cycle of snowshoe hares?». *Bioscience* 51 (25-35): 16.
39. Lavergne, S. G. *et al.* (2021). «The impact of variable predation risk on stress in snowshoe hares over the cycle in North America's boreal forest: adjusting to change». *Oecologia* 197: 71-88. 10.1007/s00442-021-05019-1.
40. Richmond, I. C. *et al.* (2022). «Individual snowshoe hares manage risk diferently: integrating stoichiometric distribution models and foraging ecology». *Journal of Mammalogy* 103 (1): 196-208. 10.1093/jmammal/gyab130.
41. Pilosof, S. *et al.* (2017). «The multilayer nature of ecological networks». *Nat. Ecol. Evol.* 1: 0101. 10.1038/s41559-017-0101.
42. Havlin, S. *et al.* (2012). «Catastrophic cascade of failures in interdependent networks. Proceedings of the International School of Physics "Enrico Fermi"». Volumen 176: *Complex Materials in Physics and Biology* 311-324. 10.3254/978-1-61499-071-0-311.
    Gao, J. *et al.* (2012). «Networks formed from interdependent networks». *Nature Phys.* 8: 40-48. 10.1038/nphys2180.
43. Hai-Dong, L. *et al.* (2020). «The functional roles of species in metacommunities, as revealed by metanetwork analyses of bird-plant frugivory networks». *Ecology Letters* 23 (8): 1252-1262. 10.1111/ele.13529
44. Sánchez-Bayo, F.; Wyckhuys, K. A. G. (2019). «Worldwide decline of the entomofauna: A review of its drivers». *Biological Conservation* 232: 8-27. 10.1016/j.biocon.2019.01.020.
45. Ries, M. *et al.* (2021). «Rote Liste gefährdeter Tiere, Planzen und Pilze Deutschlands, Band 5: Wirbellose Tiere (Teil 3)».
46. Maes, D.; Van Dyck, H. (2001). «Butterly diversity loss in Flanders (north Belgium): Europe's worst case scenario?». *Biological Conservation* 99 (3): 263-276. 10.1016/S00063207(00)001828.
47. Hallmann, C. A. *et al.* (2017). «More than 75 percent decline over 27 years in total lying insect biomass in protected areas». *PLoS ONE* 12 (10): e0185809. 10.1371/journal.pone.0185809.
48. Sandor, M. E. *et al.* (2022). «Extinction of biotic interactions due to habitat loss could accelerate the current biodiversity crisis». 32 (6): e2608. 10.1002/eap.2608.
49. Cheddadi, R. *et al.* (2021). «Early Holocene greening of the Sahara requires Mediterranean winter rainfall». *PNAS* 118 (23): e2024898l1. 10.1073/pnas.2024898l1.
50. Kuper, R.; Kröpelin, S. (2006). «Climatecontrolled Holocene occupation in the Sahara: Motor of Africa's evolution». *Science* 313: 803-807.
51. Kutzbach, J. *et al.* (1996). «Vegetation and soil feedbacks on the response of the African monsoon to orbital forcing in the early to middle Holocene». *Nature* 384: 623-626. 10.1038/384623a0.
52. Brookield, M. (2010). «The desertiication of the Egyptian Sahara during the Holocene (the Last 10,000 years) and its inluence on the rise of Egyptian civilization». En: I. Martini; W. Chesworth (eds). *Landscapes and Societies*. Dordrecht: Springer. 10.1007/9789048194131_6.
53. Bullock, E. L. *et al.* (2020). «Satellitebased estimates reveal widespread forest degradation in the Amazon». *Global Change Biology* 26 (5): 2956-2969. 10.1111/gcb.15029.
54. Lovejoy, T. E.; Nobre, C. (2019). «Amazon tipping point: Last chance for action». *Science Advances* 5 (12): 10.1126/sciadv.aba294.
55. Gauthier, S. *et al.* (2015). «Boreal forest health and global change». *Science* 349 (6250): 819-822. 10.1126/science.aaa9092.

56. Food and Agriculture Organization of the United Nations (FAO) (2012). *The Russian Federation forest sector. Outlook study to 2030*. Roma: FAO. https://www.fao.org/3/i3020e/i3020e00.pdf (consultado: 22.11.2023).
57. Burrell, A. *et al.* (2021). «Post-ire recruitment failure as a driver of forest to non-forest ecosystem shifts in boreal regions». En: J. G. Canadell; R. B. Jackson (eds.). «Ecosystem Collapse and Climate Change». *Ecological Studies*, vol 241. Springer, Cham. 10.1007/978-3-030-71330-0_4.
58. Martin, P. *et al.* (2017). «Analysis of ecological thresholds in a temperate forest undergoing dieback». *PLoS ONE* 12 (12): e0189578. 10.1371/journal.pone.0189578.
59. Suz, L. M. *et al.* (2021). «Ectomycorrhizas and tipping points in forest ecosystems». *New Phytologist* 231 (5): 1700-1707.10.1111/nph.17547.
60. Poulsen, R. J. *et al.* (2017). «Ecological consequences of forest elephant declines for Afrotropical forests». *Conservation Biology* 32 (3): 559-567. 10.1111/cobi.13035.
61. Berzaghi, F. *et al.* (2019). «Carbon stocks in central African forests enhanced by elephant disturbance». *Nat. Geosci.* 12: 725-729. 10.1038/s41561-019-0395-6.
62. Genov *et al.* (2017). «Ecological impact of wild boar in natural ecosystems». En: M. Melletti; E. Meijaard (eds.). *Ecology, conservation and management of wild pigs and peccaries*. Cambridge University Press, págs. 404-419. 10.1017/9781316941232.038.
Massei, G.; Genov, P. V. (2004). «The environmental impact of wild boar». *Galemys* 16: 135-145.
63. Luskin, M. S. *et al.* (2021). «Wildlife disturbances as a source of conspeciic negative density-dependent mortality in tropical trees». *Proc. R. Soc. B*. 288 (1946). 10.1098/rspb.2021.0001.
64. Sales, L. P. *et al.* (2017). «Niche conservatism and the invasive potential of the wild boar». *J. Anim. Ecol.* 86 (5): 1214-1223. 10.1111/1365-2656.12721.
65. Mittelman, P. *et al.* (2021). «Sowing forests: a synthesis of seed dispersal and predation by agoutis and their inluence on plant communities». *Biological Reviews* 96 (6): 2425-2445. 10.1111/brv.12761.
66. Pesendorfer, M. B. *et al.* (2016). «Scatterhoarding corvids as seed dispersers for oaks and pines: A review of a widely distributed mutualism and its utility to habitat restoration», *The Condor* 118 (2): 215-237. 10.1650/CONDOR15125.1.
67. *Ibid*.
68. Lenda, M. *et al.* (2011). «Plant establishment and invasions: an increase in a seed disperser combined with land abandonment causes an invasion of the nonnative walnut in Europe». *Proc. R. Soc.* B.279 (1733). 10.1098/rspb.2011.2153.
69. Kivinen, S. *et al.* (2021). «A keystone species, European aspen (*Populus tremula* L.), in boreal forests: Ecological role, knowledge needs and mapping using remote sensing». *Forest Ecology and Management* 462: 118008. 10.1016/j.foreco.2020.118008.
70. Myking, T. *et al.* (2011). «Life history strategies of aspen (*Populus tremula* L.) and browsing efects: a literature review». *Forestry* 84: 61-71.
71. Morone, F. *et al.* (2019). «The k-core as a predictor of structural collapse in mutualistic ecosystems». *Nature Phys* 15: 95-102. 10.1038/s41567-018-0304-8.
72. Haldane, A. G.; May, R. M. (2011). «Systemic risk in banking ecosystems». *Nature* 469: 351-355.
73. Yang, F. *et al.* (2021). «Keystone species afect the relationship between soil microbial diversity and ecosystem function under land use change in subtropical China». *Functional Ecology* 35 (5): 1159-1170. 10.1111/1365-2435.13769.
Banerjee, S. *et al.* (2018). «Keystone taxa as drivers of microbiome structure and functioning». *Nature Reviews Microbiology* 16: 567-576. 10.1038/s41579-018-0024-1.
Banerjee, S. *et al.* (2019). «Agricultural intensification reduces microbial network complexity and the abundance of keystone taxa in roots». *The ISME Journal* 13: 1722-1736. 10.1038/s41396-019-0383-2.
Berry, D.; Widder, S. (2014). «Deciphering microbial interactions and detecting keystone species with cooccurrence networks». *Front Microbiol.* 5: 1-14.
74. Coban, O. *et al.* (2022). «Soil microbiota as game-changers in restoration of degraded lands». *Science* 375 (6584): 10.1126/ science.abe072.
75. Schefer, M. *et al.* (2012). «Anticipating critical transitions». *Science* 338: 344-348.
76. Hastings, A. *et al.* (1993). «Chaos in ecology: Is Mother Nature a strange attractor?». *Annual Review of Ecology, Evolution, and Systematics* 24: 1-33.
May, R. M. (1974). «Biological populations with nonoverlapping generations: Stable points, stable cycles, and chaos». *Science* 186: 645-647.
77. Rogers, T. L. *et al.* (2022). «Chaos is not rare in natural ecosystems». *Nat. Ecol. Evol.* 6: 1105-1111. 10.1038/ s41559-022-01787-y.
78. Maquet, J. *et al.* (2007). «Global models from the Canadian lynx cycles as a direct evidence for chaos in real ecosystems». *J. Math. Biol.* 55: 21-39. 10.1007/s00285-007-0075-9.
79. Weiss, Y. *et al.* (2021). «Helium in diamonds unravels over a billion years of craton metasomatism». *Nat. Commun.* 12: 2667. 10.1038/s41467-021-22860-3.
80. Vodde, F. *et al.* (2011). «The inluence of storminduced microsites to tree regeneration patterns in boreal and hemiboreal forest». *Journal of Forest Research* 16 (3): 155-167. 10.1007/s10310011-02736.
81. Lambert, J.B. *et al.* (2016). «Birch and conifer deadwood favour early establishment and shade tolerance in yellow birch juveniles growing on sugar maple dominated stands». *Canadian Journal of Forest Research* 46: 114-121. 10.1139/ cjfr20150315.
82. Vodde, F. *et al.* (2011). «The inluence of storminduced microsites to tree regeneration patterns in boreal and hemiboreal forest». *Journal of Forest Research* 16 (3): 155-167. 10.1007/s10310011-02736.
Krueger, L. M.; Peterson, C. J. (2006). «Efects of white-tailed deer on *Tsuga canadensis* regeneration: evidence of microsites as refugia from browsing». *Am Midl Nat* 156: 353-362.
de Chantal, M.; Granström, A. (2007). «Aggregations of dead wood after wildire act as browsing refugia for seedlings of *Populus tremula* and *Salix caprea*». *For. Ecol. Manag.* 250: 3-8.
Hagge, J. *et al.* (2019). «Deadwood retention in forests lowers short-term browsing pressure on silver ir saplings by overabundant deer». *Forest Ecology and Management* 451: 117531. 10.1016/j.foreco.2019.117531.
83. Szwagrzyk, J. *et al.* (2020). «Efects of species and environmental factors on browsing frequency of young trees in mountain forests afected by natural disturbances». *Forest Ecology and Management* 474: 118364. 10.1016/j.foreco.2020.118364.
84. Marangon, D. *et al.* (2022). «Windthrown elements: a key point improving microsite amelioration and browsing protection to transplanted seedlings». *Forest Ecology and Management* 508: 120050. 10.1016/j.foreco.2022.120050.
85. Vriz, S. *et al.* (2014). Capítulo 5 - «Cell death: A program to regenerate. Current Topics in Developmental Biology», *Academic Press* 108: 121-151. 10.1016/B978-0-12-391498-9.00002-4.
Giaimo, S.; Traulsen, A. (2022). «The selection force weakens with age because ageing evolves and not vice versa». *Nat. Commun.* 13: 686. 10.1038/s41467-022-28254-3
Alison, M. R.; Sarraf, C. E. (1992). «Apoptosis: a gene-directed programme of cell death». J. R. Coll. *Physicians Lond.* 26 (1): 25-35.
86. Harper, D. Etymology of resilient. Online Etymology Dictionary. https://www.etymonline.com/word/resilient (consultado: 27.11.23).
87. Stockholm Resilience Centre (2019). *Pioneering the science of surprise. Crawford Stanley "Buzz" Holling, considered the father of resilience research, passed away on 16 August 2019, aged 88*. https://www.stockholmresilience.org/research/research-news/2019-08-23-pioneering-the-science-of-surprise-.html (consultado: 27.11.23).
88. Gunderson, L. H. *et al.* (1995). *Barriers and bridges to the renewal of ecosystems and institutions*. Nueva York: Columbia University Press.
Holling, C. S. *et al.* (2002). «Sustainability and panarchies». En: L. H. Gunderson; C. S. Holling (eds.). *Panarchy: understanding transformations in human and natural Systems*. Washington D.C.: Island Press, págs. 63-102.
Holling, C. S. (1986). «Resilience of ecosystems; local surprise and global change». En: W. C. Clark, Munn, R. E. (eds). *Sustainable development of the biosphere*. Cambridge: Cambridge University Press, págs. 292-317.
Holling, C. S. *et al.* (2002). «In quest of a theory of adaptive change». En: L. H. Gunderson; C. S. Holling (eds.). *Panarchy: understanding transformations in human and natural Systems*. Wahington D.C.: Island Press, págs. 3-24.
89. Publius Ovidius Naso (43 a. C.-18 d. C.). *Metamorphoses*. Verwandlungen LIBER XV – lat.-dtsch. 3. Pythagoras. https://www.gottwein.de/Lat/ov/met15.php#Pythagoras (consultado: 27.11.23).
90. Pausas, J. G.; Bond, W. J. (2020). «On the three major recycling pathways in terrestrial ecosystems». *Trends in Ecology & Evolution* 35 (9): 767-775. 10.1016/j.tree.2020.04.004.
91. Traducción de Piccoli, H. (1951). *Constelaciones de Poesía alemana (siglos XII-XX)*. Consultado en: https://hablardepoesia.com.ar/2021/07/21/constelaciones-de-poesia-alemana-siglos-xii-xx/ (consultado: 17-11-23). *(N. de la T.)*
92. von Goethe, J. W. (1820). *Eins und Alles*. https://www.deutschelyrik.de/eins-und-alles-2410.html (consultado: 17.11.23).
93. Schumpeter, J. A. (1994 [1942]). *Capitalism, socialism and democracy*. Londres: Routledge, págs. 82-83 (Trad. cast.: *Capitalismo, Socialismo y democracia*. [2015]).
94. Burger, A. (2022). «Forests without ash? A irst dendroecological assessment of Ulmus laevis as potential replacing tree species. M.Sc. thesis». *Forestry Systems Transformation*. Hochschule für nachhaltige Entwicklung Eberswalde.
95. Madsen, C. L. *et al.* (2021). «Combined progress in symptoms caused by *Hymenoscyphus fraxineus* and *Armillaria* species, and corresponding mortality in young and old ash trees». *Forest Ecology and Management* 491: 119177. 10.1016/j. foreco.2021.119177.
McKinney, L. V. *et al.* (2014). «The ash dieback crisis: genetic variation in resistance can prove a long-term solution». *Plant Pathology* 63 (3): 485-499.
96. Ulrich, K. *et al.* (2022). «Physiological and genomic characterisation of *Luteimonas fraxinea* sp. nov., a bacterial species associated with trees tolerant to ash dieback». *Systematic and Applied Microbiology* 45 (4): 126333. 10.1016/j. syapm.2022.126333.
97. Sugihara, G. *et al.* (2012). «Detecting causality in complex ecosystems». *Science* 338 (6106): 496-500.
98. Kahnemann, D. (2012). *Schnelles Denken, langsames Denken. Múnich: Siedler.*
99. Blumröder, J. S. *et al.* (2021). «Forestry contributed to warming of forest ecosystems in northern Germany during the extreme summers of 2018 and 2019». *Ecological Solutions and Evidence* 2 (3): e12087. 10.1002/2688-8319.12087.
100. BEF-China Biodiversity–Ecosystem Functioning Experiment China. www.bef-china.com (consultado: 27.11.23).
101. Schnabel, F. *et al.* (2021). «Species richness stabilizes productivity via asynchrony and drought-tolerance diversity in a large-scale tree biodiversity experiment». *Science Advances* 7 (51). 10.1126/sciadv.abk1643.
102. Schulze, E. D.; Ammer, C. (2015). «Spannungsfeld Forstwirtschaft und Naturschutz. Konlikte um eine nachhaltige Entwicklung der Biodiversität». *Biologie in unserer Zeit* 45 (5): 304-314. 10.1002/biuz.201510574.
103. Beckey, B. *et al.* (2011). «The limits to prediction in ecological systems». *Ecosphere* 2 (11): 125. 10.1890/ES1100211.1.
104. Nielsen, S. N.; Ulanowicz, R. E. (2011). «Ontic openness: an absolute necessity for all developement processes». *Ecol. Model.* 222: 2908-2912.
105. Por ejemplo: Dyderski, M. K. *et al.* (2018). «How much does climate change threaten European forest tree species distributions?» *Glob. Chang. Biol.* 24: 1150-1163.
106. Pecchi, M. *et al.* (2019). «Species distribution modelling to support forest management. A literature review». *Ecol. Model.* 411: 108817.
107. Thuiller, W. *et al.* (2019). «Uncertainty in ensembles of global biodiversity scenarios». *Nat. Commun.* 10: 1446.
108. Hickler, T. *et al.* (2012). «Projecting the future distribution of European potential natural vegetation zones with a generalized, tree speciesbased dynamic vegetation model». *Global Ecology and Biogeography* 21: 50-63.
109. EU Commission (2021). COMMISSION STAFF WORKING DOCUMENT STAKEHOLDER CONSULTATION AND EVIDENCE BASE. SWD(2021) 652 inal. Accompanying the document COMMUNICATION FROM THE COMMISSION TO THE EUROPEAN PARLIAMENT, THE COUNCIL, THE EUROPEAN ECONOMIC AND SOCIAL COMMITTEE AND THE COMMITTEE OF THE REGIONS New EU Forest Strategy for 2030 {COM(2021) 572 inal} – {SWD(2021) 651 inal}.

110.BMEL (Bundesministerium für Ernährung und Landwirtschaft) (2020). Wald in Deutschland – Massive Schäden – Einsatz für die Wälder. https://www.bmel.de/DE/themen/wald/wald-in-deutschland/wald-trockenheit-klimawandel.html (consultado: 27.11.23).

111.Magri, D. *et al.* (2006). «A new scenario for the Quaternary history of European beech populations: palaeobotanical evidence and genetic consequences». *New Phytologist* 171 (1): 199-221. 10.1111/j.1469-8137.2006.01740.x.

112.Ibisch, P. L. *et al.* (2017). «Erweiterungsnominierung zu den »Buchenurwäldern der Karpaten und Alten Buchenwäldern Deutschlands« als paneuropäische UNESCO-Weltnaturerbestätte». *Natur und Landschaft* 92 (3): 109-118. 10.17433/3.2017.50153447.109-118.

113.Del original en inglés: Beckey, B. *et al.* (2011). «The limits to prediction in ecological systems». *Ecosphere* 2 (11): 125. 10. 1890/ES11-00211.1.

114.Del original en inglés: Beckey, B. *et al.* (2011). «The limits to prediction in ecological systems». *Ecosphere* 2 (11): 125. 10.1890/ES11-00211.1.

115.Moor, M. (1968). «Der Linden-Buchenwald. *Vegetatio Acta Geobot* 16: 159-191. 10.1007/BF00261361.

116.*Ibid.*

117.Leuschner, C. (1997). «Das Konzept der potentiellen natürlichen Vegetation (PNV): Schwachstellen und Entwicklungsperspektiven». *Flora* 192: 379-391.
Kowarik, I. (2016). «Das Konzept der potentiellen natürlichen Vegetation (PNV) und seine Bedeutung für Naturschutz und Landschaftspflege». *Natur und Landschaft* 91 (9/10): 429-435.

118.Tüxen, R. (1956). «Die heutige potentielle natürliche Vegetation als Gegenstand der Vegetationskartierung». *Angewandte Planzensoziologie (Stolzenau)* 13: 5-42.

119.Ibisch, P. L. (2022). «Ein ökosystembasierter Ansatz für den Umgang mit der Waldkrise in der Klimakrise». *Natur und Landschaft* 97 (7): 325-333.

120.Landesbetrieb Forst BadenWürttemberg (2014). Richtlinien landesweiter Waldentwicklungstypen. Landesbetrieb Forst BadenWürttemberg, Ministerium für Ländlichen Raum und Verbraucherschutz BadenWürttemberg. Stuttgart: 118 https://foerderung.landwirtschaftbw.de/pb/site/pbsbwmlr/get/documents_E1402373615/MLR.LEL/PB5Documents/mlr/ Foerderwegweiser/NWW_F/%C3%9Cbersichten %20und%20Informationen/Richtlinie%20landesweiter%20 Waldentwicklungstypen.pdf (consultado: 27.11.23).

121.Ibisch, P. L. (2022). «Ein ökosystembasierter Ansatz für den Umgang mit der Waldkrise in der Klimakrise». *Natur und Landschaft* 97 (7): 325-333.

122.Cf. de Bary, A. (1879). *Die Erscheinung der Symbiose*. Estrasburgo: K.J. Trübner.

123.Harper, D. Etymology of symbiosis. Online Etymology Dictionary. https://www.etymonline.com/word/symbiosis (consultado: 27.11.23).

124.Cheek, M. *et al.* (2020). «New scientific discoveries: Plants and fungi». *Plants People Planet* 2 (5): 371-388.

125.Sapp, J. (1994). *Evolution by association: a history of symbiosis*. Oxford University Press, pág. 4.

126.«I have purposely omitted any mention of the Schwendenerian Theory of Lichens, as I cannot but regard it as purely imaginary, the baseless fabric of a vision», citado y traducido al alemán por: Margulis, L. (2003). «Microbial actors in the evolutionary drama». *Bio Science* 53 (2): 79-180. 10.1641/0006-3568(2003)053[0179: MAITED]2.0.CO;2.

127.«A useful and invigorating parasitism — who ever before heard of such a thing?», citado y traducido al alemán por: Margulis, L. (2003). «Microbial actors in the evolutionary drama». *Bio Science* 53 (2): 79-180.

128.Wakeford, T (2001). *Liaisons of life: from hornworts to hippos. How the unassuming microbe has driven evolution*. Nueva York: Wiley. 212 pp.

129.Chomicki, G. *et al.* (2020). «The evolution of mutualistic dependence». *Annual Review of Ecology, Evolution, and Systematics* 51 (1): 409-432.

130.Al-Maliki, S.; Ebreesum, H. (2020). «Changes in soil carbon mineralization, soil microbes, roots density and soil structure following the application of the arbuscular mycorrhizal fungi and green algae in the arid saline soil». *Rhizosphere* 14: 100203. 10.1016/j.rhisph.2020.100203.
Chenu, C.; Cosentino, D. (2011). «Microbial regulation of soil structural dynamics». En K. Ritz; I. Young (eds.). *Architecture and biology of soils: Life in inner space*. Wallingford, UK: CABI Publishing, págs. 37-70.
Dorioz, J. M. *et al.* (1993). «The role of roots, fungi and bacteria on clay particle organization. An experimental approach». En: L. Brussaard.; M. J. Kooistra (eds.). *Soil Structure/Soil Biota Interrelationships*. Elsevier, págs. 179-194. 10.1016/ B978-0-444-81490-6.50019-4.

131.Siddiky, Md. R. K. *et al.* (2012). «Soil biota efects on soil structure: Interactions between arbuscular mycorrhizal fungal mycelium and collembola». *Soil Biology and Biochemistry* 50: 33-39. 10.1016/j.soilbio.2012.03.001.
Siddiky, Md. R. K. *et al.* (2012). «Arbuscular mycorrhizal fungi and collembola non-additively increase soil aggregation». *Soil Biology and Biochemistry* 47: 93–99. 10.1016/j.soilbio.2011.12.022.

132.Maaß, S. *et al.* (2015). «Functional role of microarthropods in soil aggregation». *Pedobiologia* 58 (2-3): 59-63. 10.1016/j. pedobi.2015.03.001.

133.Beiler, K. J. *et al.* (2010). «Architecture of the wood-wide web: *Rhizopogon* spp. genets link multiple Douglas-ir cohorts». *New Phytologist* 185: 543-553.

134.Cheek, M. *et al.* (2020). «New scientific discoveries: Plants and fungi». *Plants People Planet* 2(5): 371-388.

135.Koide, R. T.; Mosse, B. (2004). «A history of research on arbuscular mycorrhiza». *Mycorrhiza* 14: 145-163. 10.1007/s00572-004-0307-4.

136.Parniske, M. (2008). «Arbuscular mycorrhiza: the mother of plant root endosymbioses». *Nat. Rev. Microbiol.* 6: 763-775. 10.1038/nrmicro1987

137.Brundrett, M. C. (2002). «Coevolution of roots and mycorrhizas of land plants». *New Phytologist* 154 (2): 275-304.10.1046/j.1469-8137.2002.00397.x.

138.Bidartondo, M. *et al.* (2002). «Epiparasitic plants specialized on arbuscular mycorrhizal fungi». *Nature* 419: 389-392. 10.1038/nature01054

139.Simard, S. W. *et al.* (1997). «Net transfer of carbon between ectomycorrhizal tree species in the field». *Nature* 388: 579-582.
Bidartondo, M. *et al.* (2002). «Epiparasitic plants specialized on arbuscular mycorrhizal fungi». *Nature* 419: 389-392. 10.1038/nature01054.

140.Wipf, D. *et al.* (2019). «Trading on the arbuscular mycorrhiza market: from arbuscules to common mycorrhizal networks». *New Phytologist* 223 (3): 1127-1142. 10.1111/nph.15775.

141.Tedersoo, L.; Bahram, M. (2019). «Mycorrhizal types difer in ecophysiology and alter plant nutrition and soil processes – Tedersoo – 2019». *Biological Reviews* 94 (5): 1857-1880. 10.1111/brv.12538.

142.*Ibid.*

143.Almario, J. *et al.* (2022). «Unearthing the plant–microbe quid pro quo in root associations with beneicial fungi». *New Phytologist* 234 (6): 1967-1976. 10.1111/nph.18061.

144.Barelli, L. *et al.* (2016). «Fungi with multifunctional lifestyles: endophytic insect pathogenic fungi». *Plant Molecular Biology* 90: 657-664.

145.Fei, S. *et al.* (2022). «Coupling of plant and mycorrhizal fungal diversity: its occurrence, relevance, and possible implications under global change». *New Phytologist* 234 (6): 1960-1966. 10.1111/nph.17954.

146.Averill, C. *et al.* (2022). «Alternative stable states of the forest mycobiome are maintained through positive feedbacks». *Nat. Ecol. Evol.* 6: 375-382. 10.1038/s41559-022-01663-9.

147.Teste, F. P. *et al.* (2020). «Dualmycorrhizal plants: their ecology and relevance». *New Phytologist.* 225 (5): 1835-1851. 10.1111/nph.16190.

148.Parniske, M. (2008). «Arbuscular mycorrhiza: the mother of plant root endosymbioses». *Nat. Rev. Microbiol.* 6: 763-775. 10.1038/nrmicro1987.

149.Wipf, D. *et al.* (2019). «Trading on the arbuscular mycorrhiza market: from arbuscules to common mycorrhizal networks». *New Phytologist* 223 (3): 1127-1142. 10.1111/nph.15775.

150.Riedo, J. *et al.* (2021). «Widespread occurrence of pesticides in organically managed agricultural soils — the ghost of a conventional agricultural past?». *Environ. Sci. Technol.* 55 (5): 2919-2928. 10.1021/acs.est.0c06405.

151.Sallach, J. B. *et al.* (2021). «The emerging threat of humanuse antifungals in sustainable and circular agriculture schemes». *PLANTS, PEOPLE, PLANET* 3 (6): 685-693. 10.1002/ppp3.10222.

152.Kumar, J.; Atri, N. S. (2018). «Studies on ectomycorrhiza: an appraisal». *Bot. Rev.* 84: 108-155. 10.1007/s122290179196z.

153.van der Heijden, M. G. A. *et al.* (2015). «Mycorrhizal ecology and evolution: the past, the present, and the future». En: *New Phytologist, págs.* 1406-1423.

154.*Ibid.*
Averill, C. *et al.* (2014). «Mycorrhizamediated competition between plants and decomposers drives soil carbon storage». *Nature* 505: 543-545. 10.1038/nature12901

155.Soudzilovskaia, N. A. *et al.* (2019). «Global mycorrhizal plant distribution linked to terrestrial carbon stocks». *Nat. Commun.* 10: 5077. 10.1038/s41467019130192.

156.Germain, S. J.; Lutz, J. A. (2021). «Shared friends counterbalance shared enemies in old forests». *Ecology* 102 (11): e03495. 10.1002/ecy.3495.

157.Germain, S. J.; Lutz, J. A. (2022). «Climate warming may weaken stabilizing mechanisms in old forests». *Ecological Monographs* 92 (2): e1508.

158.Heil, M. *et al.* (2014). «Partner manipulation stabilises a horizontally transmitted mutualism». *Ecol. Lett.* 17: 185-192.

159.Wright, G. A. *et al.* (2013). «Cafeine in loral nectar enhances a pollinator's memory of reward». *Science* 339: 1202-1204.

160.Chomicki, G.; Renner, S. S. (2016). «Obligate plant farming by a specialized ant». *Nat. Plants* 2: 16181.

161.Hughes, D. P. *et al.* (2018). «Neuroparasitology of parasite–insect associations». *Annu. Rev. Entomol.* 63: 471-487.

162.Libersat, F. *et al.* (2018). «Mind control: how parasites manipulate cognitive functions in their insect hosts». *Front. Psychol., Sec. Comparative Psychology*: 10.3389/fpsyg.2018.00572.

163.Masaru, K. H. *et al.* (2015). «Lycaenid caterpillar secretions manipulate attendant ant behavior». *Current Biology* 25 (17): 2260-2264. 10.1016/j.cub.2015.07.016.

164.Kudo, T. *et al.* (2021). «A symbiotic aphid selishly manipulates attending ants via dopamine in honeydew». *Sci Rep.* 11 (1): 18569. 10.1038/s41598-021-97666-w.

165.Libersat, F. *et al.* (2018). «Mind control: how parasites manipulate cognitive functions in their insect hosts». *Frontiers in Psychology, Section on Comparative Psychology* 10.3389/fpsyg.2018.00572.

166.Hom, E. F. Y.; Penn, A. S. (2021). «Symbiosis and the anthropocene». *Symbiosis* 84: 239-270. 10.1007/s13199-021-00794-0.

167.Del original en inglés: «And it is signiicant. For animals, as well as plants, there have never been individuals. This new paradigm for biology asks new questions and seeks new relationships among the diferent living entities on Earth. We are all lichens».
Gilbert, S. F. *et al.* (2012). «A symbiotic view of life: we have never been individuals». *The Quarterly Review of Biology* 87 (4): 325-341.

168.Schimper, A. F. W. (1883). «Ueber die Entwicklung der Chlorophyllkörner und Farbkörper». *Botanische Zeitung* 41 (7): 105-114.

169.Mereschkowsky, K. (1910). «Theorie der zwei Plasmaarten als Grundlage der Symbiogenesis, einer neuen Lehre von der Entstehung der Organismen». *Biologisches Centralblatt* 30 (8): 278-288.

170.Kozo-Polyansky, B. M. (1924). *Novyi printsip biologii: ocherk teorii simbiogeneza* [A New Principle of Biology: an Outline of the Theory of Symbiogenesis] Puchina, Moscú – Leningrado.

171.Sagan, L. (1967). «On the origin of mitosing cells». *Journal of Theoretical Biology* 14 (3): 255-274.

172.Fet, V. (2021). «Lynn Margulis & Boris Kozo-Polyansky: How the symbiogenesis was translated from Russian». *Biosystems* 199: 104316. 10.1016/j.biosystems.2020.104316.

173.Andersson, S. G. E. *et al.* (1998). «The genome sequence of Rickettsia prowazekii and the origin of mitochondria». *Nature* 396 (6707): 133-140.

174.Margulis, L.; Sagan, D. (1986). *Microcosmos: Four Billion Years of Evolution from Our Microbial Ancestors*. University of California Press.

175.Gould, S. B. *et al.* (2008). «Plastid evolution». *Annual Review of Plant Biology* 59: 491-517.

176.National Institutes of Health (NIH) (2012). *Human microbiome project defines normal bacterial makeup of the body. Genome sequencing creates first reference data for microbes living with healthy adults.* https://www.nih.gov/news-events/news-releases/nih-human-microbiome-project-defines-normal-bacterial-makeup-body (consultado: 27.11.23).

177. O'Hara, A. M.; Shanahan, F. (2006). «The gut flora as a forgotten organ». *EMBO Reports* 7: 688-693. 10.1038/sj.embor.7400731.
178. Rackaityte, E.; Lynch, S. V. (2020). «The human microbiome in the 21st century». *Nature Communications* 11: 5256. 10.1038/s41467-020-18983-8.
Wang, B. *et al.* (2017). «The Human microbiota in health and disease». *Engineering* 3 (1): 71-82. 10.1016/j.ENG.2017.01.008.
179. Forsythe, P. *et al.* (2010). «Mood and gut feelings». *Brain, Behavior, and Immunity* 24 (1): 9-16. 10.1016/j.bbi.2009.05.058.
Villa, T. G.; Sánchez-Pérez, A. (2021). «The gut microbiome affects human mood and behavior». En: T. G. Villa, T. de Miguel Bouzas (eds.). *Developmental Biology in Prokaryotes and Lower Eukaryotes*. Springer, Cham. 10.1007/978-3-030-77595-7_22.
Nguyen, T. T. *et al.* (2021). «Gut microbiome in serious mental illnesses: A systematic review and critical evaluation». *Schizophrenia Research* 234: 24-40. 10.1016/j.schres.2019.08.026.
180. Mayer, E. A. *et al.* (2022). «The gut–brain axis». *Annual Review of Medicine* 73 (1): 439-453.
181. Meyer-Abich, A. (1942). «Kant und das Biologische Denken». *Acta Biotheoretica* 6: 185-211.
182. Schnödl, G.; Sprenger, F. (2021). *Uexkülls Umgebungen: Umweltlehre und rechtes Denken*. (Future Ecologies Series). Lüneburg: meson press. 10.14619/1921.
183. Dahn, R. (2019). «Big science, naziied? Pascual Jordan, Adolf Meyer-Abich, and the Abortive». *Scientific Journal Physis. Isis* 110 (1): 68-90.
184. Margulis, L. (1990). «Words as battle cries: Symbiogenesis and the new field of endocytobiology». *BioScience* 40 (9): 673-677.
185. Baedke, J. *et al.* (2020). «The holobiont concept before Margulis». *Journal of Experimental Zoology Part B: Molecular and Developmental Evolution* 334 (3): 149-155. 10.1002/jep.ej.22931.
186. Jaspers, C. *et al.* (2019). «Resolving structure and function of metaorganisms through a holistic framework combining reductionist and integrative approaches». *Zoology* 133: 81-87.
Bosch, T. C. G. *et al.* (2011). «Metaorganisms as the new frontier». *Zoology* 114: 185-190.
187. Bordenstein, S. R.; Theis, K. R. (2015). «Host biology in light of the microbiome: ten principles of holobionts and hologenomes». *PLoS Biology* 13 (8): e1002226. 10.1371/journal.pbio.1002226.
188. Moran, N. A. (2007). «Symbiosis as an adaptive process and source of phenotypic complexity». *Proceedings of the National Academy of Sciences* 104 (suppl_1): 8627-8633.
189. Regan, M. D. *et al.* (2022). «Nitrogen recycling via gut symbionts increases in ground squirrels over the hibernation season». *Science* 375 (6579): 460-463. 10.1126/science.abh2950.
190. Wipf, D. *et al.* (2019). «Trading on the arbuscular mycorrhiza market: from arbuscules to common mycorrhizal networks». *New Phytologist* 223 (3): 1127-1142. 10.1111/nph.15775.
191. Vandenkoornhuyse, P. *et al.* (2015). «The importance of the microbiome of the plant holobiont». *New Phytologist* 206 (4): 1196-1206.
192. https://nph.onlinelibrary.wiley.com/doi/10.1111/nph.17492 (consultado: 27.11.23).
193. Peixoto, R. S. *et al.* (2022). «Harnessing the microbiome to prevent global biodiversity loss». *Nature Microbiology* 7: 1726-1735. 10.1038/s41564-022-01173-1.
194. Khatoon, Z. *et al.* (2020). «Unlocking the potential of plant growth-promoting rhizobacteria on soil health and the sustainability of agricultural systems». *Journal of Environmental Management* 273: 111118. 10.1016/j.jenvman.2020.111118.
195. Hacquard, S.; Schardt, C. W. (2015). «Towards a holistic understanding of the beneficial interactions across the Populus microbiome». *New Phytologist* 205 (4): 1424-1430. 10.1111/nph.13133.
196. Cregger, M. A. *et al.* (2018). «The *Populus* holobiont: dissecting the efects of plant niches and genotype on the microbiome». *Microbiome* 6: 31. 10.1186/s40168-018-0413-8.
197. Pii, Y. *et al.* (2015). «Microbial interactions in the rhizosphere: beneficial influences of plant growth-promoting rhizobacteria on nutrient acquisition process. A review». *Biology and Fertility of Soils* 51: 403-415.
198. de Zelicourt, A. *et al.* (2013). «Rhizosphere microbes as essential partners for plant stress tolerance». *Molecular Plant* 6: 242-245.
199. Berendsen, R. L. *et al.* (2012). «The rhizosphere microbiome and plant health». *Trends in Plant Science* 17: 478-486.
Khatoon, Z. *et al.* (2020). «Unlocking the potential of plant growth-promoting rhizobacteria on soil health and the sustainability of agricultural systems». *Journal of Environmental Management* 273: 111118. 10.1016/j.jenvman.2020.111118.
200. Pineda, A. *et al.* (2015). «Editorial: above-belowground interactions involving plants, microbes and insects». *Frontiers in Plant Science* 6: 318.
201. Hacquard, S.; Schadt, C. W. (2015). «Towards a holistic understanding of the beneficial interactions across the *Populus* microbiome». *New Phytologist* 205: 1424-1430.
Vandenkoornhuyse, P. *et al.* (2015). «The importance of the microbiome of the plant holobiont». *New Phytologist* 206 (4): 1196-1206.
202. Brader, G. *et al.* (2017). «Ecology and genomic insights into plant-pathogenic and plant-nonpathogenic endophytes». *Annual Review of Phytopathology* 55 (1): 61-83.
203. Zhu, Y.-G. *et al.* (2021). «Impacts of global change on the phyllosphere microbiome». *New Phytologist* 234 (6): 1977-1986.
Stone, B. W. *et al.* (2018). «The role of the phyllosphere microbiome in plant health and function». *Annual Plant Reviews Online* 533-556.
204. Dove, N. C. *et al.* (2021). «Assembly of the *Populus* microbiome is temporally dynamic and determined by selective and stochastic factors». *mSphere, Environmental Microbiology*: 10.1128/mSphere.01316-20.
205. Shi, S. *et al.* (2015). «Successional trajectories of rhizosphere bacterial communities over consecutive seasons». *mBio* 6 (4): e00746. 10.1128/mBio.00746-15.
206. el Zahar Haichar, F. *et al.* (2014). «Root exudates mediated interactions belowground». *Soil Biology and Biochemistry* 77: 69-80. 10.1016/j.soilbio.2014.06.017.
207. Watt, M. *et al.* (2006). «Rates of root and organism growth, soil conditions, and temporal and spatial development of the rhizosphere». *Annals of Botany* 97: 839e855.
Hinsinger, P. *et al.* (2009). «Rhizosphere: biophysics, biogeochemistry and ecological relevance». *Plant and Soil* 321: 117-152. 10.1007/s11104-008-9885-9.
208. Hiltner, L. (1904). «Über neuere Erfahrungen und Probleme auf dem Gebiete der Bodenbakteriologie unter besonderer Berücksichtigung der Gründüngung und Brache». *Arbeiten des Deutschen Landwirtschafts-Gesellschaft* 98: 59-78.
209. Pascale, A. *et al.* (2020). «Modulation of the root microbiome by plant molecules: the basis for targeted disease suppression and plant growth promotion». *Frontiers in Plant Science, Sec. Plant Pathogen Interactions*: 10.3389/fpls.2019.01741.
210. Pieterse, C. M. J. *et al.* (2014). «Induced systemic resistance by beneficial microbes». *Annual Review of Phytopathology* 52: 347-375. 10.1146/annurev-phyto-082712-102340.
Pascale, A. *et al.* (2020). «Modulation of the root microbiome by plant molecules: the basis for targeted disease suppression and plant growth promotion». *Frontiers in Plant Science, Sec. Plant Pathogen Interactions*: 10.3389/fpls.2019.01741.
211. Martinez-Medina, A. *et al.* (2017). «Airborne signals by *Trichoderma fungi* stimulate iron uptake responses in roots resulting in priming of jasmonic acid-dependent defenses in shoots of *Arabidopsis thaliana* and *Solanum lycopersicum*». *Plant, Cell & Environment* 40: 2691-2705. 10.1111/pce.13016.
212. Trivedi, P. *et al.* (2020). «Plant–microbiome interactions: from community assembly to plant health». *Nature Reviews Microbiology* 18: 607-621. 10.1038/s41579-020-0412-1.
Jingtao, L. *et al.* (2021). «Rhizosphere microbiome: the emerging barrier in plant-pathogen interactions». *Frontiers in Microbiology, Sec. Microbe and Virus Interactions with Plants*: 10.3389/fmicb.2021.772420.
213. Liao, H. L *et al.* (2019). «Fungal endophytes of *Populus trichocarpa* alter host phenotype, gene expression, and rhizobiome composition». *Molecular Plant-Microbe Interactions*: 10.1094/MPMI-05-18-0133-R.
214. Pascual-García, A. *et al.* (2020). «Metabolically cohesive microbial consortia and ecosystem functioning». *Philosophical Transactions of the Royal Society B* 375 (20190245). 10.1098/rstb.2019.0245.
215. Del original en inglés: «The classical nitrogen cycle consisting of distinct processes that follow each other in an orderly fashion does not exist. In nature, microorganisms form complex networks that link nitrogen-transforming reactions». Kuypers, M. *et al.* (2018). «The microbial nitrogen-cycling network». *Nature Reviews Microbiology* 16: 263-276. 10.1038/nrmicro.2018.9.
216. Misma fuente. «If we can learn one thing from the last few decades of research, it is that microorganisms do not conform to boundaries».
217. Connor, R. F. *et al.* (2020). «The plant microbiome: from ecology to reductionism and beyond». *Annual Review of Microbiology* 74 (1): 81-100.
218. Berendsen, R. L. *et al.* (2018). «Disease-induced assemblage of a plant-beneficial bacterial consortium». *ISME Journal* 12: 1496-1507. 10.1038/s41396-018-0093-1.
219. Howard, M. M. *et al.* (2020). «Shifts in plant–microbe interactions over community succession and their effects on plant resistance to herbivores». *New Phytologist* 226 (4): 1144-1157. 10.1111/nph.16430.
Eichmann, R. *et al.* (2021). «Hormones as go-betweens in plant microbiome assembly». *The Plant Journal* 105 (2): 518-541. 10.1111/tpj.15135.
220. Cregger, M. E. *et al.* (2021). «Plant–microbe interactions: from genes to ecosystems using *Populus* as a model system». *Phytobiomes* 5 (1): e-ISSN:2471-2906*. 10.1094/PBIOMES-01-20-0009-FI.
221. Vanchurin, V. *et al.* (2021). «Toward a theory of evolution as multilevel learning». *PNAS* 119 (6): e2120037119. 10.1073/pnas.2120037119.
222. Bakker, P. A. H. M. *et al.* (2018). «The soil-borne legacy». *Cell* 172 (6): 1178-1180. 10.1016/j.cell.2018.02.024.
223. Klein, M., Stewart, J. D. *et al.* (2022). «Evolution of manipulative microbial behaviors in the rhizosphere». *Evolutionary Applications* 15 (10): 1521-1536. 10.1111/eva.13333.
224. Stone, B. W. G. *et al.* (2018). «The role of the phyllosphere microbiome in plant health and function». *Annual Plant Reviews* 1: 1-24. 10.1002/9781119312994.apr0614.
225. Glick, B. R. *et al.* (2021). «Recent developments in the study of plant microbiomes». *Microorganisms* 9 (7): 1533. 10.3390/microorganisms9071533.
226. Stone, B. W. G. *et al.* (2018). «The role of the phyllosphere microbiome in plant health and function». *Annual Plant Reviews* 1: 1-24. 10.1002/9781119312994.apr0614.
227. *Ibid*.
228. Oliverio, O. M. *et al.* (2016). «Identifying the microbial taxa that consistently respond to soil warming across time and space». *Global Change Biology* 23 (5): 2117-2129. 10.1111/gcb.13557.
229. Melillo, J. M. *et al.* (2011). «Soil warming, carbon-nitrogen interactions, and forest carbon budgets». *PNAS* 108 (23): 9508-9512. 10.1073/pnas.1018189108.
230. Rudgers, J. A. *et al.* (2020). «Climate disruption of plant-microbe interactions». *Annual Review of Ecology, Evolution, and Systematics* 51 (1): 561-586. 10.1146/annurev-ecolsys-011720-090819.
Stone, B. W. G. *et al.* (2018). «The role of the phyllosphere microbiome in plant health and function». *Annual Plant Reviews* 1: 1-24. 10.1002/9781119312994.apr0614.
Trivedi, P. *et al.* (2022). «Plant–microbiome interactions under a changing world: responses, consequences and perspectives». *New Phytologist* 234 (6): 1951-1959. 10.1111/nph.18016.
231. Ma, Y. *et al.* (2020). «Drought and salinity stress responses and microbe-induced tolerance in plants». *Frontiers in Plant Science, Sec. Technical Advances in Plant Science*: 10.3389/fpls.2020.591911.
Mathur, P.; Roy, S. (2021). «Insights into the plant responses to drought and decoding the potential of root-associated microbiome for inducing drought tolerance». *Physiologia Plantarum* 172 (2): 1016–1029. 10.1111/ppl.13338.
Hubbard, M. *et al.* (2014). «Fungal endophytes enhance wheat heat and drought tolerance in terms of grain yield and second-generation seed viability». *Journal of Applied Microbiology* 116: 109-122.
232. Klassert, T. E. *et al.* (2022). «Comparative analysis of surface sanitization protocols on the bacterial community structures in the hospital environment». *Clinical Microbiology and Infection*: 10.1016/j.cmi.2022.02.032.
233. Dengler, A. (1930). *Waldbau auf ökologischer Grundlage. Ein Lehr- und Handbuch*. 1. Aul. Berkín: Springer, pág. 5.
234. *Ibid*.
235. Queller D. C.; Strassmann, J. E. (2009). «Beyond society: the evolution of organismality». *Philos Trans. R. Soc. Lond. B Biol. Sci.* 364: 3143-3155.
236. Forterre, P.; Philippe, H. (1999). «The Last Universal Common Ancestor (LUCA), simple or complex?». *The Biological Bulletin* 196 (3): 373-377.

237.Vanchurin, V. *et al.* (2022). «Toward a theory of evolution as multilevel learning». *PNAS* 119 (6): e2120037119. 10.1073/ pnas.2120037I1.

238.Weiss, M. *et al.* (2016). «The physiology and habitat of the last universal common ancestor». *Nat Microbiol.* 1: 16116.10.1038/nmicrobiol.2016.116).

239.Lovelock, J. (1990). «Hands up for the Gaia hypothesis». *Nature* 344: 100-102. 10.1038/344100a0. Lovelock, J. E. (1989). «Geophysiology, the science of Gaia». *Reviews of Geophysics* 27 (2): 215-222. 10.1029/RG027i002p00215.

240.Rubin, S. *et al.* (2021). «Beyond planetaryscale feedback selfregulation: Gaia as an autopoietic system». *Biosystems* 199: 104314. 10.1016/j.biosystems.2020.104314.

241.Maturana, H. R. (1970). «Biology of cognition». *Biological Computer Laboratory Research Report* BCL 9.0. Urbana IL: University of Illinois, 1970. Reimpresión en: H. Maturana; F. J. Varela (1980). *Autopoiesis and Cognition: The Realization of the Living*. Dordecht: D. Reidel Publishing Co., págs. 558.

242.Makarieva, A. *et al.* (2020). «Life's energy and information: contrasting evolution of volume versus surface-speciic rates of energy consumption». *Entropy* 22 (9): 1025. 10.3390/e22091025.

243.Langton, C. G. (1990). «Computation at the edge of chaos: Phase transitions and emergent computation». *Physica D* 42: 12-37.

244.Araya, J. P. *et al.* (2020). «Microbiome dynamics associated with the Atacama lowering desert». *Front. Microbiol., Sec. Terrestrial Microbiology* 10.3389/fmicb.2019.03160.

245.Baker, K. S. *et al.* (2005). «Seed dormancy and germination responses of nine Australian ire ephemerals». *Plant Soil* 277: 345. 10.1007/s11104-005-7971-9.

246.Daws, M. *et al.* (2007). «Two-hundred-year seed survival of Leucospermum and two other woody species from the Cape Floristic region, South Africa». *Seed Science Research* 17 (2): 73-79. 10.1017/S0960258507707638.

247.Heldt, H. W.; B. Piechulla (2015). «Die Nutzung der Energie des Sonnenlichtes durch die Photosynthese ist die Grundlage für das Leben auf der Erde». En: *Planzenbiochemie*. Springer, pág. 50 f. https://link.springer.com/chapter/10.1007/978-3-662-44398-9_3 (consultado: 27.11.23).

248.Horn, P. J. (2021). «Where do the electrons go? How numerous redox processes drive phytochemical diversity». *Phytochem Rev* 20: 367-407. 10.1007/s11101-020-09738-w.

249.Makarieva, A. *et al.* (2020). «Life's energy and information: contrasting evolution of volume-versus surface-speciic rates of energy consumption». *Entropy* 22 (9): 1025. 10.3390/e22091025. Gorshkov, V. G. (1996). «Stores and lows of information in biota and civilization». Dokl. *Biol. Sci.* 350: 469-471.
Kempes, C. P. *et al.* (2017). «The thermodynamic eiciency of computations made in cells across the range of life». *Philos. Trans. R. Soc.* A 2017: 375, 20160343.

250.Makarieva, A. *et al.* (2016). «What can we learn from natural ecosystems to avoid a civilization breakdown?». En: P. A. Wilderer; M. Grambow (eds). *Global Stability through Decentralization? Strategies for Sustainability*. Cham, Suiza: Springer, págs. 83-104.

251.Thellier, M.; U. Lüttge (2013). «Plant memory: a tentative model». *Plant Biol.* 15: 1-12.
Souza, G. M. *et al.* (2018). «Towards systemic view for plant learning: ecophysiological perspective». En: F. Baluska *et al.* (eds). *Memory and learning in plants*. Cham, Suiza: Springer Nature, págs. 163-189.
Michmizos, D.; Hilioti, Z. (2019). «A roadmap towards a functional paradigm for learning and memory in plants». J. *Plant Physiol.* 232: 209-215.
Galviz, Y. C. F. *et al.* (2020). «Yes, plants do have memory». *Theor. Exp. Plant Physiol.* 32: 195-202. 10.1007/s40626020 00181y.

252.Song, G. C.; Ryu, C. M. (2018). «Evidence for volatile memory in plants: boosting defence priming through the recurrent application of plant volatiles». *Mol. Cells* 41: 724-732.

253.Iwasaki, M. ; Paszkowski, J. (2014). «Epigenetic memory in plants». *EMBO J* 33: 1987-1998.

254.Ding, Y. *et al.* (2012). «Multiple exposures to drought 'train' transcriptional responses in Arabidopsis». *Nat. Commun.* 3: 740.

255.Galviz, Y. C. F. *et al.* (2020). «Yes, plants do have memory». *Theor. Exp. Plant Physiol.* 32: 195-202 10.1007/s4062602000181y.

256.Sukhov, V. *et al.* (2019). «Longdistance electrical signals as a link between the local action of stressors and the systemic physiological responses in higher plants». *Prog. Biophys. Mol. Biol.* 146: 63-84.
JinHai, L. *et al.* (2021). «Plant electrical signals: A multidisciplinary challenge». *Journal of Plant Physiology* 261: 153418. 10.1016/j.jplph.2021.153418.

257.Takahashi, F.; Shinozaki, K. (2019). «Longdistance signaling in plant stress response». *Current Opinion in Plant Biology* 47: 106-111. 10.1016/j.pbi.2018.10.006.

258.Möller, A. (1922): *Der Dauerwaldgedanke. Sein Sinn und seine Bedeutung*. Berlín: Verlag von Julius Springer. Reimpresión en: W. Bode (2021). *Alfred Möllers Dauerwaldidee*. Berlín: Matthes & Seitz, pág. 315.

259.*Ibid*, pág. 320.

260.Cannon, C. H. *et al.* (2022). «Old and ancient trees are life history lottery winners and vital evolutionary resources for longterm adaptive capacity». *Nat. Plants* 8: 136-145. 10.1038/ s41477021010885.

261.Schulze, E. D. *et al.* (2016). «A review on plant diversity and forest management of European beech forests». *Eur. J. Forest Res.* 135: 51-67.

262.Monty, M. L. F. *et al.* (2013). «Invasive alien plants elicit reduced production of lower sand fruits in various native forest species on the tropical island of Mauritius (Mascarenes, Indian Ocean)». *Tropical Conservation Science* 6 (1): 35-49. 10.1177/194008291300600107.

263.Stout, J. C.; Tiedeken, E. J. (2016). «Direct interactions between invasive plants and native pollinators: evidence, impacts and approaches». *Functional ecology* 31 (1): 38-46. 10.1111/1365-2435.12751.

264.Stanek, M. *et al.* (2020). «Invasive red oak (*Quercus rubra* L.) modiies soil physicochemical properties and forest understory vegetation». *Forest Ecology and Management* 472: 118253. 10.1016/j.foreco.2020.118253.

265.Pearce, F. (2016). *Die neuen Wilden. Wie es mit fremden Tieren und Planzen gelingt, die Natur zu retten*. Oekom. 336 pág.

266.Makarieva, A. *et al.* (2020). «Life's energy and information: contrasting evolution of volume versus surface-speciic rates of energy consumption». *Entropy* 22 (9): 1025. 10.3390/e22091025.

267.*Ibid*.

268.Monroe, J. G. *et al.* (2022). «Mutation bias relects natural selection in *Arabidopsis thaliana*». *Nature* 602: 101-105. 10.1038/ s41586021042696.

269.Fricke, E. C. *et al.* (2022). «The efects of defaunation on plants' capacity to track climate change». *Science* 375 (6577): 210-214. 10.1126/science.abk3510.

270.Schleuning, M. *et al.* (2016). «Ecological networks are more sensitive to plant than to animal extinction under climate change». *Nat. Commun.* 7: 13965. 10.1038/ncomms13965.

271.Ma, J. *et al.* (2022). «Major episodes of horizontal gene transfer drove the evolution of land plants». *Molecular Plant* 15 (5): 857-871. 1.0.1016/j.molp.2022.02.001.

272.Pepperberg, I. (2021). «Nonhuman and nonhuman-human communication: some issues and questions». *Front. Psychol., Sec. Evolutionary Psychology.* 10.3389/fpsyg.2021.647841.

273.Karban, R.; Shiojiri, K. (2009). «Self-recognition afects plant communication and defense». *EcologyLetters* 12 (6): 502-506. 10.1111/j.1461-0248.2009.01313.x.

274.Lin, P.-A. *et al.* (2022). «Stomata-mediated interactions between plants, herbivores, and the environment». *Trends in Plant Science* 27 (3): 287-300. 10.1016/j.tplants.2021.08.017.

275.Wang, N.-Q. *et al.* (2020). «Root exudate signals in plant–plant interactions». *Plant Cell & Environment* 44 (4): 1044-1058. 10.1111/pce.13892.

276.Bilas, R. D. *et al.* (2020). «Friends, neighbours and enemies: an overview of the communal and social biology of plants». *Plant, Cell & Environment* 44 (4): 997-1013. 10.1111/pce.13965.

277.Bateson, G. (2000 [1973]). *Steps to an ecology of mind*. Chicago: Chicago University Press.

278.Makarieva, A. *et al.* (2020). «Life's energy and information: contrasting evolution of volume-versus surface-speciic rates of energy consumption». *Entropy* 22 (9): 1025. 10.3390/e22091025. Schmidt, M. *et al.* (2011). «Persistence of soil organic matter as an ecosystem property». *Nature* 478: 49-56. 10.1038/ nature10386.

279.Akyol, S.; Alatas, B. (2017). «Plant intelligence based metaheuristic optimization algorithms». *Artif. Intell. Rev.* 47: 417-462. 10.1007/s10462-016-9486-6.
Baluška, F. *et al.* (2010). «Swarm intelligence in plant roots». *Trends in Ecology and Evolution* 25 (12): 682-683.
Calvo, P. *et al.* (2020). «Plants are intelligent, here's how». *Annals of Botany* 125 (1): 11-28. 10.1093/aob/mcz155.
Segundo-Ortin, M.; Calvo, P. (2021). «Consciousness and cognition in plants». *WIREs Cognitive Science* 13 (2): e1578. 10.1002/wcs.1578.
Gagliano, M. *et al.* (2018). «Plants learn and remember: lets get used to it». *Oecologia* 186 (1): 29-31.
Gorzelak, M. A. *et al.* (2015). «Inter-plant communication through mycorrhizal networks mediates complex adaptive behaviour in plant communities». *AoB Plants* 7: plv050.

280.Trewavas, A. *et al.* (2020). «Consciousness facilitates plant behavior». *Trends Plant Sci.* 25 (3): 216-217. 10.1016/j.tplants.
Taiz, L. *et al.* (2019). «Plants neither possess nor require consciousness». *Trends Plant Sci.* 24 (8): 677-687. 10.1016/j. tplants.2019.05.008.
Mallatt, J. *et al.* (2021). «Debunking a myth: plant consciousness». *Protoplasma* 258: 459-476. 10.1007/s00709-020-01579-w.
Segundo-Ortin, M.; Calvo, P. (2021): «Consciousness and cognition in plants». *WIREs Cognitive Science* 13 (2): e1578. 10.1002/wcs.1578.

281.Colaço, D. (2022). *Why studying plant cognition is valuable, even if plants aren't cognitive*. Preimpresión. http://philsci-archive. pitt.edu/21080/

282.Mensaje personal, 21.8.2022; cf. Schmitt, A. (2020). *Denken ist unterscheiden: eine Kritik an der Gleichsetzung von Denken und Bewusstsein*. Universitätsverlag Winter. 239 pág.

283.Una carta para P. Ibisch, 21.8.2022.

284.Makarieva, A. *et al.* (2020). «Life's energy and information: contrasting evolution of volume versus surface-speciic rates of energy consumption». *Entropy* 22 (9): 1025. 10.3390/e22091025.

285.Shulman, R. G. *et al.* (2004). «Energetic basis of brain activity: implications for neuroimaging». *Trends in Neurosciences* 27(8): 489-495. 10.1016/j.tins.2004.06.005.

286.Del original en inglés: «The increase of disorder or entropy is what distinguishes the past from the future, giving a direction to time». Stephen Hawking (1988). *A brief history of time*. Bantam Books.

287.Sin embargo, Hawking no fue el primero en descubrir que el tiempo tiene una dirección en forma de flecha («Time's arrow»). El fisiólogo estadounidense Harold Blum investigó las consecuencias de la exposición a la luz solar en la piel, que en el peor de los casos se asocia al cáncer de piel. A partir de estos temas, también se ocupó de la energía y la evolución de forma más general. En su libro sobre la Flecha del Tiempo y la evolución, describió ya en 1951 cómo la vida tiene que adaptarse, entre otras cosas, a las condiciones energéticas de la Tierra. *Time's Arrow and Evolution*. De Harold F. Blum. Princeton: The Princeton University Press, 1951. xi + 222 pp.

288.Jørgensen, S. E. (2006). *Eco-exergy as sustainability*. WIT Press. 207 pág.

289.Jørgensen, S. E. (2006). *Eco-exergy as sustainability*. WIT Press. 207 pág.

290.«Once there were bacteria, now there is New York». S. Conway-Morris (2013). «Life: The inal frontier of complexity?». En: Leweaver, C.H. *et al.* (eds.). *Complexity and the arrow of time*. Cambridge: Cambridge University Press, págs. 135-161.

291.Bains, W.; Schulze-Makuch, D. (2016). «The cosmic zoo: the (near) inevitability of the evolution of complex, macroscopic life». *Life* (Basilea), septiembre, 6 (3): 25. 10.3390/life6030025.

292.*Ibid*.

293.Nielsen, S. N. *et al.* (2020). «Thermodynamics in ecology — an introductory review». *Entropy* 22 (8): 820. 10.3390/e22080820. 292

294.Skene, K. R. (2017). «Thermodynamics, ecology and evolutionary biology: A bridge over troubled water or common ground?». *Acta Oecologica* 85: 116-125. 10.1016/j.actao.2017.10.010.

295.Makarieva, A. *et al.* (2020). «Life's energy and information: contrasting evolution of volume-versus surface-specific rates of energy consumption». *Entropy* 22 (9): 1025. 10.3390/e22091025.

296.Orning, E. K. *et al.* (2021). «Gray wolf (*Canis lupus*) predation patterns following recent recolonization in a multi-predator, multi-prey system». *Canadian Journal of Zoology*. 10.1139/cjz-2021-0027.

297.Lu, H. F. *et al.* (2011). «Emergy and eco-exergy evaluation of four restoration modes in Southeast China». *Ecol. Eng.* 37: 277-285.

Lu, H. *et al.* (2015). «Eco-exergy and emergy based self-organization of three forest plantations in lower subtropical China». *Sci. Rep.* 5: 15047. 10.1038/srep15047.

298.Jørgensen, S. E. (2006). *Eco-exergy as sustainability*. WITPress. 207 pág.

Jørgensen, S. E. *et al.* (2004). «Emergy and exergy stored in genetic information». *Ecological Modelling* 178 (1-2): 11-16, 10.1016/j.ecolmodel.2003.12.036.

299.Jørgensen, S. E. *et al.* (2010). «The free energy and information embodied in the amino acid chains of organisms». *Ecological Modelling* 221 (19): 2388-2392. 10.1016/j.ecolmodel.2010.06.003.

300.Parrondo, J. *et al.* (2015). «Thermodynamics of information». *Nature Phys.* 11: 131-139. 10.1038/nphys3230.

301.Brisendine, J. M. (2019). «The equivalence of free energy and information: thermodynamic descriptions as a condition of possibility of objectivity». En: G. Georgiev *et al.* (eds.). *Evolution, development and complexity. Springer Proceedings in Complexity*. Cham: Springer. 10.1007/978-3-030-00075-2_6.

302.Bormashenko, E. (2019). «The Landauer principle: re-formulation of the second thermodynamics law or a step to great unification?». *Entropy* 21 (10): 918. 10.3390/e21100918.

303.Vopson, M. M. (2019). «The mass-energy-information equivalence principle». *AIP Advances* 9 (9): 095206.10.1063/1.5123794.

304.Jørgensen, S. E. *et al.* (2004). «Emergy and exergy stored in genetic information». *Ecological Modelling* 178 (1-2): 11-16. 10.1016/j.ecolmodel.2003.12.036.

Jørgensen, S. E. (2015). «New method to calculate the work energy of information and organisms». *Ecological Modelling* 295:18-20. 10.1016/j.ecolmodel.2014.09.001.

305.Vanchurin, V. *et al.* (2022). «Thermodynamics of evolution and the origin of life». *PNAS* 119 (6): e2120042119. 10.1073/ pnas.2120042111.

306.Jørgensen, S. E. (2008). *Evolutionary Essays: A Thermodynamic Interpretation of the Evolution*. Ámsterdam: Elsevier, 205 pág.

307.Bains, W.; SchulzeMakuch, D. (2016). «The cosmic zoo: the (near) inevitability of the evolution of complex macroscopic life». *Life* (Basilea) 6 (3): 25. 10.3390/life6030025.

308.Sandlersky, R.; Krenke, A. (2020). «Solar energy transformation strategies by ecosystems of the boreal zone (thermodynamic analysis based on remote sensing data)». *Entropy* 22 (10): 1132. 10.3390/e22101132

309.Prigogine, I.; Stengers, I. (1997). *The end of certainty. Time, chaos, and the new laws of nature*. Nueva York: The Free Press. 234 págs.

310.Del original en inglés: «We live in a world in which chance creates novelty and in which lawful chains of cause and efect conserve the resulting pattern. Creative chance piles novelty on top of novelty. Lawfulness orders these into a many-leveled self-organized whole». Prigogine I., Stengers I. (1997). *The end of certainty. Time, chaos, and the new laws of nature*. Nueva York: The Free Press.

311.De Castro, C.; McShea, D. (2022). «Applying the Prigogine view of dissipative systems to the major transitions in evolution». *Paleobiology* 48 (4): 711-728. 10.1017/pab.2022.7.

312.Marcott, S. A. *et al.* (2013). «A reconstruction of regional and global temperature for the past 11,300 years». *Science* 339: 1198. 10.1126/science.1228026.

313.Bonan, G. *et al.* (1992). «Efects of boreal forest vegetation on global climate». *Nature* 359: 716-718 . 10.1038/359716a0.

314.Stuenzi, S. M. *et al.* (2020). «Variability of the surface energy balance in permafrost-underlain boreal forest». *Biogeosciences* 18: 343-365. 10.5194/bg-18-343-2021.

315.Petäjä, T. *et al.* (2022). «Influence of biogenic emissions from boreal forests on aerosol-cloud interactions». *Nat. Geosci.* 15: 42-47. 10.1038/s41561021008760.

316.Thompson, A. J. *et al.* (2022). «Northern Hemisphere vegetation change drives a Holocene thermal maximum». *Science Advances* 8 (15), eabj6535. https://doi.org/10.1126/sciadv.abj6535.

317.Sudhakar, K.; Mamat, R. (2019). «Artificial leaves: towards bio-inspired solar energy converters». *Reference Module in Earth Systems and Environmental Sciences, Elsevier*. https://doi.org/10.1016/B978-0-12-409548-9.11799-3.

318.Zhu, X.-G. *et al.* (2008). «What is the maximum efficiency with which photosynthesis can convert solar energy into biomass?». *Current Opinion in Biotechnology*, 19 (2): 153-159. https://doi.org/10.1016/j.copbio.2008.02.004.

319.Pretzsch, H. (2020). «The course of tree growth. Theory and reality». *Forest Ecology and Management* 478. 118508. https://doi.org/10.1016/j.foreco.2020.118508.

320.Piovesan, G.; Biondi, F. (2020). «On tree longevity». *New Phytologist* 231 (4): 1318-1337. https://doi.org/10.1111/nph.17148.

Xu, C.; Liu, H. (2021). «Hydraulic adaptability promotes tree life spans under climate dryness». *Global Ecology and Biogeography* 31: 51-61.

Liu, J. *et al.* (2022). «Age and spatial distribution of the world's oldest trees». *Conservation Biology* 36 (4): e13907. https://doi.org/10.1111/cobi.13907.

321.Thomas, H. (2013). «Senescence, ageing and death of the whole plant». *New Phytologist* 197: 696-711.

322.Malisbury, E. (2020). «How the *Ginkgo biloba* achieves near-immortality». *Science*. https://www.science.org/content/article/how-ginkgo-biloba-achieves-near-immortality. https://doi.org/10.1126/science.aba8859.

Wang, L. *et al.* (2020). «Multifeature analyses of vascular cambial cells reveal longevity mechanisms in old *Ginkgo biloba* trees». 117 (4): 2201-2210. https://doi.org/10.1073/pnas.1916548I I

323.Piovesan, G.; Biondi, F. (2020). «On tree longevity». *New Phytologist* 231 (4): 1318-1337. https://doi.org/10.1111/nph.17148.

324.Cannon, C. H. *et al.* (2022). «Old and ancient trees are life history lottery winners and vital evolutionary resources for long-term adaptive capacity». *Nat. Plants* 8: 136-145. https://doi.org/10.1038/s41477-021-01088-5.

325.Caetano-Andrade, V. L. *et al.* (2020). «Tropical trees as time capsules of anthropogenic activity». *Trends in Plant Science* 25 (4): 369-380. https://doi.org/10.1016/j.tplants.2019.12.010

326.Sarmiento, C. *et al.* (2017). «Soilborne fungi have host affinity and host-specific effects on seed germination and survival in a lowland tropical forest». *PNAS* 114 (43): 11458-11463. https://doi.org/10.1073/pnas.17063241

Stump, S. M. *et al.* (2019). «Colonization of seeds by soilborne fungi: linking seed dormancy-defense syndromes, evolutionary constraints, and fungal S.». En S. Verma.; J. Jr. White (eds.). *Seed endophytes*. Cham: Springer. https://doi.org/10.1007/978-3-030-10504-4_22

327.von Oheimb, G. *et al.* (2014). «Does forest continuity enhance the resilience of trees to environmental change?». *PLoS ONE* 9 (12): e113507. https://doi.org/10.1371/journal.pone.0113507.

328.Mausolf, K. *et al.* (2018). «Legacy effects of land-use modulate tree growth responses to climate extremes». *Oecologia* 187: 825-837. https://doi.org/10.1007/s00442-018-4156-9.

329.Guerrieri, R. *et al.* (2021). «Land-use legacies influence tree water-use efficiency and nitrogen availability in recently established European forests». *Functional Ecology* 35 (6): 1325-1340. https://doi.org/10.1111/1365-2435.13787.

330.Mausolf, K. *et al.* (2018). «Higher drought sensitivity of radial growth of European beech in managed than in unmanaged forests». *Science of The Total Environment* 642: 1201-1208. https://doi.org/10.1016/j.scitotenv.2018.06.065.

331.Pérez-Luque, A. J. *et al.* (2021). «Land-use legacies and climate change as a double challenge to oak forest resilience: mismatches of geographical and ecological rear edges». *Ecosystems* 24: 755-773. https://doi.org/10.1007/s10021-020-00547-y.

332.Levi, T. *et al.* (2018). «Tropical forests can maintain hyperdiversity because of enemies». *PNAS* 116 (2): 581-586. https://doi.org/10.1073/pnas.1813211I I.

333.Condit, R. *et al.* (2005). «Tropical tree alpha-diversity: Results from a worldwide network of large plots». *Biol. Skr.* 55: 565-582.

334.Makarieva, A. *et al.* (2020). «Life's energy and information: contrasting evolution of volume-versus surface-specific rates of energy consumption». *Entropy* 22 (9): 1025. https://doi.org/10.3390/e22091025.

335.Guelin, M.; Cernicharo, J. (2022). *Organic molecules in interstellar space: Latest advances*. https://arxiv.org/pdf/2201.06106.pdf. https://doi.org/10.48550/arXiv.2201.06106.

336.Petkowski, J. J. *et al.* (2020). «On the potential of silicon as a building block for life». *Life* (Basilea) 10 (6): 84. https://doi.org/10.3390/life10060084.

337.Fuchs, G. (2011). «Alternative pathways of carbon dioxide fixation: insights into the early evolution of life». *Annu. Rev. Microbiol.* 65: 631-5810. https://doi.org/10.1146/annurev-micro-090110-102801.

338.«The natural greenhouse effect of atmospheric oxygen (O2) and nitrogen (N2) – Höpfner – 2012». *Geophysical Research Letters* 39 (10). https://doi.org/10.1029/2012GL051409.

339.Pinho, B. X. *et al.* (2020). «Critical role and collapse of tropical mega-trees: A key global resource». En: A. J. Dumbrell.; E. C. Turner; T. M. Fayle (eds.), *Advances in Ecological Research* 62: 253-294. https://doi.org/10.1016/bs.aecr.2020.01.009.

340.Elhacham, E. *et al.* (2020). «Global human-made mass exceeds all living biomass». *Nature* 588: 442-444. https://doi.org/10.1038/s41586-020-3010-5.

341.Bar-On, Y. M. *et al.* (2018). «The biomass distribution on Earth». 115 (25): 6506-6511. https://doi.org/10.1073/pnas.1711842115.

342.Aparte del hecho de que la gente no suele dejar árboles grandes en pie, los parámetros climáticos y la disponibilidad de nutrientes también determinan la altura que pueden alcanzar los árboles en determinados ecosistemas. cf. Givnish, T. J. *et al.* (2014). «Determinants of maximum tree height in *Eucalyptus* species along a rainfall gradient in Victoria, Australia». *Ecology* 95 (11): 2991-3007. 10.1890/14-0240.1.

Lógicamente, la disponibilidad de agua es especialmente importante; cf. Cramer, M. D. (2012). «Unravelling the limits to tree height: a major role for water and nutrient trade-offs». *Oecologia* 169: 61-72. 10.1007/s00442-011-2177-8.

343.Koch, G. *et al.* (2017). «The limits to tree height». *Nature* 428: 851-854. 10.1038/nature02417.

344.Del original en inglés: «Thus, large, old trees do not act simply as senescent carbon reservoirs but actively ix large amounts of carbon compared to smaller trees; at the extreme, a single big tree can add the same amount of carbon to the forest within a year as is contained in an entire mid-sized tree». Stephenson, N. *et al.* (2014). «Rate of tree carbon accumulation increases continuously with tree size». *Nature* 507: 90-93. 10.1038/nature12914.

345.Bordin, K. M. *et al.* (2021). «Climate and large-sized trees, but not diversity, drive above-ground biomass in subtropical forests». *Forest Ecology and Management* 490: 119126. 10.1016/j.foreco.2021.119126.

346.Enquist, B. J.; Abraham, A. J.; Harfoot, M. B. J. *et al.* (2020). «The megabiota are disproportionately important for biosphere functioning». *Nat. Commun.* 11: 699. 10.1038/s41467-020-14369-y.

347.Pretzsch, H. (2020). «The course of tree growth. Theory and reality». *Forest Ecology and Management* 478: 118508.

Thom, D. *et al.* (2019). «The climate sensitivity of carbon, timber, and species richness covaries with forest age in boreal-temperate North America». *Global Change Biology* 25 (7): 2446-2458. 10.1111/gcb.14656.

348.Algunos autores parecen demostrar lo contrario con sus artículos. Sin embargo, llama la atención que se publiquen en la categoría de «artículos de opinión» o en revistas de divulgación científica sin revisión internacional por pares, no aporten pruebas claras y se basen en ciertas suposiciones, como la sustitución de la madera por otros materiales, y, sobre todo, ignoren los numerosos estudios que han constatado lo contrario. Por ejemplo: Schulze, E. D. *et al.* (2022). «The role of wood harvest from sustainably managed forests in the carbon cycle». *Annals of Forest Science* 79, 17. 10.1186/s13595-022-01127-x.

349.Stovall, A. E. L. *et al.* (2019). «Tree height explains mortality risk during an intense drought». *Nat. Commun.* 10: 4385. 10.1038/s41467-019-12380-6.

350.Pan, Y.; Birdsey, R. A.; Fang, J.; Houghton, R.; Kauppi, P.E.; Kurz, W. A. (2011). «A large and persistent carbon sink in the world's forests». *Science* 333: 988-993.

Martin, A. R. *et al.* (2021). «Carbon fractions in the world's dead wood». *Nat. Commun.* 12: 889. 10.1038/s41467-021-21149-9.

351.Pfeifer, M. *et al.* (2015). «Deadwood biomass: an underestimated carbon stock in degraded tropical forests?». *Environ. Res. Lett.* 10: 044019. 10.1088/1748-9326/10/4/044019.

352.Busing, T.; Fujimori, T. (2005). «Biomass, production and woody detritus in an old coast redwood (*Sequoia sempervirens*) forest». *Plant Ecol.* 177: 177-188. 10.1007/s11258-005-2322-8.

353.Korpel, S. (1982). «Degree of equilibrium and dynamical changes of the forest on example of natural forests of Slovakia». *Acta Facultatis Forestalis Zvolen* 24: 9-31.
Korpel, S. (1995). *Die Urwälder der Westkarpaten*. Stuttgart, Jena, Nueva York, Gustav Fischer, 310 pág.
354.Commarmot, B. *et al.* (2005). «Structures of virgin and managed beech forests in Uholka (Ukraine) and Sihlwald (Switzerland): a comparative study». *For. Snow Landsc. Res.* 79 (1/2): 45-56.
355.Meyer, P. *et al.* (2021). «Limited sink but large storage: Biomass dynamics in naturally developing beech *(Fagus sylvatica)* and oak *(Quercus robur, Quercus petraea)* forests of north-western Germany». *Journal of Ecology* 109 (10): 3602-3616. 10.1111/1365-2745.13740.
356.Stutz, K. P.; Lang, F. (2017). «Potential sand unknown sin managing coarse woody debris for soil functioning». *Forests* 8 (2): 37. 10.3390/f8020037.
357.Dependiendo del tipo de madera de origen y de la clase de descomposición, se desarrollan diferentes secuencias de microbios y hongos a lo largo de las décadas de descomposición, algunos de los cuales están disponibles como socios para las plantas. Lepinay, C. *et al.* (2021). «Successional development of fungal communities associated with decomposing deadwood in a natural mixed temperate forest». *Journal of Fungi* 7 (6): 412. 10.3390/jof7060412.
Fukasawa, Y. (2021). «Ecological impacts of fungal wood decay types: A review of current knowledge and future research directions». *Ecological Research* 36 (6): 910-931. 10.1111/1440-1703.12260.
Seibold, S. *et al.* (2021). «The contribution of insects to global forest deadwood decomposition». *Nature* 597: 77-81. 10.1038/s41586-021-03740-8.
358.Ponge, J.-F. (2022). «Humus: dark side of life or intractable "aether"?». *Pedosphere* 32 (4): 660-664. 10.1016/ S1002-0160(21)60013-9.
359.Salmon, S. (2001). «Earthworm excreta (mucus and urine) afect the distribution of springtails in forest soils». *Biol Fertil Soils* 34: 304-310. 10.1007/s003740100407.
360.Thomas, E. *et al.* (2020). «The potential of earthworms in soil carbon storage: a review». *Environmental and Experimental Biology* 18: 61-75. 10.22364/eeb.18.06.
Hasta la fecha, las especies arbóreas y el tipo de hojarasca han desempeñado un papel fundamental en la vida del suelo y la abundancia de especies clave como las lombrices de tierra. Joly, F.-X. *et al.* (2017). «Tree species diversity afects decomposition through modiied micro-environmental conditions across European forests». *New Phytologist* 214 (3): 1281-1293. 10.1111/nph.14452.
Schelfhout, S. *et al.* (2017). «Tree species identity shapes earthworm communities». *Forests* 8 (3): 85. 10.3390/f8030085.
Existe una retroalimentación positiva de las lombrices de tierra, que promueve la formación de humus y valores de pH beneficiosos, lo que a su vez conduce a más lombrices de tierra. Desie, E. *et al.* (2020). «Positive feedback loop between earthworms, humus form and soil pH reinforces earthworm abundance in European forests». *Functional Ecology* 34 (12): 2598-2610. 10.1111/1365-2435.13668.
361.Angst, G. *et al.* (2022). «Earthworms as catalysts in the formation and stabilization of soil microbial necromass». *Global Change Biology*, 28 (16): 4775-4782. 10.1111/gcb.16208.
362.Prescott, C. E.; Vesterdal, L. (2021). «Decomposition and transformations along the continuum from litter to soil organic matter in forest soils». *Forest Ecology and Management* 498: 119522. 10.1016/j.foreco.2021.119522.
363.Basker, A. *et al.* (1994). «Changes in potassium availability and other soil properties due to soil ingestion by earthworms». *Biology and Fertility of Soils* 17: 154-158.
364.Scheu, S.; Wolters, V. (1991). «Bufering of the efect of acid rain on decomposition of C-14-labelled beech leaf litter by saprophagous invertebrates». *Biology and Fertility of Soils* 11: 285-289.
365.Van Delft, S. P. J. *et al.* (1999). «Humus proile degradation as inluenced by decreasing earthworm activity». *Pedobiologia* 43: 561-567.
366.Guidi, C. *et al.* (2022). «Soil fauna drives vertical redistribution of soil organic carbon in a long-term irrigated dry pine forest». *Global Change Biology* 28 (9): 3145-3160. 10.1111/gcb.16122.
367.Hendrix, P. F. (2006). «Biological invasions belowground – earthworms as invasive species». En: P. F. Hendrix (ed.). *Biological invasions belowground: earthworms as invasive species*. Dordrecht: Springer. 10.1007/978-1-4020-5429-7_1.
Lejoly, J. *et al.* (2021). «Invasive earthworms afect soil morphological features and carbon stocks in boreal forests». *Geoderma* 404: 115262. 10.1016/j.geoderma.2021.115262.
368.Ponge, J. F. (2013). «Plant–soil feedbacks mediated by humus forms: A review». *Soil Biology and Biochemistry* 57: 1048-1060. 10.1016/j.soilbio.2012.07.019.
369.Stanek, M. *et al.* (2020). «Invasive red oak (*Quercus rubra L.*) modiies soil physicochemical properties and forest understory vegetation». *Forest Ecology and Management* 472: 118253. 10.1016/j.foreco.2020.118253.
370.Dhiedt, E. *et al.* (2019). «Efects of decomposing beech (*Fagus sylvatica*) logs on the chemistry of acidiied sand and loam soils in two forest reserves in Flanders (northern Belgium)». *Forest Ecology and Management* 445: 70-81. 10.1016/j.foreco.2019.05.006.
371.Perreault, L. *et al.* (2021). «Linking deadwood and soil GHG luxes in a second growth north temperate deciduous forest (Upper Midwest USA)». *Biogeochemistry* 156: 177-194. 10.1007/s10533-021-00839-y.
372.Shannon, V. L. *et al.* (2022). «The contribution of deadwood to soil carbon dynamics in contrasting temperate forest ecosystems». *Eur J Forest Res* 141: 241-252. 10.1007/s10342-021-01435-3.
373.González-Polo, M. *et al.* (2013). «Woody debris stimulates soil enzymatic activity and litter decomposition in an old-growth temperate forest of Patagonia, Argentina». *Ecosystems* 16: 1025-1038. 10.1007/s10021-013-9665-0.
Lasota, J. *et al.* (2022). «Fine woody debris as a biogen reservoir in forest ecosystems». *Acta Oecologica* 115: 103822. 10.1016/j.actao.2022.103822.
374.Hollands, C. *et al.* (2022). «Management impacts on the dissolved organic carbon release from deadwood, ground vegetation and the forest loor in a temperate Oak woodland». *Science of The Total Environment* 805: 150399. 10.1016/j.scitotenv.2021.150399.
375.Prescott, C. E.; Vesterdal, L. (2021). «Decomposition and transformations along the continuum from litter to soil organic matter in forest soils». *Forest Ecology and Management* 498: 119522. 10.1016/j.foreco.2021.119522.
Stutz, K. P. *et al.* (2019). «Lignin from white-rotted European beech deadwood and soil functions». *Biogeochemistry* 145: 81-105. 10.1007/s10533¬019¬00593¬2.
376.Jobba´gy, E. G.; Jackson, R. B. (2000). «The vertical distribution of soil organic carbon and its relation to climate and vegetation». *Ecology* 10: 423-436.
377.Guidi, C. *et al.* (2022). «Soil fauna drives vertical redistribution of soil organic carbon in a long¬term irrigated dry pine forest». *Global Change Biology* 28 (9): 3145-3160. 10.1111/gcb.16122.
378.Angst, G. *et al.* (2021). «Plants or microbial-derived? A review on the molecular composition of stabilized soil organic matter». *Soil Biology and Biochemistry* 156: 108189. 10.1016/j.soilbio.2021.108189.
Buckeridge, K. M. *et al.* (2020). «Sticky dead microbes: Rapid abiotic retention of microbial necromass in soil. Soil Biol». *Biochem.* 149: 107929. 10.1016/j.soilbio.2020.107929.
379.Clemmensen, K. E. *et al.* (2013). «Roots and associated fungi drive long-term carbon sequestration in boreal forest». *Science* 340: 1615-1618.
380.Schmidt, M. *et al.* (2011). «Persistence of soil organic matter as an ecosystem property». *Nature* 478: 49-56. 10.1038/ nature10386.
381.Leuschner, C. *et al.* (2022). «Forest management impact on soil organic carbon: A pairedplot study in primeval and managed European beech forests». *Forest Ecology and Management* 512: 120163. 10.1016/j.foreco.2022.120163.
382.Luyssaert, S. *et al.* (2008). «Old-growth forests as global carbon sinks». *Nature* 455: 213-215.
383.Gundersen, P. *et al.* (2021). «Old-growth forest carbon sinks overestimated». *Nature* 591: E21–E23. 10.1038/s41586-021-03266-z.
Luyssaert, S. *et al.* (2021). «Reply to: Old-growth forest carbon sinks overestimated». *Nature* 591: E24–E25. 10.1038/ s41586-021-03267-y.
384.Gilhen-Baker, M. *et al.* (2022). «Old-growth forests and large old trees as critical organisms connecting ecosystems and human health. A review». *Environ Chem Lett* 20: 1529-1538. 10.1007/s10311-021-01372-y.
385.Erb, K. H. *et al.* (2021). «Changes in perspective needed to forge "no-regret" forest-based climate change mitigation strategies». *GCB Bioenergy* 14 (3): 246-257. 10.1111/gcbb.12921.
386.Moomaw, W. R. *et al.* (2019). «Intact forests in the United States: proforestation mitigates climate change and serves the greatest good». *Front. For. Glob. Change* 10.3389/fgc.2019.00027.
387.Water Science School (2019). *How much water is there on Earth?* U. S. Geological Survey. https://www.usgs.gov/special-topics/water-science-school/science/how-much-water-there-earth (consultado: 27.11.23).
388.Del original en inglés: «Water is the most perfect traveller because when it travels it becomes the path itself!», del poeta turco Mehmet Murat ildan (2020): https://twitter.com/ildanquotations/status/1313432828789563392?lang=de
389.Milo, R.; Phillips, R. (2015). *Cell biology by the numbers*. Nueva York: Garland Science.
390.Frenkel-Pinter, M. *et al.* (2021). «Water and life: the medium is the message». *J. Mol. Evol.* 89: 2-11. 10.1007/ s00239-020-09978-6.
391.*Ibid.*
392.*Ibid.* Del original en inglés: «Water is never absent or physically separated from biological macromolecules, organic cofactors, and metals, but readily combines with, withdraws from, and intercedes in their transformations. In biological systems, water is fully integrated into processes of bond making and bond breaking. The distinction between medium and chemical participant is so blurred as to be devoid of meaning. [...] Leonardo da Vinci was correct: water is the ultimate vehicle of nature».
393.Brini, E. *et al.* (2017). «How water's properties are encoded in its molecular structure and energies». *Chem. Rev.* 117 (19): 12385-12414. 10.1021/acs.chemrev.7b00259.
394.2.14: Water – High Heat Capacity. En: *General Biology*. Libre Texts libraries. https://bio.libretexts.org/Bookshelves/Introductory_and_General_Biology/Book%3A_General_Biology_(Boundless)/02%3A_The_Chemical_Foundation_of_Life/2.14%3A_Water_-_High_Heat_Capacity (consultado: 27.11.23).
395.Exposición: *Building the First Transcontinental Railroad*. Digital Public Library of America (DPLA) [consultado: 27.11.23]. https://dp.la/exhibitions/transcontinental-railroad.
Ribot, J. C. (2001). «A history of fear: imagining deforestation in the West African dryland forests». *Global Ecology and Biogeography* 8 (3-4): 291-300. 10.1046/j.1365-2699.1999.00146.x.
Kakizawa, H. (2015). «Development Process of Timber Harvesting in the Khabarovsk Region, Russian Federation». En: Haruyama, S.; Shiraiwa, T. (eds.). *Environmental Change and the Social Response in the Amur River Basin. International Perspectives in Geography*, vol 5. Tohio: Springer. 10.1007/978-4-431-55245-1_10.
Hellkvist, J. *et al.* (1974). «Vertical gradients of water potential and tissue water relations in Sitka spruce trees measured with the pressure chamber». *Journal of Applied Ecology* 11 (2): 637-667.
396.Schenk, H. J. *et al.* (2020). «Positive pressure in xylem and its role in hydraulic function». *New Phytologist* 230 (1): 27-45. 10.1111/nph.17085.
397.Tyree, M. T.; Sperry, J. S. (1989). «Vulnerability of xylem to cavitation and embolism». *Annual Review of Plant Physiology and Molecular Biology* 40: 19-38.
398.Feng, F. *et al.* (2021). «Cavitation fatigue in conifers: a study on eight European species». *Plant Physiology* 186 (3): 1580-1590. 10.1093/plphys/kiab170.
399.Rehschuh, R. *et al.* (2020). «Drought-induced xylem embolism limits the recovery of leaf gas exchange in Scots pine». *Plant Physiology* 184 (2): 852-864. 10.1104/pp.20.00407.
400.Knüver, T. *et al.* (2022). «Recovery after long-term summer drought: Hydraulic measurements reveal legacy efects in trunks of *Picea abies* but not in *Fagus sylvatica*». *Plant Biology (early view)*: 10.1111/plb.13444.
401.Arend, M. *et al.* (2021). «Rapid hydraulic collapse as cause of drought-induced mortality in conifers». *PNAS* 18 (16): e2025251118. 10.1073/pnas.2025251118.
Klein, T. *et al.* (2022). «Conifer desiccation in the 2021 NW heatwave conirms the role of hydraulic damage». *Tree Physiology* 42 (4): 722-726. 10.1093/treephys/tpac007.
402.Hunziker, S. *et al.* (2022). «Below average midsummer to early autumn precipitation evolved into the main driver of sudden Scots pine vitality decline in the Swiss Rhône Valley». *Front. For. Glob. Change*, Sec. Forests and the Atmosphere: 10.3389/ fgc.2022.874100.

403.Meusburger, K. *et al.* (2022). «Soil–plant interactions modulated water availability of Swiss forests during the 2015 and 2018 droughts». *Global Change Biology* 28 (20): 5928-5944. 10.1111/gcb.16332.

404.Irslinger, R. (2021). *Facts don't matter? Von Waldflüsterern und wirklichen Förstern*. Gastbeiträge Blog. J. M. Wiarda. https://www.jmwiarda.de/2021/03/16/facts-don-t-matter-von-waldfl%-C3%BCsterern-und-wirklichen-f%C3%B6rstern/ (consultado: 27.11.23).

405.Zalewski, M.; Janauer, G. A.; Jolánkai, G. (1997). *Ecohydrology. A new paradigm for the sustainable use of aquatic resources* (UNESCO IHP Technical Document in Hydrology No. 7.; IHP - V Projects 2.3/2.4, UNESCO, París, 1997), pág. 60.M.
Zalewski, G. A.; Janauer, G.; Jolánkai. «Ecohydrology. A new paradigm for the sustainable use of aquatic resources» (UNESCO IHP Technical Document in Hydrology No. 7.; IHP - V Projects 2.3/2.4, UNESCO, París, 1997), pág. 60.
Ellison, D. *et al.* (2017). «Trees, forests and water: Cool insights for a hot world». *Global Environmental Change* 43: 51-61. 10.1016/j.gloenvcha.2017.01.002.
Wierik, S. A. *et al.* (2021). «Reviewing the impact of land use and landuse change on moisture recycling and precipitation patterns». *Water Resour. Res.* 57: e2020WR029234. 10.1029/2020WR029234.

406.Sheil, D. (2018). «Forests, atmospheric water and an uncertain future: the new biology of the global water cycle». *For. Ecosyst.* 5: 19. 10.1186/s40663-018-0138-y.

407.Zapater, M. *et al.* (2011). «Evidence of hydraulic lift in a young beech and oak mixed forest using 18O soil water labelling». *Trees* 25: 885-894. 10.1007/s00468-011-0563-9.

408.Hafner, B. *et al.* (2020). «Water potential gradient, root conduit size and root xylem hydraulic conductivity determine the extent of hydraulic redistribution in temperate trees». *Functional Ecology* 34 (3): 561-574. 10.1111/1365-2435.13508.
Hafner, B. D. *et al.* (2017). «Hydraulic redistribution under moderate drought among English oak, European beech and Norway spruce determined by deuterium isotope labeling in a split-root experiment». *Tree Physiology* 37 (7): 950-960. 10.1093/treephys/tpx050.

409.Bleby, T. M. *et al.* (2022). «Water uptake and hydraulic redistribution across large woody root systems to 20 m depth». *Plant, Cell & Environment*, 33 (12): 2132-2148. 10.1111/j.1365-3040.2010.02212.x.

410.Grossiord, C. (2018). «Having the right neighbors: how tree species diversity modulates drought impacts on forests». *New Phytologist* 228 (1): 42-49. 10.1111/nph.15667.
Zou, C. B. *et al.* (2005). «Soil moisture redistribution as a mechanism of facilitation in savanna tree–shrub clusters». *Oecologia* 145: 32-40.
Prieto, I. *et al.* (2012). «Water release through plant roots: new insights into its consequences at the plant and ecosystem level». *New Phytologist* 193 (4): 830-841. 10.1111/j.1469-8137.2011.04039.x

411.Badu, M. *et al.* (2022). «Net precipitation, infiltration and overland flow production in three types of community managed forest in the Midhills of East Central Nepal». *Trees Forests and People* 8 (14): 100218. 10.1016/j.tfp.2022.100218.

412.Aung, K.; He, Y. J. S. Y. (2017). «The role of water in plant–microbe interactions». *The Plant Journal* 93 (4): 771-780. 10.1111/tpj.13795.

413.Barthlott, W. *et al.* (2022). «Superhydrophobic terrestrial cyanobacteria and land plant transition». *Front. Plant Sci.*, Sec. Plant Abiotic Stress: 10.3389/fpls.2022.880439.

414.Tobón, C. (2021). «Ecohydrology of tropical Andean cloud forests». En: R. W. Myster (ed.). *The Andean cloud forest*. Springer. 10.1007/9783030573447_4.

415.https://onlinelibrary.wiley.com/doi/full/10.1002/eco.2298

416.Van Stan, J. T. *et al.* (2021). «Bark Water Interactions Across Ecosystem States and Fluxes». *Front. For. Glob. Change*, Sec. Forest Hydrology: 10.3389/fgc.2021.660662.

417.Watkinson, S. *et al.* (2006). «The role of wood decay fungi in the carbon and nitrogen dynamics of the forest floor». En: G. M. Gadd (ed.). *Fungi in biogeochemical cycles*. Cambridge: Cambridge University Press, págs. 151-181.

418.KlamerusIwan, A. *et al.* (2020). «Interspecific variability of water storage capacity and absorbability of deadwood». *Forests* 11 (5): 575. 10.3390/f11050575.

419.Hämäläinen, A. *et al.* (2014). «The value of retained Scots pines and their dead wood legacies for lichen diversity in clear-cut forests: The effects of retention level and prescribed burning». *For. Ecol. Manag.* 324: 89-100.
Floriancic, M. G. *et al.* (2021). «Litter and deadwood water retention processes in a temperate mixed forest». *EGU General Assembly 2021, online*, 19-30 abril 2021, EGU21-15217. 10.5194/egusphere-egu21-15217.

420.Green, M. B. *et al.* (2022). «Does deadwood moisture vary jointly with surface soil water content?». *Soil Science Society of America Journal* 86 (4): 1113-1121. 10.1002/saj2.20413.

421.Pichler, V. et al. (2012). «Variability of moisture in coarse woody debris from several ecologically important tree species of the Temperate Zone of Europe». *Ecohydrology* 5 (4): 424-434. DOI: 10.1002/eco.235.

422.Peña-Arancibia, J. L. *et al.* (2019). «Forests as "sponges" and "pumps": Assessing the impact of deforestation on dry-season lows across the tropics». *Journal of Hydrology* 574: 946-963. DOI: 10.1016/j.jhydrol.2019.04.064.

423.Zhang, X. *et al.* (2022). «Stability and variability of long-term streamflow and its components in watersheds under vegetation restoration on the Chinese Loess Plateau». *Hydrological Processes* 36 (4): e14543. DOI: 10.1002/hyp.14543.
Zhang, B. *et al.* (2022). «Revegetation does not decrease water yield in the loess plateau of China». *Geophysical Research Letters* 49 (9). DOI: 10.1029/2022GL098025.

424.Shah, N. W. *et al.* (2022). «The effects of forest management on water quality». *Forest Ecology and Management* 522: 120397. DOI: 10.1016/j.foreco.2022.120397.

425.de Buffon, G. L. L. (1840 [1769]). *Sämtliche Werke*, Bd. 2, Köln (traducción al alemán de J. Schaltenbrand), págs. 298-299.

426.von Humboldt, A. (1832). «Untersuchungen über die Beugung der Isothermen». En: *Fragmente einer Geologie und Klimatologie Asiens* (traducción J. Loewenberg). J. A. List, Berlín, págs. 228-229.

427.*Ibid.*, pág. 229.

428.Su, W. *et al.* (2010). «Assessing the impact of land use/land cover on urban heat island pattern in Nanjing City, China». *Journal of Urban Planning and Development* 136 (4): 365-372.
Feizizadeh, B.; Blaschke, T. (2013). «Examining urban heat island relations to land use and air pollution: Multiple endmember spectral mixture analysis for thermal remote sensing». *IEEE Journal of Selected Topics in Applied Earth Observations and Remote Sensing* 6 (3): 1749-1756.
Ziter, C. D. *et al.* (2019). «Scale-dependent interactions between tree canopy cover and impervious surfaces reduce daytime urban heat during summer». *PNAS* 116: 7575-7580.
Elmes, A. *et al.* (2017). «Effects of urban tree canopy loss on land surface temperature magnitude and timing». *ISPRS J. Photogramm. Remote Sens* 128: 338-353.
Schwaab, J. *et al.* (2021). «The role of urban trees in reducing land surface temperatures in European cities». *Nat. Commun.* 12: 6763. DOI: 10.1038/s41467-021-26768-w.

429.Schwaab, J. *et al.* (2021). «The role of urban trees in reducing land surface temperatures in European cities». *Nat. Commun.* 12: 6763. DOI: 10.1038/s41467-021-26768-w.

430.Ibisch, P. L. *et al.* (2021). *Der Wald in Deutschland auf dem Weg in die Heißzeit. Vitalität, Schädigung und Erwärmung in den Extremsommern 2018–2020*. Centre for Econics and Ecosystem Management an der Hochschule für nachhaltige Entwicklung Eberswalde für Greenpeace. Eberswalde. 87 pág. doi: 10.13140/RG.2.2.31704.62724.

431.Blumröder, J. S. *et al.* (2021). «Forestry contributed to warming of forest ecosystems in northern Germany during the extreme summers of 2018 and 2019». *Ecological Solutions and Evidence* 2 (3): e12087.

432.Hatfield, J. L.; Prueger, J. H. (2015). «Temperature extremes: effect on plant growth and development». *Weather and Climate Extremes* 10: 4-10.

433.Breshears, D. D. *et al.* (2013). «The critical amplifying role of increasing atmospheric moisture demand on tree mortality and associated regional die-off». *Frontiers in Plant Science* 4: 266.
Williams, A. P. et al. (2013). «Temperature as a potent driver of regional forest drought stress and tree mortality». *Nature Climate Change* 3 (3): 292-297.

434.Grossiord, C. et al. (2020). «Plant responses to rising vapor pressure deficit». *New Phytologist* 226 (6): 1550-1566.

435.Hesslerová, P. *et al.* (2018). «The effect of forest disturbance on landscape temperature». *Ecological Engineering* 120: 345-354.

436.Wolf, S. *et al.* (2013). «Contrasting response of grassland versus forest carbon and water fluxes to spring drought in Switzerland». *Environ. Res. Lett.* 8: 035007–035014.

437.Bigler, C.; Vitasse, Y. (2021). «Premature leaf discoloration of European deciduous trees is caused by drought and heat in late spring and cold spells in earlyfall». *Agricultural and Forest Meteorology* 307: 108492. DOI: 10.1016/j.agrformet.2021.108492.

438.Khan, A. *et al.* (2022). «Limited acclimation in leaf morphology and anatomy to experimental drought in temperate forest species». *Biology* 11 (8): 1186. DOI: 10.3390/biology11081186.

439.Zhang, C. *et al.* (2019). «How do Tilia cordata greenspire trees cope with drought stress regarding their biomass allocation and ecosystem services?». *Forests* 10: 676. doi: 10.3390/f10080676.

440.Klesse, S. *et al.* (2022). «Long-term soil water limitation and previous tree vigor drive local variability of drought-induced crown dieback in Fagus sylvatica». *Science of The Total Environment* 851, parte 1: 157926. doi: 10.1016/j.scitotenv.2022.157926.

441.Teuling, A. J. *et al.* (2010). «Contrasting response of European forest and grassland energy exchange to heatwaves». *Nat. Geosci.* 3: 722-727.
Zaitchik, B. F. *et al.* (2006). «Europe's 2003 heat wave: a satellite view of impacts and land–atmosphere feedbacks». *Int. J. Clim.* 26: 743-769.

442.Doughty, C. E. *et al.* (2015). «Drought impact on forest carbon dynamics and fluxes in Amazonia». *Nature* 519: 78-82.
Anderegg, W. R. L. *et al.* (2012). «Consequences of widespread tree mortality triggered by drought and temperature stress». *Nat. Clim. Change* 3: 30-36.
Williams, A. P. *et al.* (2010). «Forest responses to increasing aridity and warmth in the southwestern United States». *PNAS* 107: 21289-21294.

443.Sheil, D. (2018). «Forests, atmospheric water and an uncertain future: the new biology of the global water cycle». *Forest Ecosystems* 5 (1): 1-22.
van der Ent, R. J. *et al.* (2014). «Contrasting roles of interception and transpiration in the hydrological cycle–Part 2: Moisture recycling». *Earth System Dynamics* 5 (2): 471-489.

444.Makarieva, A.; Gorshkov, V. G. (2007). «Biotic pump of atmospheric moisture as driver of the hydrological cycle on land». *Hydrol. Earth Syst. Sci.*, 11: 1013-1033.
Millán, H. *et al.* (2011). «Temporal complexity of daily precipitation records from different atmospheric environments: chaotic and Lévy stable parameters». *J. Atmos. Res.* 101: 879-892.
Makarieva, A. M. *et al.* (2013). «Revisiting forest impact on atmospheric water vapor transport and precipitation». *Theor. Appl. Climatol.* 111: 79-96.

445.Norris, C. *et al.* (2011). «Microclimate and vegetation function as indicators of forest thermodynamic efficiency». *Journal of Applied Ecology* 49: 562-570. doi: 10.1111/j.1365-2664.2011.02084.x.

446.de Frenne, P. *et al.* (2019). «Global buffering of temperatures under forest canopies». *Nature Ecology & Evolution* 3 (5): 744-749.
Norris, C. *et al.* (2011). «Microclimate and vegetation function as indicators of forest thermodynamic efficiency». *Journal of Applied Ecology* 49: 562-570. doi: 10.1111/j.1365-2664.2011.02084.x.
Zellweger, F. *et al.* (2019). «Seasonal drivers of understorey temperature buffering in temperate deciduous forests across Europe». *Global Ecology and Biogeography* 28 (12): 1774-1786.

447.De Lombaerde, E. *et al.* (2022). «Maintaining forest cover to enhance temperature buffering under future climate change». *Science of The Total Environment* 810: 151338. doi: 10.1016/j.scitotenv.2021.151338.

448.Suggitt, A. J. *et al.* (2011). «Habitat microclimates drive fine-scale variation in extreme temperatures». *Oikos* 120 (1): 1-8.

449.Ibisch, P. L. *et al.* (2021). *Der Wald in Deutschland auf dem Weg in die Heißzeit. Vitalität, Schädigung und Erwärmung in den Extremsommern 2018–2020*. Centre for Econics and Ecosystem Management an der Hochschule für nachhaltige Entwicklung Eberswalde für Greenpeace. Eberswalde. 96 S. DOI: 10.13140/RG.2.2.31704.62724.

450.Zeppetello, L. R. V. *et al.* (2022). «Consistent cooling benefits of silvopasture in the tropics». *Nat. Commun.* 13: 708. doi: 10.1038/s41467-022-28388-4.

451.Alkama, R.; Cescatti, A. (2016). «Biophysical climate impacts of recent changes in global forest cover». *Science* 351 (6273): 600-604. doi: 10.1126/science.aac8083.

452.Original en inglés: «For a long time everybody thought that all the moisture in the clouds which falls to the earth in the form of rain or snow was furnished by watery vapor rising from the ocean. After a while, people began to wonder how the clouds over the central part of the country could have carried their moisture so many hundreds of miles from the coast without losing it. [...] As soon as people discovered how much the forest trees were helping the clouds to water the prairie farms of our country, they began to call the forests the "oceans of the continent", and they began to realize, as they had not done before, how very important the forests are to the food supply of our country». Curtis, M. I. (1925). *Stories in trees*. Chicago: Lyon & Carnahan.

453.von Liburnau Lorenz, J. R. R. (1875). *Wald, Klima und Wasser. Naturkräfte*, 29. Oldenbourg, Múnich: Bd. Verlag, págs. 274-275.

454.Pearce, F. (2020). «Weather makers. Forests supply the world with rain. A controversial Russian theory claims they also make wind». *Science*. doi: 10.1126/science.abd3856.

455.von Liburnau Lorenz, J. R. R. (1875). *Wald, Klima und Wasser. Naturkräfte*, 29. Oldenburg, Múnich: Bd. Verlag, pág. 275.

456.Pearce, F. (2020). «Weather makers. Forests supply the world with rain. A controversial Russian theory claims they also make wind». *Science*. doi: 10.1126/science.abd3856.

457.van der Ent, R. J. et al. (2019). «Origin and fate of atmospheric moisture over continents». *Water Resour. Res.* 46: W09525.

458.Makarieva, A. M.; Gorshkov, V. G. (2007). «Biotic pump of atmospheric moisture as driver of the hydrological cycle on land». *Hydrol. Earth Syst. Sci.* 11: 1013-1033.

459.Makarieva, A. *et al.* (2013). «Where do winds come from? A new theory on how water vapor condensation influences atmospheric pressure and dynamics». *Atmospheric Chemistry and Physics* 13 (2): 1039-1056. doi: 10.5194/acpd10240152010.

460.Xu, R. *et al.* (2022). «Contrasting impacts of forests on cloud cover based on satellite observations». *Nat. Commun.* 13: 670. doi: 10.1038/s41467022281617.

461.Ehn, M. *et al.* (2014). «A large source of low-volatility secondary organic aerosol». *Nature* 506: 476-479. doi: 10.1038/nature13032.

462.Neefjes, I. *et al.* (2022). «25 years of atmospheric and ecosystem measurements in a boreal forest – Seasonal variation and responses to warm and dry years». *Boreal Environment Research* 27 (1-6): 1-31.

463.Morris, C. E. *et al.* (2014). «Bioprecipitation: a feedback cycle linking Earth history, ecosystem dynamics and land use through biological ice nucleators in the atmosphere». *Global Change Biology* 20: 341-351. doi: 10.1111/gcb.12447.

464.Sands, D. C. *et al.* (1982). «The association between bacteria and rain and possible resultant meteorological implications». *Journal of the Hungarian Meteorological Service* 86: 148-152.

465.Burrows, S. M. *et al.* (2009). «Bacteria in the global atmosphere – Part 2: modeling of emissions and transport between different ecosystems». *Atmospheric Chemistry and Physics* 9: 9281-9297.

466.Lihavainen, H. *et al.* (2009). «Observational signature of the direct radiative effect by natural boreal forest aerosols and its relation to the corresponding first indirect effect». *J. Geophys. Res.* 114: D20206. [doi: 10.1029/2009JD012078] (https://doi.org/10.1029/2009JD

467.Paasonen, P. *et al.* (2013). «Warming-induced increase in aerosol number concentration likely to moderate climate change». *Nature Geosci.* 6: 438-442. doi: 10.1038/ngeo1800.

468.Holopainen, E. *et al.* (2022). «Insect herbivory caused plant stress emissions increases the negative radiative forcing of aerosols». *Journal of Geophysical Research: Atmospheres* 127 (13): e2022JD036733. 10.1029/2022JD036733.
Neefjes, I. *et al.* (2022). «25 years of atmospheric and ecosystem measurements in a boreal forest – Seasonal variation and responses to warm and dry years». *Boreal Environment Research* 27 (1-6): 1-31.

469.Petäjä, T. *et al.* (2022). «Influence of biogenic emissions from boreal forests on aerosol–cloud interactions». *Nat. Geosci.* 15: 42-47. 10.1038/s41561021008760.
Ylijuuti, T. *et al.* (2021). «Significance of the organic aerosol driven climate feedback in the boreal area». *Nat. Commun.* 12: 5637. 10.1038/s41467-021-25850-7.

470.Makarieva, A. M. *et al.* (2022). «Vegetation impact on atmospheric moisture transport under increasing land-ocean temperature contrasts». *Heliyon* 8 (10): e11173. 10.1016/j.heliyon.2022.e11173.

471.Makarieva, A. M. *et al.* (2022). «How transpiration by forests and other vegetation determines alternate moisture regimes». Preimpresión. arXiv:2204.07409 [physics.ao-ph]. 10.48550/arXiv.2204.07409.

472.Tuinenburg, O. A. et al. (2022). «The global potential of forest restoration for drought mitigation». *Environ. Res. Lett.* 1: 034045. 10.1088/1748-9326/ac55b8.
Sheil, D. *et al.* (2019). «Forest restoration: Transformative trees». *Science* 366: 316-317. 10.1126/science.aay7309.

473.Cf.: Zhang, P. *et al.* (2020). «Abrupt shift to hotter and drier climate over inner East Asia beyond the tipping point». *Science* 370: 1095-1099.
Un equipo chino-coreano-sueco ha señalado una peligrosa tendencia: el análisis de datos sobre la anchura de los anillos de los árboles de Asia Oriental parece demostrar que la desecación del suelo y el calentamiento de la superficie están provocando olas de calor cada vez más graves. La vegetación está, por supuesto, cada vez más presionada. Los pinos del norte de China carecen cada vez más de anillos anuales, lo que podría suponer un peligroso punto de inflexión.
Zhao, S. *et al.* (2021). «Frequent locally absent rings indicate increased threats of extreme droughts to semi-arid *Pinus tabuliformis* forests in North China». *Agricultural and Forest Meteorology* 308-309: 108601. 10.1016/j. agrformet.2021.108601.

474.Pranindita, A. *et al.* (2022). «Moisture recycling and the potential role of forests as moisture source during European heatwaves». *Clim. Dyn.* 58: 609-624. 10.1007/s00382-021-05921-7

475.Swann, A. L. S. *et al.* (2018). «Continental-scale consequences of tree die-offs in North America: identifying where forest loss matters most». *Environ. Res. Lett.* 13: 055014. 10.1088/1748-9326/aaba0f.

476.te Wierik, S. A. *et al.* (2020). «The need for green and atmospheric water governance». *Wiley Interdiscip. Rev. Water* 7: e1406.

477.Wang-Erlandsson, L. *et al.* (2022). «A planetary boundary for green water». *Nat Rev. Earth Environ.* 3: 380-392. 10.1038/ s43017-022-00287-8.

478.Singh, J. *et al.* (2022). «Enhanced risk of concurrent regional droughts with increased ENSO variability and warming». *Nat. Clim. Chang.* 12: 163-170. 10.1038/s41558-021-01276-3.

479.Ibisch, P. L. *et al.* (2019). «Hambacher Forst in der Krise Studie zur Beurteilung der mikro- und mesoklimatischen Situation sowie Randefekten». *Greenpeace, Hamburg* 23 https://www.researchgate.net/publication/368840767_Hambacher_ Forst_in_der_Krise_Studie_zur_Beurteilung_der_mikro_und_mesoklimatischen_Situation_sowie_Randefekten (consultado: 05.12.23).
Blumröder, J. S. *et al.* (2019). «Hambacher Forst in der Krise (II). Temperaturmessungen zur Beurteilung der mikroklimatischen Situation des Waldes und des Randbereichs». *Greenpeace, Hamburg* 19. https://www.researchgate.net/publication/368841114_Hambacher_Forst_in_der_Krise_II_Temperaturmessungen_zur_Beurteilung_der_mikroklimatischen_Situation_des_Waldes_und_des_Randbereichs (consultado: 05.12.23).

480.Gohr, C. *et al.* (2020). «Thermische Wirkungen von Waldökosystemen und Autobahnen unter den Bedingungen des Klimawandels Beurteilung der mikro- und mesoklimatischen Efekte des geplanten Baus des Autobahnabschnittes der A49 auf den Dannenröder Forst, Hessen». *Greenpeace, Hamburg.* https://www.researchgate.net/publication/368841134_Thermische_Wirkungen_von_Waldokosystemen_und_Autobahnen_unter_den_Bedingungen_des_Klimawandels (consultado: 05.12.23).

481.Koren, I. *et al.* (2006). «The Bodélé depression: a single spot in the Sahara that provides most of the mineral dust to the Amazon forest». *Environ. Res. Lett.* 1: 014005. 10.1088/1748-9326/1/1/014005.
Remer, L. A. (2006). «Dust, fertilization and sources». *Environ. Res. Lett.* 1: 011001. 10.1088/1748-9326/1/1/011001.

482.Swap, R. *et al.* (1992). «Saharan dust in the Amazon Basin». *Tellus B* 44 (2): 133-149. 10.1034/j.1600-0889.1992. t01-1-00005.x.

483.Rizzolo, J. A. *et al.* (2017). «Soluble iron nutrients in Saharan dust over the central Amazon rainforest». *Atmos. Chem. Phys.* 17: 2673-2687. 10.5194/acp-17-2673-2017.

484.Adachi, K. *et al.* (2020). «Mixing states of Amazon basin aerosol particles transported over long distances using transmission electron microscopy». *Atmos. Chem. Phys.* 20: 11923-11939. 10.5194/acp-20-11923-2020.

485.Prenni, A. *et al.* (2009). «Relative roles of biogenic emissions and Saharan dust as ice nuclei in the Amazon basin». *Nature Geosci.* 2: 402-405. 10.1038/ngeo517.

486.Nogueira, J. *et al.* (2021). «Dust arriving in the Amazon basin over the past 7,500 years came from diverse sources». *Commun. Earth Environ.* 2: 5. 10.1038/s43247-020-00071-w.

487.Yang, H. *et al.* (2022). «Complex effects of telecouplings on forest dynamics: an agent-based modeling approach». *Earth Interactions* 26 (1): 15-27.
Liu, J. *et al.* (2015). «Multiple telecouplings and their complex interrelationships». *Ecology and Society* 20 (3): http://www.jstor.org/stable/26270254.

488.Magri, D. *et al.* (2006). «A new scenario for the Quaternary history of European beech populations: paleobotanical evidence and genetic consequences». *New Phytologist* 171: 199–221.

489.Sirocko, F. *et al.* (2022). «Thresholds for the presence of glacial megafauna in central Europe during the last 60,000 years». *Scientific Reports* 21. 10.1038/s41598-022-22464-x.

490.Partelow, S. (2018). «A review of the social-ecological systems framework: applications, methods, modifications, and challenges». *Ecology and Society* 23: 4. https://www.jstor.org/stable/26796887.
Preiser, R. *et al.* (2018). «Social-ecological systems as complex adaptive systems: organizing principles for advancing research methods and approaches». *Ecology and Society* 23: 4. https://www.jstor.org/stable/26796889.

491.Alihan, M. A. (1938). *Social ecology. A critical analysis.* Columbia University Press. 268 pág.
Lejano, R. P.; Stokols, D. (2013). «Social ecology, sustainability, and economics». *Ecological Economics* 89: 1-6. 10.1016/j. ecolecon.2013.01.011.
Hollingshead, A. B. (1940). «Human ecology and human society». *Ecological Monographs* 10 (3): 354-366.

492.Dentoni, D. *et al.* (2021). «Linking sustainable business models to socio-ecological resilience through cross-sector partnerships: a complex adaptive systems view». *Business & Society* 60 (5): 1216-1252. 10.1177/0007650320935015.
Monge, J. J. *et al.* (2022). «A review of graphical methods to map the natural hazard-to-wellbeing risk chain in a socio-ecological system». *Science of The Total Environment* 803: 149947. 10.1016/j.scitotenv.2021.149947.
Holmberg, J. *et al.* (1996). «Socio-ecological principles for a sustainable society – scientiic background and Swedish experience». En: R. Costanza (ed.). *Getting down to Earth: practical applications for ecological economics.* Washington D.C.; Island Press, págs. 17-48.
Azar, C. *et al.* (1996). «Socio-ecological indicators for sustainability». *Ecological Economics* 18 (2): 89-112. 10.1016/0921- 8009(96)00028-6.

493.Nischwitz, G. *et al.* (2002). «Local and regional Governance für eine nachhaltige Entwicklung». Schriftenreihe des IÖW 161/02, Berlin. https://www.ioew.de/en/publication/local_and_regional_governance_fuer_eine_nachhaltige_entwicklung_in_der_region (consultado: 27.11.23).
Luks, F. *et al.* (2007). «Socio-ecological transformation of economics – problems, potentials, and perspectives». *GAIA – Ecological Perspectives for Science and Society* 16 (2): 115-121 (7). 10.14512/gaia.16.2.12.

494.Ibisch, P. L.; Sommer, J. (2021). *Das Ökohumanistische Manifest. Unsere Zukunft in der Natur.* Hirzel-Verlag. 173 pág.

495.Uchiyama, Y. *et al.* (2020). «Application of biomimetics to architectural and urban design: A review across scales». *Sustainability* 12 (23): 9813. https://doi.org/10.3390/su12239813.

496.Solga, A. *et al.* (2007). «The dream of staying clean: Lotus and biomimetic surfaces». *Bioinspir. Biomim.* 2 (4): S126. 10.1088/1748-3182/2/4/S02.

497.Barthlott, W. *et al.* (2016). «Superhydrophobic hierarchically structured surfaces in biology: evolution, structural principles and biomimetic applications». *Philosophical Transactions of the Royal Society A: Mathematical, Physical and Engineering Sciences* 10. 1098/rsta.2016.0191.

498.*Ibid.*

499.Cerman, Z. *et al.* (2005). *Erindungen der Natur.* Reinbek b. Hamburgo: Rowohlt, 280 pág.

Wang, Z.; Deng, Y. (2022). «Optimizing inancial engineering time indicator using bionics computation algorithm and neural network deep learning». *Comput. Econ.* 59: 1755-1772. 10.1007/s10614-022-10253-7.

500. Wang, Z.; Deng, Y. (2022). «Optimizing inancial engineering time indicator using bionics computation algorithm and neural network deep learning». *Comput. Econ.* 59: 1755-1772. 10.1007/s10614-022-10253-7.

501. Ibisch, P. L. *et al.* (2010). «Mutual mainstreaming of biodiversity conservation and human development: towards a more radical Ecosystem Approach». En: P. L. Ibisch *et al.* (eds.). *Interdependence of biodiversity and development under global change.* Technical Series No. 54. Secretariat of the Convention on Biological Diversity, Montreal, 15-34.

El bosque y el hombre: breve historia de una larga relación

1. Traducción adaptada del original en alemán. Traducción literal: «Mientras tanto, tan visible como era, a los dos sabios nada de ello revelaron, aunque miden lo bello con ojos muy abiertos. Los caballeros de este tipo a menudo se ciegan con demasiada luz; no pueden ver el bosque por los árboles». *(N. de la T.)*
2. Wieland, C. M. (1768). *Musarion, oder Die Philosophie der Grazien. Zweytes Buch.* Leipzig: Weidmann, págs. 25-51.
3. Horst Stern. Periodista, cineasta y escritor alemán (1922-2019). Stern, H. (1997). *Unerledigte Einsichten - Der Journalist und Schriftsteller Horst Stern (= Beiträge zur Medienästhetik und Mediengeschichte. No. 4).* 26 Lit Verlag, Hamburgo, pág. 269.
4. Britannica, The Editors of Encyclopaedia (2022). «forest». *Encyclopedia Britannica*, 23 de sept. 2022. https://www.britannica.com/science/forest (consultado: 27.11.23).
5. Fürst zu Castell-Castell, A. (2008). «Wald vor Wild: Wir müssen umdenken und handeln!». *LWF aktuell* 62: 48-49.
   Kuntz, C. (2019). «"Wald vor Wild" oder lieber "Wald mit Wild"?». *Wiesbadener Kurier*. https://www.wiesbadener-kurier.de/politik/hessen/wald-vor-wild-oder-lieber-wald-mit-wild_20057701# (consultado: 27.10.23).
   Sticht, H. (2019). «Wald vor Wild? Der viel zitierte Wald-Wild-Konlikt ist tatsächlich ein Holz-JagdKonlikt». *BUNDNRW*. https://www.bund-nrw.de/themen/waelder-und-wildnis/hintergruende/wald-vor-wild/#:~:text=Der%20viel%20zitierte%20Wald%2DWild,ein%20Holz%2DJagd%2DKonflikt%E2%80%A6&text=Ein%20Standpunkt%20von%20Holger%20Sticht (consultado: 27.10.23).
6. Ökologischer Jagdverein Bayern e.V.: Wald-vor-Wild-Preis. https://www.oejv-bayern.de/über-uns/wald-vor-wild-preis/ (consultado: 27.10.23).
7. Harper, D. *Etymology of wold. Online Etymology Dictionary*. https://www.etymonline.com/word/wold (consultado: 27.10.23).
8. *Digitales Wörterbuch der deutschen Sprache: »Urwald«.* https://www.dwds.de/wb/Urwald (consultado: 27.10.23).
9. Brandes, T; Hillenbrand, K. (2018). «›Natur‹ nach antikem und modernem Verständnis». En: Schimpf, F. *et al.* (ed.). *Naturvorstellungen im Altertum. Schilderungen und Darstellungen von Natur im Alten Orient und in der griechischen Antike.* Oxford: Oxuniprint, págs. 5-18. https://www.archaeopress.com/Archaeopress/DMS/E4C03968 1AC9438383F20C52F3EE5C50/9781784918255-sample.pdf.
10. Ambos, C. (2018). «Naturkonzepte im Alten Orient». En: Schimpf, F. *et al.* (ed.). *Naturvorstellungen im Altertum. Schilderungen und Darstellungen von Natur im Alten Orient und in der griechischen Antike.* Oxford: Oxuniprint, págs. 19-32. https://www.archaeopress.com/Archaeopress/DMS/E4C039681AC9438383F20C52F3EE5C50/9781784918255-sample.pdf.
11. Berrens, D. (2018). «Naturdarstellungen im attischen Drama». En: Schimpf, F. *et al.* (ed.). *Naturvorstellungen im Altertum. Schilderungen und Darstellungen von Natur im Alten Orient und in der griechischen Antike.* Oxford: Oxuniprint, págs. 179-208. https://www.archaeopress.com/Archaeopress/DMS/E4C039681AC9438383F20C52F3EE5C50/9781784918255-sample.pdf.
12. von Humboldt, A. (1845): *Kosmos. Entwurf einer physischen Weltbeschreibung*. Vollständige Ausgabe in 2 Bänden. Facsímil ed. von H. M. Enzensberger, Eichborn, Frankfurt, 2004. pág. 225. (Trad. Cast.: *Cosmos. Ensayo de una descripción física del mundo*. Gaspar y Roig).
13. Landeszentrum Wald Sachsen-Anhalt (2016). *Deinitionen wichtiger forstlicher Begriffe* («Definición de conceptos forestales claves»). https://landeszentrumwald.sachsen-anhalt.de/fileadmin/Bibliothek/Politik_und_Verwaltung/MW/MWL/03_Dokumente/05_Forsten/Definitionen_wichtiger_forstlicher_Begriffe.pdf (consultado: 27.10.23).
14. Borggreve, B. (1891). *Die Holzzucht. Ein Grundriss für Unterricht und Wirtschaft*. Berlin: Paul Parey.
15. Véase: Cotta, H. (1822). *Die Verbindung des Feldbaues mit dem Waldbau oder die Baumfeldwirthschaft*. Arnold, Dresden (1-4). Cf.: A. Richter (1957). «Cotta, Heinrich» En: *Neue Deutsche Biographie* 3: 380-381.
16. FNR (2022). *Ein Wald mit Baumhaseln und Zedern. Trockenheitstolerante Baumarten für den Klimawandel untersucht*. FNR-Pressemitteilung 11.1.22. https://news.fnr.de/fnr-pressemitteilung/ein-wald-mit-baumhaseln-und-zedern-1 (consultado: 27.10.23). – AWG (Bayerisches Amt für Forstgenetik) (2022): *Alternativbaumarten im Klimawandel*. https://www.awg.bayern.de/244873/index.php (consultado: 27.10.23).
17. Schölch, M. (2013). «Gastbaumarten». *LWF aktuell* 96: 15-17.
18. Ibisch, P. L. (2013). «300 Jahre "Sylvicultura oeconomica". Ist der Wald ein Plegefall?». *Politische Ökologie* 132: 36-43.
19. Spathelf, P. *et al.* (2022). «Fakten zum Thema: Wälder und Holznutzung». *AFZ/Der Wald* 7/2022: 39-44.
20. Hanewinkel, M. (2011). «Multifunktionalität des Walde». *Forum für Wissen* 2011: 7-14.
21. §1 Ley forestal estatal de Renania-Palatinado de 30 de noviembre de 2000: «La presente Ley tiene por objeto conservar, proteger y, en caso necesario, aumentar de forma permanente el bosque en la totalidad y equivalencia de sus efectos, así como mantenerlo y seguir desarrollándolo mediante servicios forestales; los efectos del bosque consisten en su beneficio económico (efecto de utilización), su contribución al medio ambiente, en particular al rendimiento sostenible del ecosistema, el clima, el equilibrio hídrico, el mantenimiento de un aire limpio, la fertilidad del suelo, la conservación de los recursos genéticos y el paisaje (efecto protector), así como su contribución a las actividades recreativas (efecto recreativo); el principio rector es la gestión forestal casi natural».
22. Tribunal Constitucional Federal Alemán, sentencia de 31 de mayo de 1990, NVwZ 1991, pág. 53.
23. Multifunktionale Forstwirtschaft ist aktiver Klimaschutz – forstpraxis.de. https://www.forstpraxis.de/multifunktionaleforstwirtschaftistaktiverklimaschutz/ (ya no está disponible; artículo similar en: https://www.baysf.de/de/ medienraum/pressemitteilungen/nachricht/detail/jaehrlich-52millionentonnenkohlendioxidweniger.html (consultado: 27.10.23).
24. Welle, T. *et al.* (2018). *Alternativer Waldzustandsbericht*. Lübeck: Naturwaldakademie. https://naturwald-akademie.org/wp-content/uploads/2020/06/Alternativer-Waldzustandsbericht_Stand_24_04_2018_1.pdf (consultado: 27.10.23).
25. Glück, P. (1977). «Was leistet eine moderne Forstpolitik-Wissenschaft?». *Allgemeine Forstzeitschrift* 32 (20): 490-496. Siehe auch: http://waldproblematik.de/forstwiss-diskurs/ (consultado: 27.02.23).
26. Sonderegger, E.; Entenhofer, J. (1994). *Umweltgerechte Waldnutzung. Problemfelder – Maßnahmen.* Viena: Umweltbundesamt, pág. 17.
27. Schulze, E. D.; Ammer, C. (2015). «Spannungsfeld Forstwirtschaft und Naturschutz». En: *Biologie in unserer Zeit* 45 (5): 304-314. 10.1002/biuz.201510574.
   Schulze, E. D. *et al.* (2015). «A review on plant diversity and forest management of European beech forests». *Eur. J. Forest Res.* 135: 51-67.
   Schall, P. *et al.* (2020). «Can multi-taxa diversity in European beech forest landscapes be increased by combining diferent management systems?». *J. Appl. Ecol.* 57: 1363-1375. 10.1111/1365-2664.13635.
28. Bruun, H. H.; Heilmann-Clausen, J. (2021): «What is unmanaged forest and how does it sustain biodiversity in landscapes with a long history of intensive forestry?». *J. Appl. Ecol.* 58 (9): 1813-1816.
29. Landeszentrum Wald Sachsen-Anhalt (2016). *Definitionen wichtiger forstlicher Begriffe*. («Definición de conceptos forestales claves») https://landeszentrumwald.sachsen-anhalt.de/fileadmin/Bibliothek/Politik_und_Verwaltung/MW/MWL/03_Dokumente/05_Forsten/Definitionen_wichtiger_forstlicher_Begriffe.pdf (consultado: 27.10.23).
30. Cotta, H. (1845). *Anweisung zum Waldbau. Arnoldische Buchhandlung*. 6. Aulage. Dresde, pág. 2.
31. Sobre todo en inglés británico y en el marco del *rewilding*, los términos *self-willed land* y *self-willed ecosystem* se utilizan cada vez con más frecuencia. Véase, por ejemplo, *Eaglesham* 2019: https://theecologist.org/2019/jul/15/inding-meaning-rewilding: «To rewild is to restore natural processes, revive degraded habitats, reintroduce species either missing or depleted, and then step back and watch as the ecosystem becomes self-willed and self-regulating once again in an alchemy of lux, dynamism and unpredictability».
32. Digitales Wörterbuch der deutschen Sprache. «Natur», bereitgestellt durch das Digitale Wörterbuch der deutschen Sprache. https://www.dwds.de/wb/Natur (consultado: 29.10.23).
33. «Para una campaña de imagen con el tema de la silvicultura ecológica, eco_conzepto diseñó toda la identidad visual de la marca Waldwirtschaft aber natürlich! ("gestionar pero de manera natural") tras una cuidadosa fase de concepto. En ella se hizo hincapié en los elementos visuales y los textos relacionados con la naturaleza. Junto con la fotografía, los textos y los gráficos, se diseñaron materiales informativos, obsequios, una mascota y varios juegos educativos en torno a la campaña, que luego se utilizaron en el bosque, así como en internet y en centros de información». https://www.oe-konzept.de/referenz.php?id=139 (consultado: 29.10.23).
34. Ministerium für Landwirtschaft, Umwelt und Raumordnung des Landes Brandenburg (2004). *Grüner Ordner – Waldwirt- schaft – aber natürlich*. https://www.yumpu.com/de/document/read/8237546/gruner-ordner-waldwirtschaft-aber-naturlich (consultado: 29.10.23).
   Bilke, G. *et al.* (2004): «Ziel und Grundsätze der ökologischen Waldbewirtschaftung». En: *Landesforstverwaltung Brandenburg Waldbau-Richtlinie*. https://forst.brandenburg.de/sixcms/media.php/9/waldb_ rl.pdf (consultado: 29.10.23).
35. Administration des Eaux et Forêts Service de l'Aménagement des Bois et de l'Economie forestière (2006). *Naturnaher Waldbau. Anregungen zu einer guten forstwirtschaftlichen Praxis (Wald, Holz und Nachhaltigkeit)*. Luxemburgo. https://environnement.public.lu/dam-assets/fr/forets/publications/Naturnaher_Waldbau/Naturnaher-Waldbau.pdf – pág. 11 (consultado : 29.10.23).
36. Administration des Eaux et Forêts Service de l'Aménagement des Bois et de l'Economie forestière (2006): *Naturnaher Waldbau. Anregungen zu einer guten forstwirtschaftlichen Praxis (Wald, Holz und Nachhaltigkeit)*. Luxemburgo. https://environnement.public.lu/dam-assets/fr/forets/publications/Naturnaher_Waldbau/Naturnaher-Waldbau.pdf – pág. 15 (consultado: 29.10.23).
37. Allgaier, B. *et al.* (2017). «Naturnaher Waldbau im Klimawandel». *Merkblatt für die Praxis*. WSL, Birmensdorf. https://www. dora.lib4ri.ch/wsl/islandora/object/wsl:13997/datastream/PDF/view (consultado: 29.10.23).
38. Landesregierung Brandenburg (2011). *Etappenziel erreicht: Platzeck kennzeichnet* 100 000. *Methusalem-Baum in Brandenburgs Landeswald*. https://www.brandenburg.de/cms/detail.php/bb1.c.270887.de (consultado: 29.10.23).
39. Kölmel, R. (1981?). *Zwischen Universalismus und Empirie – die Begründung der modernen Ökologie- und Biozönose-Konzeption durch KARL MÖBIUS. Mitteilungen aus dem zoologischen Museum der Universität Kiel*. https://www.zobodat.at/biograien/Moebius_Karl_Mitt-Zool-Mus-Univ-Kiel_1_7_0017-0034.pdf (consultado: 29.10.23).
40. Clements, F. E. (1916). «Plant succession; an analysis of the development of vegetation». *Carnegie Inst. of Washington*, publ. 242.
41. Möller, A. (1922). *Der Dauerwaldgedanke. Sein Sinn und seine Bedeutung*. Berlin: Verlag von Julius Springer. Reimpresión en: Bode, W. (2021). *Alfred Möllers Dauerwaldidee*. Berlín: Matthes & Seitz, pág. 278.
42. *Ibid.*, pág. 283.
43. *Ibid., pág. 284.*

44. *Ibid.*, págs. 310-311.
45. Dengler, A. (1930). *Waldbau auf ökologischer Grundlage. Ein Lehr und Handbuch*. 1. Aul. Berlín: Springer, 561 pág.
46. Wilson, D. S.; Sober, E. (1989). «Reviving the superorganism». *Jour. Theor. Biol.* 136: 337356.
Dawkins, R. (1976). *The selish gene*. Oxford: Oxford University Press. (Trad. Cast. *El gen egoísta*, 1979, Ed. Labor).
47. Tansley, A. G. (1935). «The use and abuse of vegetational concepts and terms». *Ecology* 16: 284-307 (traducción literal del inglés).

El bienestar del bosque y del ser humano

1. Ecosystem Health (Online ISSN:1526-0992); https://onlinelibrary.wiley.com/journal/15260992
2. Shanahan, F. *et al.* (2021). «The healthy microbiome – what Is the definition of a healthy gut microbiome?». *Gastroenterology* 160 (2): 483-494. https://doi.org/10.1053/j.gastro.2020.09.057
3. Bowling, J. *et al.* (2022). «Definition and operationalization of resilience in qualitative health literature: a scoping review». *International Journal of Social Research Methodology* 25 (4): 495-509. https://doi.org/10.1080/13645579.2021.1903241
4. Salmon, J. W. (1984). «Defining health and reorganizing medicine». En: Salmon, J. W. (ed.) (1984). *Alternative Medicines: Popular and Policy Perspectives* (1.ª ed.). Routledge. https://doi.org/10.4324/9781003294900
5. Morrow, Katherine H. (2022). *Function in Ecology: Concepts, Values, and Management*. Tesis doctoral, University of Pittsburgh. http://d-scholarship.pitt.edu/42346/
6. Müller, O. *et al.* (2018). «Planetary health: ein umfassendes Gesundheitskonzept». *Dtsch. Ärztebl.* 115 (40), A-1751 / B-1473 /C-1459
7. Zhou, J. *et al.* (2021). «Microplastics as an emerging threat to plant and soil health in agroecosystems». *Science of The Total Environment* 787: 147444. https://doi.org/10.1016/j.scitotenv.2021.147444.
Mondal, M. *et al.* (2021). «Zeolites enhance soil health, crop productivity and environmental safety». *Agronomy* 11 (3): 448. https://doi.org/10.3390/agronomy11030448.
He, M. X. *et al.* (2021). «A critical review on performance indicators for evaluating soil biota and soil health of biochar-amended soil». *Journal of Hazardous Materials* 414: 125378. https://doi.org/10.1016/j.jhazmat.2021.125378.
8. Del original en inglés: «In the end, the continuing usefulness of the soil health metaphor depends, not on whether or not we can finally entrap it numerically, but whether it propels us to greater reverence for soil, deeper insight into its beneficial processes, and wiser ways of managing it. In time, when the health metaphor can no longer carry this prodigious weight, we may seek a worthy successor; a good metaphor produces good science, and good science produces ever better metaphors». H. H. Janzen *et al.* (2021). «The 'soil health' metaphor: Illuminating or illusory?». *Soil Biology and Biochemistry* 159: 108167. https://doi.org/10.1016/j.soilbio.2021.108167.
9. Barton, E. S. *et al.* (2007). «Herpesvirus latency confers symbiotic protection from bacterial infection». *Nature* 447: 326-329.
10. L. Frenz (2021). *Wer wird überleben?: Die Zukunft von Natur und Mensch*. Rowohlt.
11. Zakeri, A. *et al.* (2022). «Antigens from the parasitic nematode Trichuris suis induce metabolic reprogramming and trained immunity to constrain inlammatory responses in macrophages». *Cytokine* 156: 155919. 10.1016/j.cyto.2022.155919.
12. Vetvicka, V. *et al.* (2021). «Trained immunity as an adaptive branch of innate immunity». *International Journal of Molecular Sciences* 22 (19): 10684. https://doi.org/10.3390/ijms221910684.
13. Schick, A. *et al.* (2019). «Classification of key ecological attributes and stresses of biodiversity for ecosystem-based conservation assessments and management». *Ecological Complexity* 38: 98-111. https://doi.org/10.1016/j.ecocom.2019.04.001.
14. Koelemeijer, I. A. *et al.* (2022). «Interactive effects of drought and edge exposure on old-growth forest understory species». *Landsc. Ecol.* 37: 1839-1853. https://doi.org/10.1007/s10980-022-01441-9.
15. Garvey, S. M. *et al.* (2022). «Diverging patterns at the forest edge: Soil respiration dynamics of fragmented forests in urban and rural areas». *Global Change Biology* 28 (9): 3094-3109.
Schedlbauer, J. L.; Miller, J. (2022). «Edge effects increase soil respiration without altering soil carbon stocks in temperate broadleaf forests». *Ecosphere* 13 (6): e4092.
16. Bae, J.; Ryu, Y. (2021). «The magnitude and causes of edge effects on soil organic carbon stocks within and across urban to rural forest patches». *Landscape and Urban Planning* 215: 104223. https://doi.org/10.1016/j.landurbplan.2021.104223.
17. Ordway, E. M.; Asner, G. P. (2020). «Carbon declines along tropical forest edges correspond to heterogeneous effects on canopy structure and function». *PNAS* 117 (14): 7863.7870. https://doi.org/10.1073/pnas.1914420117.
18. Meeussen, C. *et al.* (2021). «Drivers of carbon stocks in forest edges across Europe». *Science of The Total Environment* 759: 143497. https://doi.org/10.1016/j.scitotenv.2020.143497
19. Budniak, P. *et al.* (2022). «Effects of forest fragmentation on the volume of wood resources in managed, pine-dominated forests in Poland». *Forests* 13 (4): 590. https://doi.org/10.3390/f13040590.
20. Qin, Y. *et al.* (2021). «Carbon loss from forest degradation exceeds that from deforestation in the Brazilian Amazon». *Nature Climate Change* 11 (5): 442-448. https://doi.org/10.1038/s41558-021-01026-5.
21. Buras, A. *et al.* (2018). «Are Scots pine forest edges particularly prone to drought-induced mortality?». *Environ. Res. Lett.* 13: 025001.
22. Meeussen, C. *et al.* (2021). «Microclimatic edge-to-interior gradients of European deciduous forests». *Agricultural and Forest Meteorology* 311: 108699. https://doi.org/10.1016/j.agrformet.2021.108699.
23. Piovesan, G. *et al.* (2019). «Lessons from the wild: slow but increasing long-term growth allowed for maximum longevity in European Beech». *Ecology* 100 (9): 2019, e02737.
24. Selva, N. *et al.* (2015). «Why keep areas road-free? The importance of roadless areas». En R. van der Ree *et al.* (Hg.). *Road ecology*. Hoboken, Nueva Jersey: Wiley-Blackwell, págs. 16-26. https://doi.org/10.1002/9781118568170.ch3 .
Ibisch, P. L. *et al.* (2016). «A global map of roadless areas and their conservation status». *Science* 354 (6318): 1423-1427. https://doi.org/10.1126/science.aaf7166.
25. Gilarranz, L. J. *et al.* (2015). «Hot spots of mutualistic networks». *Journal of Animal Ecology* 84: 407-413.
26. Harper, D. (s/f). Etimología de wild. *Online Etymology Dictionary*. https://www.etymonline.com/word/wild (consultado: 30.11.23)
27. Harper, D. (s/f). Etimología de wilderness. *Online Etymology Dictionary*. https://www.etymonline.com/word/wilderness (consultado: 30.11.23).
28. Digitales Wörterbuch der deutschen Sprache: «Wild». https://www.dwds.de/wb/wild (consultado: 30.11.23).
29. Küster, H. J. (2019). *Wer den Wald sich selbst überlässt, zerstört ihn*. https://www.welt.de/debatte/kommentare/article200193848/Duerre-Wer-den-Wald-sich-selbst-ueberlaesst-zerstoert-ihn.html (consultado: 30.11.23).
30. Kaufmann, S. *et al.* (2018). «Effects of natural forest dynamics on vascular plant, bryophyte, and lichen diversity in primeval *Fagus sylvatica* forests and comparison with production forests». *Journal of Ecology* 106 (6): 2421-2434.
Wolf, C. *et al.* (2021). «Temporal consistency of undercanopy thermal refugia in old-growth forest». *Agricultural and Forest Meteorology* 307: 108520. https://doi.org/10.1016/j.agrformet.2021.108520.
31. Agra Europe (2021). *Fachleute einig: Stilllegung der Wälder keine Lösung*. https://www.topagrar.com/jagd-und-wald/news/fachleute-einig-stilllegung-der-waelder-keine-loesung-12494965.html (consultado: 30.11.23).
32. Aplet, G. H. (1964). «On the nature of wildness: exploring what wilderness really protects». *Denver Law Review* 76 (2): 347-367.
Birch, T. (1990). «The incarceration of wildness». *Environmental Ethics* 12 (1): 3-26. https://doi.org/10.5804/enviroethics19901215.
33. Ridder, B. (2007). «The naturalness versus wildness debate: ambiguity, inconsistency, and unattainable objectivity». *Restoration Ecology* 15 (1): 8-12. https://doi.org/10.1111/j.1526-100X.2006.00184.x.
34. Cookson, L. (2004). «Wildness, the forgotten partner of evolution». *Gatherings – Journal of the International Community for Ecopsychology*.https://www.ecopsychology.org/journal/ezine/wildness.html (consultado: 30.11.23).
35. Lorimer, J. *et al.* (2015). «Rewilding: science, practice, and politics». *Annual Review of Environment and Resources* 40 (1): 39-62.
36. Lefcheck, J. *et al.* (2015). «Biodiversity enhances ecosystem multifunctionality across trophic levels and habitats». *Nat. Commun.* 6: 6936. https://doi.org/10.1038/ncomms7936.
37. Prior, J.; Ward, K. J. (2016). «Rethinking rewilding: A response to Jørgensen». *Geoforum* 69: 132-135. https://doi.org/10.1016/j.geoforum.2015.12.003.
38. Cole, D. (2000). «Paradox of the primeval: ecological restoration in wilderness». *Ecological Restoration* 18 (2): 77-86.
39. Jørgensen, D. (2015). «Rethinking rewilding». *Geoforum* 65: 482-488. https://doi.org/10.1016/j.geoforum.2014.11.016.
40. Hobbs, R. J.; Cramer, V. A. (2008). «Restoration ecology: interventionist approaches for restoring and maintaining ecosystem function in the face of rapid environmental change». *Annual Review of Environment and Resources* 33 (1): 39-61.
41. Lefcheck, J. *et al.* (2015). «Biodiversity enhances ecosystem multifunctionality across trophic levels and habitats». *Nat. Commun.* 6: 6936. https://doi.org/10.1038/ncomms7936.
42. International Union for Conservation of Nature (2019). Threats classification scheme. Version 3.2. IUCN. https://www.iucnredlist.org/resources/threat-classification-scheme (consultado: 30.11.23).
43. International Union for Conservation of Nature (2021). The IUCN red list of threatened species. Version 2021-1. IUCN. www.iucnredlist.org (consultado: 30.11.23).
44. Hogue, A. S.; Breon, K. (2022). «The greatest threats to species». *Conservation Science and Practice* 4 (5): e12670. https://doi.org/10.1111/csp2.12670.
45. Ceballos, G. *et al.* (2017). «Biological annihilation via the ongoing sixth mass extinction signaled by vertebrate population losses and declines». *PNAS* 114: E6089–E6096.
46. Rosenberg, K. V. *et al.* (2019). «Decline of the North American avifauna». *Science* 366: 120-124. https://doi.org/10.1126/science.aaw13.
47. Lughadha, E. N. *et al.* (2020). «Extinction risk and threats to plants and fungi». *Plants, People, Planet* 2 (5): 389-408. https://doi.org/10.1002/ppp3.10146.
48. Newbold, T. *et al.* (2016). «Has land use pushed terrestrial biodiversity beyond the planetary boundary? A global assessment». *Science* 353 (6296): 288-291. https://doi.org/10.1126/science.aaf2201.
49. Wagner, D. L. *et al.* (2021). «Insect decline in the Anthropocene: Death by a thousand cuts». *PNAS* 118 (2): e2023989118. https://doi.org/10.1073/pnas.2023989118.
50. Hallmann, C. A. *et al.* (2020). «Insect biomass decline scaled to species diversity: General patterns derived from a hoverfly community». *PNAS* 118 (2): e2002554117. https://doi.org/10.1073/pnas.2002554117.
51. Hallmann, C. A. *et al.* (2017). «More than 75 percent decline over 27 years in total flying insect biomass in protected areas». *PLoS One* 12: e0185809.
52. Rivers, M. *et al.* (2022). «Scientists' warning to humanity on tree extinctions». *Plants, People, Planet*. https://doi.org/10.1002/ppp3.10314.
53. Boulton, C. A. *et al.* (2022). «Pronounced loss of Amazon rainforest resilience since the early 2000s». *Nat. Clim. Chang.* 12: 271-278. https://doi.org/10.1038/s41558-022-01287-8.
54. Lenton, T. M. *et al.* (2022). «A resilience sensing system for the biosphere». *Phil. Transact. Royal Soc. B*. https://doi.org/10.1098/rstb.2021.0383.
55. Allen, C. D. *et al.* (2015). «On underestimation of global vulnerability to tree mortality and forest die-off from hotter drought in the Anthropocene». *Ecosphere* 6 (8): 129. https://doi.org/10.1890/ES15-00203.1.

56. Ehrlich, P.; Ehrlich, A. (1981). *Extinction: the causes and consequences of the disappearance of species*. Nueva York: Random House.
57. Walker, H. (1992). «Biodiversity and Ecological Redundancy». *Conservation Biology* 6 (1): 18-23.
58. Haas Maschinenbau GmbH & Co. KG. *HAAS Bagger »Raptor BHST 1740«*. https://www.haas-maschinenbau.com/haas-produkte/harvester-umbauten/bagger-umbauten/bagger-raptor-bhst-1740.html (consultado: 30.11.23)
59. Zadworny, M. *et al.* (2021). «Seedling regeneration techniques affect root systems and the response of *Quercus robur* seedlings to water shortages». *Forest Ecology and Management* 479: 118552. https://doi.org/10.1016/j.foreco.2020.118552.
60. Gardiner, B. (2021). «Wind damage to forests and trees: a review with an emphasis on planted and managed forests». *Journal of Forest Research* 26 (4): 248-266. https://doi.org/10.1080/13416979.2021.1940665.
61. Mayer, M. *et al.* (2020). «Tamm Review: Influence of forest management activities on soil organic carbon stocks: A knowledge synthesis». *Forest Ecology and Management* 466: 118127. https://doi.org/10.1016/j.foreco.2020.118127.
Zinn, Y. L. *et al.* (2002). «Soil organic carbon as affected by afforestation with *Eucalyptus* and *Pinus* in the Cerrado region of Brazil». *Forest Ecology and Management* 166(1-3): 285-294. https://doi.org/10.1016/S0378-1127(01)00682-X.
Chen, C. R. *et al.* (2004). «Soil carbon pools in adjacent natural and plantation forests of subtropical Australia». *Soil Science Society of America Journal* 68 (1): 282-291. https://doi.org/10.2136/sssaj2004.2820.
Farley, K. A. *et al.* (2004). «Soil organic carbon and water retention after conversion of grasslands to pine plantations in the Ecuadorian Andes». *Ecosystems* 7: 729-739. https://doi.org/10.1007/s10021-004-0047-5.
Laganiere, J. *et al.* (2009). «Carbon accumulation in agricultural soils after afforestation: a meta-analysis». *Global Change Biology* 16 (1): 439-453. https://doi.org/10.1111/j.1365-2486.2009.01930.x.
62. Berthrong, S. T. *et al.* (2009). «A global meta-analysis of soil exchangeable cations, pH, carbon, and nitrogen with afforestation». *Ecological Applications* 19 (8): 2228-2241. https://doi.org/10.1890/08-1730.1.
63. Leuschner, C. *et al.* (2022). «Are northern German Scots pine plantations climate smart? The impact of large-scale conifer planting on climate, soil, and the water cycle». *Forest Ecology and Management* 507: 120013. https://doi.org/10.1016/j.foreco.2022.120013.
64. Zhang, J. *et al.* (2021). «Improve forest restoration initiatives to meet Sustainable Development Goal 15». *Nat. Ecol. Evol.* 5: 10-13. https://doi.org/10.1038/s41559-020-01332-9.
65. Mishra, A. *et al.* (2022). «Land use change and carbon emissions of a transformation to timber cities». *Nat Commun.* 13: 4889. https://doi.org/10.1038/s41467-022-32244-w.
66. Del original en inglés: «China's huge investment to increase forest cover seems likely to exacerbate environmental degradation in environmentally fragile areas because it has ignored climate, pedological, hydrological, and landscape factors that would make a site unsuitable for afforestation. This has, in many cases, led to the deterioration of soil ecosystems and decreased vegetation cover, and has exacerbated water shortages», Cao, S. *et al.* (2011). «Excessive reliance on afforestation in China's arid and semi-arid regions: Lessons in ecological restoration». *Earth-Science Reviews* 104 (4): 240-245.
67. Miller, J. C. (1990). «Effects of a microbial insecticide, *Bacillus thuringiensis kurstaki*, on nontarget Lepidoptera in a spruce budworm-infested forest». *J. Res. Lepidoptera* 29 (4): 267: 276.
Nester, E. W. *et al.* (2020). «100 Years of *Bacillus thuringiensis*: A Critical Scientific Assessment: This report is based on a colloquium», «100 Years of *Bacillus thuringiensis*, a Paradigm for Producing Transgenic Organisms: A Critical Scientific Assessment», patrocinado por la American Academy of Microbiology and held 16-18 de noviembrel en Ithaca, Nueva York. *Review from American Society for Microbiology*, Washington (DC): PMID: 32687287.
Belousova, M. E. *et al.* (2021). «Dissecting the environmental consequences of *Bacillus thuringiensis*. Application for natural ecosystems». *Toxins* 13 (5): 355. https://doi.org/10.3390/toxins13050355.
68. Moofre, J. A. M. *et al.* (2022). «Ecosystem consequences of introducing plant growth promoting rhizobacteria to managed systems and potential legacy effects». *New Phytologist* 234 (6): 1914-1918. https://doi.org/10.1111/nph.18010.
69. Mežaka, A. *et al.* (2021). «The main drivers for the occurrence of six red-listed epiphytic bryophytes and lichens in the boreo-nemoral forest landscape, Latvia». *Folia Cryptogamica Estonica* 58: 229-241. https://doi.org/10.12697/fce.2021.58.22.
Tullus, T. *et al.* (2022). «The effect of stand age on biodiversity in a 130-year chronosequence of *Populus tremula* stands». *Forest Ecology and Management* 504: 119833. https://doi.org/10.1016/j.foreco.2021.119833.
Petersson, L. *et al.* (2022). «Conifer tree species and age as drivers of epiphytic lichen communities in northern European production forests». *The Lichenologist* 54 (3-4): 213-225. https://doi.org/10.1017/S0024282922000172.
70. Huang, J. *et al.* (2020). «Tree defence and bark beetles in a drying world: carbon partitioning, functioning, and modelling». *New Phytologist* 225 (1): 26-36. https://doi.org/10.1.111/nph.16173.
71. Zimmermann, R. (2011). «Erfassung und Operationalisierung von ökosystemaren Funktionen und Dienstleistungen im Hinblick auf eine nachhaltige Waldnutzung». *Diplomarbeit am Lehrstuhl für Umweltbiologie und -chemodynamik (Institut für Umweltforschung, Biologie V), Fak. F. Math., Inform. Naturwissensch. der Rheinisch-Westfälischen Technischen Hochschule Aachen.*
72. Eichhorn, M. E. *et al.* (2017). «Effects of deer on woodland structure revealed through terrestrial laser scanning». *Journal of Applied Ecology* 54 (6): 1615-1626. https://doi.org/10.1111/1365-2664.12902.
Reed, S. P. *et al.* (2022). «The long-term impacts of deer herbivory in determining temperate forest stand and canopy structural complexity». *Journal of Applied Ecology* 59 (3): 812-821. https://doi.org/10.1111/1365-2664.14095.
Chips, M. J. *et al.* (2015). «The indirect impact of long-term overbrowsing on insects in the Allegheny National Forest region of Pennsylvania». *Northeastern Naturalist* 22 (4): 782-797. https://doi.org/10.1656/045.022.0412.
Bernes, C. *et al.* (2018). «Manipulating ungulate herbivory in temperate and boreal forests: effects on vegetation and invertebrates. A systematic review». *Environ. Evid.* 7: 13. https://doi.org/10.1186/s13750-018-0125-3.
Yarysh, V. L.; Ivanov, S. P. (2021). «Influence of roe deer on the state of undergrowth in oak groves at the Karadag Nature Reserve». *Contemp. Probl. Ecol.* 14: 538-549. https://doi.org/10.1134/S1995425521050176.
73. Goetsch, C. *et al.* (2011). «Chronic overbrowsing and biodiversity collapse in a forest understory in Pennsylvania: Results from a 60-year-old deer exclusion plot». *The J. of the Torrey Botanical Society* 138 (2): 220-224. https://doi.org/10.3159/TORREY-D-11-00013.1.
74. Mayer, M. *et al.* (2020). «Tamm Review: Influence of forest management activities on soil organic carbon stocks: A knowledge synthesis». *Forest Ecology and Management* 466: 118127. https://doi.org/10.1016/j.foreco.2020.118127.
75. Marangon, D. *et al.* (2022). «Windthrown elements: a key point improving microsite amelioration and browsing protection to transplanted seedlings». *Forest Ecology and Management* 508. 120050. https://doi.org/10.1016/j.foreco.2022.120050.
Whyte, H. D.; Luske, C. H. (2019). «Woody debris in treefall gaps shelters palatable plant species from deer browsing, in an old-growth temperate forest». *Forest Ecology and Management* 448: 198-207. https://doi.org/10.1016/j.foreco.2019.06.010.
Milne-Rostkowska, F. *et al.* (2020). «Where can palatable young trees escape herbivore pressure in a protected forest?». *Forest Ecology and Management* 472. 118221. https://doi.org/10.1016/j.foreco.2020.118221.
Hagge, J. *et al.* (2019). «Deadwood retention in forests lowers short-term browsing pressure on silver fir saplings by overabundant deer». *Forest Ecology and Management* 451. 117531. https://doi.org/10.1016/j.foreco.2019.117531.
76. Bengsen, A. J. *et al.* (2020). «A systematic review of ground-based shooting to control overabundant mammal populations». *Wildlife Research* 47: 197-207. 10.1071/WR19129.
77. Simard, M. A. *et al.* (2013). «Is hunting an effective tool to control overabundant deer? A test using an experimental approach». The Journal of Wildlife Management 77 (2): 254-269. 10.1002/jwmg.477.
Bartmann, R. M. *et al.* (1992). «Compensatory mortality in a Colorado mule deer population». *Wildlife Monographs* 121: 1-39.
78. Ikeda, T. *et al.* (2019). «Effects of culling intensity on diel and seasonal activity patterns of sika deer (*Cervus nippon*)». *Sci Rep.* 9: 1-8.
Parsons, A. W. *et al.* (2022). «Intensive hunting changes human-wildlife relationships». *PeerJ.* 10: e14159. 10.7717/peerj.14159.
Little, A. R. *et al.* (2016). «Hunting intensity alters movement behaviour of white-tailed deer». *Basic and Applied Ecology* 17: 360-369.
Sönnichsen, L. *et al.* (2013). «Behavioural responses of European roe deer to temporal variation in predation risk». *Ethology* 119 (3): 233-243. 10.1111/eth.12057.
Lone, K. *et al.* (2015). «An adaptive behavioural response to hunting: surviving male red deer shift habitat at the onset of the hunting season». *Animal Behaviour* 102: 127-138. 10.1016/j.anbehav.2015.01.012.
Paton, D. G. *et al.* (2017). «Hunting exacerbates the response to human disturbance in large herbivores while migrating through a road network». *Ecosphere* 8 (6): e01841. 10.1002/ecs2.1841. Thurfjell, H. *et al.* (2013). «Effects of hunting on wild boar *Sus scrofa* behavior». *Wildlife Biology* 19 (1): 87-93. 10.2981/12-027.
Wiskirchen, K. H. *et al.* (2022). «Behaviour of a large ungulate reflects temporal patterns of predation risk». *Wildlife Research* 49: 500-512. 10.1071/WR21047.
Keuling, O. *et al.* (2008). «How does hunting influence activity and spatial usage in wild boar *Sus scrofa* L.?». *Eur. J. Wildl. Res.* 54: 729-737. 10.1007/s10344-008-0204-9.
79. Gaynor, K. M. *et al.* (2021). «An applied ecology of fear framework: linking theory to conservation practice». *Animal Conservation* 24 (3): 308-321. 10.1111/acv.12629.
80. Coltman, D. *et al.* (2003). «Undesirable evolutionary consequences of trophy hunting». *Nature* 426: 655-658. 10.1038/nature02177.
81. von Essen, E.; Tickle, L. (2020). «Leisure or labour: an identity crisis for modern hunting?». *Sociol. Rural.* 60: 174-197.
82. Statistisches Bundesamt (2022). *Flächennutzung*. https://www.destatis.de/DE/Themen/BranchenUnternehmen/LandwirtschaftForstwirtschaftFischerei/Flaechennutzung/_inhalt.html (consultado: 27.02.23).
83. DER SPIEGEL (2022). «Amazon muss neue Lager bauen. Heft 40/1.10.22: S. 57. Teilweise sollen die Zentren vermutlich in Nachbarländern gebaut werden».
84. Jayathilake, H. M. *et al.* (2021). «Drivers of deforestation and degradation for 28 tropical conservation landscapes». *Ambio* 50: 215-228. https://doi.org/10.1007/s13280-020-01325-9.
85. Bullock, E. L. *et al.* (2020). «Satellite-based estimates reveal widespread forest degradation in the Amazon». *Global Change Biology* 26 (5): 2956-2969. 10.1111/gcb.15029.
86. Outhwaite, C. L. *et al.* (2022). «Agriculture and climate change are reshaping insect biodiversity worldwide». *Nature* 605: 97-102. 10.1038/s4158602204644x.
87. Sandor, M. E. *et al.* (2022). «Extinction of biotic interactions due to habitat loss could accelerate the current biodiversity crisis». *Ecological Applications* 32 (6): e2608. 10.1002/eap.2608.
88. Bogoni, J. A. *et al.* (2019). «Co-declining mammal-dung beetle faunas throughout the Atlantic Forest biome of South America». *Ecography* 42 (11): 1803-1818. 10.1111/ecogr.04670.
89. Meeussen, C. et al. (2021). «Microclimatic edge-to-interior gradients of European deciduous forests». *Agricultural and Forest Meteorology* 311: 108699. [10.1016/j.agrformet.2021.108699] (10.1016/j.agrformet.2021 https://doi.org/10.3390/su12177149.
90. Palharini, M. Z. *et al.* (2020). «Edge efects relect the impact of the agricultural matrix on the corticolous lichens found in fragments of Cerrado savanna in Central Brazil». *Sustainability* 12 (17): 7149. https://doi.org/10.3390/su12177149.
Palharini, M. Z. *et al.* (2021). «Parmotrema tinctorum as an indicator of edge efect and air quality in forested areas bordered by intensive agriculture». *Environ Sci Pollut. Res.* 28: 68997-69011 (2021). 10.1007/s11356-021-15411-2.

91. Schneeweiss, A. *et al.* (2022). «Potential propagation of agricultural pesticide exposure and effects to upstream sections in a biosphere reserve». *Science of The Total Environment* 836, 155688. https://doi.org/10.1016/j.scitotenv.2022.155688 (consultado: 30.11.23).
92. Burgess, T. I. *et al.* (2022). «Anthropogenic disturbances and the emergence of native diseases: a threat to forest health». *Curr. Forestry Rep.* 8: 111-123. https://doi.org/10.1007/s40725-022-00163-0 (consultado: 30.11.23)
93. Burns, F. *et al.* (2021). «Abundance decline in the avifauna of the European Union reveals cross-continental similarities in biodiversity change». *Ecol. Evol.* 11 (23): 16647-16660.
94. Burgess, T. I. *et al.* (2022). «Anthropogenic disturbances and the emergence of native diseases: a threat to forest health». *Curr. Forestry Rep.* 8: 111-123. https://doi.org/10.1007/s40725-022-00163-0 (consultado: 30.11.23)
95. v. Kortzleisch, A. (2009). *Die Kunst der schwarzen Gesellen. Köhlerei im Harz*. Ed. Hermann-Reddersen-Stiftung des Harzklubs e.V., 2. Aufl., Clausthal-Zellerfeld (Papierlieger-Verlag), citado por K. F. Weber; F. Knolle (2022): *Zur Geschichte einer Legende – führte Hans Carl von Carlowitz 1713 den Begriff der Nachhaltigkeit ein?* https://www.researchgate.net/proile/Friedhart-Knolle/project/Beitraege-zur-Regional-und-Umweltgeschichte-des-Harzes/attachment/5df56405cfe4a777d4fac687/AS:836141230071808@1576363012948/download/Legende+zur+Nachhaltig-keit+2+UH.pdf?context=ProjectUpdatesLog (consultado: 30.11.23).
96. Bognár, A. V. (2022). «Frühneuzeitliche Glashütten im Thüringer Wald. Lehnsbriefe als Quelle der rechtlichen und wirtschaftlichen Produktionsbedingungen». En: A. C. Cremer (ed.). *Glas in der Frühen Neuzeit. Herstellung, Verwendung, Bedeutung, Analyse, Bewahrung*. Heidelberg: Heidelberg University Publishing, págs. 133-196. 10.17885/heiup.821.c14185.
97. *Ibid.*
98. Cf. por Ejemplo, Leturcq, P. (2020). «GHG displacement factors of harvested wood products: the myth of substitution». *Sci. Rep.* 10, 20752. https://doi.org/10.1038/s41598-020-77527-8 (consultado: 30.11.23).
99. Meijer, J. R. *et al.* (2018). «Global patterns of current and future road infrastructure». *Environmental Research Letters* 13, 064006. https://doi.org/10.1088/1748-9326/aabd42 (consultado: 30.11.23)
100. Ibisch, P. L. *et al.* (2016). «A global map of roadless areas and their conservation status». *Science* 354: 1423-1427. https://doi.org/10.1126/science.aaf7166 (consultado: 30.11.23).
101. Central Intelligence Agency (CIA) (2013). *The world fact book*. CIA: Washington, DC. https://www.cia.gov/the-world-factbook/about/archives/ (consultado: 30.11.23)
102. Global Data / Construction Intelligence Center, Project Insight: Global Road Construction Projects (2019). https://www.researchandmarkets.com/research/s6k3dc/project_insight?w=4 (consultado: 30.11.23)
103. Ibisch, P. L. *et al.* (2016). «A global map of roadless areas and their conservation status». *Science* 354: 1423-1427. https://doi.org/10.1126/science.aaf7166 (consultado: 30.11.23).
104. Fittkau, L. (2020). *Proteste im Dannenröder Forst. Autobahnbau gegen Klimaschutz*. https://www.deutschlandfunk.de/proteste-im-dannenroeder-forst-autobahnbau-gegen-klimaschutz-100.html (consultado: 30.11.23).
105. Gohr, C. *et al.* (2020). *Thermische Wirkungen von Waldökosystemen und Autobahnen unter den Bedingungen des Klimawandels Beurteilung der mikro- und mesoklimatischen Effekte des geplanten Baus des Autobahnabschnittes der A49 auf den Dannenröder Forst, Hessen*. Greenpeace, Hamburgo. https://www.researchgate.net/publication/368841134_Thermische_Wirkungen_von_Waldokosystemen_und_Autobahnen_unter_den_Bedingungen_des_Klimawandels (consultado: 30.11.23).
106. Maity, S. *et al.* (2022). «Occurrence and distribution of micro/nanoplastics in soils and their phytotoxic effects: A review». *Plant, Cell & Environment* 45 (4): 1011-1028. https://doi.org/10.1111/pce.14248 (consultado: 30.11.23)
107. Kole, P. J. *et al.* (2017). «Wear and tear of tyres: a stealthy source of microplastics in the environment». *International Journal of Environmental Research and Public Health* 14 (10): 1265-3326.
108. Bläsing, M.; Amelung, W. (2018). «Plastics in soil: analytical methods and possible sources». *Science of the Total Environment* 612: 422-435 (consultado: 30.11.23).
109. de Jonge, M. M. *et al.* (2022). «The impacts of linear infrastructure on terrestrial vertebrate populations: A trait-based approach». *Global Change Biology* 28 (24): 7217-7233. https://doi.org/10.1111/gcb.16450 (consultado: 30.11.23).
110. Estrada, A. *et al.* (2022). «Global importance of Indigenous Peoples, their lands, and knowledge systems for saving the world's primates from extinction». *Science Advances* 8: 32. https://doi.org/10.1126/sciadv.abg7012 (consultado: 30.11.23).
111. Silva Jr., C. H. L. *et al.* (2020). «Persistent collapse of biomass in Amazonian forest edges following deforestation leads to unaccounted carbon losses». *Science Advances* 6 (40). https://doi.org/10.1126/sciadv.aaz8 (consultado: 30.11.23).
112. Egli, S.; Ayer, F. (2006). «Pilzsammeln schadet den Pilzen nicht. Resultate einer Langzeitstudie aus der Schweiz». *DGfM-Mitteilungen* 2006/2: 34-42. https://www.dgfm-ev.de/publikationen/artikelarchiv/dgfm-mitteilungen-162/download (consultado: 30.11.23).
113. Bundesgerichtshof (2012). *Eine Haftung des Waldbesitzers wegen Verletzung der Verkehrssicherungspflicht besteht grundsätzlich nicht für waldtypische Gefahren. Urteil vom 2. Oktober 2012 – VI ZR 311/11.* https://www.dstgb.de/themen/kommunalwald/aktuelles/urteildesbghzurverkehrssicherungspflichtimwald/anlage12bghurtverkehrssicherungspflichtv2102012vizr31111.pdf?cid=90i (consultado: 30.11.23).
114. Cooper, H. *et al.* (2020). «Greenhouse gas emissions resulting from conversion of peat swamp forest to oil palm plantation». *Nat. Commun.* 11: 407. https://doi.org/10.1038/s41467-020-14298-w (consultado: 30.11.23).
Prananto, J. A. (2020). «Drainage increases CO2 and N2O emissions from tropical peat soils». *Global Change Biology* 26 (8): 4583-4600. https://doi.org/10.1111/gcb.15147.
Dadap, N. C. *et al.* (2021). «Drainage canals in Southeast Asian peatlands increase carbon emissions». *AGU Advances* 2 (1), e2020AV000321. https://doi.org/10.1029/2020AV000321
115. Finér, L. *et al.* (2021). «Drainage for forestry increases N, P and TOC export to boreal surface waters». *Science of The Total Environment* 762: 144098. https://doi.org/10.1016/j.scitotenv.2020.144098 (consultado: 30.11.23).
116. Peacock, M. *et al.* (2021). «Global importance of methane emissions from drainage ditches and canals». *Environ. Res. Lett.* 16, 044010. https://doi.org/10.1088/1748-9326/abeb36 (consultado: 30.11.23).
117. Pausas, J. G.; Keeley, J. E. (2019). «Wildfires as an ecosystem service». *Frontiers in Ecology and the Environment* 17: 289-295. https://doi.org/10.1002/fee.2044 (consultado: 30.11.23).
118. Wang, J. A. *et al.* (2022). «Losses of tree cover in California driven by increasing fire disturbance and climate stress». *AGU Advances* 3 (4), e2021AV000654. https://doi.org/10.1029/2021AV000654 (consultado: 30.11.23).
119. Iglesias, V. A. *et al.* (2022). «U.S. fires became larger, more frequent, and more widespread in the 2000s». *Science Advances* 8 (11). https://doi.org/10.1126/sciadv.abc002 (consultado: 30.11.23).
120. Nolan, R. H. *et al.* (2021). «Limits to post-fire vegetation recovery under climate change». *Plant, Cell & Environment* 44 (11): 3471-3489. https://doi.org/10.1111/pce.14176 (consultado: 30.11.23).
121. Gallagher, R. V. *et al.* (2021). «High fire frequency and the impact of the 2019-2020 megafires on Australian plant diversity». *Diversity and Distributions* 27 (7): 1166-1179. https://doi.org/10.1111/ddi.13265 (consultado: 30.11.23).
122. Whelan, R. J.; Ayre, D. J. (2022). «High adult mortality and failure of recruitment in a population of *Banksia spinulosa* following high-intensity fire». *Austral Ecology* 6: 1162-1167. https://doi.org/10.1111/aec.13208 (consultado: 30.11.23).
123. Pyne, S. J. (2020). «From Pleistocene to pyrocene: fire replaces ice». *Earth's Future* 8 (11), e2020EF001722. https://doi.org/10.1029/2020EF001722 (consultado: 30.11.23).
124. Feurdean, A. *et al.* (2020). «Recent fire regime in the southern boreal forests of western Siberia is unprecedented in the last five millennia». *Quaternary Science Reviews* 244, 106495. https://doi.org/10.1016/j.quascirev.2020.106495 (consultado: 30.11.23).
Kukavskaya, E. A. *et al.* (2016). «The impact of increasing fire frequency on forest transformations in southern Siberia». *Forest Ecology and Management* 382: 225-235. https://doi.org/10.1016/j.foreco.2016.10.015
125. Wang, J. A. *et al.* (2021). «Disturbance suppresses the aboveground carbon sink in North American boreal forests». *Nat. Clim. Chang.* 11: 435-441. https://doi.org/10.1038/s41558-021-01027-4 (consultado: 30.11.23).
126. Mack, M. C. *et al.* (2021). «Carbon loss from boreal forest wildfires offset by increased dominance of deciduous trees». *Science* 372(6539). https://doi.org/10.1126/science.abf3905 (consultado: 30.11.23).
127. Fromm, M. *et al.* (2010). «The untold story of Pyrocumulonimbus». *Bulletin of the American Meteorological Society* 91 (9): 1193-1210. https://doi.org/10.1175/2010BAMS3004.1 (consultado: 30.11.23).
128. Del original en inglés: «[…] there is compelling evidence that Australia's historical and contemporary logging regimes have made many Australian forests more fire-prone and contributed to increased fire severity and flammability. […] major logging-generated changes in forest composition and stand architecture, such as the creation of extensive areas of young even-aged stands characterized by densely stocked trees of short stature […] can influence fire dynamics and patterns of spatial contagion in wildfires» en: Lindenmayer, D. B. *et al.* (2020). «Recent Australian wildfires made worse by logging and associated forest management». *Nat. Ecol. Evol.* 4: 898-900. https://doi.org/10.1038/s41559-020-1195-5
Cf. Además de: Lindenmayer, D. B. *et al.* (2022). «Logging elevated the probability of high-severity fire in the 2019-20 Australian forest fires». *Nat. Ecol. Evol.* 6: 533-535. https://doi.org/10.1038/s41559-022-01717-y (consultado: 30.11.23).
129. Leuschner, C. *et al.* (2022). «Are northern German Scots pine plantations climate-smart? The impact of large-scale conifer planting on climate, soil, and the water cycle». *Forest Ecology and Management* 507, 120013. https://doi.org/10.1016/j.foreco.2022.120013 (consultado: 30.11.23).
130. Vieira, D. C. S. *et al.* (2015). «Does soil burn severity affect the post-fire runoff and interrill erosion response? A review based on meta-analysis of field rainfall simulation data». *Journal of Hydrology* 523: 452-464. https://doi.org/10.1016/j.jhydrol.2015.01.071
Shakesby, R. A. (2011). «Post-wildfire soil erosion in the Mediterranean: Review and future research directions». *Earth-Science Reviews* 105 (3-4): 71-100. https://doi.org/10.1016/j.earscirev.2011.01.001
Onda, Y. *et al.* (2008). «Evolution of overland flow after a severe forest fire, Point Reyes, California». *CATENA* 72 (1): 13-20. https://doi.org/10.1016/j.catena.2007.02.003
Inbar, M. *et al.* (1998). «Runoff and erosion processes after a forest fire in Mount Carmel, a Mediterranean area». *Geomorphology* 24 (1): 17-33. https://doi.org/10.1016/S0169-555X(97)00098-6
131. Mayor, A. G. *et al.* (2007). «Post-fire hydrological and erosional responses of a Mediterranean landscape: Seven years of catchment-scale dynamics». *CATENA* 71 (1): 68-75. https://doi.org/10.1016/j.catena.2006.10.006
132. Blumröder, J. S. *et al.* (2022). «Ecosystemic resilience of a temperate post-fire forest under extreme weather conditions». *Front. For. Glob. Change* 5, 1070958. https://doi.org/10.3389/fgc.2022.1070958 (consultado: 30.11.23).
133. Cadenasso, M. L. *et al.* (2022). «Systems in flames: dynamic co-production of social-ecological processes». *BioScience* 72 (8): 731-744. https://doi.org/10.1093/biosci/biac047 (consultado: 30.11.23).
134. Staringer, U.; Kowarik, I. (2011 [2003]). «*Prunus serotina*». *En: BfN: Neobiota.de. Gebietsfremde und invasive Arten in Deutschland.* https://neobiota.bfn.de/handbuch/gefaessplanzen/prunus-serotina.html (consultado: 30.11.23).
135. Kroißer, F.; Bolte, A. (2015). «Naturschutz und Biodiversität im Spiegel der BWI 2012». En: *AFZ-Der Wald*. 21/2015: 23–26.
136. Bradshaw, R. E. *et al.* (2020). «*Phytophthora agathidicida*: research progress, cultural perspectives and knowledge gaps in the control and management of kauri dieback in New Zealand». *Plant Pathology* 69 (1): 3-16. https://doi.org/10.1111/ppa.13104
137. Jung, T. *et al.* (2021). «The destructive tree pathogen *Phytophthora ramorum* originates from the Laurosilva forests of East Asia». *Journal of Fungi* 7 (3): 226. https://doi.org/10.3390/jof7030226

138.Cobb, R. C. *et al.* (2020). «The magnitude of regional-scale tree mortality caused by the invasive pathogen *Phytophthora ramorum*». *Earth's Future 8* (7), e2020EF001500. https://doi.org/10.1029/2020EF001500
139.Carleson, N. C. *et al.* (2021). «Novel introductions and epidemic dynamics of the sudden oak death pathogen *Phytophthora ramorum* in Oregon Forests». *Phytopathology* 111 (4). https://doi.org/10.1094/PHYTO-05-20-0164-R
140.Schenck, N. *et al.* (2018). «First report of Phytophthora ramorum causing Japanese larch dieback in France». *Plant Disease* 102 (10). https://doi.org/10.1094/PDIS-02-18-0288-PDN
141.Webber, J.; Thorpe, K. (2003). «Potential for biological control of *Heterobasidion annosum* in the UK using Rotstop». En: *Proceedings of the 10th IUFRO Conference on Root and Butt Rots of Forest Trees*, Québec City, QC, Canada, 16-22 de septiembre de 2003. En: G. Lalamme et al. (eds). Canadian Forest Service: Ottawa, AB, Canadá, págs. 221-225.
142.Rufner, B. *et al.* (2019). «Multispecies *Phytophthora* disease patterns in declining beech stands». *Forest Pathology* 49 (3), e12514. https://doi.org/10.1111/efp.12514
143.Pérez-Sierra, A. *et al.* (2013). Previously unrecorded low-temperature Phytophthora species associated with Quercus decline in a Mediterranean forest in Eastern Spain. *Forest Pathology, 43*, 331–339. https://doi.org/10.1111/efp.12037
144.Burgess, T. I. *et al.* (2022). Anthropogenic disturbances and the emergence of native diseases: a threat to forest health. *Curr. Forestry Rep., 8*, 111-123. https://doi.org/10.1007/s40725-022-00163-0
145.Umweltbundesamt (2020). *Biobasierte und biologisch abbaubare Kunststoffe*. https://www.umweltbundesamt.de/biobasierte-biologisch-abbaubare-kunststoffe (consultado: 27.02.23).
146.Persson, L. *et al.* (2022). «Outside the safe operating space of the planetary boundary for novel entities». *Environ. Sci. Technol.* 56 (3): 1510-1521. https://doi.org/10.1021/acs.est.1c04158
147.Murazzi, M. E. *et al.* (2022). «Can forest trees take up and transport nanoplastics?». *iForest – Biogeosciences and Forestry* 15 (2): 128-132. https://doi.org/10.3832/ifor4021-015
148.Yan, S. *et al.* (2021). «Synergistic effect of ZnO NPs and imidacloprid on liver injury in male ICR mice: Increase the bioavailability of IMI by targeting the gut microbiota». *Environ Pollut.* 294, 118676. https://doi.org/10.1016/j.envpol.2021.118676
Villegas, L. *et al.* (2022). «The synergistic effect of microplastic and malathion exposure on fiddler crab *Minuca ecuadoriensis* microplastic bioaccumulation and survival». *Marine Pollution Bulletin* 175, 113336. https://doi.org/10.1016/j.marpolbul.2022.113336
149.Erisman, J. W.; de Vries, W. (2000). «Nitrogen deposition and effects on European forests». *Environmental Reviews* 8 (2): 65-93. https://doi.org/10.1139/a00-006
de Vries, W. (2021). «Impacts of nitrogen emissions on ecosystems and human health: A mini-review». *Current Opinion in Environmental Science & Health* 21, 100249. https://doi.org/10.1016/j.coesh.2021.100249
Dirnböck, D. *et al.* (2013). «Forest floor vegetation response to nitrogen deposition in Europe». *Global Change Biology* 20 (2): 429-440. https://doi.org/10.1111/gcb.12440
150.Raspe, S. *et al.* (2011). «Luftschadstoffbelastung der Wälder». *LWF aktuell, 82/2011:* 15-18.
Mohr, K.; Dammgen, U. (2013). «Ammonia and ammonium loads to forests in Northwest Niedersachsen in the vicinity of animal houses: Part 2. Effects on soils and vegetation/Belastung von Wäldern in Nordwest-Niedersachsen durch Ammoniak und Ammonium in der Umgebung von Tierhaltungsanlagen: Teil 2. Wirkungen auf Boden und Vegetation». *Landbauforschung* 63 (2): 129.
151.Pielke Jr. R. *et al.* (2022). «Plausible 2005-2050 emissions scenarios project between 2 °C and 3 °C of warming by 2100». *Environ. Res. Lett.* 17, 024027.
152.Gedalof, Z.; Berg, A. A. (2010). «Tree ring evidence for limited direct CO2 fertilization of forests over the 20th century». *Global Biogeochemical Cycles* 24 (3). https://doi.org/10.1029/2009GB003699
Huang, J.-G. *et al.* (2007). «Response of forest trees to increased atmospheric CO2». *Critical Reviews in Plant Sciences* 26 (5-6): 265-283. https://doi.org/10.1080/07352680701626978
153.Pretzsch, H. *et al.* (2014). «Forest stand growth dynamics in Central Europe have accelerated since 1870». *Nat. Commun.* 5: 4967. https://doi.org/10.1038/ncomms5967
154.Xiao, J.; Moody, A. (2005). «Geographical distribution of global greening trends and their climatic correlates: 1982-1998». *International Journal of Remote Sensing* 26 (11): 2371-2390. https://doi.org/10.1080/01431160500033682
Piao, S. *et al.* (2020). «Characteristics, drivers and feedbacks of global greening». *Nat Rev Earth Environ* 1: 14-27. https://doi.org/10.1038/s43017019001x
155.Girardin, M. P. *et al.* (2016). «No growth stimulation of Canada's boreal forest under half-century of combined warming and CO2 fertilization». *PNAS* 113 (52), E8406-E8414. https://doi.org/10.1073/pnas.1610156111 (consultado: 30.11.23).
156.*Ibid.*
157.Terrer, S. *et al.* (2016). «Mycorrhizal association as a primary control of the CO2 fertilization effect». *Science* 353(6294): 72-74. https://doi.org/10.1126/science.aaf4610 (consultado: 30.11.23)
158.Pan, N. *et al.* (2018). «Increasing global vegetation browning hidden in overall vegetation greening: Insights from time-varying trends». *Remote Sensing of Environment* 214: 59-72. https://doi.org/10.1016/j.rse.2018.05.018 (consultado: 30.11.23).
Feng, X. *et al.* (2021). «Recent leveling of vegetation greenness and primary production reveals the increasing soil water limitations on the greening Earth». *Science Bulletin* 66 (14): 1462-1471. https://doi.org/10.1016/j.scib.2021.02.023
159.Pan, N. *et al.* (2018). «Increasing global vegetation browning hidden in overall vegetation greening: Insights from time-varying trends». *Remote Sensing of Environment* 214: 59-72. https://doi.org/10.1016/j.rse.2018.05.018 (consultado: 30.11.23).
Feng, X. *et al.* (2021). «Recent leveling of vegetation greenness and primary production reveals the increasing soil water limitations on the greening Earth». *Science Bulletin* 66 (14): 1462-1471. https://doi.org/10.1016/j.scib.2021.02.023
160.Steffen, W. *et al.* (2015). «Planetary boundaries: Guiding human development on a changing planet». *Science* 347 (6223). https://doi.org/10.1126/science.1259855 (consultado: 30.11.23).
161.Montibeller, B. *et al.* (2022). «Increased carbon assimilation and efficient water usage may not compensate for carbon loss in European forests». *Commun Earth Environ.* 3: 194. https://doi.org/10.1038/s43247-022-00535-1 (consultado: 30.11.23).
162.Country and Jurisdiction – Ctrees. https://ctrees.org/products/country-jurisdiction (consultado: 30.11.23).
163.Huntingford, C. *et al.* (2021). «Impact of merging of historical and future climate data sets on land carbon cycle projections for South America». *Climate Resilience and Sustainability* 1 (1). https://doi.org/10.1002/cli2.24 (consultado: 30.11.23)
Chen, J. *et al.* (2020). «Soil carbon loss with warming: New evidence from carbon-degrading enzymes». *Global Change Biology* 26 (4): 1944-1952. https://doi.org/10.1111/gcb.14986
164.Oiti, N.O.E. *et al.* (2021). «Warming promotes loss of subsoil carbon through accelerated degradation of plant-derived organic matter». *Soil Biology and Biochemistry* 156, 108185. https://doi.org/10.1016/j.soilbio.2021.108185 (consultado: 30.11.23).
165.Soong, J. L. *et al.* (2021). «Five years of whole-soil warming led to loss of subsoil carbon stocks and increased CO2 flux». *Science Advances* 7 (21). https://doi.org/10.1126/sciadv.abd1343 (consultado: 30.11.23).
166.Forzieri, G. *et al.* (2021). «Emergent vulnerability to climate-driven disturbances in European forests». *Nat. Commun.* 12: 1081. https://doi.org/10.1038/s41467-021-21399-7 (consultado: 30.11.23).
167.Senf, C. *et al.* (2020). «Excess forest mortality is consistently linked to drought across Europe». *Nat. Commun.* 11: 1-8. https://doi.org/10.1038/s41467-020-19924-1 (consultado: 30.11.23).
168.Larjavaara, M. *et al.* (2021). «Impact of rising temperatures on the biomass of humid old-growth forests of the world». *Carbon Balance Manage.* 16: 31.
169.Siguen existiendo incertidumbres metodológicas a la hora de determinar el declive de la resistencia. Smith, T. *et al.* (2022). «Reliability of resilience estimation based on multi-instrument time series». *Earth Syst. Dynam. Discuss.* [preimpresión], https://doi.org/10.5194/esd-2022-41, en revisión (consultado: 30.11.23).
170.Montibeller, B. *et al.* (2022). «Increased carbon assimilation and efficient water usage may not compensate for carbon loss in European forests». *Commun Earth Environ.* 3: 194. https://doi.org/10.1038/s43247-022-00535-1 (consultado: 30.11.23).
171.Brienen, R. *et al.* (2015). «Long-term decline of the Amazon carbon sink». *Nature* 519: 344-348. https://doi.org/10.1038/nature14283 (consultado: 30.11.23).
172.Lovejoy, T. E.; Nobre, C. (2018). «Amazon tipping point». *Science Advances* 4 (2), eaat2340. https://doi.org/10.1126/sciadv.aat2340 (consultado: 30.11.23).
Bullock, E. L. *et al.* (2020). «Satellite-based estimates reveal widespread forest degradation in the Amazon». *Global Change Biology* 26 (5): 2956-2969. https://doi.org/10.1111/gcb.15029 (consultado: 30.11.23).
173.Armstrong, D. I. *et al.* (2022). «Exceeding 1.5 °C global warming could trigger multiple climate tipping points». *Science* 377, Issue 6611. https://doi.org/10.1126/science.abn7922
174.Kinzig, A. P. *et al.* (2006). «Resilience and regime shifts: assessing cascading effects». *Ecology and Society* 11, 1-23. https://doi.org/10.5751/ES-01583-110223
Cai, Y. *et al.* (2016). «Risk of multiple interacting tipping points should encourage rapid CO2 emission reduction». *Nat. Clim. Chang.* 65 (6): 520-525. https://doi.org/10.1038/nclimate2964 - Willcock, S. *et al.* (2021). «Multiple drivers and extreme events collapse social-ecological systems sooner». *Preprint Research Square.* https://doi.org/10.21203/rs.3.rs-1158662/v1
175.Duffy, K. A. *et al.* (2021). «How close are we to the temperature tipping point of the terrestrial biosphere?». *Sci. Adv.* 7, eaay1052. https://doi.org/10.1126/sciadv.aay1052
176.Gazol, A.; Camarero, J. J. (2022). «Compound climate events increase tree drought mortality across European forests». *Science of The Total Environment* 816: 151604. https://doi.org/10.1016/j.scitotenv.2021.151604
Hammond, W. M. *et al.* (2022). «Global field observations of tree die-off reveal hotter-drought fingerprint for Earth's forests». *Nat. Commun.* 13: 1761. https://doi.org/10.1038/s41467-022-29289-2
177.Breshears, D. D. *et al.* (2021). «Underappreciated plant vulnerabilities to heat waves». *New Phytologist* 231 (1): 32-39. https://doi.org/10.1111/nph.17348
178.Kunert, N. *et al.* (2021). «Summer temperatures reach the thermal tolerance threshold of photosynthetic decline in temperate conifers». *Plant Biology*. https://doi.org/10.1111/plb.13349
179.Arend, M. *et al.* (2021). «Rapid hydraulic collapse as a cause of drought-induced mortality in conifers». *PNAS* 118 (16), e2025251118. https://doi.org/10.1073/pnas.2025251118
180.Jaime, L. *et al.* (2022). «Climatic and stand drivers of forest resistance to recent bark beetle disturbance in European coniferous forests». *Global Change Biology* 28 (8): 2830-2841. https://doi.org/10.1111/gcb.16106
181.Leuschner, C. (2020). «Drought response of European beech (Fagus sylvatica L.) – A review». *Perspectives in Plant Ecology, Evolution and Systematics* 47, 125576. https://doi.org/10.1016/j.ppees.2020.125576
182.Braun, S. *et al.* (2021). «37 years of forest monitoring in Switzerland: drought effects on *Fagus sylvatica*». *Front. For. Glob. Change, Sec. Forests and the Atmosphere.* https://doi.org/10.3389/fgc.2021.765782
183.Ruthrof, K. X. *et al.* (2018). «Subcontinental heatwave triggers terrestrial and marine, multi-taxa responses». *Sci Rep.* 8, 13094. https://doi.org/10.1038/s41598-018-31236-5
184.Forzieri, G. *et al.* (2021). «Emergent vulnerability to climate-driven disturbances in European forests». *Nat. Commun.* 12: 1081. https://doi.org/10.1038/s41467-021-21399-7 -
Miralles, D. G. *et al.* (2019). «Land-atmospheric feedbacks during droughts and heatwaves: state of the science and current challenges». *Ann N Y Acad Sci.* 1436 (1): 19-35. https://doi.org/10.1111/nyas.13912
Schumacher, D. L. *et al.* (2019). «Amplification of mega-heatwaves through heat torrents fueled by upwind drought». *Nat. Geosci.* 12: 712-717. https://doi.org/10.1038/s41561-019-0431-6
185.Lansu, E. M. *et al.* (2020). «Atmospheric aridity and apparent soil moisture drought in European forests during heatwaves». *Geophysical Research Letters* 47 (6), e2020GL087091. https://doi.org/10.1029/2020GL087091

186.Tumajer, J. *et al.* (2022). «Limitation by vapor pressure deficit shapes different intra-annual growth patterns of diffuse and ring-porous temperate broadleaves». *New Phytologist* 233 (6): 2429-2441. https://doi.org/10.1111/nph.17952 -
Peters, R. L. *et al.* (2021). «Turgor – a limiting factor for radial growth in mature conifers along an elevational gradient». *New Phytologist* 229 (1): 213-229. https://doi.org/10.1111/nph.16872
187.Zweifel, R. *et al.* (2021). «Why trees grow at night». *New Phytologist* 231 (6): 2174-2185. https://doi.org/10.1111/nph.17552
188.Boczoń, A. *et al.* (2021). «Drought in the forest breaks plant–fungi interactions». *Eur. J. Forest Res.* 140: 1301-1321. https://doi.org/10.1007/s10342-021-01409-5 -
Cavicchioli, R. *et al.* (2019). «Scientists' warning to humanity: microorganisms and climate change». *Nat. Rev. Microbiol.* 17: 569-586. https://doi.org/10.1038/s41579-019-0222-5
189.Senf, C. *et al.* (2021). «Increasing canopy mortality affects the future demographic structure of Europe's forests». *One Earth* 4 (5): 749-755. https://doi.org/10.1016/j.oneear.2021.04.008
190.Dulamsuren, C. *et al.* (2022). «Did stand opening 60 years ago predispose a European beech population to death?». *Trees, Forests and People* 8, 100265. https://doi.org/10.1016/j.tfp.2022.100265 (consultado: 30.11.23).
191.Still, C.; Talberth, J. (2022). «Deforestation, forest degradation, heat waves and drought evidence from the Pacific Northwest heat dome of 2021». *CSE, Port Townsend*. https://irp.cdn-website.com/0358d1eb/iles/uploaded/Deforestation-and-heat-waves-FINAL.pdf (consultado: 30.11.23).
192.Allen, C. D. *et al.* (2015). «On underestimation of global vulnerability to tree mortality and forest die-off from hotter drought in the Anthropocene». *Ecosphere* 6 (8): 1-55. https://doi.org/10.1890/ES15-00203.1 (consultado: 30.11.23).
193.Berner, L. T.; Goetz, S. J. (2022). «Satellite observations document trends consistent with a boreal forest biome shift». *Global Change Biology* 28 (109): 3275-3292. https://doi.org/10.1111/gcb.16121 (consultado: 30.11.23).
194.Kasper, J. *et al.* (2022). «Winners and losers of climate warming: Declining growth in Fagus and Tilia vs. stable growth in three Quercus species in the natural beech–oak forest ecotone (western Romania)». *Forest Ecology and Management* 506, 119892. https://doi.org/10.1016/j.foreco.2021.119892 (consultado: 30.11.23).
195.Beloiu, M. *et al.* (2020). «High recovery of saplings after severe drought in temperate deciduous forests». *Forests* 11 (5): 546. https://doi.org/10.3390/f11050546 (consultado: 30.11.23).
196.Hesse, B. D. *et al.* (2021). «Mature beech and spruce trees under drought – Higher C investment in reproduction at the expense of whole-tree NSC stores». *Environmental and Experimental Botany* 191, 104615. https://doi.org/10.1016/j.envexpbot.2021.104615 (consultado: 30.11.23).
197.Brunn, M. *et al.* (2022). «Carbon allocation to root exudates is maintained in mature temperate tree species under drought». *New Phytologist* 235 (3): 965-977. https://doi.org/10.1111/nph.18157 (consultado: 30.11.23).
198.Müller, L. M.; Bahn, M. (2022). «Drought legacies and ecosystem responses to subsequent drought». *Global Change Biology* 28 (17): 5086-5103. https://doi.org/10.1111/gcb.16270 (consultado: 30.11.23)
Kannenberg, S. A. *et al.* (2020). «Ghosts of the past: how drought legacy effects shape forest functioning and carbon cycling». *Ecology Letters* 23 (5): 891-901. https://doi.org/10.1111/ele.13485
199.Peterson, T. J. *et al.* (2021). «Watersheds may not recover from drought». *Science* 372 (6543): 745-749. https://doi.org/10.1126/science.abd5995
200.Schreiner-McGraw, A. P.; Ajami, H. (2021). «Delayed response of groundwater to multi-year meteorological droughts in the absence of anthropogenic management». *Journal of Hydrology* 603, *Part B*, 126917. https://doi.org/10.1016/j.jhydrol.2021.126917
201.Sévellec, F.; Drijfhout, S. S. (2018). «A novel probabilistic forecast system predicting anomalously warm 2018-2022 reinforcing the long-term global warming trend». *Nat Commun* 9: 3024. https://doi.org/10.1038/s41467-018-05442-8
202.Dorado-Linán, I. *et al.* (2022). «Jet stream position explains regional anomalies in European beech forest productivity and tree growth». *Nat Commun* 13: 2015. https://doi.org/10.1038/s41467-022-29615-8
203.Dufy, K. A. *et al.* (2021). «How close are we to the temperature tipping point of the terrestrial biosphere?». *Sci. Adv.* 7, eaay1052. https://doi.org/10.1126/sciadv.aay1052
204.Koch, A. (2022). «Peaking productivity by 2060». *Nat. Clim. Chang.* 12: 505-506. https://doi.org/10.1038/s41558-022-01370-0
Zhang, Y. *et al.* (2022). «Future reversal of warming-enhanced vegetation productivity in the Northern Hemisphere». *Nat. Clim. Chang.* 12: 581-586. https://doi.org/10.1038/s41558-022-01374-w
205.Le Noë, J. *et al.* (2021). «Altered growth conditions more than reforestation counteracted forest biomass carbon emissions 1990-2020». *Nat Commun* 12: 6075. https://doi.org/10.1038/s41467-021-26398-2
206.Dooley, K. *et al.* (2022). «Carbon removals from nature restoration are no substitute for steep emission reductions». *One Earth* 5 (7): 812-824. https://doi.org/10.1016/j.oneear.2022.06.002
207.Wenz, L., Kuik, F. (2022). «Ökonomische Risiken. Über die Folgen für die Wirtschaft». En: K. Wiegandt (ed.). *3 Grad mehr. Ein Blick in die drohende Heißzeit und wie uns die Natur helfen kann, sie zu verhindern*. Oekom Verlag: München, págs. 93-119.
208.Schumann, H. (2003). «Gefahr für die Zivilisation». *Spiegel Chronik* 54. https://www.spiegel.de/politik/gefahr-fuer-die-zivilisation-a-60b3db61-0002-0001-0000-000029459771 (consultado: 30.11.23).
209.Schellnhuber, H. J. (2022). «Bauhaus für die Erde. Nachhaltige Nutzung von Holz im Bausektor». En: K. Wiegandt (ed.). *3 Grad mehr. Ein Blick in die drohende Heißzeit und wie uns die Natur helfen kann, sie zu verhindern*. Oekom Verlag: München, págs. 169-208.
210.Stevens Rumann, C. S. *et al.* (2018). «Evidence for declining forest resilience to wildfires under climate change». *Ecology Letters* 21 (2): 243-252. https://doi.org/10.1111/ele.12889 (consultado: 30.11.23).
211.Rocha, J. C. (2022). «Ecosystems are showing symptoms of resilience loss». *Environ. Res. Lett.* 17, 065013. https://doi.org/10.1088/1748-9326/ac73a8 (consultado: 30.11.23).
212.Müller, V. (2019). «Totes Holz, überall: Droht ein neues Waldsterben?». https://www.abendblatt.de/vermischtes/article226438837/Duerre-Schaedlinge-Stuerme-Droht-ein-neues-Waldsterben.html (consultado: 30.11.23).
213.Arain, M. A. *et al.* (2022). «Heat and drought impact on carbon exchange in an age-sequence of temperate pine forests». *Ecol Process* 11: 7. https://doi.org/10.1186/s13717-021-00349-7 (consultado: 30.11.23).
214.Worldometer (2022). Current world population. https://www.worldometers.info/world-population/ (consultado: 30.11.23).
215.Berechnen Sie die Zahl der Menschen für den Tag Ihrer Geburt: https://www.theguardian.com/environment/interactive/2011/oct/24/how-big-worlds-population-born?CMP=twt_gu (consultado: 30.11.23).
216.Meadows, D. H. *et al.* (1972). *The limits to growth: A report for the Club of Rome's project on the predicament of mankind*. Nueva York: Universe Books.
217.Robbins, P. (2020). «Is less more … or is more less? Scaling the political ecologies of the future». *Political Geography* 76, 102018. https://doi.org/10.1016/j.polgeo.2019.04.010
Gómez-Baggethun, E. (2020). «More is more: Scaling political ecology within limits to growth». *Political Geography* 76, 102095. https://doi.org/10.1016/j.polgeo.2019.102095
218.Lade, S. J. *et al.* (2020). «Human impacts on planetary boundaries amplified by Earth system interactions». *Nat Sustain* 3: 119-128. https://doi.org/10.1038/s41893-019-0454-4
219.Herrington, G. (2021). «Update to limits to growth: Comparing the World3 model with empirical data». *Journal of Industrial Ecology* 25 (3): 614-626. https://doi.org/10.1111/jiec.13084
220.Lees, A. C. *et al.* (2020). «Biodiversity scientists must fight the creeping rise of extinction denial». *Nat. Ecol. Evol.* 4: 1440-1443. https://doi.org/10.1038/s41559-020-01285-z
221.Mumford, L. (1974). *Mythos der Maschine*. Viena: Kultur, Technik und Macht, Europa-Verlag.
Scheidler, F. (2015). *Das Ende der Megamaschine. Geschichte einer scheiternden Zivilisation.* Viena: Promedia Verlag.
222.Hochschule für Forstwirtschaft Rottenburg (2022). FAQ in der Studienberatung zum Master Forstwirtschaft. https://www.hs-rottenburg.net/studium/msc-forstwirtschaft/infos-ueber-den-studiengang/haeuige-fragen/ (consultado: 30.11.23).
223.Guericke, M. (2015). «185 Jahre forstliche Ausbildung in Eberswalde». *AFZ/Der Wald 22/2015*, págs. 26-29.
224.Ibisch, P. L. (2021). «Die wahre Geschichte der Ökologischen Waldbewirtschaftung». Gastbeitrag Blog J.-M. Wiarda: https://www.jmwiarda.de/2021/04/01/die-wahre-geschichte-der-%C3%B6kologischen-waldbewirtschaftung/ (consultado: 30.11.23).
225.Deutscher Forstwirtschaftsrat (2022). «Die Stimme der Forstwirtschaft». https://www.dfwr.de/ (consultado: 30.11.23).
226.Deutscher Forstwirtschaftsrat (2022). «Präsidium». https://www.dfwr.de/ueber-uns/praesidium/ (consultado: 30.11.23).
227.IKEA (2020). *IKEA launches new 2030 forest agenda to push for improved forest management and biodiversity globally*. https://gbl-sc9u2-prd-cdn.azureedge.net/-/media/aboutikea/newsroom/documents/577738.pdf?rev=35adefaa6744439ea85b0dce9e517b52 (consultado: 30.11.23).
228.Amazon (2020). *Climate Pledge Friendly helps you discover and shop for more-sustainable products.* https://www.amazon.com/b?node=21221607011 (consultado: 30.11.23).
229.Tetra Pak (2019). *Tetra Pak surpasses 500 billion FSCTM labelled package milestone* https://www.tetrapak.com/about-tetra-pak/news-and-events/newsarchive/500-billion-fsc-labelled-packages (consultado: 30.11.23).
230.«By 2025, we aim to use only FSC-certified wood in our own and licensed brands of furniture. We intend to use 100 percent FSC-certified or EU Ecolabel paper in our catalogs by 2025»; Otto Group (2022): *Sustainable materials*. https://www.ottogroup.com/en/nachhaltigkeit/sustainable-materials.php (consultado: 30.11.23).
231.Nikolaeva, A. S. *et al.* (2019). «Differences in forest management practices in Primorsky Krai: case study of certified and non-certified by Forest Stewardship Council forest concessions». *Journal of Sustainable Forestry* 38 (5): 471-485.
Blumröder, J. S. *et al.* (2018). «Towards the evaluation of the ecological effectiveness of the principles, criteria and indicators (PCI) of the Forest Stewardship Council (FSC): Case study in the Arkhangelsk Region in the Russian Federation». *Challenges in Sustainability* 6 (1): 20-51. https://doi.org/10.12924/cis2018.06010020
Blumröder, J. S. *et al.* (2019). «Ecological effects of clearcutting practices in a boreal forest (Arkhangelsk Region, Russian Federation) both with and without FSC certification». *Ecological Indicators* 106, 105461. https://doi.org/10.1016/j.ecolind.2019.105461
Blumröder, J. S. *et al.* (2020). «Clearcuts and related secondary dieback undermine the ecological effectiveness of FSC certification in a boreal forest». *Ecological Processes* 9 (1): 1-9. https://doi.org/10.1186/s13717-020-0214-4
232.Forest Stewardship Council (2022). *FSC, Facts and Figures*. https://fsc.org/en/facts-igures (consultado: 30.11.23).
233.Rauschecker, L. (2020). *PEFC-Siegel (Programme for the Endorsement of Forest Certification Schemes)*. https://utopia.de/siegel/pefc/ (consultado: 30.11.23).
234.PEFC (2022). *PEFC-Waldstandard:4. Biologische Vielfalt in Waldökosystemen.* https://www.pefc.de/waldbesitzende/pefc-waldstandard/4-biologische-vielfalt/ (consultado: 30.11.23).
235.Original: «simply put by choosing products with FSC labels, you are helping to take care of the world's forests»; FSC FSC Africa (2022). *What It Means When You See the FSC Labels on a Product.* https://africa.fsc.org/en-cd/fsc-labels (consultado: 30.11.23).
236.Initiative Wald ist Klimaschützer (2022). *Wald ist Klimaschützer. [Informationskampagne der Familienbetriebe Land und Forst (FABLF) und der AGDW – Die Waldeigentümer]* https://www.wald-ist-klimaschuetzer.de/ (consultado: 30.11.23).
237.Hessischer Waldbesitzerverband e.V. (2022). *Klimaheld - Waldwirtschaft ist Klimaschutz*. https://www.waldbesitzer-hessen.de/klimaheld-waldwirtschaft-ist-klimaschutz/ (consultado: 30.11.23).
238.Deutscher Forstwirtschaftsrat e.V. Projekt KliWaBe (2022). *Die Klimaschutz AG. Unhide the champion*. https://klimazukunft-wald.de/unhide/ (consultado: 30.11.23).
239.Bundesministerium für Ernährung und Landwirtschaft (2022). *Wissenschaftlicher Beirat für Waldpolitik*. https://www.bmel.de/DE/ministerium/organisation/beiraete/waldpolitik-organisation.html (consultado: 30.11.23).

240.En un correo electrónico a P. Ibisch y a la fundación alemana de protección mediambiental.

241.En una entrevista de Deutschlandfunks: Brink, N. (2017). *Der Wald und der Adel. Unterwegs durch Privatwälder in Deutschland*. https://assets.deutschlandfunk.de/FILE_e8d55d358f356afc8163a4b-be2b2bc53/original.pdf (consultado: 30.11.23).

242.Waldprinz (2019). *Waldbesitzer: Wem gehört der deutsche Wald? Veröfentlicht am 3.3.2019*. https://www.wald-prinz.de/waldbesitzer-wem-gehort-der-wald/665#gr%C3%B6%C3%9Ften (consultado: 30.11.23).

243.Taz (2022). *Treuenbrietzen verkauft den Stadtwald: Das Ende des Waldumbaus*. https://taz.de/Treuenbrietzen-verkauft-den-Stadtwald/!5871438/ (consultado: 30.11.23).

244.Jäger (2016). *Drückjagdtipps von Franz-Albrecht Oettingen*. https://www.jaegermagazin.de/jaeger-praxis/praxistipps/drueckjagdtipps-von-franz-albrecht-oettingen/ (consultado: 30.11.23).

245.Jäger prime: *Jäger specials – Interview mit Franz-Albrecht Oettingen Spielberg*. https://www.jaeger-prime.de/jaeger-specials-interview-mit-franz-albrecht-oettingen-spielberg/ (consultado : 30.11.23).

246.Fröhlich, A. (2017). *Brandenburg: Prinz Harry auf Jagd. Geheimbesuch in der Uckermark im Revier eines adeligen Freundes*. https://www.tagesspiegel.de/potsdam/brandenburg/prinz-harry-auf-jagd-7114351.html (consultado: 30.11.23).

247.Vanermen, I. *et al.* (2020). «What do scientists and managers know about soil biodiversity? Comparative knowledge mapping for sustainable forest management». *Forest Policy and Economics* 119, 102264. https://doi.org/10.1016/j.forpol.2020.102264 (consultado: 30.11.23).

248.En el contexto militar, se empezó a hablar de un mundo VUCA en la década de 1990. VUCA son las siglas en inglés de Volatilidad, Incertidumbre, Complejidad y Ambigüedad; Shambach, C. S. A. (2004). *Strategic leadership primer*. 2.ª edición. United States Army War College, Department of Command, Leadership, and Management, Carlisle Barracks, Pennsylvania, USA.

249.Harel, T. O. *et al.* (2020). «The normalization of Hatred: identity, afective polarization, and dehumanization on Facebook in the context of intractable political conflict». *Social Media + Society* 6 (2). https://doi.org/10.1177/2056305120913983 (consultado: 30.11.23).

250.Overview of the Millennium Ecosystem Assessment. https://www.millenniumassessment.org/en/About.html (consultado: 30.11.23).

251.Meadows, D. H. *et al.* (1972). *The limits to growth: A report for the Club of Rome's project on the predicament of mankind*. Nueva York: Universe Books.

252.Georgescu-Roegen, N. (1971). *The entropy law and the economic process*. Cambridge, Massachusetts: Harvard University Press.

253.Daly, H. E. (1991). *Steady-state economics*. 2.ª ed. Washington, D. C.: Island Press

254.Krohn, P. (2022). *Die ,Grenzen des Wachstums' haben sich als richtig erwiesen«. Interview mit Herman Daly*. https://www.faz.net/aktuell/wirtschaft/klima-nachhaltigkeit/herman-daly-grenzen-des-wachstums-haben-sich-als-richtig-erwiesen-18349869.html (consultado: 30.11.23).

255.Timber Exchange, Centersource Technologies (2021). *Global Timber Market – Analysis for Q3 2021*. https://issuu.com/centersourcetechnologies/docs/global_timber_market_analysis_for_q3_2021 (consultado: 30.11.23).

256.Del original en inglés: «The world's forest area continues to decrease but at a slightly slower rate compared with previous decades. The proportion of forest area fell from 31.9 per cent of total land area in 2000 to 31.2 per cent of total land area in 2020.« Berichterstattung zum Goal 15. Protect, restore and promote sustainable use of terrestrial ecosystems, sustainably manage forests, combat desertiication, and halt and reverse land degradation and halt biodiversity loss». [https://unstats. un.org/sdgs/iles/report/2022/secretary-general-sdg-report-2022--EN.pdf] (https://unstats. un.org/sdgs/iles/report/2022/secretary-general-sdg-report-2022--EN.pdf) (consultado: 30.11.23).

257.Naciones Unidas (2015). *Transforming our world: The 2030 Agenda for Sustainable Development, General Assembly resolution 70/1* (Resolution A/RES/70/1). undocs.org/en/A/RES/70/1.

258.Ibisch, P. L.; Jung, N. (2018). «Gut oder böse – können wir überhaupt nachhaltig sein?». En: P. L. Ibisch *et al.* (ed.). *Der Mensch im globalen Ökosystem: Eine Einführung in die nachhaltige Entwicklung*. Munich: Oekom Verlag, págs. 85-109.

259.Ibisch, P. L.; Sommer, J. (2021). *Das Ökohumanistische Manifest. Unsere Zukunft in der Natur*. Hirzel-Verlag. 173 pág.

260.Deutscher Ethikrat: https://www.ethikrat.org/ (consultado: 30.11.23).

261.Leopold, A. (1949). *A Sand County Almanac*. Nueva York: Oxford University Press, pág. 204.

262.Ibisch, P. L. (2018). «Ökosystembasierte nachhaltige Entwicklung». En: P. L. Ibisch *et al.* (ed.). *Der Mensch im globalen Ökosystem: Eine Einführung in die nachhaltige Entwicklung. Oekom*. Múnich: Verlag, págs. 263-283.

263.Acosta, A. (2022). «Nachwort». En: P. L. Ibisch; J. Sommer. *Das Ökohumanistische Manifest. Unsere Zukunft in der Natur*. Hirzel-Verlag, págs. 160-170.

264.Penz, G. P. (1986). *Consumer sovereignty and human interests*. Cambridge University Press.

265.Diener, E. (1994). «Assessing subjective well-being: Progress and opportunities». *Social Indicators Research* 31: 103-157.

266.Stiglitz, J. E. (ed.). (2009). *Report by the Commission on the Measurement of Economic Performance and Social Progress*. París.

267.Deutscher Bundestag (2013). *Schlussbericht der Enquete-Kommission «Wachstum, Wohlstand, Lebensqualität – Wege zu nachhaltigem Wirtschaften und gesellschaftlichem Fortschritt in der Sozialen Marktwirtschaft*. https://www.bpb.de/shop/buecher/schriftenreihe/175745/schlussbericht-der-enquete-kommission/ (consultado: 30.11.23).

268.Jackson, T. (2009). *Prosperity without Growth - The transition to a sustainable economy*. Sustainable Development Commission. https://research-repository.st-andrews.ac.uk/bitstream/handle/10023/2163/sdc-2009-pwg.pdf?seq (consultado: 30.11.23).
Costanza, R. *et al.* (2009). «Beyond GDP: the need for new measures of progress». *Pardee Paper No. 4*, Boston: Pardee Center for the Study of the Longer-Range Future. http://archives.pdx.edu/ds/psu/8349.
Kubiszewski, I. *et al.* (2013). «Beyond GDP: Measuring and achieving global genuine progress». *Ecological Economics* 93: 57-68. https://doi.org/10.1016/j.ecolecon.2013.04.019
Costanza, R. *et al.* (2018). *Lessons from the history of GDP in the effort to create better indicators. Routledge Handbook of Sustainability Indicators*. Routledge.

269.King, M. F. *et al.* (2014). «The concept, dimensions and methods of assessment of human well-being within a socioecological context: a literature review». *Social Indicators Research* 116 (3): 681-698. https://doi.org/10.1007/s11205-013-0320-0

270.Collste, D. *et al.* (2021). «Human well-being in the Anthropocene: Limits to growth». *Global Sustainability* 4: E30. https://doi.org/10.1017/sus.2021.26

271.Westman, W. E. (1977). «How much are nature's services worth? Measuring the social benefits of ecosystem functioning is both controversial and illuminating». *Science* 197(4307): 960-964. https://doi.org/10.1126/science.197.4307

272.Ehrlich, P. (1974). «Human Population and Environmental Problems». *Environmental Conservation* 1 (1): 15-20. https://doi.org/10.1017/s0376892900003817
Ehrlich, P. R.; Ehrlich, A. (1976). «The World food problem: no room for complacency». *Social Science Quarterly* 57 (2): 375-382. http://www.jstor.org/stable/42859614

273.AGDW – Die Waldeigentümer (2022). Bundeswaldgesetz: »Pauschale Vorschriften wären eine Gefährdung für unsere Wälder«. Pressemitteilung vom 21.09.2022. https://www.lifepr.de/inaktiv/agdw-die-waldeigentuemer/Bundeswaldge-setz-Pauschale-Vorschriften-waeren-eine-Gefaehrdung-fuer-unsere-Waelder/boxid/916885 (consultado: 30.11.23).

274.Rossmäßler, E. A. (1871). *Der Wald: Den Freunden und Plegern des Waldes geschildert. Winther'sche Verlagshandlung*, Leipzig, pág. 7.

275.*Ibid*., pág. 8.

276.Wilson, E. O. (1986). *Biophilia*. Harvard University Press. https://doi.org/10.4159/9780674045231.

277.Chang, C. C. *et al.* (2022). «People's desire to be in nature and how they experience it are partially heritable». *PLoS Biol* 20 (2): e3001500. https://doi.org/10.1371/journal.pbio.3001500.

278.Thomas, C.; Xing, Y. (2021). «To what extent is biophilia implemented in the built environment to improve health and wellbeing? – State-of-the-art review and a holistic biophilic design framework». En: R. J. Howlett *et al.* (eds.). *Emerging research in sustainable energy and buildings for a low-carbon future. Advances in Sustainability Science and Technology*. Singapur: Springer. https://doi.org/10.1007/9789811587757_14.

279.von Humboldt, A. (1845). *Kosmos. Entwurf einer physischen Weltbeschreibung*. Vollständige Ausgabe in 2 Bänden. Facsímil ed. de H. M. Enzensberger, Fráctort: Eichborn, 2004. pág. 39.

280.Weigl, E. (1990). «Alexander von Humboldt: Zwischen Weimar und Paris». En: *Strumente der Neuzeit*. Sttgart: J. B. Metzler. https://doi.org/10.1007/9783476033239_11.

281.Lysack, M. (2010). «Environmental decline, loss, and biophilia». *Critical social work* 11 (3). https://doi.org/10.22329/csw.v11i3.5832.

282.Hand, K. L. *et al.* (2016). «The importance of urban gardens in supporting children's biophilia». *PNAS* 114 (2): 274-279. https://doi.org/10.1073/pnas.1609588114.

283.von Arnim, A. (1976). *Sämtliche Werke. Band 23: Gedichte, Teil 2*. Tübingen und Berlin , págs. 10-12. Permalink: http://www.zeno.org/nid/2000446334X.

¿Por qué la gestión forestal?

1. »Oekonomische Encyklopädie oder allgemeines System der Staats Stadt Haus und Landwirthschaft« begründet von J. G. Krünitz. Band 14: »Flaack – Fraxinus« (947); erschienen: 1778/1786. https://www.kruenitz1.unitrier.de/.

2. Spathelf, P. (2022). Nutzt Holz und Bäume – dem Wald zuliebe. Welt 11.10.2022. https://www.welt.de/wissenschaft/ plus241418727/PeterSpathelfNutztHolzundBaeumedemWaldzuliebe.html (consultado: 27.02.23).

3. Funtowicz, S. O.; Ravetz J. R (1993). «Science for the post-normal age». *Futures* 25 (7): 739-755. 10.1016/0016- 3287(93)90022-L.

4. Del original en inglés: Funtowicz, S. O.; Ravetz, J. R. (1994). «The worth of a songbird: ecological economics as post-normal science». *Ecological Economics* 10: 197-207.

5. Ibisch, P. L. (2018). «Die Grundlage: Ökosysteme und Ökosystemmanagement». En: Ibisch, P. L. *et al.* (eds.). *Der Menschim globalen Ökosystem: Eine Einführung in die nachhaltige Entwicklung*. Oekom Verlag, München (2. korrigierte Aulage 2022), págs. 129-154.

6. Cf. p. ej.: Welt der BWL: Wirtschaftssektoren. https://weltderbwl.de/Wirtschaftssektoren (Consultado: 27.02.23).

7. Duden Wirtschaft von A bis Z: Grundlagenwissen für Schule und Studium, Beruf und Alltag. 6. Aul. Mannheim: Bibliographisches Institut 2016. Lizenzausgabe Bonn: Bundeszentrale für politische Bildung 2016. https://www.bpb.de/kurzknapp/lexika/lexikonderwirtschaft/21123/wertschoepfung/ (consultado: 27.02.23).

8. Stern, N. (2022). «A time for action on climate change and a time for change in economics». *The Economic Journal* 132 (644): 1259-1289. 10.1093/ej/ueac005.
Stern, N. (2006). *The economics of climate change*. Londres: HM Treasury.

9. TEEB (2010). *The economics of ecosystems and biodiversity: mainstreaming the economics of nature: A synthesis of the approach, conclusions and recommendations of TEEB*. https://www.teebweb.org/wp-content/uploads/Study%20and%20Reports/Reports/Synthesis%20report/TEEB%20Synthesis%20Report%202010.pdf (consultado: 27.02.23).

10. Ruppert, C. (2006): *Der kommunale Forstbetrieb im Spannungsfeld von Gemeinwohlorientierung und Erwerbswirtschaft:*
Eine institutionenökonomische Analyse, empirische Studien und Handlungsempfehlungen, Schriften aus dem Institut für Forstökonomie, No. 28, ISBN 3980673693. Friburgo: Albert-Ludwigs-Universität Freiburg, Institut für Forstökonomie. https://nbn-resolving.de/urn:nbn:de:bsz:25-opus-28025

11. Föhn, M. (2022). «Waldbaden und Waldtherapie als innovative Ansätze mit gesundheitsförderndem Potenzial». *Schweizerische Zeitschrift für Forstwesen* 173 (1): 4-9. 10.3188/szf.2022.0004.
Karim, A. A. *et al.* (2020). « Wald reloaded – Die Neuentdeckung des Waldes aus gesundheitspsychologischer Sicht». *Zeitschrift für Komplementärmedizin* 12 (02): 24-30. 10.1055/a-1140-1148.

12. Alix-Garcia, J. M. et al. (2012). «Forest conservation and slippage: evidence from Mexico's national payments for ecosystem services program». *Land Economics* 88 (4): 613-638. 10.3368/le.88.4.613.
13. Feng, D. *et al.* (2018). «Payments for watershed ecosystem services: mechanism, progress and challenges». *Ecosystem Health and Sustainability* 4 (1): 13-28. 10.1080/20964129.2018.1434318.
Huang, M. *et al.* (2009): «Payments for Watershed services in Asia: a review of current initiatives». *Journal of Sustainable Forestry* 28 (3-5): 551-575. 10.1080/10549810902794287.w.
14. Pattanayak, S. K. *et al.* (2010). «Show me the money: do payments supply environmental services in developing countries?». *Review of Environmental Economics and Policy* 4 (2): 254-274.
Wunder, S. *et al.* (2018). «From principles to practice in paying for nature's services». *Nat Sustain* 1: 145-150. 10.1038/ s41893-018-0036-x.
15. Arriagada, R. A. *et al.* (2012). «Do payments for environmental services afect forest cover? A farm-level evaluation from Costa Rica». *Land Economics* 88 (2): 382-399. 10.3368/le.88.2.382. (2012). *Land Economics* 88 (2): 382-399. 10.3368/le.88.2.382.
16. Gren, I.-M.; Aklilu, A. Z. (2016). «Policy design for forest carbon sequestration: A review of the literature». *Forest Policy and Economics* 70: 128-136. 10.1016/j.forpol.2016.06.008.
17. Bundesministerium der Justiz: Grundgesetz für die Bundesrepublik Deutschland Art 14. https://www.gesetze-im-internet. de/gg/art_14.html (Consultado: 27.11.23).
18. Bundesministerium für Wirtschaft und Klimaschutz (2022): Jahreswirtschaftsbericht 2022. Für eine Sozial-ökologische Marktwirtschaft – Transformation innovativ gestalten. Berlín.
19. Taleb, N. N. (2008). *The black swan. The impact of the highly improbable.* Londres: Penguin Books. (Trad. Cast: *El cisne negro: el impacto de lo altamente improbable.* Booket, 2012)
20. Erb, K. H. *et al.* (2021). «Changes in perspective needed to forge "no-regret" forest-based climate change mitigation strategies». *GCB Bioenergy* 14 (3): 246-257. 10.1111/gcbb.12921.
21. Bundesamt für Naturschutz (2020): Lage der Natur in Deutschland. https://www.bfn.de/publikationen/broschuere/lagedernaturdeutschland (consultado: 28.10.23).
22. Fath, B. *et al.* (2015). «Navigating the adaptive cycle: An approach to managing the resilience of social systems». *Ecology and Society* 20: 10.5751/ES-07467-200224.
Ibisch, P. L.; Hobson, P. R. (eds.) (2014). *The MARISCO method: Adaptive MAnagement of vulnerability and RISk at COnservation sites. A guidebook for risk-robust, adaptive, and ecosystem-based conservation of biodiversity.* Centre for Econics and Ecosystem Management: Eberswalde (ISBN 978-3-00-043244-6). 195 pág.
23. Schmidt-Thomé, L. J.; Neuhäuser, C. (2022). «Gemeinwohlorientierung auf dem Markt: Corporate Social Responsibility». En: Hiebaum, C. (ed). *Handbuch Gemeinwohl.* Wiesbaden: Springer VS. 10.1007/978-3-658-21086-1_39-1.
24. Stiftung Entwicklung und Frieden (ed. 1995). *Nachbarn in Einer Welt.* Bonn: Der Bericht der Kommission für Weltordnungspolitik.
25. Newell, P. (2022). «Climate justice». *The Journal of Peasant Studies* 49 (5): 915-923. 10.1080/03066150.2022.2080062.
26. Bullard, B. (1994). *Unequal Protection: Environmental Justice and Communities of Color.* Nueva York: Random House.
27. Newell, P. *et al.* (2021). «Toward transformative climate justice: An emerging research agenda». *Wiley Intersdisciplinary Reviews: Climate Change*, 16 (6): e733. 10.1ßß2/wcc.733.
Cousins, J. J. (2021). «Justice in nature-based solutions: Research and pathways». *Ecological Economics* 180: 10.1016/j. ecolecon.2020.106874.
28. Deutsches Wörterbuch von Jacob und Wilhelm Grimm. Lfg. 6 (1907), Bd. XIII (1922), col. 1135, L.. 28. https://www.dwds. de/wb/dwb/waldgerechtigkeit (consultado: 30.10.23).
29. Walds Ordnung betrefend die Marggrevischen Unterthanen so Wald gerechtigkeit in den Nürmberger Welden haben. https://books.google.de/books?id=dkJLAAAAcAAJ&lpg=PP7&dq=waldgerechtigkeit&hl=de&pg=PP1#v=onepage&q&f=false (consultado: 27.02.23).
30. Winkel, G. *et al.* (2021). «Forest environmental frontiers around the globe: Old patterns and new trends in forest governance». *Ambio* 50: 2129-2137. 10.1007/s13280-021-01647-2.
31. Höllerl, H. (2022). Pseudowissenschaftliche Hetze gegen Holzheizung. Forstpraxis, Deutscher Landwirtschaftsverlag. https://www.forstpraxis.de/pseudowissenschaftliche-hetze-gegen-holzheizung-19029 (consultado: 30.10.23).
32. Preiser, R. *et al.* (2018). «Social-ecological systems as complex adaptive systems: organizing principles for advancing research methods and approaches». *Ecology and Society*, 23 (4). https://www.jstor.org/stable/26796889.
33. van Assche, K. *et al.* (2021). «Adaptive governance: learning from what organizations do and managing the role they play». *Kybernetes.* 10.1108/K-11-2020-0759.
Folke, C. *et al.* (2005). «Adaptive governance of social-ecological systems». *Annual Review of Environment and Resources* 30 (1): 441-473. 10.1146/annurev.energy.30.050504.144511.
Ayre, M. L.; Nettle, R. A. (2017). «Enacting resilience for adaptive water governance: a case study of irrigation modernization in an Australian catchment». *Ecology and Society* 22 (3): 1. 10.5751/ES-09256-220301.
34. AGDW – Die Waldeigentümer (2022). Zwei Millionen Waldeigentümer. https://www.waldeigentuemer.de/themen/ private-waldbesitzer/#:~:text=Die%20Zahl%20der%20k%C3%B6rperschaftlichen%20und,ein%20wichtiges%20Feld%20 der%20Forstpolitik (consultado: 30.10.23).
35. Ibisch, P. L. (2015). «Bürgerbeteiligung im Ökosystemmanagement». En: J. Sommer (ed.). *Kursbuch Bürgerbeteiligung*, Deutsche Umweltstiftung, págs. 245-268. 10.13140/RG.2.1.2463.7285.
36. Por ejemplo, Naturwald Akademie (2017). Es darf schon etwas wilder sein. https://naturwald-akademie.org/forschung/projekte/umfrage-zum-stadtwald-luebeck/ (consultado: 30.10.23).
37. Echo (2019). Runder Tisch Wald wird eingerichtet. Darmstädter Magistrat beschließt die Gründung des Gremiums. Es soll Strategien für die Zukunft des Waldes erarbeiten. https://www.echo-online.de/lokales/darmstadt/runder-tisch-wald-wird- eingerichtet_20257637 / (consultado: 30.10.23).
38. Ibisch, P. L. *et al.* (2021). *Konzept zur Förderung der Funktionen und Leistungen von Waldökosystemen in Deutschland. Centre for Econics and Ecosystem Management an der Hochschule für nachhaltige Entwicklung Eberswalde für die Bundestagsfraktion Bündnis 90/Die Grünen. Eberswalde, Berlin.* 10.13140/RG.2.2.19841.38246.

La nueva brújula para el bosque: una guía

1. Schweier, J. *et al.* (2020). «Comparison of a cable-based and a ground-based system in lat and soilsensitive area: a case study from Southern Baden in Germany». *Forests* 11 (6): 611. 10.3390/f11060611.
2. Axer, M. *et.al.* (2021). «Das Ausbreitungspotenzial von Buchen und Eichenverjüngung». En: *AFZ/Der Wald* 22: 1216.
3. Welle, T. *et.al.* (2021). «Erfahrungen aus den Stadtwäldern Lübeck und Göttingen». En: Knapp, H. D. *et al.* (ed.). *Der Holzweg*, Múnich: oekom Verlag, págs. 353368.
4. Seliger, A. *et al.* (2021). «Management options for the conversion of allochthonous coniferous forest patches towards more natural species composition in the Vorpommersche Boddenlandschaft National Park, NE Germany». *Baltic Forestry* 27 (1): 533. 10.46490/BF533.
5. Schulze, E. D. *et al.* (2009). *Carbo EuropeIP, An Assessment of the European Terrestrial Carbon Balance.* Jena.
Luyssaert S. *et al.* (2008). «Oldgrowth forests as global carbon sinks». *Nature* 455: 213-215.
6. Flade, M.; Winter, S. (2021). «Wirkungen von Baumartenwahl und Bestockungstyp auf den Landschaftswasserhaushalt». En: H. D. Knapp *et al.* (ed.). *Der Holzweg.* Múnich: oekom Verlag, págs. 235-242.
7. Knapp, H. D. *et al.* (2008). «Naturerbe Buchenwälder Situationsanalyse und Handlungserfordernisse». *BfNSkripten* 240: 14.
8. Umweltbundesamt (2021): *Indikator: Landschaftszerschneidung.* https://www.umweltbundesamt.de/daten/umweltindikatoren/indikatorlandschaftszerschneidung#diewichtigstenfakten (consultado: 27.02.23).
9. Niedersächsische Landesforsten: Wald & Gesundheit. https://www.landesforsten.de/erleben/waldgesundheit/ (Consultado: 27.02.23).
10. Nature Needs Half. https://natureneedshalf.org/why-50/
11. Half earth project (2022). *Rep. Beyer Introduces half-Earth resolution on birthday of E. O. Wilson.* https://www.half-earthproject.org/rep-beyer-introduces-half-earth-resolution-on-birthday-of-e-o-wilson/ (consultado: 27.02.23).
12. Del original en inglés: «By protecting nature generously, and simultaneously contracting and transforming the human enterprise, we can create the conditions for achieving justice and well-being for both people and other species. If we fail to do so, we instead accept a chaotic and impoverished world that will be dangerous for us all». Crist, E. *et al.* (2021). «Protecting half the planet and transforming human systems are complementary goals». *Front. Conserv. Sci, Sec. Global Biodiversity Threats.* 10.3389/fcosc.2021.761292.
13. Bundesinformationszentrum Landwirtschaft (2022): Was wächst auf Deutschlands Feldern? https://www.landwirtschaft.de/ landwirtschaft-verstehen/wie-arbeiten-foersterundplanzenbauer/waswaechstaufdeutschlandsfeldern (consultado: 27.02.23).
14. Drexler, S. *et al.* (2021). «Carbon sequestration in hedgerow biomass and soil in the temperate climate zone». *Reg. Environ. Change* 21: 74. 10.1007/s10113-021-01798-8.
Cardinael, R. *et al.* (2017). «Increased soil organic carbon stocks under agroforestry: a survey of six diferent sites in France». *Agric. Ecosyst. Environ* 236: 243-255.
15. Beuschel, R. *et al.* (2019). «Similar spatial patterns of soil quality indicators in three poplar-based silvo-arable alley cropping systems in Germany». *Biol. Fert. Soils* 55: 1-14. 10.1007/s00374-018-1324-3, 2018.
Tsonkova, P. *et al.* (2012): «Ecological beneits provided by alley cropping systems for production of woody biomass in the temperate region: a review». *Agrofor. Syst.* 85: 133.152.
16. Jose, S. (2009). «Agroforestry for ecosystem services and environmental beneits: an overview». *Agrofor. Syst.* 76: 1-10.
M. Kanzler *et al.* (2018): «Microclimate efects on evaporation and winter wheat (*Triticum aestivum* L.) yield within a temperate agroforestry system». *Agrofor. Syst.* 93: 1821-1841. 10.1007/s10457-018- 0289-4.
17. McNaughton, K. G. (1988). «Efects of windbreaks on turbulent transport and microclimate». *Agr. Ecosyst. Environ.* 22-23: 17-39. 10.1016/0167-8809(88)90006-0.

El futuro: ¿cómo puede y debe continuar?

1. Bundesministerium für Bildung und Forschung: https://www.bmbf.de/de/hightech-strategie-2025.html bzw. https://www. bmbf.de/upload_ilestore/pub/Forschung_und_Innovation_fuer_die_Menschen.pdf (letzte Zugrife im Juni 2020; die Inhalte wurden inzwischen verändert; ähnliche Inhalte hier: https://www.bundesregierung.de/breg-de/service/archiv/alt-inhalte/zukunftsweisende-nachhaltigkeitsforschung-1539748).
2. Futurium: https://futurium.de/: Además del Ministerio Federal de Educación e Investigación, entre los socios fundadores de Futurium figuran las organizaciones científicas Fundación Alexander von Humboldt, el Servicio Alemán de Intercambio Académico (DAAD), la Academia Nacional Alemana de Ciencias Leopoldina e.V., acatech - Acadamia Nacional de Ciencias e Ingeniería, la sociedad Fraunhofer para el fomento de la investigación científica, la sociedad Hermann von Helmholtz para el fomento de la investigación científica, la sociedad Max-Planck para el fomento de la investigación científica y la sociedad científica Gottfried Wilhelm Leibniz. La industria está representada por BASF SE, Bayer AG, Boehringer Ingelheim Pharma GmbH & Co.

KG, Siemens AG e Inineon Technologies AG. La Fundación Deutsche Telekom también ha participado desde el principio.

3. Descripción de la futura estrategia del Gobierno federal dirigido por la canciller Merkel; cf.: Weber, S. (2020). Innovation. Version 1.0 / 09.05.2020. https://diskursmonitor.de/glossar/innovation/ (consultado: 02.03.23); die Strategie wird inzwischen von der Regierung Scholz überarbeitet und soll »Zukunftsstrategie Forschung und Innovation« heißen: BMBF (2022): Zukunftsstrategie Forschung und Innovation. Bundesministerium für Bildung und Forschung: https://www.bmbf.de/de/hightech-strategie-2025.html (consultado: 27.02.23).
4. ROBIN WOOD (2022). *Klimaschutz statt Klimaschwindel. ROBIN WOOD mahnt dringende Korrekturen der Erneuerbare-Energien-Richtlinie an*. https://www.robinwood.de/pressemitteilungen/klimaschutz-statt-klimaschwindel (consultado: 27.02.23).
5. Nier, H. (2019). *Umweltverbände haben mehr Mitglieder als die Parteien. Statista*. https://de.statista.com/infograik/18509/mitgliederanzahl-von-parteien-und-oekoverbaenden-in-deutschland/ (consultado: 27.02.23).
6. Del original en inglés: «The science is clear and irrefutable; humanity is in advanced ecological overshoot. Our overexploitation of resources exceeds ecosystems' capacity to provide them or to absorb our waste. Society has failed to meet clearly stated goals of the UN Framework Convention on Climate Change. Civilization faces an epochal crossroads, but with potentially much better, wiser outcomes if we act now». P. Barnard *et al.* (2021). «World scientists'warnings into action, local to global». *Science Progress* 104 (4). 10.1177/00368504211056290.
7. Matthews H. D.; Wynes, S. (2022). «Current global eforts are insuicient to limit warming to 1.5C». *Science* 376 (6600): 1404-1409. 10.1126/science.abo3378.
8. Wynes, S. *et al.* (2022): «Too big to ignore: Global risk perception gaps between scientists and business leaders». *Earth's Future*. e2022EF002857.
9. Pihkala, P. (2022). «Toward a taxonomy of climate emotions». *Front. Clim., Sec. Climate Risk Management*. 10.3389/ fclim.2021.738154.
10. Crandon, T. J. *et al.* (2022). «A social–ecological perspective on climate anxiety in children and adolescents». *Nat. Clim. Chang.* 12: 123-131. 10.1038/s41558-021-01251-y.
11. Del original en inglés: «We need to bear worlds, where "worlds" are understood as complex sets of more-thanhuman relations, dispositions, practices, structures, perceptions and identities. We need to be able to endure the pain that business-asusual worlds are enacting, in order to generate more liveable worlds. Learning to live with climate change is therefore not about resignation or giving up. Rather, it is about engaging with and facing up to the horriic realities of climate change and striving to make things otherwise despite knowing that we may not be able to "save the world". Indeed, learning to live with climate change acknowledges that ›the‹ world is not ending, but "a" world is, and that some worlds need to end in order to allow others room to breathe. Which worlds we nurture matters». B. Verlie (2022). *Learning to live with climate change: from anxiety to transformation*. Londres; Nueva York, NY: Routledge, pág. 12.
12. *Ibid.* pág. 122.
13. Davenport, L. (2017). *Emotional resiliency in the era of climate change: A clinician's guide*. Londres: Jessica Kingsley.
    Winter, D; Koger S. M. (2004). *The psychology of environmental problems* (2.ª ed.). Mahwah, NJ: Lawrence Erlbaum.
    Grose, A. (2020): *A Guide to Eco-Anxiety: How to Protect the Planet and Your Mental Health*. Londres: Watkins Publishing.
14. Bragg, E. A. (1996). «Towards ecological self: deep ecology meets constructionst self-theory». *Journal of Environmental Psychology* 16 (2): 93-108. 10.1006/jevp.1996.0008.
    Næss, A. (1989). *Ecology, Community and Lifestyle. Outline of an Ecosophy*. Cambridge: Cambridge University Press.

Créditos de las ilustraciones

Centro de Economía y Gestión de Ecosistemas del HNEE: 147, 151.

Nadine Gibler: 32, 37, 43 abajo, 69, 70-71, 83, 99, 119, 127, 131, 145, 153, 192, 205, 252, 279, 322.

Pierre L. Ibisch: 6-7, 8, 9 arriba, 11, 13, 18-19, 21, 25, 30, 38-39, 43 arriba, 45, 51, 61, 64, 93, 95, 112-113, 117, 120, 134-135, 142-143, 157, 161, 171, 175 arriba, 185, 200, 213, 224-225, 230, 233, 240, 242-243, 248, 248-249, 249, 254, 267, 280, 295, 304, 309, 315, 324, 333, 337, 341, 353, 358, 369, 374-375, 378, 381.

Wikimedia Commons: 86 (© Ralf Roletschek Ralf Roletschekcreador QS:P170,Q15080600 [https://commons.wikimedia.org/wiki/ File:20-09-19-alfred-moeller-eberswalde-rel-IMG_20200919_121835.jpg], "20-09-19-alfred-moeller-eberswalde-rel-IMG 20200919 121835", https://creativecommons.org/licenses/by-sa/1.0/fi/deed.en).

Peter Wohlleben: 9 abajo, 10, 102, 124, 174, 175 abajo, 178, 180, 182, 209, 261, 292-293, 327, 329, 346, 347, 359.